辽宁省“十二五”普通高等教育本科省级规划教材

普通高等教育电气信息类规划教材

传感器技术实用教程

主　编　吕勇军

机 械 工 业 出 版 社

本书为辽宁省“十二五”普通高等教育本科省级规划教材。

本书介绍常用传感器的工作原理、特性及应用。内容包括：温度测量传感器、力与压力测量传感器、位移与速度测量传感器、角度与角位移测量传感器、磁场与成分检测传感器和光学测量传感器。对于每种传感器，在阐述基本工作原理的基础上，均给出了典型测量电路和应用实例。本书特色是：以被测对象为线索介绍相关传感器，便于读者掌握、比较与选择传感器；简化工作原理以及工艺结构的描述，强化传感器的外部特性、主要参数、接口方式以及应用电路等方面内容，可帮助读者在了解传感器工作原理的基础上，掌握选择合适传感器和正确使用传感器的方法。

本书可作为大专院校电类及相关专业的教材或教学参考书，也可供相关领域的工程技术人员参考。

图书在版编目（CIP）数据

传感器技术实用教程/吕勇军主编．—北京：机械工业出版社，2011.9（2020.1 重印）

普通高等教育电气信息类规划教材

ISBN 978-7-111-35962-3

Ⅰ.①传…　Ⅱ.①吕…　Ⅲ.①传感器-高等学校-教材　Ⅳ.①TP212

中国版本图书馆 CIP 数据核字（2011）第 194945 号

机械工业出版社（北京市百万庄大街 22 号　邮政编码 100037）
责任编辑：郝建伟　黄　伟　版式设计：霍永明
责任校对：张　媛　责任印制：李　昂
北京机工印刷厂印刷
2020 年 1 月第 1 版第 4 次印刷
184mm×260mm · 20.25 印张 · 498 千字
6 301—7 000 册
标准书号：ISBN 978-7-111-35962-3
定价：55.00 元

电话服务　　　　　　　网络服务
客服电话：010-88361066　机　工　官　网：www.cmpbook.com
　　　　　010-88379833　机　工　官　博：weibo.com/cmp1952
　　　　　010-68326294　金　　书　　网：www.golden-book.com
封底无防伪标均为盗版　机工教育服务网：www.cmpedu.com

前　言

本书为辽宁省“十二五”普通高等教育本科省级规划教材。

随着现代检测技术、控制技术和自动化技术的发展，传感器技术在现代测控领域中的作用日益显著，已成为推动科学技术进步的基础与关键技术之一。

传感器课程是一门理论和实际密切结合的课程，本课程的教学目的是培养学生将传感器的基本理论与应用实践相结合，并能够在工程实践中灵活地应用。

本教材注重实用性和实践性，教材的编写在内容和形式上与传统教材相比有了较大的改进。其主要特点是：

1）传统教材内容的组织形式是按照传感器的工作原理进行分类讲解的，而本教材是根据被测对象进行分类讲解的，并在每章后面都有适用于该被测对象的各种传感器的性能参数以及使用范围的对照比较。这种教材内容的组织形式，可使读者在学习过程中比较容易地总结归纳出同一种被测对象可以使用哪几种传感器进行检测，以及这些传感器各自的特点及适用范围。有利于提高读者解决工程实际问题的能力。

2）本教材重点强化各种传感器的外部特性、主要参数、接口方式以及实际应用等内容。其目的是使读者能够掌握各种传感器的选择方法、使用方法以及相关电路的设计方法。

3）在讲解每一种传感器时都介绍了其在实践中的相关应用，并给出了多个应用示例。每一章均给出了大量的习题，供读者复习和练习。

4）为加强实践训练环节，在每章后都针对本章教学内容配置了多个相应的实验项目，这些实验绝大多数要求读者自行搭接电路并调试，以培养学生的实践应用能力。考虑到各院校实验设备的差异，实验内容仅给出一般实验电路图供教学时参考。学生既可按照该电路图进行实验，也可在了解实验电路原理的情况下，根据现有实验设备，自行设计实验电路，按实验步骤完成实验。

5）在了解各种传感器原理及其应用的基础上，增加了智能家居环境监测系统传感器设计的内容。给读者提供了一个传感器以及测控系统的整体设计思路，以加深对传感器应用的理解。

本教材共分9章，第1章介绍了传感器的定义、基本特性及其标定方法等基本概念；第2~7章分别介绍了温度测量传感器、力与压力测量传感器、位移与速度测量传感器、角度与角位移测量传感器、磁场与成分检测传感器和光学测量传感器；第8章介绍了传感器的补偿与抗干扰技术；第9章介绍了智能家居环境监测系统传感器设计。

本教材由吕勇军主编，祝尚臻和雷彦华参编，佟伟光教授担任本书的主审。第1~5章、第8章由吕勇军编写，第7、9章由祝尚臻编写，第6章及各章的实验部分由雷彦华编写。

佟伟光教授对编写大纲和教材各章内容进行了审阅，提出了许多宝贵的修改意见，在此表示衷心的感谢。电子科技大学刘乃琦教授，以及部分应用型本科院校的老师对本书的编写大纲提出了宝贵的修改意见，谨此一并表示衷心的感谢。同时，还对本书参考文献的作者致以衷心的谢意。

由于编者水平有限，书中难免存在错误和疏漏之处，恳请广大读者和同行专家提出宝贵意见。

编　者

目　录

第1章　绪　　论

本章要点

- 传感器概念及传感器在国民经济发展中的重要地位
- 传感器的组成及传感器的主要特性
- 传感器标定及其标定方法
- 传感器的发展趋势

1.1　传感器基本概念

传感器一般处于研究对象或检测控制系统的最前端，是感知、获取与检测各种信息的窗口。传感器所获得和转换的信息正确与否，直接关系到整个测控系统的性能，所以它是检测与控制系统的重要环节。

当今社会是信息化的社会，传感器技术、信息技术和计算机技术被称为现代信息产业的三大支柱。信息的有效获取是信息技术发展的关键，因此，传感器技术将越来越广泛地应用于社会生产和科学研究领域。

传感技术的发展与其他科学技术的发展是紧密联系的，它们互相依赖、相互促进。现代科技的发展不断地向传感器技术提出新的要求，推动了传感器技术的发展。据资料统计：一辆汽车需要100余种传感器及与其配套的检测仪表，用来检测车速、方位、转矩、振动、油压、油量、温度等；一架飞机需要3600余种传感器及与其配套的检测仪表，用来监测飞机各部位的参数和发动机的参数等。可见，传感器在工程技术领域占有非常重要的地位。

1.1.1　传感器的定义与分类

1. 传感器概念

传感器是能感受规定的测量量并按一定规律转换成可用输出信号的器件或装置。也就是说，传感器是一种按一定的精度把被测量转换为与之有确定关系的、便于应用的某种物理量的测量器件或装置，用于满足系统信息传输、存储、显示、记录及控制等要求。

传感器首先是一种测量器件或装置，它的作用体现在测量上。例如，我们常见的发电机，它是一种可以将机械能转换成电能的转换装置，从能量转换的角度看，它是一种发电设备，不能称为传感器；但从另一个角度看，人们可以通过发电机发电量的大小来测量调速系统的机械转速，这时，发电机就可看成是一种用于测量转速的测量装置，是一种速度传感器，通常称为测速发电机。

传感器定义中的“可用输出信号”，是指便于传输、转换及处理的信号。一般“可用输出信号”是指电信号，“规定的测量量”一般是指非电量信号。在工程中常需要测量的非电量信号有力、压力、温度、流量、位移、速度、加速度、转速、浓度等。由于这些非电量信号不能像电信号那样可用电工仪表和电子仪器直接测量，所以需要利用传感器技术实现由非电量到电量的转换。

传感器总是处于测试系统的最前端，用来获取检测信息，其性能的好坏将直接影响整个测试系统的性能，因此，传感器对测量精确度起着决定性作用。

2. 传感器组成

传感器一般由敏感元件、转换元件、信号调理转换电路3部分组成，有时还需辅助电源提供转换能量，如图1-1所示。其中，敏感元件是指传感器中能直接感受或响应被测量，并输出与被测量成确定关系的某一物理量的元件；转换元件是指传感器中能将敏感元件输出的物理量转换成适合于传输或测量的电信号的部分。由于转换元件的输出信号一般都很微弱，因此，信号调理转换电路的作用是将转换元件输出的电信号进行适当的转换和处理，例如，放大、滤波、线性化、补偿等，以获得更好的品质特性，便于后续电路实现显示、记录、处理及控制等功能。

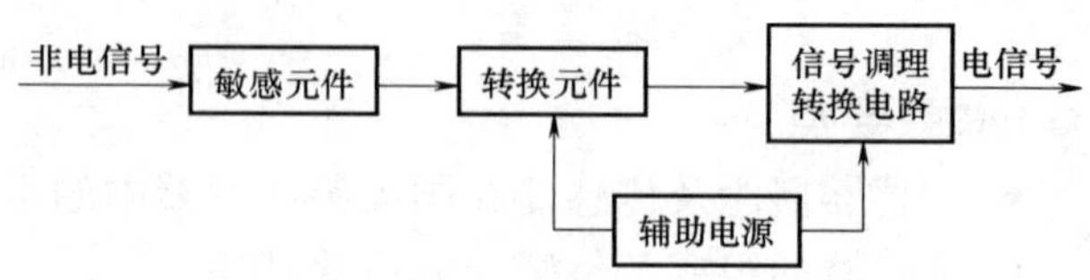

图1-1　传感器的组成

随着半导体器件与集成技术的高速发展，已经实现了将传感器的信号调理转换电路与敏感元件集成在同一芯片上，例如，集成温度传感器AD590、DS18B20等。

3. 传感器分类

一般情况下，对某一物理量的测量可以使用不同的传感器，而同一传感器又往往可以测量不同的多种物理量，所以传感器有许多分类方法。目前一般采用两种分类方法：一种是按照被测参数分类，例如，对温度、压力、位移、速度等参数的测量，相应的有温度传感器、压力传感器、位移传感器、速度传感器等；另一种是按传感器的工作原理分类，如：应变原理工作式、电容原理工作式、压电原理工作式、磁电原理工作式、光电效应原理工作式等，相应的有应变式传感器、电容式传感器、压电式传感器、磁电式传感器、光电式传感器等。

1.1.2　传感器的命名方法

中华人民共和国国家标准GB 7666—2005规定了传感器的命名方法及图形符号，并将其作为统一传感器命名及图形符号的依据。

1. 传感器代号

传感器代号表述格式如图1-2所示。传感器的完整代号包括主称、被测量、转换原理及序号4部分，在被测量、转换原理和序号3部分之间须有连字符连接。

传感器代号各部分的定义为：

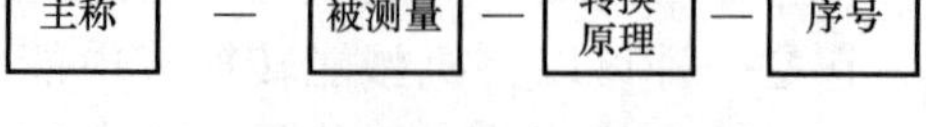

主称 — 被测量 — 转换原理 — 序号

图1-2　传感器代号表述格式

1）主称（传感器）。用汉语拼音字母“C”标记。

2）被测量。用一个或两个汉语拼音的第一个大写字母标记。当这组代号与该部分的另一个代号重复时，则用汉语拼音的第二个大写字母作为代号，依此类推。对于有两个或两个以上被测量的多功能传感器，应做同样处理。当被测量为离子、粒子或气体时，可用其元素符号、粒子符号或分子式加圆括号（）表示。

3）转换原理。用其一个或两个汉语拼音的第一个大写字母标记。当这组代号与该部分的另一个代号重复时，则用其汉语拼音的第二个大写字母作为代号，依此类推。

4）序号。用阿拉伯数字标记。序号可表征产品的设计特性、性能参数、产品系列等。如果传感器产品的主要性能参数不改变，仅在局部有改进或改动时，其序号可在原序号后面加注大写汉语拼音字母 A、B、C…（其中，I、O 两个字母不用）。序号及其内涵可由传感器生产厂家自行决定。

例如，代号为 C WY-YB-10 的传感器是序号为 10 的应变式位移传感器。

代号为 C Y-GQ-1 的传感器是序号为 1 的光纤压力传感器。

代号为 C Y-XZ-50 的传感器是序号为 50 的谐振式压力传感器。

代号为 C A-DR-2 的传感器是序号为 2 的电容式加速度传感器。

2. 传感器的图形符号

图形符号通常用于图样或技术文件中，表示一个设备或概念的图形、标记或字符。由于它能象征性或形象化地标记信息，因此，可以越过语言障碍，直接地表达设计者的思想和意图，应用十分广泛。

传感器的图形符号是电气图用图形符号的一个组成部分。GB/T 14479—93《传感器图用图形符号》规定，传感器的图形符号由符号要素正方形和等边三角形组成，如图 1-3 所示。其中，正方形表示转换元件，三角形表示敏感元件。

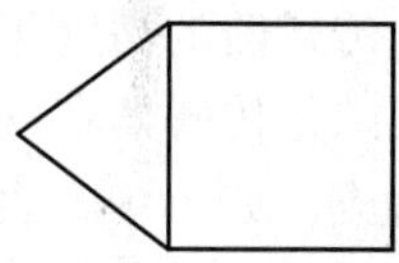

图 1-3　传感器图形符号

GB/T 14479—93 给出了 43 种常用传感器的图形符号示例。图 1-4 中给出了 3 种典型的传感器图形符号，图 1-4a 为电容式压力传感器，图 1-4b 为压电式加速度传感器，图 1-4c 为电位器式压力传感器。标准规定，对于采用新型或特殊转换原理或检测技术的传感器，亦可参照标准的有关规定自行绘制，但必须经主管部门认可。

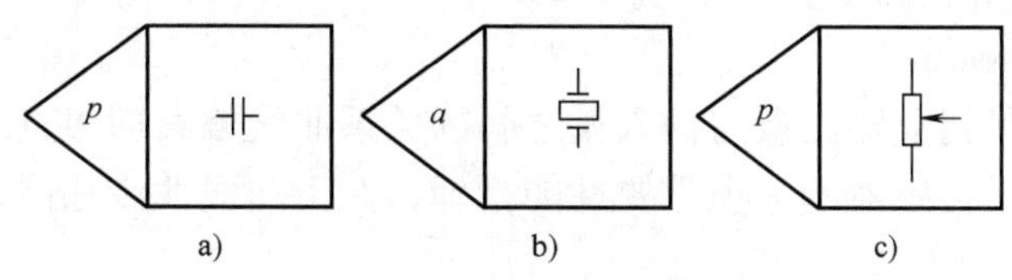

图 1-4　典型的传感器图形符号

a）电容式压力传感器　b）压电式加速度传感器　c）电位器式压力传感器

1.1.3　传感器的基本特性

对传感器性能特性的研究，一般可从两个方面进行，即静态特性和动态特性研究。在某些应用场合下，传感器只需测量不变化的或变化缓慢的被测量。这时，便可确定传感器的一套静态性能指标，这些指标的确定不必借助解微分方程。在另外一些情况下，传感器可能涉及快速变化的被测量，因此，必须用微分方程研究传感器的输入输出之间的动态关系。传感器的动态性能指标反映了传感器的动态性能，即动特性。

1. 传感器的静态特性

传感器的静态特性是指传感器在静态工作状态下的输入输出特性。所谓静态工作状态是指传感器的输入量恒定或缓慢变化而输出量也达到相对稳定时的工作状态。这时，输出量仅为输入量的确定函数。

2. 传感器的主要静态性能指标

(1) 灵敏度（Sensitivity）

灵敏度表示传感器的响应变化量 Δy 与相应的激励变化量 Δx 之比。灵敏度 k 表示为：

$$k = \frac{\Delta y}{\Delta x} \tag{1-1}$$

对于线性传感器，它的灵敏度就是其特性曲线的斜率，是一个常数。一般希望传感器的灵敏度高，且在全量程范围内是恒定的，这样就可保证在传感器输入量相同的情况下，输出信号尽可能大，从而有利于对被测量的转换和处理。但是传感器的灵敏度也不是越高越好，因为灵敏度高会使传感器容易受噪声的影响。因此，必须从信号与噪声的相互关系全面衡量。

(2) 精度（Accuracy）

精度表示传感器测量结果与被测量的真值之间的偏离程度，它反映了测量结构中系统误差与随机误差的综合，测量误差越小，传感器的精度越高。

传感器的精度用其量程范围内的最大基本误差与满量程输出之比的百分数表示，其基本误差是传感器在规定的正常工作条件下所具有的测量误差，由系统误差和随机误差两部分组成，如，用 S 表示传感器的精度，则

$$S = \frac{\Delta}{y_{FS}} \tag{1-2}$$

式中，Δ 为测量范围内允许的最大基本误差；y_{FS} 为满量程输出。

工程技术中为简化传感器精度的表示方法，引用了准确度等级的概念。准确度等级以一系列标准百分比数值分档表示，代表传感器测量的最大允许误差。例如，0.1、0.2 等级的传感器，表示它们的精度分别为 0.1% 和 0.2%。

(3) 线性度（Linearity）

传感器的线性度是指其输出量与输入量之间的关系曲线偏离理想直线的程度，又称其为非线性误差。线性度是传感器的一项重要性能指标，对于非线性传感器，在使用时往往需要进行线性化处理。

(4) 分辨率和阈值（Resolution and Threshold）

传感器能检测到输入量最小变化量的能力称为分辨力。

对于某些传感器，例如，电位器式传感器，当输入量连续变化时，输出量只做梯级变化，其分辨力是输出量的每个“梯级”所代表的输入量的大小。对于数字式仪表，分辨力就是仪表指示值的最后一位数字所代表的值。当被测量的变化量小于分辨力时，数字式仪表的最后一位数不变，仍指示原值。

分辨率是指以满量程输出的百分数形式表示分辨力。

阈值是指能使传感器的输出端产生可测变化量的最小被测输入量值，即零点附近的分辨力。有的传感器在零位附近有严重的非线性，形成所谓“死区”，则将死区的大小作为阈值。在更多情况下，阈值主要取决于传感器噪声的大小，因而有的传感器只给出噪声电平。

(5) 稳定性（Stability）

稳定性是指在规定条件下，传感器保持其特性恒定不变的能力，通常是对时间而言的。理想的情况下，传感器的特性参数是不随时间变化的。但实际上，随着时间的推移，大多数传感器的特性会发生缓慢的改变。这是因为敏感元件或构成传感器的部件，其特性会随时间

发生变化，从而影响了传感器的稳定性。

稳定性一般用室温条件下经过一规定时间间隔后，传感器的输出与起始标定时的输出之间的差异来表示，称为稳定性误差。稳定性误差可用相对误差表示，也可用绝对误差来表示。

（6）迟滞（Hysteresis）

对于某一输入量，传感器在正行程时的输出量明显地、有规律地不同于其在反行程时在同一输入量作用下的输出量，这一现象称为迟滞。图 1-5 为传感器的迟滞特性曲线。

迟滞大小一般由实验方法测得。迟滞误差以正、反向输出量的最大偏差与满量程输出之比的百分数表示，即

$$\gamma_{H} = \pm \frac{\Delta H_{max}}{y_{FS}} \tag{1-3}$$

式中，ΔH_{max}为正、反行程间输出的最大误差。

传感器材料的物理性质是产生迟滞的主要原因。例如，把应力施加于某弹塑性材料时，弹塑性材料产生形变，应力取消后，弹塑性材料仍不能完全恢复原状。又如，铁磁体、铁电体在外加磁场、电场作用下也均有迟滞现象。此外，传感器机械部分存在不可避免的缺陷，例如，摩擦、磨损、间隙、松动、积尘等也是造成迟滞现象的重要原因。

（7）重复性（Repeatability）

在相同的工作条件下，在一段短的时间间隔内，输入量从同一方向作满量程变化时，同一输入量值所对应的连续先后多次测量所得的一组输出量值，它们之间相互偏离的程度便反映了传感器的重复性。

如图 1-6 所示为输出特性曲线的重复特性，正行程的最大重复性偏差为 ΔR_{max2}，反行程的最大重复性偏差为 ΔR_{max1}。重复性偏差取这两个最大偏差中之较大者为 ΔR_{max}，再以满量程输出的百分数表示，这就是重复误差，即

$$\gamma_{R} = \pm \frac{\Delta R_{max}}{y_{FS}} \tag{1-4}$$

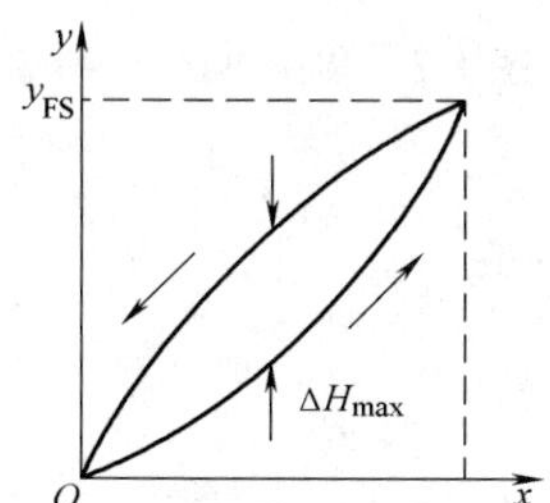

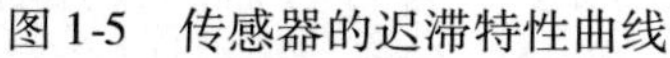
图 1-5　传感器的迟滞特性曲线

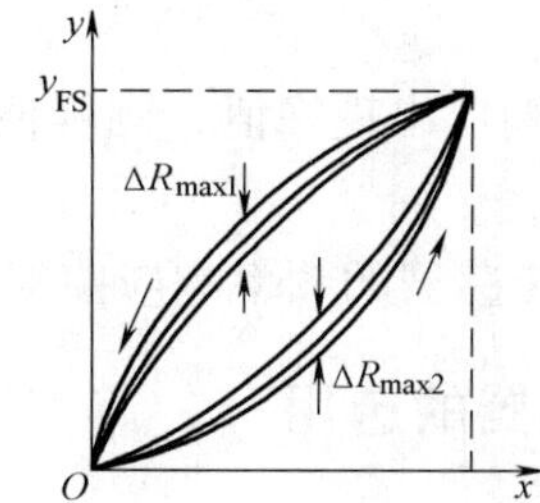

图 1-6　传感器输出特性曲线的重复特性

重复性是反映传感器精密程度的重要指标。它的好坏也与许多随机因素有关，它属于随机误差，要用统计规律来确定。

3. 传感器的动态特响应特性

在被测物理量随时间不断变化的情况下，传感器的输出能否很好地跟随输入量的变化是传感器的另一个重要性能。有的传感器尽管其静态特性非常好，但由于不能很好地跟随输入量的快速变化而导致严重误差，这种动态误差甚至可以导致传感器无法正常进行测量。

输入信号随时间变化时，引起输出信号也随时间变化，这个过程称为响应。动态特性就是指传感器对于随时间变化的输入信号的响应特性，通常要求传感器不仅能精确地显示被测量的大小，而且能复现被测量随时间变化的规律，这也是传感器的重要特性之一。

大部分传感器的动态特性可以近似地用一阶或二阶系统来描述，但这只是近似的描述。实际的传感器往往比这种简化的数学描述（数学模型）要复杂。因此，动态响应特性一般并不能直接给出其微分方程，而是通过实验给出传感器的阶跃响应曲线和幅频特性曲线上的某些特征值来表示传感器的动态响应特性。

4. 传感器的主要动态性能指标

（1）时间常数 τ

时间常数表示在恒定激励下，传感器响应从零达到稳态值的 63.2% 所需的时间。这个定义仅限于一阶或近似一阶系统。

（2）上升时间 t_r

上升时间表示在恒定激励下，传感器响应从稳态值的 10% 到 90% 所需的时间。

（3）稳定时间 t_s

稳定时间表示在恒定激励下，传感器响应上下波动稳定在稳态值规定百分比以内（例如，±5%）所经历的最小时间。

（4）过冲量 δ

过冲量表示在恒定激励下，传感器响应超过稳态值的最大值。过冲在二阶以上的系统且阻尼较小时才会出现。

（5）频率响应

频率响应表示在不同激励频率的激励下，传感器响应幅值的变化情况。通常称传感器响应幅值上升到响应幅值最大值的 70% 时的频率为下限频率 f_L（低频端），称传感器响应幅值下降到幅值最大值的 70% 时的频率为上限频率 f_H（高频端），二者之差称为频率响应带宽 B_W。

如果频率响应出现峰值，则峰值出现的频率通常称为谐振频率 f_p。

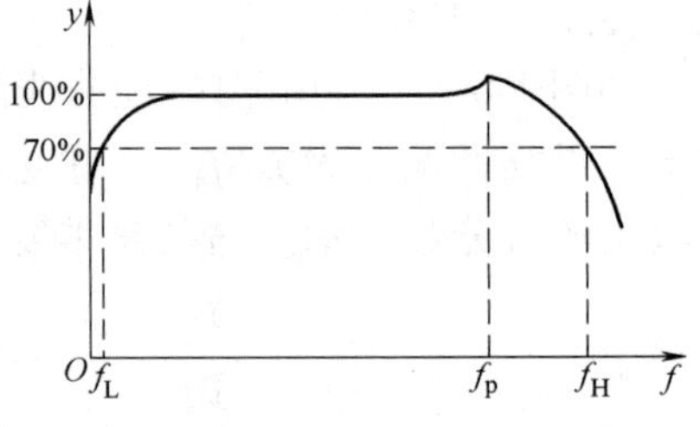

图 1-7　传感器的频率响应曲线

图 1-7 为传感器的频率响应曲线。

1.1.4　传感器的选用

由于传感器技术的飞速发展，各式各样的传感器应运而生，为传感器的使用提供了方便。现代传感器在原理与结构上千差万别，如何根据具体的测量目的、测量对象以及测量环境合理地选用传感器，是在进行某个非电量的测量时首先要解决的问题。当传感器确定之后，与之相配套的测量方法和测量设备也就可以确定了。测量结果的成败，在很大程度上取决于传感器的选用是否合理。

传感器的种类繁多，对于同一种被测物理量，可选不同的传感器。例如，被测物理量是位移，可以选电阻式传感器、电容式传感器、电感式传感器、数字式传感器等。当然，选用传感器时应考虑的因素很多，但选用时不一定能满足所有要求，应根据被测参数的变化范围、传感器的性能指标、环境等要求选用，侧重点有所不同。通常，选用传感器应从以下几个方面考虑。

1. 确定传感器类型

在进行一项具体的测量工作之前，首先要分析和掌握被测对象的特点与现场的工作环境，根据这些条件来确定选用的传感器类型。

被测对象的特点包括被测量的性质、状态、测量范围、幅值和频带、测量速度、精度、过载的幅度和出现的频率等。工作现场环境包括温度、湿度、气压、能源、污染、噪声、电磁场及辐射干扰等。

在上述分析的基础上，便可以明确选择传感器类型的具体问题。例如，量程的大小和过载量、被测对象或位置对传感器重量和体积的要求、测量的方式是接触式还是非接触式、传感器的价格等。综合各种因素后，就可以确定所选用传感器的类型，然后进一步考虑所选传感器的主要性能指标。

2. 传感器技术指标

在选择传感器时，通常主要考虑以下几项技术指标。

（1）线性范围与量程

传感器的线性范围是指传感器的输出与输入成直线关系的范围。从理论上讲，在此范围内，灵敏度保持定值。传感器的线性范围越宽，则其量程越大，并且能保证一定的测量精度。选择传感器时，当传感器的种类确定以后首先要看其量程是否满足要求。但实际上，任何传感器都不能保证绝对的线性，其线性度也是相对的。当所要求测量精度比较低时，在一定的范围内，可将非线性误差较小的传感器近似看作是线性的，这会给测量带来方便。在确定量程时，还应考虑到输入量可能发生的瞬间突变导致的过载量。

（2）灵敏度

通常，在传感器的线性范围内，希望传感器的灵敏度越高越好。因为只有灵敏度高时，与被测量变化对应的输出信号的值才比较大，有利于信号处理。但要注意的是，传感器的灵敏度高，与被测量无关的外界噪声也容易混入，也会被放大系统放大，容易使测量系统进入非线性区，影响测量精度。因此，要求传感器本身应具有较高的信噪比，尽量减少从外界引入干扰信号。

（3）精度

精度是传感器的一个重要的性能指标，它是关系到整个测量系统测量精度的一个重要环节。传感器的精度越高，其价格越昂贵。因此，传感器的精度只要满足整个测量系统的精度要求就可以了，不必选得过高。

如果测量的目的是定性分析的，选用重复精度高的传感器即可，不必选用绝对量值精度高的传感器；如果是为了定量分析，必须获得准确的测量值，就需选用准确度等级能满足要求的传感器。在选择传感器时，还需要综合考虑整个系统的配置情况，也就是误差的分配情况，否则，传感器的高精度也就失去了意义。为了提高测量精度，还需从传感器的基本工作原理出发，注意被测对象可能产生的负载效应。

综合各种因素后，才能使选择的传感器既能满足被测物理量的要求，又能满足量程、测量结果的精度要求，同时具有较高的性价比和良好的经济性。

（4）频率响应特性

传感器的频率响应特性决定了被测量的频率范围，传感器的频率响应范围宽，允许被测量的频率变化范围就大。对于开关量传感器，应保证传感器的响应时间能够满足被测量变化的要求，不会因响应慢而丢失被测信号而带来误差。对于线性传感器，应根据被测量的特点（稳态、瞬态、随机等）选择其响应特性。

一般来讲，通过机械系统耦合被测量的传感器，由于惯性较大，其固有频率较低，响应较慢；而直接通过电磁、光电系统耦合的传感器，其频响范围较宽，响应较快。

（5）稳定性

稳定性是传感器性能保持长时间稳定不变的能力。影响稳定性的主要因素除传感器本身的材料、结构等因素外，主要是传感器的使用环境。因此，要使传感器具有良好的稳定性，一方面，选择的传感器应具有较强的环境适应能力；另一方面，可以采取适当的措施，减小环境对传感器的影响。

1.1.5 传感器的发展趋势

传感器作为人类认识和感知世界的一种工具，其发展历史相当久远，可以说是伴随着人类文明的进程而发展起来的。传感器技术的发展程度，影响着人类认识世界的程度与能力。

随着科学的进步和社会的发展，传感器技术在国民经济和人们的日常生活中占有越来越重要的地位。人们对传感器的种类、性能等方面的要求越来越高，这也进一步促进了传感器技术的快速发展。目前，包括我国在内的许多国家都把传感器技术列为重点发展的关键技术之一。21世纪人类全面进入信息化的时代，作为现代信息技术的三大支柱产业之一的传感器技术，必将得到更快的发展。

传感器技术是一项与现代技术密切相关的尖端技术，其主要特点及发展趋势表现在以下几个方面。

1. 高精度、微型化与低功耗

检测技术的发展，必然要求传感器的性能不断提高。对传感器而言，其主要性能指标包括：检测精度、线性度、灵敏度和稳定性等，其中，检测精度是最重要的性能指标。在20世纪30～40年代，检测精度一般为百分之几到千分之几。近年来，随着传感器技术的不断发展，其检测精度提高很快，有些被测量的检测精度可达万分之几，甚至百万分之几。例如，用直线光栅测线位移时，测量范围在几米时，误差仅为几微米。

目前各种测控仪器设备的功能越来越强大，同时各个部件的体积却越来越小，这就要求传感器自身的体积也要小型化、微型化，现在一些微型传感器，其敏感元件采用光刻、腐蚀、沉积等微机械加工工艺制作而成，尺寸可以达到微米级。此外，由于传感器工作时大多离不开电源，在野外或远离电网的地方，往往要用电池或太阳能等供电，因此，开发微功耗的传感器及无源传感器具有重要的实际意义。

2. 集成化与多功能化

固态功能材料的进一步开发和集成技术的不断发展，为传感器集成化开辟了广阔的发展空间。所谓传感器的集成化，就是在同一芯片上，将众多同一类型的单个传感器集成为一维、二维或三维阵列型传感器，或将传感器件与信号调理、补偿等处理电路集成在一起。前一种集成化使传感器的检测参数实现由点到线到面到体的扩展，甚至能加上时序控制，变单参数检测为多参数检测。后一种传感器由单一的信号转换功能，扩展为兼有放大、运算及误差补偿等多种功能。与一般传感器相比，集成化传感器具有体积小、反应快、抗干扰、稳定性好及成本低等优点。目前随着半导体集成技术与厚、薄膜技术的不断发展，传感器的集成化已成为传感器技术发展的一种趋势。

传感器的多功能化是与“集成化”相对应的一个概念，是指传感器能感知与转换两种以上不同的物理量，例如，使用特殊的陶瓷材料把温度和湿度敏感元件集成在一起，制成温湿度传感器；将检测几种不同气体的敏感元件用厚膜制造工艺制作在同一基片上，制成能检测氧、氨、乙醇、乙烯等气体的多功能传感器等。利用多种物理、化学及生物效应使传感器多功能化，已成为当今传感器发展的方向。

3. 传感器的智能化

利用计算机及微处理技术使传感器智能化是20世纪80年代以来传感器技术的一大飞跃。智能传感器是一种带有微处理器的传感器，与一般传感器相比它不仅具有信息提取、转换等功能，而且还具有数据处理、双向通信、信息记忆存储、自动补偿及数字输出等功能。随着人工神经网络、人工智能和信息处理技术的进一步发展，智能传感器将具有更高级的分析、决策及自学习功能，可完成更复杂的检测任务。

智能传感器的主要特点：

1）自补偿功能。对信号检测过程中的非线性误差、温度变化导致的信号零点漂移和灵敏度漂移等具有补偿功能。

2）自诊断功能。智能传感器能够对自身的故障进行诊断，以确定故障发生的位置及发生故障的部件。自诊断通常包括系统上电的自检、系统正常运行过程中的定时自检、系统发生故障时的自诊断等功能。

3）自校正功能。传感器系统中参数的设置与检查，测试过程中的量程自动转换等。

4）具有对测量数据的分析、处理以及传输等功能。

可以预见，随着计算机和微处理技术的不断发展，智能化、数字化传感器一定会迎来更为广阔的发展前景。

4. 网络化

传感器网络化技术是近些年发展起来的一项新兴技术，它综合了传感器技术、嵌入式技术、现代网络及无线通信技术、分布式信息处理技术等，能够通过各类集成化的微型传感器协作地实时监测、感知和采集各种环境或监测对象的信息，通过嵌入式系统对信息进行处理，并通过随机自组织无线通信网络以多跳中继方式将所感知信息传送到用户终端。

在传感器网络中，节点通过各种方式大量布置在被感知对象内部或者附近。这些节点通过自组织方式构成无线网络，以协作的方式感知、采集和处理网络覆盖区域中特定的信息，从而实现对任意地点、任意时间的信息采集，处理和分析。一个典型的传感器网络的结构包括分布式传感器节点（群）、sink节点（网关节点）、互联网和用户界面等。

传感器节点之间可以相互通信，自己组织成网并通过多跳的方式连接至sink，sink节点收到数据后，通过网关完成和公用Internet网络的连接。整个系统通过任务管理器来管理和控制。传感器网络的特性使其有着非常广泛的应用前景，在不远的未来将成为我们生活中不可缺少的一部分。

1.2 传感器的标定

1.2.1 标定的概念

传感器的标定是利用准确度等级更高的标准器具对传感器进行定度的过程，从而确立传感器输入量与输出量之间的关系。同时，也确定不同使用条件下的误差关系。

传感器在制造、装配完毕后必须对设计指标进行标定实验，以保证量值的准确传递。中国计量法规定，传感器在使用一年以后或经过修理，也必须对其主要技术指标再次进行标定实验，以确保其性能指标达到要求。通常，在明确传感器的输入输出关系的前提下，利用某种标准或标准器具对传感器进行标度称为标定，对传感器在使用中或储存后进行的性能复测称为校准。

根据输入信号的特点可以将检定系统分为静态和动态两种，因此，传感器的标定也有静态标定和动态标定两种。静态标定的目的是确定传感器静态指标，主要是线性度、灵敏度、滞后和重复性。动态标定的目的是确定传感器的动态指标，主要是时间常数、固有频率和阻尼比。

1.2.2 标定的基本方法

传感器标定的基本方法是，利用标准设备产生已知的非电量（如：标准力、压力、位移等）作为输入量，输入到待标定的传感器中，然后将传感器的输出量与输入的标准量进行比较，获得一系列校准数据或曲线。有时输入的标准量是利用一个标准传感器检测而得，这时的标定实质上是待标定传感器与标准传感器之间的比较。使用这种比较方法进行标定时要注意标准传感器的准确度等级应满足标定要求。

传感器的标定系统一般由 3 部分组成：

1）被测非电量的标准发生器。如：活塞压力计、测力机、恒温源等。

2）被测非电量的标准测试系统。如：标准压力传感器、标准力传感器、标准温度计等。

3）待标定传感器所配接的信号调节器和显示、记录仪等。所配接的仪器也作为标准测试设备使用，其精度均是已知的。

1.2.3 传感器的静态标定

传感器的静态标定主要用于检测或测试传感器的静态特性指标，例如，静态灵敏度、非线性、回差、重复性等。

进行静态标定首先要建立静态标定系统。如图 1-8 所示为应变式测力传感器静态标定系统。测力机产生标准力，高精度稳压电源经精密电阻箱衰减后向传感器提供稳定的电压，其值由数字电压表读取，传感器的输出电压由另一数字电压表指示。

传感器的静态特性是在静态标准条件下进行标定的。静态标准条件主要包括：没有加速度、振动、冲击（除非这些参数本身就是被测量）及环境温度一般为室温（20℃ ±5℃）、相对湿度不大于85%、气压为（101±7）kPa等条件。

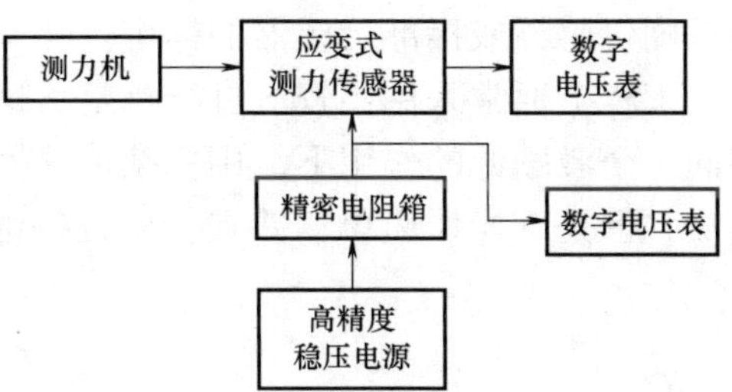

图1-8　应变式测力传感器静态标定系统

传感器静态标定的一般步骤：

1）将传感器的测量范围（全量程）划分成若干等间距点。

2）根据传感器测量范围的分点情况，由小到大，逐点递增输入标准量值，并记录下与各点输入值相对应的输出值。然后再将输入值由大到小、逐点递减，并记录与各点输入值对应的输出值。

3）对传感器进行正反行程往复循环多次测试（一般为3～10次），并将得到的输出输入测试数据用表格列出或画成曲线。

4）对测试数据进行必要的处理，根据处理结果就可以得到传感器的校正曲线，进而可以确定出传感器的灵敏度、线性度、迟滞和重复性。

下面以测力传感器静态标定过程为例说明标定方法：

在对测力传感器静态标定时，把被标定力传感器安放在标准测力设备上加载，当把被标定传感器接入标准测量装置后，先超负荷加载20次以上，超载量为传感器额定负荷的120%～150%。然后按正行程加载和反行程卸载额定负荷10%的速率进行。这样多次试验后的数据经微机处理，即可求得该传感器的全部静态特性。

在无负荷情况下对传感器缓慢加温或降温到一定温度，可测得传感器的温度稳定性和温度误差系数。对传感器或实验设备加恒温罩，则可测得零点漂移。例如，加额定负荷，温度缓慢变化时，可测得灵敏度的温度系数；温度恒定时，加载若干小时，可测得传感器的时间稳定性。

1.2.4　传感器的动态标定

传感器的动态标定主要用于检验、测试传感器的动态特性，例如，动态灵敏度、频率响应和固有频率等。

对传感器进行动态标定，需要对传感器输入一个标准的激励信号。常用的标准激励信号分为两类：一类是周期性函数，如：正弦波、三角波等，其中最常用的是正弦波激励信号；另一类是瞬变函数，如：阶跃信号、半正弦信号等，最常用的是阶跃信号。

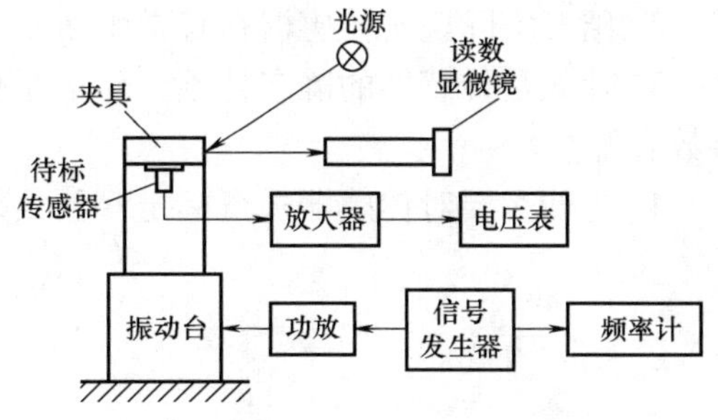

图1-9　振幅测量法标定系统框图

例如，测振传感器的动态标定常采用振动台产生的简谐振动作为传感器的输入量。图1-9所示为振幅测量法标定系统框图。振动的振幅由读数显微镜读取，振动频率由频率计指示。若测得传感器的输出电量，即可通过计算得到位移传感器、速度传感器、加速度传感器的动态灵敏度。若改变振动频率，则设法保持振幅、速度或加速度幅值不变，可相应获得上述各种传感器的频率响应。如图1-9所示的振幅测量法为绝对标定法，它的精度较高，但所需设备复杂，标定不方便。因此，该方法常用于高精度传感器或标准传感器的标定。

工程上通常采用比较法进行标定，这种方法是用特性参数已知的传感器与被标定传感器在同一个激励源的作用下，用标准传感器来标定被测传感器。这种方法的准确度不如绝对标定法，但是其操作简单，并且所需设备也不复杂。

本 章 小 结

传感器是指能感受规定的被测量并按照一定的规律转换成可用输出信号的器件或装置。一般处于研究对象或检测控制系统的最前端，是感知、获取与检测信息的窗口。由敏感元件、转换元件、信号调理电路3部分组成。

传感器的特性主要是指传感器的输入与输出之间的对应关系，根据输入信号是否随时间变化，传感器的基本特性分为静态特性和动态特性。研究传感器的特性就是为了使传感器尽可能准确、真实地反映被测量，同时对传感器的各项性能做出客观评价，从而为实际应用提供重要的选择依据。传感器的静态特性是指检测系统的输入为不随时间变化的恒定信号时，系统的输出与输入之间的关系。主要包括线性度、灵敏度、迟滞、重复性、漂移等。动态特性是指传感器对于随时间变化的输入信号的响应特性，它包括时间常数、过冲、频率响应等。

为了保证传感器测量的准确性，传感器必须定期进行标定。传感器的标定是利用准确度等级更高的标准器具对传感器进行定度的过程，从而确立传感器的输入量与输出量之间的关系。传感器的标定系统分为静态和动态两种，因此，传感器的标定也有静态标定和动态标定两种。静态标定的目的是确定传感器静态指标，主要是线性度、灵敏度、滞后和重复性。动态标定的目的是确定传感器动态指标，主要是时间常数、固有频率和阻尼比。

思考与练习

1. 什么是传感器？它是如何构成的？它的作用是什么？
2. 结合实际说明传感器在日常生活或工业生产中的重要地位。
3. 什么是传感器的静态特性？什么是传感器的动态特性？衡量传感器静态特性的主要参数有哪些？
4. 为什么要对传感器进行标定？什么是静态标定？说明传感器静态标定的方法。

第2章　温度测量传感器

本章要点

- 电阻式、热电偶、红外以及集成式等温度测量传感器结构与工作原理
- 温度测量传感器的特性参数、测量电路与补偿方法
- 温度测量传感器性能及应用范围比较
- 温度测量传感器接口与应用实例

温度测量传感器是应用最广的测量传感器，它的种类很多。本章按照传感器的工作原理，分别介绍电阻式温度传感器、热电偶温度传感器及集成温度传感器的工作原理、特性、误差及补偿方法、应用实例等内容。此外，还介绍了非接触式的红外测温技术及应用。

2.1　电阻式温度传感器

电阻式温度传感器是利用导体或半导体的电阻率随温度变化而变化的原理制成的，实现了将温度变化转化为元件电阻的变化，对温度以及与温度有关的参数进行测量。按照其制造材料来分，电阻式温度传感器可分为金属热电阻（简称热电阻）及半导体热电阻（简称热敏电阻）两大类。下面分别对这两种热电阻进行介绍。

2.1.1　金属热电阻

1. 金属热电阻材料的特点

金属热电阻是利用金属材料的电阻值随温度变化而变化这一特性进行温度测量的，大多数金属的电阻阻值随温度变化而变化，但是作为测量用的热电阻材料必须具备以下特点：

- 具有高温度系数和高电阻率，这样在同样的测试条件下可提高测量灵敏度，减小传感器的体积和重量。
- 在较宽的测量范围内具有稳定的物理和化学性质，以保证在规定的测量范围内测量结果准确无误。
- 具有良好输出特性，电阻阻值与温度之间具有线性或近似线性关系的特性曲线。
- 具有良好的工艺性，以便于批量生产，降低成本。

能满足上述条件的金属导体材料有：铂、铜、铁和镍。最适合作为热电阻的材料是铜和铂，其中铂电阻的测温范围更大。

2. 常用金属热电阻

（1）铂电阻

铂电阻电阻值与温度的关系如下。

在0～660℃范围内：

$$R_t = R_0(1 + At + Bt^2) \tag{2-1}$$

在－190～0℃范围内：

$$R_t = R_0[1 + At + Bt^2 + C(t - 100)t^3] \tag{2-2}$$

式中，R_t 和 R_0 分别是 t℃和 0℃时的电阻值；t 为任意温度；A、B、C 为常数，$A = 3.96847 \times 10^{-3}/℃$，$B = -5.847 \times 10^{-7}/℃^2$，$C = -4.22 \times 10^{-12}/℃^4$。

由式（2-1）和式（2-2）可知，要确定电阻 R_t 与温度 t 的关系，首先要已知 R_0 的数值，R_0 不同时，R_t 与 t 的关系不同。

工业用的铂电阻体，一般由直径 0.03～0.07mm 的纯铂丝绕在平板形支架上，通常采用双线电阻丝，用银导线作引出线。

铂易提纯，在高温和氧化性介质中，其物理、化学性能很稳定，输出/输入特性接近线性，测量精度高。因此，它广泛用作工业测温元件和作为测温标准元件，国际标准 IPTS—68 规定，在 -259.34～630.74℃的温度范围内，以铂电阻温度计作为基准器。

目前常用的工业用铂电阻的 R_0 值有 10Ω、100Ω、500Ω 和 1000Ω 四种。将铂电阻的 R_t 与 t 的关系列成的表格，称为铂电阻分度表，分度号分别用 Pt10、Pt100、Pt500 和 Pt1000 表示。分度表的作用是简化热电阻的测温过程，不必进行复杂的数学运算，查表就能直接得到被测温度值。

（2）铜电阻

由于铂是贵金属，一般在测量精度不太高、测量范围不大的情况下，可以采用铜电阻来代替铂电阻，这样可以在满足精度要求的条件下，降低成本。

在 -50～150℃范围内，铜电阻与温度的关系为：

$$R_t = R_0(1 + At + Bt^2 + Ct^3) \tag{2-3}$$

式中，R_t 和 R_0 分别是 t℃和 0℃时的电阻值；t 为任意温度；A、B、C 为常数，$A = 4.28899 \times 10^{-3}/℃$，$B = -2.133 \times 10^{-7}/℃^2$，$C = 1.233 \times 10^{-9}/℃^3$。

铜容易提纯，在 -50～+150℃范围内，其物理、化学性能稳定，输出-输入特性接近线性，且价格低廉。铜电阻的缺点是电阻率较低，仅为铂电阻的 1/6 左右；电阻的体积较大，热惯性也较大，当温度高于 100℃时易氧化。因此，铜电阻只适于在温度较低和没有侵蚀性的介质中工作。

常用的工业用铜电阻的 R_0 值有 50Ω 和 100Ω 两种，其分度号分别用 Cu50 和 Cu100 表示。

3. 热电阻主要参数

1）热电阻分度表与分度号。在工业上，将热电阻的 R_t 值与温度 t 的对应关系列成的表格称为热电阻分度表。制成电阻的金属材料加上标称电阻值即为其分度号。例如，Cu50、Pt100 等。

2）允许偏差。允许偏差即热电阻实际的电阻值与温度关系偏离分度表的允许范围。

3）热响应时间。当温度发生阶跃变化时，热电阻的电阻值变化至相当于该阶跃变化的某个规定百分比所需要的时间，称为热响应时间，通常以 τ 表示。一般记录变化 50% 或 90% 的响应时间分别为 $\tau_{0.5}$ 与 $\tau_{0.9}$。热电阻的响应时间不仅与结构、尺寸、材质有关，还与被测介质的散热系数、比热容等因素有关。

4）额定电流。额定电流是指在测量电阻值时，允许在元件中连续通过的最大电流，一般为 2～5mA。限制额定电流是为了减少热电阻自热效应引起的误差，对热电阻元件都规定了额定电流。

表 2-1 和表 2-2 分别给出铂电阻和铜电阻的部分技术参数。

表 2-1　铂电阻的部分技术参数

名　称	等　级	分度号	测温范围/℃	允许偏差/℃
铂热电阻	A	Pt10	-200 ~ 850	±（0.15 + 0.002 | T |）
		Pt100		
	B	Pt10		±（0.30 + 0.005 | T |）
		Pt100		

表 2-2　铜电阻的部分技术参数

名　称	分度号	测温范围/℃	允许偏差/℃	0℃时电阻值/Ω
铜热电阻	Cu50	-50 ~ 150	±(0.30 + 0.006|T|)	50.000 ± 0.050
	Cu100			100.00 ± 0.10

注：|T| 为温度的绝对值（℃）。

4. 使用注意事项

工业上广泛应用金属热电阻进行 200 ~ 600℃ 范围的温度测量。在使用时需要注意以下问题：

（1）自热误差

在使用金属热电阻测量温度时，电阻要消耗一定的电功率，这会引起电阻值的变化，从而带来测量误差。所以在使用中应尽量减小由于电阻器通电产生的自热而引起的误差，一般采取限制电流的办法，通常允许通过电流应小于 5mA。

（2）引线误差

由于热电阻感温元件到接线端子、接线端子到处理电路都需要连接引线，引线本身的电阻及接触电阻相对于较低阻值的热电阻，是不可忽略的。一方面它们会影响热电阻的零位值，另一方面它们是随温度变化的，会带来不确定的测量误差。因此，测量电阻的引线通常采用三线式或四线式接法。

2.1.2　半导体热敏电阻

半导体热敏电阻是利用半导体材料的电阻值对温度极为敏感的特性而制成的测温敏感元件。

1. 热敏电阻的特点及分类

（1）热敏电阻的特点

- 灵敏度高。热敏电阻温度系数的绝对值比金属热电阻大 10 ~ 100 倍。
- 电阻值高。它的标称电阻值有几欧到十几兆欧之间的不同规格。因此，在使用热敏电阻时，一般不必考虑引线电阻的影响。
- 结构简单。热敏电阻可根据使用要求加工成各种形状，特别是能够做到小型化，目前的珠状热敏电阻的直径仅为 0.2mm。
- 体积小，热惯性小，响应时间短，响应时间通常为 0.5 ~ 3s。
- 化学稳定性好，力学性能好，价格低廉，使用寿命长。
- 缺点是阻值与温度呈非线性关系，且互换性差。

（2）热敏电阻的分类

1）正温度系数热敏电阻（PTC）。电阻值随温度升高而增大的热敏电阻称为正温度系数热敏电阻。它的主要材料是掺杂的 $BaTiO_3$ 半导体陶瓷。

2）负温度系数热敏电阻（NTC）。电阻值随温度升高而下降的热敏电阻称为负温度系数热敏电阻。它的主要材料是 Mn、Co、Ni、Fe 等金属氧化物半导体。

3）临界温度系数热敏电阻（CTR）。该类电阻的电阻值在某特定温度范围内随温度升高而急剧降低 3 ~4 个数量级，即具有很大的负温度系数。其主要材料是 VO_2，并添加一些金属氧化物。

2. 热敏电阻的主要参数

（1）标称电阻值 R_{25}

标称电阻值是环境温度为 25℃时热敏电阻的阻值，又称为冷电阻。

（2）电阻温度系数 α_t（%/℃）

电阻温度系数是指在某温度下，热敏电阻的电阻值随温度的变化率与它的电阻值之比。α_t 决定了热敏电阻在全部工作温度范围内的温度灵敏度。

（3）耗散系数 δ（mW/℃）

耗散系数是热敏电阻器温度变化 1 ℃所耗散的功率。在工作温度范围内，当环境温度变化时，δ 值的大小与热敏电阻的结构、形状和所处介质的种类及状态有关。

（4）材料常数 B（K）

材料常数是表征负温度系数热敏电阻材料物理特性的常数。一般，材料常数 B 越大，则电阻值越大，绝对灵敏度越高。在工作温度范围内，材料常数的值并不是一个常数，而是随温度的升高略有增加的。

（5）时间常数 τ

时间常数定义为热容量 C 和耗散系数 δ 之比，其数值等于热敏电阻器在零功率测量状态下，当环境温度突变时热敏电阻的温度从开始到最终温度的 63. 2% 所需的时间。

3. 热敏电阻的主要特性

（1）热敏电阻的电阻-温度特性

热敏电阻的电阻-温度特性曲线如图 2-1 所示，图中的曲线 1、2、3、4 分别为 NTC 型、CTR 型、PTC 型热敏电阻和铂的电阻温度特性曲线。由图 2-1 可见，热敏电阻的灵敏度优于铂电阻，而线性度则远不如铂电阻。

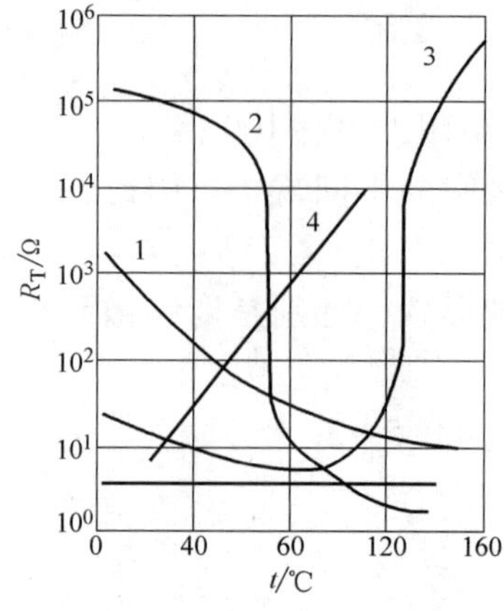

图 2-1　热敏电阻的电阻-温度特性曲线

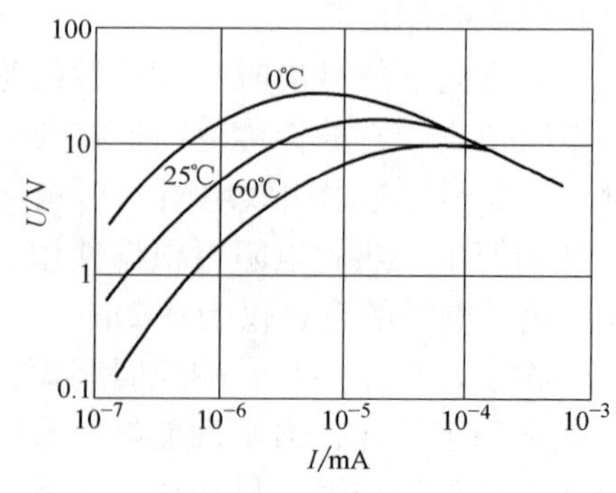

图 2-2　NTC 热敏电阻伏安特性曲线

（2）热敏电阻的伏安特性

热敏电阻的伏安特性表示在热敏电阻和周围介质热平衡（即加在元件上的电功率和耗散功率相等）时，加在热敏电阻两端的电压和通过热敏电阻中电流之间的关系。

图 2-2 所示为 NTC 型热敏电阻在不同温度下的伏安特性曲线。

4. 热敏电阻命名方法及常用热敏电阻

根据标准 SJ1152-82《敏感元件型号命名方法》的规定，热敏电阻产品型号命名方法如表 2-3 所示。

表 2-3　热敏电阻型号命名方法

第一部分：主称		第二部分：类别		第三部分：用途		第四部分：序号
字母	含义	字母	含义	数字	含义	
M	敏感电阻	M	PTC	0		本部分由数字表示，不同企业之间的命名方法有所区别，通常包括标称值、B 值、允许偏差及外形等
				1	普通	
				2	限流	
				3		
				4	延迟	
				5	测温	
				6	控温	
				7	消磁	
				8		
				9	恒温	
		F	NTC	0	特殊	
				1	普通	
				2	稳压	
				3	微波测量	
				4	旁热式	
				5	测温	
				6	控温	
				7	抑制浪涌	
				8	线性	
				9		

例如，MF52B 103G 3380 表示型号为珠状精密型 NTC 热敏电阻，B 型结构，引线为漆包线，标称阻值 10kΩ，允许偏差 ±2%（F：1%，G：2%，H：3%，J：5%），B 值为 3380。表 2-4 给出常用热敏电阻主要参数。

表 2-4　常用热敏电阻主要参数

型　号	标称值 R_{25}	B 值	耗散系数 /（mW/℃）	额定功率 /mW	时间常数 /s	工作温度 /℃
MF11	3.3Ω～33kΩ	2700～4050	≥6	500	≤30	－55～125
MF12	6.8kΩ～5000kΩ	4250～5050	≥6	500	≤30	－55～125

（续）

型　号	标称值 R_{25}	B 值	耗散系数 /（mW/℃）	额定功率 /mW	时间常数 /s	工作温度 /℃
MF52	1kΩ ~ 1000kΩ	3100 ~ 4500	≥2	≤50	≤15	-55 ~ 125
MF58	1. 5kΩ ~ 1388kΩ	3920 ~ 4600	≥2	≤50	≤20	-55 ~ 200
MF72	0. 7 ~ 400Ω		≥6		≤35	-55 ~ 200

2.1.3　电阻式温度传感器的测量电路

用于测量电阻的仪器种类繁多，它们的准确度、测量速度、连接电路各不相同。实际使用时，可根据测量对象的要求，选择适宜的仪器或测量电路。对于精密测量，常选用电桥或电位差计，此时的电桥都是平衡电桥。平衡电桥适合于高精度测量，但是平衡速度慢，且不适合于现场工作。因此，对于工业应用，多采用适用于数字仪表测量的不平衡电桥。图 2-3a 为基本直流电桥，图 2-3b 为惠斯顿电桥。

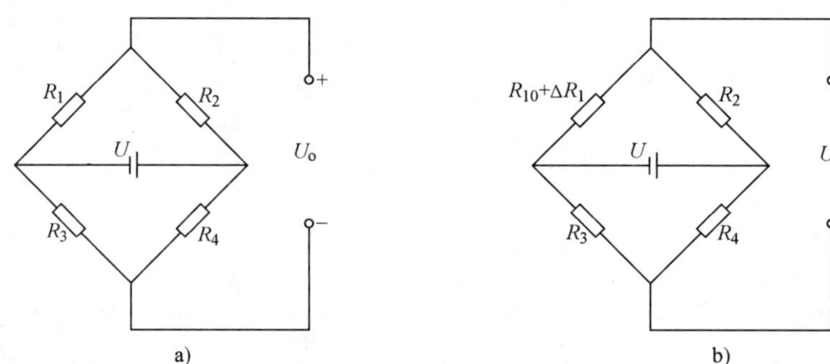

图 2-3　不平衡直流电桥

a）基本直流电桥　b）惠斯顿电桥

下面主要讨论不平衡电桥。

1. 不平衡直流电桥

不平衡直流电桥的输出电压通常很小，一般电桥后面需接放大器进行电压放大，由于放大器的输入阻抗比电桥的内阻要高很多，因此，在分析电桥时可以认为电桥的输出端为开路状态，则电桥的输出电压为

$$U_o = \frac{R_1R_4 - R_2R_3}{(R_1 + R_2)(R_3 + R_4)}U \tag{2-4}$$

当电桥为单臂工作时，如图 2-3b 所示，设初始状态时电桥达到平衡，输出电压 $U_o = 0$。此时电桥上的各电阻的阻值分别为 R_{10}、R_{20}、R_{30}、R_{40}，并满足 $R_{10}R_{40} = R_{20}R_{30}$。即电桥的平衡条件为 $R_{20}/R_{10} = R_{40}/R_{30}$。

假设 R_1 为敏感元件，且 $R_1 = R_{10} + \Delta R_1$，其他电阻均保持不变。在这种情况下，桥路不平衡输出电压为

$$U_o = \left[\frac{R_{10} + \Delta R_1}{R_{10} + \Delta R_1 + R_{20}} - \frac{R_{30}}{R_{30} + R_{40}}\right]U \tag{2-5}$$

设桥臂比 $n = R_{20}/R_{10}$，由于 $\Delta R_1 < < R_1$，分母中 $\Delta R_1/R_1$ 可忽略，并考虑到平衡条件，

则上式可写为

$$U_o = \frac{n}{(1+n)^2}\frac{\Delta R_1}{R_1}U \tag{2-6}$$

式中桥路输出电压与 U_o 和敏感元件相对变化量 $\Delta R_1/R_1$ 成正比，但是该式是在忽略分母中的 $\Delta R_1/R_1$ 情况下得到的。因此可知，单臂不平衡直流电桥输出电压与敏感元件相对变化量的线性关系是有条件的。其非线性度约为5%左右。

2. 不平衡电桥电压灵敏度

如果将电桥电压灵敏度定义为 $K_u = \frac{U_o}{\Delta R_1/R_1}$，从定义式可见，对于相同的敏感元件相对变化量 K_u 越大，电桥的输出电压就越高。由式（2-6）可得

$$K_u = \frac{U_o}{\frac{\Delta R_1}{R_1}} = \frac{n}{(1+n)^2}U \tag{2-7}$$

由式（2-7）可知：

1）电桥电压灵敏度正比于电桥供电电压，供电电压越高，电桥电压灵敏度越高，但供电电压的提高受到应变片允许功耗的限制，所以要作适当选择。

2）电桥电压灵敏度是桥臂电阻比值 n 的函数，恰当地选择桥臂比 n 的值，可保证电桥具有较高的电压灵敏度。

3. 测量电阻接线方式

由于常用的金属热电阻的阻值不高，所以在使用热电阻测量时，引线电阻和接触电阻都不可避免地带来测量误差。为减小测量过程中引线带来的附加误差，根据测量情况可将电阻引线方式分为3种。

（1）两线制

在热电阻感温体的两端各连一根导线的引线形式为两线制。该方式简单，但是引线电阻及引线电阻的变化会带来附加误差。因此，两线制适用于引线不长，测温精度要求较低的场合。

（2）三线制

在热电阻感温体的一端连接两根引线，另一端连接一根引线，这种方式称为三线制。当热电阻与电桥配套使用时，这种方式可以较好地消除引线的影响，提高测量精度。所以，工业热电阻多半采用三线制方法。如图2-4a所示为用于电桥测量的三线制电阻接线方式。

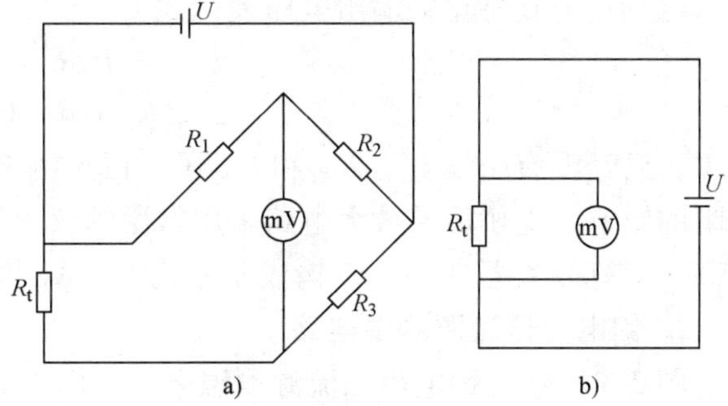

图2-4　热电阻的引线方式

a）三线制　b）四线制

（3）四线制

在热电阻感温体的两端各连两根导线的引线形式称为四线制，如图2-4b所示。这种方式主要用于高精度温度检测。其中两根引线为热电阻提供恒流源，在热电阻上产生的压降通过另两根引线引至电位差计进行测量。这种方式能够完全消除引线电阻对测量的

影响。

2.1.4 工业热电阻命名方法

工业上使用的热电阻通常是装配式热电阻，它由感温元件、安装固定装置和接线盒组成。表 2-5 给出装配热电阻的命名方法。

表 2-5　装配热电阻型号命名方法

第一部分：主称		第二部分：类别		第三部分：结构							
字母	含义	字母	含义	数字	含义	数字	含义	数字	含义	数字	含义
						1	无固定装置				
						2	固定螺纹				
		P	铂电阻	2	双支偶丝	3	活动法兰	2	防喷式接线盒	0	保护管直径：ϕ16mm
						4	固定法兰				
WZ	热电阻温度仪表					5	活络管接头				
						6	固定螺纹锥式				
		C	铜电阻		单支偶丝	7	直形管接头	3	防水式接线盒	1	保护管直径：ϕ12mm
						8	固定螺纹管接头				
						9	活动螺纹管接头				

2.1.5 电阻式温度传感器的应用

1. 三线桥式测温电路

三线桥式测温电路如图 2-5 所示。该电路测温元件选择金属热电阻，测量电路采用不平衡电桥和仪表放大器。不平衡电桥由高精度电阻 $R_1 \sim R_3$ 与铂热电阻 R_t 组成。热电阻采用三线方式连接，R_{W1}、R_{W2}、R_{W3}是连接导线等效电阻。电源 U_c 为测量桥路提供工作电流。从图 2-5 中可见，由于 R_{W1}、R_{W2}的存在使得电桥桥臂发生了变化，R_{W1}和 R_t 组成一个桥臂，R_{W2}和 R_3 组成另一个桥臂。因为电缆线的型号和长度相同，R_{W1}和 R_{W2}相等，根据式（2-4）可以得到这个新桥路的输出电压表达式为

$$U_o \approx \frac{R_1 R_3 - R_2 R_t}{(R_1 + R_2)(R_3 + R_t)} U_c \tag{2-8}$$

式中，已经没有引线电阻 R_{W1}和 R_{W2}了，可见测温电桥中铂电阻采用三线方式可以消除引线电阻的影响。电桥后的放大电路采用常用的仪表用放大器，其特点是输入阻抗高、共模抑制比高。运算放大器 A_1 和 A_2 构成差分放大，A_3 将双端输入转换成单端输出。

2. 铂电阻恒流源测温电路

图 2-6 所示为铂电阻恒流源测温电路。图 2-6 中 A_1、U_r、R_t、RP_1 等组成了恒流源电路，U_r 为热电阻 R_t 提供工作电流。U_r 为 2V 的基准电压，作为恒流源的基准。R_t 采用标称值为 1kΩ 的铂热电阻。

通过 RP_1 将同相端电位调整为 1V，此时，流经 R_t（单位：kΩ）的电流是 1mA，则 $e_1 = 1\text{V} - 1\text{mA} \times R_t$（kΩ）。当温度在 0℃ 以上时，$e_1$ 为负值。根据式（2-1）$R_t = R_o(1 + At + Bt^2)$，其中，R_t 和 R_o 分别是 t℃ 和 0℃ 时的电阻值，t 为任意温度，A、B 为常数，$A =$

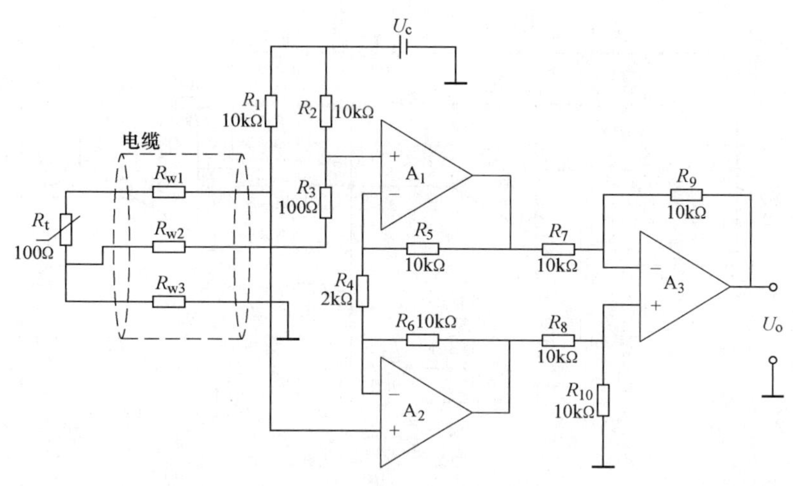

图 2-5　铂电阻桥式测温电路

3.96847 × 10^{-3}/℃，B = −5.847 × 10^{-7}/℃²，可知在 0 ~ 500℃温度变化范围内，e_1 有 3.618mV/℃的温度灵敏度，它是热电偶的 50 倍以上。同时可知温度范围越大，其温度灵敏度越低。

A_2 的作用是将 e_1 的值反相放大，使其对应于温度 0 ~ 500℃范围变化，输出电压为 0 ~ 5V，即灵敏度为 10mV/℃。

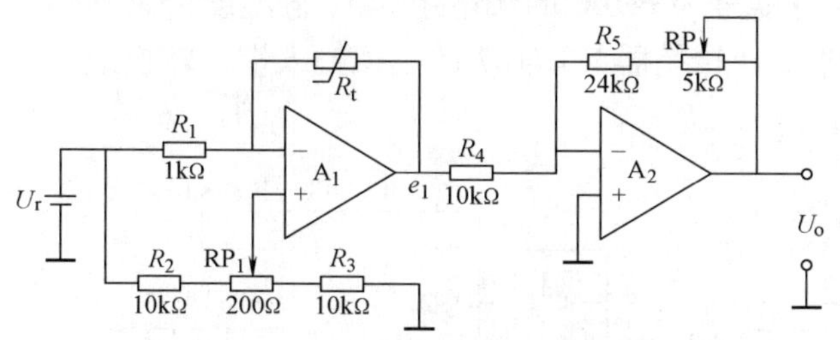

图 2-6　铂电阻恒流源测温电路

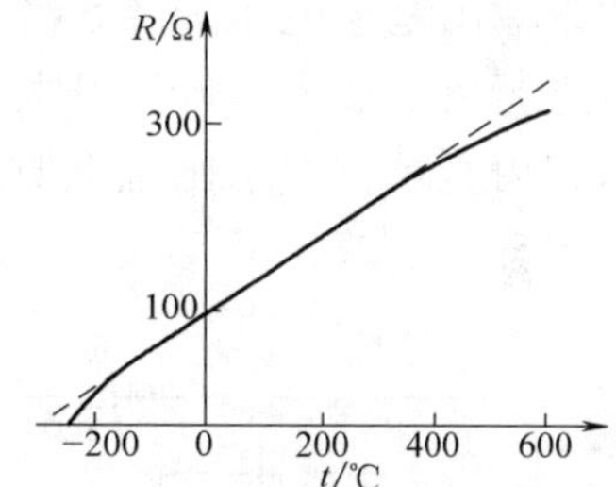

图 2-7　铂电阻的温度特性曲线

3. 铂电阻线性化电路

铂电阻具有非线性，在不同的测温范围内非线性误差数值不同。图 2-7 为铂电阻的温度特性曲线，由图中可见，铂电阻在温度低时灵敏度高，在高温下灵敏度降低，而且测温范围越宽，非线性误差越大。铂电阻在测温范围为 100℃时，非线性误差为 0.4%；在测温范围为 200℃时，非线性误差为 0.7%；在测温范围为 500℃时，非线性误差为 2%。因此，在进行高精度温度测量时，需要对铂电阻的非线性误差进行补偿。

如图 2-8 所示为铂电阻线性化测温电路。在该电路中，A_1 与 A_3 构成线性化电路。2V 的基准电压 U_r 为铂电阻提供恒定的工作电流，电流值为 2mA。运算放大器 A_1 和 A_3 构成正反馈闭环放大电路，采用这种正反馈电路的目的是实现线性化，以消除传感器的非线性误差。放大器 A_3 将传感器输出电压 e_1 反馈到 A_1 的输入端，由于 A_3 工作在反相放大状态，因此，形成了正反馈。这样做的结果，使得在满刻度附近放大倍数增加得更多一些，而使在 0℃附近放大倍数几乎不增加，由此实现了比较好的线性化。

A_2 的作用是使温度为 0℃时，测温电路的输出电压为 0。RP_1 用于调整反馈的深度，

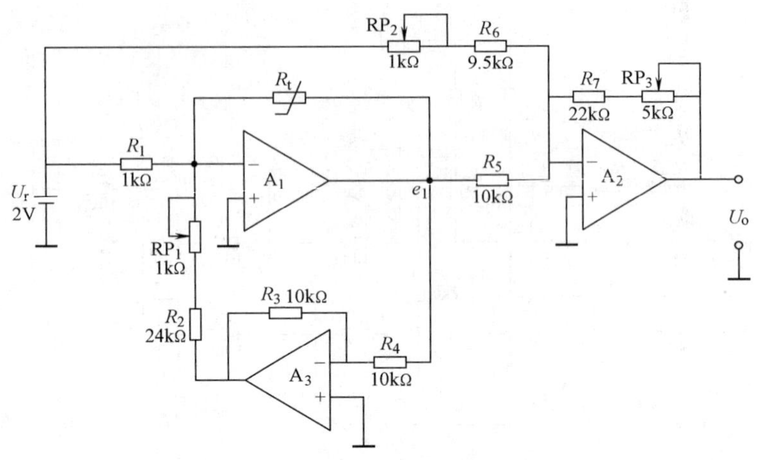

图 2-8　铂电阻线性化测温电路

RP_2 调整电路的零点，RP_3 调整输出电压的满度值。

经过线性化后的铂电阻测温电路，将测量的非线性误差由原来的 2% 降低到 0.1% 。

4. 铂电阻温度控制仪电路

图 2-9 所示为铂电阻温度控制仪电路。它主要由温度检测、A/D 转换、非线性校正、温度设定和温度控制等部分组成。A_1、TL431、R_t 等构成了铂电阻恒流源测温电路，TL431 是基准电压源，输出基准电压为 2.5V，R_t 采用分度号为 Pt100 的铂电阻。A_2 将温度传感器感受到的信号进行反向放大后经过开关 SA 送到 A/D 转换器 ICL7107 的模拟输入端，转换成为数字信号后，由显示器显示出温度测量结果。

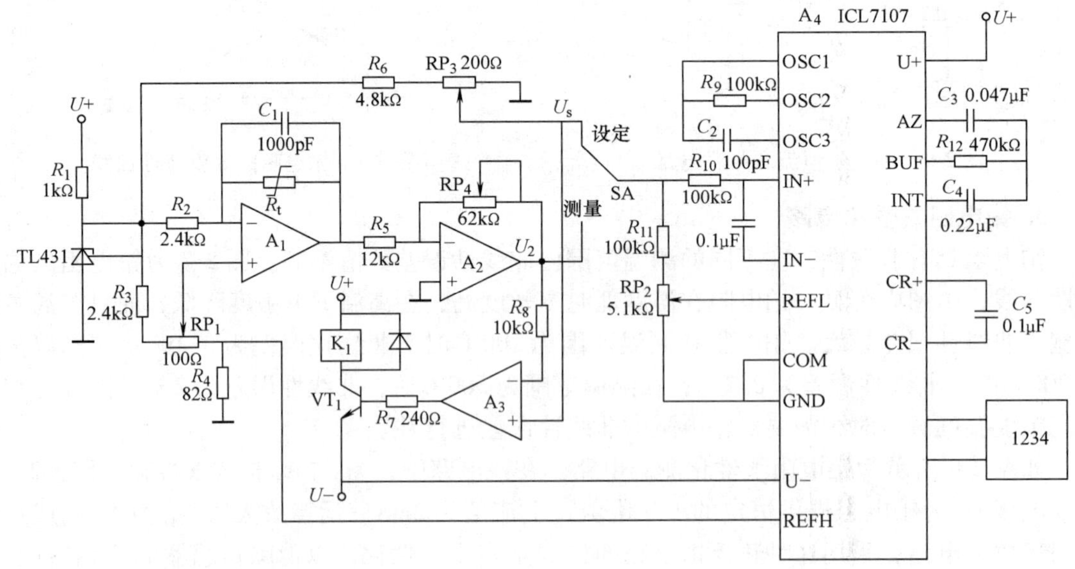

图 2-9　铂电阻温度控制仪

由于铂电阻具有非线性，本电路中巧妙地利用了 A/D 转换器的转换特性来进行高精度的非线性补偿。A/D 转换器的分辨力为 $U_{REF}/2^N$，U_{REF} 为 A/D 转换器的基准电压，N 为 A/D

转换器的二进制位数。可见，A/D 转换器的分辨率与其基准电压成反比，而分辨率高，它的灵敏度就高。

ICL7107 的基准电压加在芯片的基准输入电压负端（REFL）和正端（REFH）之间。本电路在工作时，ICL7107 的 REFL 电位随输入信号变化，当被测温度较低时，REFL 端电位较低，由于 REFH 电位固定，故基准电压较大，此时 A/D 转换器“灵敏度”较低；当被测温度较高时，REFL 端经分压后获得的电位较高，使 ICL7107 参考电压较小，此时 A/D 转换器“灵敏度”较高。这样，A/D 转换器的转换特性刚好与铂电阻温度灵敏度关系相反，合理调整 RP_2 值，可以较好地补偿铂电阻的非线性。理论与实践证明，这种非线性校正可以使温度测控仪的测温非线性误差小于 0.1%。

当开关 SA 置于“设定”位置时，仪器进入温度设定状态。此时，电压 U_s 加到 A/D 转换器的输入端，该电压由电位器 RP_3 和电阻 R_6 分压得到，作为控温继电器 K_1 动作的参考电压。调整 RP_3 可以改变设定温度值，此时仪表显示值就是设定的恒温值。“设定”工作完成后，将开关 SA 置回到“测量”位置，仪器进入测温、控温状态。

温度控制部分是将检测电路输出电压值与设定电压值进行比较，当 A_2 输出电压 U_2 小于温度设定值 U_s 时，A_3 输出高电平，VT_1 导通，K_1 动作，加热源接入，继续加热。当 A_2 输出电压 U_2 大于温度设定值 U_s 时，A_3 输出低电平，VT_1 截止，K_1 不动作，将加热源切断，停止加热。可见，比较器 A_3 对测量电压与设定电压比较的结果决定了执行机构的状态，实现将温度值控制在设定值上。

5. 带有自动监视功能的温度控制器电路

图 2-10 是带有自动监视功能的温控器电路。主要由热敏电阻 R_t 测温电路、运算放大器和与非门组成。测温电路由 R_t、R_1 和 RP_1 组成；LM324 的 4 个运算放大器中，A_1、A_3、A_4 为电压比较器，A_2 为电压跟随器；与非门 CH4011 组成振荡器，驱动蜂鸣器发出报警声。

运算放大器 A_1、热敏电阻 R_t、电阻 R_1 和 RP_1 组成温度检测与比较电路。当被检测温度低于电位器 RP_1 设定的温度值时，R_t 阻值增大，A_1 的同相输入端电位高于反相输入端电位，A_1 输出高电平，经电压跟随器 A_2 隔离后驱动 VT_1 和 VT_2 导通，使加热器 R_L 接通 18V 直流电压加热，同时加热指示灯 VL_2 发光，显示温控器处于加温状态。随着温度升高，R_t 阻值不断减小，当被检测实际温度高于设定的温度值时，R_t 阻值减小到使 A_1 的同相输入端电压低于反相输入端电压，此时 A_1 输出低电平，使 VT_1 和 VT_2 截止，加热器 R_L 停止加热，同时 VL_1 发光，显示温控器处于恒温状态。

运算放大器 A_3、A_4、指示灯 VL_3 和 VL_4 构成温控状态监视电路。电路正常工作时，在加热状态下 a 点和 b 点的电位同为高电平，在恒温状态下它们都为低电平。同样 c 点和 d 点在加热状态下同为高电平，在恒温状态下同为低电平，即正常工作时，c 点和 d 点电平相同。因此，在正常工作状态下（加热和恒温）报警指示 VL_3 和 VL_4 均不发光。

$VD_1 \sim VD_4$ 组成一个整流桥，它将 c 点和 d 点之间的电压整流成为固定极性的直流输出电压，为振荡电路和蜂鸣器提供直流工作电压。当电路工作在正常状态时，c 点和 d 点电平相同时，整流桥输出电压为零，振荡电路不工作，无报警信号。只有当电路工作状态异常时，c 点和 d 点电平不相同，整流桥输出电压为振荡电路供电，振荡器起振，报警电路工作，发出声音报警信号。c 点和 d 点电平不同，又使 VL_3 或 VL_4 发出灯光报警信号，R_7 为 VL_3、VL_4 的限流电阻。

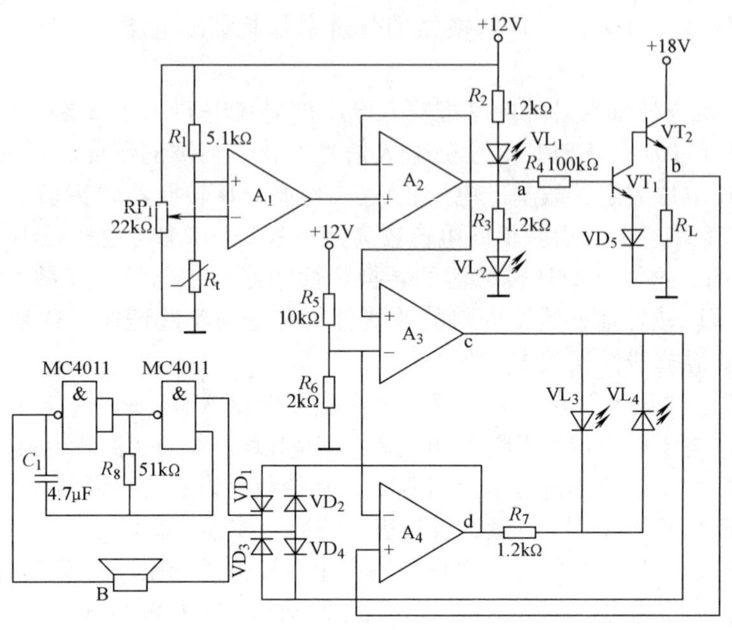

图 2-10　带有自动监视功能的温控器电路

2.2　热电偶

热电偶是基于热电效应原理的测温传感器，它具有测量精度高、测量范围宽、构造简单、使用方便等优点。热电偶是工业上最常用的温度检测元件之一。

2.2.1　工作原理及基本定律

1. 工作原理

将两种不同的导体 A 和 B 串接成一个闭合回路，若导体 A 和 B 的两接点处的温度不同，两者之间便产生电动势，这种现象称为热电效应。由此效应产生的电动势，通常称为热电动势。热电偶就是利用这一效应来工作的。

热电偶的结构如图 2-11 所示，由导体 A 和 B 组成的热电偶回路，材料 A 和 B 称为热电极；接点 T 端称为测量端或工作端；另一个接点 T_0 称为参考端或冷端、自由端。可以证明，如果材料 A、B 确定，当温度 $T > T_0$ 时，则回路的总的热电动势表示为：

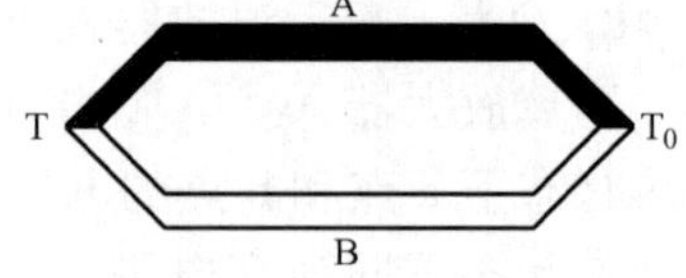

图 2-11　热电偶原理图

$$E_{AB}(T,T_0) = f(T) - f(T_0) \quad (2\text{-}9)$$

即热电动势的大小只与热电偶两端接电的温度有关，如果 T_0 已知且恒定，则 f（T_0）为常数，总回路热电动势 E_{AB}（T，T_0）只是工作端温度 T 的单值函数。

结论：

1）若热电偶两电极材料相同，则无论两接点温度如何，回路总电动势为零。

2）若热电偶两接点温度相同，即使 A 和 B 材料不同，回路总电动势为零。

3）热电动势的大小只与热电极的材料和两端温度有关，与热电偶的几何尺寸、形状等无关。

4）同样材料的热电极，其温度和电动势的关系是一样的，因此，热电极材料相同的热电偶可以互换。

2. 基本定律

（1）中间导体定律

在热电偶电路中接入第三种导体C，只要导体C两端温度相等，则热电偶回路产生的总热电动势不变。根据该定律可知，当利用热电偶测温时，可将连接导线视为中间导体，只要保证其两端温度相同，则对测量结果没有影响。中间导体定律如图2-12所示。

（2）中间温度定律

一只热电偶AB两节点的温度分别为T和T_0，则它所产生的热电动势等于节点温度分别为T、T_n和T_n、T_0的两只性质相同的热电偶所产生的热电动势的代数和，用公式表示为

$$E_{AB}(T,T_0)=E_{AB}(T,T_n)+E_{AB}(T_n,T_0) \tag{2-10}$$

式中，T_n为中间温度。

根据该定律可知，当测量冷端温度不为零度时，可以根据式（2-10）计算出被测温度。中间温度定律为制定热电偶分度表奠定了理论基础。

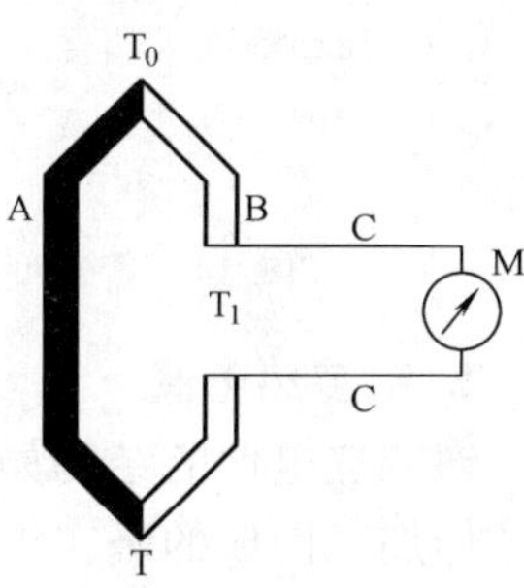

图2-12　中间导体定律

（3）参考电极定律

当热电偶回路的两个节点温度为T和T_0时，用导体AB组成的热电偶的热电动势等于热电偶AC和热电偶CB的热电动势的代数和，即

$$E_{AB}(T,T_0)=E_{AC}(T,T_0)+E_{CB}(T,T_0) \tag{2-11}$$

导体C称为标准电极，这一规律称为参考电极定律。标准电极C通常用纯铂丝制成，因为铂的物理和化学性能稳定，易提纯，熔点高。如果已求出各种热电极对铂电极的热电动势值，就可以用参考电极定律，求出其中任意两种材料配成热电偶后的热电动势值。

参考电极定律如图2-13所示。

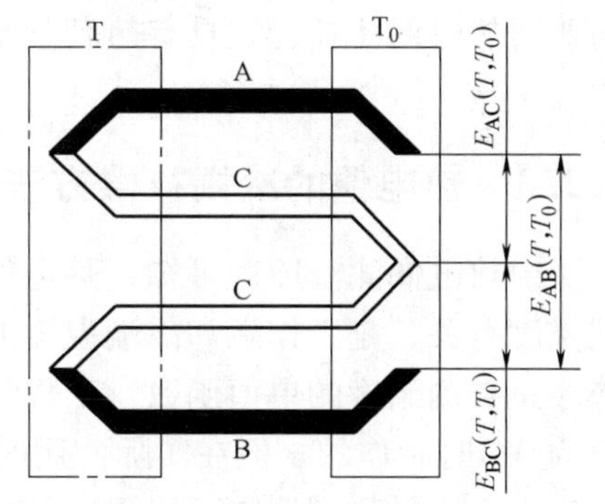

图2-13　参考电极定律

【例2.1】 S型热电偶在工作时自由端温度T_0=30℃，现测得热电偶电动势为7.5mV，求被测介质实际温度。

解： 由题意可知，热电偶测得的电动势为E（T，30），即E（T，30）=7.5mV，其中T为被测介质实际温度。

由分度表可查到E（30，0）=0.173mV，则

$$E(T,0)=E(T,30)+E(30,0)=(7.5+0.173)\text{mV}=7.673\text{mV}$$

再通过分度表可查出与其对应的实际温度为830℃。

2.2.2　热电偶结构

1. 普通型热电偶

普通型结构的热电偶在工业中使用最多，主要用于测量气体、蒸汽和液体等介质的温度，可根据测量条件和测量范围来选用。为了防止有害介质对热电极的侵蚀，工业用的热电偶一般都有保护套。普通型热电偶结构如图 2-14 所示。绝缘套管用来防止电极短路，其材料要根据使用的温度范围和绝缘要求确定，常用的材料为氧化铝和耐火陶瓷。不锈钢套管是为了将电极与被测对象隔离开，以防止受到化学腐蚀或机械损伤。对保护套管的要求是热传导性好、热容量小、耐腐蚀并且具有一定的机械强度。

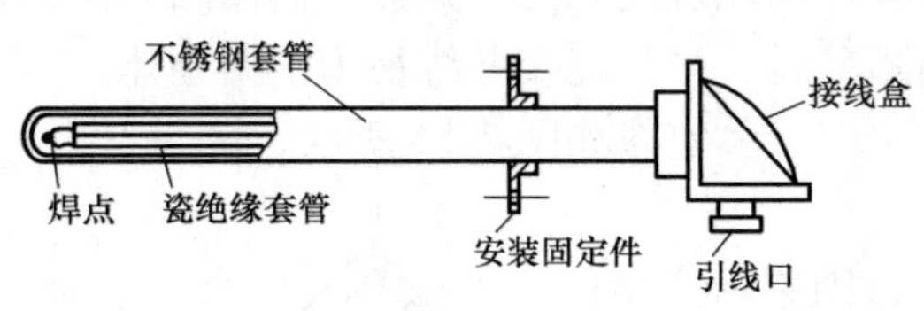

图 2-14　普通型热电偶结构

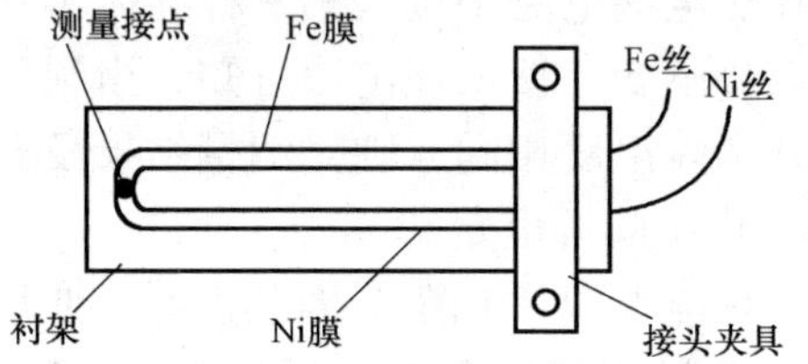

图 2-15　铠装热电偶结构

2. 铠装热电偶

铠装热电偶的结构如图 2-15 所示，它是将热电极、绝缘材料和金属保护管组合在一起，经拉伸加工而成的坚实组合体。它具有很大的可挠性，其最小弯曲半径通常是热电偶直径的 5 倍。此外，它还具有热容量较小、动态响应较快、强度高、寿命长及适应性强等优点，适用于结构复杂部位的温度测量，因此，在工业中得到了广泛的应用。

3. 薄膜热电偶

薄膜热电偶是一种先进的测量瞬变温度的传感器。它是由两种薄膜热电极材料，用真空蒸镀、化学涂层等方法蒸镀到绝缘基板上面制成的一种特殊热电偶。它的测温原理与普通丝式热电偶相似，由于薄膜热电偶的热接点多为微米级的薄膜（电极厚度为 0.01 ~0.1μm），与普通热电偶比较，它具有热容量小、响应迅速等特点，所以能够准确地测量瞬态温度的变化。

2.2.3　热电偶的冷端补偿方法

由热电偶测温原理可知，热电偶的热电动势的大小不仅与工作端的温度有关，而且与冷端温度有关，是工作端和冷端温度的函数差。只有当热电偶的冷端温度保持不变时，热电动势才是被测温度的单值函数。工程技术上使用的热电偶分度表中的热电动势值是根据冷端温度为 0℃ 时制作的。但在实际使用时，由于热电偶的工作端与冷端离得很近，冷端又暴露于空气中，容易受到周围环境温度的影响，因而冷端温度很难保持恒定。通常采取如下方法进行温度补偿。

1. 补偿导线法

在实际工作中，随着工业生产过程自动化程度的提高，通常要求把温度测量信号从现场传送到集中控制室里，或者由于显示仪表不能安装在被测对象的附近，而需要通过连接导线将热电偶延伸到温度恒定的场所，这使得该对导线和热电偶组成的回路产生的热电动势为 $E(T, T_0)$。这对导线称为“补偿导线”，显然这对补偿导线的热特性在 $T_0' \sim T_0$ 范围内要与热电偶相同或基本相同。

图 2-16 所示为补偿导线法示意图。图中，A′、B′为补偿导线，它所产生的热电动势为

$E_{A'B'}$（T_0'，T_0），回路总电动势为 E_{AB}（T，T_0'）+ $E_{A'B'}$（T_0'，T_0），根据补偿导线的性质，有

$$E_{A'B'}(T_0',T_0) = E_{AB}(T_0',T_0) \tag{2-12}$$

则由热电偶的中间温度定律可得回路总电动势

$$E = E_{AB}(T,T_0') + E_{A'B'}(T_0',T_0) = E_{AB}(T,T_0) \tag{2-13}$$

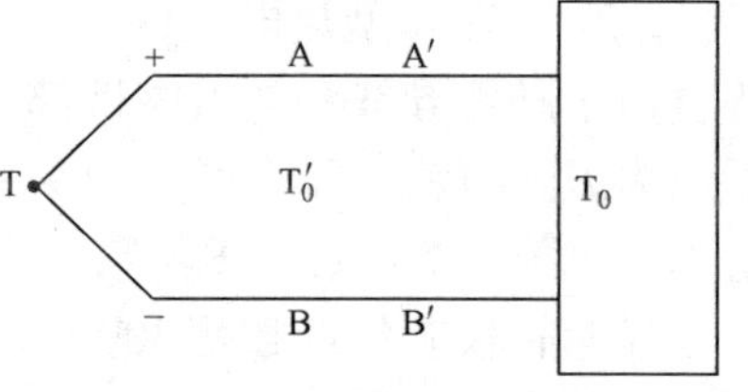

图 2-16　补偿导线法示意图

因此，补偿导线 A′B′可视为热电偶电极 AB 的延长，使热电偶的自由端从 T_0'处移到 T_0 处，热电偶回路的热电动势只与 T 和 T_0 有关，T_0'的变化不再影响总电动势。

常用补偿导线如表 2-6 所示。

表 2-6　常用补偿导线

补偿导线型号	配用热电偶型号	补偿导线		绝缘层颜色	
		正极	负极	正极	负极
SC	S	SPC（铜）	SNC（铜镍）	红	绿
KC	K	KPC（铜）	KNC（康铜）	红	蓝
KX	K	KPX（镍铬）	KNX（镍硅）	红	黑
EX	E	EPX（镍铬）	ENX（铜镍）	红	棕
JX	J	JPX（铁）	JNX（铜镍）	红	紫
TX	T	TPX（铜）	TNX（铜镍）	红	白

在使用补偿导线时必须注意下列问题：

1）补偿导线只能在规定温度范围内（一般为 0～100℃）与热电偶的热电特性相同或相近。

2）不同型号的热电偶有不同的补偿导线。

3）热电偶与补偿导线连接的两个接点要保持相同的温度。

4）补偿导线有正、负极之分，需要分别与热电偶的正、负极相连。

5）补偿导线的作用只是延伸热电偶的自由端，当自由端温度 $T_0 \neq 0$ 时，还需要进行其他补偿与修正。

【例 2.2】 有一个热电偶测温系统，如图 2-17 所示。其热电偶两个热电极的材料为镍铬-镍硅，A′、B′分别为镍铬-镍硅热电偶的补偿导线，测量系统配用 K 型热电偶的温度显示仪表来显示被测温度。设 $T=300$℃、$T_0'=50$℃、$T_0=20$℃。求：

① 测量回路的总电动势以及温度显示仪表的读数。

② 如果补偿导线为普通铜导线，则测量回路的总电势和温度显示值是多少。

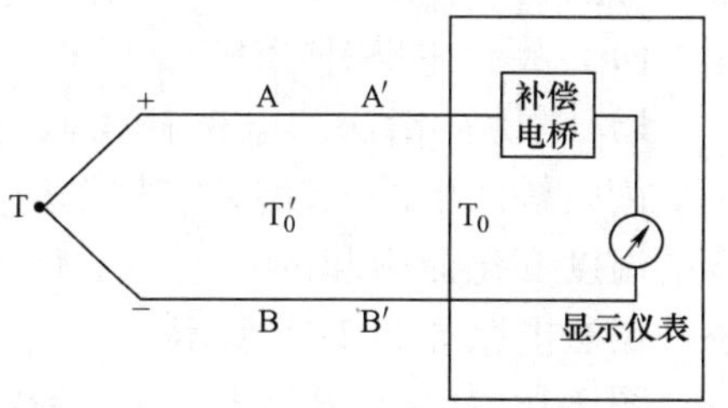

图 2-17　热电偶测温电路

解： ① 由题意可知，使用热电偶的分度号为 K 型，则总的回路电动势为

$$E = E_K(T,T_0') + E_{K补}(T_0',T_0) + E_{补}(T_0,0)$$

式中，E_K（T，T_0'）为热电偶产生的热电动势；$E_{K补}$

（T_0'，T_0）为K型热电偶的补偿导线产生的电动势；$E_{补}$（T_0，0）为补偿电桥提供的电动势。由于补偿导线和补偿电桥都是与K型热电偶匹配的，因此，这两部分产生的电动势可近似为E_K（T_0'，T_0）和E_K（T_0，0），所以总电动势可写成

$$E = E_K(T,T_0') + E_K(T_0',T_0) + E_K(T_0,0) = E_K(T,0)$$

显然，仪表的读数是300℃。查K型热电偶的分度表，得$E=12.209\text{mV}$。

② 当补偿导线是普通铜导线时，因为是一种导体铜，所以不产生电动势（即等于0），则回路总电动势为

$$\begin{aligned} E &= E_K(T,\ T_0') + E_{补}(T_0,0) \\ &= E_K(300,50) + E_K(20,0) \\ &= [(12.209 - 2.023) + (0.798 - 0)]\text{mV} \\ &= 10.984\text{mV} \end{aligned}$$

查K型分度表，得显示温度值为270.3℃。

通过此例题可发现，在热电偶测量系统中，不正确的使用补偿导线将会带来错误的测量结果。

2. 热电动势修正法

在实际工况环境中，当热电偶冷端温度不是0℃时，而是T_n时，根据热电偶中间温度定律，可得热电动势的计算校正公式为

$$E(T,0) = E(T,T_n) + E(T_n,0)$$

因此，只要知道热电偶参考端的温度T_n，就可以从分度表中查出对应于T_n时的热电动势E（T_n，0），然后将这个热电动势值与显示仪表所测得读数值E（T，T_n）相加，得出的结果就是热电偶的参考端温度为0℃时，对应于测量端的温度为T时的热电动势E（T，0），最后就可以从分度表中查得对应于E（T，0）的温度，这个温度的数值就是热电偶测量端的实际温度。

3. 0℃恒温法

为了测温准确，可以把热电偶的冷端置于冰水混合物的容器里，保证使冷端温度为0℃。用这种办法测量最为直接，但是在现场测量时，要保证冷端温度保持在0℃不变非常困难，所以该方法常用于在实验室中进行的测量。

4. 冷端温度自动补偿法

使用热电偶测温时，自由端温度不为零，如果不进行处理就会带来测量误差。因此，进行实际测量时要对自由端温度进行补偿，常用方法如下：

（1）硬件电路补偿法

1）电桥补偿法。电桥补偿法是利用不平衡电桥产生的电动势来补偿热电偶因冷端温度变化而引起的热电势变化值。电桥补偿法电路如图2-18所示。

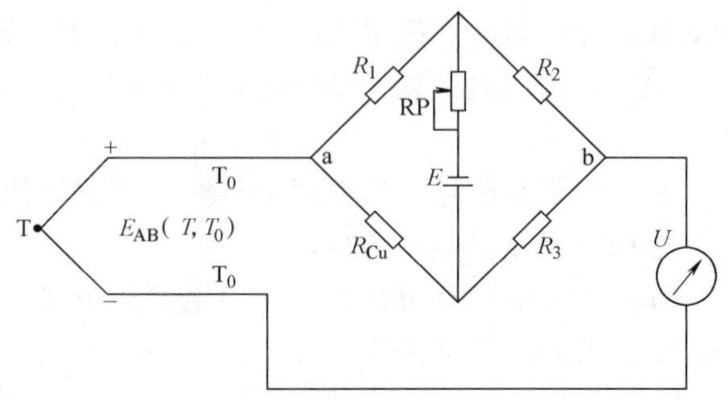

图2-18　电桥补偿法电路图

图2-18中R_1、R_2、R_3、R_W为锰铜电阻，阻值几乎不随温度变化；R_{Cu}为铜电阻，其电阻值随温度升高而增大。T_0 =

0℃时，$R_1=R_2=R_3=R_{Cu}$，电桥输出 $U_{ab}=0$，对仪表读数无影响。当自由端温度 $T_0\neq0$℃时，R_{Cu}将发生变化，于是电桥两端会输出一个不平衡电压 U_{ab}，通过调整 RP，使 $U_{ab}=U(T_0,0)=E_{AB}(T_0,0)$。该电压与热电偶的热电势一同送入测量仪表，因此，热电偶的热电动势得到自动补偿。

2）集成电路补偿法。集成电路补偿法是利用模拟式集成温度传感器或热电偶冷端温度补偿专用芯片来进行补偿的，其优点是外部电路简单、调试方便。

适合作为冷端温度补偿用的模拟集成温度传感器常用器件有电流输出式集成温度传感器 AD590、AD592、三端可调式集成恒流源 LM334、电压输出式集成温度传感器 TMP35 和 LM135 系列等。

热电偶冷端温度补偿专用芯片的典型器件有 MAX6674、MAX6675、AC1226、AD594、AD596 等。这些芯片性能好、功能强、使用简便，配二次仪表即可直读结果。有的还具有智能化的特点，能对各种类型的热电偶进行冷端温度补偿并消除由热电偶非线性而造成的测量误差，获得最佳补偿效果。

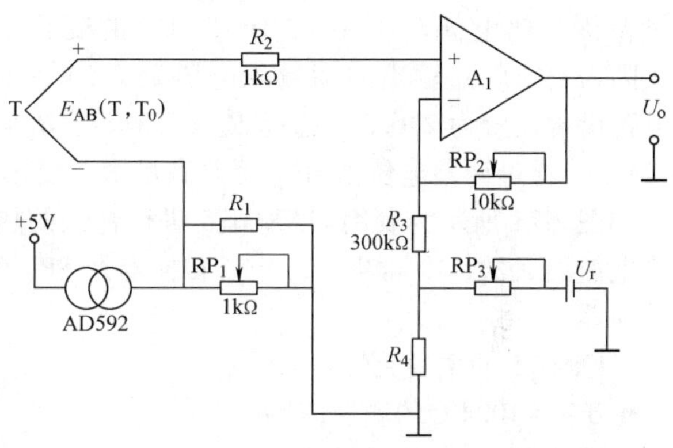

图 2-19　采用 AD592 的 K 型热电偶冷端补偿电路

图 2-19 给出的是采用 AD592 的 K 型热电偶冷端补偿电路。K 型热电偶在 0～50℃时输出特性可看成是线性的，它是以 25℃为中心，温度系数为 40. 44μV/℃的直线。AD592 是电流型集成温度传感器，只要为它提供 4～30V 的工作电压，就可以获得与热力学温度成正比的输出电流。AD592 的灵敏度为 1μA/K，因此，在 0℃时 AD592 的输出电流为 273. 2μA。通过电阻可将这个电流转换成电压。基准电阻 R_1 具有很好的温度稳定性，它与电位器 RP_1 并联，通过调节 RP_1，使它们并联后的阻值为 40. 44Ω。当环境温度为 T 时，在 R_1 上的电压为 $(273.2+T)$ μA×40. 44Ω，可见，该电压可以对温度系数为 44. 44μV/℃的热电偶进行补偿。显然，当温度为 0℃时，会有 273. 2μA×40. 44Ω=11. 05mV 的误差电压，该误差电压可以通过 U_r、R_4、RP_3 消除。

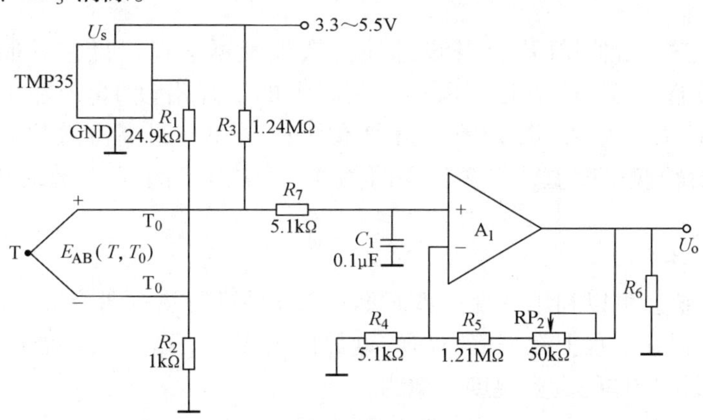

图 2-20　利用 TMP35 对 K 型热电偶进行冷端补偿的测温电路

图 2-20 所示电路为利用 TMP35 对 K 型热电偶进行冷端补偿的测温电路，测温范围为 0～250℃。K 型热电偶温度系数为 40.44μV/℃，因此，利用温度系数为 10mV/℃ 的电压输出传感器 TMP35，经电阻 R_1 和 R_2 在热电偶的冷端引入一个 -40.44μV/℃温度系数的补偿。在 0～250℃温度测量范围，热电偶产生一个 10.151mV 的变化电压。因为要求电路输出的满量程电压是 2.5V，所以电路增益设置为 246.3，选择 R_4 =5.1kΩ、R_5 = 1.22MΩ。通过调整电位器 RP_2 可以满足增益要求。

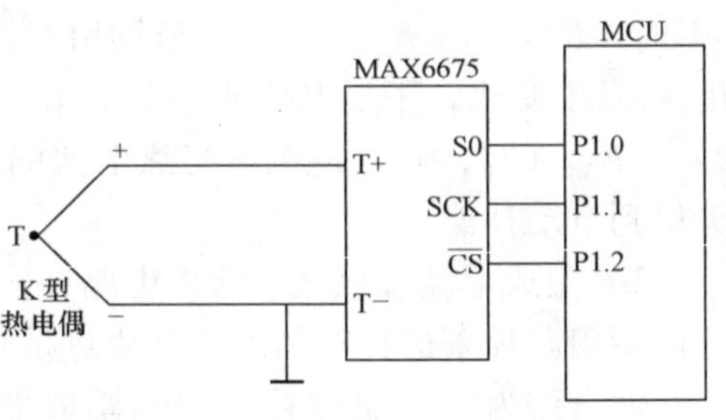

图 2-21 利用 MAX6675 补偿的热电偶测温电路

如图 2-21 所示为利用 MAX6675 进行补偿的热电偶测温电路。MAX6675 是一个集成了 K 型热电偶放大器、冷端补偿、A/D 转换器及 SPI（串行外设接口）串口的热电偶放大器与数字转换器。

MAX6675 的主要特性：

- 0～+1024℃的测温范围。
- 12 位 0.25℃的分辨率。
- 片内冷端补偿。
- 高阻抗差动输入。
- 热电偶断线检测。
- SPI（串行外设接口）串行口温度值输出。
- 单一+5V 的电源电压。
- 2000V 的 ESD（静电放电）保护。

MAX6675 主要由热电偶模拟信号放大电路、冷端补偿信号产生电路、A/D 转换器以及数字控制电路等组成。它利用模拟信号放大电路将热电偶输出的小信号放大到适合 A/D 转换器的电压信号。利用冷端补偿信号产生电路，测量周围温度并作为温度补偿电压，实现冷端补偿。当热电偶的冷端与芯片温度相等时，MAX6675 可获得最佳的测量精度。因此，在实际测温时，应尽量避免在附近放置发热器件，因为这样会造成冷端误差。

MAX6675 采用标准的 SPI 串行外设总线与微处理器接口，且它只能作为从设备。一个完整串行接口读操作需 16 个时钟周期，在时钟的下降沿读 16 个输出位，第 1 位和第 15 位是标志位，并总是为 0；第 14 位～第 3 位为以 MSB（最高有效位）到 LSB（最低有效位）顺序排列的转换温度值；第 2 位平时为 0，当热电偶输入开放时为 1；第 0 位为三态。

（2）计算修正法

对于计算机系统，可以利用软件计算而不必靠硬件进行热电偶冷端处理。由于进行准确计算非常复杂，所以在工程上常采用简易的近似修正算法。若自由端温度为 T_0 时，测得物体温度为 T'，则被测物体的真实温度近似为

$$T = T' + KT_0$$

式中，K 为热电偶的修正系数（见表 2-7）。

表 2-7 热电偶修正系数

工作端温度/℃	热电偶种类				
	铜-康铜	镍铬-康铜	铁-康铜	镍铬-镍硅	铂铑-铂
0	1.00	1.00	1.00	1.00	1.00
20	1.00	1.00	1.00	1.00	1.00
100	0.86	0.90	1.00	1.00	0.82
200	0.77	0.83	0.99	1.00	0.72
300	0.70	0.81	0.99	0.98	0.69
400	0.68	0.83	0.98	0.98	0.66
500	0.65	0.79	1.02	1.00	0.63
600	0.65	0.78	1.00	0.96	0.62
700		0.80	0.91	1.00	0.66
800		0.80	0.82	1.00	0.59
900			0.84	1.00	0.56
1000				1.07	0.55
1100				1.11	0.53
1200					0.53
1300					0.52
1400					0.52
1500					0.52

2.2.4 热电偶的测量误差

1. 分度误差

热电偶的分度是指将热电偶置于给定温度下测定其热电动势，以确定热电动势与温度的对应关系（E-T 关系）。它分为标准分度表分度和单独分度两种。工业上常用的标准热电偶采用的是标准分度表分度，一些用于特殊用途的非标准热电偶，则采用单独分度。

但是，热电偶的热电特性随其成分、微观结构及应力变化而变化，因此，即使是相同型号的热电偶，E-T 关系也是互相不同的。可见，实际的热电偶特性与标准分度表并不完全一致，这就出现了分度误差。即使对非标准的热电偶采用单独分度，也会存在分度误差，这种分度误差是不可避免的。

2. 仪表误差及接线误差

用热电偶测温时，必须有与之配套的仪表进行显示或记录。它们的误差必然会带入测量结果，这种误差与所选用仪表的精度和仪表的量程有关。

接线误差产生于两个原因：其一是由于补偿导线的热电特性与所配用的热电偶不一致所导致的误差；另一个是因补偿导线与热电偶参考端的两接点温度不一致所造成的误差，这种误差应尽量避免。

3. 干扰和漏电误差

用热电偶测温时，由于周围电场和磁场的干扰，往往会造成热电偶回路中的附加电动势，引起测量误差，常用冷端接地或屏蔽等方法来消除误差。

不少绝缘材料随温度升高阻值下降，尤其是在1500℃以上的高温时，其绝缘性能显著下降，可能造成热电动势分流输出。有时也会因被测对象所用电源电压泄漏到热电偶回路中造成漏电误差，所以在测高温时一定要选择具有良好绝缘性能的热电偶。

4. 动态误差

用接触法测量快速变化的温度时，由于测温元件都具有一定的质量，所以总有一定的滞后。当测温时，指示的温度值始终跟不上被测介质温度变化值，这种测量瞬变温度时由滞后引起的误差，称为动态测温误差。

2.2.5 常用热电偶及热电偶命名方法

1. 标准化热电偶

根据热电偶的测温原理，似乎任何两种导体都可以组成热电偶，用来测量温度，但是实际上对热电偶电极材料要求是非常高的。为了保证热电偶测温的可靠性、稳定性以及互换性，国际上规定了8种标准化热电偶，规定了它们的热电极材料及其化学成分、热电性质和允许偏差。表2-8中给出了标准热电偶电极材料以及测温范围。

表2-8 标准热电偶参数

型号	电极材料	测温范围/℃	型号	电极材料	测温范围/℃
S	铂铑10-铂	-50~1768	N	镍铬硅-镍硅	-270~1300
R	铂铑13-铂	-50~1768	E	镍铬-康铜	-270~1000
B	铂铑30-铂铑6	0~1820	J	铁-康铜	-210~1200
K	镍铬-镍硅	-270~1372	T	铜-康铜	-270~400

2. 热电偶命名方法

热电偶命名方法如表2-9所示。

表2-9 热电偶命名方法

<table>
<tr><td colspan="2">第一部分：主称</td><td colspan="2">第二部分：类别</td><td colspan="8">第三部分：结构</td></tr>
<tr><td>字母</td><td>含义</td><td>字母</td><td>含义</td><td>数字</td><td>含义</td><td>数字</td><td>含义</td><td>数字</td><td>含义</td><td>数字</td><td>含义</td></tr>
<tr><td rowspan="9">WR</td><td rowspan="9">热电偶温度仪表</td><td rowspan="2">M</td><td rowspan="2">镍铬硅-镍硅</td><td rowspan="5">2</td><td rowspan="5">双支偶丝</td><td>1</td><td>无固定装置</td><td rowspan="5">2</td><td rowspan="5">防喷式接线盒</td><td rowspan="2">0</td><td rowspan="2">保护管直径：ϕ16mm</td></tr>
<tr><td>2</td><td>固定螺纹</td></tr>
<tr><td rowspan="2">N</td><td rowspan="2">镍铬-镍硅</td><td>3</td><td>活动法兰</td><td rowspan="2">1</td><td rowspan="2">保护管直径：ϕ20mm</td></tr>
<tr><td>4</td><td>固定法兰</td></tr>
<tr><td rowspan="2">E</td><td rowspan="2">镍铬-铜镍</td><td>5</td><td>活络管接头</td><td rowspan="2">2</td><td rowspan="2">保护管直径：ϕ16mm（高铝质管）</td></tr>
<tr><td rowspan="4"></td><td rowspan="4">单支偶丝</td><td>6</td><td>固定螺纹锥式</td><td rowspan="4">3</td><td rowspan="4">防水式接线盒</td></tr>
<tr><td rowspan="2">C</td><td rowspan="2">铜-铜镍</td><td>7</td><td>直形管接头</td><td rowspan="3">3</td><td rowspan="3">保护管直径：ϕ20mm（高铝质管）</td></tr>
<tr><td>8</td><td>固定螺纹管接头</td></tr>
<tr><td>F</td><td>铁-铜镍</td><td>9</td><td>活动螺纹管接头</td></tr>
</table>

2.2.6 热电偶应用电路

1. 热电偶的线性校正电路

（1）多项式线性校正法

在热电偶应用电路中，实现线性化的方法很多，这里介绍多项式线性校正法。设温度为T，各项系数为a_0、a_1、…、a_N，则热电偶电动势E可表示为$E = a_0 + a_1T + a_2T^2 + \cdots + a_NT^N$。用高次幂运算电路，可构成线性校正电路。幂次越高，精度越高，电路越复杂，响应速度越慢。实际上只要取到2次幂就可以获得足够的精度。

K型热电偶放大电路输出600mV时的2次幂近似校正计算式为

$$U_{OUT} = a_0 + a_1U_{IN} + a_2{U_{IN}}^2 \tag{2-14}$$

其中，U_{IN}为热电偶在T度时的热电动势，单位为mV；$a_0 = -0.776\text{mV}$；$a_1 = 24.9952$；$a_2 = -0.0347332\text{mV}^{-1}$。当温度为600℃时，热电动势为24.902mV，则$U_{OUT} = 600\text{mV}$。若要获得6V的输出电压，将上式乘以10即可。则

$$U_{OUT} = 10a_0 + 10a_1U_{IN} + 10a_2{U_{IN}}^2 \tag{2-15}$$

根据式（2-15），当温度为300℃时，热电动势为12.207 mV，则有$U_{OUT} = 2991.6\text{mV}$，对应温度相当于299.2℃，误差为－0.3%。当温度为600℃时，热电动势为24.902mV，$U_{OUT} = 6001.2\text{mV}$，对应温度相当于600.1℃，误差为0.02%。可见，热电偶的非线性得到了校正。

（2）二次方运算专用集成电路AD538线性化校正法

线性化电路的关键是求二次方运算，AD538不用外接元件就可构成二次方运算的线性校正电路。AD538精度为0.5%，动态范围宽。输出电压U_O满足以下函数关系

$$U_O = U_Y\left(\frac{U_Z}{U_X}\right)^m \tag{2-16}$$

（3）K型热电偶线性校正电路

采用AD538的热电偶线性校正电路如图2-22所示。其中，放大器A_1用于电压放大，放大器A_2和AD538构成线性化电路。调整RP_1使放大器A_1的增益为249.952。放大器A_2的外围电阻$R_4 \sim R_7$决定U_{IN}的1次幂系数和2次幂系数的增益。

U_a为放大器A_1的输出电压，$U_a = 249.952U_{IN}$，式（2-15）可写成

$$U_{OUT} = 10a_0 + U_a + \frac{a_2}{10a_1^2}U_a^2 \tag{2-17}$$

由图2-22可见，$U_Z = U_Y = U_a$、$U_X = 10\text{V}$、$m = 1$，根据式（2-16）得AD538输出电压$U_O = U_a^2/10000$。将U_O代入式（2-17）得

$$U_{OUT} = 10a_0 + U_a + \frac{1000a_2}{a_1^2}U_O^2 \tag{2-18}$$

由式（2-18）可见，U_O的系数由R_7/R_6决定，即$R_7/R_6 = 0.0556$，所以，取$R_7 = 15\text{k}\Omega$、$R_6 = 270\text{k}\Omega$。U_a的系数由下式决定：

$$\left(1 + \frac{R_7}{R_6}\right)\frac{R_4}{R_4 + R_5} \tag{2-19}$$

令式（2-19）等于1，由于R_7和R_6已经确定，则取$R_5 = 15\text{K}$、$R_4 = 270\text{K}$。

式（2-18）中的 - 7.76 mV 偏置电压可用电阻 R_8 和 R_9 分压获得。经本电路校正后的线性度得到极大的改善，误差减小到 0.1% ~0.2%。

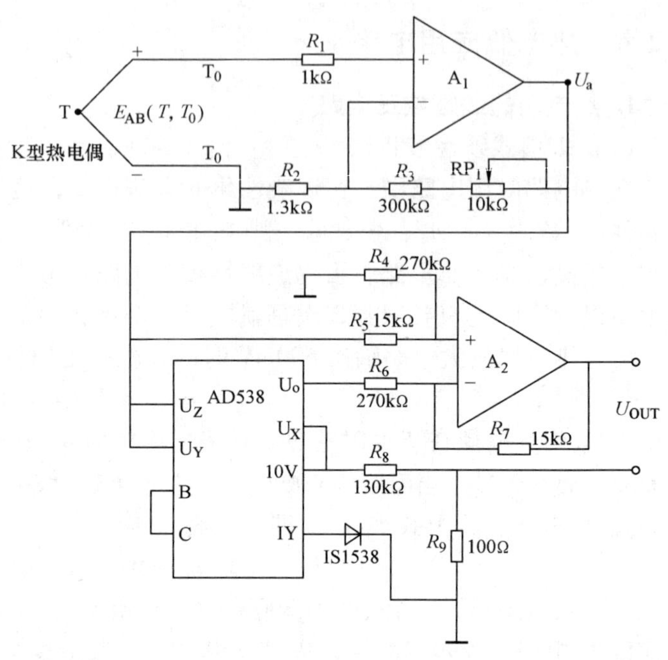

图 2-22　采用 AD538 的热电偶线性校正电路

2. 用 J 型热电偶实现范围为 0 ~ 600℃的测温电路

图 2-23 是 J 型热电偶测温电路，它的测温范围是 0 ~ 600℃，它采用两路输出的工作方式，其中 U_{OUT1}一路为 0 ~ 300℃，另外一路 U_{OUT2}为 300 ~ 600℃。该电路采用了 J 型热电偶专用集成电路 AD594，其内部有热电动势放大电路、冷端温度补偿电路以及断线检测电路。但是 AD594 内部没有线性化电路，因此，电路中采用 AD538 构成非线性校正电路。

AD594 的输出电压 $U_a = (E_J + 16\mu V) \times 193.4$，$E_J$ 为 J 型热电偶的热电动势，单位为 μV；16μV 为放大器 AD594 的失调修正系数；193.4 为 AD594 的电压增益。

由 AD538 构成非线性校正电路，在 0 ~ 300℃范围内，输出电压的近似公式为

$$U_{OUT1} = a_0 + a_1 U_a + a_2 U_a^2 \tag{2-20}$$

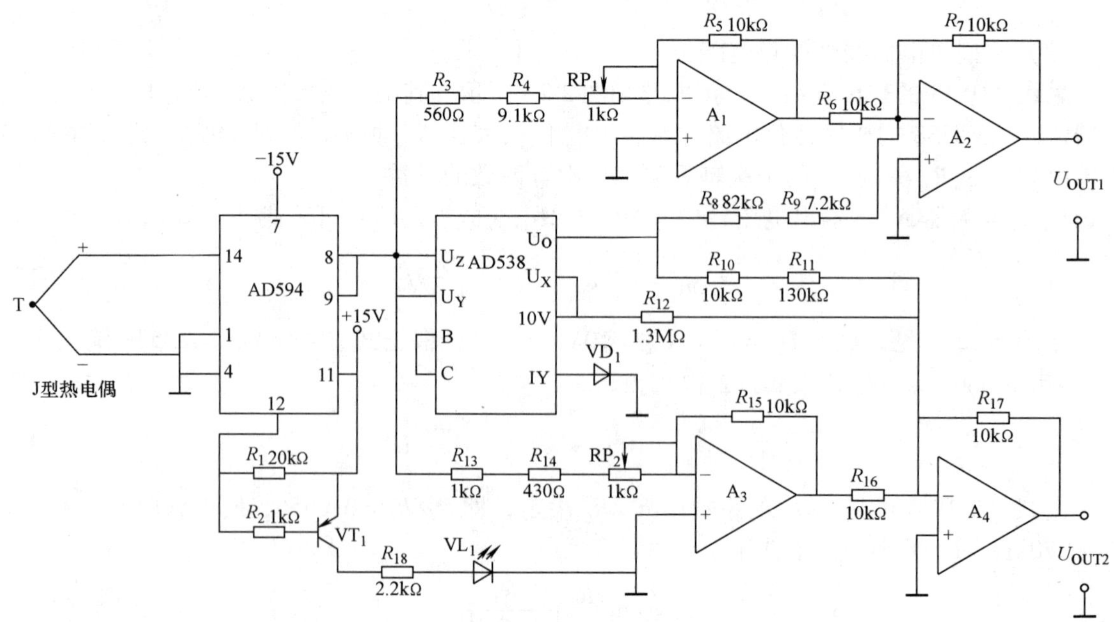

图 2-23　J 型热电偶测温电路

式中，U_a 为 AD594 的输出电压，单位为 mV；$a_0 = -3.724\text{mV}$；$a_1 = 0.981958$；$a_2 = -11.203725 \times 10^{-6}\text{mV}^{-1}$。

式中，各系数分别由电阻 $R_3 \sim R_9$ 决定。

在 300 ~ 600℃范围内，输出电压的近似公式为

$$U_{\text{OUT2}} = a_0 + a_1 U_a + a_2 U_a^2 \tag{2-21}$$

式中，U_a 为 AD594 的输出电压，单位为 mV；$a_0 = -76.31\text{mV}$；$a_1 = 0.995$；$a_2 = -7.12 \times 10^{-6}\text{mV}^{-1}$。

式中，各系数分别由电阻 $R_{13} \sim R_{17}$ 决定。

偏置电压值由 AD538 输出的 10V 电压经不同电阻分压产生。如果热电偶断线，则 AD594 的输出信号控制 VT_1 导通，发光二极管 VL_1 点亮。

2.3 集成温度传感器

集成温度传感器是固态传感技术和集成电路技术相结合的产物，它利用集成电路的工艺技术，将感温元件与外围电路（基准电路、线性放大电路、温度补偿电路、信号转换电路等）集成在同一芯片上。它和传统温度传感器相比有许多优点：体积小、功耗低、灵敏度高、线性度好、响应速度快、输出特性好。

2.3.1 集成温度传感器的分类与特点

1. 模拟集成温度传感器

模拟集成温度传感器是在 20 世纪 80 年代问世的，它是将温度传感器集成在一个芯片上，可完成温度测量及模拟信号输出功能的专用 IC。模拟集成温度传感器的主要特点是测温误差小、价格低、响应速度快、传输距离远、体积小、微功耗、外围电路简单，适合远距离测温、控温，不需要进行非线性校准，它是应用非常普遍的一种集成传感器。

目前模拟集成温度传感器主要分为两大类：一类为电压型集成温度传感器；另一类为电流型集成温度传感器。电压型集成温度传感器是将温度传感器、基准电压、缓冲放大器集成在同一芯片上，制成一个两端器件。由于器件内部有放大器，故输出电压高，线性输出为 10mV/℃。这类集成温度传感器适合于工业现场测量，但是由于它的输出阻抗比较低，故不适合长线传输。电流型集成温度传感器是把线性集成电路和薄膜工艺元件集成在一块芯片上，再通过激光修版微加工技术，制造出性能优良的测温传感器。这种传感器的输出电流正比于热力学温度，即 1μA/K；其次，因电流型集成温度传感器输出恒流，所以传感器具有高输出阻抗，（可达 10MΩ），这为远距离传输测温信号提供了便利。

2. 数字温度传感器

数字温度传感器是在 20 世纪 90 年代中期问世的，它是随微电子技术、计算机技术和自动测试技术的发展而产生的。智能温度传感器内部包含温度传感器、A/D 转换器、信号处理器、存储器和接口电路。有的产品还带多路选择器、中央控制器、随机存取存储器和只读存储器。智能温度传感器的特点是能输出温度数据及相关的温度控制量，适配各种微控制器。

2.3.2 集成温度传感器的应用

1. 电压输出集成温度传感器 LMX35 及应用

LMX35 是美国国家半导体公司推出的精密温度传感器，它的工作原理与齐纳二极管相似，其反向击穿电压随温度按 +10mV/K 的规律变化，可应用于精密的温度测量设备。LMX35 包括 LM135、LM235 和 LM335，它们具有不同的温度范围。

LMX35 传感器引脚排列如图 2-24 所示。

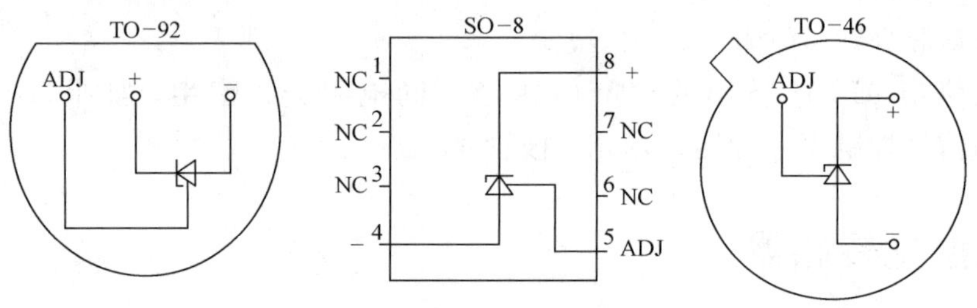

图 2-24　LMX35 引脚排列

（1）性能与特点

- 它属于电压输出式精密集成温度传感器，电压温度系数为 +10mV/K，输出电压与热力学温度成正比。
- 测温精度高、范围宽。经过校准后，LM135 在 +25℃ 的测温精度可达 ±0.3℃，LM135 的测温范围是 −55 ~ +150℃，LM235 为 −40 ~ +125℃，LM335 为 −40 ~ +100℃。
- 动态阻抗低。当工作电流为 0.4 ~5mA 时，其动态阻抗仅为 0.5 ~0.6Ω。
- 价格低，易校准。利用一只 10kΩ 电位器即可校准 +25℃ 时的输出电压值。

（2）应用

用 LM335 系列传感器测量温度的 3 种典型电路如图 2-25 所示。图 2-25a 为基本测温电路，其特点是电路非常简单，但由于未加温度校准电路，因此，测温误差较大，在 +25℃时就有 ±0.5 ~ ±2℃的误差。在图 2-25b 所示电路中，LM335 的调整端（ADJ）接 10kΩ 精密多圈电位器 RP_1 的滑动触头，在 +25℃时调节 RP_1，可使输出电压 $U_0 = 2.982V$。经校准后可以提高传感器的测量精度。图 2-25c 是在图 2-25b 的基础上改进而成的，它的特点是利用 LM334 型集成恒流源给 LM135 提供恒定的工作电流，使测温精度得到进一步提高。R_{set} 为工作电流设定电阻，取 $R_{set} = 68\Omega$。图 2-25c 电路具有 3 个显著特点：

1）可构成精密测温电路。

2）利用 LM334 还可以将电源电压范围扩展至 5 ~40V。

3）适用于远距离测量温度，此时 LM334 需经过双绞线与远程温度传感器相连。

LMX35 的输出电压与热力学温度成正比，如果要想输出与摄氏温度成正比的电压信号，可参考图 2-26 所示电路。图 2-26 中所示电路是输出电压与摄氏温度成正比的应用电路。LM336 是精密基准电压源，它的稳压值为 2.5V。该基准电压经过运算放大器 LM308 放大后输出电压值为 2.7315V。LM335 测温输出电压与该电压之差为该电路的输出电压，是与摄氏温度成正比的电压。

2. 电流输出集成温度传感器 AD590 及应用

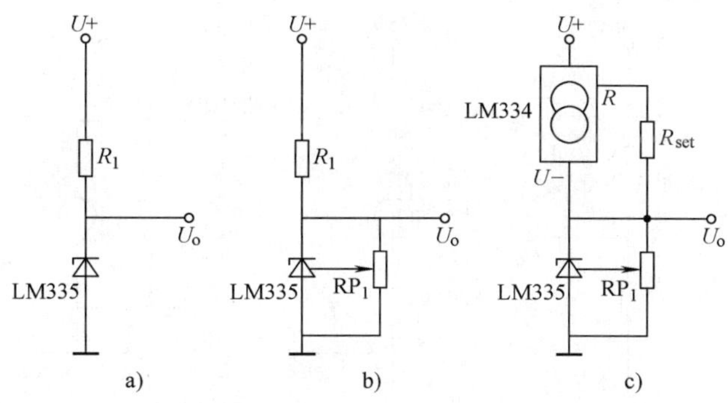

图 2-25 LM335 典型应用电路

a）基本测温电路 b）带校准测温电路 c）恒流测温电路

（1）AD590 的性能与特点

AD590 是美国模拟器件公司生产的单片集成温度传感器。图 2-27 为 AD590 引脚排列方式。

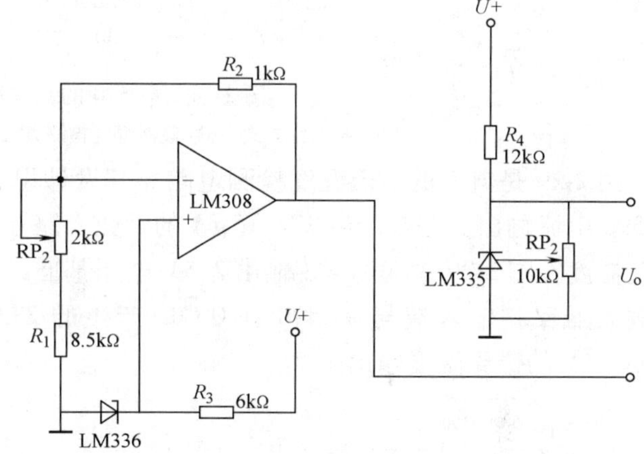

图 2-26 LMX35 摄氏温度测量电路

它的主要特性如下：

- 流过器件的电流（单位：μA）等于器件所处环境的热力学温度（单位：K）。电流变化 1μA，相当于温度变化 1K。
- AD590 的测温范围为 −55 ~ +150℃。
- AD590 的电源电压范围为 4 ~ 30V。AD590 可以承受 44V 正向电压和 20V 反向电压。
- 输出电阻大于 10MΩ。
- 精度高。AD590 共有 I、J、K、L、M5 档，其中 M 档精度最高，在 −55 ~ +150℃范围内，非线性误差为 ±0.3℃。

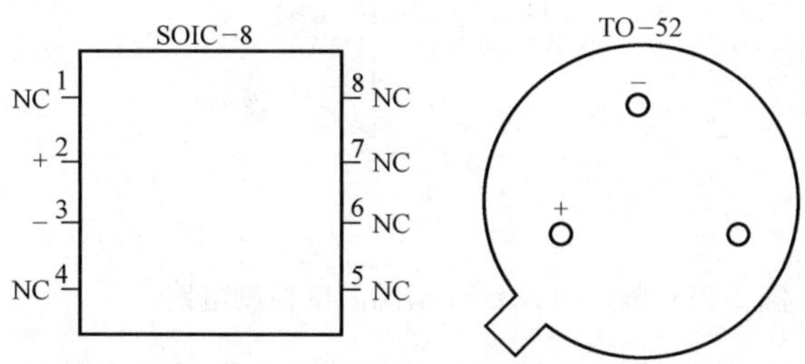

图 2-27 AD590 引脚排列

（2）AD590 应用

图 2-28 是 AD590 的基本测温方式。其中图 2-28a 是一般工作方式，温度的变化引起电流 I 的变化，通过电阻 R_1 和 R_2 转换为电压，得到 $U_o = 1\text{mV/K}$。图 2-28b 是最低温度检测方式，图中将 3 个 AD590 串接（也可多于或少于 3 个），并通过一只 10kΩ 电阻得到电压，由于是串联，所以流过电阻上的电流是由处于最低温度的那一只 AD590 决定的。因此，从电阻上得到的电压反映的只是最低温度，其灵敏度为 10mV/K。图 2-28c 是平均温度检测方式法，将几个 AD590 并联，通过一只电阻取样，可以得到不同 AD590 处的平均温度。在高精度检测中，必须保证 AD590 的输出电流不受到分流影响。为此通常采用电压跟随器作为阻抗变换，以保证测量精度。

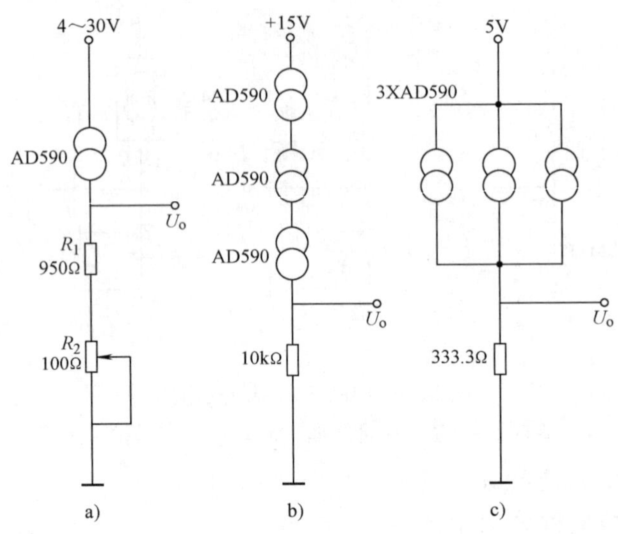

图 2-28　AD590 的基本测温方式

a）一般工作方式　b）最低温度检测方式　c）平均温度检测方式

图 2-29 是典型的摄氏温度检测电路。其设计思想是，利用运算放大器的虚地概念，将 AD590 电流输出支路与产生 273.15μA 的常数支路在虚地点叠加，从而将热力学温度转换为摄氏温度。图 2-29 中 MC1403 输出 2.5V 电压基准，通过 R_1 和 RP_1 得到 273.15μA 电流在运算放大器反相输入端与 AD590 在 0℃ 时产生的 273.15μA 相互抵消，从而得到灵敏度为 100mV/℃ 的摄氏温度输出。

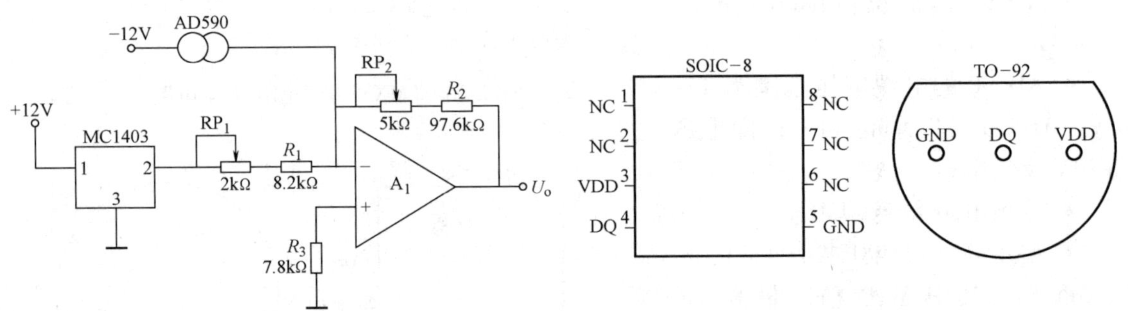

图 2-29　典型的 AD590 摄氏温度检测电路

图 2-30　DS18B20 引脚排列

3. 基于 1-Wire 接口的数字温度传感器 DS18B20 及应用

（1）DS18B20 的性能与特点

DS18B20 是美国 DALLAS 半导体公司推出的一种改进型智能温度传感器，广泛用于工业、民用、军事等领域的温度测量及控制仪器、测控系统和大型设备中。DS18B20 的引脚排列如图 2-30 所示。

DS18B20 的主要特性为：

- 适应电压范围更宽 3.0～5.5V，在寄生电源方式下可由数据线供电。
- 独特的单线接口方式，DS18B20 在与微处理器连接时仅需要一条口线即可实现微处理器与 DS18B20 的双向通信。

● 支持多点组网功能，多个 DS18B20 可以并联在唯一的三线上，实现组网多点测温。

● 在使用中除了使用上拉电阻外，不需要任何外围元件。

● 测温范围 -55 ~ +125℃，在 -10 ~ +85℃时的精度为 ±0.5℃。

● 可编程的分辨率为 9 ~ 12 位，对应的可分辨温度分别为 0.5℃、0.25℃、0.125℃、0.0625℃，可实现高精度测温。

● 在 9 位分辨率时最长转换时间为 93.75ms，12 位分辨率时最长转换时间为 750ms。

（2）DS18B20 的工作过程

DS18B20 光刻 ROM 中的 64 位序列号是出厂前被光刻好的，它可以被看做是该 DS18B20 的地址序列码。64 位光刻 ROM 的排列是：开始 8 位（28H）是产品类型标号，接着的 48 位是该 DS18B20 自身的序列号，最后 8 位是前面 56 位的循环冗余校验码。光刻 ROM 的作用是使每一个 DS18B20 都各不相同，这样就可以实现一根总线上挂接多个 DS18B20 的目的。因此，对于多点温度检测系统，在 DS18B20 接入系统之前，应分别从 ROM 中读出其序号，然后给各用户分配各自的编号，以便于统一管理。

DS18B20 中的温度传感器进行温度测量时，用 16 位符号扩展的二进制补码读数形式提供测量结果。转化后得到的 12 位数据，存储在 DS18B20 的两个 8 位的 RAM 中，二进制中的前面 5 位是符号位，如果测得的温度大于 0，这 5 位为 0，只要将测到的数值乘以 0.0625 即可得到实际温度；如果温度小于 0，这 5 位为 1，测到的数值需要取反加 1 再乘以 0.0625 即可得到实际温度。例如，+125℃ 的数字输出为 07DOH，+25.0625℃ 的数字输出为 0191H，-25.0625℃的数字输出为 FF6FH，-55℃的数字输出为 FC90H。

根据 DS18B20 的通信协议，主机控制 DS18B20 完成温度转换必须经过 3 个步骤：每一次读写之前都要对 DS18B20 进行复位，复位成功后发送一条 ROM 指令，最后发送 RAM 指令，这样才能对 DS18B20 进行预定的操作。复位要求主 CPU 将数据线置成低电平 500μs，然后释放，DS18B20 收到信号后等待 16 ~ 60μs，然后发出 60 ~ 240μs 的低电平信号，主 CPU 收到此信号表示复位成功。

DS18B20 的一线工作协议流程是：初始化→ROM 操作指令→存储器操作指令→数据传输。

（3）DS18B20 的应用

图 2-31 为利用 DS18B20 构成的单总线多点测温电路原理。由于 DS18B20 工作在单总线方式，所以在 1 条总线上可挂多片 DS18B20。微处理器（MCU）可通过 1 根口线经序列号匹配识别后对每片 DS18B20 进行读写操作，大大节省了硬件资源。

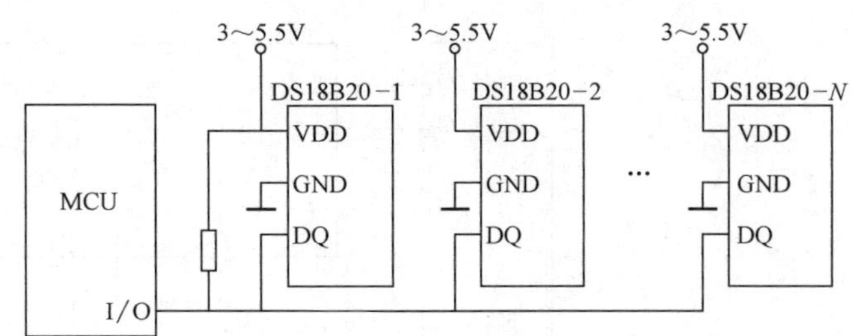

图 2-31　利用 DS18B20 构成的单总线多点测温电路

（4）使用 DS18B20 应注意的问题

在对 DS18B20 进行硬件连接和软件设计时必须对下列问题给予足够的重视，否则，理论设计上可行，但在工作现场实际运行时可能会发生意想不到的问题。

1）遵守 DS18B20 时序。DS18B20 和微控制器之间采用串行数据传送，因此，在对

DS18B20 进行读或写操作的编程时，必须严格遵守读写时序，否则，无法读取正确的测温结果。

2）要禁止所有中断。由于在温度采集过程中要进行适当的延时，以保证能正常读取温度，因此，在这段时间内不能产生任何中断，必须禁止所有的中断。

3）DB18B20 的 DQ 端与单片机的某端口的引脚相连，当向 DB18B20 写命令时，要设置该引脚为输出；当从 DB18B20 读数据时，要设置该引脚为输入。

4）DS18B20 失灵。当向 DS18B20 发出复位信号后，MCU 需要等待 DS18B20 的反馈信号，如果某个 DS18B20 接触不好或断线，MCU 则无法收到来自 DS18B20 的反馈信号，程序设计时要考虑此因素，否则，系统在此情况下会陷入死循环。

4. 基于 SPI 总线接口的智能温度传感器 LM74 及应用

（1）性能与特点

LM74 引脚排列如图 2-32 所示。其封装形式为 SO-8。

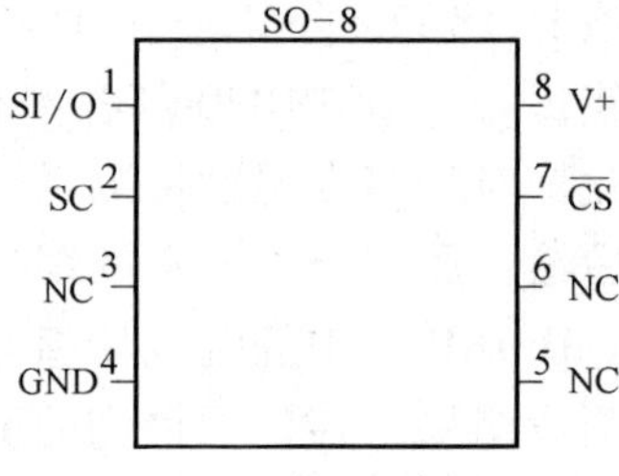

图 2-32 LM74 引脚排列

LM74 主要特性如下：

- LM74 内含温度传感器和 13 位 Σ－Δ 式 A/D 转换器，测温范围是 －55～＋150℃，在 －10～＋65℃范围内的测温精度为 ±1.25℃（最大值），分辨力可达 0.0625℃，温度/数据的转换时间为 280ms。
- 带 SPI 总线接口。它属于三线串行接口，并且与 Micro Wire 总线兼容。主机可在任何情况下访问 LM74，并读出其温度数据。利用$\overline{CS}$端可实现片选功能。
- 有连续转换模式和待机模式。

在两次读取温度数据之间选择待机模式，可降低功耗。外围电路简单、价格低廉。

- 电源电压范围是 ＋3.0～＋5.5V，正常工作电流约为 310μA，待机电流仅为 7μA。

（2）应用

1）引脚功能。

SI/O：串行口数据线。双向。

SC：串行口时钟。输入。

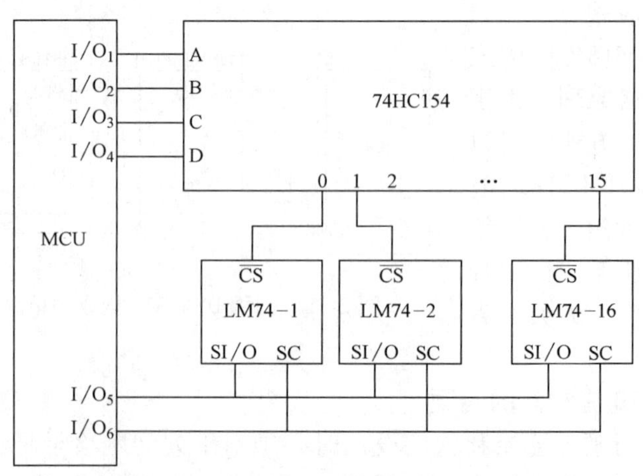

图 2-33 LM74 组成的温度采集系统

$\overline{CS}$：片选信号。输入。

2）应用电路。

图 2-33 为利用温度传感器 LM74 组成的温度采集系统。电路中利用 MCU 通过 SPI 总线管理 16 个温度传感器，实现 16 点温度巡检。

单片机利用端口 I/O_1 ~ I/O_4 输出地址线，控制 4 ~ 16 译码器 74HC154 产生 16 位译码输出信号，分别连接到 LM74-1 ~ LM74-16 的片选信号引脚 $\overline{CS}$ 上，作为温度巡检的地址线。

LM74 输出为 16 位二进制数，其中 D15 为符号位，0 表示温度为正值，1 表示温度为负值；D14 ~ D3 为 12 位有效温度值；D2 为 1；D1、D0 为 TRI 状态。它在 SC 引脚的串行时钟下降沿输出数据，上升沿读入数据。一个完整的发送/接收过程包含 32 个串行时钟，在前 16 个时钟周期发送，后 16 个时钟周期接收。数据通信由 $\overline{CS}$ 的低电平触发，计算机在 SC 的上升沿读出数据。在 14 位数据发送完后，SI/O 引脚转为 TRI 状态，数据接收始于第 16 个时钟周期后，$\overline{CS}$ 信号必须在 32 个串行周期保持为低。LM74 在 SC 的上升沿从 SI/O 引脚读取数据，在 $\overline{CS}$ 置高前，串行数据的所有 16 位将被发送到 LM74。

系统运行中可对各点温度进行上、下限报警，当任一点温度超限时，单片机将发出报警信号，启动保护程序，确保设备工作安全，生产正常进行。温度采集系统程序流程图如图 2-34 所示。

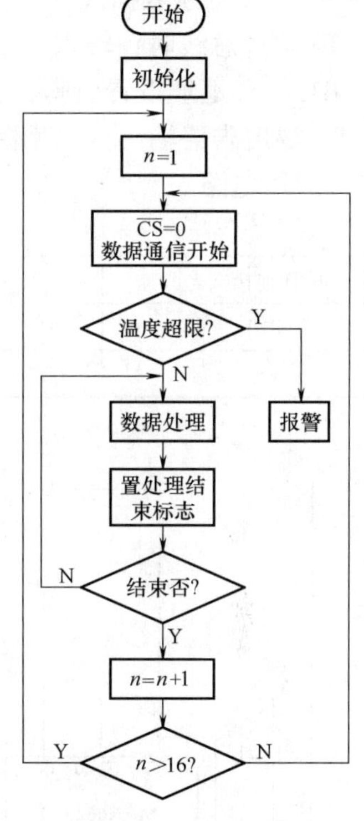

图 2-34 温度采集系统软件流程图

5. 基于 I^2C 总线接口的智能温度传感器 MAX6626 及应用

（1）性能与特点

MAX6626 是美国 MAXIM 公司生产的一种智能温度传感器，它是将温度传感器、12 位 A/D 转换器、可编程温度越限报警器和 I^2C 总线串行接口集成在同一芯片中，适用于温度控制系统、温度报警装置及散热风扇控制器。

MAX6626 引脚排列如图 2-35 所示。其封装形式为 SOT236。

MAX6626 主要特性如下：

- 内含温度传感器和 12 位 A/D 转换器，测温范围是 -55 ~ +125℃，分辨力可达 0.0625℃。在 -40 ~ +80℃范围内的测温误差小于或等于 ±3℃，完成一次温度/数据转换大约需要 133ms。
- 带 I^2C 串行总线接口。串行时钟频率范围 0 ~ 400kHz。利用 I^2C 总线地址选择端（ADD），可选择 4 片 MAX6626。
- 当被测温度超过上限 t_H 时，报警输出端（OT）被激活。芯片既可工作在比较模式，亦可工作在中断模式。
- MAX6626 具有掉电模式，主机通过串行口将配置寄存器的 DO 位置成高电平时，芯片进入此模式，这时除上电重启动电路和串行接口以外，其余电路均不工作。

- 利用内部的故障排队计数器，能防止出现误报警现象。
- 电源电压范围是 +3.0 ~ +5.5V，静态工作电流约为 1mA，在掉电模式下降至 1μA。

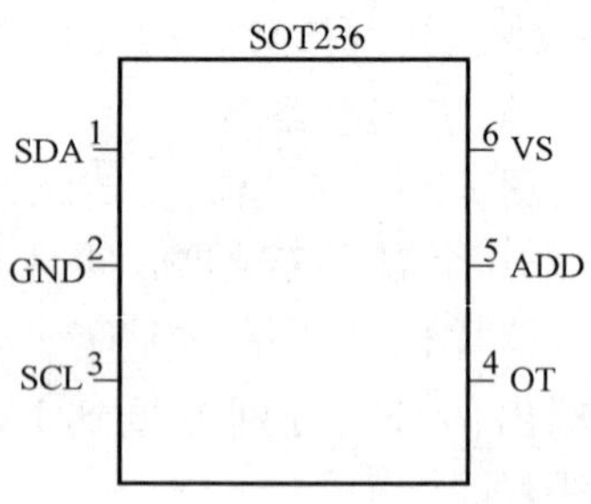

图 2-35　MAX6626 引脚排列

（2）应用

1）引脚功能。

SDA：I^2C 总线数据线。

SCL：I^2C 总线时钟输入。

ADD：I^2C 地址设置引脚，其设置方式见表 2-10。

OT：温度告警输出。采用漏极开路输出。

2）应用电路。

表 2-10　MAX6626 地址分配表

ADD 连接端	I^2C 地址	ADD 连接端	I^2C 地址
GND	1001000	SDA	1001010
VS	1001001	SCL	1001011

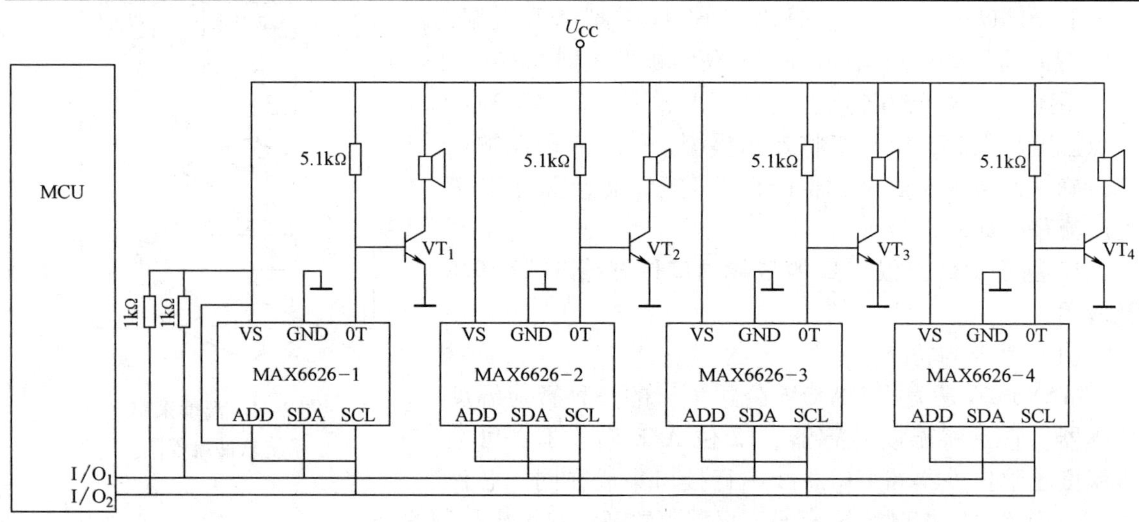

图 2-36　MAX6626 组成的温度测量系统

MAX6626 应用电路如图 2-36 所示，它由一片单片机、4 片 MAX6626 和 4 个蜂鸣器组成温度测量及报警电路。MAX6626 的地址分配如表 2-10 所示。单片机的 I/O 口构造出 I^2C 总线，与 MAX6626 相连，实现对它们的控制和温度信号的读取。单片机通过 I^2C 总线分别对 MAX6626 的温度报警触发值进行设置，当温度超限时分别触发各自的蜂鸣器发出报警信号。

2.4　红外测温技术

红外测温是一种非接触测温的方法，测温元件不需与被测介质接触，是通过热辐射原理来测量温度的。目前，红外测温技术已经在生产过程中、在产品质量控制和监测、设备在线故障诊断和安全保护以及节约能源等方面发挥了重要作用。

2.4.1 红外测温原理

1. 红外线及红外辐射

红外线在电磁波谱中介于可见光与微波之间，是一种不可见光，它的波长范围大致为0.76～1000μm。按照与可见光的距离，通常将红外辐射分为近红外、中红外、远红外和极远红外4个区域。

红外辐射的物理本质是热辐射，自然界中的任何物体，只要它的温度高于绝对零度，都会有一部分能量以电磁波形式向外辐射，物体的温度越高，辐射出来的红外线就越多，红外辐射的能量也越强。与所有电磁波一样，红外线也具有反射、折射、散射、干涉、吸收等性质。由于散射作用及介质的吸收，红外线在介质中传播时会产生衰减。因此，红外线不具有穿过遮挡物去控制被控对象的能力，红外线的辐射距离一般为几米到几十米或更远一些。

红外线具有如下特点：

- 红外线易于产生，容易接收。
- 红外发光二极管，结构简单，易于小型化，且成本低。
- 红外线调制简单，依靠调制信号编码可实现多路控制。
- 红外线不能通过遮挡物，不会产生信号串扰等误动作。
- 功率消耗小，反应速度快。
- 对环境无污染，对人、物无损害。
- 抗干扰能力强。

2. 红外测温原理

红外测温是辐射式测温的一种。在自然界中，一切温度高于绝对零度的物体都会辐射红外线，描述黑体辐射光谱分布的普朗克公式和黑体全辐射度与温度关系的斯蒂芬—玻耳兹曼定律是辐射测温法的基本理论依据，其关系式为

$$E = \varepsilon\sigma T^4 \tag{2-22}$$

式中，E 为物体的辐射功率；T 为被测物体的热力学温度；ε 为被测物体发射率，定标时 ε 取1；σ 为斯蒂芬—玻耳兹曼常数。

同时，红外探测器还可测出绝对黑体对应的最大光谱辐射的峰值波长 λ_{max}。依据维恩位移定律可知，λ_{max}与热力学温度 T 成反比，即 $\lambda_{max}T = b$，式中，b 是维恩位移常数，其值为 2.899×10^{-3}m·K（m为米，K为开尔文）。这说明辐射出较高能量分子的数量会成正比地增加，即波长越短，能量越高。若已知热力学温度 T，则可判断其峰值辐射波长 λ_{max}；若测得一个黑体辐射时的 λ_{max}，则可推知该黑体的表面热力学温度 T。

因此，通过测量物体自身辐射的红外能量可准确地测定物体的表面温度，即按事先规定的时间周期把输入信号转换为光谱信号，再通过简单分析定性地得到物质的大概发射率，并计算出物体对应的黑体光强辐射度，从而得到实际物体的大概温度。把物体的光谱信号、发射率和大概温度这3个简单信号通过串行接口输入到计算机上，然后由计算机重新分析物体的发射率，并精确计算出物体对应黑体光强的测量波长，根据维恩位移定理即可计算出物体的精确温度值，即 $T = b/\lambda_{max}$。

3. 红外探测器类型

红外传感器一般由光学系统、探测器、信号调理电路及显示单元等组成。红外探测器是红外传感器的核心。红外探测器是利用红外辐射与物质相互作用所呈现的物理效应来探测红外辐射的。红外探测器的种类很多，按探测机理的不同，可分为热探测器和光子探测器两大类。

热探测器根据热电效应制成，从理论上讲，热探测器对入射的各种波长的红外辐射能量全部吸收，它是一种对红外光波无选择的红外传感器。然而实际上各种波长的红外辐射的功率对物体的加热效果是不相同的。热探测器主要有 4 种类型：热释电型、热敏电阻型、热电阻型和气体型。其中，热释电型探测器在热探测器中探测率最高，频率响应最宽。热释电型红外探测器是根据热释电效应制成的，即电石、水晶、酒石酸钾钠、钛酸钡等晶体受热产生温度变化时，其原子排列将发生变化，晶体自然极化，在其两表面产生电荷的现象称为热释电效应。用此效应制成的“铁电体”，其极化强度（单位面积上的电荷）与温度有关。当红外辐射照射到已经极化的铁电体薄片表面上时，引起薄片温度升高，使其极化强度降低，表面电荷减少，这相当于释放一部分电荷，所以称做热释电型传感器。如果将负载电阻与铁电体薄片相连，则负载电阻上便产生一个电信号输出。输出信号的强弱取决于薄片温度变化的快慢，从而反映出入射的红外辐射的强弱，热释电型红外传感器的电压响应率正比于入射光辐射率变化的速率。

利用光子效应制成的红外探测器称为光子探测器，其工作机理是利用入射光辐射的光子流与探测器材料中的电子互相作用，从而改变电子的能量状态，引起各种电学现象，这种现象称为光子效应。光子探测器有内光电和外光电探测器两种，后者又分为光电导、光生伏特和光磁电探测器 3 种。光子探测器的主要特点是灵敏度高，响应速度快，具有较高的响应频率，但探测波段较窄，一般需要在低温下工作。

2.4.2　红外测温技术的应用

红外在线检测及诊断是红外测温技术的典型应用，它集红外测温技术、光电成像技术、计算机技术、图像处理技术于一身，通过接收物体发出的红外辐射，将其热像显示在荧光屏上，从而准确判断物体表面的温度分布情况，具有准确、实时、快速等优点。

目前应用红外诊断技术的测试设备比较多，如：红外测温仪、红外热电视机、红外热像仪等。红外热电视机、红外热像仪等设备利用热成像技术将这种看不见的“热像”转变成可见光图像，使测试效果直观、灵敏度高、可靠性高，能检测出设备细微的热状态变化，准确反映设备外部及内部的发热情况，对发现设备隐患非常有效。红外诊断技术对电气设备的早期故障缺陷及绝缘性能做出可靠的预测，实现对电气设备的预防性试验维修。红外状态监测和诊断技术具有远距离、不接触、不取样、不解体，又具有准确、快速、直观等特点。同时，实时在线监测和诊断技术几乎可以覆盖所有电气设备各种故障的检测。因此，红外检测技术的应用，对提高电气设备的可靠性与有效性，提高运行经济效益，降低维修成本都有很重要的意义。

2.5　温度测量传感器性能比较

表 2-11 给出温度测量传感器性能比较及各自的特点。

表 2-11　温度测量传感器性能比较

传感器类型		测量范围/℃	灵敏度	线性度/(%，FS)	精度	分辨力/℃	响应时间/s	特点
热电阻	铂铜	-200 ~ 660	1.5 ~ 4Ω/℃	≤0.3	1 ~ 5℃	0.01 ~ 5	1 ~ 50	铂电阻精度高、稳定性好、性能可靠。铜电阻温度系数大，在 -50 ~ 150℃范围内线性度好铜电阻易于氧化、电阻率较低、机械强度较差
	热敏电阻	-280 ~ 700			0.5 ~ 10℃	0.001 ~ 10	0.5 ~ 15	热敏电阻具有负温度系数，其灵敏度远高于金属热电阻、热电偶及其他热敏元件；体积小、热惯性小、适合快速测量；电阻值较高，接入测量仪表后，导线电阻变化对测量结果影响较小；功耗低、过载能力强、工作温度范围宽、寿命长、价格便宜 与温度呈非线性关系，互换性差
热电偶		-270 ~ 2800			0.2%	0.5 ~ 10	≤2.5 ~ 50	结构简单，感温部分热容量小，相对滞后较小，短时间可达到平衡，可对变化较快的温度进行连续测量 灵敏度比热电阻低，500℃以下精度及稳定性较差
半导体	二极管	-100 ~ 500	2 ~ 4mV/℃	≤0.4	0.1℃	0.05 ~ 0.5	0.2 ~ 2	半导体二极管与金属热电阻、热敏电阻相比，具有灵敏度高、线性好、体积小、时间常数小、输出阻抗稳定等优点
	集成电路	-50 ~ 200	3 ~ 25mV/℃	0.4 ~ 3	0.5 ~ 1℃	0.06 ~ 0.5	≤1	集成电路温度传感器线性度好，精度较好，可将测温部分、激励电路及信号处理等集成一体，封装进小型管壳中，使用方便；信号便于远距离传输 缺点是灵敏度较低
热辐射	红外线测温	-50 ~ 3500			0.5% ~ 2%		1.5ms ~ 25s	非接触测量，适用于远距离要求不接触的目标，响应速度快，分辨率高，测温范围宽 受水气、烟雾、尘雾、尘埃等影响较大，受光波波段的影响大；测量热力学温度时，结构复杂
	光学高温计	700 ~ 6000			14 ~ 150	3 ~ 10	≤10	结构简单、量程比较宽、精度较高，使用方便 人为误差大，不能远距离测量
	全辐射高温计	700 ~ 3000				1 ~ 10	≤5	结构简单、性能稳定、使用方便；可自动记录和远距离传送信号，非接触测量 只适合测量高温；环境影响测温精度；连续测高温时，需要冷却；需要测量对象的辐射率已知并保持一定的状态

（续）

传感器类型	测量范围/℃	灵敏度	线性度/(%，FS)	精度	分辨力/℃	响应时间/s	特点
光纤	-40～2500			±1～±5℃		2μs	半导体吸收型探头体积小、灵敏度高、工作可靠，适用于高压电力系统中的高温测量。测量范围-10～300℃ 光纤辐射高温型可测定位于光纤上任何位置的热点温度，用于监测大型电气设备内部热点温度情况，实现遥控。测量范围800～2500℃ 光纤荧光温度传感器精度很高，连续测量偏差仅为0.04℃，但测温范围较窄，为0～70℃

本章小结

本章主要介绍金属热电阻温度传感器、热敏电阻温度传感器、热电偶温度传感器和集成温度传感器。其中将温度转换为电阻变化的称为金属热电阻温度传感器；将温度转换成电动势变化的称为热电偶传感器；集成温度传感器的基本设计原理是根据半导体二极管的伏安特性与温度之间的关系进行测温的。热电偶的特点是结构简单、具有较高的准确度、测量范围宽、并具有良好的敏感度和使用方便等。热电阻温度传感器的主要特点是精度高，适用于测量低温。在560℃以下的温度测量时，它的输出信号比热电偶容易测量。而热敏电阻具有灵敏度高、体积小、较稳定、制作简单、寿命长、易于维护等优点。集成温度传感器具有体积小、线性好、价格低以及方便的数字接口等特点，因此，得到了较广泛的应用，尤其是应用于远距离测量和控制中。

温度测量传感器的工作原理、基本定律、特性参数和测量电路是本章的学习重点，尤其是要结合应用实例，学会对温度测量传感器的选择及使用方法。

温度测量传感器实验

实验1　热电偶测温特性及冷端补偿实验

1. 实验目的

了解热电偶测温原理、热电偶冷端温度补偿原理以及补偿方法。

2. 实验设备

热电偶、温度源、电压表、放大器、电桥、温度计。

3. 实验内容

1）如图2-37所示，将热电偶的自由端置于室温下，测量热电动势，查表得到温度值，观察与实际温度值的偏差。

2）如图2-38所示，将热电偶的自由端置于0℃（冰水混合物），测量热电动势，查表得到温度值，观察与实际温度值的偏差。

3）测量热电偶自由端温度，利用计算修正法对实验1）测量的数据进行补偿，观察修正结果与实际温度值的偏差。

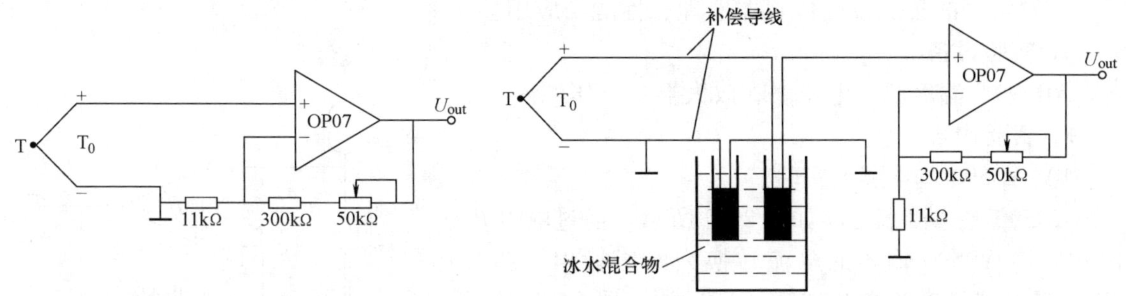

图 2-37　自由端为室温时测温电路　　　　图 2-38　自由端为0℃时测温电路

4）如图2-17所示，利用不平衡电桥进行冷端补偿，测量热电势，查表得到温度值，观察与实际温度值的偏差。

5）分析上述测量误差情况，总结热电偶冷端补偿方法的优缺点。

实验2　铂电阻测温特性与惠斯顿电桥特性实验

1. 实验目的

了解热电阻测温特性及电阻-电压转换方法。

2. 实验设备

铂电阻、温度源、电压表、放大器、电桥、温度计、电压源。

3. 实验内容

1）不平衡电桥铂电阻测温实验。

如图2-39所示，进行铂电阻电桥测温实验。图2-39中 R_1、R_2、R_3 为锰铜电阻，R_t 为铂电阻，r 为引线电阻（可以用小电阻模拟）。图2-39a为两线制接法，图2-39b为三线制接法。按照两种接法，以同样的参数搭接电路，同时对同一个加热源进行测量，各自获得一组温度数据。对两组数据进行比对，分析其误差产生的原因。

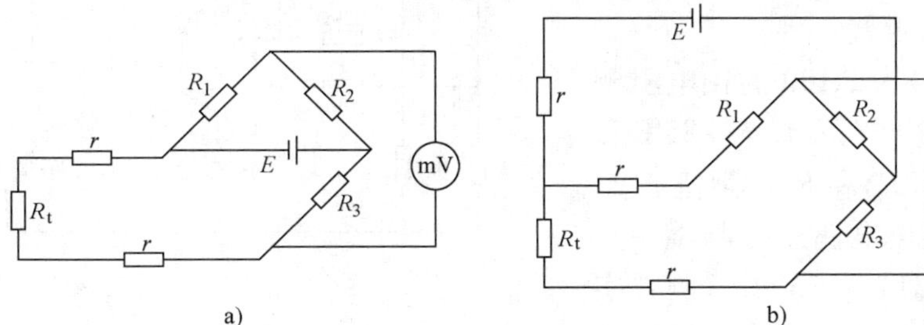

图 2-39　铂电阻电桥测温电路

a）两线制接法　b）三线制接法

2）恒流源铂电阻测温实验。

按照图2-6，进行恒流源铂电阻测温实验。调整电路增益，使测量灵敏度达到10mV/℃。测量一组温度数据，进行误差及线性度分析。

实验3　集成温度传感器 AD590 应用实验

1. 实验目的

了解常用的集成温度传感器原理、性能与应用。

2. 实验设备

AD590、温度源、电压表、放大器、电压源。

3. 实验内容

1）AD590 基本测温实验。

AD590 基本测温电路如图 2-40 所示。通过电阻 R_1 和 RP_1 将 AD590 输出的电流转换为电压输出，调节 RP_1，使其灵敏度约为 1mV/K，通过放大器 OP07 放大 10 倍，得到 $U_{out}=10mV/K$。

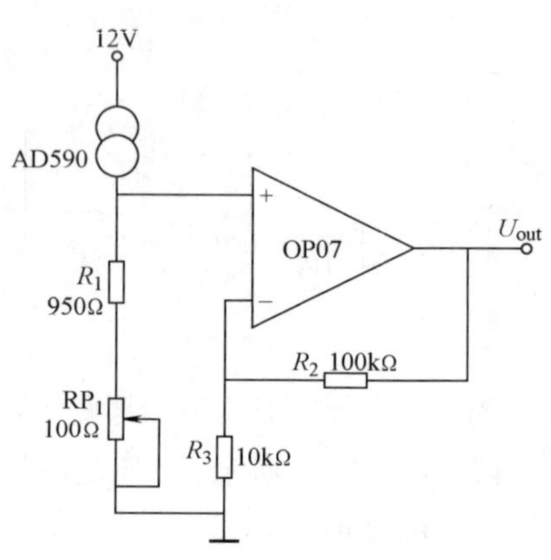

图 2-40　AD590 基本测温电路

2）AD590 摄氏温度检测实验。

按照如图 2-29 所示电路，进行 AD590 摄氏温度检测实验。通过调节 RP_1 和 RP_2，使电路灵敏度达到 100mV/℃。测量一组温度数据，进行误差及线性度分析。

思考与练习

1. 简述金属热电阻测温原理及使用时注意事项。
2. 测量电阻接线方式有哪些？各自的特点是什么？
3. 平衡电桥与不平衡电桥的工作原理是什么？分别适用于什么场合？
4. 电阻式测温传感器非线性产生的原因是什么？常用的修正方法有哪些？
5. 利用热电偶测量温度时，为什么要进行冷端补偿？常用补偿方法及特点是什么？
6. 集成温度传感器的工作原理是什么？其主要特点有哪些？
7. 利用分度号为 Pt100 的铂电阻测温，当被测量温度分别为 $t_1=-85℃$ 和 $t_2=450℃$ 时铂电阻 R_{t1} 和 R_{t2} 的阻值。
8. 利用 K 型热电偶进行测温，在测量时，自由端温度 $t_0=30℃$，测得实际电动势为 38.560mV，求被测量温度是多少？

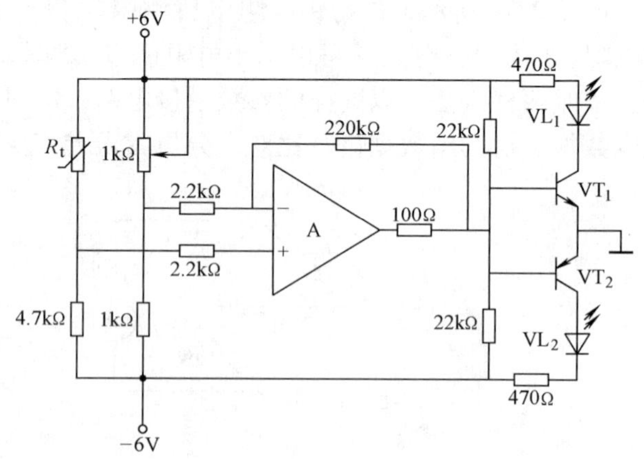

图 2-41　热敏电阻温度上下限报警电路

9. 图 2-41 是热敏电阻温度上下限报警电路。图中 A 为运算放大器，VT_1 和 VT_2 是晶体管，R_t 是热敏电阻。试分析该电路的工作原理。
10. 利用温度传感器设计一个电热水器。当水温低于 90℃时，控制电路给出信号使电热水器接通电源，给水加热。当水温达到 98℃时，控制电路自动切断热水器电源，停止加热。

第 3 章　力与压力测量传感器

本章要点

- 电阻式、压电式、差动变压器式、压磁式与集成式等压力测量传感器的结构与工作原理
- 压力测量传感器的特性参数、测量电路与温度补偿方法
- 压力测量传感器的性能及应用范围比较
- 压力测量传感器的应用实例

压力传感器是应用最广泛的传感器之一，它和流量、液位、温度传感器一起构成了常用于工业自动化系统的 4 大传感器，被广泛应用于汽车、航空、航海、冶金、机械等领域。压力传感器的种类很多，传统的测量方法是用弹性元件的形变和位移来表示压力，但这种传感器的体积大且输出为非线性。随着微电子技术的发展，利用半导体材料制成的半导体压力传感器，具有体积小、重量轻、灵敏度高等优点。目前，它们在力与压力测量中得到了日益广泛地应用。

3.1　电阻式压力传感器

3.1.1　金属电阻应变式传感器

金属电阻应变式传感器是利用应变效应原理制成的一种测量微小机械变化量的传感器。它是由弹性元件和电阻应变片构成的。当弹性元件感受被测物理量时，其表面产生应变，粘贴在弹性元件表面的电阻应变片也产生应变，其阻值将随着弹性元件的应变而变化。通过测量电阻应变片的电阻值，可以间接测量出被测的物理量。金属电阻应变传感器具有结构简单、测量精度高、使用方便、动态性能好等特点，被广泛应用于力、力矩、压力、加速度、重量等参数的测量。

1. 电阻应变片原理及主要特性

（1）工作原理

金属导体材料在受到外界力作用时，将产生机械变形，机械变形会导致其电阻值变化，这种因形变而使其电阻值发生变化的现象被称为“应变效应”。

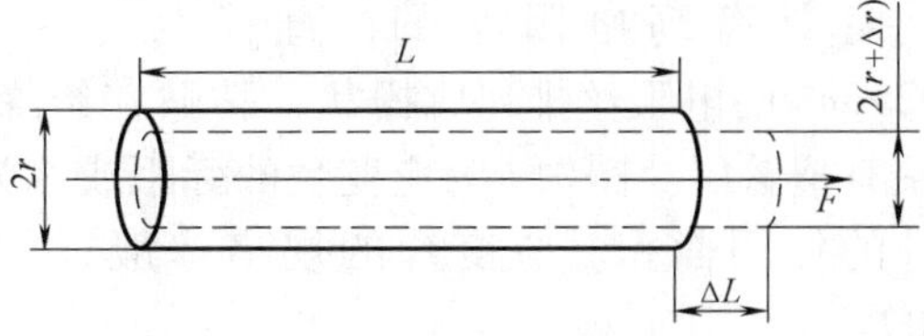

图 3-1　金属电阻丝伸长后几何尺寸变化

设有一根电阻丝，如图 3-1 所示，它在未受到外力作用时的初始电阻为

$$R = \rho \frac{L}{S} \tag{3-1}$$

式中，ρ 是电阻丝的电阻率；L 是电阻丝的长度；S 是电阻丝的截面积。

当电阻丝在外力 F 的作用下被拉伸（或压缩）时，其 ρ、L、S 均发生变化，变化量分别为 $\Delta\rho$、ΔL、ΔS。几何尺寸的变化引起电阻值的变化为 ΔR，其电阻的相对变化量为

$$\frac{\Delta R}{R}=\frac{\Delta L}{L}-\frac{\Delta S}{S}+\frac{\Delta\rho}{\rho} \tag{3-2}$$

经过整理，可得下式

$$\frac{\Delta R}{R}=(1+2\mu)\varepsilon+\frac{\Delta\rho}{\rho} \tag{3-3}$$

式中，μ 为泊松比，定义为材料在单向受拉或受压时，横向正应变与轴向正应变的绝对值的比值。

如果令

$$k_0=1+2\mu+\frac{\Delta\rho/\rho}{\varepsilon} \tag{3-4}$$

则有

$$\frac{\Delta R}{R}=k_0\varepsilon \tag{3-5}$$

式中，$\varepsilon=\Delta L/L$ 为金属导体电阻丝的纵向应变；k_0 为电阻丝的灵敏系数，即单位应变所引起的电阻值的相对变化。

由式（3-4）可知，电阻丝的灵敏系数受两个因素的影响：一是（$1+2\mu$），它是由电阻丝几何尺寸改变引起的，对于某种材料来说，它是常数；另一个是（$\Delta\rho/\rho$）/ε，对于同一种金属材料，其值也是常数，但比（$1+2\mu$）小很多，可以忽略，故 $k_0\approx1+2\mu$。理论与实验证明，对于每一种电阻丝，在一定的相对变形范围内，金属材料的灵敏系数 k_0 将保持不变。

因此，由式（3-5）可知，当金属电阻丝受到外界应力的作用时，其电阻的变化与受到应力的大小成正比。即金属导体电阻丝的电阻的相对变化率与电阻丝的应变呈线性关系，这就是金属电阻应变式传感器的工作原理。

（2）应变片的结构

常用的金属应变片分为电阻丝应变片和箔式应变片。它们的基本结构大体相同，由敏感栅、基底、覆盖层、引线和粘结剂组成。

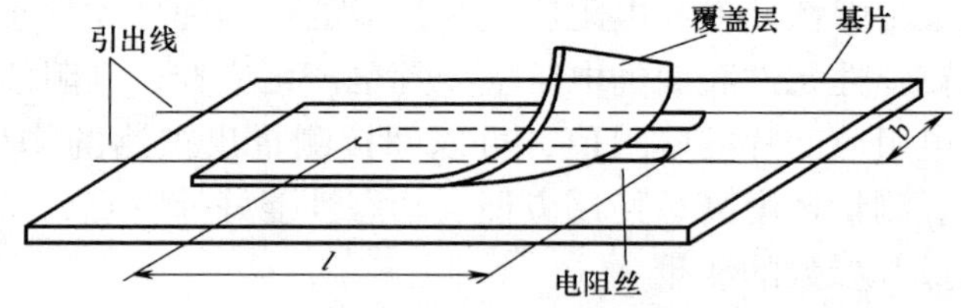

图 3-2　电阻丝式应变片结构

图 3-2 为电阻丝应变片结构示意图。将具有高电阻率的、直径为 0.025mm 的电阻丝排列成栅状，粘贴在绝缘基片上，电阻丝两端焊接引出线，栅状电阻丝上粘有覆盖层。图中 l 为应变片的标距或称为工作基长，b 为应变片的工作宽度，$b\times l$ 为应变片的使用面积。应变片的规格一般以使用面积和电阻值来表示，如：$(3\times10)\text{mm}^2$，120Ω。

箔式应变片工作原理与电阻丝应变片相同，它的敏感栅是通过光刻、腐蚀等工艺制成的，箔厚一般为 0.003～0.01mm。与电阻丝应变片相比箔式应变片有以下优点：

- 可以根据需要制成任意形状，且线栅尺寸准确、线条均匀。
- 可以制成电阻丝应变片无法实现的、基长很小的应变片。
- 箔敏感栅面积大、散射性好，在相同断面积情况下，能够通过较大的电流。

- 蠕变小，疲劳寿命长。
- 便于批量生产，生产效率高。

（3）电阻应变传感器的主要特性

1）灵敏系数 K。当具有初始电阻值 R 的应变片粘贴于试件表面时，试件受力引起的表面应变，将传递给应变片的敏感栅，使其产生电阻相对变化 $\Delta R/R$。实验表明，在一定应变范围内 $\Delta R/R$ 由下式确定：

$$\frac{\Delta R}{R} = K\varepsilon \tag{3-6}$$

式中，ε 为应变片的纵向应变；K 为应变片的灵敏系数。

应变片的灵敏系数 K 值的准确性直接关系到应变测量的精度，其误差大小是衡量应变片质量优劣的重要标志。但应变片的灵敏系数 K 并不等于其敏感栅整长电阻丝的灵敏系数 k_0，因为 K 除受到敏感栅结构形状、成型工艺、粘结剂和基底性能的影响外，还受到栅端圆弧部分横向效应的影响。一般情况下，$K < k_0$。

2）机械滞后。应变片安装在试件上以后，在一定的温度下，应变片的指示应变 ε_i 与试件机械应变 ε_m 应该是一个确定关系，但实验表明，在加载和卸载过程中，对同一机械应变量，两过程的特性曲线并不重合，卸载时的指示应变高于加载时的指示应变，如图 3-3 所示，这种现象称为应变片的机械滞后。加载和卸载特性曲线之间的最大差值 $\Delta\varepsilon_m$ 称为应变片的机械滞后值。

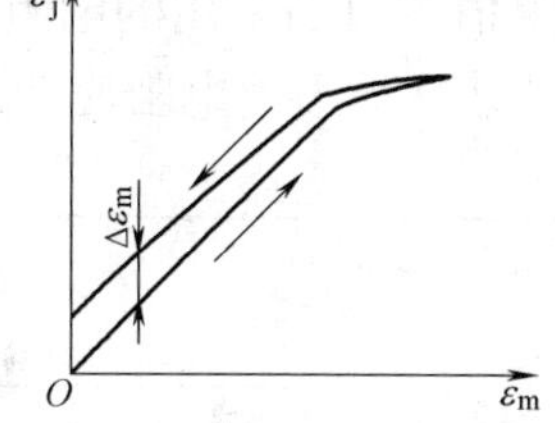

图 3-3　应变片的滞后效应

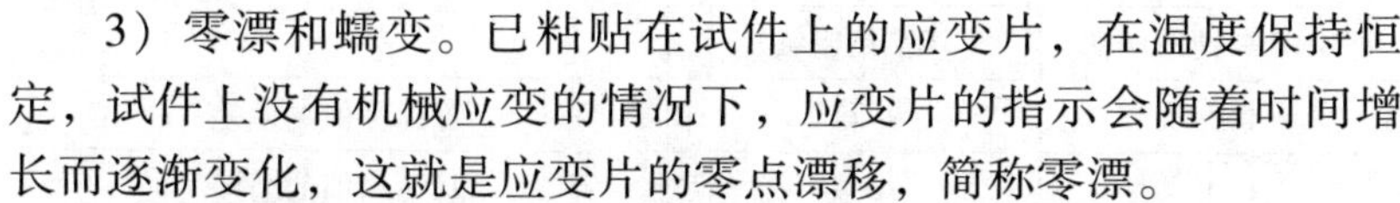

3）零漂和蠕变。已粘贴在试件上的应变片，在温度保持恒定，试件上没有机械应变的情况下，应变片的指示会随着时间增长而逐渐变化，这就是应变片的零点漂移，简称零漂。

已粘贴的应变片，温度保持恒定，在承受某一恒定的机械应变长时间作用下，应变片的指示会随时间的变化而变化，这种现象称为蠕变。一般来说，蠕变的方向与原来应变量变化的方向相反。

4）温度效应。粘贴在试件上的电阻应变片，除感受机械应变而产生电阻相对变化外，在环境温度变化时，也会引起电阻值的相对变化，从而产生虚假应变，这种现象称为温度效应。温度变化对电阻应变片的影响是多方面的，这里仅考虑两种主要影响：一是当环境温度变化 Δt 时，由于敏感栅材料的电阻温度系数 α_t 的存在，引起电阻的相对变化；二是当环境温度变化 Δt 时，由于敏感材料和试件材料的膨胀系数不同，应变片产生附加的形变，从而引起电阻的相对变化。

由于温度变化而形成的总的电阻相对变化为

$$\frac{\Delta R}{R} = \alpha_t \Delta t + K(\beta_g - \beta_s)\Delta t \tag{3-7}$$

式中，K 是应变片灵敏系数；β_g 是试件膨胀系数；β_s 是应变片敏感栅材料的膨胀系数。

5）应变极限与疲劳寿命。应变片的应变极限是指在一定温度下，应变片的指示应变 ε_i 与试件的真实应变 ε_m 的相对误差达到规定值（一般为 10%）时的真实应变值 ε_j，如图 3-4 所示。

对于已安装的应变片，在恒定幅值的交变力作用下，可以连续工作而不产生疲劳损坏的

循环次数 N 称为应变片的疲劳寿命。

6）绝缘电阻和最大工作电流。应变片的绝缘电阻是指已粘贴的应变片的引线与被测件之间的电阻值 R_m。通常要求 R_m 在 50～100MΩ 以上。绝缘电阻下降将使测量系统的灵敏度降低，使应变片的指示应变产生误差。

R_m 取决于粘结剂及基底材料的种类及固化工艺。在常温使用条件下，要采取必要的防潮措施，而在中温或高温条件下，要注意选取电绝缘性能良好的粘结剂和基底材料。

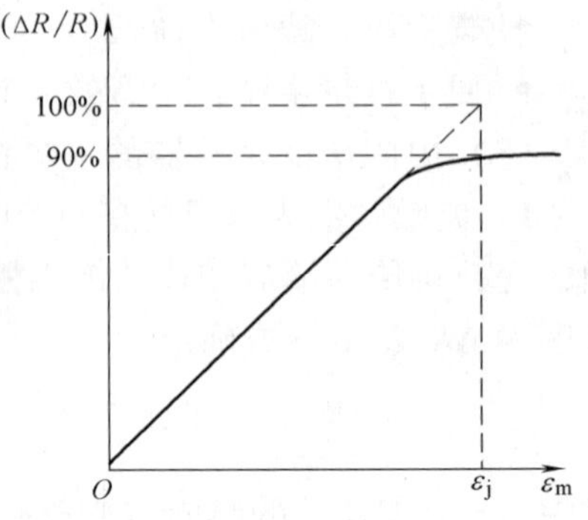

图 3-4　应变片的应变极限

最大工作电流是指已安装的应变片允许通过敏感栅而不影响其工作特性的最大电流。显然，工作电流大，输出信号也大，灵敏度就高。但工作电流过大，会使应变片过热，灵敏度系数发生变化，零漂及蠕变增加。通常静态测量时取 25mA 左右，动态测量时取 75～100mA。

7）应变片的电阻值。指应变片在未经安装也不受外力的情况下，在室温条件下测得的电阻值。目前常用的电阻系列有 60Ω、120Ω、200Ω、350Ω、500Ω、1000Ω、1500Ω 等。

表 3-1 给出电阻应变片的主要特性指标。

表 3-1　电阻应变片的主要特性指标

特性	应变片类别		说明
	BHF 高精密级	BX 精密级	
应变片电阻值偏差/（%）	0.5	1	对标称值的偏差
	0.1	0.1	对平均值的公差
灵敏度系数分散/（%）	0.5	1	
机械滞后/με	1	2	室温下
蠕变/με	1	3	室温下 1h
绝缘电阻/MΩ	50000	50000	室温下
横向效应系数/（%）	0.4	0.5	室温下
疲劳寿命/循环次数	10^7	10^7	室温下
灵敏度系数随温度变化/（%）	1	2	工作温度范围内的平均变化，100℃
	2	3	

注：με 为微应变，即百万分之一。

2. 电阻应变片温度误差及补偿

由于外界温度变化而给电阻应变片测量带来的附加误差，称为应变片的温度误差。温度误差主要是由于敏感栅的温度系数 α_t 及敏感材料与试件材料的膨胀系数的差异造成的（见式 3-7）。该误差对于测量精度影响极大，必须采取一定的补偿方法进行温度补偿。

（1）自补偿法

这种补偿方法是利用应变片自身具有的温度补偿作用进行补偿。

1）选择式自补偿法。由式（3-7）可知，若想完全补偿温度变化带来的测量误差，就要使温度变化形成的总电阻相对变化为零，需满足下面条件：

$$\alpha_t = -K(\beta_g - \beta_s) \tag{3-8}$$

因此，当被测试件的线膨胀系数 β_g 已知时，如果合理选择敏感栅材料，即使其电阻温度系数 α_t、灵敏系数 K 以及线膨胀系数 β_s，满足式（3-8），则不论温度如何变化，均有 $\Delta R/R=0$，即消除了温度变化对电阻变化率的影响，从而达到了温度自补偿的目的。

这种自补偿应变片容易加工，成本低，缺点是只适用于特定的被试件材料，温度补偿范围也较窄。

2）组合式自补偿法。采用这种补偿方法的应变片，其敏感栅是由两种不同温度系数的金属电阻丝串接而成的。这两种温度系数可以是相同符号，也可以是不同符号。

利用两种具有不同符号的电阻温度系数进行补偿的应变片结构如图 3-5 所示，它是将两种具有不同温度系数的电阻丝串联绕制而成的敏感栅。

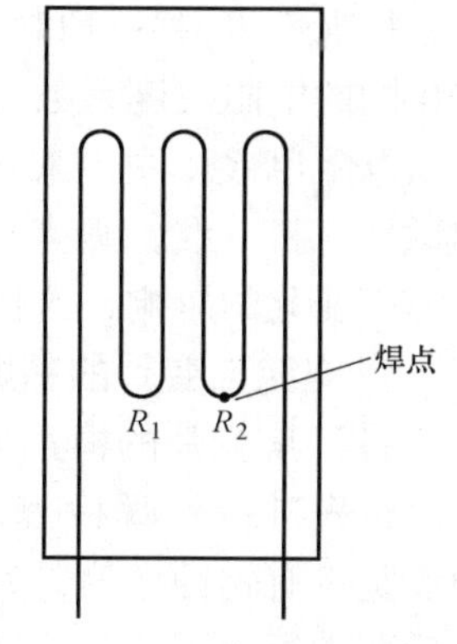

图 3-5　组合式自补偿法之一

假设两段敏感栅的电阻 R_1 和 R_2 由于温度变化而产生的电阻变化为 ΔR_{1t}和 ΔR_{2t}，如果它们大小相等、符号相反，即 $\Delta R_{1t}=-\Delta R_{2t}$，就可以实现对该应变片的温度补偿。通过调节两种电阻丝的长度即可调整 R_1 和 R_2 的比例，从而控制应变片的温度补偿。这种方法的补偿效果比选择式自补偿法好，精度较高。

利用两种具有相同符号的电阻温度系数进行补偿的应变片结构如图 3-6a 所示。应变片由两种具有相同温度系数的电阻丝串联而成，将它们形成的两个电阻分别接入电桥相邻的两桥臂上，电桥连接方式如图 3-6b 所示。

图 3-6b 中，R_1 是工作臂，R_2 与温度系数很小的附加电阻 R_B 串联组成补偿臂。当温度变化时，R_1 和 R_2 的变化分别为 ΔR_{1t}和 ΔR_{2t}，电阻 R_B 不随温度变化而改变。调节 R_1 和 R_2 的长度比及 R_B 的值，使之满足条件

$$\frac{\Delta R_{1t}}{R_1} = \frac{\Delta R_{2t}}{R_2 + R_B} \tag{3-9}$$

故可求得

$$R_B = \frac{\Delta R_{2t}}{\Delta R_{1t}}R_1 - R_2 \tag{3-10}$$

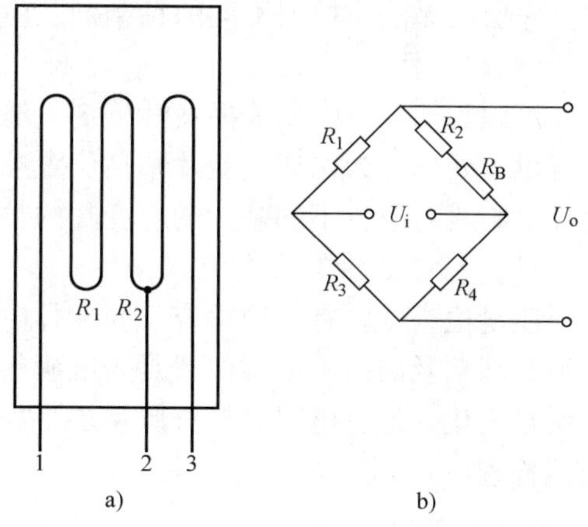

图 3-6　组合式自补偿方法之二

a）应变片结构　b）电桥连接方式

可见，利用具有相同温度系数两桥臂随温度变化而引起的电阻变化相等或接近，可以实现温度自补偿。这种补偿方法是利用补偿电阻 R_2 随温度变化产生的变化量 ΔR_{2t}去补偿工作臂 R_1 的变化 ΔR_{1t}。但是在补偿温度误差的同时，也会把工作栅灵敏系数抵消一部分，使应变片的灵敏度下降。因此，补偿电阻的材料通常选用电阻温度系数大且电阻率小的铂或铂合金，这样只要几欧的铂电阻就能达到温度补偿，从而减少对应变片灵敏系数的影响。

（2）线路补偿法

常用的线路补偿法是利用电桥进行补偿的。图 3-7 所示为电桥补偿电路，其中 R_1 为工

作应变片，R_B 为补偿应变片，R_3、R_4 为固定电阻。工作片 R_1 粘贴在被测试件上需要测量应变的地方，补偿片 R_B 粘贴在补偿块上，补偿块与被测试件温度相同，但不承受应变。

将 R_1、R_B 接入电桥相邻两臂，如果能够保证两个应变片具有相同的电阻温度系数 α、线膨胀系数 β、应变灵敏度系数 K 和初始电阻值 R_0，并且粘贴补偿片的补偿块材料和粘贴工作片的被测试件材料一致，则有 $\Delta R_{1t}=\Delta R_{Bt}$。因此，桥路输出电压 U_o 不受温度变化的影响，这样就起到了温度补偿的作用。

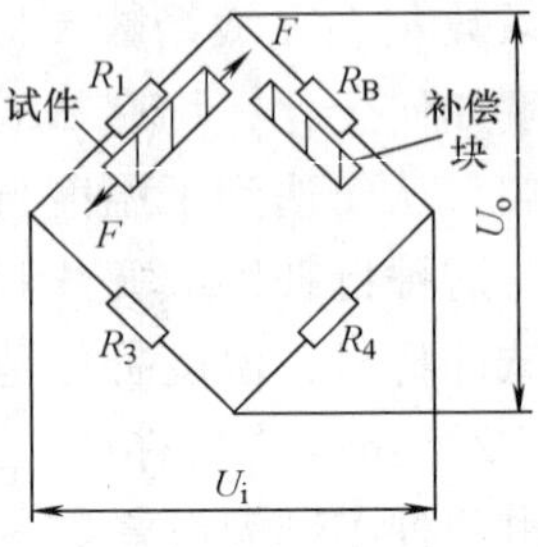

图 3-7　电桥补偿法

3. 电阻应变片的粘贴技术

（1）应变片的检查与筛选

首先进行外观检查，检查应变片敏感栅排列是否整齐、均匀，是否有锈蚀斑痕，有无断路、短路、折弯现象，基底与覆盖层之间是否均匀无气泡等。然后要进行电阻值的筛选，对经过外观检查合格的应变片进行阻值的测量，工作片与补偿片之间的阻值相差最好不要超过 ±0.1Ω。

（2）试件贴片处表面的处理

试件贴片处表面应先用平砂轮、刮刀或锉刀等工具将其打平，除去油漆、氧化皮、锈斑等覆盖层。对于在传感器弹性元件上贴片，要求更加严格，先用四氯化碳清理贴片处的油污，然后用 0 号砂纸交叉打磨弹性元件，打出与贴片方向呈 45°角的交叉纹路。最后用清洗剂对表面进行化学清洗。

（3）底层处理

为使应变片粘贴牢固并具有较高的绝缘电阻，应先在粘贴应变片的部位均匀地涂一底层。底层的涂法应根据不同的粘结剂及应变片的要求来确定。

（4）贴片

用脱脂棉球蘸丙酮等挥发性溶剂，清洗试件表面，然后用中性溶剂清洗，并对试件表面进行烘干处理。为保证应变片粘贴位置准确，可用划针在试件上画出定位中心线，以便与应变片中心线对位。不同基片的应变片的粘贴方法不同，应根据其说明要求操作。

（5）粘贴质量的检查

质量检查主要有外观检查、应变片电阻以及绝缘电阻的检查。外观检查包括粘贴层有无气泡、漏粘及破损、粘贴位置是否准确等。应变片电阻可用万用表进行检查，要求粘贴前后无明显变化。绝缘电阻是检查胶粘层干燥或固化程度的标志，因此，固化后需要进行绝缘电阻的检查。

3.1.2　压阻式传感器

尽管金属电阻应变式传感器具有性能稳定、精度较高等优点，但却存在一大弱点，就是灵敏系数低。在 20 世纪 50 年代中期就出现了利用半导体应变片制成的压阻式传感器，其灵敏系数比金属电阻式传感器高几十倍，而且具有体积小、分辨率高、工作频带宽、机械迟滞小、传感器与测量电路可实现一体化等优点。

在航天和航空工业中压力是一个关键参数，对静态和动态压力，局部压力和整个压力场的测量都要求很高的精度。压阻式传感器是用于这方面的较理想的传感器。例如，用于测量直升飞机机翼的气流压力分布，测试发动机进气口的动态畸变、叶栅的脉动压力和机翼的抖动等。在飞机喷气发动机中心压力的测量中，使用专门设计的硅压力传感器，其工作温度达500℃以上。在波音客机的大气数据测量系统中采用了精度高达0.05%的配套硅压力传感器。在尺寸缩小的风洞模型试验中，压阻式传感器能密集安装在风洞进口处和发动机进气管道模型中。单个传感器直径仅2.36mm，固有频率高达300Hz，非线性和滞后均为全量程的±0.22%。在生物医学方面，压阻式传感器也是理想的检测工具。已制成扩散硅膜薄到10μm，外径仅0.5mm的注射针型压阻式压力传感器和能测量心血管、颅内、尿道、子宫和眼球内压力的传感器。此外，在油井压力测量、流量和液位测量等方面都广泛应用压阻式传感器。

1. 压阻式传感器工作原理

当单晶半导体材料在沿某一轴向受外力作用时，使其电阻率发生很大变化，这一现象称为半导体的压阻效应。压阻式传感器就是基于半导体材料的压阻效应原理工作的。当对半导体材料施加应力时，半导体材料的电阻率将随着应力的变化而发生变化，因此，它也属于一种电阻式传感器。

前面介绍了金属导体材料在受到外界力作用时，导致其电阻值变化，其电阻变化率由式（3-3）给出，即

$$\frac{\Delta R}{R} = (1 + 2\mu)\varepsilon + \frac{\Delta\rho}{\rho}$$

其中，$\Delta\rho/\rho$一项很小，即对电阻率的变化影响很小，因而可以忽略不计。金属电阻应变片的电阻的变化主要由金属材料的几何尺寸所决定。但对于半导体材料而言，情况正好相反，由材料几何尺寸变化而引起电阻的变化很小，可忽略不计，而$\Delta\rho/\rho$这一项很大，也就是说，半导体材料电阻的变化主要由半导体材料电阻率的变化所造成的，这就是压阻式传感器的工作原理。

压阻式传感器电阻的变化一般可表示为

$$\frac{\Delta R}{R} \approx \frac{\Delta\rho}{\rho} = \pi\sigma \tag{3-11}$$

式中，σ为应力；π为压阻系数，范围为（40～80）$\times 10^{-11}\mathrm{m^2/N}$。

由于弹性模量$E=\sigma/\varepsilon$，故式（3-10）又可表示为

$$\frac{\Delta R}{R} = \pi\sigma = \pi E\varepsilon = K\varepsilon \tag{3-12}$$

式中，K为灵敏系数；ε为半导体电阻的应力。

可见，当半导体应变片受到外界应力的作用时，其电阻率的变化与所受应力的大小成正比。

对于不同的半导体，压阻系数π和弹性模量E都不一样，所以灵敏系数也各不相同。但总的来说，压阻式传感器的灵敏系数大大高于金属电阻应变片的灵敏系数，大约是其50～100倍。半导体应变片的主要优点是灵敏系数比金属电阻应变片的灵敏系数大，通常不需要放大器就可以直接输入显示器或记录仪，可简化测试系统。另外它的机械滞后极小。但是由于半导体材料的特点，它的温度稳定性和线性度比金属电阻应变片差得多。

2. 压阻式传感器的构成

图3-8所示为压阻式传感器的结构框图。弹性敏感元件将被测量Δx转换成中间变量σ，

压阻式变换器将其转换成电阻的变化量 ΔR。

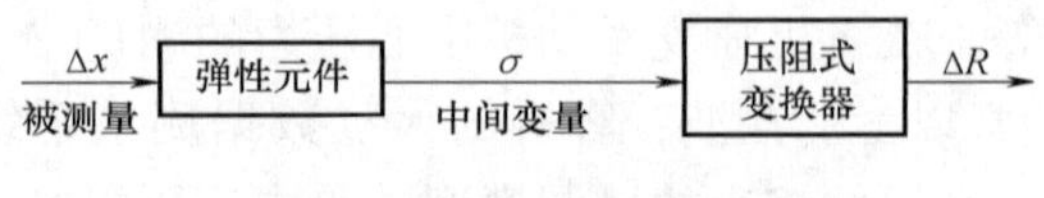

图 3-8　压阻式传感器框图

采用半导体硅材料作为弹性敏感元件的材料，利用半导体集成电路工艺及三维微机械加工工艺制做出硅弹性元件（通常称为硅杯）。再通过半导体扩散工艺将 P 型电阻条制作在硅杯膜片上，实现了电阻变换器与弹性元件一体化，不再像电阻应变片那样需要用胶粘到金属弹性元件上，从而极大地改善了传感器的整体性能。

图 3-9 所示是扩散型压阻式传感器的结构简图，其核心部分是一个圆形硅膜片，在膜片上利用扩散工艺设置 4 个阻值相等的电阻，用导线使其构成一个平衡电桥。膜片的四周用圆环（硅环）固定。膜片的两边有两个压力腔，一个是与被测系统连接的高压腔，另一个是低压腔，一般与大气相通。当膜片两边存在压力差时，膜片产生形变，膜片上各点产生应力。4 个电阻在应力作用下阻值发生变化，电桥失去平衡，产生输出电压。该电压与膜片两边的压力差成正比。这样，测出不平衡电桥的输出电压，就测出了膜片两端压力差的大小。

压阻式传感器具有如下特点：

1）体积小。由于硅弹性膜片和硅杯是由半导体腐蚀工艺一次整体成型的，故尺寸可以做得很小。目前国内产品已达到 ϕ2. 2mm。

2）满量程输出信号大。压阻式压力传感器输出信号可达 100mV 左右，是金属电阻应变片式压力传感器输出信号的 50 倍左右。

3）温度系数小。由于 4 个扩散电阻值的一致性可以做得很高，加上补偿技术的应用，目前硅压阻式传感器的零点及灵敏度温度系数可达 10^{-5}/℃的数量级。

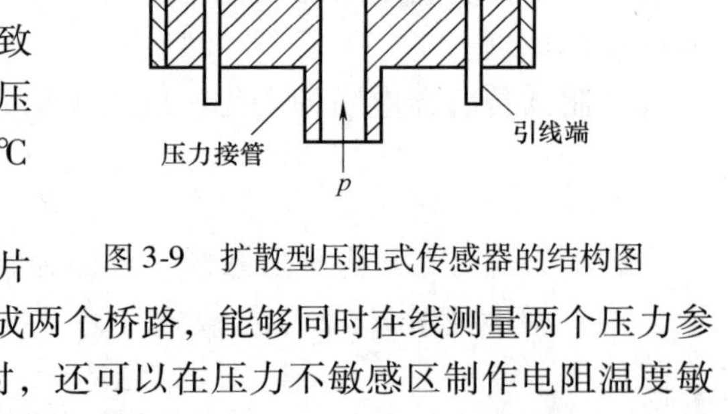

图 3-9　扩散型压阻式传感器的结构图

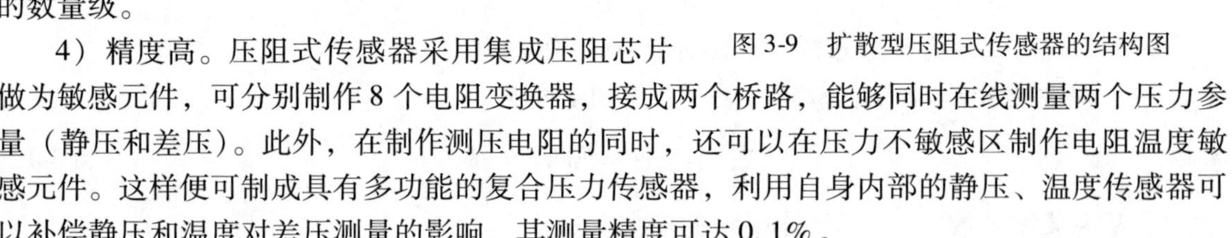

4）精度高。压阻式传感器采用集成压阻芯片做为敏感元件，可分别制作 8 个电阻变换器，接成两个桥路，能够同时在线测量两个压力参量（静压和差压）。此外，在制作测压电阻的同时，还可以在压力不敏感区制作电阻温度敏感元件。这样便可制成具有多功能的复合压力传感器，利用自身内部的静压、温度传感器可以补偿静压和温度对差压测量的影响，其测量精度可达 0. 1%。

3. 1. 3　电阻式压力传感器的驱动及测量电路

1. 驱动方式

电阻式压力传感器属于无源传感器，工作时需要外加驱动电源，其驱动方式分为恒流驱动与恒压驱动两种。

（1）恒流驱动方式

如图 3-10 所示为恒流驱动方式的原理图。图中，运算放大器 A_1 和晶体管 VT_1 构成恒流驱动电路，VT_1 起电流放大作用。稳压管 VD 的稳定电压值 U_Z 通过 A_1 加到 RP_1 上，使 RP_1 上的电压恒定。因此，该恒流电路的输出电流恒为

$$I_O = \frac{U_Z}{RP_1} \quad (3\text{-}13)$$

可见，输出电流 I_O 由 U_Z 和 RP_1 决定，当稳压管确定后，压力传感器所需要的工作电流的大小，可以通过改变 RP_1 来确定。

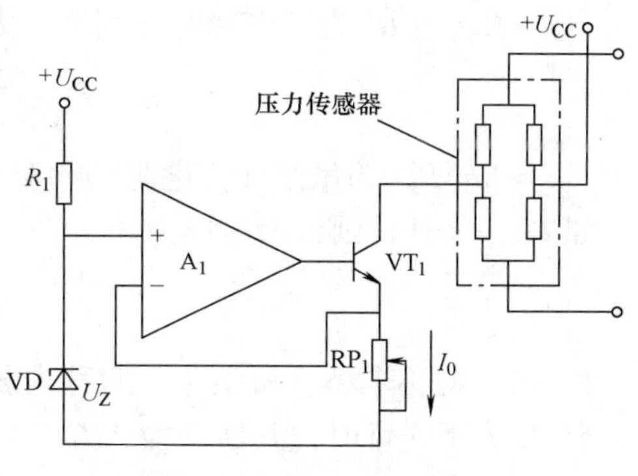

图 3-10　恒流驱动方式

（2）恒压驱动方式

图 3-11 为恒压驱动方式的实例。该电路采用的是绝对压力传感器 KP100A，它的灵敏度为 1.3mV/V · MPa，最大失调电压为 ±5mV/V。电路中 KP_2 用于调整电路增益，其增益调整范围 5～21；RP_1 用于调整 KP100A 的失调电压。

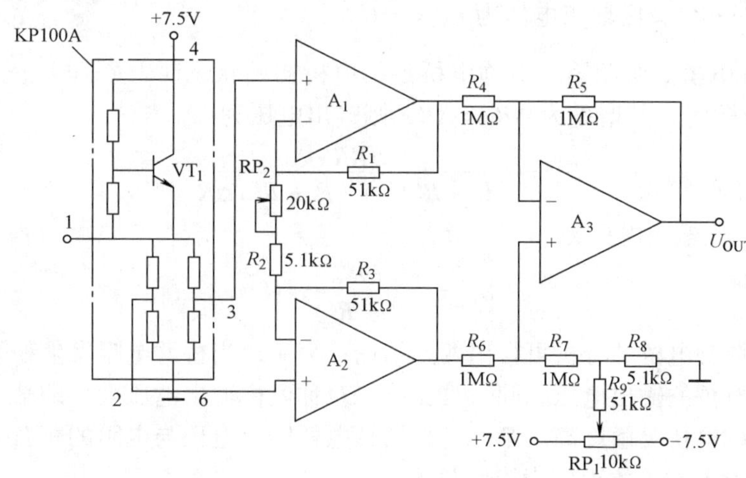

图 3-11　恒压驱动方式

2. 电桥测量电路

电阻式压力传感器将压力转换成电阻的相对变化 $\Delta R/R$，为了便于进行测量，还必须经过测量电路将这种电阻的变化进一步转换成电压或电流信号。电阻式压力传感器常用的测量电路是电桥。

电桥测量电路具有测量精度高、灵敏度高、测量范围宽、电路简单以及易于实现温度补偿等优点，因此，在电阻式压力传感器的测量电路中得到了普遍应用。

（1）惠斯顿电桥

图 3-12 为电桥电路，U 为桥路供电电源电压，U_o 为电桥输出电压。其输出电压表达式为

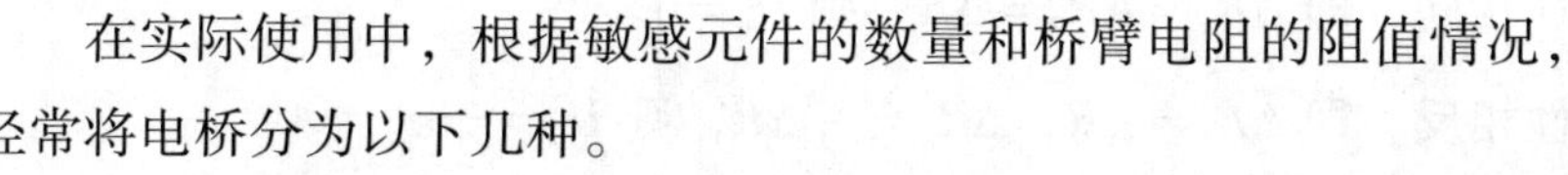

$$U_o = \frac{R_1R_3 - R_2R_4}{(R_1 + R_2)(R_3 + R_4)}U \quad (3\text{-}14)$$

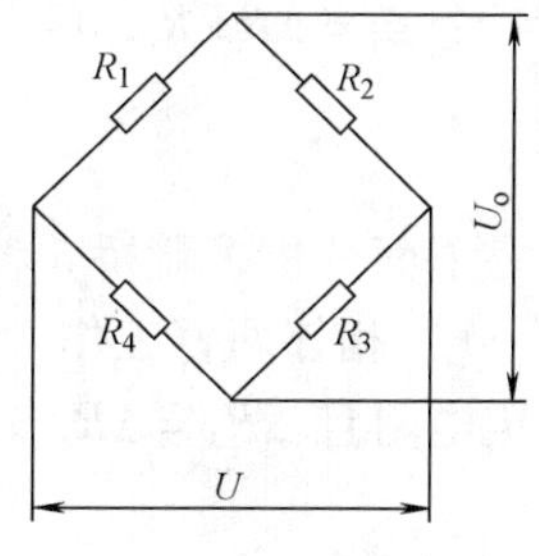

图 3-12　电桥电路

在实际使用中，根据敏感元件的数量和桥臂电阻的阻值情况，经常将电桥分为以下几种。

1）等臂电桥。等臂电桥是指在初始状态时，电桥四臂的电阻值均相等，即 $R_{10} = R_{20} =$

$R_{30}=R_{40}=R$。当 R_1 为工作臂时，其增量为 $\Delta R_1=\Delta R$，则输出电压为

$$U_o=\frac{\Delta R}{4R+2\Delta R}U=\frac{\varepsilon}{4+2\varepsilon}U \tag{3-15}$$

式中，$\varepsilon=\Delta R/R$，为敏感元件电阻的相对变化量。

如果，$\varepsilon \ll 1$，则输出电压为

$$U_o=\frac{\varepsilon}{4}U \tag{3-16}$$

2）第一对称电桥。所谓第一对称电桥是指电桥初始状态时，$R_{10}=R_{40}=R$，$R_{20}=R_{30}=R'$。当 R_1 为工作臂时，其增量为 $\Delta R_1=\Delta R$，则输出电压为

$$U_o=\frac{\Delta R}{4R+2\Delta R}U=\frac{\varepsilon}{4+2\varepsilon}U$$

同样，如果 $\varepsilon \ll 1$，则输出电压为 $U_o=\frac{\varepsilon}{4}U$。

3）第二对称电桥。所谓第二对称电桥是指电桥初始状态时，$R_{10}=R_{20}=R$，$R_{30}=R_{40}=R'$。当 R_1 为工作臂时，其增量为 $\Delta R_1=\Delta R$，则输出电压为

$$U_o=\frac{\Delta RR'}{(R+R')^2+(R+R')\Delta R}U \tag{3-17}$$

如果 $\varepsilon \ll 1$，则输出电压为

$$U_o=\frac{RR'}{(R+R')^2}\varepsilon U \tag{3-18}$$

由以上对惠斯顿电桥的分析可得出两点结论：第一，当桥臂电阻发生相同变化时，等臂电桥与第一对称电桥的输出电压相同，且比第二对称电桥输出电压大，即第一类对称电桥灵敏度比第二类对称电桥灵敏度高。第二，惠斯顿电桥输出电压与电阻的相对变化 ε 是非线性关系，只有当 $\varepsilon \ll 1$ 时，才近似为线性关系。

（2）多桥臂工作电桥

对于一个等臂电桥，如果其 4 个桥臂都是敏感元件电阻组成，当电桥初始状态处于平衡态，且 $\Delta R_i/R_i \ll 1$（$i=1$、2、3、4），则电桥输出电压为

$$U_o=\frac{U}{4}\left[\frac{\Delta R_1}{R_1}-\frac{\Delta R_2}{R_2}+\frac{\Delta R_3}{R_3}-\frac{\Delta R_4}{R_4}\right] \tag{3-19}$$

令 $\varepsilon_i=\Delta R_i/R_i$，则

$$U_o=\frac{U}{4}(\varepsilon_1-\varepsilon_2+\varepsilon_3-\varepsilon_4) \tag{3-20}$$

下面分析多臂桥 3 种工作方式的特点。

1）相邻两臂工作。当 R_1 和 R_2 为工作臂，其电阻增量分别为 ΔR_1 和 ΔR_2，R_3 和 R_4 是固定电阻且 $\Delta R_3=\Delta R_4=0$ 时，其输出电压为

$$U_o=\frac{U}{4}(\varepsilon_1-\varepsilon_2) \tag{3-21}$$

如果两电阻增量的极性相同，即 $\Delta R_1=\Delta R_2=\Delta R$，则 $U_o=0$。

如果两电阻增量的极性相反，即 $\Delta R_1=\Delta R$，$\Delta R_2=-\Delta R$，则 $U_o=\frac{U}{2}\varepsilon$。

可见，当电阻增量极性相反时，相邻两臂输出电压是单臂工作输出电压的两倍，即灵敏

度增大一倍。当极性相同时，输出电压为零。

2）相对两臂工作。当 R_1 和 R_3 为工作臂，其电阻增量分别为 ΔR_1 和 ΔR_3，R_2 和 R_4 是固定电阻且 $\Delta R_2 = \Delta R_4 = 0$ 时，其输出电压为

$$U_o = \frac{U}{4}(\varepsilon_1 + \varepsilon_3) \tag{3-22}$$

如果两电阻增量的极性相同，即 $\Delta R_1 = \Delta R_3 = \Delta R$，则 $U_o = \frac{U}{2}\varepsilon$。

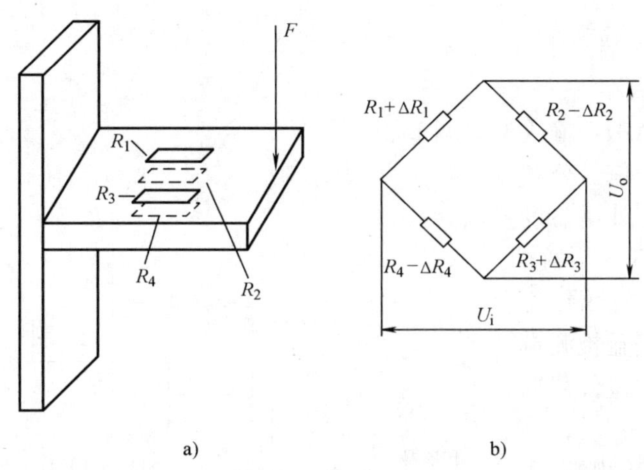

图 3-13　4 片应变片粘贴方法及电桥电路

a）粘贴方式　b）测量桥路

如果两电阻增量的极性相反，即 $\Delta R_1 = \Delta R$，$\Delta R_3 = -\Delta R$，则 $U_o = 0$。

3）4 个桥臂工作。以应变片为例分析 4 个桥臂都作为工作臂的情况。假设 R_1 和 R_3 粘贴在试件的一面，而 R_2 和 R_4 粘贴在对称的另一面，如图 3-13a 所示，图 3-13b 为其电桥电路。

当力 F 作用于试件的自由端，并伴随有温度变化时，各桥臂电阻变化分别为

$$\frac{\Delta R_1}{R_1} = \frac{\Delta R_3}{R_3} = \left[\frac{\Delta R}{R}\right]_\varepsilon + \left[\frac{\Delta R}{R}\right]_t \tag{3-23}$$

$$\frac{\Delta R_2}{R_2} = \frac{\Delta R_4}{R_4} = -\left[\frac{\Delta R}{R}\right]_\varepsilon + \left[\frac{\Delta R}{R}\right]_t \tag{3-24}$$

式中，$\left[\frac{\Delta R}{R}\right]_\varepsilon$ 为由于应变引起的电阻变化；$\left[\frac{\Delta R}{R}\right]_t$ 为由于温度变化引起的电阻变化。

将式（3-23）和式（3-24）代入式（3-19）得 $U_o = U\varepsilon$。

可见，这种四桥臂工作的全桥工作方式，不仅电桥灵敏度比惠斯顿电桥增大了 4 倍，而且它还能够消除温度变化对测量结果的影响。

3. 桥传感器信号调节电路 1B32

桥信号调节电路 1B32 是一个以斩波器为基础的精密信号调节器件。由于它具有高精度、高增益、桥激励电压可编程以及电路简单等特点，所以常被用于高精度称重和桥传感器。

（1）主要功能

它主要包括3个基本组成部分：高性能斩波器、低通滤波器和电压幅值可调节的传感器激励源。其斩波器以放大器为基础，具有极低的输入偏置温度系数（±0.07μV/℃）和极小的非线性（全量程范围最大±0.005%）。内部三级低通滤波器的衰减量为60dB，截止频率4Hz。1B32稳定的激励源的特点是输出低漂移（$\pm4\times10^{-5}$/℃）和驱动能力强（能驱动120Ω或更高电阻的负载传感器）。激励电压预置在+10V，但其值可通过外部电阻进行重新设置，设置范围为4~15V。

（2）主要引脚

+INPUT：正输入端。

-INPUT：负输入端。

INPUT OFFSET ADJ：输入偏置调节。

SIGNAL COMM：信号公共端。

EXT GAIN SET：外增益设置端。

333.3 GAIN：333.3增益端。

500 GAIN：500增益端。

GAIN SENSE：增益检测端。

GAIN COMM：增益公共端。

V_{OUT}：电压输出端。

REF OUT：基准输出端。

REF IN：基准输入端。

EXC ADJ：激励调节端。

SENSE LOW：检测低端。

SENSE HIGH：检测高端。

V_{EXC} OUT：激励电压输出端。

（3）应用电路

图3-14所示为利用1B32构成的压力传感器接口电路，桥激励电压为+5V，电路增益为333.3，输出电压范围0~+5V。

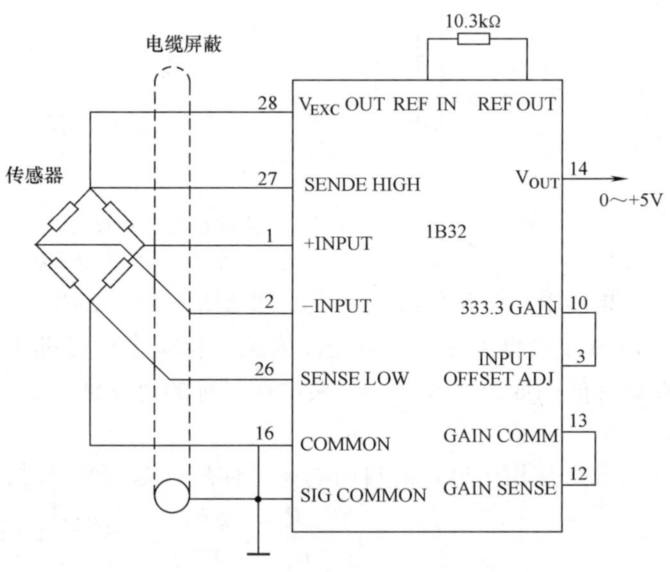

图3-14　利用1B32构成的压力传感器接口电路

3.1.4　电阻式压力传感器的应用

1. 高压数字压力表

图3-15所示为高压数字压力表电路，其测量最高压力达10MPa。测量电路由传感器、恒流源、电压放大电路、调零电路、A/D转换器及显示器等组成。图中运算放大器A_1、A_2组成恒流源电路，为DL412-100压力传感器提供所需的1mA恒定电流。A_1为同相放大器，A_2为电压跟随器，输出恒流$I_S=U_{VD_1}/R_{RP0}$，调节R_{RP0}可得$I_S=1mA$。

压力传感器输出信号从a、b两端加到由A_3、A_4组成的差动放大电路的输入端进行放大。调节电位器RP_2，可以改变该放大电路的放大倍数。经差动放大电路放大后的双端信号输入A_6减法器，经A_6减法运算后转换成为单端输出送入A/D转换器。

运算放大器A_5和电位器RP_1组成调零电路，其调整范围为-3.57~+3.57V。该调零

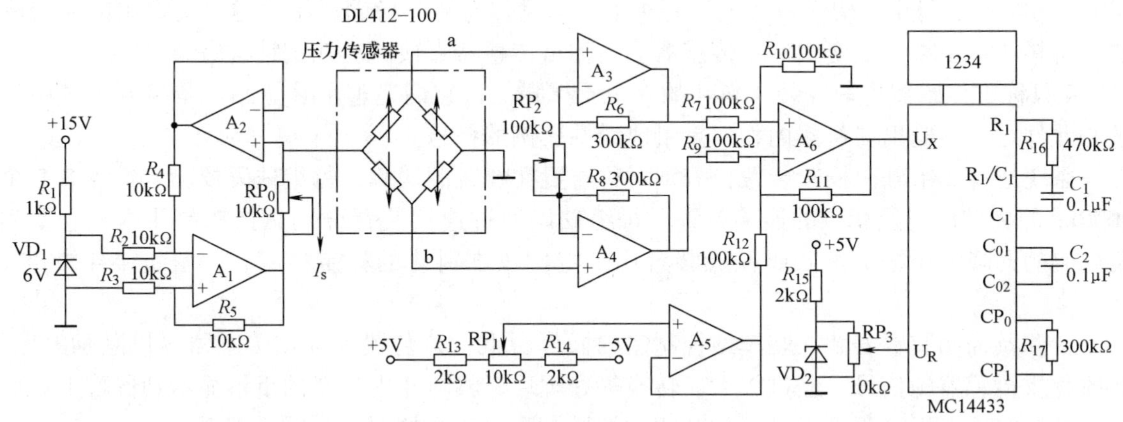

图 3-15　高压数字压力表电路

电路的目的是对压力传感器的零点电压进行修正，以保证测量的准确度。

A/D 转换器选用 MC14433，它是一种双积分转换原理的 $3\frac{1}{2}$位 A/D 转换器。MC14433 的基准电压可选择 2V 或 0.2V，即对应它的满度时的输入电压分别为 2V 或 0.2V。本电路选择 2V 基准电压，这样，对应 10MPa 压力时，放大电路应将电压放大到 1V，加到 A/D 转换器的输入端。此时，压力表显示数值为 1000，其分辨率为 10kPa。

在调试电路时，要分成基准和增益两部分进行。调整基准时，首先调节 RP_0，使激励电流 $I_S=1\text{mA}$，再调节 RP_3，使 A/D 转换器的基准电压 $U_R=2.000\text{V}$。调整增益时，先调整零点，在输入零压力时，调节 RP_1 使数字表显示为 0。再调整满度值，在输入端加 10MPa 压力时，调节 RP_2，使数字表显示为 1000 即可。

2. 煤矿快速定量自动装车系统

煤矿列车装车系统是煤炭生产与销售的主要环节之一。随着我国经济的高速发展，原煤及精煤产量的不断提高，其运输量也随之增加，因此，对煤炭铁路外运的速度、装车计量准确度、安全生产提出了更高的要求。采用大型快速定量自动化装车站成为煤矿实现高产快运的有效手段。快速定量自动化装车站可将用户要求的不同煤种或满足煤质技术指标要求的混配煤，按规定的重量连续地自动称量并装入慢速行进的铁路车厢。快速定量自动装车站是具有当今国际先进水平的机、电、液一体化大型计量器具，其中称重是该系统的重要环节，通过称重传感器可实现物料的快速、准确称量。

本系统设计为装车能力为 5400t/h；装车速度为单节车皮 45s/节（62t），装满整列车 60 节车厢小于 1h；装车精度：单车装车精度为 0.1%，整列车装车精度为 ±0.05%。

（1）系统构成及工作过程

图 3-16 所示为称重系统示意图。系统主要由称重料斗、称重传感器、称重仪表和砝码校验装置等组成。

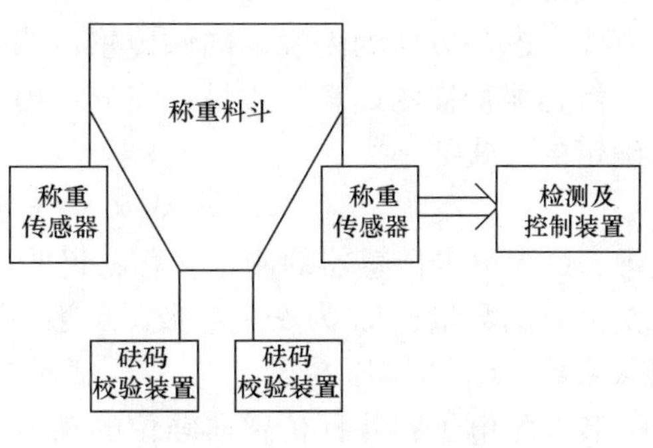

图 3-16　称重系统示意图

系统设有 1 个称重料斗，料斗最大称量为

100t，为棱台形漏斗结构，料斗上设有4个支撑梁，与料斗稳固连接。通过支撑梁的4个支腿，将料斗置于4个应变式称重传感器上，称重传感器直接固定在钢结构塔架上。

4只称重传感器均匀安装在料斗的4个支撑腿上，它们是整个装车站计量控制系统中的核心元件之一，输出与料斗内物料重量成线性比例的信号。

系统还有2组砝码校验装置，分别对称布置在料斗的两侧，每组砝码校验装置各有5个1000kg的标准砝码及相应的连接装置，每组砝码通过连接装置分别悬挂在料斗两侧仓壁固定砝码的升降液压缸上。砝码校验装置用来定期校准料斗的称量精度，一般每半年校准1次。

检测及控制装置安装在装车站控制室的操作台上，该装置为称重传感器提供激励电压，接收称重传感器的信号，经过放大、转换等处理后，将料斗内物料的重量显示到屏幕上。同时，控制缓冲仓下液压平板闸门的开闭，按要求为料斗内的混配煤准确配料。

工作过程：操作人员按下称重按钮后，开始向料斗中加料，加入料斗中的煤量应按列车车厢容量设定。料斗下设有4个称重传感器，在料斗和物料重量的作用下发生变形，输出与重量成正比的电信号。传感器输出信号经放大器放大后，输入到A/D转换器进行数据转换，转换后的数字信号送入微处理器中，数据经过计算和处理后，一方面显示出瞬时物重，另一方面与设定值进行称重比较，发出控制信号，开启和关闭加料口，实现对料斗煤量的定量控制。

（2）传感器选择

1）传感器类型。快速定量自动装车站工况复杂，称重传感器需承受工作频繁、冲击载荷大的工作环境，要求称重精度高、可靠性好。考虑到电阻应变式传感器具有结构简单、体积小、使用方便、性能稳定、可靠、灵敏度高、动态响应快、适合静态及动态测量、测量精度高等优点，因此，称重传感器选用电阻应变式传感器。

2）传感器数量。称重传感器数量的选择是根据电子衡器的用途、秤体需要支撑的点数（支撑点数应根据使秤体几何重心和实际重心重合的原则而确定）而定。一般来说，料斗秤有几个支撑点就选用几个传感器，装车站料斗为棱台形漏斗结构，料斗上设有4个支撑腿，因此，确定装车站选用4个传感器。

3）传感器量程。传感器量程的选择可依据电子料斗的最大称量值、选用传感器的个数、料斗的自重以及可能产生的最大偏载和动载等因素来确定。一般来说，传感器的量程越接近分配到每个传感器的载荷，其称量的准确度就越高。但在实际使用时，由于加在传感器上的载荷除被称物体外，还存在料斗自重、偏载及落料冲击等载荷，因此，选用传感器量程时，要考虑多方面的因素，确保传感器的安全和寿命。

传感器量程的计算公式是在充分考虑到影响电子料斗秤的各个因素后，经过大量的实验而确定的公式如下：

$$C = K_0 \times K_1 \times K_2 \times K_3 \times (W_{max} + W)/N \tag{3-25}$$

式中，C为单个传感器的额定量程；W为料斗自重；W_{max}为被称物体净重的最大值；N为料斗支撑点的数量；K_0为安全系数，一般取值为1.2～1.3；K_1为冲击系数；K_2为秤体的重心偏移系数；K_3为风压系数。

装车站电子料斗秤传感器吨位的确定：装车站电子料斗秤最大称量是100t，秤体自重为31t，采用4个传感器，根据当时的实际情况，选取安全系数$K_0 = 1.25$，冲击系数$K_1 =$

1.15，重心偏移系数 $K_2=1.03$，风压系数 $K_3=1.02$。

系数确定后，根据式（3-25）可得：

$$C = 49.46\text{t}$$

因此，可选用量程为 50t 的传感器。

3. 胶带张力测试

图 3-17 所示为带式输送机的胶带张力测试装置示意图。

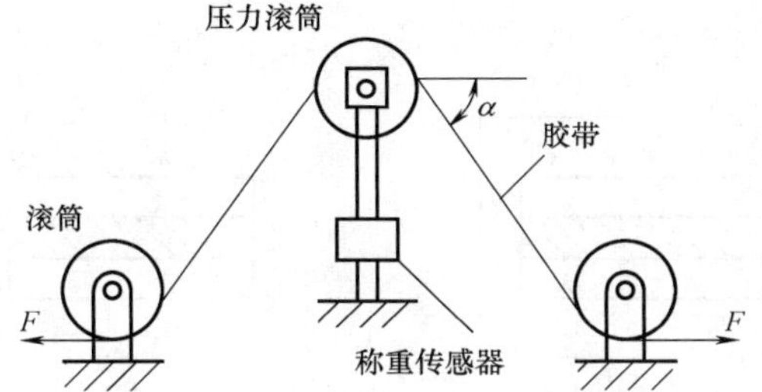

图 3-17　带式输送机的胶带张力测试装置

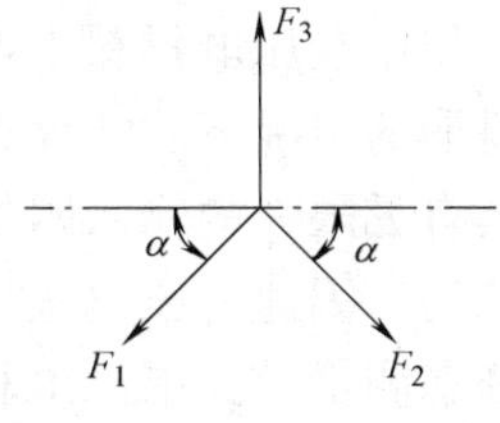

图 3-18　压力滚筒受力示意图

该测试系统所选用的称重传感器是电阻应变式称重传感器，量程为 20kg，灵敏度为 0.1mV/（V·kg），供桥电压范围为直流 5～15V。

压力传感器安装在压力滚筒下方，图 3-18 为压力滚筒的受力示意图。传感器测到的力为 $-F_3$，它的大小与 F_3 相等，方向与其相反。图 3-18 中 F_1 和 F_2 是同根胶带在同一点上所受的张力，它们在数值上是相等的，即 $F_1=F_2=F$，F 是胶带张力。可见，

$$F = \frac{1}{2}F_3\cos\alpha \tag{3-26}$$

式中，F_3 为传感器测到的力，张力角 α 通过直接测量的方法可以得到。从而通过计算可以获得胶带所受的张力值。

3.2　压电式压力传感器

压电式压力传感器是基于某些介质材料的压电效应原理工作的，是一种典型的有源传感器。压电效应是材料受到应力作用时所产生的电极化现象，是一种可逆效应，因此，当在材料两侧施加电压时，材料便产生应变。

由于压电式转换元件具有体积小、重量轻、结构简单、固有频率高、工作可靠以及信噪比高等特点，是一种典型的力敏元件，被广泛地应用于压力、加速度、机械冲击和振动等诸多物理量的测量中。

3.2.1　压电效应与压电式压力传感器

1. 压电效应

某些电介质物体在某方向受压力或拉力作用产生形变时，表面会产生电荷，外力撤销后，又回到不带电状态，这种现象称为压电效应。当作用力方向改变时，电荷极性随之改变。这种将机械能转化为电能的现象，称为“正压电效应”，反之，当在电介质极化方向施

加电场，这些电介质会产生几何变形，这种现象称为“逆压电效应”。具有压电效应的物体称为压电材料，自然界中已经发现有20多种单晶体具有压电效应，石英（SiO_2）就是一种性能良好的天然压电晶体。此外，人造压电陶瓷，如：钛酸钡、锆钛酸铅等多晶体也具有良好的压电功能。

2. 压电式压力传感器

压电式压力传感器的基本原理就是利用压电材料的压电效应这个特性，即当有力作用在压电元件上时，传感器就有电荷（或电压）输出。

由于外力作用在压电材料上产生的电荷只有在无泄漏的情况下才能保存，故需要测量回路具有无限大的输入阻抗，这实际上是不可能的，因此，压电式压力传感器不能用于静态测量。如果压电材料在交变力的作用下，电荷可以不断补充，以供给测量回路一定的电流，故压电式压力传感器适用于动态测量。

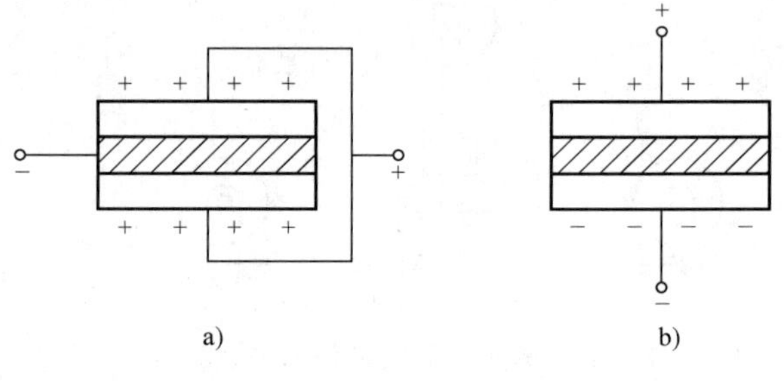

图 3-19　压电元件组合接法

a）并联接法　b）串联接法

考虑到单片压电元件产生的电荷量甚微，输出电量很少，因此，在实际使用中常采用两片（或两片以上）同型号的压电元件组合在一起。因为压电材料产生的电荷是有极性的，所以压电元件的接法有两种，如图3-19所示。图3-19a是并联接法，它是将两个压电片的负端粘接在一起，中间插入的金属电极成为压电片的负极，正电极在两边的电极上。从电路上看，这是并联接法，类似两个电容的并联，所以它的电容量增加了1倍，外力作用下正负电极上的电荷量增加了1倍，输出电压与单片时相同。图3-19b是串联接法，它是两压电片不同极性端粘接在一起，从电路上看是串联的，两压电片中间粘接处正负电荷中和，上、下极板的电荷量与单片时相同，总电容量为单片的1/2，但是它的输出电压增大了1倍。

由上可见，压电元件的并联接法使它本身电容增大，输出电荷增大，但是时间常数也随之增大，因此，并联接法适合用在测量慢变信号并且以电荷作为输出量的场合。而串联接法输出电压大，本身电容小，适宜用于以电压作输出信号，并且测量电路输入阻抗很高的场合。

3.2.2　压电式压力传感器等效电路

压电元件两电极间的压电陶瓷或石英晶体都是绝缘体，因此，构成一个电容器，其容量为

$$C_a = \frac{\varepsilon_r \varepsilon_0 S}{\delta} \tag{3-27}$$

式中，S是极板面积；ε_r、ε_0是压电材料的相对介电常数和空气的介电常数；δ是压电片的厚度。

当压电元件受外力作用时，两表面产生等量的正、负电荷Q，压电元件的开路电压U为

$$U = Q/C_a \tag{3-28}$$

因此，可以把压电元件等效为一个电荷源Q和一个电容C_a并联的等效电路如图3-20a

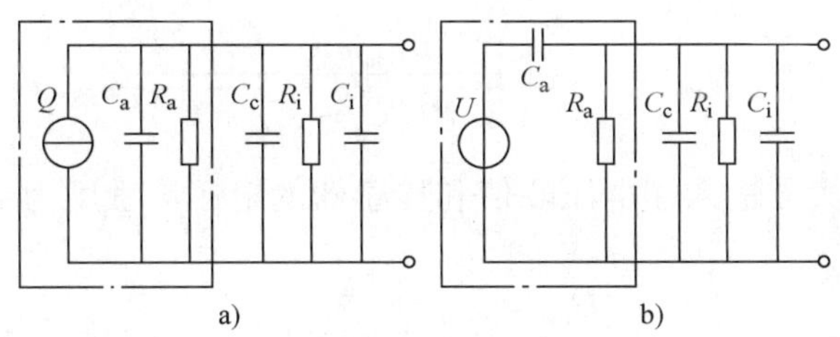

图 3-20　压电式压力传感器等效电路

a）电荷源等效电路　b）电压源等效电路

中的点画线方框所示；也可以等效为一个电压源 U 和一个电容 C_a 串联的等效电路，如图 3-20b 中的点画线方框所示。其中，R_a 为压电元件的漏电阻。

压电式压力传感器在实际使用时，总是与二次仪表配套或与测量电路相连，因此，要考虑连接电缆的电容 C_c、放大器的输入电阻 R_i 和输入电容 C_i，以及传感器的泄漏电阻 R_a。这样压电式压力传感器的实际等效电路如图 3-20 所示。这两种电路只是表示方式不同，它们的工作原理是相同的。

3.2.3　压电式压力传感器测量电路

压电式压力传感器本身的阻抗很高，而输出能量较小，为了使压电元件能正常工作，它的测量电路需要接入一个高输入阻抗的前置放大器，该放大器主要有两个作用：一是放大，即放大压电元件的微弱电信号；二是阻抗变换，把高阻抗输入变换为低阻抗输出。

根据压电式压力传感器的等效电路，它的输出信号可以是电压也可以是电荷，因此，前置放大器有两种形式：一种是电压放大器，其输出电压与输入电压成正比；另一种是电荷放大器，其输出电压与输入电荷成正比。

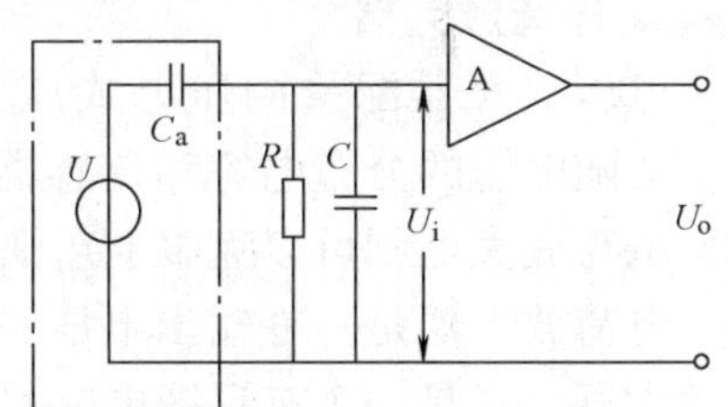

图 3-21　压电式压力传感器与电压放大器连接的等效电路

1. 电压放大器

压电式压力传感器与电压放大器连接的等效电路如图 3-21 所示。

图 3-21 中 R 和 C 分别为等效电阻和等效电容，其值为 $R = R_a // R_i$，$C = C_c + C_i$，而 $U = Q/C_a$。

如果压电元件上受到交变力 $F = F_m \sin\omega t$ 的作用，压电元件的压电系数为 d，则在 F 力作用下，压电元件所产生的电荷与电压均按正弦规律变化，即

$$U = U_m \sin\omega t \tag{3-29}$$

式中，U_m 为压电元件所产生的电压峰值，$U_m = \mathrm{d}F_m / C_a$。

由图 3-21 可见，送入放大器输入端的电压

$$U_i = \mathrm{d}F \frac{\mathrm{j}\omega R}{1 + \mathrm{j}\omega R(C + C_a)} \tag{3-30}$$

由上式得到放大器输入电压的峰值

$$U_{im}=\frac{dF_m\omega R}{\sqrt{1+\omega^2R^2(C_a+C_c+C_i)^2}} \tag{3-31}$$

当 $\omega\to\infty$ 时，则放大器输入端电压峰值和传感器的电压灵敏度为

$$U_{im}=\frac{dF_m}{C_a+C_c+C_i} \tag{3-32}$$

$$K_u=\frac{U_{im}}{F_m}=\frac{d}{C_a+C_c+C_i} \tag{3-33}$$

式（3-33）表明，由于电缆电容 C_c 及放大器的输入电容 C_i 的存在，使传感器的灵敏度降低。

如果定义 τ 为测量电路的时间常数，令 $\tau=R(C_a+C_c+C_i)$，则当 $\omega\tau\gg1$ 时，也就是作用力的变化频率与测量回路时间常数的乘积远大于1时，前置放大器的输入电压与频率无关。一般认为 $\omega\tau\gg3$，就可近似认为输入电压与作用力的频率无关。这说明如果测量回路时间常数 τ 选择合适，压电式压力传感器可以具有良好的高频响应。但是，当作用于压电元件的力为静态力（$\omega=0$）时，前置放大器的输出电压为零，因为电荷会通过放大器的输入电阻和传感器本身漏电阻漏掉，所以压电式压力传感器不能用于静态力的测量。

另外在改变连接传感器与前置放大器的电缆长度时，C_c 将改变，因而 U_{im} 也随之变化，从而使前置放大器的输出电压也将发生变化，因此，传感器与前置放大器的组合系统输出电压与电缆、电容有关。

2. 电荷放大器

电压放大器配接的压电式压力传感器的电压灵敏度，会随电缆的分布电容和传感器自身电容的变化而变化，电荷放大器则可以克服上述缺点。

电荷放大器是一种输出电压正比于输入电荷量的前置放大器，它是一个有反馈电容 C_f 的高增益运算放大器电路，它的输入信号为压电式压力传感器产生的电荷。当略去漏电阻，并认为 R_i 趋于无限大时，它的等效电路如图3-22所示。

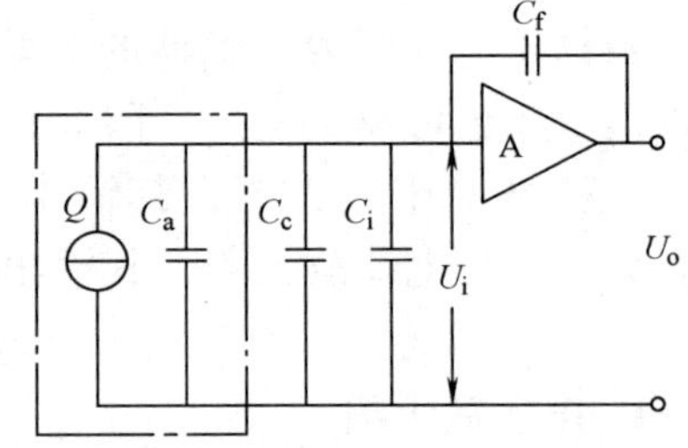

图3-22　压电式压力传感器与电荷放大器连接

根据运算放大器的基本特性，可以求得电荷放大器的输出电压为

$$U_o=\frac{-AQ}{C_a+C_c+C_i+(1+A)C_f} \tag{3-34}$$

式中，A 是运算放大器的开环增益。

因为 $A\gg1$，所以 $(1+A)C_f\gg(C_a+C_c+C_i)$，因此，放大器输出电压

$$U_o\approx-\frac{Q}{C_f} \tag{3-35}$$

式中的负号表示放大器的输出信号与输入信号相反。该式表明电荷变换级的输出电压仅与传感器产生的电荷量及放大器的反馈电容有关，电缆电容等其他因素的影响可忽略不计。

在实际线路中，运算放大器的开环增益为 $10^5 \sim 10^6$ 数量级，反馈电容 C_f 一般不小于 100pF。所以即使电缆的长度在 1000m 以上，其变化也不会影响到测量精度。因此，电荷放大器特别适合于测量弱信号和经常更换连接电缆的长度或远距离测量的场合。但是，由于运算放大器是电容反馈，对于直流工作点相当于开路，因此，放大器的零漂很大。为了稳定工作点，减小零漂，通常在反馈电容 C_f 的两端并联一个反馈电阻，形成直流反馈，以稳定放大器的直流工作点。

3.2.4 压电式压力传感器主要技术指标

压电式压力传感器的主要性能指标如下：

（1）量程

压电式压力传感器的量程是指在给定精度内，传感器所测物理量的上、下限。压电式压力传感器的精度与量程是相互关联的，即同一传感器，所规定的测试精度不同，其量程范围也是不同的。

（2）灵敏度

压电式压力传感器的灵敏度定义为输出量与被测物理量的比值，即

$$K_Q = \frac{Q}{p} \tag{3-36}$$

式中，Q 为传感器产生的电荷；p 为所施压力。

影响压电式压力传感器灵敏度的因素有压电转换元件和传感器的结构设计、制造和装配等。

（3）绝缘电阻

如果传感器没有足够高的绝缘电阻，压电转换元件产生的电荷将通过它迅速泄漏，给测量带来误差。通常要求压电式压力传感器绝缘电阻不低于 $10^{10}\Omega$。

（4）谐振频率

按输入方式不同，传感器的振动可以是受迫振动或衰减振动。在受迫振动时，当被测信号频率与传感器固有频率相同时，传感器发生共振。衰减振动时，传感器有阻尼谐振频率为

$$f = \frac{1}{2\pi}\sqrt{\omega_n^2 - c^2} \tag{3-37}$$

$$\omega_n = \sqrt{\frac{k}{m}} \tag{3-38}$$

式中，k 为组合刚度；m 为质量；c 为阻尼系数。

固有频率和上升时间是对传感器频率特性的时域描述。

（5）非线性

压电式压力传感器的输出特性曲线一般为上翘、下翘甚至 S 形。对于同一传感器的输出特性曲线，由于计算方法不同将导致结果不同，因此，在给定非线性这一指标时，应注明所采用的计算方法。

（6）滞后（迟滞）

由于石英晶体本身滞后极小，所以优质压电式压力传感器滞后极小。滞后严重的传感器不能用于动态参数测量。表 3-2 给出了几种瑞士 Kistler 公司生产的石英压力传感器的主要性

能指标。

表 3-2　几种石英压力传感器的主要性能指标

型号	量程 /MPa	灵敏度 /(pC/MPa)	线性度 /(%,FS)	迟滞 /(%,FS)	加速度灵敏度 /(MPa·g)	工作温度范围 /℃	绝缘电阻 /Ω	固有频率 /kHz
7261	0~1	-22000	±0.8	<0.5		~240	$>5\times10^{13}$	13
6001	0~25	-150	±0.8	<0.5	<0.0001	-196~350	$>10^{13}$	150
7031	0~25	-650	±1		$<10^{-5}$	-150~240	10^{14}	80
6227	0~200	-18	±1		<0.0005	-150~240	$>10^{14}$	100
607D	0~12500	-0.5	±1		0.002	-195~200	10^{13}	250

注：FS 为满量程；pC 为 10^{-12}C。

3.2.5　压电式传感器的应用

1. 用压电式测力传感器测量激振力

利用压电式测力传感器测量激振力是进行大型结构模态分析的一种常用方法。图 3-23 为利用压电式测力传感器测量振动台激振力的系统框图。

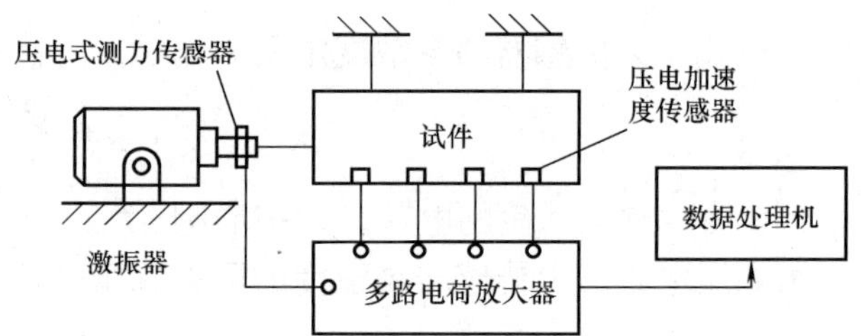

图 3-23　利用压电式测力传感器测量振动台激振力的系统框图

压电式测力传感器安装在被试件与激振器之间，在试件的适当部位装有多只压电式加速度传感器。将压电式测力传感器测得的力信号和压电式加速度传感器的加速度信号（响应）经多路电荷放大器放大后送入数据处理设备，即可求得被测试件的机械阻抗。

除了上述单点激振外，有时对复杂机械结构也采取多点激振方法。多点激振法是用多只激振器同时激励试件，用多只压电式加速度传感器拾取各测试点的信号。整个试验过程是在计算机控制下进行的，试验过程中需使试件各点均处于谐振状态。

2. 大型发电机组的振动监测

火力发电厂中的大型汽轮发电机组的安全运行十分重要。这种高速旋转的机器，转动惯量极大，例如，因叶片断裂、主轴断裂、弯曲、发电机线棒松动等故障而造成的停机甚至发生“飞车”等严重事故，其损失是相当严重的。

不论是汽轮机、发电机还是风机、球磨机，在发生故障前的一段时间必然产生异常振动

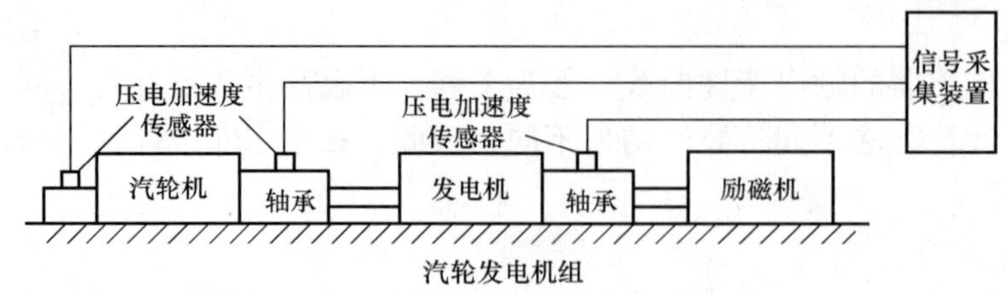

图 3-24　电厂设备振动监测示意图

现象，利用压电式加速度传感器配合振动监测系统可以及时发现机组运行中的异常振动，及时排除隐患，防止事故发生。可见传感器监测技术在自动化生产中具有举足轻重的地位。

图 3-24 为电厂设备振动监测示意图。监测用压电式加速度传感器多选用 XYZ 三向传感器，可测量一点空间各方向上的振动。一台 3×10^5kW 的汽轮发电机组的监测点至少需要 30 多个。

3.3 差动变压器式传感器

变压器式传感器就是指互感系数可变的变压器。当变压器一次绕组加上激励电源后，变压器的二次绕组将感应产生输出电压。当互感发生变化时，输出电压将随之做相应的变化。一般情况这种传感器的二次线圈有两个，且都采用差动方式连接，因此，称为差动变压器式传感器，简称差动变压器。

差动变压器有如下优点：

- 分辨力高，线位移分辨力可达 0.1μm。
- 灵敏度高，每 1mm 位移量输出信号电压可达到几伏。
- 线性好，重复性好，高精度差动变压器线性达到 0.1%。
- 测量范围宽，可测位移量为 ±25nm ~ ±500mm。

3.3.1 差动变压器工作原理

差动变压器的结构如图 3-25a 所示，它主要由磁桶、绝缘框架、一次线圈 N_1、两个二次绕组 N_{2a}、N_{2b} 和插入绕组中央的圆柱形活动衔铁组成。在理想情况下，忽略活动衔铁损耗及绕组的寄生电容等因素的影响，其等效电路如图 3-25b 所示。在等效电路中，L_1 和 r_1 是一次线圈 N_1 的自感和损耗电阻，r_{2a} 和 r_{2b} 是两个二次绕组的电阻，L_{2a} 和 L_{2b} 是两个二次绕组的自感，M_a、M_b 是一次绕组 N_1 与二次绕组 N_{2a}、N_{2b} 间的互感系数，e_{2a} 和 e_{2b} 是在一次电压作用下在两个二次绕组上产生的感应电动势。两个二次绕组反向串联，形成差动输出电压 U_{SC}。

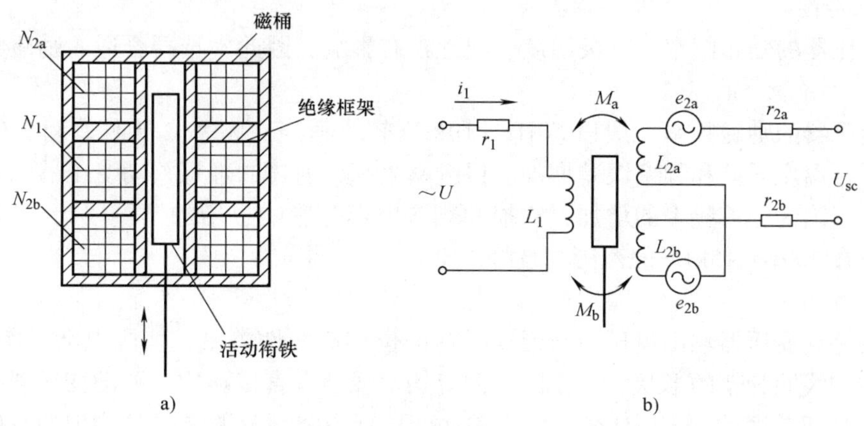

图 3-25　差动变压器的结构及等效电路

a）结构　b）等效电路

当一次绕组加以适当频率的励励电压时，根据变压器的作用原理，在两个二次绕组中就会产生感应电动势，如果工艺上保证变压器结构完全对称，则当活动衔铁处于初始平衡位置时，必然会使两个二次绕组的互感系数 $M_a = M_b$。根据电磁感应原理，将有 $e_{2a} = e_{2b}$，由于 $U_{sc} = e_{2a} - e_{2b}$，则此时差动变压器输出电压 $U_{sc} = 0$。当活动衔铁向上移动时，在上边的二次绕组内穿过的磁通比下边的二次绕组要多些，所以互感增大，感应电动势 e_{2a} 增加；另一个绕组的感应电动势 e_{2b} 随活动衔铁向上偏离中心位置的距离增大而逐渐减小；反之，活动衔铁向下移动时，e_{2a} 减小，e_{2b} 增加。如果用 x 表示活动衔铁偏离中心位置的距离，则变压器的空载输出电压 U_{sc} 与 x 的关系如图 3-26 所示。

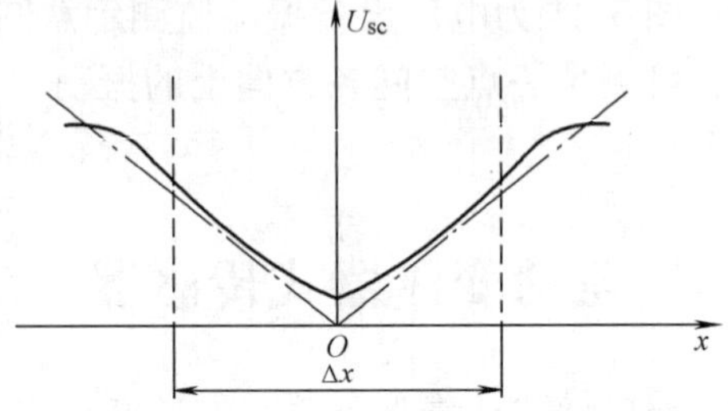

图 3-26 空载输出电压 U_{sc} 与 x 的关系

差动变压器是通过输出电压反应活动衔铁位移大小和方向的，据此原理可知，凡是可以转化成活动衔铁位移的物理量都可以利用差动变压器进行测量。差动变压器常用于位移的测量。

3.3.2 差动变压器的主要特性

1. 灵敏度

差动变压器的灵敏度是指差动变压器在单位电压励磁下，衔铁移动单位距离时的输出电压，以 mV/（mm·V）表示。一般差动变压器的灵敏度可达 100～5000mV/（mm·V）。

灵敏度与线圈匝数成正比关系，增加线圈匝数可以提高灵敏度，但是匝数过多会增大零点的残余电压。

线圈的 Q 值、变压器的激励电压等也都对灵敏度有影响。因此，为了获得高的灵敏度，在不使一次绕组过热的情况下，应尽量提高励磁电压。此外，还可以提高线圈的 Q 值，一般线圈长度为直径的 1.5～2.0 倍为宜；活动衔铁的直径在尺寸允许的条件下应尽可能大一些，这样有效磁通较大；应选用导磁性能好、铁损小和涡流损耗小的导磁材料等。

2. 频率特性

差动变压器的励磁频率对其灵敏度、线性都有影响，因此，选择合适的励磁频率是很重要的。

差动变压器的励磁频率一般以 50Hz～10kHz 较为适当。频率太低时差动变压器的灵敏度显著降低，温度误差和频率误差增加。但频率太高，前述的理想差动变压器的假定条件就不能成立了，因为随着频率的增加，铁损和耦合电容等影响也增加了。因此，具体应用时，励磁频率应在 400Hz～5kHz 的范围内选择。

3. 线性范围

理想的差动变压器输出电压应与活动衔铁的位移成线性关系，实际上活动衔铁的直径、长度、材质和线圈骨架的形状、大小的不同等均对线性有直接影响。差动变压器线性范围一般约为线圈骨架长度的 1/10～1/4。由于差动变压器中间部分的磁场是均匀的且较强，所以中间部分的线性较好。

差动变压器的线性范围一般为 ±2.5～±500 mm，在这个范围内，线性度可达 0.1%～0.5%。

3.3.3 差动变压器的误差及补偿

1. 零位误差

当差动变压器活动衔铁位于中间平衡位置时，理论上差动变压器输出电压应该等于零。但实际上其输出电压并不为零，该电压被称为零点残余电压。零点残余电压一般为几毫伏到几十毫伏。由于零点残余电压的存在，造成零位误差。零点残余电压的存在使传感器输出特性在零点附近不灵敏，限制了传感器分辨率的提高。零点电压过大，会使放大器饱和，使仪器无法正常工作。

克服零点残余电压，减小零位误差，可以通过电路补偿实现。如图 3-27 所示为几个补偿零点残余电压的电路。

图 3-27a 中，在差动变压器输出端跨接一个电位器 RP，调节 RP，可使两个二次线圈输出电压的大小和相位发生变化，从而使零点残余电压为最小值。这种方法对基波正交分量有明显的补偿效果，但对高次谐波无补偿作用。图 3-27b 中，在电位器 RP 两端并联一个电容 C，能够有效地补偿高次谐波。图 3-27c 中，串联电阻 R 调整二次线圈的不平衡电阻值，并联电容改变某一输出电动势的相位也能达到良好的残余电压补偿作用。图 3-27d 中，接入电阻 R 能够减轻两二次绕组的负载，可以避免外接负载不是纯电阻而引起较大的零点残余电压。

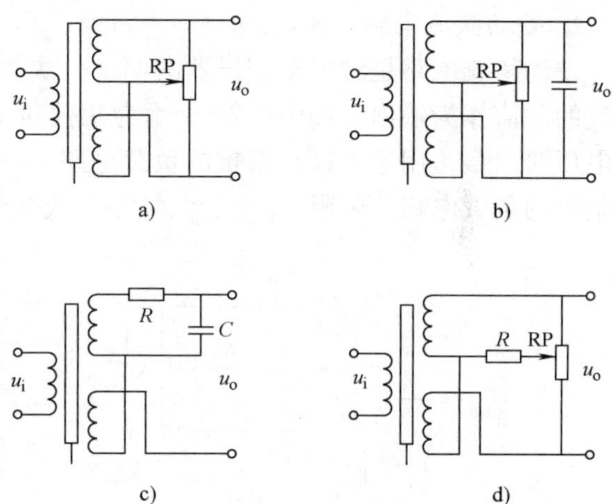

图 3-27 补偿零点残余电压的电路

2. 温度误差

温度会影响差动变压器测量精度，其中影响最大的是一次侧绕组电阻的温度系数。当温度变化时，一次绕组的电阻变化引起一次侧励磁电流的变化，从而造成二次电压随温度而变化。设温度变化 Δt（℃），一次绕组铜电阻 R_1 的增量 ΔR_1，铜线电阻的温度系数为 +0.4%/℃，由此引起的二次侧输出电压的相对变化为

$$\frac{\Delta U_o}{U_o} = \frac{\Delta R_1/R_1}{1+\omega L_1/R_1} = -\frac{0.004}{1+\omega L_1/R_1} \times \Delta t \tag{3-39}$$

式中，$1+\omega L_1/R_1$ 是一次绕组的品质因数 Q。

可见，差动变压器的温度误差与激励电源的频率有关，提高激励源的频率可以降低温度误差。

减少温度造成的误差可以通过稳定激励电流的方法来实现，即控制激励电流不随温度变化。有两种稳定激励电流的方法，一种是采用恒流源激励代替恒压源激励；另一种是在使用稳压源的一次回路中串联一个热敏电阻，利用热敏电阻随温度变化的方向与一次绕组电阻的变化方向相反来消除温度对激励电流的影响。

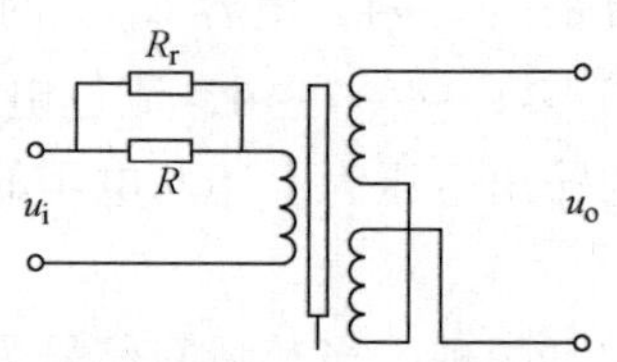

图 3-28 温度补偿电路

如图 3-28 所示为利用一次侧串联电阻稳定激励电流，达到温度补偿目的的电路。在一次侧串入一高阻值降压电阻 R，或同时串入一热敏电阻 R_T 进行补偿。适当选择 R_T，可使温度变化时一次侧总电阻近似不变，从而使激励电流保持恒定。

3.3.4 差动变压器测量电路

由于差动变压器的输出是交流电压，若用交流电压表测量其输出值，只能反映衔铁位移的大小，而不能反映移动的方向。为了达到能辨别移动方向和消除零点残余电压的目的，实际测量时，常采用差动整流电路、直流差动变压器电路和相敏检测电路。

1. 差动整流电路

差动整流电路是将差动变压器的两个一次侧输出电压分别整流，然后将整流后的电压或电流的差值作为输出。如图 3-29 所示为几种典型的差动整流电路，其中图 3-29a 和图 3-27b 为电压输出型，用于连接高阻抗的负载电路。图 3-29c 和图 3-29d 为电流输出型，用于连接低阻抗的负载电路。电阻 R_0 用于调整零点残余电压。

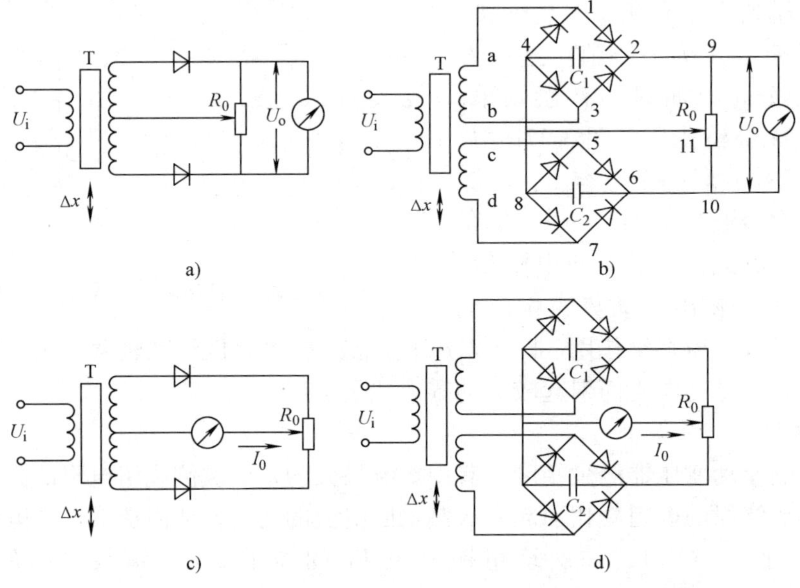

图 3-29 几种典型的差动整流电路

a）半波电压输出 b）全波电压输出 c）半波电流输出 d）全波电流输出

下面结合图 3-29b 的全波电压输出电路，分析差动整流电路的工作原理。

设某瞬间信号为正半周，此时差动变压器两个二次绕组的相位关系为 a 正 b 负，c 正 d 负；在上面绕组中，电流自 a 点出发，路径为 a→1→2→9→11→4→3→b，流过电容 C_1 的电流是由 2→4，电容 C_1 上的电压为 U_{24}。在下面绕组中，电流自 c 点出发，路径为 c→5→6→10→11→8→7→d，流过电容 C_2 的电流是由 6→8，电容 C_2 两端的电压为 U_{68}。差动变压器的输出电压为上述两电压的代数和，即

$$U_o = U_{24} - U_{68} \tag{3-40}$$

同理，当某瞬间信号为负半周时，即两个二次绕组的相位关系为 a 负 b 正、c 负 d 正，按上述分析可知，不论两个二次绕组的输出瞬时电压极性如何，流经 C_1 的电流方向总是由

2→4，流经电容 C_2 的电流方向总是由 6→8，因此，差动变压器输出电压 U_o 的表达式仍为式（3-40）。

当活动衔铁在中间位置时，$U_{24}=U_{68}$，所以 $U_o=0$；当活动衔铁在零位以上时，因为 $U_{24}>U_{68}$，则 $U_o>0$；当活动衔铁在零位以下时，因为 $U_{24}<U_{68}$，则 $U_o<0$。由于活动衔铁在零位上端或下端时，输出电压的极性相反，所以零点残余电压会自动抵消。

由此可见，差动整流电路可以不考虑相位调整和零点残余电压的影响。此外，还具有结构简单、分布电容影响小和便于远距离传输等优点，因此得到了广泛应用。

2. 直流差动变压器电路

在需要远距离测量、便携、防爆及同时使用若干个差动变压器，且需避免相互间或对其他仪器设备产生干扰的场合，常采用直流差动变压器电路，如图 3-30 所示。这种电路是在差动变压器一次侧的一端增加了直流电源与多谐振荡器，形成“直流进-直流出”工作方式，从而抑制了干扰。直流差动变压器的输出特性，取决于振荡电路和差动整流电路。

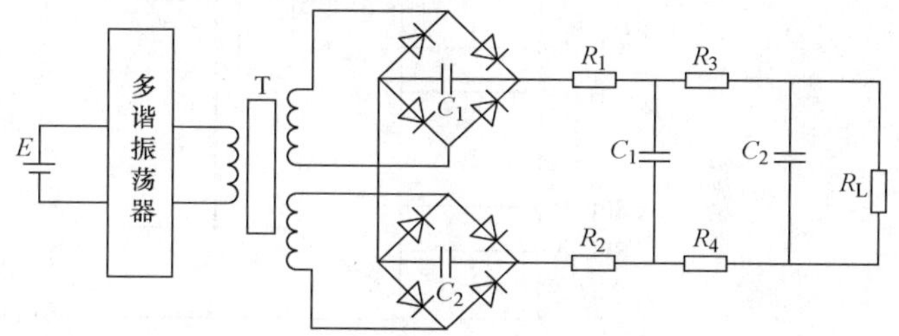

图 3-30　直流差动变压器

3. 相敏检测电路

（1）分立元件相敏检测电路

图 3-31 为二极管相敏检测电路。这种电路容易做到输出平衡，而且便于阻抗匹配。图 3-31 中电压 $e_s=e_{11}-e_{12}$，为差动变压器输出电压，e_r 为参考考电压，e_s 与 e_r 同频、同相（或反相）且满足 $e_r>>e_s$。电阻 $R_1=R_2=R$，电容 $C_1=C_2=C$，输出电压为 U_o。平衡电位器 RP_1 用于调整输出零点。当差动变压器活动衔铁在中间位置时，$e_s=0$，只有 e_r 起作用。设此时 e_r 为正半周，即 A 为“+”，B 为“−”，则 VD_1、VD_2 导通，VD_3、VD_4 截止，流过 R_1、R_2 上的电流分别为 i_1、i_2，其电压 U_{CB} 及 U_{DB} 大小相等方向相反，故输出电压 $U_o=0$。当 e_r 为负半周时，A 为“−”，B 为“+”，此时 VD_3、VD_4 导通，VD_1、VD_2 截止，流过 R_1、R_2 的电流分别为 i_3、i_4，其电压 U_{BC} 与 U_{BD} 大小相等方向相反，故输出电压 $U_o=0$。

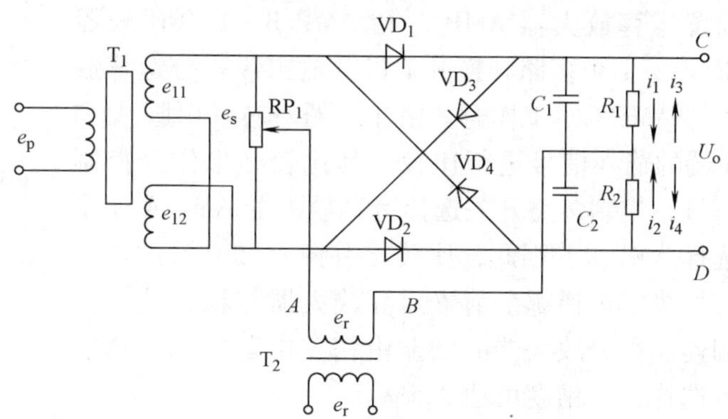

图 3-31　二极管相敏检测电路

当活动衔铁上移时，假设活动衔铁上移 e_s 和 e_r 同位相，由于 $e_r>>e_s$，故 e_r 正半周时，VD_1、VD_2 仍导通，VD_3、VD_4 截止，但 VD_1 回路内总电动势为 $e_r+e_s/2$，而 VD_2 回路为 $e_r-e_s/2$，故回路电流 $i_1>i_2$，输出电压 $U_o=R_0(i_1-i_2)>0$。当 e_r 为负半周时，VD_3、VD_4 导通、VD_1、VD_2 截止，此时 VD_3 回路内总电动势为 $e_r-e_s/2$，VD_4 回路内总电动势为 $e_r+e_s/2$，所以回路电流 $i_4>i_3$，故输出

电压 $U_o = R_0(i_4 - i_3) > 0$。因此，活动衔铁上移时，输出电压 $U_o > 0$。

同理可得，当活动衔铁下移时，e_s 和 e_r 相位相反，其输出电压 $U_o < 0$。

由此可见，相敏测波电路输出电压的变化规律反映了活动衔铁移动的变化规律，即 U_o 的值反映活动衔铁移动距离的大小，而 U_o 的极性则反映了活动衔铁移动的方向。

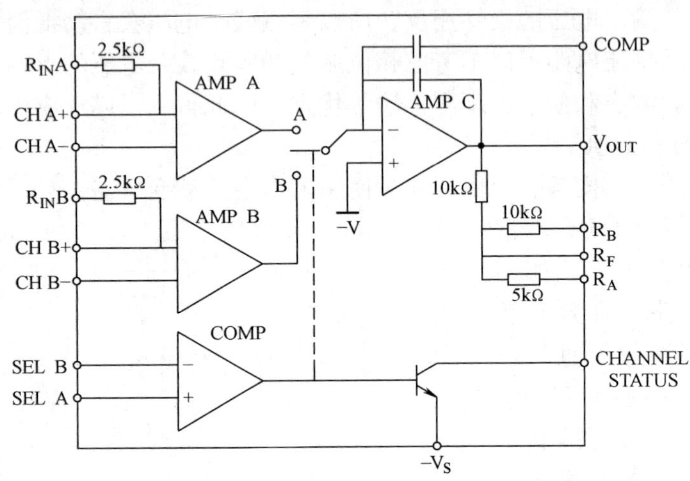

图 3-32　AD630 芯片内部结构

（2）集成相敏测波电路

AD630 是一种具有高精密度的集成平衡调制解调器。它可以应用在平衡调制解调、同步检测、相位检测、积分检测、相敏检测等方面。由于它具有相敏检测、积分、放大等功能，因此，可以将它应用于线位移差动变压器（LVDT）的信号检测电路，对差动信号进行处理。

1）AD630 的结构及引脚。图 3-32 所示为 AD630 芯片内部结构。AD630 芯片内集成了两个前置运算放大器 AMP A 和 AMP B，1 个比较器 COMP，1 个多路转换开关以及输出级积分运算放大器 AMP C。工作时，由比较器对芯片引脚 A 和 B 端的输入信号进行比较，其比较结果作为控制信号，控制多路开关选择运算放大器 AMP A 还是选择 AMP B。因此，比较器引脚 A 和 B 端的输入信号决定选择哪个前置运算放大器与积分放大器相连。积分放大器的增益由精密电阻控制，增益可选择，其精度可达 0.5%。

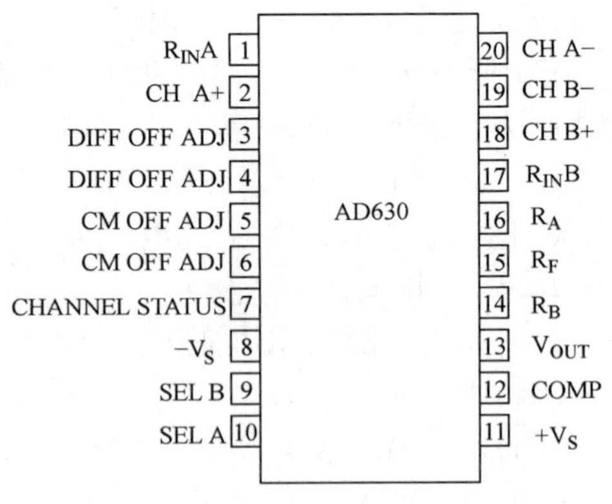

图 3-33　AD630 芯片引脚

AD630 芯片引脚如图 3-33 所示。

2）AD630 应用电路。图 3-34 所示为使用 AD630 的差动变压器的信号处理电路。正弦信号发生器产生的频率为 2.5kHz、幅值为 $2V_{(p-p)}$ 的正弦激励信号加在 LVDT（差动变压器）一次侧两端。二次侧输出差压信号，其中一端加在 AD630 前置放大器的 AMP A、AMP B 的反相输入端，另一端接地。比较器同相输入端接地，比较器反相输入端接经移相的正弦激励信号。变压器一次侧的正弦信号经移相电路，使其与二次侧正弦差压信号相位差为 0。

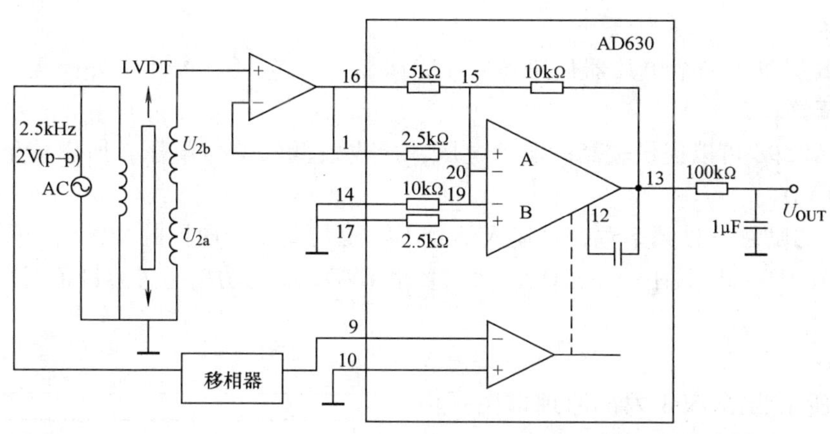

图 3-34 AD630 的差动变压器信号处理电路

由于比较器同相输入端接地，所以当正弦激励信号在正半周时，比较器输出为 1，选通通道 AMP A，积分放大器的输入信号为（$U_{2b}-U_{2a}$）。当正弦激励信号在负半周时，比较器输出为 0，选通通道 AMP B，积分放大器的输入信号为 0。当活动衔铁向上运动时，由于 $|U_{2b}|-|U_{2a}|>0$，所以，信号（$U_{2b}-U_{2a}$）与激励信号的相位一致，则在激励信号的正半周区间，实际输入信号为（$U_{2b}-U_{2a}$）。而在激励信号的负半周时，输入信号同样为 0。可见，此时加到积分放大器输入端的电压是相当于正相半波整流的电压波形。同样，可以分析活动衔铁向下运动时的情况，此时，$|U_{2b}|-|U_{2a}|<0$，正弦波（$U_{2b}-U_{2a}$）与激励信号相位相差 180°，因此，加到积分放大器输入端的电压是相当于反相半波整流的电压波形。

积分放大器将得到的信号积分、放大得到与 $|U_{2b}-U_{2a}|$ 对应的直流信号。则可得到差动变压器活动衔铁位移 Δx 与 AD630 输出信号 U_{OUT} 的对应关系。

AD630 内部电阻均是高稳定度的 SiCr 薄膜电阻。片内补偿电容通过芯片引脚连接，不需外接电容，即可稳定工作在闭环增益上。

在实际的电路设计和调试中，通过外加电位器，即可调节前级运算放大器共模失调电压和差模失调电压，利用片内电阻可硬件编程为闭环增益为 ±1 和 ±2 的对称增益放大器。

4. 线性差动变压器信号调节电路

AD598 是一种完整的单片式线位移差动变压器（LVDT）信号调节系统。AD598 与 LVDT 配合，能够将 LVDT 的机械位移量转换成高精度的电压量。它将所有的电路功能都集中在一块芯片上，只要增加几个外围无源元件，就能构成一个高精度的测试仪器。

（1）指标

总误差：≤0.6%。

输出电压范围：最小 ±11V。

输出电流：最小 6mA。

励磁电压范围：2.1 ~ 24V。

励磁信号频率：20Hz ~ 20kHz。

满度线性误差：典型值 75×10^{-6}。

输入信号范围：0.1 ~ 3.5V。

电源电压范围：13 ~ 36V 或 ±15V。

（2）特点

● AD598 提供了一个单片器件来调节 LVDT 信号，它只要求几个外围无源元件，而且不需要任何调整。

● 由于 AD598 可以提供较高的驱动电压，接收较低的信号电压，所以能够适用于多种不同类型的 LVDT。

● LVDT 的励磁信号频率宽，且输入信号不需要与差动变压器的激励信号同步。

● 多个 LVDT 可以共用一个 AD598，当多个 LVDT 消耗功率超过容许值时，励磁输出有过热保护。

（3）工作原理

图 3-35 所示为 AD598 内部原理框图。由图可见，该芯片内部主要由两部分组成，一部分为正弦信号发生器，它产生一正弦激励信号以驱动 LVDT 一次侧，正弦波的频率及幅值均可由外接电容和电阻调节。AD598 可以驱动最高达 24V、频率范围为 20Hz～20kHz 的 LVDT 一次线圈。同时，又可以接收最低为 100mV 的 LVDT 二次侧输入。由于其输入/输出的电压和频率范围非常宽，故 AD598 可以适用于不同类型的 LVDT；另一部分为 LVDT 二次侧的信号处理部分，通过这一部分将最终产生与 LVDT 活动衔铁位移成正比的直流电压信号，其传递函数为

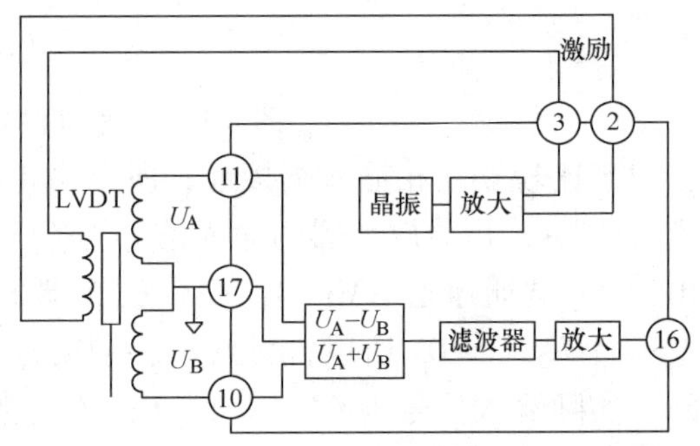

图 3-35　AD598 内部原理框图

$$U_{out} = \frac{U_A - U_B}{U_A + U_B} R_2 I_{REF} \tag{3-41}$$

式中，U_A、U_B 为二次电压；I_{REF} 为参考电流，一般为 500μA；R_2 为输出电压调节电阻，见图 3-38。

3.3.5　差动变压器的应用

1. 差动变压器实用电路

图 3-36 所示为差动变压器实用电路。它由信号激励和信号检测两大部分组成。

信号激励部分为差动变压器提供激励信号，它要求信号频率和幅值稳定，且有足够的驱动能力。该部分由运算放大器 A_4、A_5、A_6、A_7；晶体管 VT_1、VT_2；光耦合器及其他阻容元件组成。运算放大器 A_4 与阻容元件组成文氏振荡电路，稳幅的负反馈回路中利用灯泡代替热敏电阻，该振荡电路振荡频率为 500Hz。A_5 为电压放大级，将振荡电路输出的信号进行放大。A_6 与光耦合器 MCD-521L 构成负反馈，起进一步稳幅作用。当 A_5 输出电压增大，经二极管整流、电容滤波和反相放大后，A_6 的输出电平降低，流经光耦合器的发光二极管的电流减小，光敏电阻的阻值变大，输出信号的幅值减小。反之，输出信号增大，从而达到增益自动控制的目的。A_7 与晶体管 VT_1 和 VT_2 组成推挽输出电路，它的作用是降低电路输出阻抗，增加输出驱动能力。差动变压器的一次绕组的阻抗一般都不高，因此，要求激励电路的输出阻抗要小，以免降低电路的驱动能力。RP_5 用于改变文氏振荡电路的振荡频率，即改

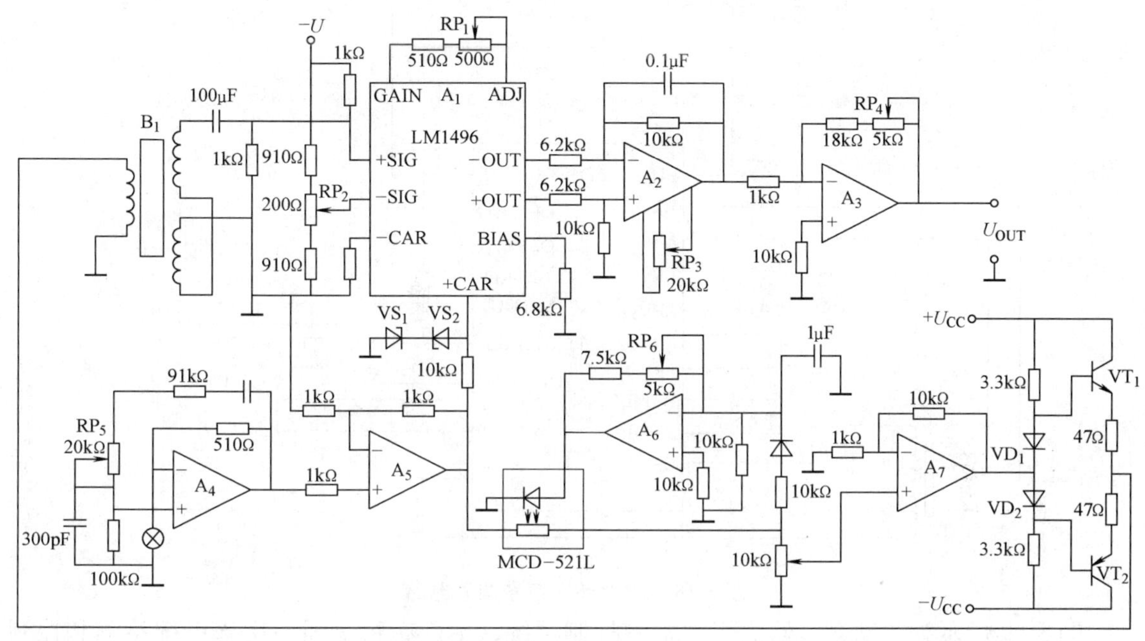

图 3-36　差动变压器实用电路

变激励信号的频率，RP_6 和 RP_7 用于调整激励信号的电平。

信号检测部分主要完成对差动变压器输出信号的检波和放大。该电路利用 LM1496 集成电路实现对差动变压器的相敏检波。LM1496 是一个双差分模拟乘法器电路，可用于信号的混频和检波。图 3-36 中的连接是该芯片的标准使用方法。RP_1 用于调整 LM1496 的增益。RP_2 调整载波的对称性。

运算放大器 A_2 和 A_3 的作用是进行电压放大。A_2 将 LM1496 输出的差动信号转换为单端信号，同时，进行电压放大。A_3 为缓冲放大器，通过调整 RP_4，改变其增益，使输出电压 U_{OUT}为 0 ~ ±10V。RP_3 的作用是调整直流零点。

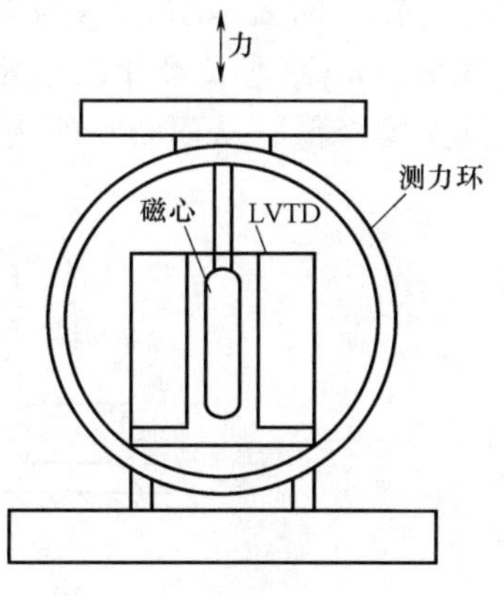

图 3-37　测力环称结构示意图

2. 利用集成信号调节电路芯片 AD598 实现测量

图 3-37 所示是一个测力环秤的结构示意图。图中利用一个弹性元件（钢测力环）和一个 LVTD 组合，实现对压力的测量。测力钢环与 LVTD 组合测量的优点是磁心与 LVTD 的线圈之间没有摩擦，因此，在测量过程中没有摩擦干扰。

图 3-38 所示为测力环秤的信号调理电路图。该电路采用了集成信号调节电路芯片 AD598 进行信号变换。其中 LVTD 采用的型号为 Schaevitz HR050，它的量程是 ±50mil。R_2 电阻由 634kΩ 电阻和 10kΩ 电位器组成，通过调整 R_2，使电路对应其满量程的输出电压 U_{OUT} = ±10V。

3. 差动变压器式张力检测控制系统

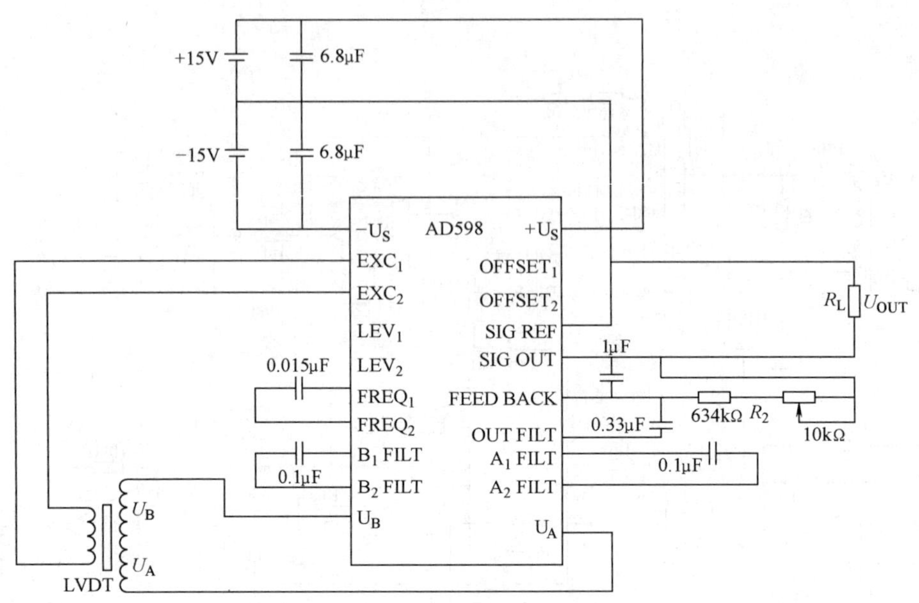

图 3-38 测力环秤信号调理电路

图 3-39 所示为差动变压器式张力检测控制系统，生产布料车间使用该系统检测和控制布料卷取过程中的松紧程度。该系统的目的是保证布料在卷取过程中布料所受的张力不会随卷取辊上布料的多少发生变化，即张力始终保持恒定。

当卷取辊转动过快时，布料所受的张力加大，导致张力辊向上移动，引起活动衔铁偏离中心位置，向上移动。N_{21}与 N_1 之间的互感量 M_1 增大，N_{22}与 N_1 的互感量 M_2 减小。因此，u_{21}增大，u_{22}减小，经相敏检波放大后得到的电压值为负，经功率放大后，驱动伺服电动机，使其速度降低，从而布料所受的张力减小。

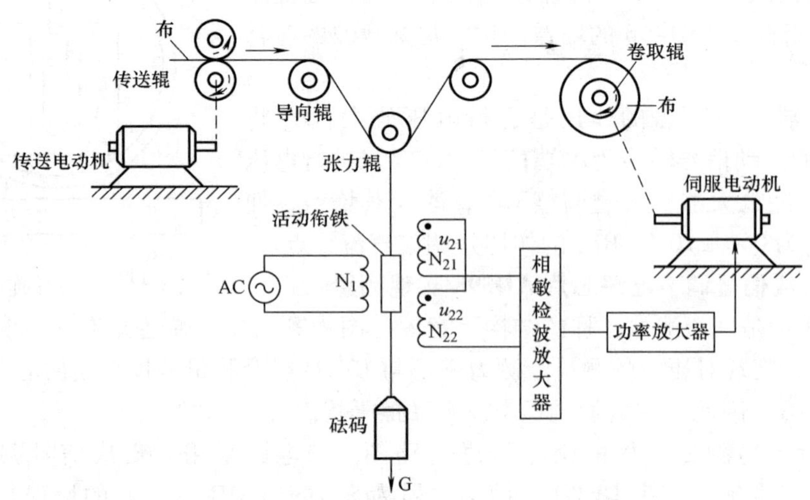

图 3-39 差动变压器式张力检测控制系统

3.4 集成压力传感器

3.4.1 集成硅压力传感器

普通压阻式压力传感器内部仅包含“硅杯”和应变电阻桥路，属于简易的传感器。近年来问世的单片集成化硅压力传感器是采用硅半导体材料制成的，集成硅压力传感器的内部除传感器单元之外，还增加了信号调理、温度补偿和压力修正电路，其技术更先进，功能也更强。

美国摩托罗拉公司生产的 MPX 系列单片集成硅压力传感器是一种比较典型的集成硅压力传感器。MPX 系列压力传感器分为基本无补偿型、温度补偿和校正型、全信号调理型和高输入阻抗型等不同类型。

1. MPX 系列集成压力传感器工作原理

（1）基本无补偿型硅压力传感器

MPX 系列的传感器单元采用的不是电桥结构而是拥有专利技术的单个 X 型电阻元件。基本无补偿型硅压力传感器能够提供精确的、直接与外加压力成正比的线性电压输出。由于没有补偿电路，因此，如果在宽温度范围内工作时，需要外加补偿电路及信号调理电路。基本无补偿型硅压力传感器符号如图 3-40 所示。

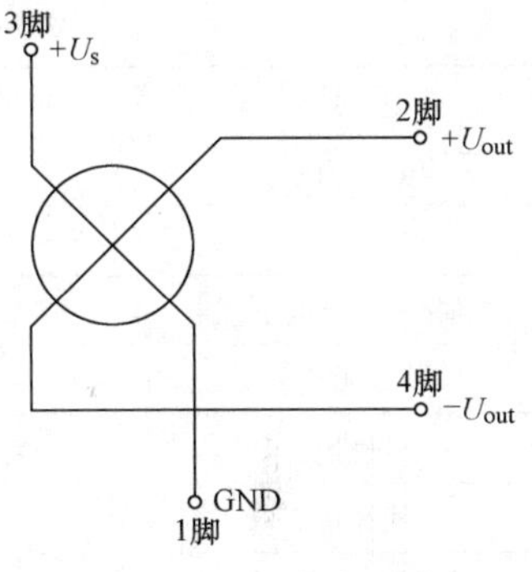

图 3-40 基本无补偿型硅压力传感器

无补偿型硅压力传感器的主要特点是价格低廉。MPX100 系列硅压力传感器属于无补偿型传感器，它可提供 ±2.5% 的满量程线性度。

MPX100 系列硅压力传感器的主要技术参数如表 3-3 所示。

表 3-3 MPX100 系列硅压力传感器的主要技术参数

参数	最小值	典型值	最大值	单位
压力范围	0	—	10	kPa
电源电压	—	3.0	6.0	V
满量程输出电压	45	60	90	mV
零位偏差电压	0	20	35	mV
灵敏度	—	0.6	—	mV/kPa
线性度	-2.5	—	+2.5	%，FS
压力迟滞	-0.1	—	+0.1	%，FS
满量程温度系数	-0.22	-0.19	-0.16	1/℃
电阻温度系数	0.21	0.24	0.27	1/℃（%）
输入阻抗	400	—	550	Ω
输出阻抗	750	—	1875	Ω
响应时间	—	1.0	—	ms
稳定度	—	—	±0.5	%，FS

(2) 温度补偿和校正型硅压力传感器

温度补偿和校正型硅压力传感器解决了无补偿型硅压力传感器测压范围不宽、需要外部补偿电路等不足。此类传感器是将基本硅压力传感器和薄膜电阻网络集成在同一硅片上，利用激光修正技术对电阻进行修整，以实现精确的量程校正、零位偏差校正和温度补偿。因此，它们具有较高的精度，补偿效果好、稳定性好、漂移小。具有温度补偿和校正的压力传感器的内部电路图如图 3-41 所示。

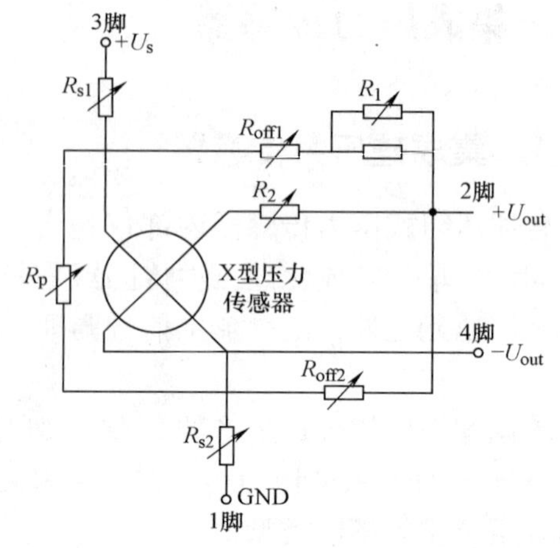

图 3-41　具有温度补偿和校正的压力传感器的内部电路

MPX2100 系列压力传感器属于温度补偿和校正型传感器，该系列传感器的温度补偿范围为 0 ~ +85℃，满量程校正到 40mV。MPX2100 系列压力传感器的主要技术参数如表 3-4 所示。

表 3-4　MPX2100 系列压力传感器的主要技术参数

参数	最小值	典型值	最大值	单位
压力范围	0	—	100	kPa
电源电压	—	10	16	V
满量程输出电压	38.5	40	41.5	mV
零位偏差电压	-1.0	—	+1.0	mV
灵敏度	—	0.4	—	mV/ kPa
线性度	-0.25	—	+0.25	(%, FS)
压力迟滞	-0.1	—	0.1	(%, FS)
满量程温度漂移	-1.0	—	+1.0	(%, FS)
输入阻抗	1000	—	2500	Ω
输出阻抗	1400	—	3000	Ω
响应时间	—	1.0	—	ms
稳定度	—	±0.5	—	%FS

(3) 全信号调理型硅压力传感器

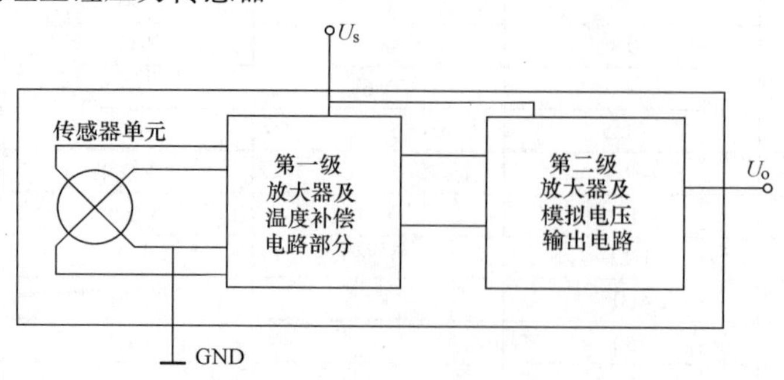

图 3-42　MPX5100A 的内部电路框图

全信号调理型硅压力传感器是将基本硅压力传感器与温度补偿、校正网络以及信号调理电路集成到同一硅片上，不需要外加补偿电路和放大器，就可产生高达4.9V 的输出电压。

MPX5100 系列传感器属于全信号调理型硅压力传感器，它的内部电路框图如图 3-42 所示。其内部主要包括3 部分：由压敏电阻构成的传感器单元；经过激光修正的薄膜温度补偿器及第一级放大器；第二级放大器及模拟电压输出电路（包含基准电路、压力修正、电平偏移电路等）。

MPX5100 系列传感器最大工作压力为 400kPa，冲击压力为 1000 kPa，工作温度范围为 -40 ~ +125℃。

表 3-5 给出了 MPX5100 系列传感器的主要技术参数。

表 3-5　MPX5100 系列传感器的主要技术参数

参数	最小值	典型值	最大值	单位
压力范围	0	—	100	kPa
电源电压	—	5.0	6.0	V
满量程输出电压	4.388	4.5	4.612	V
灵敏度	—	45	—	mV/kPa
精度	—	±0.2	2.5	%，FS
响应时间	—	1.0	—	ms
稳定度	—	±0.5	—	%，FS

2. 应用电路

（1）水位监视电路设计

生产中常用的冲洗机械往往用一个机械传感器作为水位检测装置，机械传感器在工作中需要一个释放点，通过该点可以检测水位的高低。

图 3-43 所示为水位监视电路原理图。大多数冲洗机管的高度为 40cm，因此，该系统将测量 0 ~ 40cm 之间的水高，对应压力的范围为 0 ~ 4kPa。该系统选用 MPXM2010GS 集成硅压力传感器，传感器的测压范围是 0 ~ 10kPa，灵敏度为 2.5mV/kPa（电源电压为 10V 时）。当电路选用电源电压 U_{cc} 为 5V 时，传感器的满度为 12.5mV。由于传感器的测压范围是 0 ~ 10kPa，而本测量最大压力仅为 4kPa，即只用到了压力传感器压力范围的 40%，所以该传感器在本系统中最大输出电压为 5.0mV。

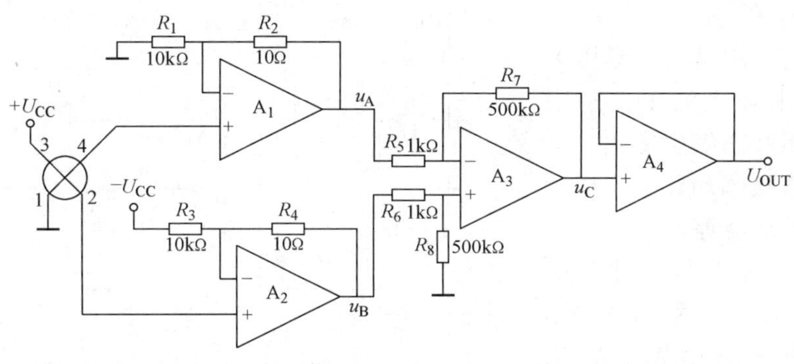

图 3-43　水位监视电路原理图

运算放大器 A_1 将来自传感器负引线的输出电压信号 U_4 放大为 U_A：

$$U_A = (1 + R_2/R_1) \times U_4 = 1.001 \times U_4$$

运算放大器 A_2 将来自传感器负引线的输出电压信号 U_2 放大为 U_B：

$$U_B = (1 + R_4/R_3)U_2 + (R_4/R_3)U_{CC} = 1.001 \times U_2 + 0.005V$$

差值电压（$U_B - U_A$）经过 A_3 放大，得到 U_C：

$$U_C = R_7/R_5 \times (U_B - U_A) = 500 \times (U_B - U_A) \approx 5V$$

该电压值送入 A/D 转换器，转换成数字信号，经计算即可得到水位的高度。

（2）压力变送器

如图 3-44 所示的集成硅压力变送器仅需要一个压力传感器、一个精密双线变送器和少量的外围元件，即可将压力信号转换成标准的 4 ~ 20mA 的标准电流信号。

该电路的压力敏感元件采用集成硅压力传感器 MPX7100DP，它的输入阻抗为 10kΩ，压力量程为 0 ~ 100kPa，满量程输出电压 40mV。变送器输出电流信号是经 XTR101 转换来实现的，XTR101 是精密双线变送器，它给压力传感器提供 2mA 偏置电流，并将输出电压转换成电流，经外接晶体管 VT_1 放大到 4 ~ 20mA 后输出。

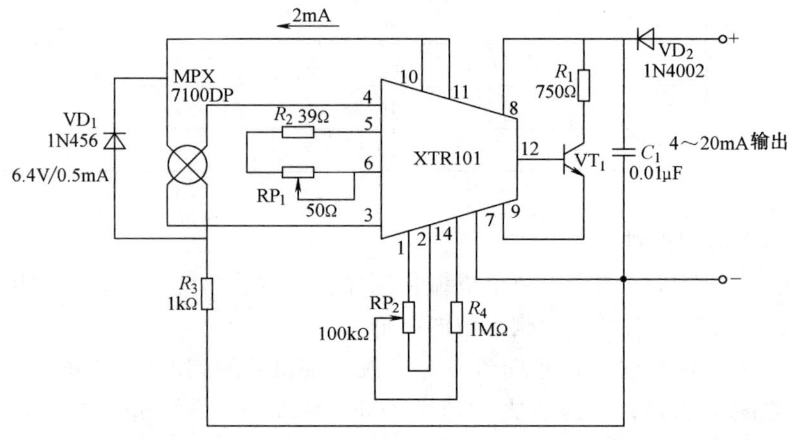

图 3-44　集成硅压力变送器

RP_1 是满度调整电位器，RP_2 是零点调整电位器。对系统较准时，先使加到传感器上的差压为零，调整 RP_2，使输出电流为 4mA；再使加到传感器上的差压为 100kPa，调整 RP_1，使输出电流为 20mA。反复进行调整，可提高系统校准精度。

（3）压力开关

压力开关的作用是当被测压力达到开关电路所设置的压力门限时，输出的逻辑状态发生变化，该逻辑信号可以直接驱动开关、指示灯或输入给微处理器等。

如图 3-45 所示为压力开关的原理图。压力传感器选用 MXP2100DP。图 3-45 中 A_1、A_2 构成电压放大电路，其作用是放大传

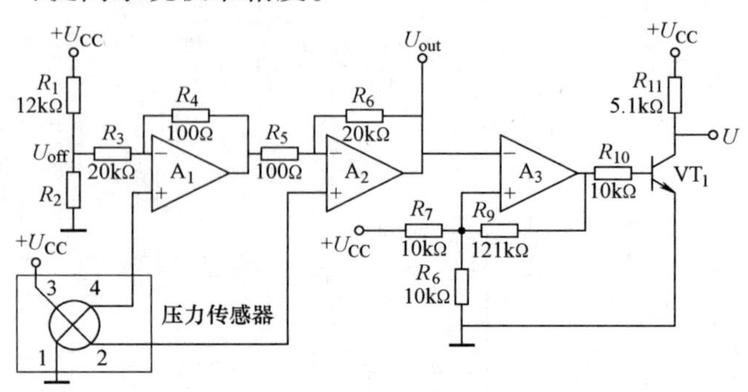

图 3-45　压力开关的原理图

感器输出的电压信号，同时将双端输入信号转换成单端输出。该电压放大电路的特点是输入阻抗高、输出阻抗低、增益高，电路增益为（$1+R_6/R_5$）。由图 3-45 中可见，如果忽略分压电阻 R_1 和 R_2 的影响，电压放大电路的增益为 201。电路中的偏置电压 U_{off} 为

$$U_{off} = \frac{R_2}{R_1 + R_2} U_{cc}$$

经电压放大器放大后的电压为

$$U_{out} = A \frac{\Delta U}{\Delta P} \times P + U_{off}$$

式中，A 为放大电路增益，本电路增益为 201；$\Delta U/\Delta P$ 为压力传感器增益，MXP2100DP 增益为 0.0002V/kPa；P 为被测压力，单位为 kPa；U_{off} 为偏置电压。

电路中的比较电路 A_3 的作用是将模拟电压 U_{out} 转换为数字信号输出，VT_1 为输出驱动电路，以增大驱动能力。比较电路的门限值由电阻 R_7 和 R_8 对电源电压分压得到。为了防止由于一个缓变信号叠加在门限附近而引起输出的不确定性，比较电路设置了迟滞门限。迟滞功能可用正反馈电路实现，其参数由电阻 R_9 的阻值确定。

3.4.2 智能压力传感器

随着计算机及微处理技术的不断发展，微处理器技术已经被引入到传感器领域，使传感器的性能得到了极大提高，能够实现很多过去所不能完成的功能，从而产生了新一代智能传感器。

智能传感器比传统传感器在性能上的提高，主要表现在以下几个方面：

- 具有自补偿功能。可通过软件对传感器的非线性、温度漂移、响应时间、噪声等进行自动补偿。
- 具有自校准功能。操作者输入零值或某一标准量值后，自校准程序可以自动地对传感器进行在线校准。
- 具有自诊断功能。接通电源后，传感器可自我检查各部分是否正常，并可诊断发生故障的部件。
- 具有自动数据处理功能。可根据智能传感器内部程序，自动进行数据采集和预处理（例如，统计处理、剔除坏值等）。
- 具有组态功能。可实现多传感器、多参数的复合测量，扩大了检测与使用范围。
- 具有双向通信和数字输出功能。微处理器不但能接收、处理传感器的数据，而且还可将信息反馈至传感器，实现对测量过程的调节与控制，而标准化数字输出可方便地与计算机相连。这是智能传感器关键的标志之一。
- 具有信息存储与记忆功能。可存储已有的各种信息，例如，校正数据、工作日期等。
- 具有分析、判断、自适应、自学习的功能。可以完成图像识别、特征检测、多维检测等复杂任务。

1. ST-3000 系列智能压力传感器

霍尼韦尔 ST-3000 系列智能压力传感器是美国霍尼韦尔公司 20 世纪 80 年代研制的产品，是最早实现商品化的智能传感器。它将差压、静压和温度等多参数传感与智能化的信号调理功能融为一体，打破了传感器与变送器的界限。

（1）性能与特点

● ST-3000 系列智能压力传感器将集成传感器与信号调理器集成在一个 0.147cm^2 的硅片上，可同时测量差压、静压和温度 3 个参数，并具有压力校准和温度补偿功能。

● 传感器芯片中包含微处理器、存储器、A/D 转换器、D/A 转换器和数字 I/O 接口。它具有两种输出形式，一种是 4～20mA 标准模拟信号输出，另一种是数字信号输出。

● 高精度、宽量程。其测量精度优于 0.1%FS。测量范围极宽，最小量程与最大值之比超过 1∶100，最高可达 1∶400。以 ST3000-920 型为例，其测量范围是 0.75～100kPa，最小量程可设置为 0～0.75kPa，最大量程可设定为 0～100kPa，量程比高达 1∶133。实际量程设定范围还可扩展到 -100～+100kPa，以满足测量负压和正压的需要。

● ST3000 能与现场通信器（SFC）进行双向通信，通过 SFC 来调节传感器参数，例如，重新设定量程，完成自动调零或其他操作。利用数字输出的双向通信还可以进行自诊断。ST3000 特别适用于现场总线测控系统中。

● 长期稳定性好，实际使用寿命不低于 15 年。能满足高精度、高稳定性及可靠性的测量需要。

● ST3000 系列产品可广泛用于石油、化工、冶金、电力、造纸等领域中，对气体、蒸汽和液体的压力、流量、液位等参数测量。

（2）工作原理

ST3000 系列智能压力传感器的工作原理框图如图 3-46 所示。它主要包括：差压传感器、静压传感器、温度传感器、多路转换器、A/D 转换器、微处理器、存储器、D/A 转换器和数字 I/O 接口等部分。

被测的力或压力通过隔离的膜片作用于扩散电阻上，引起阻值变化。扩散电阻接在惠斯通电桥中，电桥的输出反应被测压力的大小。在硅片上制成两个辅助传感器，分别检测静压力和温度。在同一个芯片上检测的差压 Δp、静压 p 和温度 T 3 个信号，经多路开关分时地接到 A/D 转换器中进行转换，转换结果送到信号调理器。

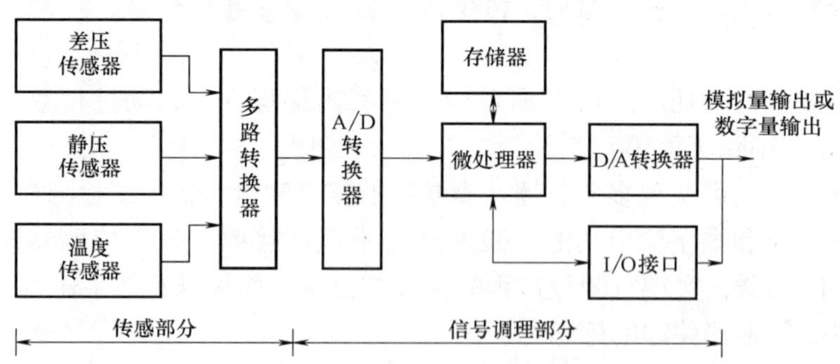

图 3-46　ST3000 系列智能压力传感器的工作原理框图

信号调理器由微处理器、存储器、D/A 转换器和数字 I/O 接口组成。存储器中不仅用来存放程序和传感器的型号、输入/输出特性、量程设定范围、阻尼时间设定范围，还存放了用来进行静压校准和温度补偿的传感器的温度与静压特征参数、温度及压力曲线等。其中，E^2PROM 用于保存重要数据，使其不会因突然断电而丢失。正常工作时，RAM 中的数据随时存入 E^2PROM 中，以保证它的安全性。断电再恢复供电时，E^2PROM 自动地将数据复制到RAM中，使传感器继续保持原来的工作状态。微处理器利用预先存入存储器中的特征参数对Δp、p和T信号进行运算，得到不受环境因素影响的高精度压力测量数据。一方面经D/A转换器变换成模拟量输出，另一方面还通过I/O接口输出数字量。模拟输出的精度为±0.075%FS，数字输出的精度为±0.0625%FS。

2. PPT系列智能压力传感器

20世纪末，霍尼威尔公司又先后推出了PPT系列、PPTR系列和PPTE系列可实现网络化的智能精密压力传感器。这些传感器将压敏电阻传感器、A/D转换器、微处理器、存储器和接口电路集于一身，不仅使传感器的性能指标得到了改善，还极大地方便了用户。这些产品已经广泛用于工业、环境监测、自动控制、医疗设备等领域。

（1）性能与特点

● PPT系列传感器采用钢膜片，适合测量各种不易燃、无腐蚀性气体或液体的压力、压差及绝对压力，测量精度高达±0.05%。它带有RS-232串行接口，信号传输距离不超过18m。PPTR系列产品采用不锈钢膜片，能测量具有腐蚀性的液体或气体，测量精度为±0.1%。它带有RS-485接口，传输距离可达几千米。

● 它能输出经过校准后的压力数字量和模拟量。它既是一个精密数字压力传感器，又是一个模拟式标准压力传感器，模拟输出电压在0~5V范围内连续可调，可作为标准压力信号源来使用。

● 可通过接口电路与PC机进行串行通信，一台PC机最多可挂接89个传感器。串行通信时有7种波特率可供选择，最高达28800bit/s。上电后默认的波特率为9600bit/s。数据格式为1个起始位、8个数据位、1个停止位。

● PPT系列传感器属于网络传感器。构成网络时能确定每个传感器的全局地址、组地址和设备识别号ID地址，能实现各传感器之间、传感器与系统之间的数据交换和资源共享。用户可通过网络获取任何一个传感器的数据并对该传感器的参数进行设置，所设定的参数保存在E^2PROM中。

● 有12种压力单位可供选择，包括国际单位制Pa（帕）、非国际单位制P_0（大气压）、bar（巴）、mmHg（毫米汞柱）等，基本压力单位是psi（磅力/平方英寸）。量程从1psi~500psi，共有10种规格。压力单位换算关系：1mmHg = 133.322Pa，1bar = 10^5Pa，1psi = 6.895×10^3Pa。

● 利用内部的集成温度传感器来检测传感器温度并对压力进行补偿。测温误差小于0.5℃。

● 电源电压的范围是5.5~30V，工作电流为15~30mA，工作温度范围是-40~+85℃。

（2）工作原理

1）引脚及功能。PPT系列智能压力传感器有两个压力口P1和P2，P1口适合接不易燃、无腐蚀性的液体或气体，P2口只能接气体。

PPT系列传感器的引脚排列如图3-47所示，图3-47b中3个触角为引脚定位标示，其引脚定义如下：

引脚1：RS-232发送（TD）。

引脚2：RS-232接收（RD）。

引脚3：机壳接地。

引脚4：电源和信号公共地。

引脚5：电源输入。

引脚6：模拟输出。

为了降低噪声，做模拟输出时需要单点接地，应将电源地、测量仪表的参考地，直接连传感器的信号地。

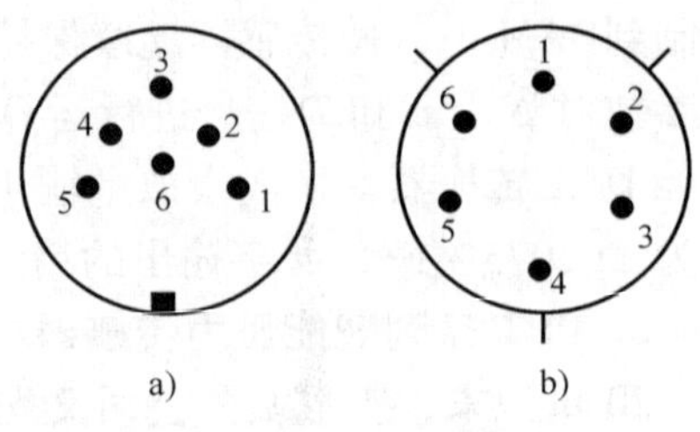

图3-47 PPT系列传感器引脚排列

2）PPT系列传感器的工作原理。PPT智能压力传感器由压力传感器、温度传感器、16位A/D转换器、12位D/A转换器、微处理器、串行接口、随机存储器RAM以及电擦写只读存储器E^2PROM等组成。

PPT单元的核心部件是一个硅压阻性传感器，内含对压力和温度敏感的元件。代表温度和压力的数字信号送至微处理器中进行处理，可在－40～＋85℃范围内获得经过温度补偿和压力校准后的输出。PPT输出形式见表3-6。在测量快速变化的压力时，可选择跟踪输入模式，预先设定好采样速率的阈值，当被测压力在阈值范围内波动时，采样速率就自动提高一倍。一旦压力趋于稳定，又恢复正常采样速率。PPT还具有空闲计数功能，在测量稳定或缓慢变化的压力时，可自动跳过255个中间读数，延长两次输出的时间间隔。此外，它还可设定成仅当压力超过规定值时才输出或者等主机查询时才输出的工作模式。为适应不同环境，提高PPT的抗干扰能力，A/D转换器的积分时间可在8ms～10s范围内设定。

PPT能提供三级寻址方式。最低级寻址方式是设备识别号ID。该地址级别允许对任何单个的PPT进行地址分配，ID的分配范围是01～89。00为空地址，专用于未指定地址的PPT。因此，一台主机最多可以配89个PPT。若某只PPT未被分配ID地址，上电后就分配为空地址。第二级寻址方式为组地址，地址范围是90～98，共9组。通过ID指令，每个PPT都可以分配到一个组地址，允许主机将指令传给具有相同组地址的几个PPT。组地址的默认值为90。最高级寻址方式为全局地址，该地址为99。主机通过串行口可连接9组总共89个PPT。

表3-6 PPT单元的输出形式

数字输出	模拟输出
1. 单次或连续压力读数 2. 单次或连续温度读数 3. 单次或连续的远程PPT读数（遥测）	1. 单次压力的模拟输出电压 2. 跟踪输入模式下的模拟输出电压 3. 用户设定的模拟输出电压 4. 对远程PPT进行控制的模拟输出电压（遥控）

（3）PPT系列传感器的应用

1）PPT模拟输出的配置。单独使用一个PPT，能代替传统的模拟式压力传感器，其最大优点是不需要校准即可达到高精度指标。用户既可通过数字电压表读取压力的精确值，亦可利用模拟式电压表来观察压力的变化过程及变化趋势。对PPT进行设置后，它还能在传送压力数据的同时，接收来自控制处理器的阀门控制信号，以实现压力自动调节，这对于压力测控系统非常有用。

2）远程模拟压力信号的传输与记录。PPT的模拟信号可直接送给记录仪来记录压力波形，但在远距离传输模拟信号时很容易受线路干扰及环境噪声的影响，还会造成信号衰减。

为解决上述问题，可在终端增加一个 PPT。首先由 PPT1 发送压力数据，然后远程传输给 PPT2，再将 PPT2 的模拟输出接记录仪。这种方法适用于 RS-485 接口，传输距离可达数千米。该方案的优点是传输速率快，当波特率选 28800bit/s 时，数据传输所造成的延迟时间不超过 2ms。

3）RS-485 多点网络。RS-485 网络是以主机为起点、以距主机最远端为终点，它采用多点网络结构，也称星形网络结构。这种网络不仅传输距离远，而且在不断开网络的情况下即可增、减 PPT 的数目。RS-485 最多只能连接 32 个 PPT 单元，利用中继器可扩展到 89 个 PPT 单元。在 RS-485 的始端与末端，需分别并联一只 120Ω 的电阻作匹配负载。

图 3-48 所示为一个具有 6 个 PPT 单元的 RS-485 多点网络。在该网络中，各 PPT 单元的 ID 地址可以不按照顺序排列。

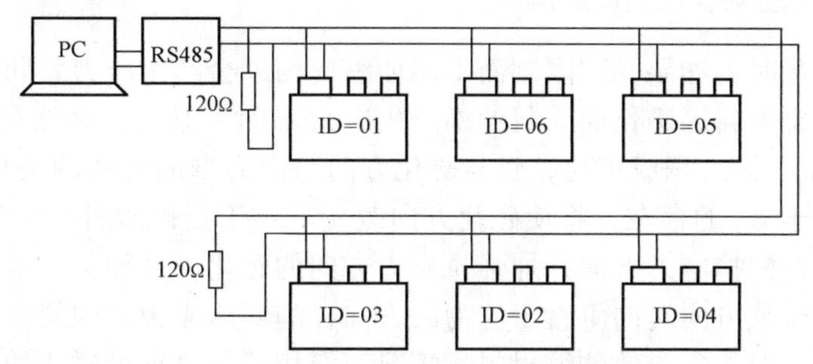

图 3-48 具有 6 个 PPT 单元的 RS-485 多点网格

下面通过一个例子来介绍传输全局地址及分配组地址的过程：

首先传送全局指令 *99WE 和 *99S = 00001234，这将使 ID 号为#00001234 的 PPT 单元在下一条指令之前指定自己的 ID 号，并做好接受新指令的准备。然后传送 *99WE、*99ID =02、*02WE 和 *02SP = ALL 指令，完成设备 ID 的地址分配。只要在 RS-485 网络上重复上述过程，即可完成 ID 地址的分配工作。

设置好设备的 ID，即可进行组 ID 的分配。同一组中的每个 PPT 单元必须有一个始于 01 的子地址。子地址将告知每一个 PPT 单元在组地址指令中的响应顺序。若要设置设备 ID = 02 的组地址为 91，子地址 01，可传送下述命令：*02WE、*02ID = 9101、*02WE、*02SP = ALL。当第一条指令传送到第 91 组时，ID = 02 的单元就会第一个做出响应。

3.5 压磁式传感器

压磁式传感器（也称磁弹性传感器）是一种压力传感器。它的工作原理是建立在磁弹性效应基础上的，即利用这种传感器，可将作用力变换成传感器磁导率的变化，并通过磁导率的变化输出相应变化的电信号。

压磁式传感器有以下优点：

- 输出功率大，信号强。
- 结构简单，牢固可靠。
- 抗干扰性能好，过载能力强。
- 便于制造，工艺简单，成本低。

● 压磁式传感器既适用于静态力测量，又适于动态力测量。

● 与压电式传感器相比，信号放大电路简单，无需电荷放大器，无需特殊的同轴电缆，只用一般导线即可。

● 与电阻应变式传感器相比，无需粘贴，安装方法简单。

压磁式传感器的输出电动势比较大，通常不必再放大，只要经过滤波整流后就可直接输出，但要求有一个稳定的励磁电源。压磁式传感器可测量很大的力，抗过载能力强，能在恶劣条件下工作。但频率响应不高（1～10kHz），测量精度一般在1%左右。压磁式压力传感器常用于冶金、矿山、造纸、运输等重工业部门，主要用来测试轧钢的轧制力、钢带的张力、纸张的张力、起重机提升重物时的自动测量、配料的称量、金属切削力的测量等。

3.5.1 压磁式传感器的工作原理

铁磁材料被磁化时，如果受到限制而不能伸缩，内部会产生应力。同样在外部施加力也会产生应力。当铁磁材料因磁化而引起伸缩产生应力 σ 时，其内部必然存在磁弹性能量 E_σ，分析表明，E_σ 与 $\lambda_s \cdot \sigma$ 之积成正比，且与磁化方向与应力方向之间的夹角有关，其中 λ_s 为磁致伸缩系数。由于 E_σ 的存在，将使磁化方向改变。对于正磁致伸缩材料，如果存在拉应力，将使磁化方向转向拉应力方向，加强拉应力方向的磁化，从而使拉应力方向的磁导率 μ 增大。压应力将使磁化方向转向垂直于应力的方向，削弱压应力方向的磁化，从而使压应力方向的磁导率减小。对于负磁致伸缩材料，情况正好相反。这种被磁化的铁磁材料在应力影响下形成磁弹性能，使磁化强度矢量重新取向，从而改变应力方向的磁导率的现象称为磁弹效应或压磁效应。

利用压磁效应制成的传感器称为压磁式传感器。压磁式传感器一般由压磁元件和传力机构组成，如图3-49a所示。其中主要部分是压磁元件，它由其上开孔的铁磁材料薄片叠成。压磁元件上冲有4个对称分布的孔，孔1和2之间绕有励磁绕组 W_{12}（一次绕组），孔3和4间绕有测量绕组 W_{34}（二次绕组），如图3-49b所示。孔1、2、3、4把传感器分成A、B、C、D4个区域，它们具有相同的磁导率。

在无外力作用时，当在励磁绕组 W_{12} 中通以电流时，则在线圈中产生磁场 H。因为 A、B、C、D 各处磁导率相同，磁力线成轴对称分布，合成磁场方向 H 平行于测量线圈绕组 W_{34} 的平面，如图3-49c所示，在磁场作用下，磁导体沿 H 方向磁化，磁通密度 B 与 H 取向相同，此时测量绕组无磁通通过，故不产生感应电动势。

在有外力作用时，如对传感器施加作用力 F，如图3-49d所示，在A、B区将产生很大

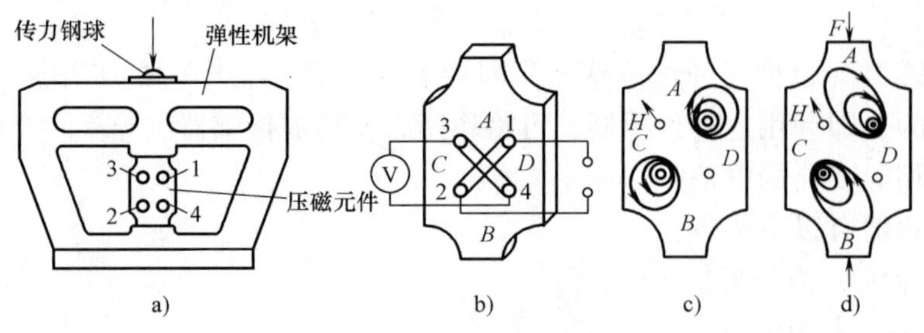

图3-49 压磁式传感器结构

a）传感器结构 b）绕组结构 c）不受力情况 d）受力情况

的压应力 σ，而在 C、D 区基本处于自由状态。对于磁致伸缩材料，压应力 σ 使其磁化方向转向垂直于压力的方向，因此，A、B 区的磁导率下降，磁阻增大，而与应力垂直方向的 μ 值上升，磁阻减小，合成磁场强度 H 不再与测量绕组平面平行，因而就有部分磁力线与测量绕组 W_{34} 交链，W_{34} 中将产生感应电动势。作用力 F 越大，W_{34} 交链的磁通越多，感应电动势也就越大。经变换处理后，即可用电流或电压来表示被测力 F 的大小。

弹性元件是由弹簧钢制成，弹性体两边的形状是使力垂直作用于压磁元件上，并且要求弹性体与压磁元件的接触面有一定的平面度和表面粗糙度，同时保证给压磁元件施加一定的预压力。这样，弹性体基本不吸力，从而保证在长期使用过程中压磁元件的受力点作用位置不变。

传力钢球是用来保证被测力能垂直集中地作用于传感器上，并具有良好的复现性。

3.5.2 压磁式传感器的测量误差

由于铁磁特性受很多因素的影响，因此，压磁式传感器的使用过程中会产生一些测量误差。影响压磁式传感器的主要因素有环境温度、压磁元件的力滞回线、非线性以及由于电源不稳引起的磁化电流变化导致磁导率初始值的变化等。降低这些因素对测量的影响是提高压磁式传感器精度的重要措施。

1. 温度误差

温度误差产生的主要原因是由于压磁元件材料的磁化特性受温度变化的影响较大。一般铁磁材料的磁化性能随温度变化的系数约为 2%/10℃，并且不是常数。对于这样大的温度系数，如不采取措施，传感器是无法正常使用的。最常用的温度补偿方法是将受负荷作用的传感器和不受负荷作用的传感器连接成差动线路，如图 3-50 所示，这样将使受温度影响的输出分量尽可能相互抵消。图 3-50 中 TW 是工作传感器，TC 是温度补偿传感器，R_1 是电阻温度系数很大的电阻，R_2 是电阻温度系数接近于零的电阻，V 是电压表。当工作传感器没有外加负载时，由于 TW 和 TC 的参数和状态完全相同，所以在任何温度下，a 点和 b 点的电位基本相等。当 TW 上有负载作用时，输出电压 U_{ab} 基本反应 TW 材料中的应力 σ 引起的分量。

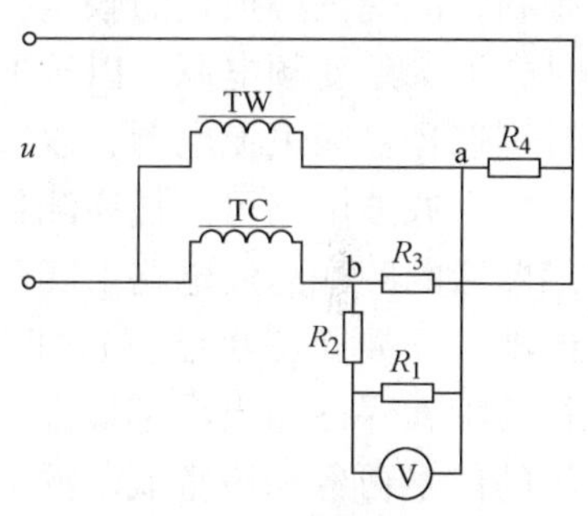

图 3-50　压磁式传感器温度补偿电路

2. 磁弹性的滞环

传感器的特性曲线在负荷上升与下降时是不重合的，主要原因是由于传感器材料在机械性能方面的弹性后效作用和磁化性能方面的磁滞作用所致。

实验证明，为使滞环最小，传感器中的工作磁场强度应尽可能大。

3. 电源的影响

电源电压幅值、频率、电流波形以及电源的内阻等对传感器的性能都有影响，因为它们都直接影响磁化特性。与传感器测量精度要求相对应，压磁式传感器的电源可以分为两类：一类是测量精度不超过 1.5% ~2% 的传感器所用的电源，此种电源可用铁磁谐振稳压电源，可直接使用电网为其供电，为减小纹波的影响，可附加一级滤波器。另一类是变频电源，它可根据需要变换到传感器选用的最佳电源频率，此时电网电源只作为能量的来源，需要另配一套变频电源。对要求高的使用场合，应选择稳频、稳压恒流源。

4. 非线性误差

当传感器总的测量误差为1%时，对非线性的要求总可以满足。实验证明，随着电源频率的增加，非线性误差在减小，当电源频率达到1600Hz时，非线性误差可减小到0.1%左右。

3.5.3 压磁式传感器测量电路

压磁式传感器的输出信号较大，一般不需要放大，只需进行滤波和整流。因此，测量电路主要由励磁电源、滤波电路、相敏整流及显示电路等组成，电路框图如图3-51所示。

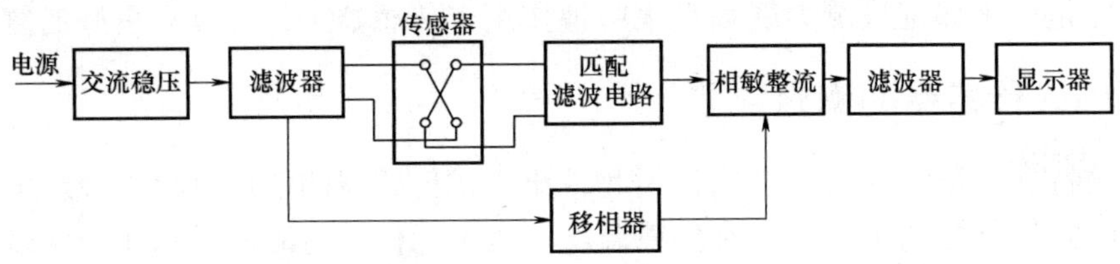

图3-51 压磁式传感器测量电路框图

交流电源的频率是根据传感器相应速度的要求选择的。提高励磁频率对改善传感器的性能有利，但受铁心损耗的限制。一般测量可用工频电源，并采用铁磁谐振稳压，相应速度较高时，可选用变频电源，以选取最佳频率。为了保证测量精度，应采取交流稳压措施，要求高时可选择稳频恒流电源，以减小励磁电流波动对传感器线性度和灵敏度的影响。

加入滤波电路可以提高测量精度。传感器前的滤波器用于保证励磁电源频率的单一性，传感器后的匹配滤波电路由匹配变压器和滤波器组成，其中滤波器用来消除传感器输出的高次谐波（主要是三次谐波）。匹配变压器的作用是使传感器的输出阻抗与后级电路的输入阻抗相匹配，保证输出功率最大，同时也可以将信号电压升高，以满足整流、滤波所需。滤除谐波的信号再经相敏整流、滤波后送入模拟或数字仪表显示或记录。

3.6 力与压力测量传感器性能比较

表3-7给出了力与压力测量传感器性能比较及各自的特点。

表3-7 力与压力测量传感器性能比较及各自的特点

传感器类型	测量范围/MPa	灵敏度	线性度/(%，FS)	精度/(%，FS)	滞后/(%，FS)	工作温度/℃	频率响应/kHz	特点
压阻式	0~60	>40mV/V	0.1~0.5	0.05~0.5	0.05~0.5	-60~+500	0~1000	体积小、灵敏度高、频率响应宽、可测直流信号、坚固、抗过载能力强、输出稳定性高、输出阻抗低，功耗低 温度系数较大、需加补偿

（续）

传感器类型	测量范围/MPa	灵敏度	线性度/(%，FS)	精度/(%，FS)	滞后/(%，FS)	工作温度/℃	频率响应/kHz	特点
压电式	780	16～200 pC/MPa	≤±1	0.5～2	<0.5	200～400	10～400	体积小、重量轻、结构简单、工作可靠、抗干扰性强、耐冲击、测量频率范围宽 不适于静压测量，对振动、温度和电磁场比较敏感，需要采用抗干扰措施
电容式	0～50		0.14～0.32	0.25	0.02～0.07	-20～+120		灵敏度高、性能稳定、频率响应宽、抗过载能力强，可在高温、低温、强辐射等恶劣环境下工作，输出阻抗高，传感器与测量电路连接导线上的寄生电容影响大，输出非线性严重
半导体应变片式	0～50	40～100 mV/V	±0.25～±0.5	0.03～2	<0.5	<80		小型、轻巧、可靠性高，线性较好，耐振性强，响应频率高，正负压均可测量，在微压范围内无蠕变现象
金属铂丝应变片式	0～10	0～0.35 mV/V	0.03～0.3	0.05～0.5	0.03～0.3	-40～+1500	50～300	精度高、体积小、重量轻、测量范围宽、固有频率高、耐冲击输出信号小、受温度影响大、需温度补偿
差动变压器式	0～60	100～5000mV/mm·V		1～1.5		-10～+50		灵敏度高、结构简单、测量范围大、使用寿命长 存在零点输出，体积较大
压磁式	0～100			2～3		-40～+150		负荷大而变形小，能耐恶劣环境，输出功率大，信号强，结构简单，抗干扰性能好，过载能力强，便于制造 精度低，不耐冲击振动，寿命短
霍尔式	0～60			<1.5		-10～+50		灵敏度较高，测量仪表简单，能远距离指示和记录，可配用动圈式指示仪表

本章小结

本章主要介绍了压力测量传感器。根据传感器工作原理的不同，压力测量传感器可分成电阻式、压电式、差动变压器式、压磁式和集成压力传感器。

电阻式压力传感器包括金属电阻应变式传感器和压阻式传感器两种。金属电阻应变片传感器是利用金属材料的“应变效应”工作的，在受到外界力作用下产生机械形变，从而引起电阻值的变化。金属电阻应变式传感器结构简单、性能可靠、应用范围广、适用性强，但灵敏度较低，受温度变化影响较大。压阻式传感器是基于半导体材料的压阻效应原理工作的，即半导体材料在外力作用下其电阻率发生变化。压阻式传感器体积小、分辨率高、工作频带宽、机械迟滞小。电阻式压力传感器温度稳定性较差，需要进行温度补偿。

压电式传感器的工作原理是基于某些介质材料的压电效应工作的。压电式传感器主要是由压电元件和测量电路组成，由于压电元件可以等效成电压源与电容的串联，也可以等效成电荷源与电容并联，因此，其测量电路有电压放大器和电荷放大器两种。压电式传感器体积小、重量轻、结构简单、固有频率高、工作可靠以及信噪比高。但不适用于静压的测量。

差动变压器结构形式较多，有变隙式、变面积式和螺线管式等。本章以螺线管式差动变压器为例，介绍了差动变压器的结构、工作原理及测量电路。为了达到能辨别移动方向和消除零点残余电压的目的，常采用差动整流电路和相敏检测电路。差动变压器式传感器具有灵敏度高、分辨率高、线性和重复性好及测量范围宽等优点，但是差动变压器也存在零点残余电压问题和体积较大等缺点。

压磁式压力传感器是基于磁弹性效应工作的，它将作用力变换成传感器磁导率的变化，并通过磁导率的变化输出相应电信号变化。压磁式传感器的特点是负荷大而变形小，即能够测量很大的力，抗过载能力强，并且能在恶劣条件下工作。但它的测量精度较低，而且频率响应也不高。

集成压力传感器是在硅半导体材料上集成了传感器单元、信号调理单元、温度补偿和压力修正电路。由于采用显微机械加工、激光修正等先进技术和薄膜电镀工艺，集成压力传感器具有测量精度高、预热时间短、响应速度快、长期稳定性好、可靠性高、过载能力强等特点。

智能传感器是在传统传感器基础上发展起来的，它将微处理技术引入传感器，使传感器具有了一定的智能，综合性能指标有了极大的提高，应用领域更加广泛。智能传感器具有自补偿、自诊断、自学习、数据处理、存储记忆、双向通信、数字输出等功能，几乎包括了仪器仪表的全部功能，且随着人工神经网络、多传感器信息融合等新技术的不断发展，其功能将会得到进一步完善。

本章的学习重点是掌握各种压力测量传感器的工作原理、特性参数、测量电路，尤其是要掌握不同原理和结构传感器的应用特点，学会压力测量传感器的选择及使用方法。

力与压力测量传感器实验

实验1　应变片惠斯顿电桥性能实验

1. 实验目的

了解电阻应变片的工作原理与应用并掌握应变片测量电路。

2. 实验设备

应变片、电桥、电压表、差动放大器、托盘、砝码。

3. 实验内容

1）应变片惠斯顿电桥性能电路如图3-52所示，其中R_5、R_6、R_7为350Ω固定电阻，R_1为应变片；RP_1和R_8组成电桥调平衡网络，E为供桥电源±4V。桥路输出电压$U_o \approx (1/4)K_\varepsilon E$。

2）差动放大器调零。将差动变压器两个输入端短接，调节放大器的增益电位器到合适位置后，再调节实验模板放大器的调零电位器，使电压表显示为零。

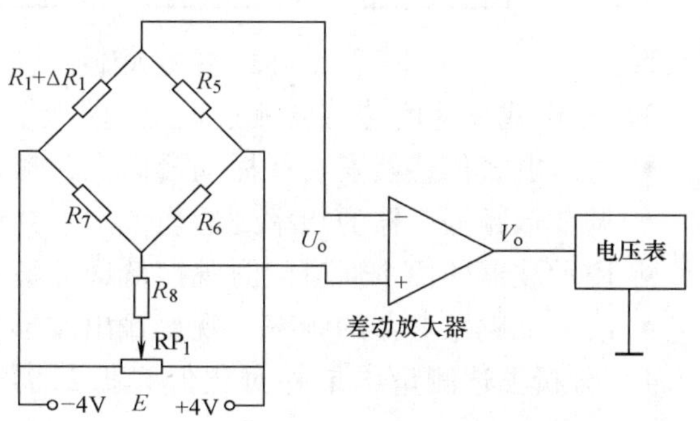

图3-52　应变片惠斯顿电桥性能实验原理图

3）应变片惠斯顿电桥实验。按照图3-52连接测量电路，调节桥路平衡电位器RP_1，使电压表显示为零；按照图3-53安装传感器托盘，在传感器的托盘上每次放置一只20g砝码（尽量靠近托盘的中心点位置放置）直到200g，每次读取相应的数显表电压值，记下实验数据。

4）根据实验数据作出曲线并计算系统灵敏度$S = \Delta V/\Delta W$（ΔV输出电压变化量，ΔW重量变化量）和非线性误差δ，$\delta = \Delta m/y_{FS} \times 100\%$，式中，$\Delta m$为输出值（多次测量时为平均值）与拟合直线的最大偏差；y_{FS}为满量程输出平均值，此处为200g。

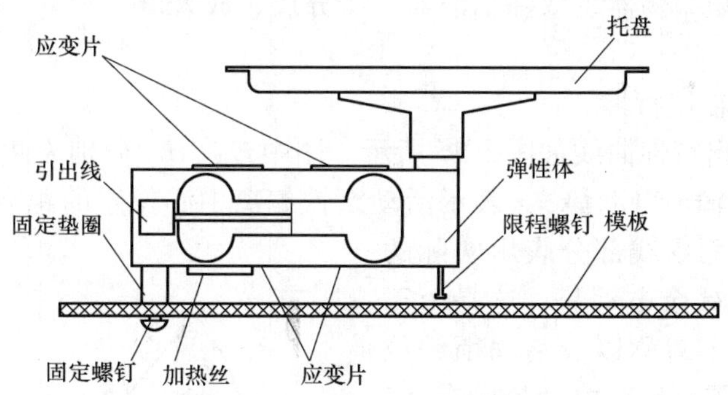

图3-53　应变片传感器托盘安装示意图

实验2　压电式传感器测振动实验

1. 实验目的

了解压电式传感器的工作原理和测量振动的方法。

2. 实验设备

压电式传感器、振动台、低通滤波器、放大器、示波器。

3. 实验内容

1）压电式加速度传感器的结构。图3-54是压电式加速度传感器的结构图。图中，M是惯性质量块，K是压电晶片。压电式加速度传感器实质上是一个惯性力传感器。在压电晶片K上，放有质量块M。当壳体随被测振动体一起振动时，作用在压电晶体上的力F

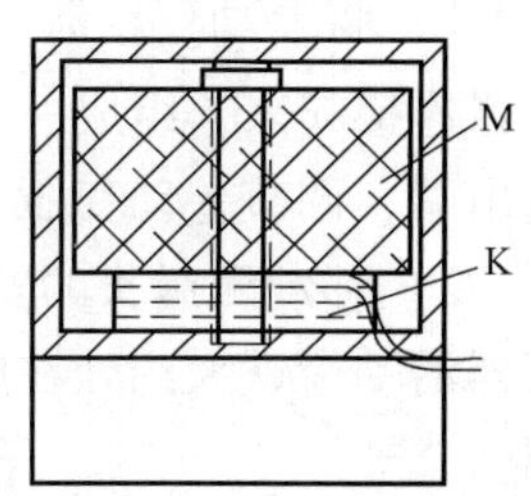

图3-54　压电式加速度传感器的结构图

$= Ma$。当质量 M 一定时，压电晶体上产生的电荷与加速度 a 成正比。

2）压电式加速度传感器测量振动的原理（图3-55）。

图3-55　压电式加速度传感器测量振动的原理图

3）压电式加速度传感器测量振动的步骤。

- 将压电式传感器安装在振动台面上，振动源的低频输入接低频振荡器。
- 调节低频振荡器的频率到适当范围，并调节低频振荡器的幅度使振动台明显振动。
- 用示波器的两个通道同时观察低通滤波器输入端和输出端波形。
- 改变低频振荡器的频率，观察输出波形变化。

4）分析上述测量结果并对比低频振荡器输入信号，总结压电式加速度传感器的优缺点。

实验3　差动变压器的性能实验

1. 实验目的

了解差动变压器的工作原理和特性。

2. 实验设备

差动变压器、低频振荡器、双踪示波器、千分尺、放大器。

3. 实验内容

（1）差动变压器输出特性

差动变压器的输出特性曲线如图3-56所示。图中 E_{21}、E_{22} 分别为两个二次绕组的输出感应电动势，E_2 为差动输出电动势，x 表示活动衔铁偏离中心位置的距离。其中 E_2 的实线表示理想的输出特性，而虚线部分表示实际的输出特性。E_0 为零点残余电动势，这是由于差动变压器制作上的不对称以及活动衔铁位置等因素所造成的。零点残余电动势的存在，使得传感器的输出特性在零点附近不灵敏，给测量带来误差，此值的大小是衡量差动变压器性能的重要指标。

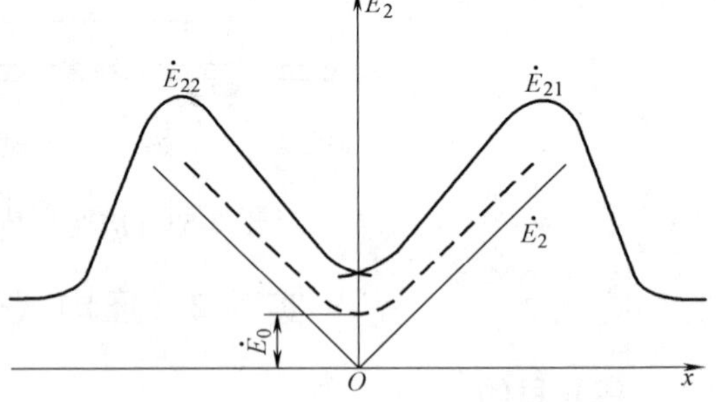

图3-56　差动变压器的输出特性曲线

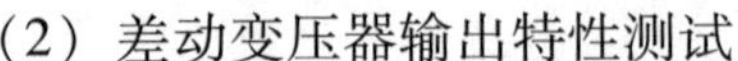
（2）差动变压器输出特性测试

1）将差动变压器、低频振荡器、双踪示波器连接起来，组成一个测量电路。开启电源，将示波器探头分别接至差动变压器的输入和输出端，调节差动变压器一次线圈低频振荡器的激励信号峰峰值为2V。

2）移动测微头的安装套使示波器显示的波形 $U_{p\text{-}p}$（峰峰值）为较小值（越小越好，变压器活动衔铁大约处在中间位置）时，固定测微头，再顺时针方向转动测微头的微分筒12圈。

3）记录此时的测微头读数和示波器显示的波形 $U_{p\text{-}p}$（峰峰值）值（此时的值为实验起点值）。之后，反方向（逆时针方向）调节测微头的微分筒，每隔 $\Delta X = 0.2\text{mm}$（可取60～

70 点值）从示波器上读出输出电压 U_{p-p}值。

4）将实验记录的 U_{p-p}值作图，分析差动变压器的零点残余电压值，并说明产生连点残余电压的原因。

思考与练习

1. 电阻应变片应用中为何要进行温度补偿？补偿的方法有哪些？

2. 扩散硅压阻式传感器的结构与工作原理是什么？与贴片型电阻应变片传感器相比，它有哪些优缺点？

3. 设图 3-12 为一直流应变电桥，电桥激励电源 $U=4V$，$R_1=R_2=R_3=R_4=120\Omega$，求：

1）R_1 为金属应变片，其余为外接电阻，当 R_1 的增量 $\Delta R_1=1.2\Omega$ 时，电桥的输出电压 U_0 为多少？

2）R_1 和 R_2 为金属应变片，且批号相同，当感受应变的大小和极性都相同，$\Delta R_1=\Delta R_2=1.2\Omega$，其余为外接电阻时，电桥的输出电压 U_0 为多少？

3）题 2）中，如果 R_1 和 R_2 感受应变的大小相等，且极性相反，$|\Delta R_1|=|\Delta R_2|=1.2\Omega$，电桥的输出电压 U_0 为多少？

4. 什么是压电效应？压电式传感器能否测静压信号？为什么？

5. 简述压电式传感器前置放大电路的作用，前置放大电路常用的电压放大器与电荷放大器各自的特点是什么？

6. 差动变压器测量过程中产生温度误差的主要原因是什么？常用的温度补偿方法有哪些？

7. 差动变压器式传感器的零点残余电压产生的原因是什么？怎样减小和消除它的影响？

8. 比较差动变压器测量电路的优缺点，并指出它们的适用场合。

9. 说明智能传感器的基本组成，智能传感器的主要特点是什么？

10. 简述常用压力测量传感器的种类、工作原理及特点。

第4章　位移与速度测量传感器

本章要点

- 电感式、电容式、电涡流、光栅式、超声、微波与霍尔位移和速度测量传感器的结构与工作原理
- 位移和速度测量传感器的测量电路与补偿方法
- 位移和速度测量传感器性能及应用范围比较
- 位移和速度测量传感器应用实例

无论是科学研究还是生产实践中，需要进行位移测量的场合非常多。此外，还有许多被测物理量可以转化为位移进行测量，例如，压力、位置等都可以通过某种转换部件，先将它们转换为直线位移，然后通过测量位移间接得到被测量。在不同的场合、不同的应用领域，对位移测量传感器的要求差异也很大，例如，测量范围、测量精度、动态响应等。因此，位移测量传感器的种类相当多，并且各自的特性也不相同。本章重点介绍常用位移测量传感器的原理、特性以及应用方法。

4.1　电感式位移传感器

电感式位移传感器是建立在电磁感应基础上的，将位移的变化转换为自感量的变化，再由测量电路转换为电流或电压的变化。因此，它能实现信息远距离传输、记录、显示和控制，在工业自动控制系统中被广泛采用。电感式传感器具有结构简单、工作可靠、抗干扰能力强、输出功率较大、分辨力较高、示值误差小、稳定性好等优点。其主要缺点是灵敏度、线性度和测量范围相互制约，传感器自身频率响应低，不适用于快速动态测量。

4.1.1　电感位移传感器原理与分类

按磁路几何参数变化形式的不同，目前常用的电感式传感器有变气隙式、变截面积式和螺线管式3种。图4-1所示是这几种电感式传感器的结构原理图。图4-1a是气隙型传感器的结构原理图，它由线圈、铁心、衔铁3部分组成，在铁心与衔铁之间有气隙，气隙厚度为

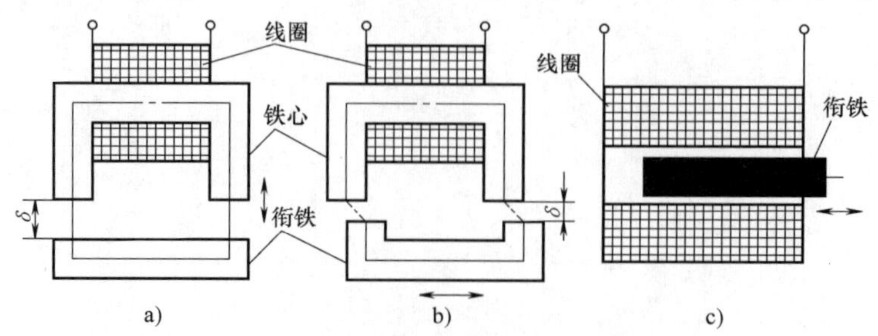

图4-1　几种电感式传感器的结构原理图

a）变气隙型　b）变面积型　c）螺线管型

δ，被测物理量的运动部分与衔铁相连，当传感器的衔铁产生位移时，线圈的自感量 L 也会发生变化。如果空气隙 δ 较小，且不考虑磁路的铁损，在铁心、衔铁等导磁体的磁导率远大于空气磁导率的情况下，线圈的自感可按下式计算：

$$L = N^2\mu_0 S/2\delta \tag{4-1}$$

式中，N 为线圈匝数；μ_0 为空气磁导率；S 为铁心与空气隙相对截面积。

由式(4-1)可以看出，当线圈匝数一定时，电感量与空气隙厚度成反比，与空气隙相对截面积成正比。若 S 不变，δ 变化，则 L 为 δ 的单值函数，可构成变气隙式传感器，如图 4-1a 所示。若 δ 不变，S 变化，则可构成变截面积式传感器，如图 4-1b 所示。若线圈中放入圆柱形衔铁，就是一个可变自感，当衔铁左、右移动时，自感量将相应发生变化，这就构成了螺线管型自感传感器，如图 4-1c 所示。

上述电感式传感器，虽然结构简单，运行方便，但它们有非常致命的弱点，比如自感线圈流往负载的电流不可能等于零，衔铁永远受有吸力；线圈电阻受温度影响，有温度误差，不能反映被测量的变化方向等。这些导致它们无法直接使用，因此，在实际中通常采用差动电感传感器。图 4-2 所示为差动变隙式电感传感器的原理结构图。图中，U_i 为激励电压，Z_L 为负载电阻，I 为负载电流，U_0 为输出电压。由图可知，差动变隙式电感传感器是由两个相同的电感及磁路组成的。测量时，衔铁通过导杆与被测位移量相连，当被测体上、下移动时，导杆带动衔铁也以相同的位移上、下移动，使磁回路中的磁阻发生大小相等、方向相反的变化，导致一个线圈的电感量增加，另一个线圈的电感量减小，形成差动形式。测量电路选择交流电桥，两个电感线圈接成交流电桥的相邻桥臂，另两个桥臂由电阻组成，因此，电桥输出电压与 ΔL 有关。

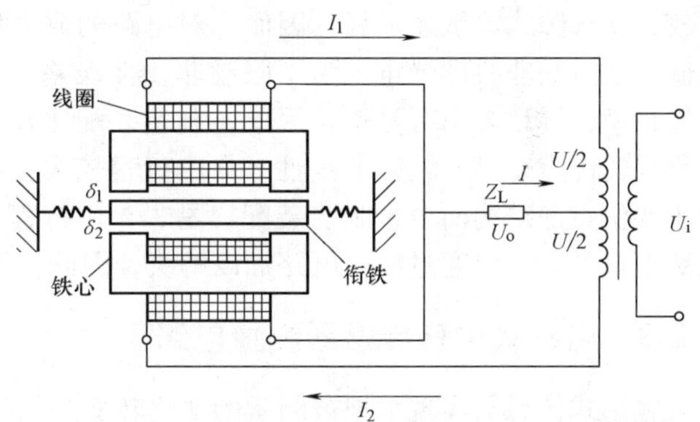

图 4-2　差动变隙式电感式传感器的原理结构图

差动变隙式电感传感器的工作原理如下：

初态时，若结构对称，且衔铁居中，则 $\delta_1 = \delta_2$，$U_o = 0$。

衔铁上移时，则 $\delta_1 \downarrow \rightarrow L_1 \uparrow \rightarrow I_1 \downarrow (I_1 - \Delta I)$

$\delta_2 \uparrow \rightarrow L_2 \downarrow \rightarrow I_2 \uparrow (I_2 + \Delta I)$

$I = I_2 \uparrow - I_1 \downarrow = 2\Delta I$

$U_o = 2\Delta I Z_L$

同理，衔铁下移时，则 $U_o = -2\Delta I Z_L$

由以上分析可得，衔铁位移时，输出电压的大小和极性将跟随位移的变化而变化。输出电压不但能反映位移量的大小，而且能反映位移的方向。由此可见，输出电压正比于 $2\Delta I$，即灵敏度提高一倍。

差动式与单线圈式相比，有下列优点：

1）差动式的线性度得到了明显改善。

2）灵敏度提高一倍，即衔铁位移距离相同时，输出信号大一倍。

3）温度变化、电源波动、外界干扰等对传感器精度的影响，由于互相抵消而大幅减小。

4）电磁吸力对测力变化的影响，也由于能相互抵消而减小。

4.1.2 电感式位移传感器输出特性

电感式传感器特性曲线如图4-3所示。由图4-3可以看出 $L=f(\delta)$ 不是线性的，即变气隙式传感器 δ 和 L 之间不满足线性变化关系。理论上，当 $\delta=0$ 时，L 为∞，如果考虑到导磁体的磁阻，即当 $\delta=0$ 时，L 不等于∞，而有一定的数值。变截面积式传感器的面积 S 与 L 值则是线性关系，即 $L=f(S)$ 的特性曲线为一条直线。

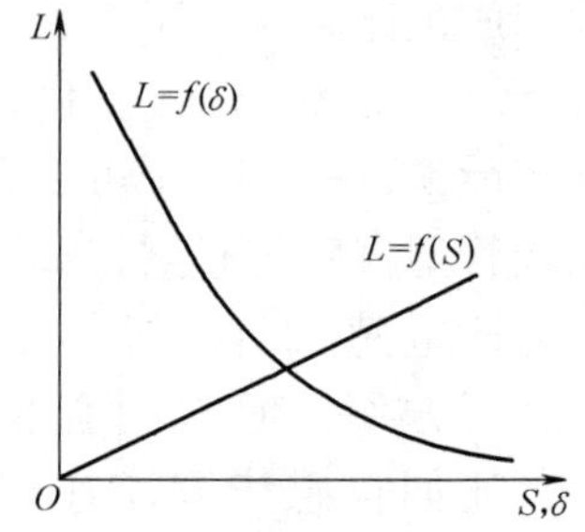

图4-3 电感式传感器特性曲线

变气隙式、变面积式和螺线管式3种类型电感传感器相比较，变气隙式灵敏度最高，因而它对电路的放大倍数要求很低，缺点是非线性严重。为了限制非线性误差，示值范围只能很小，导致自由行程小，因此，制造装配比较困难。变面积式的优点是具有较好的线性，自由行程较大。螺线管式的主要优点是结构简单、制造装配容易、自由行程大，但是灵敏度最低。可以通过放大电路加以解决，因此，目前螺管型电感式传感器用得越来越多。

4.1.3 电感式位移传感器测量电路

电感式传感器实现了把被测量的变化转变为电感量的变化。为了测出自感量的变化，同时也为了送入下级电路进行放大和处理，就要把电感转换为电压或电流的变化。把传感器的电感接入不同的转换电路后，可将电感变化转换为电压（或电流）的幅值、频率、相位的变化，它们分别称为调幅、调频、调相电路。在电感式传感器中调幅电路用得较多。

调幅电路的主要形式有变压器电桥和交流电桥。

1. 变压器电桥

图4-4是差动电感传感器的变压器电桥。电桥两臂 Z_1 和 Z_2 为电感传感器两线圈的等效阻抗，另外两臂为交流变压器的两个二次绕组，二次绕组电压均为 $U/2$，供桥电源由带中心抽头的变压器二次绕组供给，输出电压 $\dot{U}_o$ 取自A和B两点。可以推导出其输出特性公式为

$$\dot{U}_o = U_A - U_B = \frac{Z_1 - Z_2}{Z_1 + Z_2}\frac{U}{2} \tag{4-2}$$

在初始位置时，衔铁位于电感传感器中间，由于两线圈完全对称，$Z_1=Z_2=Z$，电桥处于平衡状态，$\dot{U}_o=0$。

衔铁上移时，$\delta_1\downarrow\rightarrow L_1\uparrow\rightarrow Z_1\uparrow\ (Z_1=Z+\Delta Z)$

$\delta_2\uparrow\rightarrow L_2\downarrow\rightarrow Z_2\downarrow\ (Z_2=Z-\Delta Z)$

代入式(4-2)，得 $\dot{U}_o=\frac{\Delta Z}{2Z}U$

因为在 Q 值很高时，线圈内阻可以忽略，所以

$$\dot{U}_o = \frac{j\omega\Delta L}{2j\omega L} = \frac{\Delta L}{2L}U \tag{4-3}$$

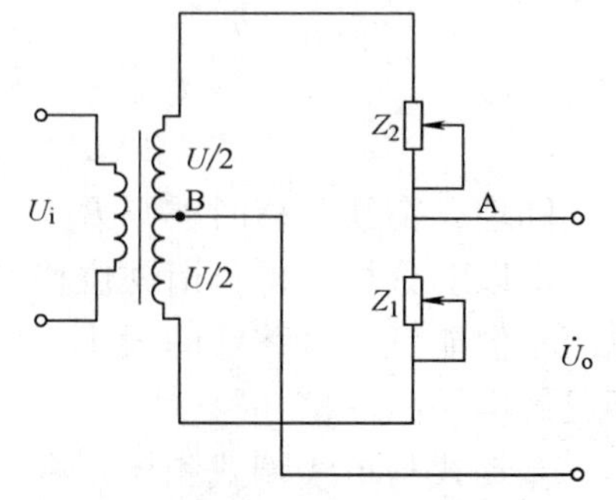

图4-4 差动电感传感器的变压器电桥

同理可得衔铁下移时

$$\dot{U}_o = -\frac{\Delta L}{2L}U \tag{4-4}$$

综合式(4-3)和式(4-4)可得

$$\dot{U}_o = \pm\frac{\Delta L}{2L}U \tag{4-5}$$

由以上分析可知，变压器电桥输出电压的大小反映了衔铁位移的大小，输出电压的极性反映了衔铁移动的方向。当衔铁上、下移动相同距离时，其输出电压大小相等，方向相反。变压器电桥的输出电压幅值、输出阻抗均与交流电桥的电压幅值、输出阻抗相同。这种电桥与电阻平衡臂电桥相比，元件少，输出阻抗小，桥路开路时电路呈线性。变压器电桥的缺点是变压器二次线圈不接地，容易引起来自变压器一次绕组的静电感应电压，使高增益放大器不能正常工作。

2. 带相敏整流的交流电桥

为正确判别传感器衔铁位移的大小和方向，还可采用如图 4-5 所示的带相敏整流的交流电桥。电感传感器的两个线圈阻抗分别为 Z_1 和 Z_2，作为交流电桥的两工作臂，两个阻抗相同的 Z_3 和 Z_4 作为交流电桥的另外两个桥臂，从而构成了相敏整流器。输入交流电压加在 A 和 B 两点，输出电压取自 C 和 D 两点，指示仪表为数字电压表。

当衔铁处于中间位置时，$Z_1 = Z_2 = Z$，理论上电桥平衡，C 点电位等于 D 点电位，$\dot{U}_o = 0$。当衔铁上移时，上部线圈阻抗增大，$Z_1 = Z + \Delta Z$，下部线圈阻抗减少，$Z_2 = Z - \Delta Z$。

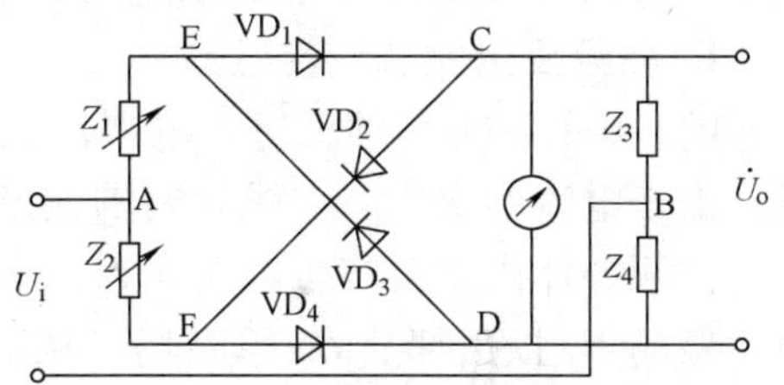

图 4-5　相敏整流交流电桥

如果输入交流电压为正半周，即 A 点电压为正，B 点电压为负，二极管 VD_1 和 VD_4 导通，VD_2 和 VD_3 截止，则在 AECB 支路中，C 点电位由于 Z_1 的增大而比平衡时该点电位降低。而在 AFDB 支路中，D 点电位由于 Z_2 的降低而比平衡时该点电位增高，所以 D 点电位高于 C 点电位，直流表显示负值。

如果输入交流电压为负半周，即 A 点电压为负，B 点电压为正，二极管 VD_2 和 VD_3 导通，VD_1 和 VD_4 截止，则在 AFCB 支路中，C 点电位由于 Z_2 的减少而比平衡时该点电位降低。而在 AEDB 支路中，D 点电位由于 Z_1 的增加而比平衡时该点电位增高，所以 D 点电位仍然高于 C 点电位，直流表还是显示负值。

这就是说，只要衔铁上移，电桥输出总为负值。同样分析得出：当衔铁下移时，电桥输出总为正值。可见采用带相敏整流的交流电桥，得到的输出信号既能反映位移的大小，也能反映位移的方向。

4.2　电涡流式传感器

金属导体置于变化着的磁场中，导体内就会产生感应电流，这种电流像水中的旋涡那样在导体内旋转，所以称之为电涡流或涡流，这种现象就称为涡流效应。电涡流的产生必然要消耗一部分磁场能量，从而使产生磁场的线圈阻抗发生变化。

要形成涡流必须具备两个条件：存在交变磁场和导电体处于交变磁场中。

电涡流的大小与金属导体的电阻率ρ、磁导率μ、厚度以及线圈与金属体的距离和线圈的励磁电流频率等参数有关。一般定义电涡流衰减到表面电涡流强度的37%时为标准透射深度h，其表达式为

$$h = 50\sqrt{\frac{\rho}{\mu f}} \tag{4-6}$$

式中，ρ为导体电阻率；μ为导体磁导率；f为激励信号频率；h为标准透射深度。

涡流式传感器主要由产生交变磁场的通电线圈和置于交变磁场中的金属导体两部分组成。如果固定其中若干参数，就能按涡流大小测量出另外一些参数，从而制成位移、振幅和厚度等传感器。

电涡流式传感器具有结构简单、使用方便、灵敏度高、不受油液介质影响等优点，而且频响范围宽，能进行动态非接触测量，其测量的范围和精度随传感器的结构尺寸、线圈匝数以及励磁频率而异，最高分辨率可达0.05μm，因此，在工程检测中得到了广泛的应用。

4.2.1 电涡流式传感器工作原理

电涡流式传感器在金属导体上产生的涡流，其渗透深度是与传感器线圈励磁电流的频率有关，所以涡流传感器可分为高频反射式和低频透射式两类。

1. 高频反射式涡流传感器

图4-6所示为高频反射式电涡流式传感器示意图。将交变的电流I_1通入一个传感器线圈，由于电流的变化，在线圈周围就产生一个交变的磁场H_1。如果将导体置于该磁场范围内，被测导体内就会产生电涡流I_2，电涡流将产生一个新的磁场H_2。H_2和H_1的方向相反，因而磁场H_2抵消部分H_1原磁场，从而导致传感器线圈的电感量、阻值和品质因数发生改变。

线圈的电感量、阻值和品质因数的变化取决于金属导体的涡流效应，而涡流效应与被测导体的电阻率、磁导率、几何形状与表面状况、线圈的几何参数、励磁电流频率以及线圈与导体间的距离等参数有关。

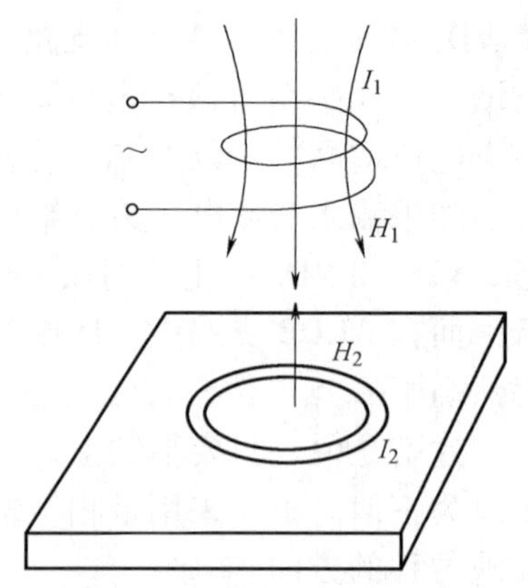

图4-6 高频反射式电涡流式传感器示意图

为了说明传感器的工作原理与基本特性，一般采用涡流传感器的简化模型。根据涡流式传感器的简化模型，可以得出以下结论：

1）金属导体上形成的涡流有一定的范围，当线圈与导体间的距离不变时，电涡流密度随着线圈外径D的大小变化而变化。在线圈中心的轴线附近，电涡流密度很小，可看作一个孔；在距离为线圈外径处，电涡流密度最大；而在距离为线圈外径的1.8倍处，电涡流密度则衰减为最大值的5%。由此可知，电涡流的径向形成范围大约在传感器线圈外径的1.8~2.5倍范围内，且分布不均匀。因此，为了充分地利用涡流效应，被测导体的平面尺寸不应小于传感器线圈外径的2倍，否则灵敏度将下降。

2）涡流强度随着距离的增大而迅速减小。涡流强度与距离呈非线性关系，当距离x大于线圈外半径R时，产生的涡流强度已经很微弱。为了获得较好的线性和较高的灵敏度，

应使 $x/R \ll 1$，一般取 $x/R = 0.05 \sim 0.15$。

3）涡流强度随着进入导体的深度增加而呈指数规律下降。电涡流不仅沿导体径向分布不均匀，导体内产生的涡流由于趋肤效应，所以贯穿金属导体的深度有限。

2. 低频透射式涡流传感器

图 4-7 所示为低频透射式涡流传感器原理图。传感器的发射线圈 L_1 和接收线圈 L_2 分别位于被测材料的上、下方。由振荡器产生的低频电压 u_1 加到 L_1 两端时，在 L_1 中产生一个交变电流 i_1，并在周围产生交变磁通 Φ_1。若两线圈之间无金属板，则交变磁场直接耦合至 L_2，L_2 产生感应电压 u_2。如果将被测金属板放入两线圈之间，则 L_1 线圈产生的磁通将导致在金属板中产生电涡流 i_e，此时磁场能量受到损耗，到达 L_2 的磁通将减弱为 Φ_2，从而使 L_2 产生的感应电压 u_2 下降。显然，金属板厚度尺寸 d 越大，涡流损耗就越大，穿过金属板到达 L_2 的磁通 Φ_2 就越小，感应电压 u_2 也越小。由此可见，u_2 的大小可以反映被测金属板的厚度。

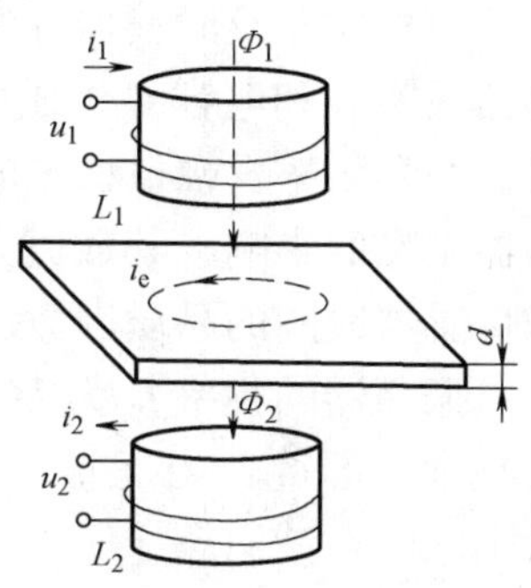

图 4-7 低频透射式涡流传感器原理图

从式(4-6)可知，电涡流的穿透深度随着磁场变化频率的增加而下降。励磁频率越低，磁通穿透能力越强，在接收线圈上感应的电压 u_2 也越高。励磁频率较低时，其线性较好，因此，要求线性好时应选择较低的激励频率(通常为 1kHz 左右)。当被测金属厚度 d 较小时，传感器的灵敏度较高，因此，在测薄板时应选较高的励磁频率，测厚板时应选较低的励磁频率。

3. 技术参数

表 4-1 为部分电涡流式传感器的主要技术指标。

表 4-1 部分电涡流式传感器的主要技术指标

型号	测量范围/mm	分辨率/μm		重复性/μm	线性度/(%)	频响/kHz	温漂
		静态	动态				
KD1925	1.27	0.76	1.3	0.762	±1.5	0 ~ 10	0.054%/℃
KD1950	3.81	1.3	2.5	2.54	±1	0 ~ 10	0.036%/℃
KD1975	5	2.5	2.5	2.54	±1	0 ~ 2.5	0.018%/℃
KD1925M	0.9	0.76	1.3	0.762	±1.5	0 ~ 10	0.054%/℃

4.2.2 电涡流式传感器测量电路

根据电涡流式传感器的工作原理，被测量可以转换为线圈阻抗或电感的变化，因此，用于电涡流式传感器的测量电路有谐振电路和交流电桥等方法。

1. 谐振测量电路

谐振电路的基本原理是将传感器线圈与电容并联组成 LC 谐振回路，其谐振频率为：

$$f_0 = \frac{1}{2\pi\sqrt{LC}} \tag{4-7}$$

当线圈电感 L 变化时，回路的谐振频率和等效阻抗随之发生变化。因此，可以利用测量回路谐振频率或回路阻抗的办法间接测出被测参数。与此对应的有调幅式和调频式两种基本测量电路。

（1）调幅测量电路

调幅测量电路如图 4-8 所示。电路由振荡器、并联谐振回路、放大器、检波器及滤波器等组成。传感器线圈 L 和电容 C 组成并联谐振回路，石英晶体振荡器相当于一个恒流源，为谐振回路提供一个频率及幅值稳定的高频激励电流 i_0，其频率为 f_0。耦合电阻 R 用来降低传感器对振荡器工作的影响，其数值大小将影响测量电路的灵敏度，R 的选择应考虑振荡器的输出阻抗和传感器线圈的品质因数。

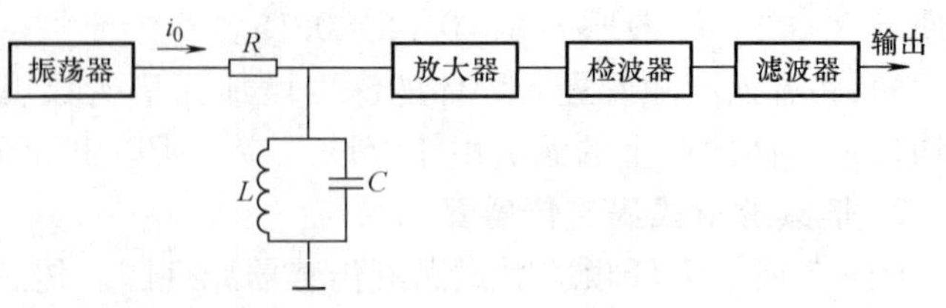

图 4-8　调幅测量电路

振荡器的频率 f_0 为 LC 谐振回路在无被测导体时的谐振频率。因此，当无被测导体时，LC 回路的阻抗最大，激励电流在该回路上产生的压降最大，其值为 u_0，见图 4-9 中的曲线 1。当传感器线圈接近被测导体时，线圈的等效电感发生变化，谐振回路的谐振频率和等效阻抗也跟着发生变化，使 LC 回路失谐，谐振峰值偏离原来的位置向两边移动，输出电压也发生相应变化。传感器离被测体越近，回路的等效阻抗越小，输出电压也越低。谐振峰值移动的方向与被测导体的材料有关。对非软磁性材料，当距离减小时，线圈的等效电感减小，回路谐振频率提高，曲线向右移动、回路阻抗减小、激励电流在 LC 回路产生的压降由原来的 u_0 下降为 u_2，见图 4-9 中的曲线 3。

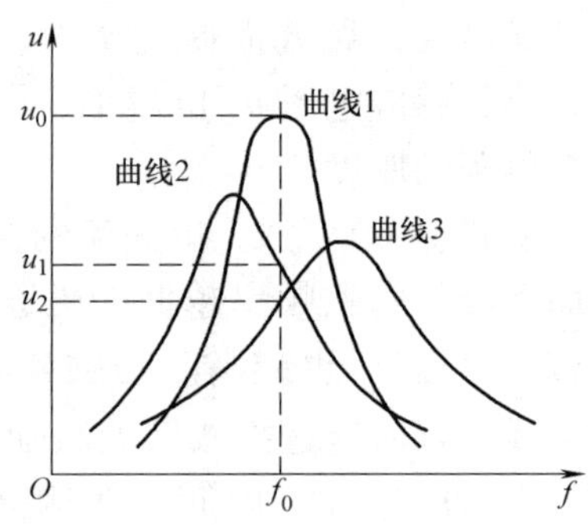

图 4-9　谐振调幅电路特性

同理，对软磁材料情况，见图 4-9 中的曲线 2，曲线的谐振峰向左移动。

（2）调频测量电路

调频测量电路如图 4-10 所示。它的测量原理是基于位移的变化引起传感器线圈电感的变化，电感变化导致振荡频率的变化，频率变化作为输出量或者经过鉴频器进行频率-电压转换变成电压输出。

电涡流式传感器线圈的电感 L 作为电路的振荡器的电感元件。当位移产生 $\pm\Delta x$ 变化时，引起线圈电感变化 $\pm\Delta L$，电感的变化使振荡频率产生 $\pm\Delta f$ 的变化。

图 4-10　调频测量电路

这种方法稳定性较差，因为 LC 振荡器的频率稳定性最高只有 10^{-5} 数量级，虽然可以通过扩大调频范围来提高稳定性，但调频的范围不能无限制扩大。采用这种方法测量电路时，不能忽略传感器与振荡器之间连接电缆的分布电容，分布电容变化几皮法将使频率变化几千赫，严重影响测量结果，为此可设法将振荡器的电容元件和传感器线圈组装成一体。

2. 电桥测量电路

电桥测量电路也称为阻抗测试法。它将传感器线圈的阻抗变化变换为电压或电流的变化。这种方法通常用于差动式电涡流式传感器，如图 4-11 所示。图中 Z_1 和 Z_2 为差动式传感器的两个线圈，分别与电容 C_1 和 C_2 并联组成相邻的两个桥臂，电阻 R_1 和 R_2 组成另外两个桥臂，电源 u 由振荡器供给，振荡频率根据电涡流式传感器的需求确定。电桥将反映线圈阻抗的变化，线圈阻抗的变化反映被测金属导体的接近程度。当静态时，电桥平衡，输出电压 $u_0=0$。当传感器接近被测金属导体时，传感器线圈阻抗发生变化，电桥失去平衡，即 $u_0\neq0$，该信号经过线性放大和检波器检波后，输出直流电压，其幅值经过标定即可以实现对位移量的测量。

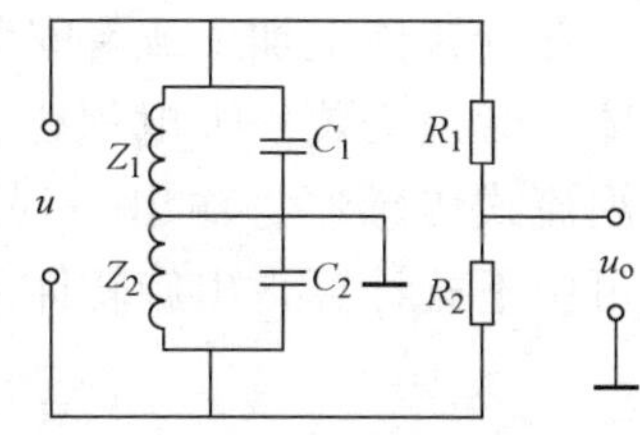

图 4-11　差动式电涡流传感器电桥测量电路

4.2.3　电涡流式传感器的应用

1. 位移测量

位移测量是电涡流式传感器的主要用途之一。它可以用来测量各种形状金属试件的位移量。图 4-12 所示为电涡流位移测量方法，图 4-12a 所示为汽轮机主轴的轴向位移测量；图 4-12b 所示为磨床换向阀、先导阀的位移测量。

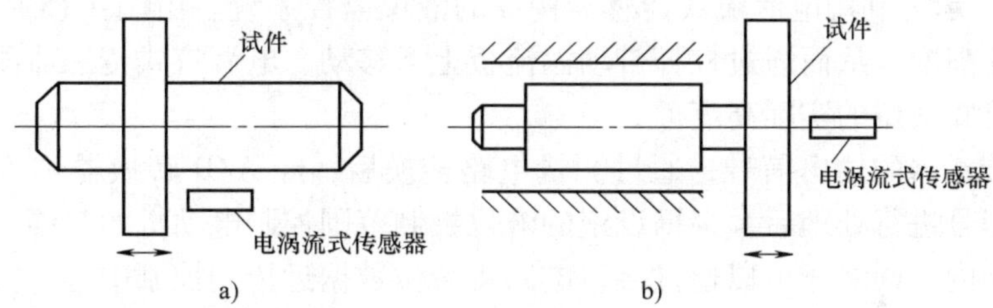

图 4-12　电涡流位移测量方法

a）主轴轴向位移测量　b）换向阀位移测量

测量位移的范围可从 0 ~ 1mm 到 0 ~ 30mm，国外产品测量范围已达 0 ~ 80mm，一般的分辨率为满量程的 0.1%，也有分辨力达 0.05μm 的(其满量程为 0 ~ 15μm)。凡是可变换成位移量的参数，都可以用电涡流式传感器来测量，例如，钢水液位、纱线的张力、流体压力等。

2. 振动测量

电涡流式传感器可以对各种振动的幅值进行非接触测量。图 4-13 所示为电涡流振动测量方法。在汽轮机、空气压缩机中常用电涡流式传感器来监控主轴的径向振动，如图 4-13a 所示。在研究轴的振动时，需要了解轴的振动形式，绘出轴的振形图，为此，可用多个传感器并排地安装在轴的附近如图 4-13b 所示。用多通道指示仪输出并记录，或用计算机进行多通道数据采集，便可以获得主轴上各个位置的瞬时振幅及轴振形图。

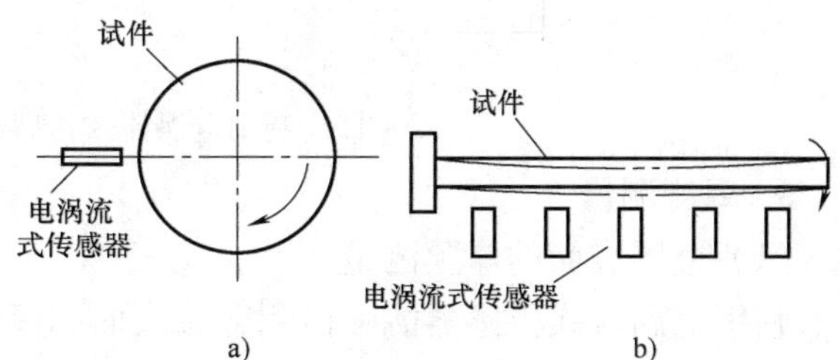

图 4-13　电涡流振动测量方法

a）轴径向振动测量　b）轴振形图测量

3. 转速测量

在旋转体上加工或者安装一个如图4-14所示形状的金属体，旁边安装一个电涡流式传感器。当旋转体旋转时，电涡流式传感器将输出一列脉冲信号。测出该信号频率，则可由下式计算得出旋转体的转速。

$$N = \frac{f}{n} \times 60 \tag{4-8}$$

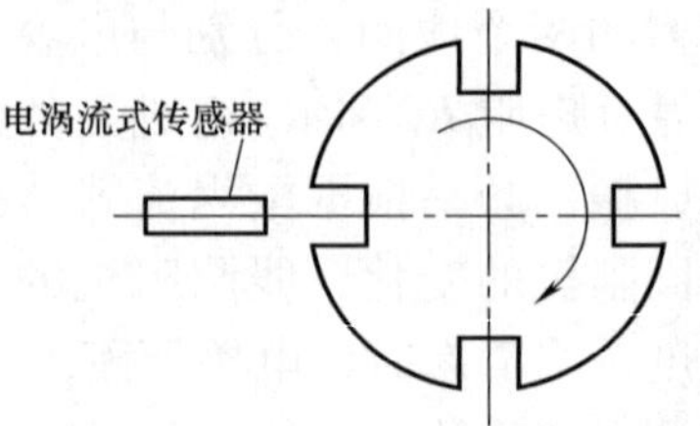

图4-14 电涡流式传感器测量转速

式中，f 为脉冲频率(Hz)；n 为槽数；N 为旋转体的转速(r/min)。

4. 涡流探伤

涡流探伤仪是一种无损检测装置，用于探测金属导体材料表面或近表面裂纹、热处理裂纹以及焊缝裂纹等缺陷。测试时，传感器与被测物体距离保持不变，遇有裂纹时，金属的电阻率，磁导率发生变化，结果使传感器的输出信号也发生变化。通过测量信号的变化量达到探伤的目的。

5. 液位测量与控制

如图4-15所示为利用电涡流式传感器构成的液位监控系统。由图4-15中可见，液位的变化改变浮子的高度，从而通过杠杆带动涡流板上下移动。电涡流式传感器测量出涡流板的位置变化，便可知液位的实际高度。

电涡流式传感器的输出信号，通过测量电路转换后，经A/D转换器进入微处理器，微处理器对测量信号进行处理后，根据设定的液位控制范围控制电动机的起停，从而保证液位控制在设定范围内。同时还可以通过接口电路将液位数据远传到控制中心，实现远程监控。

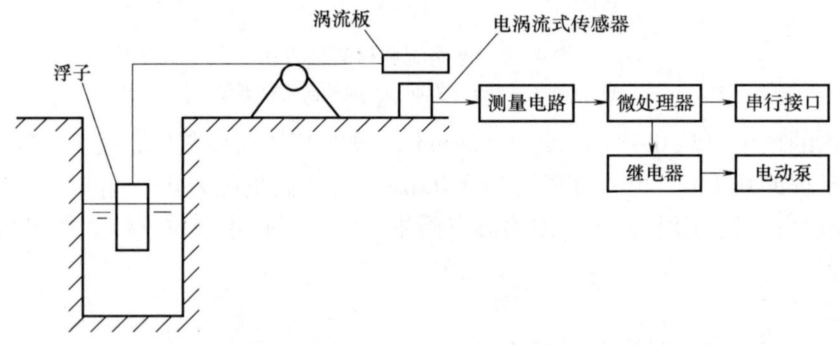

图4-15 利用电涡流式传感器构成的液位监控系统

6. 厚度测量

(1) 金属表面的厚膜测量

利用电涡流式传感器能够检测金属表面的氧化膜、漆膜或电镀膜等膜的厚度。对于不同性质的金属材料，其膜厚的检测方法也是不相同的。

图4-16是氧化膜厚度的测试方法示意图。

将涡流式传感器放置在距某待测金属面的距离为 x_0，当金属表面有氧化膜时，传感器与它的距离为 x，则氧化膜的厚度为($x_0 - x$)。根据电涡流式传感器工作原理得知，金属表面产生的电涡流对传感器线圈中磁场的反作用，能够改变传感器的电感量。假设当金属表层无氧化膜时，电感的电感量为 L_0，则当金属表面有氧化膜时，其电感量变为($L_0 - \Delta L$)。根据此时的电感量，便可计算出电感变化量 ΔL，由此得到氧化膜厚度 $\Delta x = (x_0 - x)$。

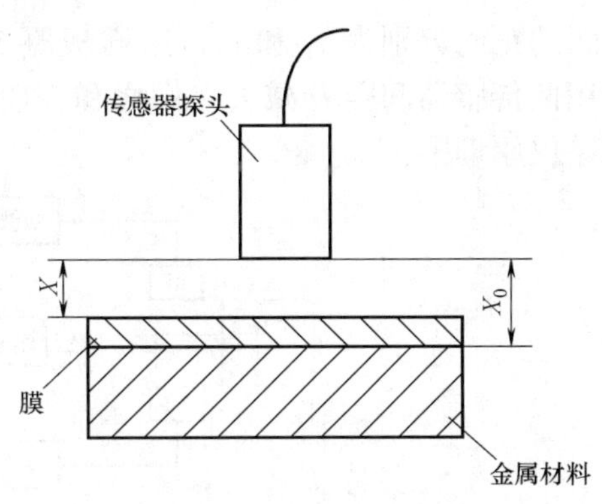

图 4-16　氧化膜厚度测试方法示意图

金属氧化膜的涡流测量电路如图 4-17 所示。图中 L_1、L_2 是差动传感器的两个线圈，测量桥路利用不平衡电桥原理，测量出不平衡电压，供给后部放大电路进行放大。A_1 和 A_2 组成 RC 正弦振荡电路；A_3 和 A_4 为电压放大电路；A_5 构成有源检测电路。A_1 和 A_2 产生正弦信号，并将正弦信号输出到变压器 B_1 的一次侧，为传感器提供激励信号。变压器二次侧输出的正弦信号加到测量桥路上。该桥路在不平衡状态下测量出金属材料表面的涡流变化，将其转换成电压信号输出。该输出电压经放大器 A_3 和 A_4 放大后，由 A_5 进行检波，转换成直流输出电压 U_{OUT}，供微处理器进行信号处理并显示。电路中，RP_1 用于灵敏度调整，RP_2 用于进行电平调节。

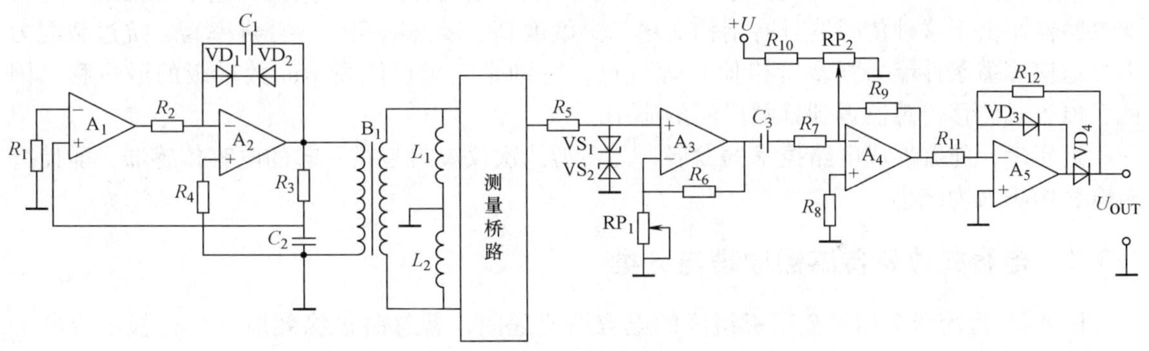

图 4-17　金属氧化膜的涡流测量电路

（2）金属板厚度测量

电涡流式传感器可以无接触地测量金属板的厚度和非金属板的镀层厚度，图 4-18 所示是电涡流式传感器厚度测量示意图。图 4-18a 中采用一个电涡流式传感器进行测量，当金属板的厚度发生变化时，使传感器探头与金属板之间的距离发生变化，从而引起传感器的输出发生变化。从该电压的变化值，可以得出金属板厚度的变化值。由于在工作过程中，金属板会上下波动，这样采用此方法测量就会带来测量误差。因此，一般涡流式测厚仪经常采用如图 4-18b 所示的测量方法。在被测板材的上下对称地放置两个特性完全相同的电涡流式传感器，其间距离为 D，上下传感器与被测板表面

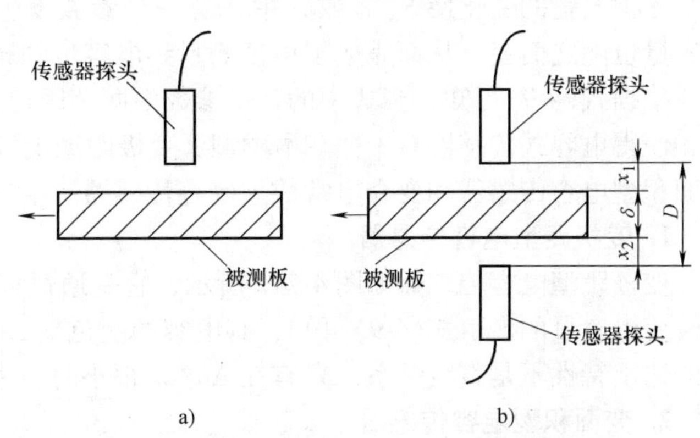

图 4-18　电涡流式传感器测量厚度

a）一个传感器测量方法　b）二个传感器测量方法

之间的距离分别为 x_1 和 x_2，这样板厚 $\delta = D - (x_1 + x_2)$。当两传感器分别测得 x_1 和 x_2 时，利用两传感器间距 D 减去它们之和，便可得出被测板的厚度 δ。图 4-19 为高频反射式电涡流测厚仪原理图。

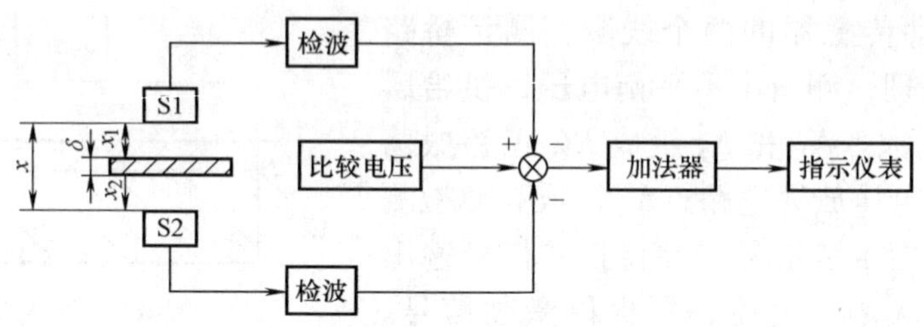

图 4-19　高频反射式电涡流测厚仪

4.3　电容式位移传感器

电容式位移传感器是将被测量的变化转换为电容量变化的一种装置，它本身就是一种可变电容器。由于这种传感器具有结构简单、灵敏度高、动态响应好、分辨率高、抗过载能力强、适应恶劣条件能力强及价格便宜等特点，特别是它可以测量 μm 数量级的微位移，因此，电容式位移传感器得到日益广泛的应用。

近年来，随着集成电路技术的发展，与微型二次仪表封装在一起的电容传感器，能使分布电容影响大为减小。

4.3.1　电容式位移传感器原理与分类

图 4-20 为由两个相对金属板组成的电容器原理图，若忽略边缘效应，平行板电容器的电容量为

$$C_0 = \frac{\varepsilon S}{d} \tag{4-9}$$

式中，ε 是极板间介质的介电常数(F/m)；S 是两平行极板相互覆盖的面积(m^2)；d 是两极板间的距离(m)。

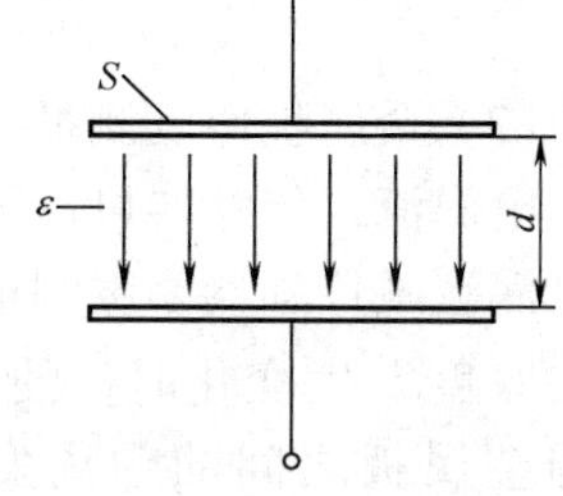

图 4-20　由两个相对金属板组成的电容器原理图

当被测量的变化使 S、d 或 ε 中任意一个参数发生变化时，电容量也随之而变，从而完成了由被测量到电容量的转换。

根据式(4-9)可知，当式中的 3 个参数中两个固定，一个可变，使得电容式传感器有 3 种基本类型：变极距型电容传感器、变面积型电容传感器和变介电常数型电容传感器。

1. 变极距型电容传感器

变极距型电容传感器如图 4-21a 所示，它是通过移动动极板改变电容两极板之间距离 d 来改变电容量的。由式(4-9)可知，其电容的变化量 ΔC 与极间距 Δd 是非线性关系，即传感器的输出特性不是直线关系，只有在 $\Delta d/d_0$ 很小时，才有近似的线性关系。

2. 变面积型电容传感器

变面积型电容传感器与变极距型电容传感器不同，它通过动极板移动，改变电容两极板有效覆盖面积，从而得到电容量的变化，如图 4-21b 所示。由式(4-9)可知，变面积型电容

传感器的输出特性是线性的，适合测量较大的位移，其灵敏度为常数。

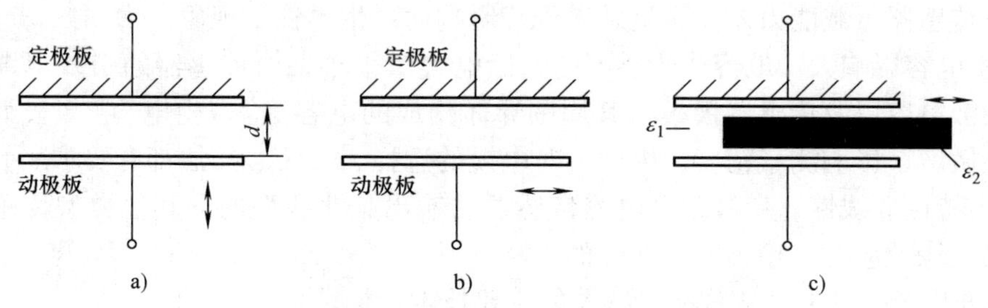

图 4-21　电容式传感器 3 种基本类型

a）变极距型　b）变面积型　c）变介电常数型

3. 变介电常数型电容传感器

这种电容传感器结构形式较多，用途也较多。如图 4-21c 所示，当电容器两平行极板固定不动，介电常数为 ε_2 的电介质以不同深度插入电容器中，从而改变两种介质的极板覆盖面积，从而改变电容器的电容量。这种结构电容变化量与介质进入极板间的距离成线性关系，可用于测量位移以及物位等。

当运动介质厚度 δ 保持不变，而介电常数 ε 改变时，电容量将产生相应的变化，因此，可作为介电常数 ε 的测试仪；反之，如果 ε 保持不变，而 d 改变，则可作为厚度测试仪。

4.3.2　电容式位移传感器的特点

电容式位移传感器具有如下优点。

1）结构简单，适应性强。电容式位移传感器结构简单，易制造，精度高；可以做得很小，以实现某些特殊的测量；电容式传感器一般用金属作电极，以无机材料作绝缘支承，因此，可工作在高低温、强辐射及强磁场等恶劣的环境中，能承受很大的温度变化，承受高压力、高冲击、过载等。

2）动态响应好。电容式位移传感器由于极板间的静电引力很小，需要的作用能量极小，可动部分可以做得小而薄，质量轻，因此，固有频率高，动态响应时间短，能在几兆赫的频率下工作，特别适合于动态测量；可以用较高频率供电，因此，系统工作频率高。它可用于测量高速变化的参数，例如，振动等。

3）分辨率高。由于传感器的电极板间的引力极小，需要输入能量低，所以特别适合于用来解决输入能量低的问题，例如，测量极小的压力、力和很小的加速度、位移等，可以做得很灵敏，分辨力非常高，能感受 0.001μm，甚至更小的位移。

4）温度稳定性好。电容式位移传感器的电容量一般与电极材料无关，有利于选择温度系数低的材料，又由于本身发热极小，因此，对稳定性的影响也极微小。

5）可实现非接触测量、具有平均效应。例如，回转轴的振动或偏心、小型滚珠轴承的顶隙等，采用非接触测量时，电容式位移传感器具有平均效应，可以减小工件表面粗糙度等对测量的影响。

电容式位移传感器有如下缺点。

1）输出阻抗高。电容式位移传感器的电容量受其电极几何尺寸等限制，一般为几十皮法到几百皮法，使传感器输出阻抗很高，尤其当采用音频范围内的交流电源时，输出阻抗更高，因此，传感器负载能力差，易受外界干扰影响而产生不稳定现象。

2）寄生电容影响大。电容式传感器的初始电容量很小，而传感器的引线电缆电容、测量电路的杂散电容以及传感器极板与其周围导体构成的电容等“寄生电容”却较大，降低了传感器的灵敏度，影响测量精度，因此，对电缆的选择、安装、接法都有要求。

3）输出特性非线性。变极距型电容传感器的输出是非线性的。其他类型传感器也只有忽略电场的边缘效应时，输出才是线性的。

表4-2列出了几种电容式位移传感器的主要技术指标。

表4-2　电容式位移传感器主要技术指标

型号	量程/μm	灵敏度/(μm/V)	线性度(%)	温漂/(nm/K)	频响/Hz
ZNXA	50	5	0.08	2.2	50/500/5000 可调
ZNXB	100	10	0.08	4.4	50/500/5000 可调
ZNXC	500	50	0.05	22	50/500/5000 可调
ZNXD	1250	125	0.06	55	50/500/5000 可调

4.3.3　电容式位移传感器测量电路

为了得到电容式位移传感器的测量结果，需要将电路参数 C 转换成为电量参数。此类测量电路较多，常用的测量电路主要有交流电桥电路、调频电路、脉宽调制电路、运算放大器电路等。

1. 交流电桥电路

交流电桥电路如图4-22所示，高频电源经变压器接到电桥的一条对角线上，电容 C_1、C_2、C_3、C_x 构成电桥的4个臂，C_x 为电容传感器，交流电桥平衡时，则 $U_o=0$。当 C_x 改变时，$U_o\neq0$，有电压输出。

此种电桥电路要求交流电源的幅度和频率都十分稳定；电桥放大器的输入阻抗要高；测量系统的动态响应受电桥供电电源的频率限制，一般要求电源频率为被测信号最高频率的5~10倍。

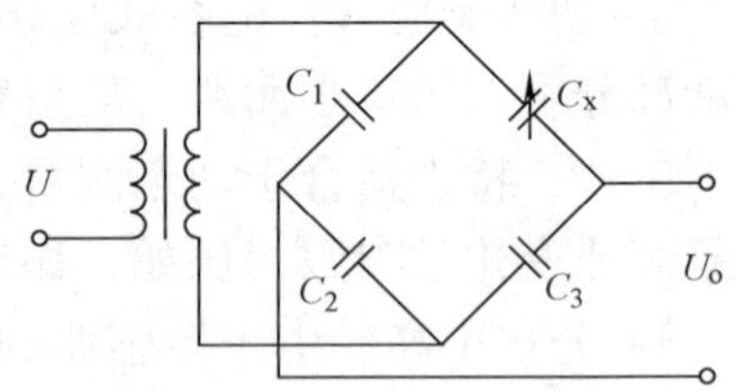

图4-22　交流电桥电路

2. 变压器电桥

图4-23为变压器电桥的电路原理图。该电路适用于电容式位移传感器的差动接法，其空载输出电压为

$$U_o=\frac{U}{2}\frac{C_1-C_2}{C_1+C_2} \tag{4-10}$$

式中，C_1 和 C_2 为差动电容式传感器的电容值，它们分别为

$$C_1=\frac{\varepsilon_0 A}{d_0-\Delta d}$$

$$C_2=\frac{\varepsilon_0 A}{d_0+\Delta d}$$

代入式(4-10)得到

$$U_0 = \frac{U}{2}\frac{\Delta d}{d_0} \tag{4-11}$$

式中，U 为桥路供电电源电压；d_0 为电容传感器平衡状态的初始极板间距；Δd 为电容传感器极板间距变化量。

由式(4-11)可知，变压器电桥测量电路的输出电压与电容的变化量以及电容式位移传感器极板间距变化量成线性关系。此外，输出电压还与桥路供电电压有关，因此，要求电源电压稳定。

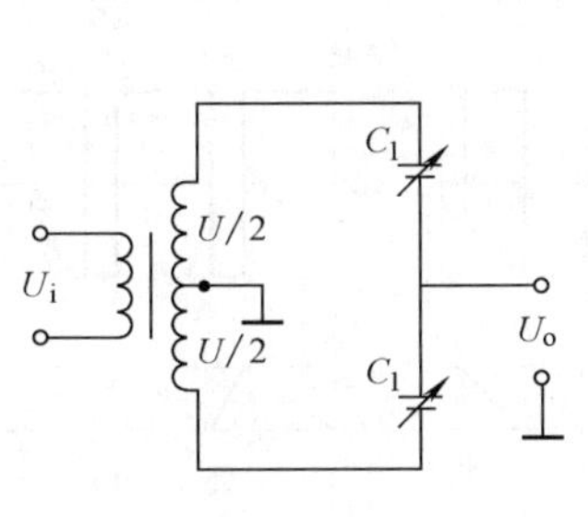

图 4-23　变压器电桥的电路原理

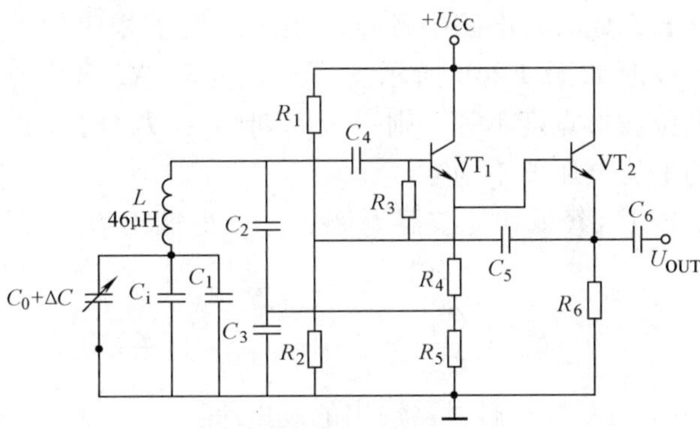

图 4-24　电容式位移传感器的调频电路原理图

3. 调频电路

电容式位移传感器的调频电路原理如图 4-24 所示。该电路将电容式位移传感器接入高频振荡器的 LC 回路中，当被测量变化时，电容也随之变化，产生一个变化量 ΔC，使得振荡频率也相应变化。调频振荡器的振荡频率为

$$f = \frac{1}{2\pi\sqrt{LC}} = \frac{1}{2\pi\sqrt{L(C_i + C_0 + C_1 + \Delta C)}} \tag{4-12}$$

式中，C_1 为固定电容；C_i 为寄生电容；ΔC 为电容变化量。

调频电路具有较高的灵敏度，可以测量高至 0.01μm 级位移变化量。信号的输出频率抗干扰能力强且易于测量，便于与计算机通信，可以发送、接收，以达到遥测遥控的目的。但调频电路的频率受温度和电缆电容影响较大，电路也比较复杂，频率稳定度不可能很高。

4. 脉冲宽度调制电路

差动脉冲宽度调制电路是通过对传感器的电容充电和放电，使电路输出脉冲的占空比随电容量的变化而变化，再经低通滤波器滤波后，可得对应于被测量变化的直流电压信号。脉冲宽度调制电路如图 4-25 所示。

图 4-25 中 C_{x1}、C_{x2} 为差动式电容传感器，电阻 R_1、R_2 为充电限流电阻，且 $R_1 = R_2$，A_1、A_2 为电压比较器。当双稳态触发器处于某一状态，$Q=1$、$\overline{Q}=0$，A 点高电位通过 R_1 对 C_{x1} 充电，时间常数为 $\tau_1 = R_1 C_{x1}$，直至 F 点电位高于参比电位 U_r，比较器 A_1 输出跳变信号；同时，因 $\overline{Q}=0$，

图 4-25　脉冲宽度调制电路

电容器 C_{x2} 上已充电流通过 VD_2 迅速放电至零电平。A_1 输出正跳变信号激励触发器翻转，使 $Q=0$，$\overline{Q}=1$，于是 A 点为低电位，C_{x1} 通过 VD_1 迅速放电，而 B 点高电位通过 R_2 对 C_{x1} 充电，时间常数为 $\tau_2=R_2C_{x2}$，直至 G 点电位高于参比电位 U_r；比较器 A_2 输出跳变信号，使触发器发生翻转。

上述过程中，电路各点波形如图 4-26 所示。当初始状态差动电容 $C_{x1}=C_{x2}$ 时，波形如图 4-26a 所示，此时 A、B 两点间的平均电压值为零。当差动电容 $C_{x1}\neq C_{x2}$ 时，由于充放电时间常数变化，即 $\tau_1\neq\tau_2$，此时，电路中各点电压波形发生相应改变，波形如图 4-26b 所示。可见，此时 A、B 两点电位波形宽度不等，则一个周期 (T_1+T_2) 时间内的平均电压值不为零。

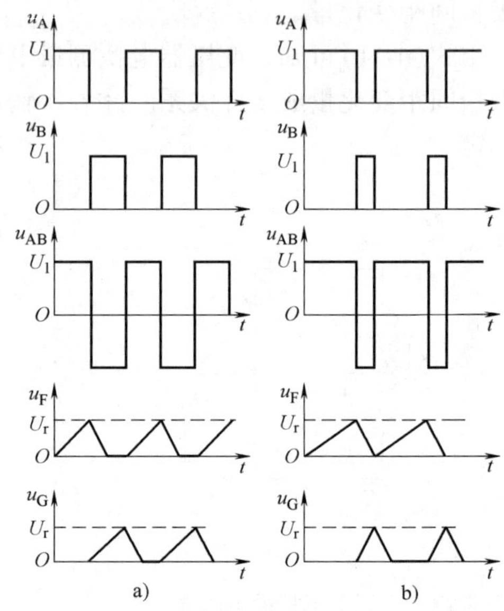

图 4-26　脉宽调制电路中电压波形
a）C_{x1} 与 C_{x2} 相等　b）C_{x1} 与 C_{x2} 不相等

电压 U_{AB} 经低通滤波器滤波后，可得输出 U_o 为

$$U_o=\frac{C_{x1}-C_{x2}}{C_{x1}+C_{x2}}U_1 \tag{4-13}$$

式中，U_1 为双稳态触发器输出的高电平。

可见输出的直流电压与传感器两电容差值成正比。设电容 C_{x1}、C_{x2} 的极板间距和面积分别为 d_1、d_2 和 S_1、S_2，将平行板电容公式代入式(4-13)，分别得到差动式变极距型和变面积型电容式位移传感器的输出为

$$U_o=\frac{d_2-d_1}{d_2+d_1}U_1 \tag{4-14}$$

$$U_o=\frac{S_2-S_1}{S_2+S_1}U_1 \tag{4-15}$$

可见，差动脉冲调宽电路能适用于任何差动式电容式位移传感器，其输出电压与被测量成线性关系。

图 4-25 的电路采用直流电源，其电压稳定性高，不需考虑交流激励源的波形纯度和频率稳定度。不需要相敏检波与解调，经低通滤波器可输出较大的直流电压，对输出矩形波的纯度要求也不高。

5. 运算放大器电路

运算放大器电路的最大特点是能够克服变极距型电容式位移传感器的非线性。图 4-27 为其原理图，图中 C_x 是传感器电容，C 是固定电容，由运算放大器的原理可知：

$$U_o=-\frac{C}{Cx}U=-\frac{UC}{\varepsilon S}d \tag{4-16}$$

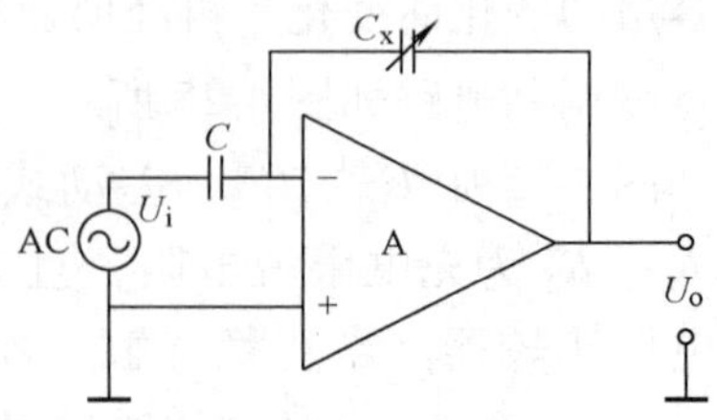

图 4-27　运算放大器电路

上式表明，输出电压 U_o 与 d 是线性关系，这说明运算放大器电路能够解决变极距型电容式位移传感器的非线性。不过，该表达式是在理想情况下得

出的，即假设放大器开环放大倍数 $A=\infty$，输入阻抗 $Z_i=\infty$。在实际使用中会有一些非线性误差，但是只要 A 和 Z_i 足够大，其非线性误差很小，一般可以满足测量要求。

4.3.4 电容式位移传感器的应用

由于电容式位移传感器具有诸多优点，因此，它得到了越来越广泛的应用。它被应用于测量直线位移、角位移、振动振幅，尤其适合测量高频振动振幅，精密轴系回转精度、加速度等机械量。此外，还可以用来测量压力、压力差、液位、成分含量、非金属材料镀层等。

1. 电容式位移传感器

电容式位移传感器在结构上，通常是只提供一个测量电极，其余结构只是起到绝缘、支撑、固定及屏蔽等作用。传感器的电极在测量中只作为电容的一极，而被测物的表面则是电容的另外一极。因此，由传感器和被测物体共同组成了测量系统。

图 4-28 是电容式位移传感器应用示意图。图 4-28a 是被测物的振动测量，图 4-28b 是测量轴的回转精度和轴心动态偏摆。

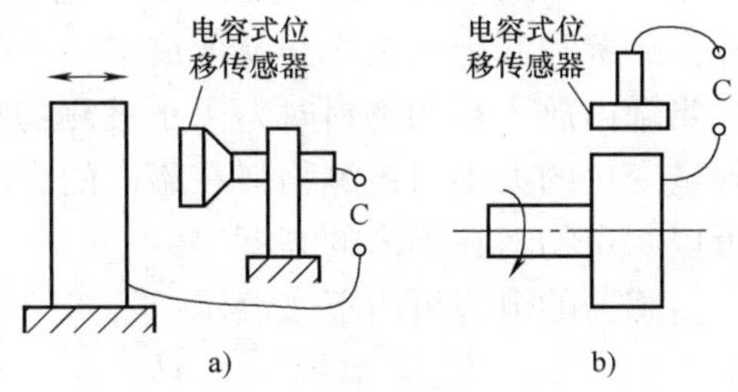

图 4-28 电容式位移传感器的应用
a) 被测物的振动测量
b) 测量轴的回转精度和轴心动态偏摆

2. 电容式加速度传感器

电容式加速度传感器的结构如图 4-29 所示。由图 4-29 可见，它的质量块，由两根弹簧片支承，置于充满气体的壳体内，由于弹簧较硬，所以系统的固有频率较高。当传感器壳体随被测对象沿垂直方向作直线加速运动时，传感器壳体固定在被测振动体上，振动体的振动使壳体相对质量块运动。因而与壳体固定在一起的两固定极板也相对质量块运动，致使上固定极板与质量块的 A 面组成的电容 C_{x1}；以及下固定极板与质量块的 B 面组成的电容 C_{x2} 随之改变，一个增大，一个减小。它们的差值正比于被测加速度。

电容式加速度传感器的主要特点是频率响应快和量程范围大，大多采用空气或其他气体作阻尼物质。

3. 电容式物位传感器

电容式物位传感器原理是基于圆筒电容器工作的，其结构原理图如图 4-30 所示。它是由两个长度为 L，半径分别为 R 和 r 的圆筒形金属导体组成。当两圆筒间充以介电常数为 ε_1 的气体时，则由该圆筒组成的电容器的电容量为

$$C_0=\frac{2\pi\varepsilon_1 L}{\ln\dfrac{R}{r}} \tag{4-17}$$

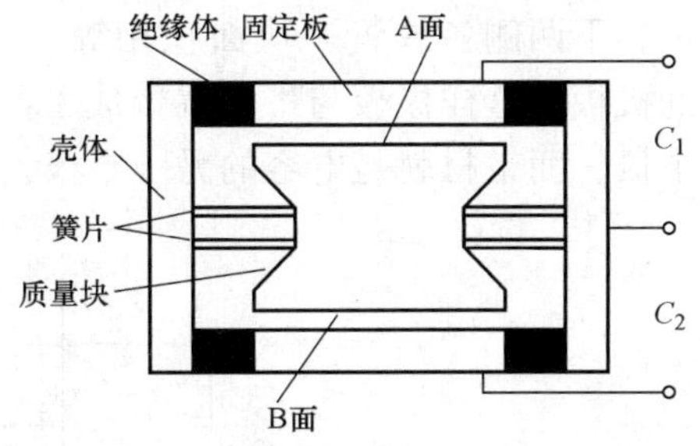

图 4-29 电容式加速度传感器的结构

如果两圆筒形电极间的一部分被介电常数为 ε_2 的液体所浸没，设被浸没的电极长度为 H，此时的电容量为

$$C = C_1 + C_2 = \frac{2\pi\varepsilon_1(L-H)}{\ln\frac{R}{r}} + \frac{2\pi\varepsilon_2 H}{\ln\frac{R}{r}} \tag{4-18}$$

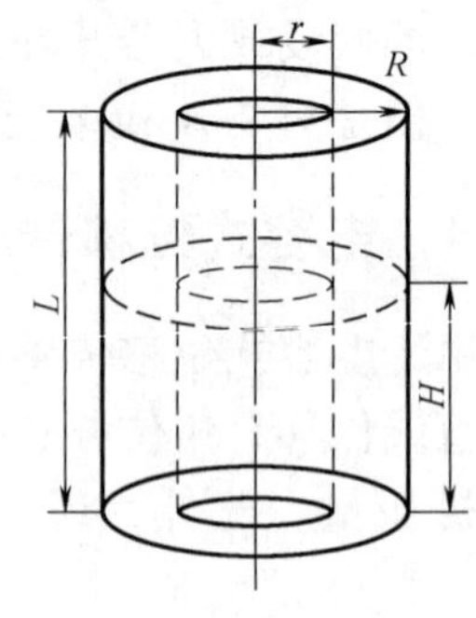

图 4-30　电容式物位传感器结构原理图

经整理可得

$$C = C_0 + \Delta C \tag{4-19}$$

式中，ΔC 为电容器的电容值增量，其值为

$$\Delta C = \frac{2\pi(\varepsilon_2 - \varepsilon_1)}{\ln\frac{R}{r}}H \tag{4-20}$$

式(4-19)表明，当圆筒形电容器的几何尺寸 L、R 和 r 保持不变，且介电常数也不变时，ΔC 与电极被介电常数为 ε_2 的介质所浸没的高度 H 成正比关系。同时，两种介质的介电常数的差值越大，则 ΔC 也越大，说明其相对灵敏度越高。

图 4-31 所示是采用电容式物位传感器进行料位测量示意图。测定电极安装在罐的顶部，这样在罐壁和测定电极之间就形成了一个电容器。

当罐内放入被测物料时，由于被测物料介电常数的影响，传感器的电容量将发生变化，电容量变化的大小与被测物料在罐内的高度有关，且成比例变化。检测出这种电容量的变化就可以测定物料在罐内的高度。

传感器的电容可由下式表示

$$C = \frac{k(\varepsilon_s - \varepsilon_0)h}{\ln\frac{D}{d}}$$

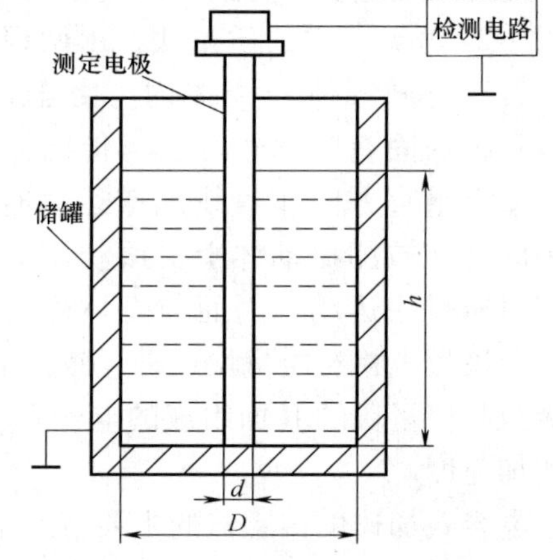

图 4-31　电容式物位传感器进行料位测量

式中，k 为比例常数；ε_s 为被测物料的相对介电常数；ε_0 为空气的相对介电常数；D 为罐内直径；d 为测定电极的直径；h 为物料的高度。

4. 电容式测厚传感器

电容式测厚传感器可以用来对金属带材在轧制过程中进行厚度的检测。图 4-32 为差动式电容测厚传感器的测量原理框图。其工作原理是在被测带材的上、下两侧各放置一块面积相等、与带材距离相等的极板，这样极板与带材就构成了两个电容器 C_1、C_2。把两块极板用导线连接起来成为一个极，而带材就是电容的另一个极，其总电容为 $C_x = C_1 + C_2$。电容 C_x、固定电容 C_0、变

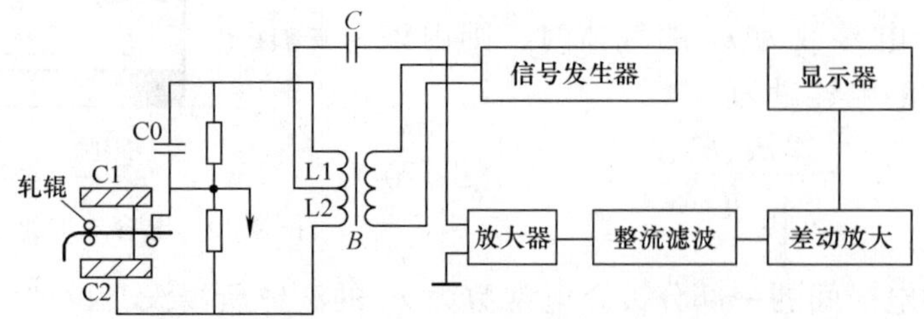

图 4-32　差动式电容测厚传感器的测量原理框图

压器二次侧 L_1 和 L_2 构成电桥。信号发生器为变压器提供一次信号，为桥路提供电源。

如果带材的厚度发生变化，将引起电容量的变化，用交流电桥将电容的变化测出来，转换成电压信号，经过放大即可由指示仪表指示测量结果。音频信号发生器产生的音频信号，接入变压器 B 的一次线圈，变压器二次侧的两个线圈作为测量电桥的两臂，电桥的另外两桥臂由标准电容 C_0 和带材与极板形成的被测电容 C_x 组成。电桥的输出电压经放大器放大后整流为直流，再经差动放大，即可用指示仪表指示出带材厚度的变化。

4.4 霍尔传感器

霍尔传感器是利用霍尔效应实现磁电转换的一种传感器。霍尔效应自 1879 年被美国物理学家霍尔发现，但直到 20 世纪 50 年代，由于微电子学的发展，才被人们所重视和利用，并开发了多种霍尔元件。由于霍尔传感器具有体积小、成本低、性能可靠、频率响应宽、动态范围大的特点，并可采用集成电路工艺，因此，被广泛用于电磁、速度、加速度、振动等方面的测量。

4.4.1 霍尔传感器的结构与工作原理

当有电流流过置于磁场中的金属或半导体薄片时，在垂直于电流和磁场的方向上将产生电动势，这种物理现象称为霍尔效应。该电动势称为霍尔电势，半导体薄片称为霍尔元件。霍尔效应的产生是由于电荷受到磁场中洛伦兹力作用的结果。如图 4-33 所示，在垂直于外磁场 B 的方向上放置一块长 l、宽 b、厚 d 的半导体薄片，沿着长度方向通以控制电流 I，方向如图 4-33 所示，此时，每个电子都要受到洛伦兹力的作用，其大小为

$$F_L = qvB \qquad (4\text{-}21)$$

式中，q 为电子的电荷量，$q=1.60\times10^{-19}$C；v 为半导体中电子在控制电流 I 作用下的运动方向和速度；F_L 为电子受到的洛伦兹力，F_L 的方向符合左手定则。

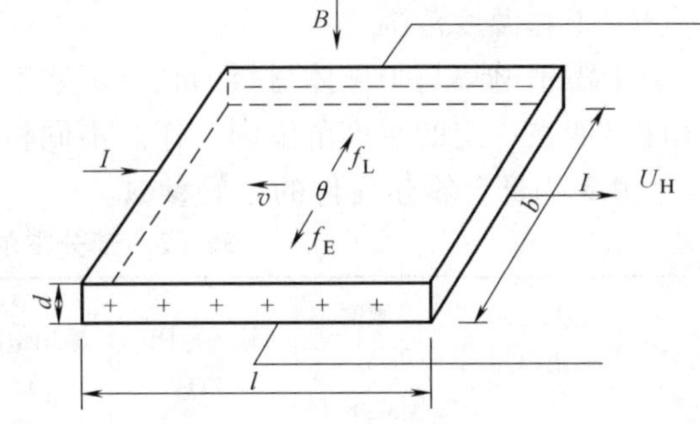

图 4-33 霍尔效应原理图

电子除了在外电场作用下做定向移动外，还在 F_L 的作用下，向上面一侧运动，致使在霍尔元件的前后两个端面上积累起等量的正、负电荷，达到动态平衡，此时形成的电位差即霍尔电压 U_H。

$$U_H = \frac{IB}{d}R_H \qquad (4\text{-}22)$$

式中，R_H 为霍尔系数；I 为控制电流；B 为磁感应强度。

如果令 $K_H=R_H/d$，则上式可写成

$$U_H = K_H IB \qquad (4\text{-}23)$$

式中，K_H 为霍尔元件的灵敏度。

如果磁感应强度 B 与霍尔元件平面法线成一角度 θ 时，作用在元件上的有效磁感应强度为 $B\cos\theta$，这时

$$U_H = K_H IB\cos\theta \tag{4-24}$$

可见，当控制电流换向时，霍尔元件的输出电势也随之改变。同样，当磁场方向改变时，霍尔电势的方向也发生改变。

4.4.2 霍尔传感器的主要参数

（1）额定控制电流 I_H

对一定的霍尔元件，为使其温升不超过一定值，就需要对控制电流加以限制，通常定义使霍尔元件温升 10℃时所加的电流为额定控制电流 I_H。

（2）灵敏度 K_H

表示霍尔元件在单位磁感应强度和单位控制电流作用下得到的开路时的霍尔电势的大小。

（3）不等位电势 U_0

在额定控制电流下，当磁感应强度为零时，霍尔电极间的空载霍尔电势，称为不等位电势或称为零位电势。产生不等位电势的主要原因是两个霍尔电极的位置不在同一等位面上。该电势越小越好，一般要求 $U_0 < 1\text{mV}$。

（4）输入电阻 R_i 和输出电阻 R_o

输入电阻 R_i 是指控制电流电极之间的电阻值，输出电阻 R_o 是指输出霍尔电势电极间的电阻。

（5）霍尔电势温度系数 α

在一定磁感应强度和控制电流下，温度变化 1℃时霍尔电势的相对变化率。

（6）工作温度范围

由于霍尔电势与半导体材料的载流子浓度有关，而载流子浓度又受温度影响，因此，霍尔元件只能在一定的温度范围内工作。不同材料的元件，工作温度具有不同的范围。

表 4-3 为部分霍尔元件的主要参数。

表 4-3 部分霍尔元件的主要参数

型号	最大霍尔输出电压 /mV	灵敏度 /[mV·(mAkGs)$^{-1}$]	输入电阻 /Ω	输出电阻 /Ω	不等位电势 /mV	灵敏度温度系数 /℃$^{-1}$	霍尔电势温度系数 /℃$^{-1}$	工作温度范围 /℃
HSJ-1A	250	2~5	<400	<400	≤1	2×10^{-4}	-5×10^{-4}	-55 ~ +125
HJS-2	2000	10~20	0.2~2000	0.2~2000	0.02~10	2×10^{-4}	3.5×10^{-3}	-50 ~ +250
HJS-3B	750	10~15	0.5~1000	0.5~1000	≤0.5	2×10^{-4}	-5×10^{-4}	-55 ~ +125
HJS-5	2000	>40	0.2~2000	0.2~2000	0.02~10	2×10^{-4}	3.5×10^{-3}	-50 ~ +250
HZ-1		1.4±0.2	110(±20%)		<1		5×10^{-4}	-0 ~ +60

4.4.3 霍尔传感器测量电路与误差补偿

1. 测量电路

（1）霍尔元件及符号

霍尔元件是由具有霍尔效应的半导体薄片、电极引线及壳体组成。霍尔片是一块矩形半导体单晶薄片，在两个相互垂直方向侧面上，分别引出一对电极，共4个电极。其中一对电极用于控制电流，称为控制电极，另一对电极用于引出霍尔电势，称为霍尔电势输出极。在霍尔基片外面用非导磁金属、陶瓷或环氧树脂封装作为外壳。

霍尔元件在测量电路中一般可用两种符号表示，如图4-34所示。

（2）测量电路

霍尔元件的基本测量电路如图4-35所示，图中控制电流 I 由电源 E 供给，电位器RP是用来调节控制电流 I 的大小。R_L 是霍尔输出电压 U_H 的负载电阻，通常是放大电路的输入电阻或仪表内阻。霍尔电压 U_H 一般为毫伏数量级，因而实际应用时要后接差动放大器。由于建立霍尔电势所需的时间较短，约为 10^{-14}s ~ 10^{-12}s，所以它的频率响应很高。当控制电流采用交流电时，它的频率可达 10^9Hz。

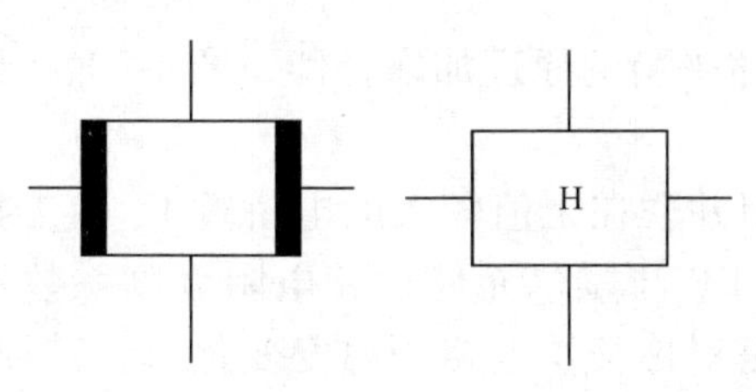

图4-34　霍尔元件电路符号

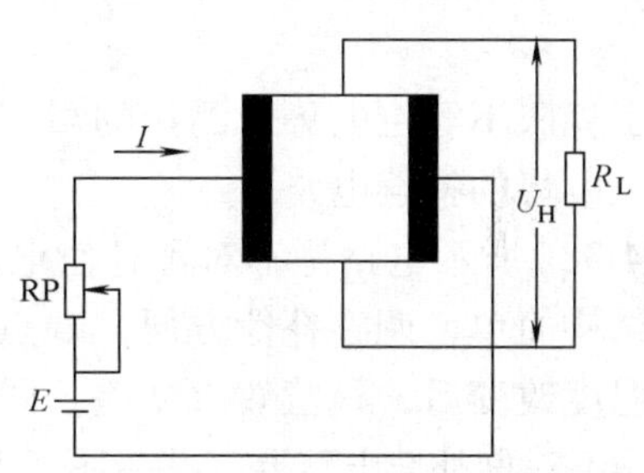

图4-35　霍尔元件基本测量电路

（3）霍尔传感器直流放大电路

为了抑制霍尔元件同相电压和输出电阻对测量结果的影响，通常采用差动放大器作为霍尔传感器放大电路的输入级。图4-36所示是利用仪表放大器进行放大的霍尔传感器直流放大电路。

电路中电源 E 和电位器 RP_1 为霍尔元件OH002提供控制电流，在实际使用中，一般采用恒流源为霍尔元件提供控制电流。A_1 和 A_2 为霍尔传感器提供高输入阻抗的差动放大，A_3 将双端输入电压转换为单端电压输出。

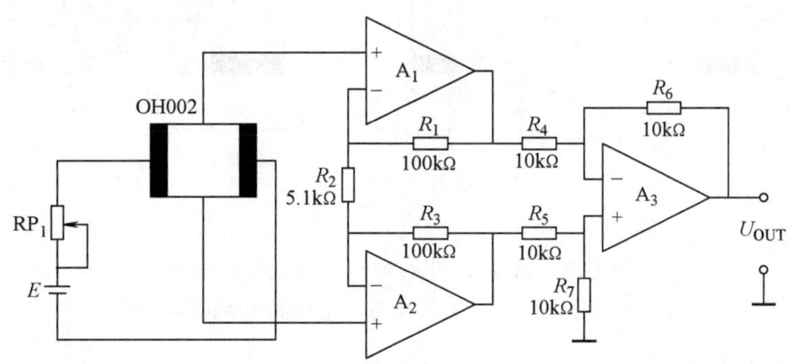

图4-36　霍尔传感器直流放大电路

2. 误差补偿

在实际使用中，由于半导体固有特性的影响和制造工艺存在着的缺陷，使霍尔元件在测量过程中，会产生一些测量误差。不等位电势和温度是影响霍尔元件测量精度的两个主要因素。

（1）不等位电势及其补偿

霍尔元件在制造过程中很难将不等位电势完全消除，因此，有必要利用外电路对其进行补偿。

一个霍尔元件有两对电极，每个相邻两电极之间都可以等效成一个电阻，因此，4 个电极之间形成 4 个等效电阻 r_1、r_2、r_3、r_4，这 4 个电阻构成一个 4 臂电阻电桥，如图 4-37 所示。不等位电势就相当于电桥的初始状态不平衡，输出电压不为零。理想情况下，不等位电势为零，即电桥平衡。而实际上，由于不等位电势的存在，电桥处于不平衡状态，因此，必须采取补偿的方法，使电桥平衡，以消除不等位电势。

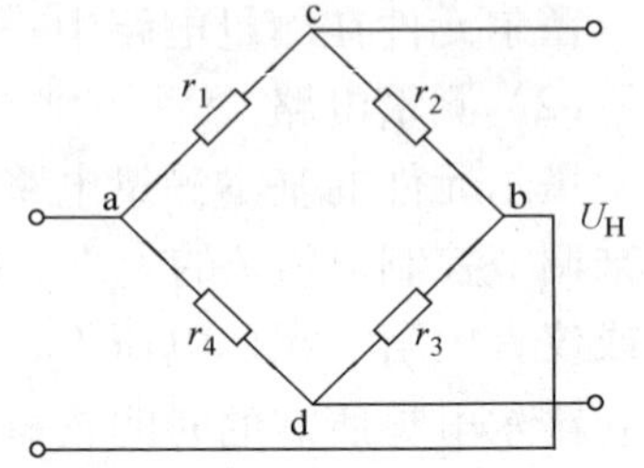

图 4-37　霍尔元件等效电路

为了克服不等位电势对测量的影响，可通过桥路平衡的原理加以补偿，图 4-38 给出了 3 种不等位电势的补偿电路。

图 4-38a 所示电路是不对称补偿电路，它将电阻并联在阻值较大的电桥臂上。它的优点是电路结构简单，调整补偿方便；缺点是补偿电阻 RP 与霍尔元件桥臂电阻温度系数不同，因此，温度改变后，补偿效果变差。图 4-38b 电路是对称补偿电路，温度变化时，其补偿的稳定性比不对称补偿电路要好些。图 4-38c 是具有温度补偿的不等位电势补偿电路。由于不等位电势是温度的函数，因此，要在整个工作范围内补偿不等位电势，补偿分量必须由两部分组成：一个是恒定补偿部分，它补偿温度下限时的不等位电势；另一个是随温度变化的补偿部分，用于补偿由于温度变化所引起的不等位电势的增量部分。图 4-38c 中的 R_4 是热敏电阻，当温度变化时，该电桥失衡，输出一个电压，以补偿不等位电势随温度变化部分。RP_1 用来调整恒定部分补偿，RP_2 用来调整增量部分补偿。

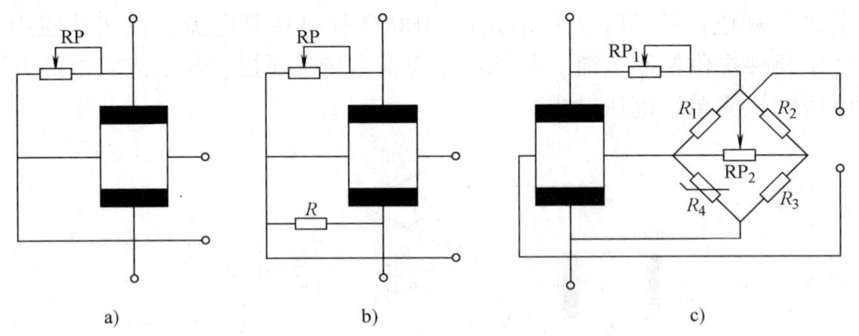

图 4-38　霍尔元件不等位电势的补偿电路

a）不对称补偿　b）对称补偿　c）带温度修正的补偿

（2）温度误差及其补偿

霍尔元件是采用半导体材料制成的，因此，它们的许多参数都具有较大的温度系数。当温度变化时，霍尔元件的载流子浓度、迁移率、电阻率及霍尔系数都将发生变化，从而使霍尔元件产生温度误差。

霍尔元件的温度测量误差可以通过热敏电阻进行补偿。图 4-39 给出两种温度补偿方法。图 4-39a 所示电路为在输入回路中并联一个热敏电阻 R_t，它与霍尔元件等效输入电阻 R_i 具有相同极性的温度系数，利用它的温度特性对霍尔元件进行温度补偿。为霍尔元件提供一个不受温度影响的恒定电流电流 I。当霍尔元件的输入电阻 R_i 随温度变化而增加时，热敏电阻 R_t 会自动加强分流，减小了霍尔元件的控制电流，从而达到补偿的目的。

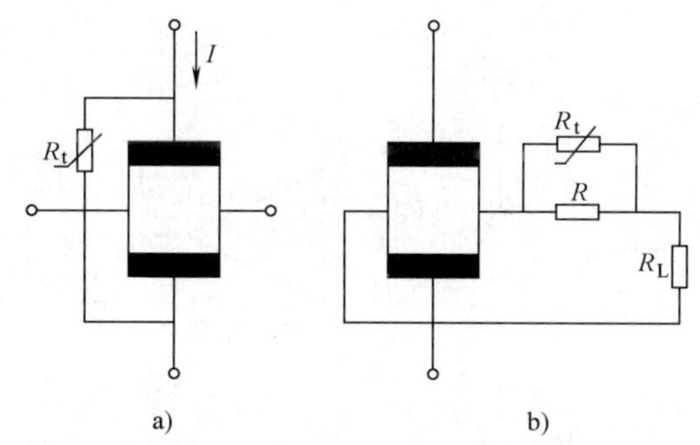

图 4-39　霍尔元件温度补偿方法
a）输入回路温度补偿　b）输出回路温度补偿

图 4-39b 所示电路是将一个热敏电阻 R_t 与一个锰铜电阻 R 并联后再串联在输出回路中，R_L 是负载电阻。该电路是利用 R_t 随着温度的变化调整负载上得到的电压，使之不随温度变化，从而起到温度补偿作用。

上述电路在进行温度补偿时，要注意热敏电阻应尽量与霍尔元件靠近或者封装在一起，以使它们的温度变化一致。

4.4.4　霍尔传感器的应用

1. 位移测量

将霍尔元件放置在一个均匀的梯度磁场中，保持霍尔元件的控制电流恒定。由于霍尔电压与磁感应强度成正比，所以在该磁场中沿着变化梯度的方向移动霍尔元件，则霍尔元件的输出电压势必均匀变化。据此原理，可以利用霍尔元件测量位移。

由式 4-23，得

$$\frac{\mathrm{d}U_H}{\mathrm{d}x} = k_H I \frac{\mathrm{d}B}{\mathrm{d}x} \tag{4-25}$$

如果 $\mathrm{d}B/\mathrm{d}x$ 为常数，上式可以写成

$$\frac{\mathrm{d}U_H}{\mathrm{d}x} = k \tag{4-26}$$

对上式积分可得

$$U_H = kx \tag{4-27}$$

可见，如果 $\mathrm{d}B/\mathrm{d}x$ 为常数，即磁场是均匀梯度变化的，霍尔元件输出电压就会与位移 x 呈线性关系变化，同时霍尔电压的极性表示了元件位移的方向。式中的 k 是位移传感器的灵敏度。

图 4-40 给出了一种霍尔位移传感器磁场示意图。两块场强相同的磁铁同极性相对放置，将霍尔元件置于两块磁铁中间。由于在两块磁铁的正中间的磁感应强度为零，所以当霍尔元件位于正中间位置时，霍尔电压为零。偏离中央位置时，则霍尔电压不为零，其量值取决于所处位置的磁感应强度。采用此结构的霍尔位移传感器，在 0 ~ 2mm 范围内具有良好的线性，其灵敏度最高可达到 10^{-6}m。

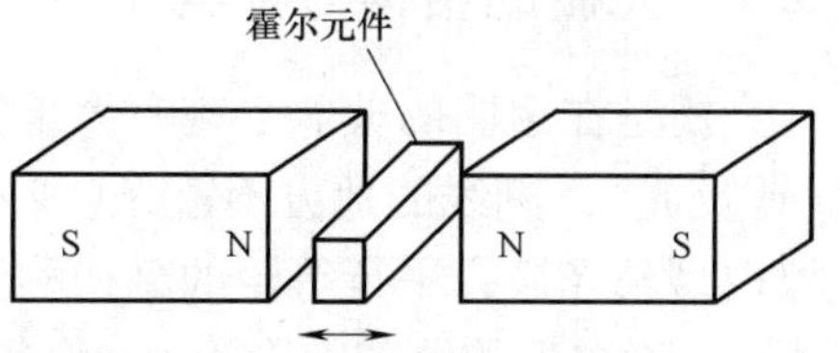

图 4-40　霍尔位移传感器磁场示意图

图 4-41 所示为线性霍尔元件放大电路。它将霍尔输出电压放大到 5V。

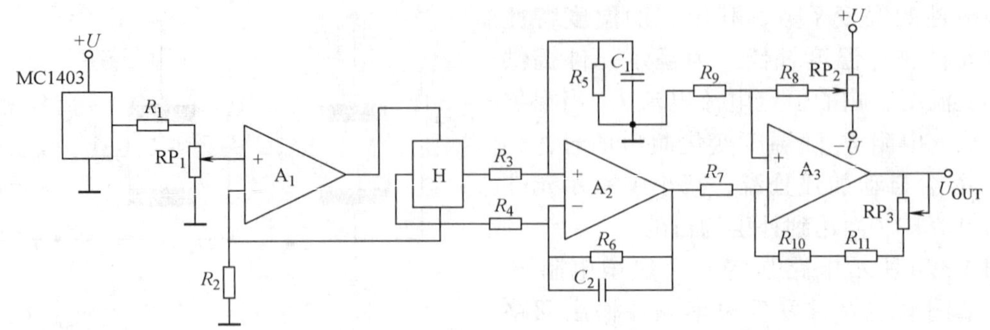

图 4-41　线性霍尔元件放大电路

用霍尔元件测量位移的优点很多，例如，惯性小、频率响应高、工作可靠、使用寿命长等。因此，常将各种非电量转换成机械位移后再进行测量。

2. 转速测量

转速计原理如图 4-42 所示，在被测旋转体上嵌入磁铁或安装嵌有磁铁的转盘，将霍尔元件安装在如图 4-42 所示的位置，要保证磁铁形成的磁力线垂直穿过霍尔元件。当被测旋转体转动时，固定在转盘上的霍尔传感器便可在每一个小磁铁通过时产生一个脉冲电压，检测出单位时间内脉冲电压的个数，便可得到被测转轴的旋转速度，从而实现转速的检测。转盘上磁铁对数越多，传感器测速的分辨率就越高。

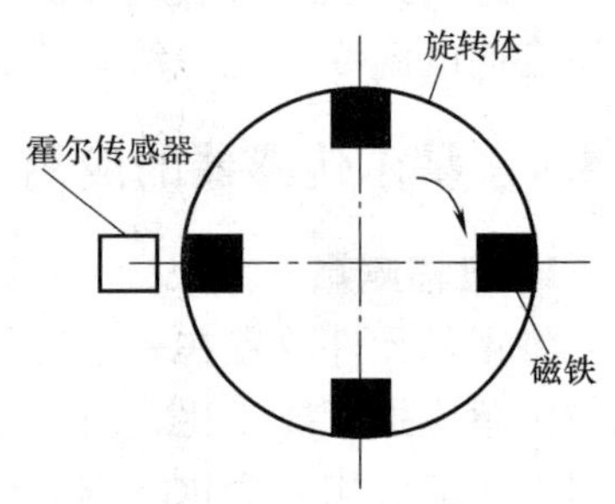

图 4-42　转速计原理

4.5　光栅式传感器

很早以前，人们就将光栅的衍射现象应用于光谱分析和测量光波波长等方面。直到 20 世纪 50 年代，人们才开始利用光栅的莫尔条纹现象进行精密测量，从而出现了光栅式传感器。现在人们把这种光栅称为计量光栅，以区别于其他光栅。由于它的原理简单、装置也不十分复杂、测量精度高、可实现动态测量、具有较强的抗干扰能力，因此，光栅式传感器被广泛应用于位移和角度的精密测量。

4.5.1　光栅的结构与种类

光栅是在透明的玻璃上刻有大量相互平行、等宽而又等间距的刻线。没有刻线的地方透光(或反光)，刻线的地方不透光(或不反光)。图 4-43 所示的是一块黑白型长光栅，平行等距的刻线称为栅线。设其中透光的缝隙宽度为 a，不透光的缝隙宽度为 b，一般情况下 $a=b$，$w=a+b$ 称为光栅栅距(或光栅节距、光栅常数)，它是光栅的一个重要参数。对于圆光栅来说，除了参数栅距之外，还经常使用栅距角。栅距角是指圆光栅上相邻两刻线所夹的角。

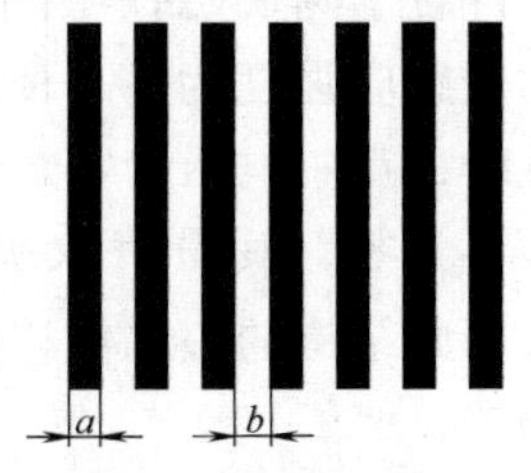

图 4-43　光栅结构

在几何量精密测量领域内，光栅按其用途分为长光栅和圆光栅两类。刻画在玻璃尺上的光栅称为长光栅，也称光栅尺，用于测量长度或几何位移。根据光线的走向，长光栅还分为透射光栅和反射光栅。透射光栅是将光栅线刻制在透明材料上，通常选用光学玻璃和制版玻璃。反射光栅的栅线刻制在具有强反射能力的金属上，例如，不锈钢或玻璃镀金属膜(如铝膜)，光栅也可刻制在钢带上再粘结在尺基上。刻画在玻璃盘上的光栅称为圆光栅，也称为光栅盘，用来测量角度或角位移。根据栅线刻画的方向，圆光栅分两种，一种是径向光栅，其栅线的延长线全部通过光栅盘的圆心；另一种是切向光栅，其全部栅线与一个和光栅盘同心的小圆相切。圆光栅只有透射光栅。

4.5.2 光栅式传感器的工作原理

1. 光栅式传感器的组成

图4-44为光栅式传感器测量原理图。光栅式传感器通常由光源、聚光镜、计量光栅、光电器件及测量电路等部分组成。计量光栅由标尺光栅(主光栅)和指示光栅组成，它决定了整个系统的测量精度。一般主光栅和指示光栅的刻线密度相同，但主光栅要比指示光栅长得多，它们的刻线面相对，中间留有很小的间隙。测量时光源为传感器提供工作能量(光能)，聚光镜用来将光源发出的可见光收集起来，并将其转换成为平行光束送到计量光栅。主光栅与被测对象连在一起，并随其运动，指示光栅固定不动。如果主光栅和指示光栅的栅线之间有很小的夹角 θ，则在近似垂直于栅线方向上就显现出比栅距宽得多的明暗相间的条纹，该条纹称为莫尔条纹，利用光电元件将其转换为电信号，即可得到光栅移动的距离。可见，主光栅的有效长度决定了传感器的测量范围。

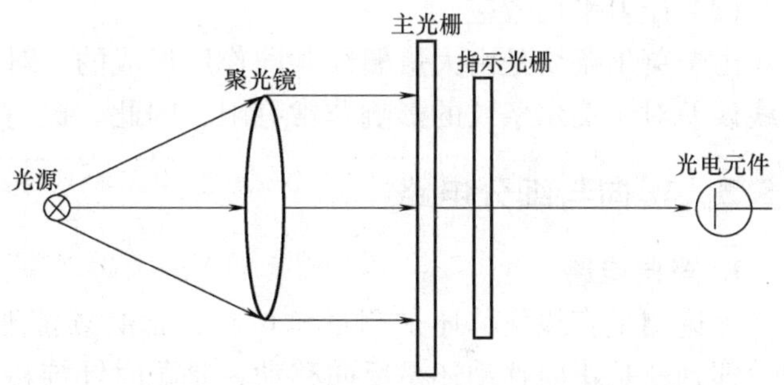

图4-44 光栅式传感器测量原理图

2. 莫尔条纹

由于主光栅和指示光栅的作用，形成了莫尔条纹。如图4-45所示，在a－a′线上两光栅的栅线彼此错开，光线无法通过，形成暗带；在b－b′线上两光栅互相重合，互相挡住缝隙，光线从缝隙中通过，形成亮带。这种明暗相间的条纹就是莫尔条纹，它的方向与刻线方向垂直。

莫尔条纹有以下特性：

(1) 位移放大作用

当光栅移动一个光栅栅距 W 时，莫尔条纹也移动一个条纹宽度 B。由于主光栅和指示光栅的栅线之间的夹角 θ 很小，且两光栅的光栅栅距相等，因此，它们之间的近似关系为

$$B = \frac{W}{\theta} = KW \qquad (4\text{-}28)$$

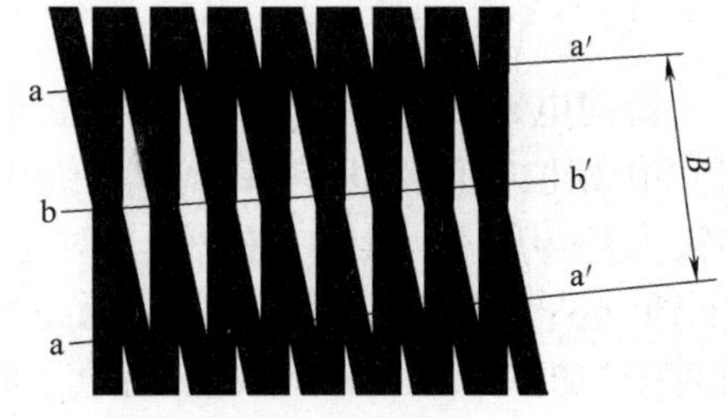

图4-45 莫尔条纹形成

可见，其位移放大倍数为

$$K = \frac{1}{\theta} \tag{4-29}$$

例如，$W=0.02\text{mm}$，$\theta=0.1°$，将θ换算成为弧度，则

$$K \approx 573$$

$$B = KW = 573 \times 0.02\text{mm} = 11.46\text{mm}$$

计算结果表明，在上述给定条件下，被测对象移动0.02mm，莫尔条纹将移动11.46mm。由式(4-29)可知，对于给定光栅栅距的两光栅，θ越小，其位移放大倍数越大，灵敏度越高。

（2）运动对应关系

莫尔条纹的位移量和移动方向与主光栅相对于指示光栅的位移量和位移方向有严格的对应关系。当主光栅沿着刻线垂直方向向右移动一个栅距W时，莫尔条纹将沿着光栅的栅线方向向下移动一个条纹间距B；反之，当主光栅向左移动时，莫尔条纹将沿着光栅的栅线方向向上移动。因此，根据莫尔条纹移动方向，就可以判定主光栅的移动方向。

（3）误差平均效应

由于莫尔条纹是由大量栅线共同作用形成的，对于光栅刻线误差起到了平均作用。个别栅线误差对于莫尔条纹的影响非常有限，因此，提高了光栅式传感器的测量精度。

4.5.3 辨向与细分电路

1. 辨向电路

无论测量直线位移还是测量角位移，都必须能够根据传感器的输出信号判别移动的方向，即判断是正向移动还是反向移动，是顺时针旋转还是逆时针旋转。

但是，仅由一个光电器件的输出无法判别光栅的移动方向，因为在一点观察时，不论主光栅向哪个方向移动动，莫尔条纹均作明暗交替变化，为了辨别方向，通常采用在相隔1/4莫尔条纹间距的位置上安放两个光电器件，获得相位差为90°的两个信号u_1和u_2，然后送到辨向电路进行处理。

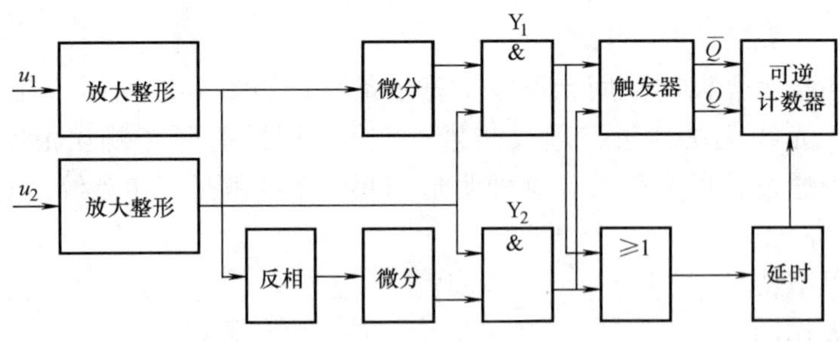

图4-46　辨向电路

辨向电路如图4-46所示。当主光栅正向移动时，信号u_1超前$u_2$90°。经过整形后的u_1'和u_2'在相位上仍然相差90°。u_1'经反相得到u_1''，u_1'和u_1''经过微分电路后，得到u_{1w}'、u_{1w}''，分别输入到与门Y_1和Y_2的一端。对于与门Y_1，当u_{1w}'处于高电平时，u_2'则是低电平，则Y_1输出低电平，阻塞计数脉冲u_{1w}'通过，同时使触发器输出为1，计数器工作在加计数状态；而对于与门Y_2，由于u_{1w}''处于高电平时，u_2'也是高电平，计数脉冲u_{1w}''通过Y_2加到计数器进行计数。当主光栅反向移动时，信号u_1滞后$u_2$90°，经过辨向逻辑电路后，使得可逆计数器

工作在减法计数状态。正向移动时脉冲数累加，反向移动时便从累加的脉冲数中减去反向移动所得到的脉冲数。因此，通过计数器状态可以判定被测对象的移动方向和移动距离。

2. 细分电路

光栅式传感器是通过测量移动的莫尔条纹的数量来确定位移量的，它的测量分辨率等于光栅的一个栅距。但是在精密检测中常常需要测量比栅距更小的位移量，为了提高分辨率，可以采用以下两种方法实现：

1）增加刻线密度来减小栅距，但是这种方法受光栅刻线工艺的限制。

2）细分技术，使光栅每移一个栅距时，输出均匀分布的 n 个脉冲，从而得到比栅距更小的分度值，使分辨率提高到 W/n。细分的方法有多种，例如，直接细分、电桥细分、锁相细分、调制信号细分、软件细分等。

下面介绍常用的直接细分方法。

直接细分又称为位置细分，常用细分数为 4，因此，也称为四倍频细分。在上述辨向电路的基础上，将获得相位差为 90°的两个正弦信号。若将这两个信号分别反相，就可以得到 4 个在相位上依次相差 90°的交流信号。它们分别经 RC 微分电路，得到脉冲信号，每一个脉冲表示 1/4 栅距的位移。由此得到四倍频细分电路。

细分电路如图 4-47 所示。

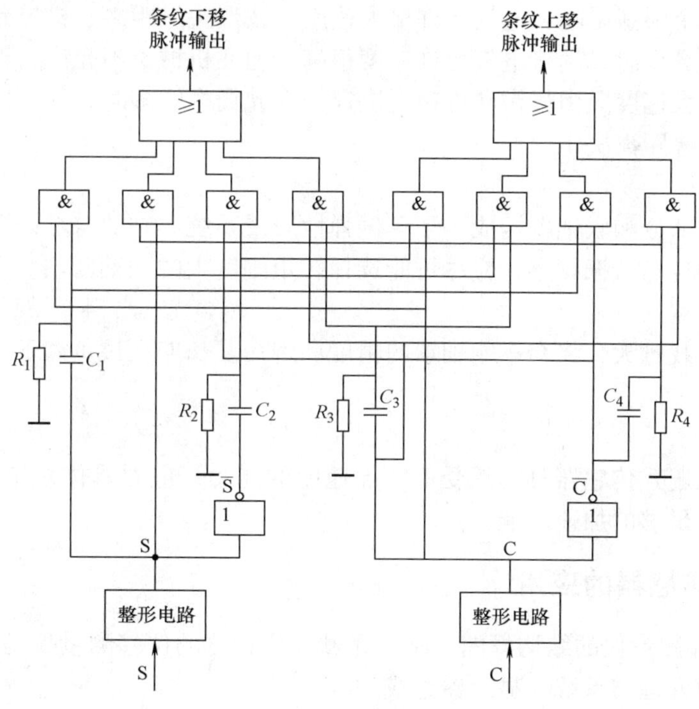

图 4-47　细分电路

4.5.4　光栅式传感器参数

1. 电气参数

（1）分辨率

分辨率是传感器重要指标之一。在分辨率低的传感器中，栅线线数和分辨率是一致的。但在分辨率高的传感器中，是经过细分达到高分辨率的。

（2）精度

精度是传感器最重要的技术指标。精度应高于分辨率，否则分辨率再高也没有实际意义。

（3）信号波形

在增量式光栅中，输出信号的波形一般都是经过数字化处理后的方波，而且都可以与 TTL 电路相适配。

（4）工作频带

影响工作频带的主要因素是光电接收元件的响应速度。当速度过高时，光电接收元件来不及响应，输出信号的幅值变低，波形变坏，电路无法正常工作。

（5）波形边缘距离

在方波输出时，两路信号最接近边缘之间的距离应有一定规定。因为栅线光刻误差、细分电路以及电路本身特性都会带来一定误差，使得波形的正交性存在偏差。当频率低时，方波上升和下降的延时与脉冲宽度相比都可忽略。但当频率高时，延时影响加大。

2. 机械参数

（1）最大速度

极限速度受 3 个因素影响：电气允许最大速度、波形边缘距离、机械允许最大速度。

在光栅的栅线数少时，尽管电气允许速度很高，但在机械上不允许，否则会产生机械上的损伤，因此，最大速度应由机械允许速度决定。在光栅栅线多时，最高速度应由电气最大允许速度和波形边缘距离决定。

（2）转动惯量

圆光栅的转动部分和联轴器构成一个单振弹性质量系统，它的自然谐振频率应该尽可能高。为了达到高的自然谐振频率，应尽可能选择转矩刚度大的联轴器。

（3）允许轴负载

轴上承受的负载过大，将会影响轴承的精度和寿命。长期在过负载下工作．将会使轴承受到损伤。

（4）加速度

不同型式的光栅式传感器具有承受不同加速度的能力，应看具体规定。但是一般来说，传感器都具有承受足够的加速度能力。

4.5.5 光栅式传感器的应用

图 4-48 为位移测量仪的结构框图。基于光栅式传感器的位移测量仪是由光栅式传感器、信号处理电路、微处理器系统、显示器组成的。

光栅式传感器由 X-Y 工作台中的精密导轨系统承载驱动。测量时，光栅式传感器输出相位依次相差 90°的 4 路正弦波信号，它们通过硬件电路进行滤波、整形、细分，然后经过辨向和计数，由硬件电路反映 X-Y 工作台位移的计数值暂时存放在缓存器中，等待微处理器进行采集。微处理器经过数据总线采集缓存器中的计数值并送入内存，进行计算和处理，按误差修正算法对计数值进行修正，然后将修正后的位移数据存储在 SRAM 存储器中，同时送显示器进行显示。

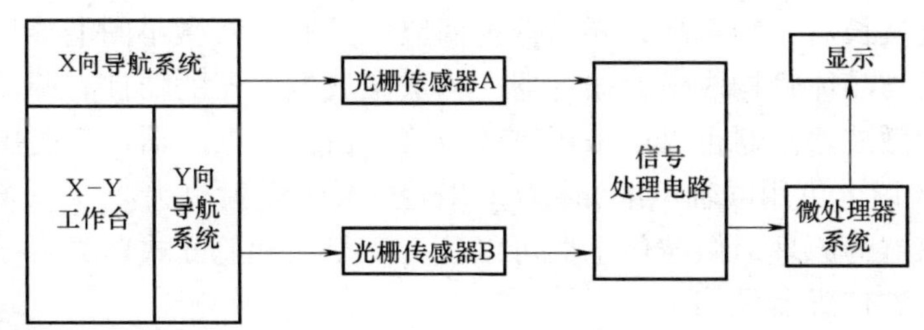

图 4-48　位移测量仪的结构框图

信号处理电路主要包括信号细分电路和辨向电路。由于传感器的栅距为 0.02mm，所以为了获得 1μm 的测量分辨率，则要通过信号细分电路得到 20 倍频的脉冲信号。为了正确计数，还需要对 X-Y 工作台的移动方向进行辨向。辨向系统包括对工作台在坐标 X 和坐标 Y 方向的移动分别进行辨向的 2 个单元。

微处理器系统能够保证测量精度与可靠性。由于工作台和线位移光栅式传感器的安装及长期使用等因素，将导致较大的系统误差，影响测量仪的测量精度。为了提高测量仪的测量精度，采用了线性插值误差修正算法对测量得到的数据进行修正。存储器用于存放系统设定的参数、采集到的数据和误差修正数据表。

坐标 X 的测量范围在 -100 ~ +100mm 内，测量分辨率为 1μm；坐标 Y 的测量范围在 -90 ~ +80mm内，测量分辨率为 1μm；测量精度均达 ±2μm。

4.6　微波传感器

微波传感器具有非接触、活体动态检测、实时处理、快速、灵敏、不怕高温、高压、放射性和有毒气体等特点，广泛应用于军事、交通、工业、农业以及医疗等各个领域。

4.6.1　微波传感器的原理与分类

1. 微波概念

微波是波长为 1mm ~ 1m 的电磁波，它既有电磁波的性质，又不同于普通的无线电波和光波。微波相对于波长较长的电磁波具有下列特点：

1）遇到各种障碍物易被反射。

2）绕射能力较差。

3）传输特性好，传输过程中受烟、火焰、灰尘、强光的影响很小。

4）介质对微波的吸收与介质的介电常数成比例，水对微波的吸收作用最强。

2. 微波传感器原理

微波传感器是利用微波特性来检测某些物理量的器件或装置。由发射天线发出微波，此波遇到被测物体时将被吸收或反射，使微波功率发生变化。若利用接收天线，接收到通过被测物体或由被测物体反射回来的微波，并将它转换为电信号，再经过信号调理电路，即可以显示出被测量，实现了微波检测。

3. 微波传感器的组成与分类

微波传感器由微波振荡器、微波天线和微波检测器 3 部分组成。微波振荡器是产生微波的装置，由于微波波长短、频率高，要求振荡回路中具有非常微小的电感与电容，因此，不能用普通的电子管与晶体管构成微波振荡器。构成微波振荡器的器件有调速管、磁控管或某些固态器件，小型微波振荡器也可以采用体效应管。由微波振荡器产生的振荡信号需要用波导管(波长在10cm以上可用同轴电缆)传输，并通过天线发射出去。

根据微波传感器的原理，微波传感器可以分为反射式和遮断式两类。

(1) 反射式微波传感器

这种微波传感器是通过检测被测物反射回来的微波功率或经过的时间间隔来获得被测量的。通常用它测量物体的位置、位移等参数。

(2) 遮断式微波传感器

这种微波传感器是通过检测接收天线收到的微波功率大小来判断发射天线与接收天线之间有无被测物体，通常用来检测被测物中的含水量及被测物体的位置等参数。

4.6.2 微波传感器的应用

1. 微波物位传感器

微波传感器测物位的原理如图4-49所示。当被测物位较低时，发射天线发出的微波束全部由接收天线接收，经检波、放大与设定电压比较后，高于设定电压值，显示正常工作。当被测物位上升到天线所在高度时，微波束部分被吸收，部分被反射，接收天线接收到的微波功率相应减弱，经检波、放大与设定电压比较后，低于设定电压值，发出被测物位高出设定物位的信号。

当被测物位低于设定物位时，接收天线接收的功率为

$$P_0 = \left(\frac{\lambda}{4\pi S}\right)^2 P_t G_t G_r \quad (4\text{-}30)$$

式中，P_t 发射天线的发射功率；G_t 发射天线的增益；G_r 接收天线的增益；S 两天线间的水平距离；λ 微波的波长。

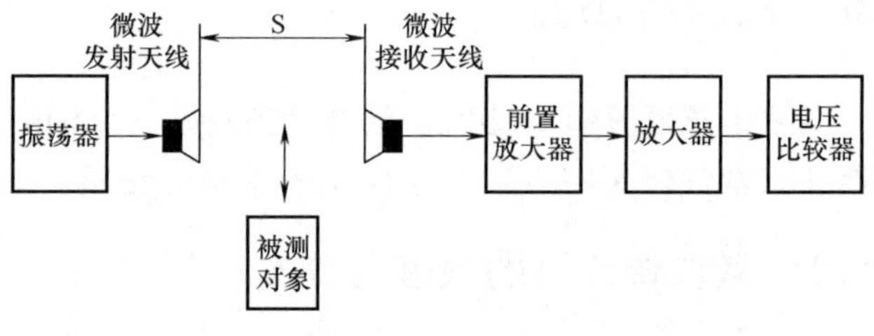

图4-49 微波传感器测物位的原理

当被测物位升高到天线所在高度时，接收天线接收的功率为

$$P_r = \eta P_0 \quad (4\text{-}31)$$

式中，η 由被测物的形状、材料性质、电磁性能及高度决定。

2. 微波液位传感器

微波传感器测液位的原理如图4-50所示。相距为 S 的发射天线和接收天线间构成一定的角度，波长为 λ 的微波从被测液面反射后进入接收天线，接收天线收到的功率将随被测液面的高低而变化，接收天线收到的功率 P_r 为

$$P_r = \left(\frac{\lambda}{4\pi}\right)^2 \frac{P_t G_t G_r}{S^2 + 4d^2} \quad (4\text{-}32)$$

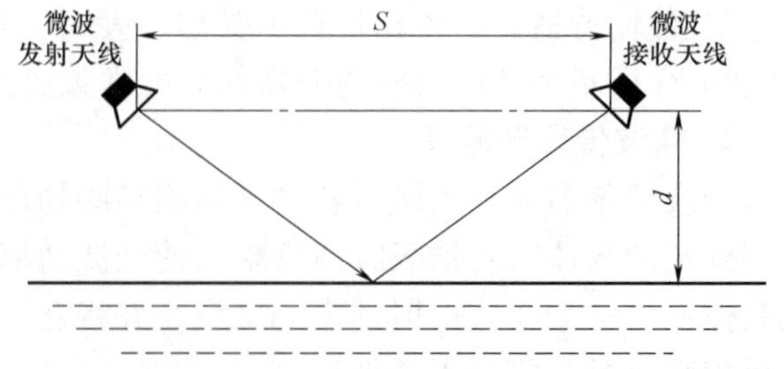

图4-50 微波传感器测液位的原理

当发射功率、波长、增益均恒定时，只要测得接收功率 P_r 就可获得被测液面的高度 d。

4.7 超声波传感器

超声波传感器是将声音信号转换成电信号的传感器。它是利用超声波产生、传播及接收的物理特性而工作的。它的测量原理是基于不同介质的不同声学特性对超声波传播的影响不同。目前，超声波传感技术已被广泛地应用于超声波探伤、测距以及医疗等多个领域。

4.7.1 超声波及其特性

1. 超声波

人耳所能听到的声波的频率在 20～20000Hz 之间，频率超过 20000Hz 的声波称为超声波。超声波可以在气体、液体及固体中传播，并有各自的传播速度。例如，在常温下空气中的声速约为 334m/s，在水中的声速约为 1440m/s，而在钢铁中的声速约为 5000 m/s。声速不仅与介质有关，而且还与介质所处的状态有关。例如，理想气体中的声速与热力学温度 T 的平方根成正比，对于空气来说，影响声速的主要原因是温度，声速与温度之间的近似关系为

$$v = 20.067\sqrt{T} \tag{4-33}$$

2. 反射与折射

当声波从一种介质传播到另一种介质时，在两介质的分界面上，一部分被反射回原介质的声波称为反射波；另一部分则透过分界面，在另一介质内继续传播的波称为折射波，如图 4-51 所示。其反射与折射满足如下规律：

（1）反射定律

入射角 α 的正弦与反射角 α'的正弦之比等于波速之比。如果入射波和反射波的波形相同，波速相等，入射角 α 即等于反射角 α'。

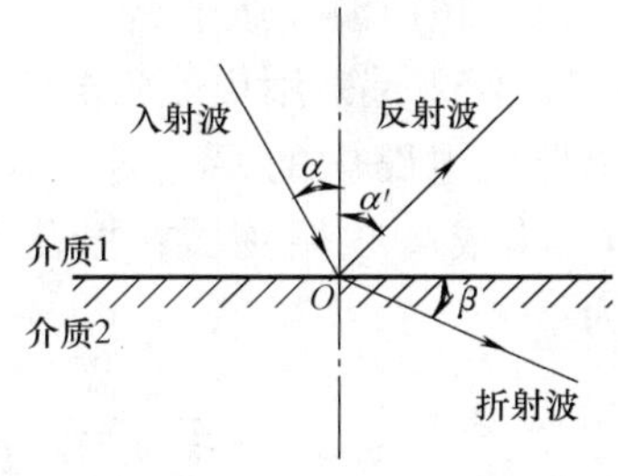

图 4-51 声波的反射与折射

（2）折射定律

入射角 α 的正弦与折射角 β 的正弦之比，等于入射波在第一介质中的波速 v_1 与折射波在第二介质中的波速 v_2 之比，即

$$\frac{\sin\alpha}{\sin\beta} = \frac{v_1}{v_2} \tag{4-34}$$

3. 声波的衰减

声波在介质中传播时会因为被吸收而衰减，气体对声波吸收能力最强，使声波衰减最大，液体其次，固体吸收最小而衰减最小。因此，对于给定强度的声波，在气体中传播的距离会明显比在液体和固体中传播的距离短。另外声波在介质中传播时，衰减的程度还与声波的频率有关，频率越高，声波的衰减越大，因此，超声波比其他声波在传播时的衰减更明显。

4.7.2 超声波传感器的工作原理、主要参数及发送与接收

1. 工作原理

超声波检测技术主要是利用它的反射、折射、衰减等物理性质。不管哪种超声波仪器，

都必须把超声波发射出去，再接收回来变换成电信号，完成这项功能的装置就称为超声波传感器，又称为超声波换能器或超声波探头。

超声波换能器根据其工作原理分为压电式、磁滞伸缩式和电磁式等多种，在检测技术中主要采用压电式。

压电式超声波换能器的原理是以压电效应为基础的。超声波换能器的发射部分是利用压电材料的逆压电效应，而超声波换能器的接收部分则是利用压电效应原理。在实际使用中，由于压电效应的可逆性，有时换能器既可作为“发射”元件又可作为“接收”元件，亦即将脉冲交流电压加到压电元件上，使其向介质发射超声波，同时又利用它作为接收元件，接收从介质中反射回来的超声波，并将反射波转换为电信号送到放大器。

在压电式超声换能器中，常用的压电材料有石英（SiO_2）、钛酸钡（$BaTiO_3$）、锆钛酸铅（PZT）和偏铌铅（$PbNb_2O_6$）等。

2. 主要参数

1）中心频率。即压电晶片的谐振频率。当施加于它两端的交变电压频率等于晶片的中心频率时，输出能量最大，传感器的灵敏度最高。中心频率越高，测距越短，而分辨率越高。

2）灵敏度。灵敏度的单位是分贝，数值为负。它主要取决于晶片材料和制造工艺。

3）方向角。这是代表超声波方向性的一个参数，方向角越小，方向性越强。

4）工作温度。能使传感器正常工作的温度范围。

3. 超声波的发送与接收

超声波传感器中的关键电路是超声波发送电路（也称为驱动电路）和超声波接收电路。

（1）超声波发送电路

图4-52是采用集成门电路的超声波发送电路。电路中的 G_1、G_2、R_1、R_2、RP_1 和 C_2 构成高频振荡器，振荡器的振荡频率为

$$f = \frac{1}{1.4 \times (R_2 + RP_1) C_2}$$

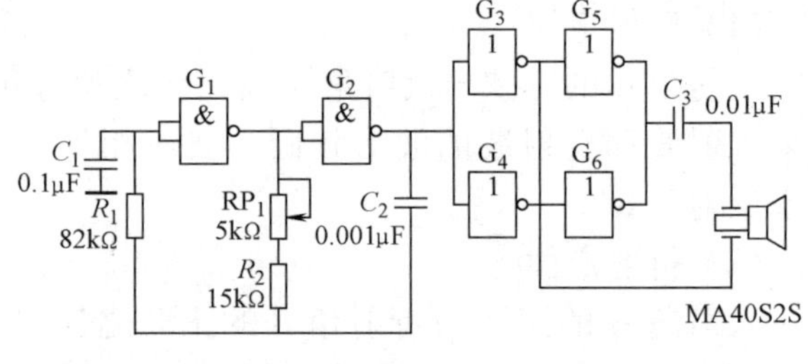

图4-52　采用集成门电路的超声波发送电路

本电路中产生40kHz的高频电压，经过 $G_3 \sim G_6$ 构成的缓冲器与功率放大器，将振荡器产生的振荡信号放大后，经隔直电容后加到超声波传感器MA40S2S上，这时被放大了的高频电压施加在压电陶瓷元件，将电能转换为超声波发射出去。电阻 R_1 是补偿电阻，它可以稳定频率，减小电源电压变化对振荡频率的影响。隔直电容 C_3 的作用是防止直流电压加到压电陶瓷元件上，以免将其损坏。

图4-53是采用脉冲变压器的超声波发送电路。电路中的振荡器和电位器 RP_1 构成可调频率振荡器，其输出信号经 VT_1 进行功率放大后，通过脉冲变压器 T_1，驱动压电陶瓷元件MA40S2S。T_1 同样可以防止直流电压加到压电陶瓷元件上。

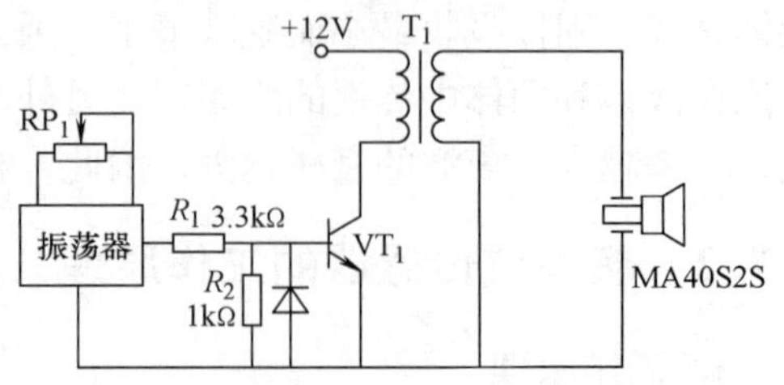

图4-53　采用脉冲变压器的超声波发送电路

图4-54为采用NE555实现的超声波发送电路。图中用NE555构成多谐振荡器电路，该电路

结构简单，稳定性好。其振荡频率近似为

$$f \approx \frac{1.43}{(R_1 + R_2 + \mathrm{RP}_1)C_1}$$

调整 RP_1，使振荡频率为40kHz。

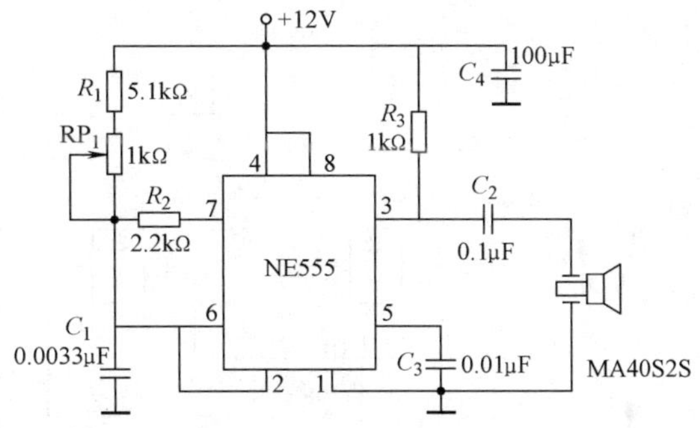

图 4-54　采用 NE555 实现的超声波发送电路

（2）接收电路

图 4-55 是采用晶体管实现的超声波接收电路。电路中，VT_1 和 VT_2 构成电压放大电路，输入信号几毫伏即可被放大到满足后面处理的要求。并联在超声波传感器上的电阻用于降低传感器的阻抗，从而抑制叠加在传感器上的外来噪声。

图 4-56 是采用运算放大器实现的超声波接收电路。运算放大器选用低噪声、高增益的 TA7120，改变电阻 R_2、R_3 和 R_4 的阻值，就可以调整放大电路的增益。因此，运算放大器可以很方便地用于超声波传感器反射信号的放大电路。在用于高频超声波放大电路时，应选用宽频带、高增益的运算放大器。

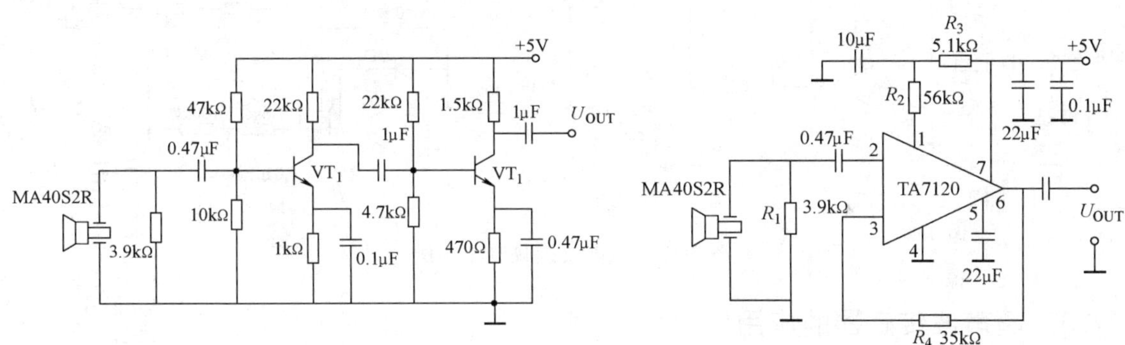

图 4-55　采用晶体管实现的超声波接收电路　　图 4-56　采用运算放大器实现的超声波接收电路

（3）超声波发送和接收电路实例

图 4-57 和图 4-58 分别是超声波发射和接收电路的实例。

发射电路由振荡电路和超声波激励电路两部分组成。其中振荡电路由门电路及阻容元件构成，它的振荡频率为

$$f = \frac{1}{2.2 \times (R_1 + RP_1) \times C_1}$$

超声波发射器选用 MA40A5S，其振子频率为 40kHz，因此，该振荡电路的振荡频率调整为 40kHz。激励电路采用 MAX232，该芯片供电电压为 +5V，它的输出电压可达 ±10V。因此，利用它可提升驱动电压。

图 4-58 中的接收电路由放大电路、整流电路、滤波电路和比较电路组成。放大电路为两级放大器 A_1、A_2，该放大器具有频率选择性，其中心频率为传感器激励源的频率 40kHz，峰值频率为 40.8kHz 时，增益为 5。整流电路采用有源检测电路，由 A_3、VD_1、VD_2 等组成。其后的滤波电路为低通滤波器，目的是滤除高频杂波干扰。比较器 A_4 可以根据接收信号的高低调整其门限电平。

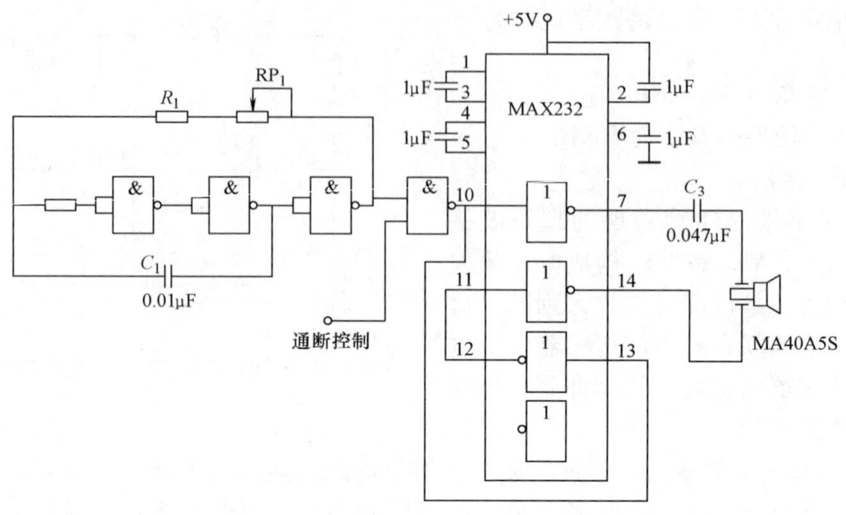

图 4-57　超声波发射电路实例

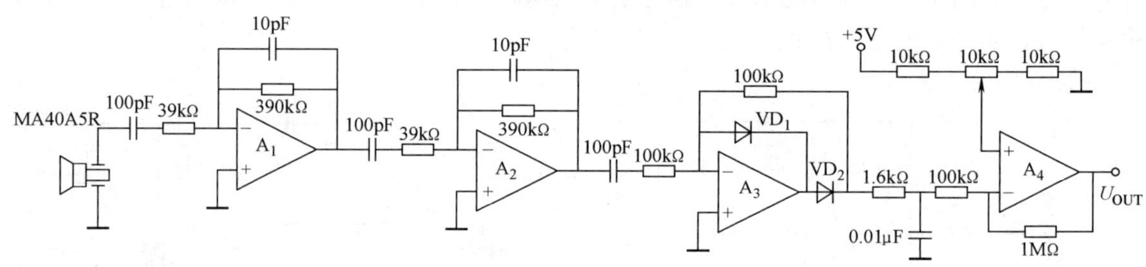

图 4-58　超声波接收电路实例

4.7.3　超声波传感器的应用

1. 超声波探伤

超声波探伤是利用超声波在物理介质(例如，被检测材料或结构)中传播时，遇到被检测材料或结构内部存在的缺陷处，超声波会产生折射、反射、散射或剧烈衰减等，通过分析这些特性，就可以建立缺陷与超声波的强度、相位、频率、传播时间、衰减特性等之间的关系。由于超声波的传播特性与被检测材料或结构有着密切的关系，因此，通常需要根据被检测对象选择相应的超声波检测方法。

图 4-59 为反射法探伤原理图。高频脉冲发生器产生的脉冲，加在超声波探头上，激励压电晶片振动，发出超声波。超声波以一定的速度向被测工件内部传播。如果被测工件内部存在缺陷 F，则一部分超声波遇到缺陷时反射回来，另一部分超声波继续传播到工件底面 B 后，也反射回来。这两部分反射波都被超声探头接收并转换成电脉冲。发射波 T、缺陷波 F 及底面波 B 经放大后，在显

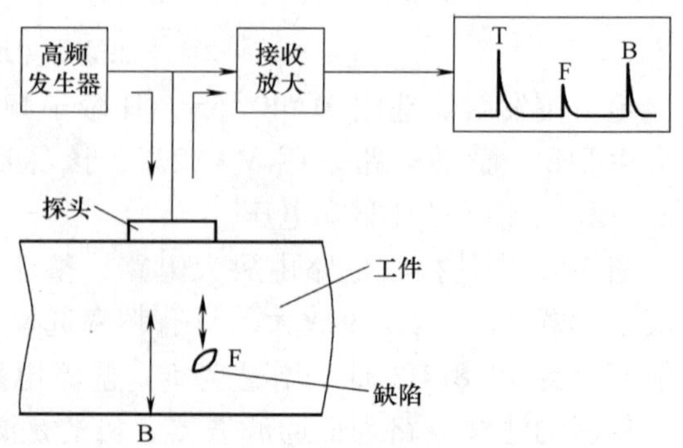

图 4-59　反射法探伤原理

示屏上显示出来。屏上的水平扫描线与时间成正比，根据发射波、缺陷波和底面波出现在扫描线上的位置，可确定出缺陷波的位置。根据缺陷波的幅度，可判断缺陷的大小。如果工件没有缺陷，荧光屏上就只有 T 波和 B 波，没有 F 波。当缺陷的面积大于声束截面时，声波全部由缺陷处反射回来，荧光屏上只有 T 波和 F 波，没有 B 波。

超声波探伤是目前金属、复合材料和焊接结构中应用的最为重要、最为广泛的无损检测方法之一，可检测出复合材料结构中的分层、脱粘、气孔、裂缝、冲击损伤和焊接结构中的未焊透、夹杂、裂纹、气孔等缺陷，缺陷定性定量准确。

2. 超声波测流量

超声波测流量的基本思想是测量流速，它是利用超声波在逆流与顺流中传播的速度不同，来测量出流体的平均流速，然后换算出流量。

图 4-60 是超声波测量流量的原理图。图中 A 和 B 是安装在管壁外侧的两个超声波探头，它们既可以发射也可以接收。流体平均流速 v，超声波在流体静止时的传播速度 c，管路内径 D。

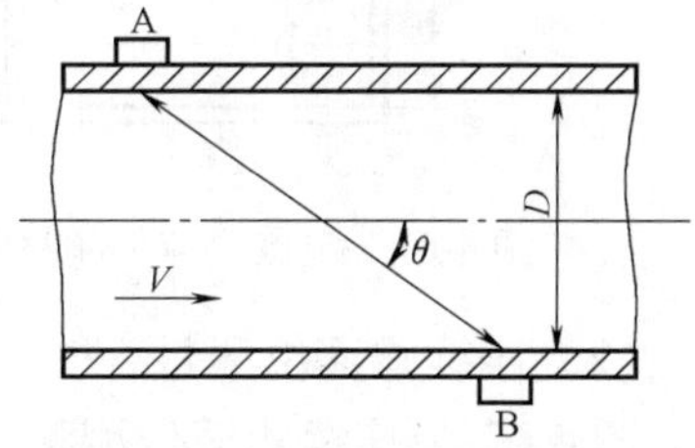

图 4-60　超声波测量流量的原理图

当 A 为发射探头，B 为接收探头时为顺流传播，超声波传播速度为 $c+v\cos\theta$，于是其传播时间 t_1 为

$$t_1 = \frac{D/\sin\theta}{c + v\cos\theta} \tag{4-35}$$

当 B 为发射探头，A 为接收探头时为逆流传播，超声波传播速度为 $c-v\cos\theta$，于是其传播时间 t_2 为

$$t_2 = \frac{D/\sin\theta}{c - v\cos\theta} \tag{4-36}$$

则时间差为

$$\Delta t = t_2 - t_1 = \frac{2D\cos\theta}{c^2}v \tag{4-37}$$

则流体的平均速度为

$$v = \frac{c^2}{2D\cos\theta}\Delta t \tag{4-38}$$

可见，流体速度正比于时间差，也就是流体的流量正比于时间差。因此，测出时间差，就测出了流量。

3. 超声波测量液位

超声波物位传感器根据使用特点可分为定点式测量和连续式测量两大类。

定点式物位测量用来测量被测物位是否达到了预定高度，根据不同的工作原理及换能器结构，可以分别用来测量液位、固体料位、固-液分界面、液-液分界面以及检测液体的有无。其特点是简单、可靠、使用方便、适用范围广，广泛应用于化工、石油、食品及医药等工业部门。

连续指示式物位测量大多采用回波测距法连续测量液位、固体料位或液-液分界面位置。

超声波物位传感器具有以下几个特点：

- 能定点及连续测量物位。
- 无机械可动部分，安装维修方便，换能器压电体的振幅很小，寿命长。
- 能实现非接触测量，适用于有毒、高粘度及密封容器内的液位测量。

● 能实现安全火花型防爆。

（1）定点式液位测量

超声波液位测量的工作原理是利用超声换能器在液体中和气体中发射系数的显著差别来判断被测液面是否到达探头安装高度。定点式液位测量示意图如图4-61所示。当被测液面到达探头之间时，它们之间充满液体，由于固体与液体的声阻抗率接近，超声波穿透时界面损耗较小，接收探头能够接收到透射波。当液面没有到达探头之间时，其间是气体时，由于固体与气体声阻抗率差别极大，在固、气分界面上声波穿时的衰减极大，所以接收探头无法接收到超声信号。因此，可根据接收探头是否能够接收到发射探头的信号来判断探头之间是空气还是液体，从而判断液面是否到达了预定高度。

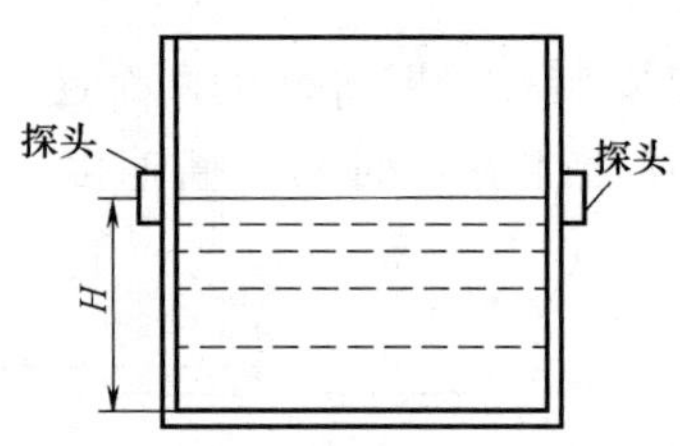

图4-61　定点式液位测量示意图

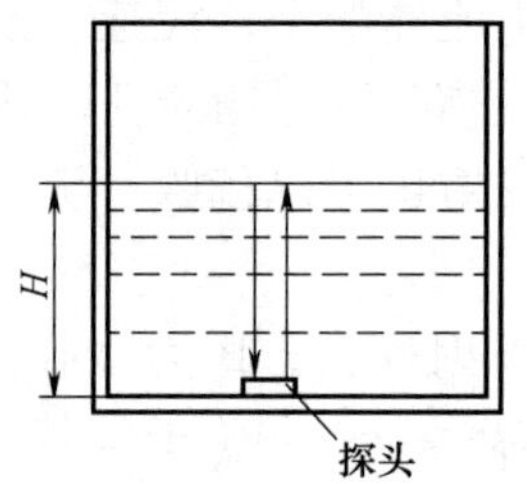

图4-62　连续式液位测量示意图

（2）连续式液位测量

图4-62为连续式液位测量示意图。该测量是以被测液体为导声介质，利用回波测距方法来测量液面高度。探头发射超声波进入被测液体，在被测液体表面处反射回来，再由接收探头转换成电信号送回电子测量装置。液面高度 H 与液体中声速 v 及被测液体中来回传播时间 Δt 成正比，即 $H=(1/2)v\Delta t$。

这种液面测量适用于测量油罐、液化石油气罐等容器的液位。具有安装使用方便、可多点检测、精确度高、直接用数字显示液面高度等优点。但它存在着由于被测介质温度、成分变动时，引起声速的变化，会带来的测量误差，因此，需要进行补偿。

4. 超声波测量厚度

超声波测厚常用脉冲回波法。图4-63为利用脉冲回波法测厚的工作原理图。主控制器控制发射电路，产生一定重复频率的脉冲信号，激励压电式探头，产生重复的超声脉冲。超声波到达被测物体底面后被反射回来，该反射信号被探头接收，经放大器放大后加到示波器垂直偏转板上。标记发生器产生时间标记脉冲，同时加到垂直偏转板上。水平偏转板上施加的是锯齿波扫描电压。因此，在示波器上可以直接读出发射与接收超声波之间的时间间隔 t。如果工件厚度为 d，则

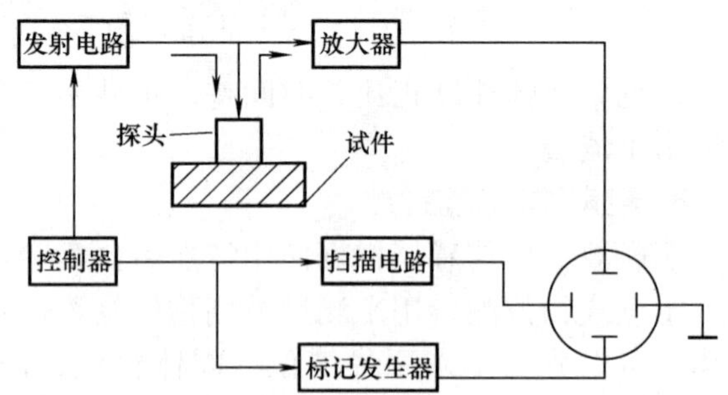

图4-63　利用超声波法测厚的工作原理图

$$d=\frac{1}{2}vt$$

式中，v 为超声波的传播速度。

4.8 位移检测传感器性能比较

表 4-4 所示为位移检测传感器性能比较和各自特点。

表 4-4 位移检测传感器性能比较和各自特点

<table>
<tr><th colspan="2">传感器类型</th><th>测量范围/mm</th><th>灵敏度</th><th>线性度/(%，FS)</th><th>精度/(%，FS)</th><th>分辨率</th><th>工作温度/℃</th><th>频率响应/kHz</th><th>特点</th></tr>
<tr><td colspan="2">应变片</td><td>0~100</td><td></td><td>±0.5</td><td>0.1~0.5</td><td>1μm</td><td></td><td></td><td>体积小、重量轻、成本低、分辨率高。热稳定性差、非线性大、阻值及灵敏度系数分散度大</td></tr>
<tr><td rowspan="4">电感式</td><td>差动电感</td><td>2000</td><td></td><td>0.1~1</td><td>0.2~1</td><td>0.01μm</td><td></td><td></td><td>线性度好、精度高、量程宽、分辨率高。有残余电压、线性度误差随量程增大而变差</td></tr>
<tr><td>变磁路气隙</td><td>0.2~0.5</td><td></td><td>1~3</td><td>1~3</td><td>1μm</td><td></td><td></td><td>灵敏度高。量程小、线性范围小、制作和装配较困难</td></tr>
<tr><td>差动变压器</td><td>1~1000</td><td>0.5~2 mV/μm</td><td>0.1~0.5</td><td>0.2~1</td><td>0.01μm</td><td>-40~120</td><td>0~2</td><td>精度高、分辨率高、稳定性好、温度特性好、量程宽、抗干扰能力强。有残余电压、不适合于高频动态测量</td></tr>
<tr><td>电涡流</td><td>0.2~250</td><td>0.4~80 mV/μm</td><td>0.3~3</td><td>0.4~3</td><td>0.1~10μm</td><td>-15~80</td><td>0~150</td><td>非接触测量、测量范围宽、灵敏度高、结构简单、安装方便、不受油污等介质影响。被测对象的材料不同，灵敏度会发生变化</td></tr>
<tr><td rowspan="2">电容式</td><td>变面积</td><td>0~700</td><td>200~1000 mV/mm</td><td>0.001~0.1μm</td><td>0.001~0.1</td><td>0.001~0.1μm</td><td>-50~80</td><td>0.2~1</td><td rowspan="2">结构简单、分辨率高、动态响应好、可非接触测量、可在恶劣环境条件下工作、适宜于测量小振动位移。变面积式灵敏度低、易受温度影响；变极距的灵敏度高，但输出非线性大</td></tr>
<tr><td>变极距</td><td>0~10</td><td></td><td>1</td><td>0.001~0.1</td><td>0.001~0.1</td><td></td><td></td></tr>
</table>

（续）

传感器类型	测量范围/mm	灵敏度	线性度/(%，FS)	精度/(%，FS)	分辨率	工作温度/℃	频率响应/kHz	特点
霍尔片	0.5～5	10～15mV/mm	±(0.5～2)	0.5	1μm			结构简单、体积小、重量轻、响应速度快、寿命长。但对温度敏感
光栅	30～1000			0.005～0.01	0.1～10μm			精度高，结构复杂
超声式	数毫米到数万米			0.1～1				单探头式盲区大，双探头式盲区小

本章小结

本章主要介绍了位移测量传感器。根据传感器工作原理不同，位移测量传感器可分成电感式、电涡流式、电容式、霍尔式、光栅式、微波和超声波传感器等。

电感式位移传感器的工作原理是建立在电磁感应基础上的，它是利用自感的原理，将位移的变化转换为自感的变化，再由测量电路转换为电流或电压的变化。它具有工作可靠、抗干扰能力强、输出功率较大、分辨力较高、稳定性好等优点。缺点是灵敏度、线性度和测量范围相互制约，传感器自身频率响应低，不适用于快速动态测量。

电涡流式传感器由产生交变磁场的通电线圈和置于线圈附近处于交变磁场中的金属导体两部分组成。其特点是结构简单、使用方便、灵敏度高、不受油液介质影响、频响范围宽，能进行动态非接触测量。

电容式传感器是基于把被测非电物理量转换为电容量的原理进行测量的。它有3种类型：变极距型、变面积型和变介电常数型，其中变极距型和变介电常数型电容传感器的特性为非线性，而变面积型的特性是线性的，在实际使用中为提高传感器的线性度和抗干扰能力，增大灵敏度，常采用差动式结构。电容传感器常用的测量电路主要有桥式电路、调频电路、脉冲宽度调制电路、运算放大器电路等，不同电路各有特点，适用于不同参数的测量。

霍尔传感器是利用霍尔效应实现磁电转换的一种传感器。具有体积小、成本低、灵敏度高、性能可靠、频率响应宽、动态范围大的特点。

光栅式传感器是利用光栅的莫尔条纹现象进行精密测量的传感器。光栅式传感器的装置简单、测量精度高、可实现动态测量、具有较强的抗干扰能力，因此，光栅式传感器被广泛应用于位移和角度的精密测量。

微波传感器和超声波传感器是利用微波和超声波的特性与效应来检测被测物理量的传感器。它们共同的特点是非接触测量、实时处理、快速、灵敏、不怕高温、高压放射性和有毒气体等，因此，得到了广泛应用。

通过本章学习，应该掌握各种测量位移传感器的工作原理，会分析传感器的测量电路，熟悉不同传感器的应用场合；会运用所学知识，选择位移测量传感器、配用合适电路和终端设备，设计小型的位移检测系统。

位移与速度测量传感器实验

实验1　用电涡流式传感器测位移实验

1. 实验目的

了解电涡流式传感器测量位移的工作原理和特性。

2. 实验设备

电涡流式传感器、电涡流变换器、千分尺、被测体。

3. 实验内容

（1）电涡流位移特性原理

电涡流位移测量，必须有一个专用的测量电路。这一测量电路(称为前置器，或电涡流变换器)应包括具有一定频率的稳定的振荡器和一个检测电路等。电涡流式传感器位移测量实验框图如图4-64所示。

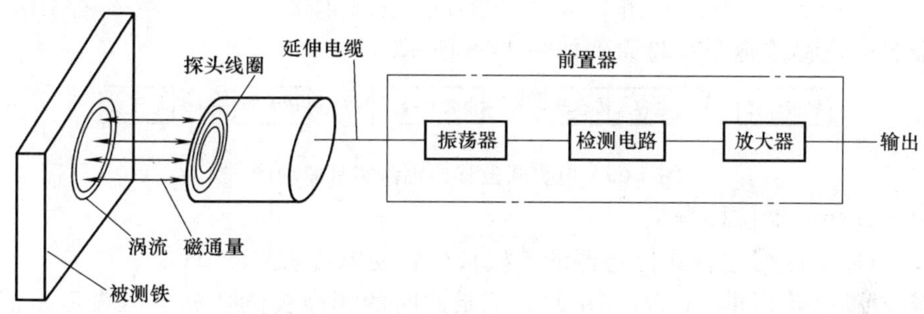

图4-64　电涡流式传感器位移测量实验框图

（2）电涡流位移特性测量

1）安装测微头、被测体铁圆片、电涡流式传感器；使测微头的移动转换为被测体铁圆片和电涡流式传感器的相对距离变化。

2）调节测微头微分筒，每隔0.1mm读一个电涡流式传感器输出的电压值，直到输出U_o变化很小为止。

3）根据表4-5数据，画出U-X实验曲线，根据曲线找出线性区域比较好的范围计算灵敏度和线性度(可用最小二乘法或其他方法拟合直线)。并分析实验中产生的误差及原因。

表4-5　电涡流式传感器位移 X 与输出电压实验数据

X/mm					……					
U_o/V										

实验2　电容式传感器位移实验

1. 实验目的

了解电容式传感器的结构及其特点。

2. 实验设备

电容式传感器、电容变换器、千分尺、放大器、电压表。

3. 实验内容

（1）测量电路(电容变换器)。其电路的核心部分是图 4-65 的二极管环路充放电电路。

在图 4-65 中，环形充放电电路由二极管 VD_3、VD_4、VD_5、VD_6、电容 C_4、电感 L_1 和 C_{X1}、C_{X2}(实验差动电容式位移传感器)组成。

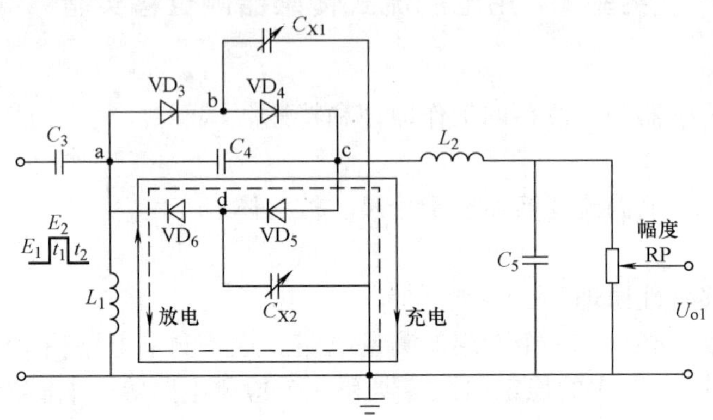

图 4-65 二极管环形充放电电路

（2）电容式位移传感器实验原理如图 4-66 所示。

图 4-66 电容式位移传感器实验原理图

（3）电容式传感器位移测量

1）转动测微头改变电容式传感器的动极板位置使电压表显示 0V。

2）再转动测微头(同一个方向)6 圈，记录此时的测微头读数和电压表显示值为实验起点值。

3）反方向每转动测微头 $\Delta X = 0.5\text{mm}$ 读取电压表读数(累计转动 6mm 每次读取相应的电压表读数)。

4）将数据填入表 4-6(这样单行程位移方向做实验可以消除测微头的回差)。

表 4-6 电容式传感器位移实验数据

X/mm										
U/mV										

5）根据表 4-6 数据作出 $\Delta X\text{-}U$ 实验曲线并截取线性比较好的线段计算灵敏度 $S = \Delta U/\Delta X$ 和非线性误差 δ，并分析该电容式传感器的测量范围。

实验 3 线性霍尔传感器位移特性实验

1. 实验目的

了解霍尔传感器的原理与应用。

2. 实验设备

霍尔传感器、测量电路、千分尺、差动放大器、电压表。

3. 实验内容

（1）测量电路

霍尔位移传感器的工作原理和实验电路原理如图 4-67a、b 所示。将磁场强度相同的两块永久磁钢同极性相对放置，线性霍尔元件置于两块磁钢间的中点，其磁感应强度为 0，设这个位置为位移的零点，即 $X=0$，因磁感应强度 $B=0$，故输出电压 $U_H=0$。当霍尔元件沿 X 轴位移，由于 $B\neq0$，则有一电压 U_H 输出，U_H 经差动放大器放大输出为 U。U 与 X 有一一对应的特性关系。

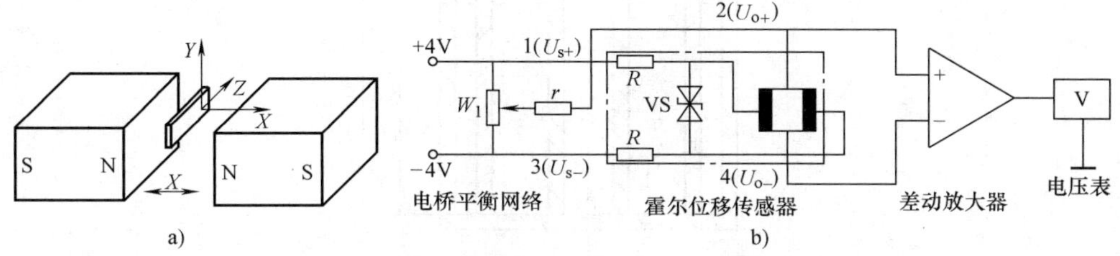

图 4-67　霍尔位移传感器的工作原理和实验电路原理图

a）工作原理　b）实验电路原理

（2）测量位移

1）按照图 4-67b 连接电路，并将测微头连接到霍尔传感器上，调节测微头产生位移。

2）顺时针调节测微头的微分筒 3 周，记录电压表读数作为位移起点。之后，反方向(逆时针方向）调节测微头的微分筒(0.01mm/每小格)，每隔 $\Delta X=0.1$mm(总位移可取 3 ~ 4mm)从电压表上读出输出电压 U_o 值，将读数填入表 4-7(这样可以消除测微头的机械回差)。

表 4-7　霍尔传感器(直流激励)位移实验数据

ΔX/mm										
U/mV										

3）根据表 4-7 的数据作出 U-X 实验曲线，分析曲线在不同测量范围(±0.5mm、±1mm、±2mm)时的灵敏度和非线性误差。

思考与练习

1. 简述电感式传感器的组成、工作原理和基本特性。

2. 比较电感式传感器与差动变压器式传感器的相同点与不同点。

3. 简述变压器电桥和带相敏整流的交流电桥的工作原理，比较各自的特点。

4. 什么是涡流效应？为什么说电涡流式传感器属于电感式传感器？

5. 用反射式电涡流式传感器测量位移时，对被测体要考虑哪些问题？为什么？

6. 电容式传感器的 3 种基本类型是什么，分别设计出它们的差动形式。说明差动结构的特点是什么？

7. 图 4-68 为油量表中的电容式传感器简图，其中 1、2 为电容传感元件的同心圆筒(电极)，3 为箱体。已知：$R_1=12$mm，$R_2=15$mm，油箱高度 $H=2$m，汽油的介电常数 $\varepsilon_r=2.1$。求：同心圆套筒电容器在空箱和注满汽油时的电容量。

8. 霍尔元件不等位电势是如何产生的？减小不等位电势可以采用哪些方法？

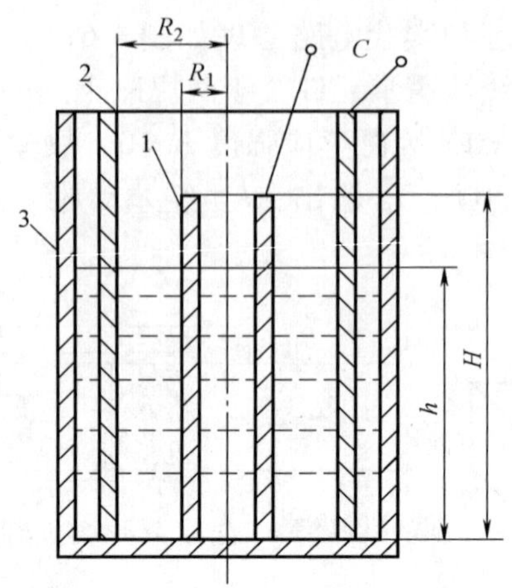

图 4-68　油量表中的电容式传感器简图

9. 设计一个采用霍尔传感器的液位控制系统，要求画出系统结构图和电路原理简图，并说明工作原理。

10. 简述透射光栅式传感器的组成结构，说明莫尔条纹形成原理和它的特点。

11. 简述光栅辨向原理和细分技术。

12. 利用超声波测量时，超声波的发射电路和接收电路如何实现？需要注意哪些事项？

13. 简述超声波探伤的工作原理。

第5章　角度与角位移测量传感器

本章要点

- 感应同步器、光电编码器、旋转变压器与自整角机等角度与角位移测量传感器的结构与工作原理
- 角度与角位移测量传感器的测量电路
- 角度与角位移测量传感器的性能及应用范围比较
- 角度与角位移测量传感器应用实例

角位移测量技术是几何量测量技术的一个重要组成部分，在国民经济和国防建设中具有广泛的应用和重要的作用。例如，飞机、舰船、火箭、飞船常用惯性导航仪表来保证航行方向角的准确性；弹道式导弹的发射需要掌握发射点和落点的方位角；火炮以对其垂直角和水平角的控制，保证命中目标。随着科学技术的不断进步，尤其是电子测量仪器的迅速发展，角位移测量技术也在不断地精益求精、更新换代，它已从传统的人工测量向由微处理器控制的测量的方向发展，使测量系统具有了功能全、自动化程度高、更新能力强等特点。采用微处理器参与控制和进行数据处理，已经成为提高测角系统可靠性、增强测角系统功能和实现自动化测试的重要手段之一。

5.1　感应同步器

感应同步器是一种电磁感应式多级位置传感器，它是利用两个平面形绕组的互感随位置不同而发生变化的原理工作的。感应同步器采用多级结构，能够在电与磁两方面对误差起补偿作用，所以具有很高的精度。由于测量对象的不同，感应同步器根据运动方式的不同，可以分为圆感应同步器和长感应同步器。圆感应同步器用于检测角度和角位移，长感应同步器用来检测直线位移。

感应同步器的优点是：

- 具有较高精度和分辨率。长感应同步器的精度可达到 ±1.5μm，分辨力 0.05μm。直径为 300mm 的圆感应同步器的精度可达 ±1″，分辨力 0.05″，重复性 0.1″。
- 抗干扰能力强。感应同步器在一个节距内是一个绝对测量装置，在任何时间内都可以给出仅与位置相对应的单值电压信号，因而瞬时作用的偶然干扰信号在其消失后不再有影响。平面绕组的阻抗很小，受外界干扰电场的影响很小。
- 使用寿命长，维护简单。定尺和滑尺，定子和转子互不接触，没有摩擦、磨损，所以使用寿命很长。它不怕油污、灰尘和冲击振动的影响。
- 可以作长距离位移测量。可以根据测量长度的需要，将若干根定尺拼接。拼接后总长度的精度可保持单个定尺的精度。目前几米到几十米的大型机床工作台位移的直线测量，大多采用感应同步器来实现。
- 工艺性好，成本较低，便于复制和批量生产。

感应同步器广泛应用于高精度伺服转台、雷达天线、火炮和无线电望远镜的定位跟踪、精密数控机床以及高精度位置检测系统中。

5.1.1 感应同步器的结构与工作原理

1. 感应同步器的结构

旋转式感应同步器和直线式感应同步器在结构上都由两部分构成，即固定部分和运动部分。旋转式感应同步器的构成部分称为定子和转子，直线式感应同步器的构成部分称为定尺和滑尺。它们的结构虽然不同，但是组成部分基本相同，下面以直线感应同步器为例介绍它的结构。

直线式感应同步器的绕组结构如图5-1所示，它由定尺和滑尺组成。定尺为连续绕组，定尺两相邻导片间的间距称为节距，用字母 τ 表示，二倍节距称为一个周期。因此，对于电角度来说，τ 相当于180°。滑尺是分段绕组，两段绕组分别为正弦绕组 u_s，余弦绕组 u_c，正弦绕组和余弦绕组之间错开90°相角，即相差1/4周期。

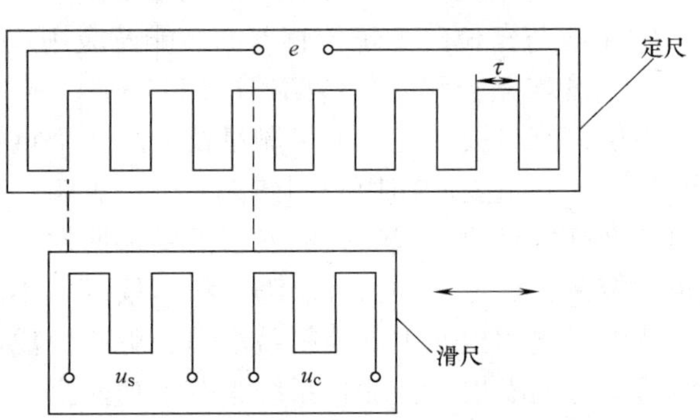

图5-1 直线式感应同步器的绕组结构

一般情况下，先用绝缘粘接剂把铜箔粘在金属或玻璃基板上，然后按照设计要求腐蚀成不同形状的平面绕组，这种绕组称为印制绕组。定尺和滑尺均由印制绕组做成。

感应同步器的连续绕组和分段绕组相当于变压器的一次绕组和二次绕组，它是利用交变电磁场和互感原理工作的。

2. 感应同步器的工作原理

感应同步器的工作原理是基于电磁感应现象，当励磁绕组以一定频率的正弦电压励磁时，将产生同频率的交变磁通，感应绕组与这个交变磁通耦合，便产生同频率的交变电动势。这个电动势的幅值与励磁频率、耦合长度、励磁电流、两绕组间隙、两绕组的相对位置等因素有关。

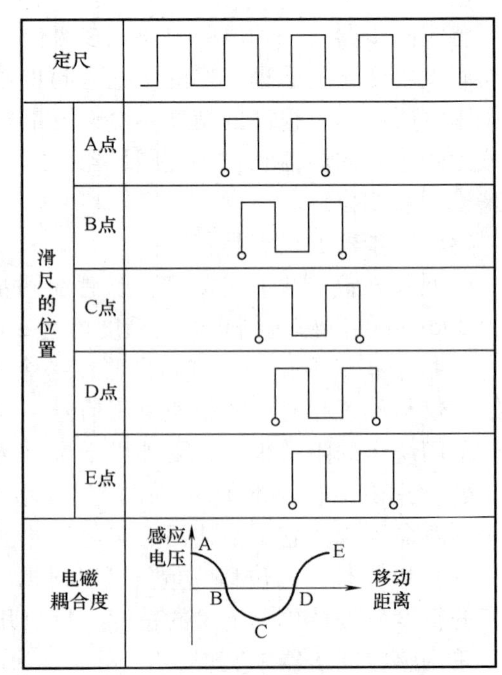

图5-2 定尺绕组中感应电动势的变化

当滑尺的两个绕组中的任一绕组通以交变励磁电压时，由于电磁效应，定尺绕组上必然产生相应的感应电动势。感应电动势的大小取决于滑尺相对于定尺的位置。图5-2给出了滑尺绕组相对于定尺绕组处于不同的位置时，定尺绕组中感应电动势的变化情况。图5-2中A点表示滑尺绕组与定尺绕组重合，这时耦合磁能量最大，定尺绕组中的感应电动势最大；如果滑尺相对于定尺从A点逐渐向左（或右）平行移动，感应电动势就随之逐渐减小，在两绕组刚好错开1/4节距的B点，感应电动势减为零；若再继续移动，移到1/2节距的C点，感应电动势相应地变为与A位置相同，但极性相反，到达3/4节距的D点时，感应电动势再一次变为零；移动了一个节距，即到达E点时，情况又与A点相同了，相当于又回到了A点。这样，滑尺在移动一个周期的过程中，感应同步器定尺绕组的感应电动势近似于余弦函数变化了一个周期。可见，感应电动势随着滑尺相对定尺的移动而周期性变化。

3. 电气参数及特点

（1）精度

精度是根据基本误差的大小确定的。感应同步器的基本误差包括零位误差和电气误差两种。由于感应同步器是线性感应元件，它的磁路和电路都不会饱和，因此，无论是连续绕组励磁，还是分段绕组励滋，其误差都一样。

按照误差产生的原因，可分成3大类：原理性误差、工艺性误差和条件性误差。原理性误差是由于设计的不完善而固有的，例如，谐波磁场和谐波磁动势的存在而产生的误差。工艺性误差是由于工艺不完善，产生的几何尺寸精度不够导致的误差，例如，刻线不准，表面不平、不均匀等。条件性误差是由于测试或运行时外界条件不当而引起的。

（2）阻抗

图5-3a所示为感应同步器的等效电路。由于感应同步器磁路基板的磁导率很低，几乎和空气的磁导率一样，整个磁路的磁导率很小，因此，在通常的励磁信号频率$f=2\sim10$kHz的频率范围内，绕组的感抗远小于电阻，大约感抗只有电阻的2%。这样，一次侧励磁电压绝大部分都落在电阻上，用来产生电动势的仅是很小的一部分。因而，一次侧励磁电流与二次电流近乎同相，而二次侧输出的电动势和一次侧励磁电压的相位移角度几乎相差90°。感应同步器中各向量之间的关系如图5-3b所示。

可见，感应同步器的阻抗主要是电阻，阻抗的绝对值也很小，一般在几欧到几十欧。对于感应同步器，只需要测量两个阻抗：定子开路阻抗Z_s和转子开路阻抗Z_r。实际上，感应同步器在运行时相当于开路状态。

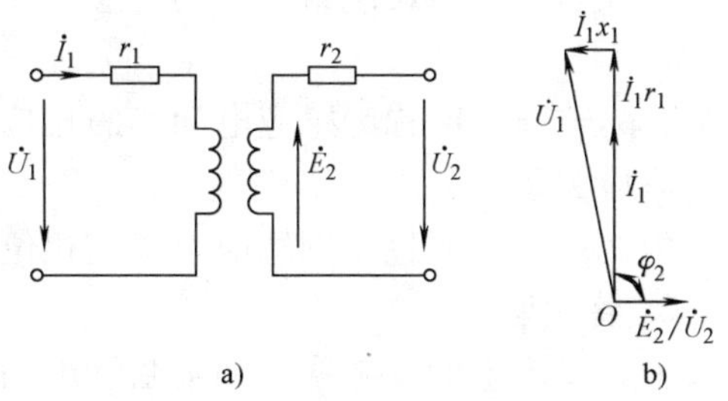

图5-3 感应同步器向量图

a）感应同步器的等效电路

b）感应同步器中各向量之间的关系

（3）励磁电压

感应同步器的励磁电压一般都较低，大约为零点几伏至几伏。因为绕组导体截面积很小，励磁电流一般为0.1~0.5A。励磁电源频率一般为2~10kHz。

（4）输出电压

由于感应同步器转子和定子之间的气隙很大，一次侧、二次侧两边的耦合相当松。通常以输出最大电压U_{2m}和电压传送比VTR表征输出电压的大小。由于感应同步器转子和定子之间的耦合较松，所以最大输出电压U_{2m}通常在几毫伏到十几毫伏之间。感应同步器在规定间隙条件下，励磁电压的基波分量与最大空载输出的基波分量之比称为电压传送比，其变化范围很大，通常在几十到几百之间。

（5）零位及零位电压

感应同步器的零位定义为：两相绕组单相励磁，连续绕组输出，或连续绕组励磁，两相绕组输出时，其输出电压的基波同相分量为零时，两相绕组和连续绕组之间的相对位置。感应同步器处于零位时的输出电压称为零位电压。

5.1.2 感应同步器信号处理

对感应同步器的信号处理，根据工作要求和精度的不同，有鉴相型、鉴幅型、幅相型等。下面介绍鉴相型和鉴幅型两种方法。

1. 鉴相型

鉴相型是根据感应电动势的相位来鉴别位移量的。

如果在滑尺的正弦绕组和余弦绕组上分别供给频率相同，相位相差90°的交流励磁电压，即

$$u_s = U_m \sin \omega t \tag{5-1}$$

$$u_c = -U_m \cos \omega t \tag{5-2}$$

式中，u_s 为正弦绕组励磁电压；u_c 为余弦绕组励磁电压；U_m 为励磁电压峰值；ω 为交流信号角频率。

两个励磁电压在定尺绕组上的感应电动势分别为

$$e_s = kU_m \sin \frac{2\pi x}{W} \cos \omega t \tag{5-3}$$

$$e_c = kU_m \cos \frac{2\pi x}{W} \sin \omega t \tag{5-4}$$

式中，e_s 为正弦绕组励磁电压在定尺绕组上的感应电动势；e_c 为余弦绕组励磁电压在定尺绕组上的感应电动势；k 为比例系数；W 为二倍节距；x 为定尺与滑尺相对位移。

叠加后，在定尺绕组上总的感应电动势为

$$e = e_s + e_c = kU_m \sin(\omega t + \theta_x) \tag{5-5}$$

式中，$\theta_x = 2\pi x / W$ 称为感应电动势的相位角，它在一个周期内与定尺和滑尺的相对位移 x 有一一对应关系。

由此可见，通过鉴别感应电势的相位，可以测出定尺与滑尺之间的相对位移。

2. 鉴幅型

如果滑尺上的正弦绕组和余弦绕组加以同频、同相但幅值不等的交流励磁电压，则可根据感应电动势的振幅来鉴别信号位移量，称为鉴幅型。

当加到滑尺绕组的励磁电压为

$$u_s = U_s \sin \omega t \tag{5-6}$$

$$u_c = -U_c \sin \omega t \tag{5-7}$$

它们在定尺绕组上的感应电动势为

$$e_s = kU_s \sin \frac{2\pi x}{W} \cos \omega t \tag{5-8}$$

$$e_c = -kU_c \cos \frac{2\pi x}{W} \cos \omega t \tag{5-9}$$

定尺绕组上总的感应电动势为

$$e = kU_s \sin\frac{2\pi x}{W}\cos\omega t - kU_c\cos\frac{2\pi x}{W}\cos\omega t$$
$$= k\cos\omega t(U_s\sin\theta_x - U_c\cos\theta_x) \tag{5-10}$$

利用函数变压器使励磁电压幅值为

$$U_s = U_m\cos\theta_d \tag{5-11}$$

$$U_c = U_m\sin\theta_d \tag{5-12}$$

式中，θ_d 为励磁电压的相角。

则感应电动势可写成

$$e = kU_m\cos\omega t\sin(\theta_x - \theta_d) \tag{5-13}$$

可见，感应同步器定尺绕组上感应电动势与定尺和滑尺间的相对位移角 θ_x 与励磁电压相角之差相关联。

设在原始状态时，$\theta_d = \theta_x$。当位移增量 Δx 较小时，其感应电动势增量为

$$\Delta e = kU_m\sin\Delta\theta_x\cos\omega t \approx kU_m\frac{2\pi}{W}\Delta x\cos\omega t \tag{5-14}$$

上式说明，位移增量 Δx 较小时，感应电动势增量 Δe 与 Δx 成正比。通过鉴别 Δe 即可测出 Δx 的大小。

5.1.3 感应同步器的应用

图 5-4 给出了某测试台的水平倾角位置控制系统框图。测试台的实际位置由旋转式感应同步器测得，由数显仪转换为数字信号后，反馈给计算机。计算机将测量数据按照控制算法运算后，输出控制指令供给伺服电动机。伺服电动机根据控制指令驱动转台运动，直至转台转到给定值为止。

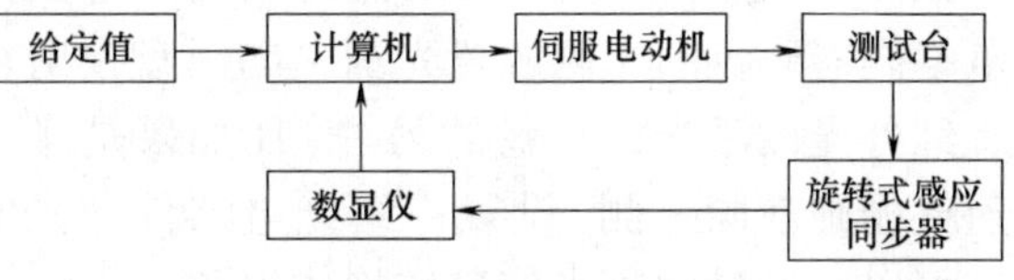

图 5-4 某测试台的水平倾角位置控制系统框图

在该倾角角度控制系统中，采用旋转式感应同步器作为传感元件，可对测试台的倾斜角度进行精密检测。角位移数显装置直接将机械角位移量转换成电量并将其数字化，显示精度优于传统方法，分辨力也大大提高。

系统采用 12-720 极旋转式感应同步器，其精度为 ±1″，重复性是角度的 1/10，对工作环境适应性强、耐振动，不受灰尘、油污及冷却液的影响，且寿命长，精度不受环境温度变化的影响。

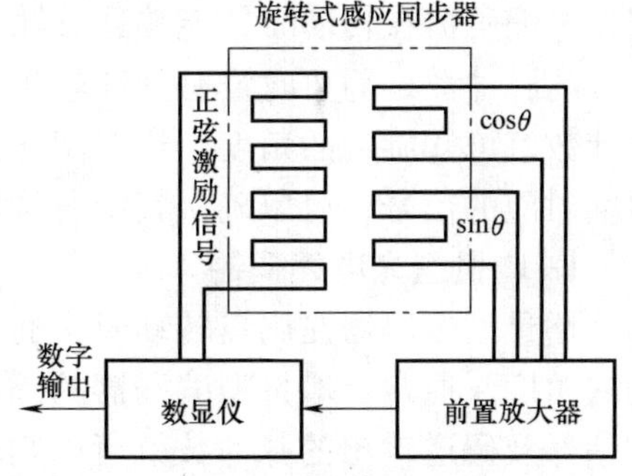

图 5-5 旋转式感应同步器及其数显系统原理图

图 5-5 为旋转式感应同步器及其数显系统原理图。旋转式感应同步器的定子为输入，接收数显表输出的正弦励磁信号，旋转式感应同步器的转子为输出。当转子相对于定子转过一定角度时，旋转式感应同步器就输出与转角 θ 有关的 $\sin\theta$ 和 $\cos\theta$ 模拟量信号。感应同步器定子安装在固定支架上，转子安装在测试台上，当测试台发生转动时，感应同步器的定子与转子产生相对转动，与其转角 θ 有关的 $\sin\theta$ 和

cos θ 两路信号经前置放大器放大后，送数显仪处理。数显仪一方面用于对同步器定子励磁，为其提供正弦激励信号，以 12 位 D/A 转换器构成硬件闭环跟踪系统；另一方面，数显表接收经前置放大器放大后的感应同步器输出的位置信号数据，经过处理后显示，同时以并行 BCD 码将数据输出到计算机与预设的角度值进行比较。

系统选用工控机进行控制，通过接口板与旋转式感应同步器数显仪和伺服电动机驱动器连接。工控机将测试台的实测角度值与预设角度值进行比较，以便控制电动机转动，直到测试台的实测角度值与预设角度值相等为止。

该控制系统达到指标：测试台倾角在以水平面为基准的 ±10°范围内调节，角度调节精度为 ±1″。

5.2 光电编码器

光电编码器是一种高精度的角度测量传感器，它是集光、机、电、精密技术于一体的高技术检测装置。通过光电转换，可将传输给轴的机械量、旋转位移等参量转换成相应的电脉冲或数字量输出。光电编码器具有体积小、重量轻、功能全、频率高、分辨率高、可靠性好、耗能低、坚固耐用等特点。作为传感元件它已广泛的应用于天文望远镜、军事雷达、定向陀螺仪、机器人及精密转台等系统中。

5.2.1 光电编码器原理与分类

光电编码器是在平板玻璃圆盘或其他透明材料上，通过光学刻划和照相复制，对盘面按一定数学模式分割，形成明暗相间的刻线或刻区而制成的传感器。

如图 5-6 所示为光电编码器的结构原理图。在光电编码器码盘的一侧放置光源，向码盘投射可见光、红外光或激光，在盘的另一侧(如果是激光或反射光栅则在同一侧)设置一组光电器件。光电器件就可以把透过圆盘光信息转换成电信号，经过电路放大、整形，就可以把圆盘转动的信息发送给控制装置。

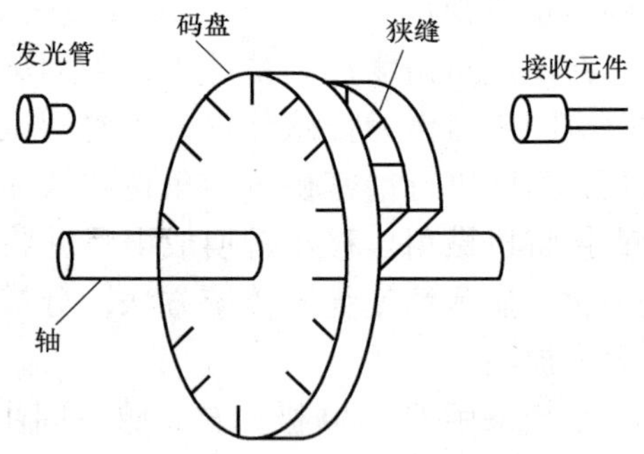

图 5-6　光电编码器的结构原理图

光电编码器可分为增量型和绝对型两类。增量型光电编码器在转动时，能够连续输出与旋转角度对应的脉冲数，静止时没有脉冲输出。因此，对脉冲计数就可知旋转的角度。绝对型光电编码器和旋转与否没有关系，可并行输出与其转动的角度对应的信号，可以确认其绝对位置。

1. 增量型光电编码器

增量型编码器在码盘转动时，通过对狭缝遮挡和透过光产生的光脉冲计数来测量码盘转动的角度。通常，增量型编码器的码盘另外增加一个码道用于产生定位或零位信号，通过零位信号及码道输出的脉冲数就可以判断码盘当前的位置。

增量型编码器的分辨率以码盘上光栅的线数或每转脉冲数(CPR)表示，即码盘每旋转一周，光电检测器产生的计数脉冲数。

增量型编码器的特点决定了它非常适合于测量连续转动设备的转速，而当它用于测量角度或角位移时，就要依靠计数设备来确定。因此，在测量角度或角位移过程中，要保证计数脉冲不能因干扰而丢失，在停电时不允许编码器有任何移动，否则将带来测量误差。绝对型光电编码器可以解决增量型编码器的零点偏移误差和抗干扰能力不强的问题。

2. 绝对型光电编码器

绝对型光电编码器的码盘如图 5-7 所示，其码盘上有多道同心码道，通过不同码道透光区与不透光区的组合，实现对任意角度的编码。图 5-7 中的码盘分成 3 个码道，每一道对应一个光电探测器，沿着码道径向排列。当码盘角度不同时，光电探测器输出的电平为二进制编码，该编码对应于码盘所处的绝对位置。码盘输出的编码，一般内码道对应二进制的高位；最外码道对应最低位。绝对编码器定位不需要参考点或零位，因此，掉电后起动位置信息不会丢失，且不会产生累计误差。

码盘的道数就是该码盘输出编码的位数，可见，它决定了绝对编码器的分辨率。显然，码盘道数越多，它的分辨率就越高。

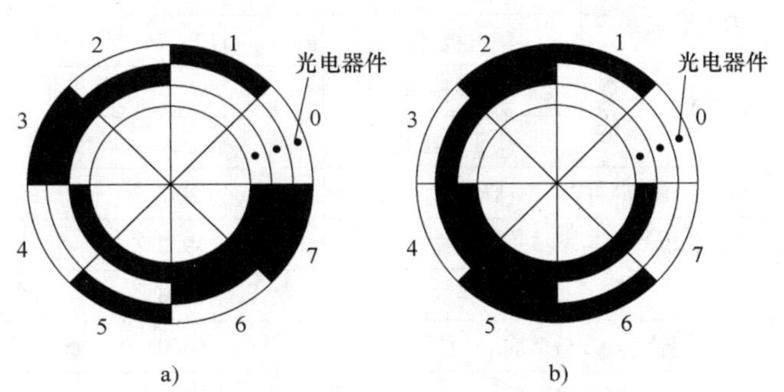

图 5-7 绝对型光电编码器的码盘

a）标准二进制码的码盘 b）格雷码码盘

绝对编码器的码盘的编码常用码制有标准二进制码和格雷码两种，如图 5-7a 所示为标准二进制码的码盘，如图 5-7b 所示为格雷码码盘。这两种码制各有优缺点，二进制码直观，数据处理容易。但是在位置切换过程中，有可能出现误判断，这在有些工业控制中会带来严重的后果。格雷码的特点是相邻两区域的编码只有一位是变化的，这就避免在切换过程中产生错误。因此，格雷码在工程中得到了广泛的应用。但是格雷码通常需要经过解码，转换成二进制码后，才能得到位置信息。

绝对型光电编码器由编码决定它的机械位置，因此，不需要定位信号，也不需要掉电记忆，它的数据可靠性和抗干扰能力大大提高。由于绝对型光电编码器在定位方面明显的优于增量型编码器，所以越来越多地应用于各种工业系统的角度、角位移和定位控制中。

5.2.2 光电编码器主要参数

1）输出脉冲数/转。编码器的轴旋转一圈所输出的脉冲数。

2）最高频率响应。在 1s 内能响应的最大脉冲数。

3）最高转速。可响应的最高转速，在此转速下发生的脉冲能够被响应。

4）信号输出方式

- 电压输出。由共射级晶体管电路输出，其输出电压随输出电流变化而有所变化。
- 集电极开路输出。直接从晶体管的集电极输出，使用时需要外加电源。
- 推挽输出。当输出信号“1”时，上端晶体管导通，下端晶体管截止；当输出信号“0”时，上端晶体管截止，下端晶体管导通。推挽输出方式能够增加输出驱动能力，可以增加信号的传输距离。

● 线驱动输出。按照 RS-422A 标准的数据传送电路，可使用双绞线电缆进行长距离传送。

5）轴允许负荷。表示可加在轴上的最大负荷，有径向负荷和轴向负荷两种。径向负荷对于轴来说是垂直方向的受力，与偏心、偏角等有关。轴向负荷对于轴来说是水平方向的受力，与推、拉轴的力有关。这两个力的大小，影响轴的机械寿命。

表 5-1 中列出的是几种增量型编码器的技术指标，表 5-2 中列出的是几种绝对型编码器的技术指标。

表 5-1　几种增量型编码器的技术指标

型号		OEK	NE	NEH
脉冲数/($P \cdot R^{-1}$)		50～600	1000～5000	25000
输出信号		A 相、B 相、Z 相	A 相、B 相、Z 相	A 相、B 相、Z 相
输出形式（DC）/V	电压输出	5～12		
	集电极开路	12～24	12～24	
	推挽输出			
	线驱动输出		5	5
最高响应频率/kHz		200	200	1300
轴负荷/N	轴向	39.2	49.0	39.2
	径向	78.4	98.0	78.4
最高转速/($r \cdot min^{-1}$)		6000	5000	3000
使用温度/℃		-10～70	-5～60	-10～70
防护等级		IP50	IP54	IP64

注：$P \cdot R^{-1}$为每周输出的脉冲数。

表 5-2　几种绝对型光电编码器的技术指标

型号		AEW	ASC		ASS
输出码		格雷码负逻辑	二进制负逻辑	BCD 码负逻辑	格雷码负逻辑
分辨率		64、256	8 位、10 位	360(10 位)	8 位、10 位
输出形式（DC）/V	电压输出	5～12	5～12		5～12
	集电极开路	5～12	5～12	5～12	5～12
	推挽输出		24		24
	线驱动输出				
最高响应频率/kHz		5	10		20
轴负荷/N	轴向	9.8	29.4		29.4
	径向	29.4	49.0		98.4
最高转速/($r \cdot min^{-1}$)		6000	5000		5000
使用温度/℃		-10～55	-10～70		-10～70
防护等级		IP50	IP64		IP64

5.2.3　光电编码器的应用

电脑绣花机是一种最为复杂的缝纫设备，它在电脑控制下，完成一切花样的缝绣动作。

电脑和机头机械是绣花机的主体，光电增量编码器则是实现对机头机械自动运行控制的主要部件。

光电增量编码器在电脑绣花机中的作用就是确定机头针杆进针的位置。

电脑绣花机将绣花样品的运动轨迹分解成若干子样，电脑将子样动作通过 X、Y 方向的步进电动机实现自动移绷、刺针等动作。固定绣品的绷框在 X、Y 合成方向向前进一步后，机头上的绣针向绣品刺一针。电脑根据绣品轨迹数据连续不断地向步进电动机发送数据，每次电脑向 X、Y 方向的步进电动机发送刺绣数据，步进电动机就动作一次，针按一定步距刺绣一针。机头针杆的运动量是由 Z 方向的电磁离合式电动机的旋转带动的，在机械结构的作用下，将电动机的旋转动作转变为机头针杆的上下直线运动。电动机每转一圈，针杆上下往返一次，针按一定步距向绣品刺一针。可见，针杆动作和移绷动作必须要协调一致，否则，将会损坏绣机。

针杆的动作和移绷动作的协调一致是由固定在 Z 方向电动机转轴上的光电增量编码器来实现的。可以将刺绣一针的动作分解为：当针在绣品之上时，绣品绷框可以移动一次，即 X、Y 方向的步进电动机走一步；当移绷动作结束后的某一确定时刻，针才可以向绣品刺一针。因此，通过编码器将 Z 方向电动机旋转一周的相位分解成如图 5-8 所示的几部分。光电编码器的角度可以产生如下动作：入布(115°)，表示此时针开始刺向绣品；出布(230°)，表示针将离开绣品。出布之后，再产生移绷动作：最高位，表示针杆上抬的位置，即停针位；最低位(173°)，表示针刺向绣品位置。

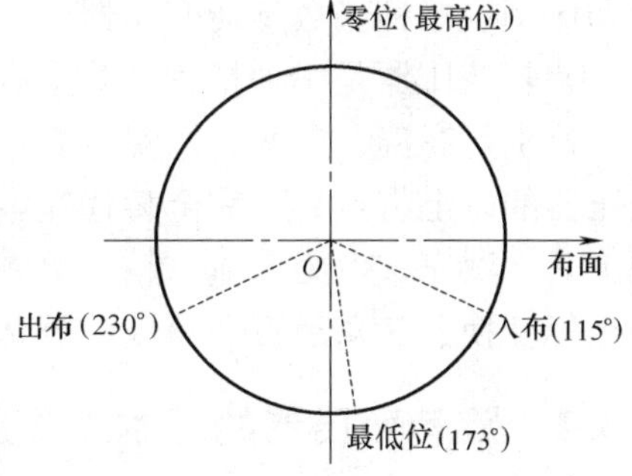

图 5-8　Z 电动机旋转一周的相位分解图

电脑绣花机通常采用每转输出 512 ~ 1024 个脉冲，转速 1000r/min，每转输出一个零位脉冲的光电增量编码器，控制绣花机动作。例如，使用每转输出 1024 个脉冲的编码器，根据图 5-8 的动作时间，需要入布、出布等信号的相位转换成对应的脉冲个数。例如，入布对应第 327 个脉冲，出布对应第 654 个脉冲。

图 5-9 所示为电脑绣花机控制信号产生电路框图。

光电编码器每转一圈，输出 1024 个信号脉冲和一个零位脉冲。它们经过整形后，信号脉冲加到计数器的计数脉冲端，当计数计到 327 和 654 时，译码器分别译出入布、出布和其他信号，该信号经过光隔离后输出给电脑，电脑根据出布信号控制 X、Y 方向的步进电动机动作。电脑接收到入布信号后，从内存中读取一针所必要的数据以及其他的控制动作信号。这样就可以控制绣机正常运转，完成绣品的刺绣。

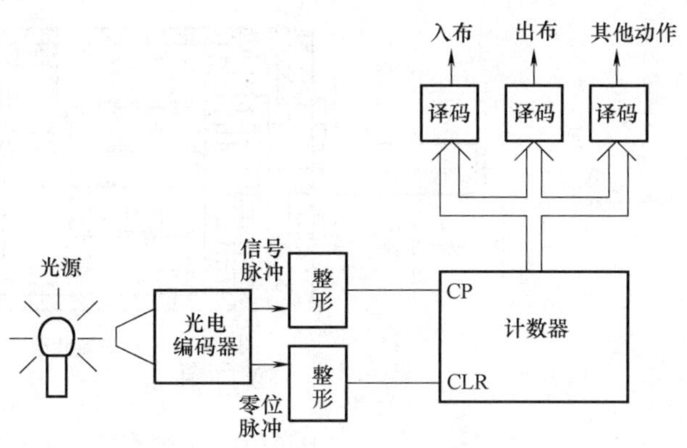

图 5-9　电脑绣花机控制信号产生电路框图

5.3　旋转变压器

旋转变压器是一种电磁式传感器。它实质上是一种测量角度用的小型交流电动机，用来测量旋转物体的转轴角位移和角速度，由定子和转子组成，其中定子绕组作为变压器的一次侧，接受励磁电压。转子绕组作为变压器的二次侧，通过电磁耦合得到感应电压。旋转变压器的工作原理和普通变压器基本相似，区别在于普通变压器的一次、二次绕组是相对固定的，所以输出电压和输入电压之比是常数，而旋转变压器的一次、二次绕组是随转子的角位移发生相对位移的，旋转变压器的输出电压的大小随转子角位移而发生变化，输出绕组的电压幅值与转子转角成正弦、余弦函数关系，或保持某一比例关系，或在一定转角范围内与转角成线性关系。按其输出电压与转子转角之间的函数关系，旋转变压器可以分为正余弦、线性和比例、特种函数旋转变压器。

旋转变压器是一种精密角度、位置、速度检测装置，适用于所有使用旋转编码器的场合，特别是高温、严寒、潮湿、高速、高振动等旋转编码器无法正常工作的场合。由于旋转变压器的以上特点，可完全替代光电编码器，被广泛应用在伺服控制系统、机器人系统、机械工具、汽车、电力、航空航天等领域的角度、位置检测系统中。此外，旋转变压器也可用于坐标变换、三角运算和角度数据传输、作为两相移相器用在角度－数字转换装置中。

5.3.1　旋转变压器的基本工作原理

根据旋转变压器输出信号函数关系的不同，常用旋转变压器分为正余弦旋转变压器和线性旋转变压器两种；按其结构，又可分为无刷结构和有刷结构两种。图 5-10 是一种无刷旋转变压器的结构。有刷结构旋转变压器转子绕组接至集电环，由电刷引出输出电压。无刷结构旋转变压器没有集电环和电刷，其寿命和可靠性比有刷结构旋转变压器高。

1. 正余弦旋转变压器

正余弦旋转变压器的原理结构如图 5-10 所示。

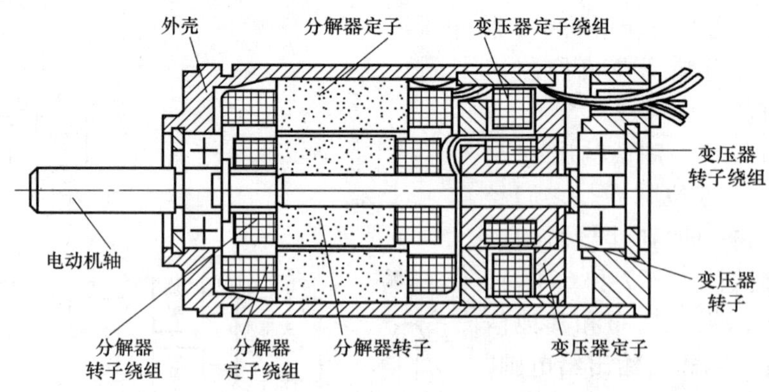

图 5-10　正余弦旋转变压器的原理结构

正余弦旋转变压器的定子、转子中分别安放着 2 个相互垂直的同心式分布绕组。如图 5-11a 所示为正余弦旋转变压器定子绕组，定子的两相绕组分别称为直轴励磁绕组和交轴励磁绕组，u_1 和 u_2 为定子绕组的励磁电压。图 5-11b 所示为正余弦旋转变压器转子绕组，转子的两相绕组分别称为正弦绕组和余弦绕组，u_3 和 u_4 为转子输出电压。

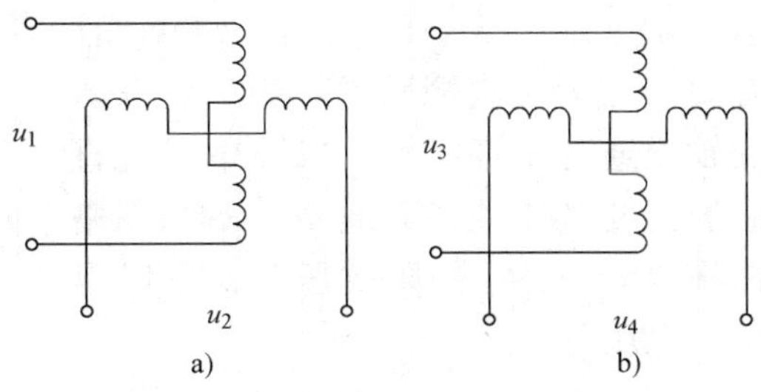

图 5-11　正余弦旋转变压器的绕组
a）定子绕组　b）转子绕组

励磁绕组的励磁方式可分为单相励磁方式和双相励磁方式两种。

（1）单相励磁方式

单相励磁方式只使用一个励磁绕组，将另一相励磁绕组短路，此时，励磁电压 $u_1(t)$ 和 $u_2(t)$ 分别为

$$u_1(t) = U_m \sin \omega t \tag{5-15}$$

式中，U_m 为励磁电压峰值；ω 为励磁电压角频率。

$$u_2(t) = 0 \tag{5-16}$$

则输出电压 $u_3(t)$ 和 $u_4(t)$ 分别为

$$u_3(t) = kU_m \cos \omega t \sin \theta \tag{5-17}$$

$$u_4(t) = kU_m \cos \omega t \cos \theta \tag{5-18}$$

式中，$u_1(t)$ 为直轴励磁绕组输入电压；$u_2(t)$ 为交轴励磁绕组输入电压；θ 为转子位置角；$u_3(t)$ 为正弦绕组输出电压；$u_4(t)$ 为余弦绕组输出电压；k 为旋转变压器电压比。

（2）双相励磁方式

双相励磁是将定子的直轴励磁绕组和交轴励磁绕组都加上励磁电压，励磁电压 $u_1(t)$ 和 $u_2(t)$ 如下式：

$$u_1(t) = U_m \sin \omega t \tag{5-19}$$

$$u_2(t) = U_m \cos \omega t \tag{5-20}$$

则输出电压 $u_3(t)$ 和 $u_4(t)$ 分别为

$$u_3(t) = kU_m \sin(\omega t + \theta) \tag{5-21}$$

$$u_4(t) = kU_m \cos(\omega t + \theta) \tag{5-22}$$

转子角位移 $\sin\theta$ 和 $\cos\theta$ 可以通过下式计算得到

$$u_\alpha(t) = u_3(t)u_2(t) - u_4(t)u_1(t) = kU_m^2 \sin\theta \tag{5-23}$$

$$u_\beta(t) = u_4(t)u_2(t) + u_3(t)u_1(t) = kU_m^2 \cos\theta \tag{5-24}$$

$$\sin\theta = \frac{u_\alpha(t)}{kU_m^2} \tag{5-25}$$

$$\cos\theta = \frac{u_\beta(t)}{kU_m^2} \tag{5-26}$$

式中，$u_\alpha(t)$ 和 $u_\beta(t)$ 为中间变量，它们分别与角位移的正弦值 $\sin\theta$ 和余弦值 $\cos\theta$ 成正比。

比较这两种励磁方式可以看出，单相励磁方式只需要一相励磁电源，励磁简单，容易实现。但是它要从二次绕组输出电压 $u_3(t)$ 和 $u_4(t)$ 中得到转子的角位移 θ 的正弦值和余弦值，这需要进行相对复杂的运算才能完成。双相励磁方式二次侧运算只涉及乘法和加法运算，运算简单、速度快。但是，它需要两路相差 90°的励磁电源，实现相对困难。

2. 线性旋转变压器

线性旋转变压器是正弦和余弦旋转变压器的特殊形式，目的是使输出电压与转子转角 θ 成线性关系。如图 5-12 所示，线性旋转变压器采用了一次侧补偿原理，即把正余弦旋转变

压器的定子绕组 S_1、S_3 与转子绕组 L_1、L_3 串联，成为一次侧励磁绕组。可以认为交轴磁通势全部抵消，气隙中只有直轴磁通密度 B_f 和直轴磁通 Φ_f。如果忽略输出绕组 L_2 与 L_4 的阻抗压降，可以得到输出电压 U_o 为

$$U_o = \frac{k\sin\theta}{1 + k\cos\theta}U_i \quad (5\text{-}27)$$

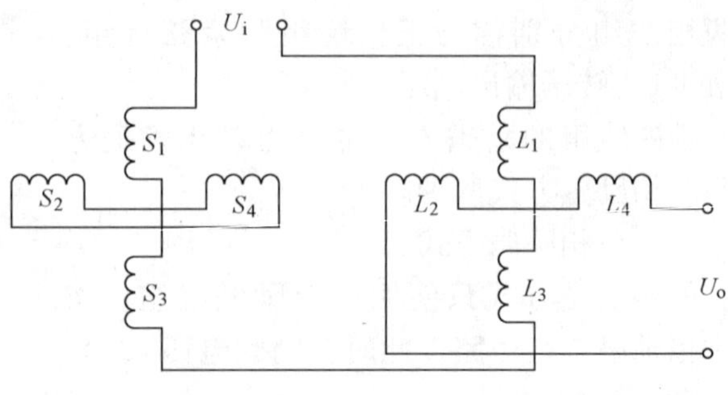

图 5-12 线性旋转变压器的原理结构

在图 5-13 中分别作出 k 为 0.14、0.52、0.67 及 0.95、输入电压幅值为 5V、θ 从 $-180° \sim 180°$ 变化时，输出电压幅值的变化曲线。由图 5-13 中可以看出，当 $k = 0.52 \sim 0.67$ 之间，θ 在 $-60 \sim +60°$ 范围内，旋转变压器具有良好的线性度。

3. 误差

由于设计和加工工艺等原因，旋转变压器的实际的输出特性与理想特性有些差异，导致误差存在。

(1) 函数误差

函数误差就是旋转变压器在一相励磁绕组加上额定电压，另一相绕组短路时，在不同的转子转角下，两个输出绕组的实际输出特性和理想输出特性间的最大差值与理论输出电压最大值之比的百分数。其误差范围为 0.02% ~ 0.1%。

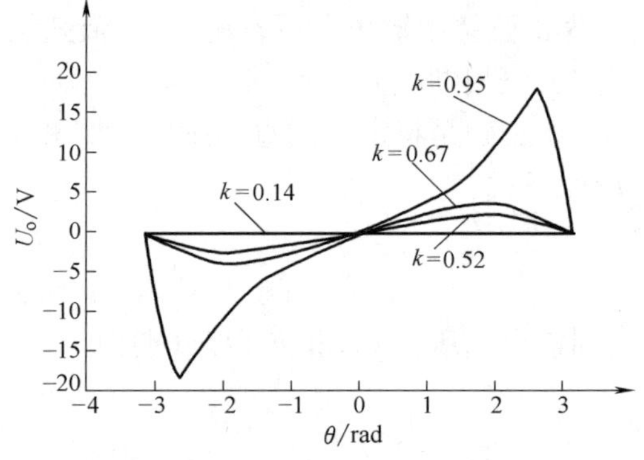

图 5-13 线性旋转变压器特性曲线

(2) 零位误差

零位误差就是指旋转变压器一相励磁绕组加上额定电压，另一相绕组短路时，两个输出绕组的实际电气零位与理论电气零位之差，误差范围为 2′ ~ 10′。

5.3.2 旋转变压器信号处理

把旋转变压器输出的这两相载有位置信息的电压变换成为可识别的角度数据的操作，称为轴角变换，也称为位模转换。旋转变压器输出的是两相调幅的正弦波，其中能够描述角度信息的物理量是幅值和相位。依据检测信息形式的不同，把旋转变压器输出信号的处理方式分成鉴相和鉴幅两种类型。

1. 鉴相式

鉴相式工作方式是一种根据旋转变压器定子绕组中感应电动势的相位来确定转子角度的检测方式。这种测角方式是在旋转变压器的正、余弦输出端接入一个相移相加器，将正弦或余弦输出信号中的一路相移 $\pi/2$ 的电角度，再和剩余的另一路相加，对相加后的函数进行检测得到转子的磁极位置。

设励磁绕组端施加的励磁电压信号为

$$u_1(t) = U_m \sin \omega t \tag{5-28}$$

式中，U_m 为励磁信号最大幅值；ω 为励磁信号频率。

当旋转变压器输出正弦函数经移相 π/2 后与余弦相加后的函数如下：

$$\begin{aligned} u_{sc} &= kU_m \sin \theta \cos\left(\omega t + \frac{\pi}{2}\right) + kU_m \cos \theta \cos \omega t \\ &= kU_m \cos(\theta + \omega t) \end{aligned} \tag{5-29}$$

当旋转变压器输出余弦函数经移相 π/2 后与正弦相加后的函数如下：

$$\begin{aligned} u_{cs} &= kU_m \sin \theta \cos \omega t + kU_m \cos \theta \cos\left(\omega t + \frac{\pi}{2}\right) \\ &= kU_m \sin(\theta - \omega t) \end{aligned} \tag{5-30}$$

从式(5-29)和式(5-30)可知，旋转变压器的正余弦输出经移相相加后得到的函数的幅值不变，其相位与励磁信号的相位相差等于转子角度的余弦或正弦函数。所以通过比较励磁信号 u_1 与 u_{sc} 或 u_{cs} 的相位即可得到转子角度 θ。

2. 鉴幅式

鉴幅式工作方式是通过对旋转变压器转子绕组中感应电动势幅值的检测来实现转子位置检测的，其原理框图如图 5-14 所示。

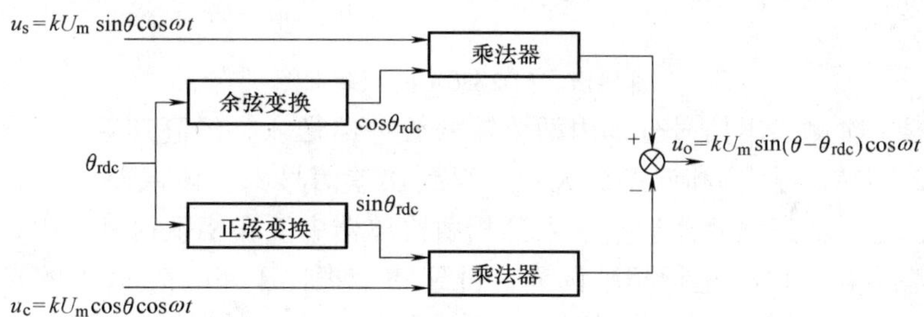

图 5-14　鉴幅式工作方式原理框图

取控制量 θ_{rdc}，通过变换器将其变换为正、余弦函数 $\sin \theta_{rdc}$ 和 $\cos \theta_{rdc}$，再经过乘法器与旋转变压器输出的正、余弦信号相乘，而后再相减，可得到如下函数形式的输出：

$$\begin{aligned} u_o &= u_s \cos \theta_{rdc} - u_c \sin \theta_{rdc} \\ &= kU_m \sin \theta \cos \omega t \cos \theta_{rdc} - kU_m \cos \theta \cos \omega t \sin \theta_{rdc} \\ &= kU_m \sin(\theta - \theta_{rdc}) \cos \omega t \end{aligned} \tag{5-31}$$

通过一定的控制算法控制 θ_{rdc}，使上述输出函数的幅值为 0，即可使 $\theta_{rdc} = \theta$，从而得到转子的角度。

由于鉴幅式测角采用的是闭环方式，所以测角系统的稳定性要优于鉴相式测角方式，在实际系统中使用较多。

3. 旋转变压器—数字信号转换器(RDC)

为了方便与计算机接口，需要经常通过旋转变压器—数字转换器将旋转变压器输出中含有轴角量的模拟信号转换成数字信号。

AD2S80A 是 AD 公司生产的专用的旋转变压器—数字转换芯片，一方面，它能够提供高精度的数字信号输出，供计算机系统使用，另外它还具有模拟速度输出信号，可供用户作为速度反馈信号使用。它是一种特殊的模/数转换器，用来测量旋转物体的转轴角位移和角速度，具有精度高、分辨率可变、单片高度集成等优点，可用于自整角机、旋转变压器、感应同步器的数字转换。

(1) AD2S80A 原理

图 5-15 为 AD2S80A 的原理框图。由图 5-15 中可见，AD2S80A 主要由连接 sin 和 cos 绕组的两个输入缓冲器、高速数字式正余弦乘法器、误差放大器、相敏检测器、压控振荡器、可逆计数器、输出数据锁存器等部分构成。

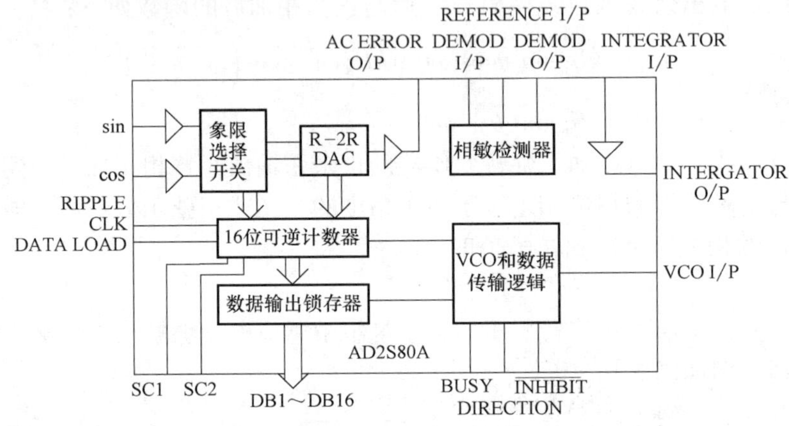

图 5-15　AD2S80A 的原理框图

旋转变压器二次侧输出信号分别由两个输入缓冲器送入，经高速数字式乘法器(由象限选择开关和 R-2R DAC 组成)和误差放大器，得到误差信号 e_1。该误差信号通过 AC ERROR O/P 引脚输出，经外部高通滤波后，输入到相敏检波器中。在相敏检测器中，根据由参考信号引脚输入的基准电压对 e_1 进行相敏调节，得到一个正比于 $\sin(\theta-\varphi)$ 的直流信号。将角度偏离值 $(\theta-\varphi)$ 送到误差处理环节对时间积分，得到一个随时间增长的电压 u，用来控制宽动态范围的压控振荡器 VCO。VCO 输出的 CP 脉冲频率与 u 成正比，该脉冲作为可逆计数器的计数脉冲。偏差信号 $(\theta-\varphi)$ 的极性决定了计数器进行加法计数还是减法计数。计数的过程使输出 φ 向输入 θ 接近，从而构成模拟量输出向数字量输出的转化，实现了数字式旋转变压器。

(2) AD2S80A 的特点

1) 分辨率可选。AD2S80A 的分辨率有 10bit、12bit、14bit、16bit 等几种可选，它们由引脚 SC1 和 SC2 的逻辑状态来决定。AD2S80A 的动态性能也可以由用户选择，通过选择不同的外接电阻和电容，可得到不同的带宽和跟踪速度。跟踪速度与分辨率的关系如表 5-3 所示。

表 5-3　跟踪速度与分辨率的关系

SC1　SC2	分辨率/bit	分辨精度	跟踪速度范围/(r/s)
0　0	10	1024	0 ~ 1040
0　1	12	4096	0 ~ 260
1　0	14	16384	0 ~ 65
1　1	16	65536	0 ~ 16. 25

从表 5-3 中可以看到，当旋转变压器转子转动速度低时，可以采用高的分辨率，以得到

更高精度的转换结果。当旋转变压器转子转动速度高时，必须采用低的分辨率，以使旋转变压器能够在有限的时间内得到准确的结果。

2）比率跟踪转化。AD2S80A 采用了一种比率式跟踪方法，输出的数字角度只与输入的 sin 和 cos 信号比值有关，而与它们的绝对值无关，故 AD2S80A 对输入信号的幅值和频率变化不敏感，也不必使用精确、稳定的振荡器来产生参考信号。

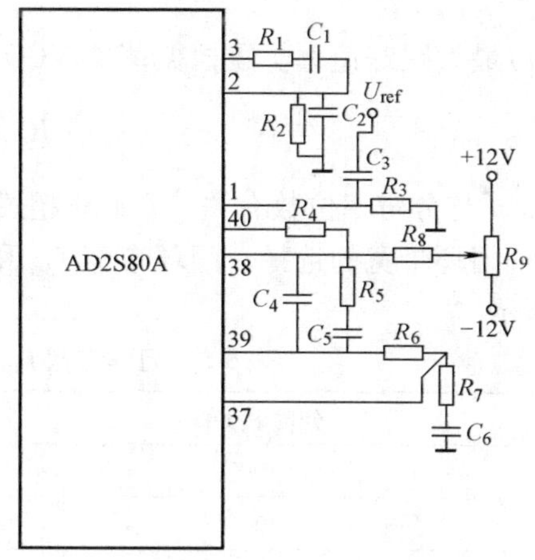

图 5-16　AD2S80A 的外围电路设计

3）动态性能可选。除上面提到的可以选择跟踪速度范围外，AD2S80A 还可以通过设置外围电容的值来设置系统跟踪闭环带宽。

4）能提供高精度的速度信号输出。AD2S83 能提供与转速成正比的模拟信号，其典型的线性度达到 ±1%，回差小于 ±0.3%，可代替测速发电机的功能。

（3）电路设计

AD2S80A 的外围电路设计如图 5-16 所示，图 5-17 为 DIP 封装的 AD2S80A 的引脚排列。

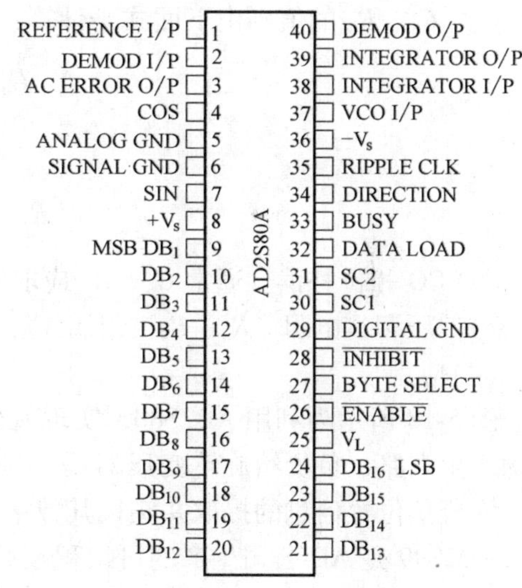

图 5-17　AD2S80A 引脚排列

电路各部分参数设计如下：

1）高通滤波器。图 5-16 电路中 R_1、R_2、C_1、C_2 构成一个高通滤波器，该滤波器是用来消除相敏检波器输入信号的直流偏置和噪声。AD2S80A 要求：

$$15\text{k}\Omega \leqslant R_1 = R_2 \leqslant 56\text{k}\Omega$$

$$C_1 = C_2 = \frac{1}{2\pi R_1 f_{ref}} \tag{5-32}$$

式中，f_{ref} 为参考频率。

2）增益调整电阻 R_4。

$$R_4 = \frac{E_{DC}}{100\times 10^{-9}}\frac{1}{3}\Omega \tag{5-33}$$

式中，E_{DC} 是直流电压误差定标系数，它的取值与 AD2S80A 的分辨率位数有关，参考表 5-4。

表 5-4　E_{DC} 取值与 AD2S 80A 的分辨率位数关系

E_{DC}	分辨率/bit
$E_{DC}=160\times10^{-3}$	10
$E_{DC}=40\times10^{-3}$	12
$E_{DC}=10\times10^{-3}$	14
$E_{DC}=2.5\times10^{-3}$	16

3）参考输入的交流耦合。U_{ref} 为输入参考电压，适当选择 C_3 和 R_3，使得在参考频率下无明显相移，即：

$$R_3 = 100\text{k}\Omega$$

$$C_3 > \frac{1}{R_3 \times f_{\text{ref}}} F$$

4）最大跟踪速率。压控振荡器 VCO 的输入电阻 R_6 影响着系统的最大跟踪速率。

$$R_6 = \frac{6.32 \times 10^{10}}{Tn} \Omega \tag{5-34}$$

式中，n 与分辨率位数有关；T 不能超过最大跟踪速度或参考频率的 1/16。

5）闭环带宽的选择。闭环带宽 f_{BW} 和参考频率的选择与 AD2S80 工作的位数有关，如表 5-5 所示。

表 5-5　闭环带宽 f_{BW} 和参考频率的选择与分辨率的关系

分辨率/bit	参考频率 f_{ref}/闭环带宽 f_{BW}
10	$f_{\text{ref}}/f_{\text{BW}} \leqslant 2.5$
12	$f_{\text{ref}}/f_{\text{BW}} \leqslant 4$
14	$f_{\text{ref}}/f_{\text{BW}} \leqslant 6$
16	$f_{\text{ref}}/f_{\text{BW}} \leqslant 7.5$

C_4、C_5、R_5 的值则由下面式子计算：

$$C_4 = \frac{21}{R_6 f_{\text{BW}}^2} F \tag{5-35}$$

$$C_5 = 5C_4$$

$$R_5 = \frac{4}{2\pi f_{\text{BW}} C_5} \Omega \tag{5-36}$$

6）VCO 相位补偿。通常 C_6、R_7 应取固定值：$C_6 = 470\text{pF}$，$R_7 = 68\Omega$。

7）偏压调整电阻。R_8、R_9 取固定值：$R_8 = 4.7\text{M}\Omega$，$R_9 = 1\text{M}\Omega$。

（4）应用

图 5-18 所示为利用 AD2S80A 实现旋转变压器测量的电路框图。图中，AD2S99 为交流励磁产生电路，负责给旋转变压器提供励磁信号；AD2S80A 为轴角信息采集—数字转换电路，完成角位置信息的提取并实现其数字化。

AD2S99 是 AD 公司生产的可编程正弦波振荡器芯片，主要用于为旋转变压器或其他交流传感器提供正弦波激励。AD2S99 的内部功能结构如图 5-19 所示。

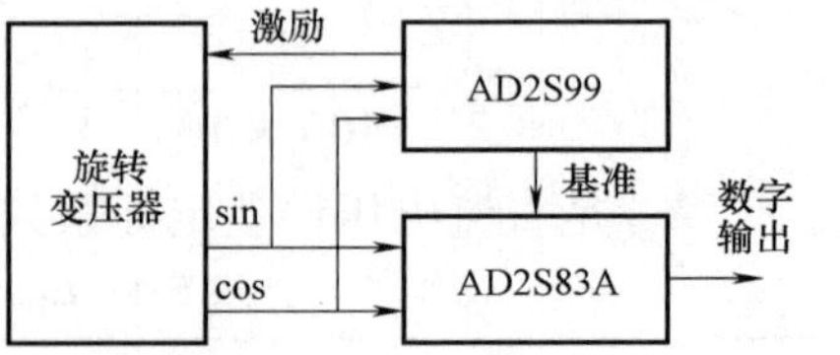

当 AD2S99 激励信号加入旋转变压器的一次侧后，将在旋转变压器的二次侧得到两个正交的正弦信号。这两个信号分别引入到 AD2S99 的 SIN 和 COS 引脚，构成一个同步锁定闭环系统，这样可保证正弦波激励信号频率的稳定性。同步基准信号可以补偿随相位漂移的影响，因而不需要另加外部的相位补偿电路。此信号与 SIN 和 COS 引脚信号同步锁定，并可作为旋转变压器-数字转换器（RDC）的过零参考点。LOS 为断线报警引脚，当引脚 SIN 和 COS 上的信号不良或脱落时，LOS 引脚就会变为高电平，给出报警信号。

图 5-18　利用 AD2S80A 实现旋转变压器测量的电路框图

AD2S99 的标准输出频率有 2kHz、5kHz、10kHz、20kHz 4 种，可以通过对 SEL1 和 SEL2

引脚逻辑电平的设置进行输出频率调整。

利用 AD2S80A 和 AD2S99 实现的旋转变压器测量电路如图 5-20 所示，图中 REF 为旋转变压器的一次绕组，由 AD2S99 为其提供激励信号。

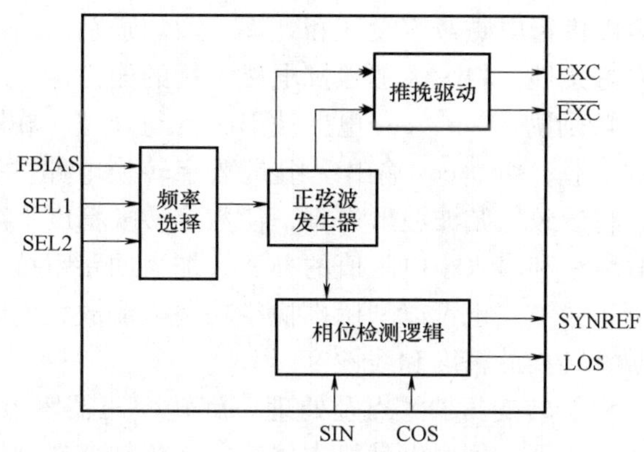

图 5-19　AD2S99 的内部功能结构

(5)工程应用方法

1)转换误差及处理。由前述原理可知，由高速数字正余弦乘法器、误差放大器、相敏检测器、压控振荡器和可逆计数器构成一个Ⅱ型闭环角度伺服系统。因此，在闭环跟踪时，若位置角 θ 不变或匀速运行时，则数字输出角始终能够进行无差跟踪 θ。当 θ 以一定加速度变化时，才会由于不能跟踪上 θ 而产生误差信号，这个误差信号经积分后，即可得到相对应的转速信号。

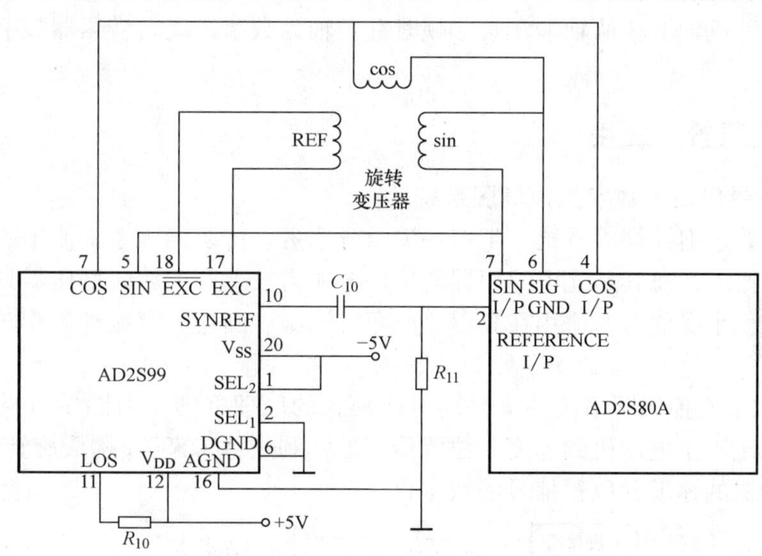

图 5-20　利用 AD2S80A 和 AD2S99 实现的旋转变压器测量电路

因此，在伺服系统中，要合理设计 AD2S83 外围电路参数，保证其Ⅱ型闭环角度伺服系统的快速性和稳定性。必要时，电动机转速高且有加减速运行状态，对其数字输出角进行补偿，以便获得精确的电动机转子位置。由软件进行速度的测量和加速度的计算，根据加速度的大小及方向进行线性补偿。

2)零位电压的影响及处理。由旋转变压器原理可知，对于正交的正弦和余弦输出，当一路处于最大值时，另一路必处于零值状态。由于导线及转换电路印制电路板存在分布电容，因此，会产生两路信号的耦合，在处于零值的一路上，产生比较大的干扰耦合电压信号，使该点的数字输出角转换存在较大误差。解决办法是采用 2 只电压比为 1∶1 的隔离变压器分别连接于 sin 和 cos 的输出回路中，这样可以大大减小零位电压。

3)干扰及处理。在伺服系统中，由于主回路采用较高电压的 PWM 技术，在工作过程中，会产生较强的电磁干扰，对数字转换芯片及外围元件形成干扰。因此，应对印制板中转换电路进行电磁兼容设计和处理；增加励励回路及 sin、cos 电路中的磁环处理；同时整个系统良好接地，将大大加强抗电磁干扰的能力。

4）励励及 sin、cos 电压波形失真与处理。旋转变压器的励励绕组是数字转换电路励励电路的负载，sin、cos 输出绕组是数字转换电路的信号源。由于电路中驱动与负载匹配不合理，将导致正弦波波形失真，使数字转换精度下降。在伺服系统中，可以采取适当提高励励信号频率和串入小电阻值的办法，加大回路阻抗，减少电路电流，降低波形失真度，使波形接近正弦波；也可以利用推挽小功率电流放大电路增大励励绕组的驱动能力，这样有利于提高数字转换的精度和线性度。

5）旋转变压器零点及处理。旋转变压器零点设置与伺服电动机绕组的相序及空间分布有密切关系。伺服电动机本体确定，旋转变压器零点也必须被对准确定，才能正确使用和更换相应伺服控制系统。因此，一般先确定电动机绕组相序 A、B、C，再给 C 相和 B 相绕组通以适当的直流电，使其合成磁场轴线与 A 相轴线相重合。电流从 C 相入、B 相出，电动机轴被锁死，此时转动旋转变压器的转子，使数字式旋转变压器对准零位置，然后固定旋转变压器转子于电动机轴上。从轴端观察，顺时针转轴为数字式旋转变压器数字加，逆时针转轴为数字减。

5.3.3 旋转变压器的应用

1. 旋转变压器应用于数字炮控伺服系统

坦克车上的数字炮控伺服系统，工作环境十分恶劣，传统伺服系统使用的光电脉冲编码器难以满足使用要求，尤其是光电编码器的抗冲击能力较差。而旋转变压器具有高精度、强抗振动能力和体积小等优点，适用在高温、严寒、潮湿、高速、高振动等旋转编码器无法正常工作的场合。

图 5-21 是数字炮控伺服系统的半自动工作模式的原理框图。由图中可见，采用旋转变压器作为水平永磁同步电动机的速度和位置传感器，利用 AD2S80A 构成旋转变压器-数字转换器，实现电动机的速度和位置信号的数字化转换。

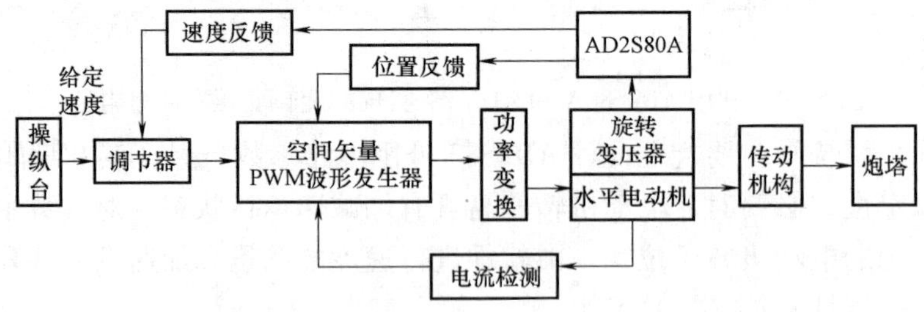

图 5-21　数字炮控伺服系统的半自动工作模式的原理框图

2. 基于旋转变压器反馈的运动控制器

随着计算机技术的飞速发展，由计算机组成的数字控制系统将逐步取代传统的模拟控制系统。在设计数字控制系统或对原有的系统进行改造中，需要将广泛采用的旋转变压器、自整角机的角度模拟量信号转换成计算机可以识别的数字量信号。旋转变压器具有抗干扰能力强、动态特性好、控制精度高等特点，特别适合应用在野外等环境恶劣的场合。

由于以 DSP（数字信号处理器）为代表的高速高性能专用微处理器的出现和 PC 的广泛普

及，开放式控制系统的发展趋势是以 DSP 芯片作为运动控制处理器，以 PC 作为主处理平台，形成“PC + 运动控制器”的模式。这样，将 PC 的信息处理能力和开放式的特点与运动控制器的运动控制能力有机地结合在一起，具有信息处理能力强、开放程度高、运动控制能力强、通用性好等特点。

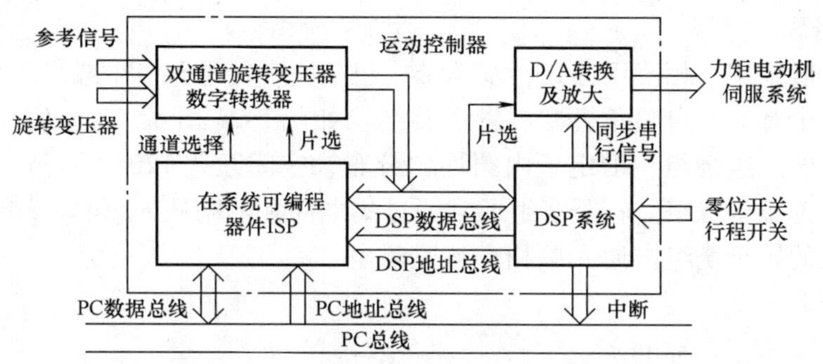

图 5-22　基于旋转变压器的运动控制器系统框图

图 5-22 为基于旋转变压器的运动控制器系统框图。该运动控制器主要由 4 大模块构成：DSP 系统、在系统可编程器件、双通道旋转变压器-数字转换器、D/A 转换放大模块。

旋转变压器-数字转换模块的作用是将旋转变压器输出的信号转换成二进制数字角度量信息。双通道旋转变压器数字转换器可以采用 14XSZ-S02 系列产品，该系列转换器每块包含两路独立的、采用二阶伺服回路的转换器。每路输入可以是旋转变压器信号，也可以是自整角机信号，并且有独立的参考信号输入端。输出信号为 TTL 电平的 14 位并行自然二进制码，数据读取不中断转换过程。

DSP 运动伺服控制模块要完成对旋转变压器输出信号的采集与处理、运动轨迹规划、伺服控制以及命令的更新等任务。

ISP 处理模块采用 ISP 构成 DSP 的外围接口电路，这种结构的最大特点是简化 DSP 与外部设备的接口，并且利用 ISP 在系统可编程的特点，使得该接口具有很大的灵活性。

ISP 处理模块主要实现以下功能：

1）提供双通道旋转变压器-数字转换器 14XSZ-S02 的片选信号和通道选择信号。

2）微机控制信号输出处理。提供 DAC 的片选信号。

3）负责处理主机与 DSP、电动机控制信号输出处理模块、反馈信号处理模块之间的数据交换。

D/A 转换及放大模块用于驱动伺服系统。D/A 转换器输出信号经运算放大器放大为双极性 ±10V 电压信号，控制直流力矩伺服电动机。

5.4　自整角机

自整角机是一种将转角变换成电压信号，或将电压信号变换成转角，通过两个或两个以上的组合使用，以实现角度的传输、变换和接收的元件。在现代技术领域的各个部门中，自整角机广泛应用于自动控制等方面。由包括自整角机在内所组成的同步联接系统，是以电信号为联系，使远距离的两根或多根机械转轴能够精确地保持相同的转角变化，或者同步旋转，实现角度位置的远距离传输、变换和指示。

自整角机可用于数据传输、测量仪器、轴角定位和伺服系统中。目前，它被广泛地应用于航空、航天、雷达、坦克、地炮火控等军事装备以及数控机床和机器人等设备中。

5.4.1 自整角机的工作原理

1. 结构与原理

自整角机一般采用三相绕组方式，基本结构包括一个转子和一个或者 3 个能够旋转的定子线圈绕组。一个基本的自整角机控制发送器结构如图 5-23 所示。3 个定子绕组 a、b 和 c 是结构完全相同的三组绕组，沿定子内圆均匀分布，空间互差 120°，成 Y 形排列。定子绕组又称为三相对称整步绕组。转子绕组通常通过集电环和电刷从 R_1 和 R_2 端引出。

在自整角机的转子绕组中通入单相交流励磁电源，其电源电压为

$$U_R = A\sin\omega t \tag{5-37}$$

式中，U_R 为励磁电压；A 为励磁电压峰值；ω 为角频率。

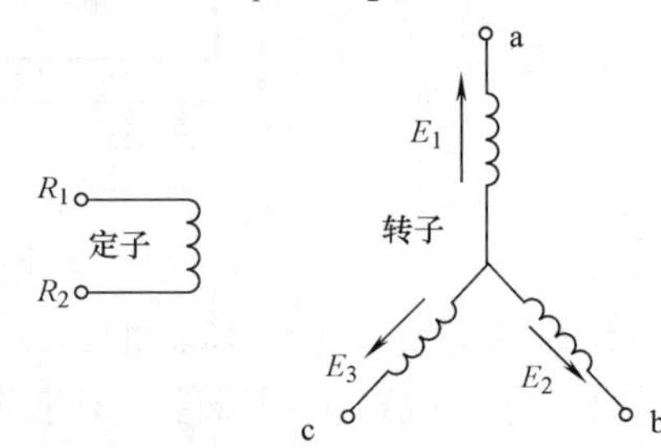

图 5-23 基本的自整角机控制发送器结构

当励磁绕组的轴线与定子 a 相绕组的轴线间的夹角为 α 时，励磁绕组中的励磁电流所产生的磁通与 a 相绕组相交链的幅值为

$$\Phi_1 = \Phi_m\cos\alpha \tag{5-38}$$

式中，Φ_m 为励磁电流所产生的磁通；Φ_1 为 Φ_m 与 a 相绕组相交链的幅值；α 为励磁绕组的轴线与定子 a 相绕组的轴线间的夹角。

因为三相定子绕组是对称的，且成 Y 形排列，所以与 b 和 c 相绕组相交链的磁通幅值 Φ_2、Φ_3 分别为

$$\Phi_2 = \Phi_m\cos(\alpha - 120°) \tag{5-39}$$

$$\Phi_3 = \Phi_m\cos(\alpha - 240°) \tag{5-40}$$

根据变压器原理可知，定子 a、b 和 c 电动势分别为

$$E_1 = 4.44fW\Phi_1 \tag{5-41}$$

$$E_2 = 4.44fW\Phi_2 \tag{5-42}$$

$$E_3 = 4.44fW\Phi_3 \tag{5-43}$$

式中，W 为每相定子绕组的有效匝数；f 为励磁电压频率；Φ_1、Φ_2、Φ_3 分别为 Φ_m 与定子 a、b、c 相绕组相交链的幅值；E_1、E_2、E_3 分别为定子 a，b，c 的电动势。

如果令 $E_m = 4.44fW\Phi_m$，则 $E_1 = E_m\cos\alpha$ (5-44)

$$E_2 = E_m\cos(\alpha - 120°) \tag{5-45}$$

$$E_3 = E_m\cos(\alpha - 240°) \tag{5-46}$$

式中，E_m 为定子绕组轴线与励磁绕组轴线相重合的电动势。

根据励磁电压可得

$$U_{ab} = A\sin\omega t\sin\alpha \tag{5-47}$$

$$U_{bc} = A\sin\omega t\sin(\alpha - 120°) \tag{5-48}$$

$$U_{ca} = A\sin\omega t\sin(\alpha - 240°) \tag{5-49}$$

可见，自整角机的三相整步绕组的输出为与激励电压频率相同、幅值和相位不同的三相正弦

交变电压。将式 5-48 和式 5-49 展开，得到

$$U_{bc}=A\sin\omega t\left(-\frac{1}{2}\sin\alpha-\frac{\sqrt{3}}{2}\cos\alpha\right) \tag{5-50}$$

$$U_{ca}=A\sin\omega t\left(-\frac{1}{2}\sin\alpha+\frac{\sqrt{3}}{2}\cos\alpha\right) \tag{5-51}$$

式中，U_{ab}、U_{bc}、U_{ca}分别为整步绕组 ab、bc 和 ca 之间的输出电压。

将式 5-51 和式 5-50 两式相减，则

$$U_{ca}-U_{bc}=\sqrt{3}A\sin\omega t\cos\alpha \tag{5-52}$$

由式 5-47 得

$$\alpha=\tan^{-1}\frac{\sqrt{3}U_{ab}}{U_{ca}-U_{bc}} \tag{5-53}$$

式 5-53 中给出了自整角机的旋转角 α 与三相输出电压的关系。由此式可见，α 与励磁电压的幅值无关。

2. 工作方式

自整角机根据运行方式不同，分为力矩式自整角机和控制式自整角机。力矩式自整角机可以远距离传输角度信号，主要用于自动指示系统；控制式自整角机主要用于随动系统，作为检测元件，将转角信号转换为电压信号。

(1) 力矩式自整角机

在力矩式自整角机系统中，接收方机械轴角位置的跟随转动是由自整角机自身产生的力矩实现的，如图 5-24 所示。

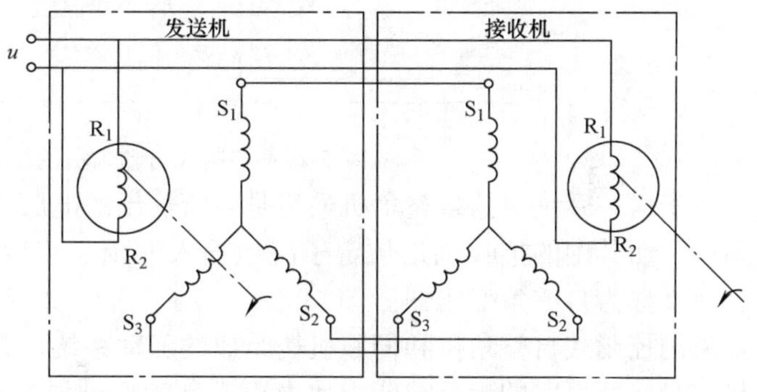

图 5-24　力矩式自整角机结构原理

发送方的自整角机称为力矩式自整角发送机，而接收方的自整角机称为力矩式自整角接收机。发送机和接收机的原端为单相绕组，由交流电源供电激磁，负端为三相绕组，端点依次互相联接。当发送机转子偏转某一角度时，其定子绕组输出一个相应的电压，使接收机的转子沿同一方向偏转同一角度。当发送机的转子以某一速度旋转时，接收机的转子也以同一速度跟随旋转，使两者的转轴协调动作，这种同步联接系统通常用来进行远距离的信号传输和指示。例如，远距离指示液面高度、阀门开度、电梯、矿井提升高度等。

图 5-25 为利用力矩式自整角机指示液面位置的示意图，浮子随液面上升或下降，通过绳索带动自整角发送机转子转动，自整角接收机的转子便会带动指针随之转动，准确指示液面高低。

由于这一系统中的自整角机最后是以所输出的力矩带动负载工作的，故称为力矩式自整角机。但它的力矩是有限的，只适于接收机轴上负载很轻，而且角度传输精度要求又不太高的控制系统中。力矩式自整角系统为开环控制系统。

(2) 控制式自整角机

在控制式自整角机系统中，接收方的机械轴转角位置的跟随转动是由接于系统中的伺服电动机驱动来实现的。图 5-26 所示为控制式自整角机的原理图。与力矩式自整角机不同的是控制式自整角接收机并不直接带负载转动，转子绕组不加交流电压。当发送机的转子偏转或旋转时，接收机的转子绕组就会产生电动势，输出一定大小的电压。这个电压信号输出给放大器，放大器作为伺服电动机控制相绕组的电源。伺服电动机旋转并带动接收方自整角机转轴负载，直至达到与发送方相同的位置。

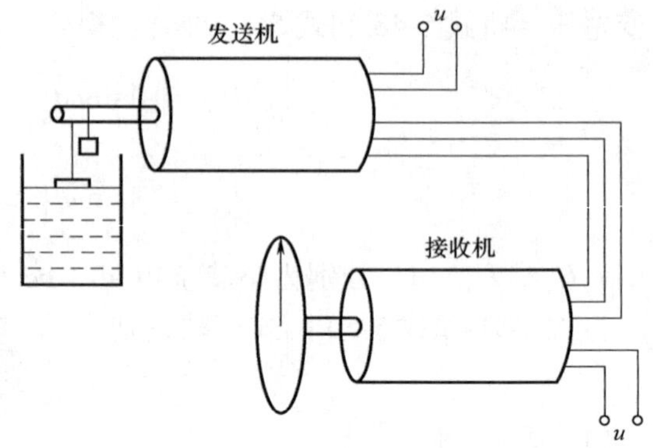

图 5-25　利用力矩式自整角机指示液面位置的示意图

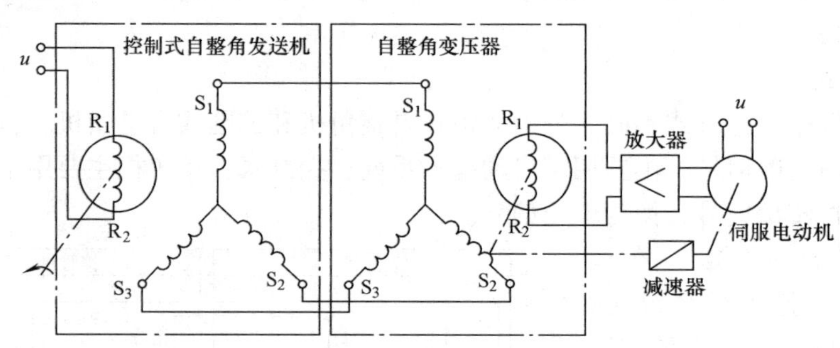

图 5-26　控制式自整角机的结构原理

由于这一系统中的自整角机最后是以所输出的电压控制执行电动机的，故称为控制式自整角机，而其中的接收机是从定子绕组输入电压，从转子绕组输出电压，工作在变压器状态，故又称为自整角变压器。

采用控制式自整角机和伺服机构组成的随动系统，其驱动负载能力取决于系统的伺服电动机容量，所以它的带负载能力比力矩式自整角机强。控制式自整角机组成的是闭环系统，因此，其精度较高。

5.4.2　自整角机主要参数

1. 力矩式自整角机的主要参数

(1) 接收误差

由于摩擦力矩以及发送机存在电气误差等因素，接收机不能与发送机完全同步，两者之间的转角差称为接收误差。接收误差分为静态误差和动态误差两种。静态误差是指发送机缓慢移动，并固定在某一位置上，此时，接收机与发送机转子之间的转角差。动态误差是指发送机以某一速度旋转，接收机跟随发送机旋转，两者之间的角度之差。

(2) 零位误差

在力矩式自整角发送机中，当转子励磁后，发送机转子从基准电气零位开始，每转过 60°，总会有两根输出线之间的空载电压等于零，此位置称为理论电气零位。实际电气零位与理论电气零位存在着差异，两者之差称为力矩式自整角机的零位误差，用角、分表示。习惯上以累积误差的形式表示，即取各点零位误差中正负最大误差绝对值之和的一半表示，它的大小决定发送机的精度。

(3)比整步转矩

它是指失调角为1°时，自整角机轴上的整步转矩。比整步转矩的大小表征克服摩擦力矩和反应力矩的能力。比整步转矩是自整角接收机的一项重要性能指标，它直接影响力矩式自整角系统的灵敏度。

(4)阻尼时间

所谓阻尼时间，就是指强迫接收机转子失调 177° ±2°，放松后，经过衰减振荡达到协调位置所需的时间。阻尼时间越短，表示接收机的跟随性越好。

2. 控制式自整角机的主要参数

(1)电气误差

当控制式自整角机在静态运行时到达新的协调位置，即输出电压等于剩余电压时，发送机转子转过的角度与自整角变压器转子所转过的角度之差称为电气误差或静态误差，其允许范围为3′~10′，它的大小直接影响系统的精度，控制式自整角机的准确度等级，就是根据电气误差分类的。

(2)剩余电压

剩余电压也称为零位误差。理论上，当接收机转子和发送机转子处在协调位置时，接收机的输出电压应等于零。但实际上输出电压不为零。当接收机和发送机处在协调位置时，输出绕组的端电压被称为剩余电压，它会降低系统的灵敏度。

(3)比电势

控制式自整角机在失调角为1°时，自整角变压器的空载输出电压称为比电势。比电势是自整角变压器的一项重要性能指标，它直接影响系统的灵敏度。比电势越大，灵敏度越高。

(4)相位移

自整角机的相位移是在二次侧开路情况下，二次侧输出电压相对于一次侧励磁电压在时间上的相位差。相位移的大小主要与阻抗参数有关。励磁频率高、几何尺寸大的自整角机相位移相对较小。一般自整角机的相位移都在10°以下。

5.4.3 自整角机—数字信号转换器

ZSZ 系列转换器是国产的自整角机—数字转换器，它是采用跟踪技术、模块化结构和二阶伺服原理设计的。输入信号来自三线自整角机信号，输出信号是与 TTL 电平兼容的并行自然二进制码数字量，主要用于角度位移量的检测与控制。它与美国 AD 公司 SDC17 系列转换器兼容。

1. 结构与原理

图 5-27 为 ZSZ 系列转换器的原理框图。自整角机的三线输出应连接到转换器的 S_1、S_2 和 S_3 引脚端，三线信号经转换器内部微型 SCOTT 变压器转换成正、余弦形式电压 U_1 和 U_2。

$$U_1 = KU_m \sin\omega t \sin\theta \tag{5-54}$$

$$U_2 = KU_m \sin\omega t \cos\theta \tag{5-55}$$

式中，θ 为自整角机轴角。

假定可逆计数器当前字状态为 Φ，那么，误差放大器输出电压 U 为

$$\begin{aligned} U &= U_1\cos\Phi - U_2\sin\Phi = KU_m\sin\omega t(\sin\theta\cos\Phi - \cos\theta\sin\Phi) \\ &= KU_m\sin\omega t\sin(\theta - \Phi) \end{aligned} \tag{5-56}$$

经相敏解调器、积分器、压控振荡器和可逆计数器等形成一个闭环回路系统，使 $\sin(\theta - \Phi)$趋近于零。当这一过程完成时，可逆计数器此时的状态字(Φ)在转换器的额定精度范围内就等于自整角机的轴角 θ。

2. 引脚功能

图 5-28 为 14ZSZ 芯片引脚图。

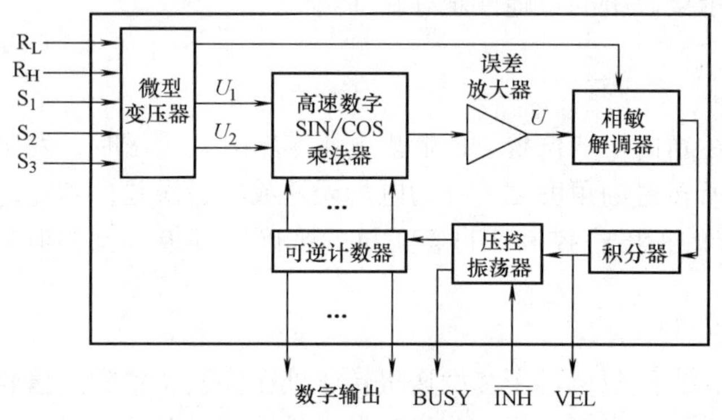

图 5-27 ZSZ 系列转换器原理框图

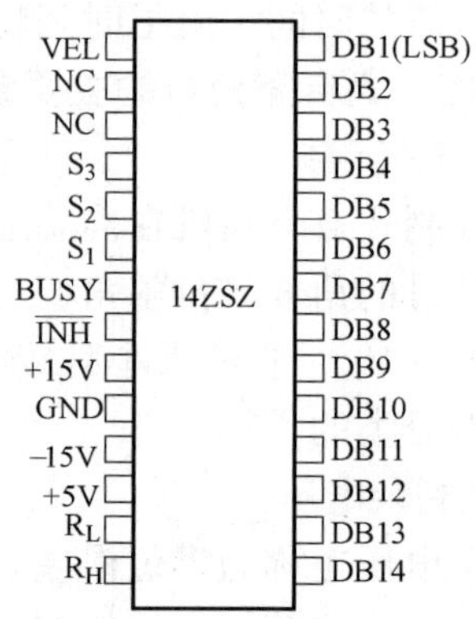

图 5-28 14ZSZ 芯片引脚

该芯片引脚功能如下：

+15V、-15V、+5V 与 GND：直流电源引脚。

R_H、R_L：参考电压输入端。

S_1、S_2、S_3：信号输入端。

VEL：速度电压输出端。该端的输出信号是一个与输入轴角角速度成比例的直流模拟信号，VEL 的极性与输入轴角的转向有关(轴角增大时为负，减小时为正)，幅值与输入轴角角速度成正比。

BUSY：“忙”信号输出端。当 BUSY 为高电平时，表示转换器内部正处于跟踪转换状态，此时数据输出不稳定。当 BUSY 为低电平时，表示转换器内部已转换结束，此时数据输出稳定有效，可以读取。BUSY 引脚的状态直接反映了转换器的工作状态。因此，当计算机从转换器读取数据时，可对 BUSY 引脚的状态进行检测。在最大跟踪速率的情况下，BUSY 脉冲低电平的宽度足以完成数据传输。

$\overline{\text{INH}}$：禁止信号输入端。该信号的加入，使输出数据稳定在$\overline{\text{INH}}$加入的时刻，同时$\overline{\text{INH}}$将切断转换器内部跟踪环路，使转换器处于非跟踪状态。而当该信号撤消后，转换器将需要一定的时间来重新跟踪输入信号的变化，最终使转换器处于动态平衡。当计算机要读取数据时，可向转换器$\overline{\text{INH}}$端施加一个低电平信号，从$\overline{\text{INH}}$变为低电平开始，数据稳定时间约为 2.5μs。所以当$\overline{\text{INH}}$为低电平的时间大于 2.5μs 后便可读取数据。

DB1 ~ DB14：数据输出端。为二进制输出，DB1 为最高位(MSB)，DB14 为最低有效位(LSB)。

3. 连接方式

(1)输入信号的比例电阻

ZSZ 系列转换器具有通过接入比例电阻来适应高输出电压信号的自整角机的功能。转换器的这种特点使有高电压信号和参考输入的自整角机可以用比例匹配电阻分压的方法与任一种欠电压信号和参考输入的转换器相连。能够实现使欠电压信号或参考输入的转换器适用于高电压信号或参考的自整角机。

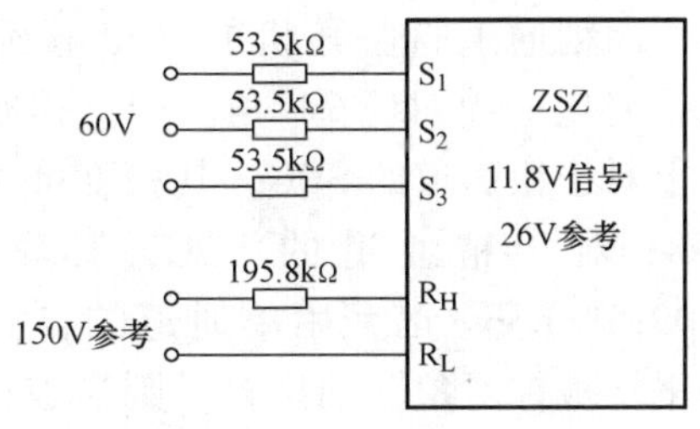

图 5-29　接入比例电阻连接方式

外加比例电阻的计算方法是：信号电压在额定电压基础上，每增加 1V，分别在 S_1、S_2 和 S_3 端增加 1.11kΩ 的串联电阻；参考输入每增加 1V，在 R_H 端的串联电阻增加 2.2kΩ。

假设有一个线-线电压 11.8V、参考电压 26V 的自整角机—数字转换器，希望与线-线电压 60V、参考电压 115V 的自整角机传感器相连。可见，在每个信号输入端增加的电压是：

$$60-11.8=48.2\text{V}$$

因此，需要增加 3 个电阻，其阻值为

$$48.2\times1.11=53.5\text{k}\Omega$$

同理，在 R_H 端需串联一个电阻值为 195.8kΩ 的电阻。转换器的输入端可以按图 5-29 所示接入比例电阻。

(2)数字接口电路

图 5-30 为 ZSZ 系列芯片的数字接口电路。将 BUSY 信号经单稳 74LS123 倒相并延迟后作为三态锁存器 74LS373 输入数据的锁存脉冲，将加到转换器$\overline{\text{INH}}$端的外部禁止信号改加到 74LS123 的一个输入端，其作用是阻止 BUSY 信号通过 74LS123 向 74LS373 提供输出使能脉冲，从而使锁存器中的内容保持在$\overline{\text{INH}}$由高电平转为低电平时刻的锁存内容。

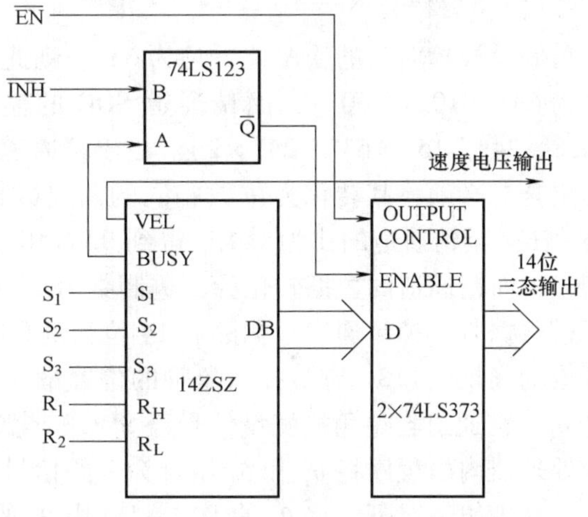

图 5-30　ZSZ 系列芯片的数字接口电路

5.4.4　自整角机的应用

1. 精密位置检测系统

利用一台自整角机和一个 SDC 模块可组成一个轴角编码装置，完成轴角的数字检测。如果系统要求的静差很小，则可选用由高精度等级的自整角机和输出位数更多的 SDC 模块组成的轴角编码装置。但有时无法满足设计要求，特别是在高精度角位置检测和数字式伺服系统中。为了使轴角编码装置的测量误差满足数字伺服系统静差的设计要求，可采用粗精两路通道的轴角编码装置，经粗精两路信号组合后得到更多位数的数字信号输出。

(1)系统构成及原理

本系统采用了由粗精两路信号组合的位置检测系统，其原理如图 5-31 所示。系统由一块精度为 10 位的 SDC 模块完成粗通道自整角机的位置信号转换，由另一块精度为 14 位的 SDC 模块完成精通道自整角机位置信号的转换。

粗自整角机与精自整角机的转角比为 1∶15，即当被控对象的输出轴转动一周，粗通道自整角机的输出电压变化一周，对应 360°角，而精通道自整角机的输出电压变化 15 周，变化一周对应 24°角。因此，在转化精度上对于粗通道的 SDC，其精度可达 0.35°/LSB；对于精通道的 SDC，其精度可达 0.0015°/LSB。若只用单通道的自整角机用于采样被控对象转轴位置，则当被控对象的输出轴转动一周，自整角机的输出电压变化一周，对应 360°角，对 14 位的 SDC 来讲，其精度可达 0.022°/LSB，即使是 16 位的 SDC，其精度也只能达到 0.0055°/LSB。可见，在不考虑传动误差的情况下，同样的 14 位 SDC 采用粗精双通道自整角机系统后，位置采样精度提高了 15 倍。

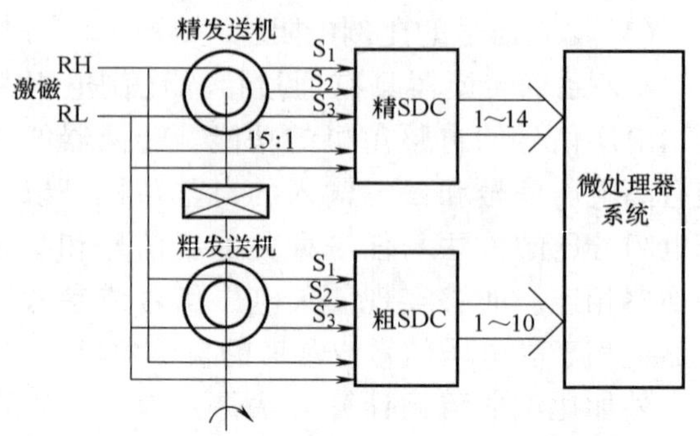

图 5-31　粗精两路信号组合的位置检测系统

(2)位置信号合成

假设被控对象的输出位置角为 63°，则此时粗通道 SDC 的输出值应为 B3H 或 179(精确值为 63° ×1024/360°)，而精通道 SDC 的输出值应该为 2800H 或 10240(精确值为 15° ×16384/24°，15° =63° −24° ×2)。由于精通道为 14 位而粗通道只有 10 位，为了能使两组数据组合，必须将其转化为位数相同的两组数据，因此，将粗通道的数据左移 4 位后再放大 15 倍(因粗精通道的比为 1∶15)得到 0A7D0H 或 42960，其二进制表示为 00 1010 0111 1101 0000；而精通道的数据转化为二进制数为 10 1000 0000 0000，最后，将两数据合成，即用精通道数据替换掉粗通道数据的后 14 位得到 00 1010 1000 0000 0000 或 0A800H。这就是最终合成的高精度(18 位)被控对象轴的位置量。粗通道自整角机测量信号经 SDC 转化为数字信号 θ_1，精通道自整角机测量信号经 SDC 转化为数字信号 θ_2。θ_1 和 θ_2 输入到微处理器中，在微处理器内由程序将 θ_1 和 θ_2 组合为一路信号，记为 θ_3。

在理想情况下，将 θ_1 的 D13 ~ D0 用 θ_2 的 D13 ~ D0 替代后就可得到 18 位的信号 θ_3。但严格来说，实际情况并非如此。由于 SDC 采样及转换的误差，以及在微处理器内部计算的误差，将导致 θ_1 的 D13 ~ D0 和 θ_2 的 D13 ~ D0 通常并不相等。

下面讨论在实际情况下，如何将 θ_1 和 θ_2 组合为信号 θ_3。

为了叙述方便，假定自整角机正向旋转(数码增加)，可能出现这样两种情况：θ_2 的 D13 位已向上进位(自动丢失)，而 θ_1 的 D13 位尚未向 D14 位进位；θ_2 的 D13 位尚未向上进位，而 θ_1 的 D13 位已经向 D14 位进位。这两种情况将产生粗测误差 00 0100 0000 0000 0000B =04000H。

在粗测误差不大的条件下，θ_2 的 D13 位已向上进位，而 θ_1 的 D13 位尚未向 D14 位进位的充要条件为：θ_2 的 D13、D12 均为 0，且 θ_1 的 D13、D12 均为 1。此时，θ_3 等于按理想情况下组合成的 θ_3 再加上 04000H。

在粗测误差不大的条件下，θ_2 的 D13 位尚未向上进位，而 θ_1 的 D13 位已经向 D14 位进位的充要条件为：θ_2 的 D13、D12 均为 1，且 θ_1 的 D13、D12 均为 0。此时，θ_3 等于按理想情况下组合成的 θ_3 再减去 04000H。

2. 雷达方位角测量系统组成

方位角测量是大型雷达设备、各种导航系统以及一些控制系统感知自身状态的重要途径。因此，方位角测量系统的研究已成为极为重要的课题。雷达测量精度是指雷达测量的目标参数估计值相对于目标真实参数值之间的准确程度。

雷达测定目标的位置一般采用球坐标系，以雷达所在地作为坐标原点，目标的位置由斜距、方位角和俯仰角三个坐标确定。雷达方位角的测量误差是指雷达方位角坐标测量中的误差。雷达测定目标的方向，必须准确输出转角数据，将雷达方位、俯仰转轴的角位置转换成计算机或其他装置可以利用的输出数据，在这个过程中产生的误差称为与雷达相关的转换误差。

雷达方位角测量系统由雷达方位轴、自整角机、单片机系统组成的轴角/数字转换电路等部分组成。雷达方位角测量系统如图 5-32 所示。将自整角机安装在雷达方位轴的方位铰链上，雷达转盘转动时带动方位轴的方位铰链活动，转角信号通过方位铰链的心轴传递到自整角机，自整角机将转角信号转换成三相交流调制信号，经隔离转换电路隔离并转换成两相正、余弦信号，输入到由单片机 MSP430F149 组成的轴角/数字转换电路，转换后的数字量通过单片机解算出方位角，最后可在雷达终端显示或转发。

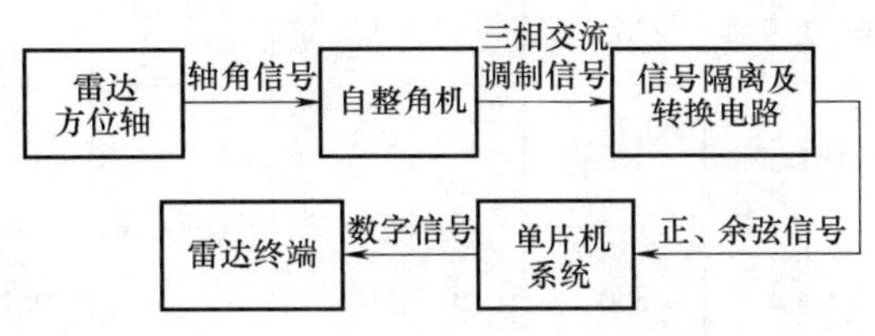

图 5-32　雷达方位角测量系统

图 5-33 为自整角机隔离转换电路。自整角机将雷达方位角轴角信号转换为三相交流调制信号 U_{s1}，U_{s2}和 U_{s3}，将三相交流调制信号与隔离转换电路的 S_1、S_2 和 S_3 相连，激励参考信号由 R_1 和 R_2 输入。因此，三相信号经电阻降压及变压器隔离后，通过由运算放大器 A_2 和 A_3 构成的电子斯科特(Scott)变压器电路转换成正弦信号和余弦信号，即

$$U_z = KU_m \sin\omega t \sin\alpha \tag{5-57}$$

$$U_y = KU_m \sin\omega t \cos\alpha \tag{5-58}$$

式中，U_z 为正弦信号；U_y 为余弦信号；α 为自整角机轴角；U_m 为激励参考电压峰值；K 为变比；ω 为激励信号角频率。

同样，经电阻降压、变压器隔离及运算放大器倒相得到参考信号。

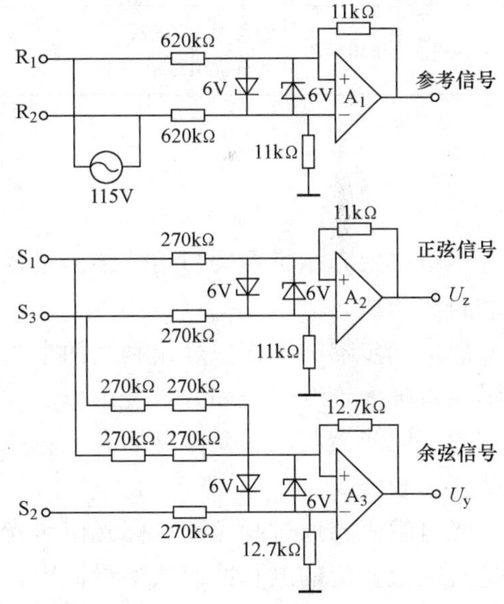

图 5-33　自整角机隔离转换电路

控制单片机是轴角/数字转换电路的中心处理单元，负责将自整角机隔离电路产生的正、余弦信号转换成二进制数字信号。单片机再将处理完的数据送给雷达显示模块。这样，雷达转动的方位角就可以实时地在雷达终端显示，为操作者掌握航向提供了可靠的数据。

5.5　角度与角位移测量传感器性能比较

表 5-6 给出角度、角位移测量传感器性能比较及其特点。

表 5-6　角度、角位移测量传感器性能比较及其特点

传感器类型	测量范围	精度	线性度	分辨力	特点
滑线变阻式	0～360°	1%FS	0.1%	0.36°～3.6°	结构简单、测量范围宽、输出信号大、抗干扰能力强、精度较高。分辨力有限，存在接触摩擦，动态响应差
自整角机	360°	±0.1°～2°	±0.5%FS		对环境要求低，有标准系列，使用方便，抗干扰能力强，性能稳定，可在 1200r/min 下工作。精度不高，线性范围较小
旋转变压器	360°	2′～5′	小角度时 0.1%		
编码盘式	360°	0.7″		10^{-3}	分辨力高、精度高、易数字化、非接触测量、寿命长、功耗小、可靠性高。电路比较复杂
光栅式	360°	0.5″		0.1″	精度高，易数字化，能动态测量，既可用于整圆测量，也可以用于非整圆测量。对环境要求较高
磁栅式	360°	±0.5″～±5″			结构简单、易于数字化、录磁方便、成本低、需磁屏蔽
感应同步器	360°	±0.5″～±1″		0.1″	精度较高、易数字化、能动态测量、结构简单、对环境要求较低。电路较复杂
陀螺式	±30～70°	漂移率 2°/min～0.001°/h	±2%		能测量动坐标转角，机械陀螺精度低，采用新型结构和原理时，精度高，结构复杂，工艺要求高

本章小结

本章主要介绍了角度与角位移测量传感器。它包括感应同步器、光电编码器、旋转变压器和自整角机等。

感应同步器的工作原理是利用两个平面形绕组的互感随位置不同而发生变化。这两个平面形绕组称为连续绕组和分段绕组，连续绕组和分段绕组相当于变压器的一次线圈和二次线圈，感应同步器利用交变电磁场和互感原理工作。感应同步器具有较高的精度和分辨率，抗干扰能力较强。

光电编码器通过圆盘和指标光栅对光的过滤作用，可将传输给轴的机械量、旋转位移等参量转换成相应的电脉冲或数字量输出，从而确定被测对象的角位移或角度。光电编码器可分为增量型和绝对型两类。增量型光电编码器在转动时，能够连续输出与旋转角度对应的脉冲数，对脉冲计数就可知旋转装置的位置。绝对型光电编码器与装置的旋转与否没有关系，可并行输出与其转动的角度对应的信号，可以确认其绝对位置。光电编码器具有体积小、重量轻、频率高、分辨率高、可靠性好、耗能低等特点。

旋转变压器是一种电磁式传感器，用于测量旋转物体的转轴角位移和角速度。旋转变压器的一次、二次绕组随转子的角位移发生相对位置的改变，输出绕组的电压幅值与转子转角成正弦、余弦函数关系，或在一定转角范围内与转角成线性关系。旋转变压器抗干扰能力强、性能稳定、环境适应能力强。

自整角机也是一种电磁式传感器，它将转角变换成电压信号，或将电压信号变换成转角。根据运行方式不同，自整角机分为力矩式自整角机和控制式自整角机。力矩式自整角机可以远距离传输角度信号，主要用于自动指示系统。控制式自整角机主要用于伺服系统，作为检测元件，将转角信号转换为电压信号。自整角机可用于数据传输、测量仪器、轴角定位和伺服系统中。

角度与角位移测量传感器实验

实验 1　光电编码器测量轴转速实验

1. 实验目的

了解光电编码器的原理与应用。

2. 实验设备

光电编码器、电动机转台、计数器、脉冲发生器。

3. 实验内容

由于增量式光电编码器的输出信号是脉冲形式，因此，可以通过测量脉冲频率或周期的方法来测量转速。光电编码器可代替测速发电机的模拟测速，而成为数字测速装置。

(1) 实验原理

根据脉冲计数来测量转速的方法有以下 3 种。

1) M 法测速。在规定时间内测量所产生的脉冲个数来获得被测速度，称为 M 法测速。

在一定的时间间隔 t_s 内(又称为闸门时间，例如，10s、1s、0.1s 等)，用角编码器所产生的脉冲数来确定速度的方法称为 M 法测速，其测速原理如图 5-34a 所示。

若角编码器每转产生 N 个脉冲，在闸门时间间隔 t_s 内得到 m_1 个脉冲，则角编码器所产生的脉冲频率 f 为

$$f=\frac{m_1}{t_s}$$

则转速 n(r/min)为

$$n=60\frac{f}{N}=60\frac{m_1}{t_sN}$$

M 法测速主要应用于要求转速较快，否则计数值较少，测量准确度较低。

2) T 法测速。测量相邻两个脉冲之间的时间来测量速度，称为 T 法测速。

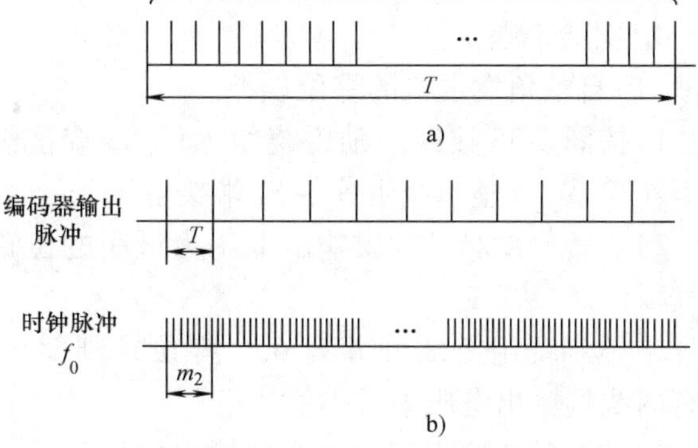

图 5-34　M 法和 T 法测速原理

a) M 法测速　b) T 法测速

T 法测速的原理是用一已知频率 f_c(此频率一般都比较高)的时钟脉冲向一计数器发送脉冲，计数器的起停由码盘反馈的相邻两个脉冲来控制，其测速原理如图 5-34b 所示。

若计数器读数为 m_1，则电动机每分钟转速 n(r/min)为

$$n=60f_c/Pm_1$$

其中，P 是码盘一圈发出的脉冲个数即码盘线数。

T 法适合于测量较低的速度，这时能获得较高的分辨率。

3）M/T 法测速。同时测量检测时间和在此时间内脉冲发生器发出的脉冲个数来测量速度，称为 M/T 法测速。

M/T 法测速是将 M 法和 T 法两种方法结合在一起使用，在一定的时间范围内，同时对光电编码器输出的脉冲个数 m_1 和 m_2 进行计数。采用 M/T 法既具有 M 法测速的高速优点，又具有 T 法测速的低速优点，能够覆盖较广的转速范围，测量的精度也较高，在电机的控制中有着十分广泛的应用。

(2)测量步骤

1)将光电编码器安装到转盘上，并设计连接测量电路。

2)控制转盘转速，设定低速(50r/min)、中速(600r/min)和高速(2000r/min)3 种情况，运用 M 法以及 T 法分别测量转盘转速，并记录数据。

3)应用 M/T 法测量转盘在不同转速下的转速，并记录数据。

4)分析上述 3 种测量方法在不同转速下测量结果的准确度，分析误差。

实验 2　力矩式自整角机性能实验

1. 实验目的

了解力矩式自整角机系统的工作原理和应用知识，掌握力矩式自整角机精度和特性的测定方法。

2. 实验设备

自整角机实验装置。

3. 实验内容

(1) 测定力矩式自整角发送机的零位误差 $\Delta\theta$

(2) 测定力矩式自整角机静态整步转矩与失调角的关系 $T=f(\theta)$

4. 实验步骤

(1)自整角发送机的零位误差

1)按图 5-35 接线。励磁绕组 R_1、R_2 端接额定激励电压 U_N(220V)，整步绕组 S_2-S_3 端接电压表。

2)旋转刻度盘，找出输出电压为最小的位置作为基准电气零位。

3)整步绕组三线间共有 6 个零位，刻度盘转过 60°，即有两线端输出电压为最小值。

4)实测整步绕组三线间 6 个输出电压为最小值的相应位置角度与电气角度，并记录于表 5-7 中。

5)根据实验结果，求出被试力矩式自整角发送机的零位误差 $\Delta\theta$，并分析误差产生原因。

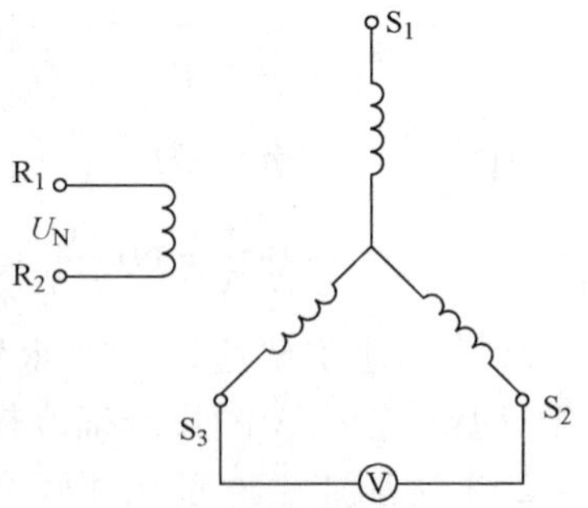

图 5-35　测力矩式自整角机零位误差接线图

表 5-7　自整角发送机的零位误差实验数据

理论上应转角度	基准电气零位	+180°	+60°	+240°	+120°	+300°
刻度盘实际转角						
误差						

注意：机械角度超前为正误差，滞后为负误差。正负最大误差绝对值之和的一半，即为发送机的零位误差 $\Delta\theta$，以角、分为单位。

(2)力矩式自整角机静态整步转矩与失调角

1）确保在断电情况下，按图5-36接线。

2)将发送机和接收机的励磁绕组加额定激励电压220V，待稳定后，发送机和接收机均调整到0°位置。固紧发送机刻度盘在该位置。

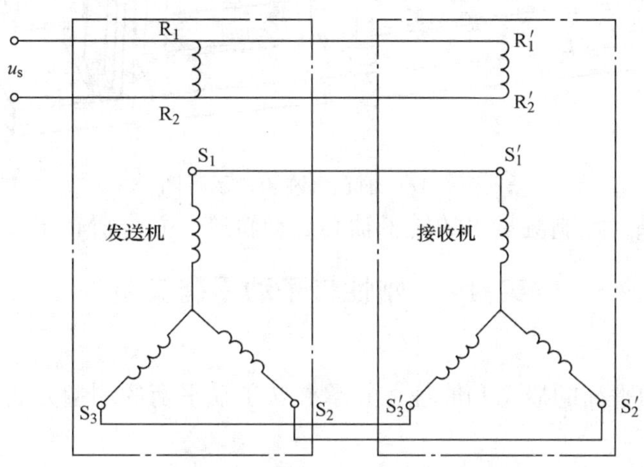

图5-36　力矩式自整角机实验接线图

3）在接收机的指针圆盘上吊砝码，记录砝码重量以及接收机转轴偏转角度。在偏转角从0°至90°之间取7~9组数据并记录于表5-8中。

表5-8　力矩式自整角机静态整步转矩与失调角实验数据

$T/(\mathrm{gf\cdot cm})$									
θ/℃									

4）做出静态整步转矩与失调角的关系曲线 $T=f(\theta)$。

注意：①　实验完毕后，应先取下砝码，再断开励磁电源。

②　表中 $T=G\times R$，G 是砝码重量(gf)，R 是圆盘半径2cm。

实验3　轴心轨迹测量实验

1. 实验目的

掌握回转机械轴心轨迹测量方法。

2. 实验设备

DRZZS-A型多功能转子试验台、电涡流位移传感器。

3. 实验内容

1)轴心轨迹是转子运行时轴心的位置，在忽略轴的圆度误差的情况下，可以将两个电涡流位移传感器探头安装到实验台中部的传感器支架上，相互成90°，具体轴心轨迹的传感器安装及测量如图5-37所示。

2)调好两个电涡流位移传感器探头到主轴的距离(约1.6mm)，标准是使从前置器输出的信号刚好为0(mV)。

3)起动转子实验台，记录两个传感器的输出信号，两个测量的信号就是它在两个垂直方向(X，Y)上的瞬时位移，将两个信号合成为李沙育图就是转子的轴心运动轨迹。

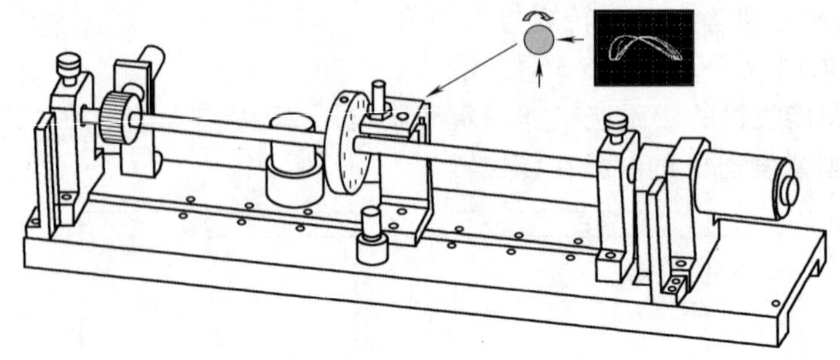

图 5-37　轴心轨迹测量示意图

4)分析实验结果，绘制测量出的转子轴心运动轨迹，并分析转子的轴心运动情况。

实验 4　刚性转子动平衡实验

1. 实验目的

了解回转机械动平衡的概念和原理，并掌握转子动平衡的测量方法。

2. 实验设备

DRZZS-A 型多功能转子试验台、振动传感器。

3. 实验内容

(1)实验原理

假设转子上有一不平衡质量 m，所处角度为 α，用分量 m_x、m_y 表示不平衡质量，具体测量位置及角度如图 5-38 所示。

$$m_x = m\cos\alpha$$

$$m_y = m\sin\alpha$$

为了确定不平衡质量 m 的大小和位置 α，起动转子在工作转速下旋转，用测振设备在一固定点测试振速，设振速为 v_0，则存在下列关系：

$$K\sqrt{m_x^2 + m_y^2} = v_0$$

式中，K 为比例系数。

在 $P_1(\alpha=0)$点加试重 M，起动转子到工作转速，测得振速 v_1，有如下关系：

$$K\sqrt{(m_x + M)^2 + m_y^2} = v_1$$

用同样的方式分别在 $P_2(\alpha=120°)$和 $P_3(\alpha=240°)$点加试重 M，并测得振动值 v_2、v_3，有如下关系：

$$K\sqrt{\left(m_x - \frac{1}{2}M\right)^2 + \left(m_y + \frac{\sqrt{3}}{2}M\right)^2} = v_2$$

$$K\sqrt{\left(m_x - \frac{1}{2}M\right)^2 + \left(m_y - \frac{\sqrt{3}}{2}M\right)^2} = v_3$$

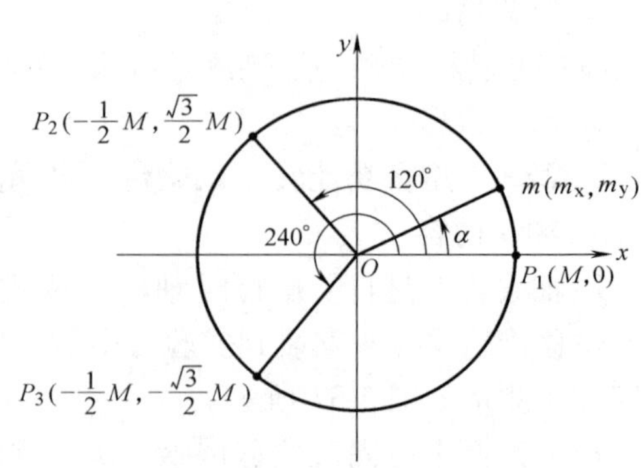

图 5-38　三点加重法示意图

从以上 3 式可推导得

$$K^2 = (v_1^2 + v_2^2 + v_3^2 - 3v_0^2)/3M^2$$

$$m_x = (v_1^2 - v_0^2)/2MK^2 - \frac{1}{2}M$$

$$m_y = \frac{1}{2\sqrt{3}MK^2}(v_2^2 - v_3^2)$$

从而可以进一步推得

$$m = \sqrt{m_x^2 + m_y^2}$$

$$a = \tan^{-1}(m_y/m_x)$$

即由 m_x，m_y 计算不平衡质量 m 和位置 α。

(2)实验步骤

1)在转子实验台的配重盘上选取一个位置(例如，贴反光纸的位置)作为初始位置(即 P_1 点)。实验设备及传感器安装如图 5-39 所示。

2)然后用转子实验台附件中的螺钉作为不平衡重，加在配重盘上。

3)开启转子试验台，应用振动传感器测量振动速度 v_0，关闭电源。

4)再取一个重量已知的配重，分别加到图 5-38 所示的 3 个位置 P_1、P_2、P_3，并且每次测量一下转子试验台开启状态下的振动速度 v_1、v_2、v_3。

5)按照实验原理，计算不平衡重量(即螺钉的质量)以及位置(即螺钉所处角度)，并根据实际测量螺钉质量及位置分析上述实验结果误差。

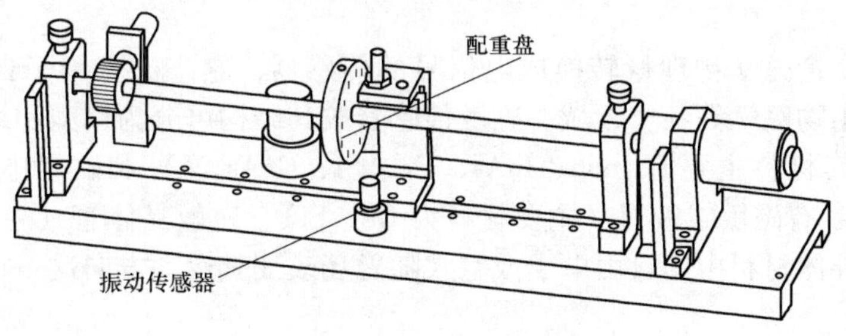

图 5-39　转子动平衡测量示意图

思考与练习

1. 简述感应同步器的工作原理及其主要特点。
2. 简述绝对编码器的工作原理，它的作用是什么？
3. 简述增量型编码器的工作原理，它的作用是什么？
4. 什么是旋转变压器？简述正余弦旋转变压器的工作原理。
5. 旋转变压器输出信号的处理方式有几种？画图说明鉴幅式工作方式的工作原理。
6. 自整角机有几种工作方式？画图说明各种方式的工作原理。
7. 简述粗精自整角机系统是如何提高检测精度的？

第6章　磁场与成分参数测量传感器

本章要点

- 磁敏电阻器的原理、结构、常用型号及典型的应用
- 线性磁场集成传感器和磁场角度集成传感器典型型号及应用范例
- 磁敏二极管和磁敏晶体管工作原理、主要特性、常用型号及典型应用
- 电阻型半导体气敏传感器的结构与工作原理
- 气敏传感器常用型号及应用
- 湿敏传感器原理、常用型号及典型应用

磁场以及成分参数的测量在日常生活以及工业中应用广泛。磁场的测量主要是指磁场强度以及磁场方向的测量，成分参数测量主要是指气体参数与湿度参数的测量。在本章中，磁场主要是通过磁敏电阻器、集成磁场传感器、磁敏二极管和磁敏晶体管进行测量的，而气体参数和湿度参数是通过气敏传感器和湿敏传感器进行测量的。

6.1　磁敏电阻传感器

磁敏传感器是把磁学物理量转换成电信号的传感器，它广泛应用于自动控制、信息传递、电磁测量、生物医学等各个领域。磁敏传感器按其结构可分为体型和结型两大类，前者有霍尔传感器（其材料主要有InSb、InAs、Ge、Si、GaAs等）和磁敏电阻（主要材料为InSb、InAs），后者有磁敏二极管（主要材料为Ge、Si）、磁敏晶体管（主要材料为Si等），它们都是利用半导体材料中的自由电子或空穴随磁场改变其运动方向这一特性而制成的磁敏传感器。

近年来磁敏传感器的应用日益扩大，其应用范围可分为模拟用途和数字用途两种。例如，利用霍尔传感器测量磁场强度，用磁敏电阻、磁敏二极管作为无接触式开关等。

6.1.1　磁敏传感器的工作原理与结构

磁敏电阻器是基于磁阻效应的磁敏元件。磁敏电阻的应用范围比较广，可以利用它制成磁场探测仪、位移和角度检测器、安培计以及磁敏交流放大器等。

当长方形半导体片受到与电流方向垂直的磁场作用时，不但产生霍尔效应，而且还会出现电流密度下降和电阻率增大的现象。若适当地选择几何尺寸，还会出现电阻值增大的现象。前一种现象称为物理磁阻效应，后一种现象称为几何磁阻效应。半导体磁阻器件就是综合利用这样两种效应而制成的磁敏器件。

1. 磁阻效应

磁阻效应是指将一载流导体置于外磁场中，其电阻率会发生变化（增大），它是伴随霍尔效应同时发生的一种物理效应。

当温度恒定时，在弱磁场范围内，磁阻与磁感应强度 B 的平方成正比。如果器件只有

在电子参与导电的简单情况下，理论推导出来的磁阻效应方程为

$$\rho_B = \rho_0 \ (1 + 0.273\mu^2 B^2) \tag{6-1}$$

式中，ρ_B 是磁感应强度为 B 时的电阻率；ρ_0 是零磁场下的电阻率；μ 是电子迁移率；B 是磁感应强度。

当电阻率变化为 $\Delta\rho = \rho_B\rho_0$ 时，电阻率的相对变化率为

$$\frac{\Delta\rho}{\rho_0} = 0.273\mu^2 B^2 = k \ (\mu B)^2 \tag{6-2}$$

当半导体中仅存在一种载流子时，磁阻效应很弱。若同时存在两种载流子，则磁阻效应很强，此时

$$\frac{\Delta\rho}{\rho_0} \approx \ (p/n) \ \mu_P\mu_B B^2 \tag{6-3}$$

式中，p/n 为空穴、电子密度；$\mu_P\mu_B$ 为空穴、电子迁移率。

从式（6-3）中可以看出，当半导体材料确定时，磁阻元件的阻值与磁感应强度呈平方关系。上式仅适用于弱磁场，在强磁场下，半导体的阻值与磁感应强度则呈线性关系。

由式（6-2）和式（6-3）可知，磁场一定时，迁移率越高的材料磁阻效应越明显，例如，InSb、InAs 和 NiSb 等半导体材料的载流子迁移率都很高，更适合于制作磁敏电阻。

2. 磁敏电阻的结构

同霍尔元件的结构相比，霍尔元件是四端子结构，而磁敏电阻元件是仅有一对电流电极的两端子结构。

常见的磁敏电阻有如下 3 种结构，如图 6-1 所示。

图 6-1a 为矩形栅格型磁阻元件，在锑化铟（InSb）半导体薄片上，用光刻的方法制作多个平行、等间距的导电窄金属条（栅格），这相当于多个长宽比小于 1 的长方形 InSb 薄片磁阻元件串联，那些窄金属条就是相应矩形磁阻元件的电流电极。这样，既增加了零场电阻（即无磁场时磁阻元件的电阻），又提高了灵敏度。

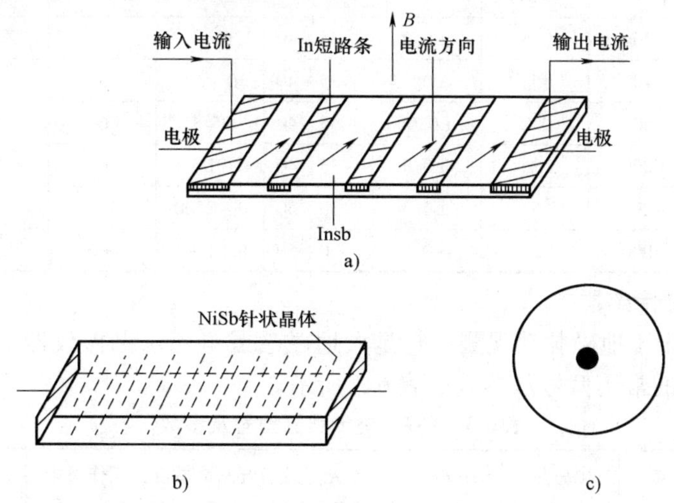

图 6-1　常见磁敏电阻

a）矩形栅格型磁阻元件　b）InSb-NiSb 共晶磁阻元件　c）圆盘形磁阻元件

图 6-1b 为 InSb-NiSb 共晶磁阻元件，是在结晶制作过程中有方向性地析出金属而制成的磁敏电阻。在 InSb 晶体生成时，使其内含有 NiSb 的针状晶体，形成互相平行而且距离非常近的针状结构，并使形成元件的长度方向与针状晶体方向相垂直。由于 NiSb 针状晶体导电性能良好，起电极作用，因此，InSb-NiSb 晶体具有较强的磁阻效应。

图 6-1c 为圆盘形磁阻器。圆盘形半导体磁敏电阻，在中心和边缘处各有一电极，当外加磁场存在时圆盘中任何地方都不能积累起电荷，不会产生霍尔电场，电流总是以螺旋形路径流出电极，电流路径明显拉长，这种现象称为柯比诺效应，这种圆盘形磁阻器称为柯比诺圆盘。

6.1.2 磁敏电阻常用型号

1. GCI-IA 型磁传感器

这种传感器可用作探测地震前电磁波异常的接收器件，也可用作大地深层电磁测探。如表 6-1 所示。

表 6-1 GCI-IA 型传感器参数

内阻/kΩ	分布电容/pF	自振频率/Hz	灵敏度/（μV/V/Hz）	频带/Hz
1.5	<1200	>30	>200	10 ~ 0.001

2. FCC/MC 系列磁性传感器

这种传感器是一种磁电转换器件，它利用磁敏材料的固有特性，通过不同的特殊电路将磁信号转换为电信号，可作为磁场测量仪表的探头、弱磁物体的检测器件和铁磁运动物体的记数器件，以及各类兵器引信的接收器件。FCC/MC 系列磁性传感器的具体型号及参数如表 6-2 所示。

表 6-2 FCC/MC 磁性传感器型号及参数

型号 \ 参数		磁灵敏度/(μV/nT)	分辨能力/nT	测量范围/mT	工作温度/℃	频率范围/Hz	电源电压/V	功耗/mW	尺寸/mm
非晶态	FCC-1	20	0.5	±0.2	-35 ~ 40	0 ~ 1	6	9	82 × 62 × 31
	FCC-2	10	5	±0.2	-35 ~ 40	0 ~ 20	±6	10	82 × 56 × 31
	FCC-3	50	0.2	±0.04	-35 ~ 40	0 ~ 1	6	9	82 × 56 × 31
	FCC-4	6000	2	±0.3	-35 ~ 40	0.01 ~ 1	±6	15	ϕ80 × 90
磁膜	mc-1	5	5	±0.3	-30 ~ 50	0 ~ 2500	4.5	3	82 × 56 × 31
	mc-2	5000	2	±0.3	-30 ~ 50	0.01 ~ 1	±6	5	ϕ80 × 90

3. CGC 系列磁传感器

这种传感器可用于地磁脉动观测，它是大地磁法或电磁法勘探仪器的磁场信息接收器。CGC 系列磁传感器的常用型号及参数如表 6-3 所示。

表 6-3 CGC 磁传感器型号及参数

型号 \ 参数	直流电阻/Ω	电感量/H	分布电容/pF	外壳等效电阻/kΩ	开路灵敏度/(μV/Hz)	工作灵敏度/(μV/r)	总长度/mm	重量/kg
CGC-A	430	650	550	55	140	80	2150	36
CGC-B	1350	1050	200	300	69	30	1200	20

6.1.3 磁敏电阻的应用

由于磁阻元件具有阻抗低、阻值随磁场变化率大、非接触式测量、频率响应好、动态范围广及噪声小等特点，可应用于如无触点开关、压力开关、旋转编码器、角度传感器、转速传感器等器件中。

1. InSb 磁敏电阻无触点开关

图 6-2 是两端型 InSb 磁敏电阻的无触点开关电路。将 InSb 电阻连接到晶体管的基极上，当永久磁铁距 InSb 电阻远一点时，它处于无磁场状态，电阻值 R_0 很小，晶体管集电极有输出电流，处于开状态。当永久磁铁距 InSb 电阻很近时（例如，间隙为 0.1mm），InSb 电阻值变为 R_B（大于 $3R_0$），此时基极电流很小，晶体管没有电流输出，处于关状态。由于它的输出较大，因而可直接驱动功率晶体管。

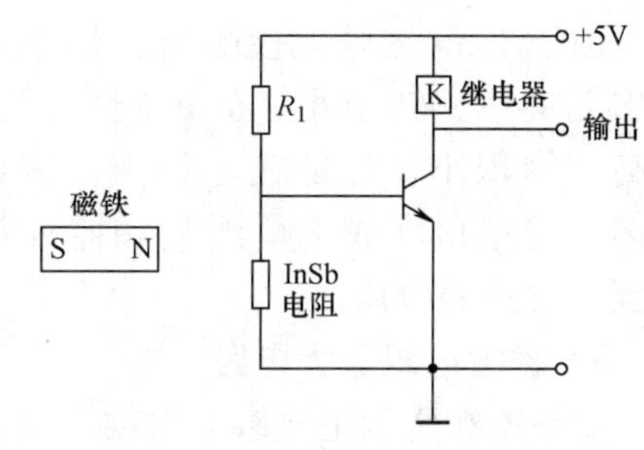

图 6-2　两端型 InSb 磁敏电阻的无触点开关电路

此电路还可以作为计数装置使用。当磁性体接近 InSb 磁敏电阻时，电路便会产生脉冲信号，计数器接到输出端上，可将脉冲信号个数转换成数字信号记录下来。

2. InSb 磁敏无接触角度传感器

图 6-3～图 6-5 是 360°旋转的 InSb 磁敏无接触角度传感器的外形结构、工作原理和输出特性曲线图。这种传感器用的磁敏电阻由两个半圆形磁敏电阻 R_{M1} 和 R_{M2} 串联分压所构成。“1”和“3”端为输入端，“2”和“3”端为输出端。当半圆形永久磁铁完全覆盖左半部 R_{M1} 时，输出电压最小。将永久磁铁顺时针方向旋转到中央位置，使 R_{M1} 和 R_{M2} 各有 1/2 被覆盖，这时输出电压恰好是输入电压的 1/2。永磁铁继续旋转到全部覆盖 R_{M2} 时，输出电压达到最大值。由于 R_{M1} 和 R_{M2} 都有一定阻值，所以这种电位器的最小输出不为零，最大输出小于输入电压。永久磁铁每旋转 360°就得到一个类似三角形的输出特性曲线。

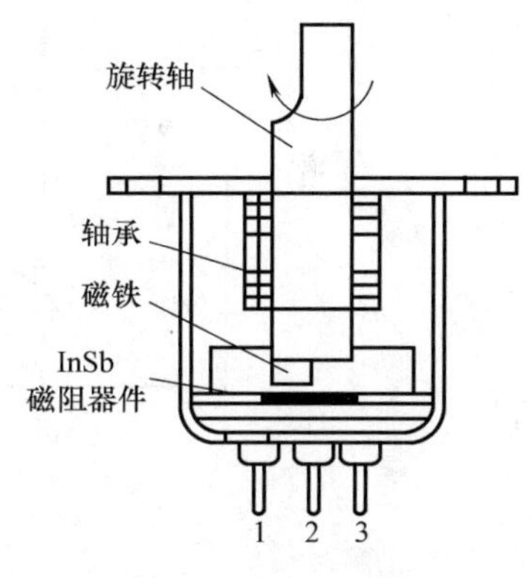

图 6-3　InSb 磁敏无接触角度传感器的外形结构图

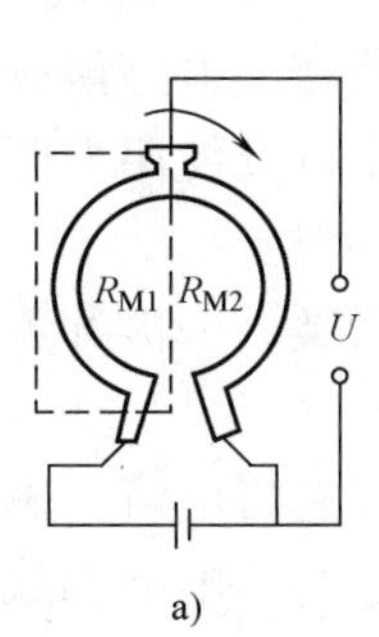

a)

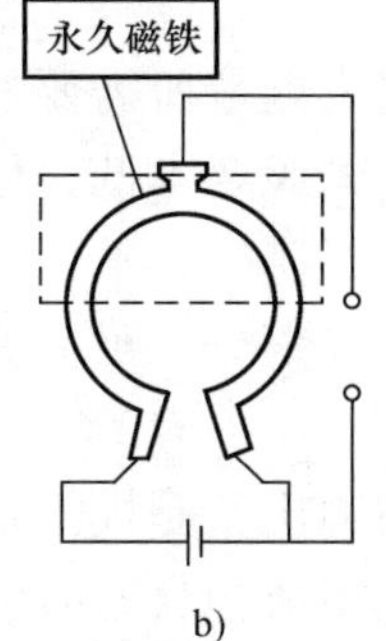

b)

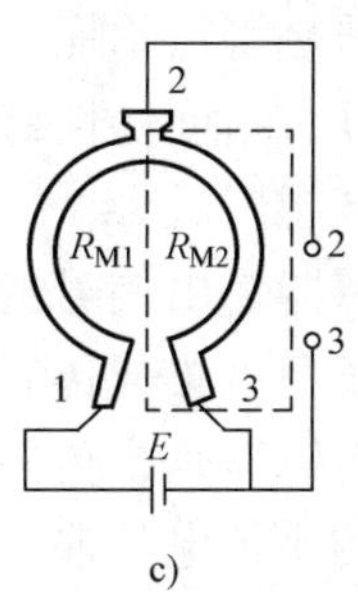

c)

图 6-4　InSb 磁敏无接触角度传感器的工作原理图
a）输出电压最小　b）输出电压为输入电压的 1/2　c）输出电压最大

在输出电压最大值和 InSb 电阻的作用下，输出电压和磁铁旋转角度之间不是线性关系。只有在 90°或 270°为原点的 ±50°范围内，两者才有良好的线性关系。用 InSb 磁敏电阻测量角位移或阀门开关控制时都使用这个区域。

由于 InSb 磁敏无接触角度传感器具有输出无噪声、转矩小、分辨能力强、可靠性高、体积小、重量轻等特点，因此，在许多小转矩角度或平衡测量和监控设备中得到了广泛的应用。

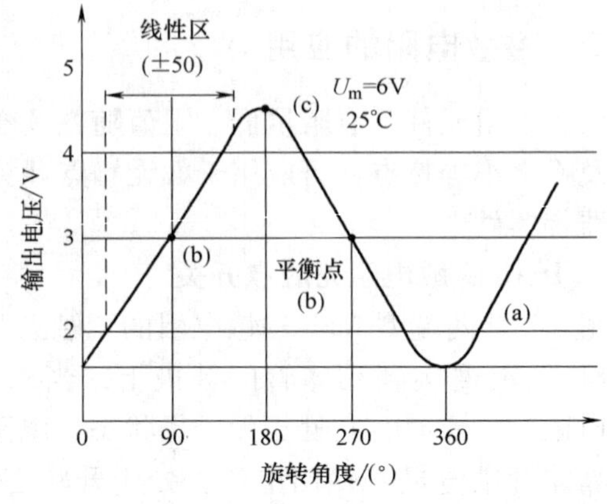

图 6-5　InSb 磁敏无接触角度传感器的输出特性曲线

3. 磁敏电阻放大电路

如图 6-6 所示是磁敏电阻放大电路，它由 4 个磁敏电阻与 3 只运算放大器构成，整个电路的输出阻抗较低。图 6-6 中运算放大器 A_1 和 A_2 用于阻抗变换，R_M 元件的电阻变化输入到低输出阻抗的运算放大器 A_3 上，这样运算放大器 A_3 的输入阻抗和反馈电阻都可以设定为较低值，整个电路增益也足够大。因此，它是一种非常方便的电路结构。

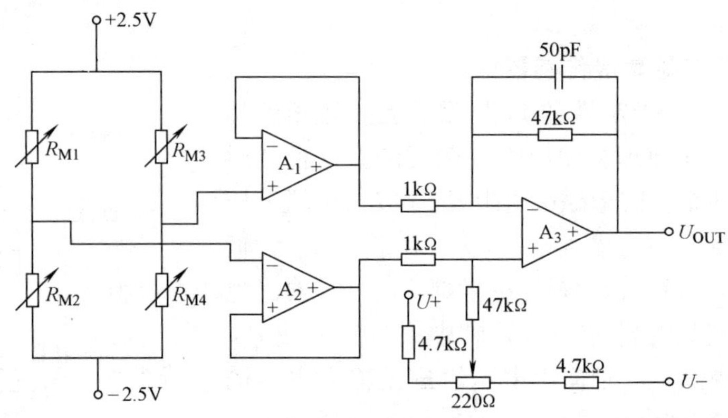

图 6-6　磁敏电阻放大电路

6.2　集成磁场传感器

集成磁场传感器是将霍尔元件及完成测量所需要的其他相关电路集成到一个芯片中。由于集成磁场传感器具有温度特性好、对电源要求低、体积小以及使用方便等优点，使集成磁场传感器的应用越来越广泛。

从集成磁场传感器输出信号的形式来划分，可分为两大类，一类称为线性磁场集成传感器，另一类称为磁场角度集成传感器。

线性磁场集成传感器是指传感器的输出量是模拟信号，它将电流、磁场等连续变化的模拟信号转换为模拟的霍尔电势输出。它主要包含霍尔元件、稳压电路和放大器 3 部分。它在实际工程中有着十分广泛的应用。例如，测量磁场强度、位移和电流等。

磁场角度集成传感器则是测量磁场角度，可以用于测量转速、方向识别以及角度测量等。

6.2.1 线性集成磁场传感器

1. 线性集成霍尔传感器 UGN—3501M

UGN—3501M 型磁敏元件是一种线性集成霍尔电路，它将单晶片磁敏单元、线性差动放大器、差动射极跟随输出级和稳压器等集成在一起的器件，应用方便简单，可靠灵活。

UGN—3501M 的内部结构框图如图 6-7 所示，电路的 5、6、7 引脚外接一只 47Ω 精密电位器，作输出失调调零之用。其中 1、8 引脚为输出电压信号端，2 引脚悬空，3 引脚为输入电源电压，最大 16V，4 引脚接地。

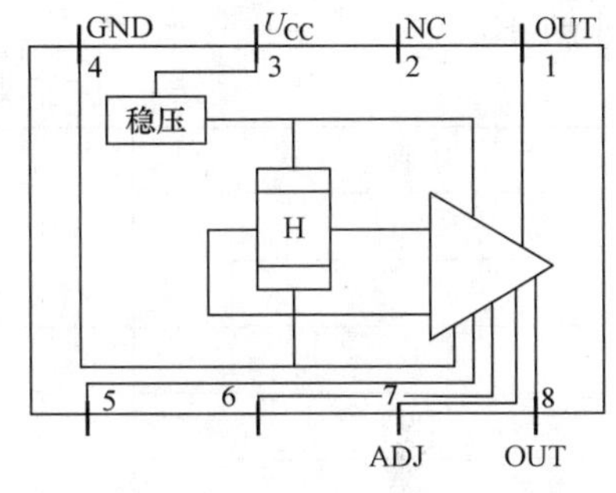

图 6-7 UGN—3501M 内部结构框图

2. 具有温度补偿功能的线性集成霍尔传感器

美国模拟器件公司（ADI）以前推出的 AD22150 属于开关式输出磁场传感器，适合用于转速测量。ADI 公司最近推出的 AD22151 是一种线性输出磁场传感器，适合用于检测磁场强度和各种特殊位置检测。AD22151 的输出电压与施加在垂直器件封装顶面的磁场强度成正比。

它的主要特点是将大量霍尔元件阵列集成技术与内部温度补偿及信号调节电路结合起来，实现单片集成。这样不仅减小温漂、提高精度，而且减小体积，使用最少量的外接元件便可满足各种应用要求。

AD22151 适用于单电源，-40 ~ +150℃温度范围内，具有低失调误差、低增益误差、低线性误差和宽失调调节范围。失调电压（磁场零点）为 $U_{cc}/2$，输入范围为 $U_{cc}/2\pm0.5$V，输出灵敏度（外部可调，A=1，A 为灵敏度调节参数）为 0.4mV/G，输出信号刷新频率为 50 kHz，输出电压动态范围接近电源电压，对大容性负载驱动能力为 1mA。

这种传感器根据对具体信号的应用要求设置增益而且增益调整范围很宽。输出电压可以调整，既可检测双极性磁场，也可检测单极性磁场。每种工作方式的信号输出辐度都与电源电压成比例。在内部温度补偿电路的控制下，不但能利用内部补偿电阻进行二级补偿，而且可利用外接电阻（R_4）进行一级补偿。

AD22151 采用 8 引脚 SOIC 封装，其引脚排列如图 6-8 所示。

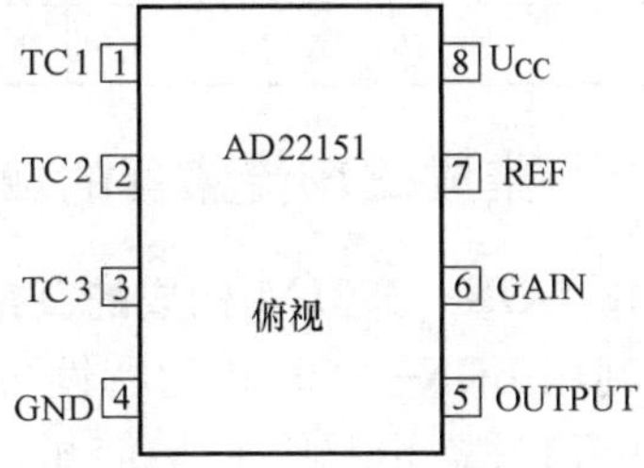

图 6-8 AD22151 引脚排列

6.2.2 磁场角度集成传感器

KMZ52 是 Philips 公司生产的一种利用坡莫合金薄片的磁阻效应测量磁场的高灵敏度磁阻传感器。该磁阻传感器内置两个正交磁敏电阻桥、完整的补偿线圈和设置/复位线圈。补偿线圈的输出与当前测量结果形成闭环反馈，使传感器的灵敏度不受地域限制。这种磁阻传感器主要应用于导航、通用地磁测量和交通检测。

该磁阻传感器在金属铝的表面沉积了一定厚度的高磁导率的坡莫合金，在翻转线圈和外界磁场两个力的作用下，电子改变运动方向，使得磁敏电阻的阻值发生变化。同时 KMZ52 的斑马条电阻成 45°放置（电阻类似斑马条纹的放置称为斑马条电阻），这使得电子在正反向磁场力作用下有较好的对称性。由于加入了翻转磁场，KMZ52 的变化曲线与普通的磁敏电阻不同，更加线性化。KMZ52 磁阻传感器的核心部分是惠斯顿电桥，是由 4 个磁敏感元件组成的磁阻桥臂。磁敏感元件由长而薄的坡莫合金薄膜制成。在外加磁场的作用下，磁阻的变化引起输出电压的变化。KMZ52 集成传感器一共有 16 个引脚，具体每个引脚的说明如表 6-4 所示。

表 6-4　KMZ52 引脚说明

引脚	符号	说明
1	$+I_{flip2}$	翻转线圈
2	U_{CC2}	桥电源电压
3	GND2	地
4	$+I_{comp2}$	补偿线圈
5	GND1	地
6	$+I_{comp1}$	补偿线圈
7	$-I_{comp1}$	补偿线圈
8	$-U_{OUT1}$	桥输出电压
9	$+U_{OUT1}$	桥输出电压
10	$-I_{flip1}$	翻转线圈
11	$+I_{flip1}$	翻转线圈
12	U_{CC1}	桥电源电压
13	$-I_{comp2}$	补偿线圈
14	$-U_{OUT2}$	桥电源电压
15	$+U_{OUT2}$	桥电源电压
16	$-I_{flip2}$	翻转线圈

6.2.3　集成磁场传感器的应用

1. UGN—3501M 构成的高斯计

利用 UGN—3501M 的特性可以将磁场强度转换成电信号输出是一种最简单和最方便的应用。如果用一只量程为 2100mA、内阻大于 20kΩ/V 的表头串联一只可调电位器接至电路的 1、8 引脚，就构成一只价廉物美的高斯计了，如图 6-9 所示。典型的 UGN-3501M 在磁场 1000Gs 时有 1400mV 的灵敏度，线性范围为 1000Gs，若在第 5 引脚与第 6 引脚之间各加接一只 47Ω ±5% 电阻，则线性范围可扩展到 3000Gs。这可以用来测量磁场的强度和判断磁场的极性。

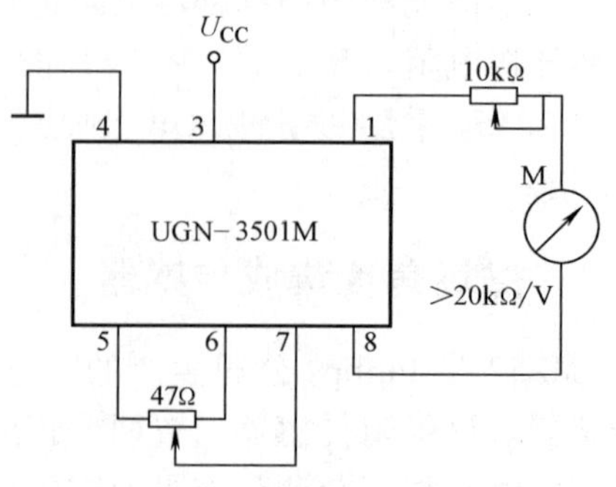

图 6-9　UGN—3501M 构成的高斯计

由于 UGN—3501M 集成电路有很好的线性度，所以十分适合将位置、重量、厚度、速度等非电量参数转换成电信号。

2. AD22151 构成单极性模式下的温度补偿电图

AD22151 构成单极性模式下的温度补偿电路如图 6-10 所示。其特点是将 R_1 接在 TC_1 端与 TC_3 端之间，使磁场零点的电位不等于 $U_{CC}/2$，可对 $2000\times10^{-6}/℃$ 以下的高温度系数进行补偿。此时 TC_2 端开路，由补偿电阻 R_1 和内部电阻 R_B 构成温度补偿系数分压器。单极性模式下 R_1 的电阻值与温度补偿系数的关系曲线如图 6-11 所示。

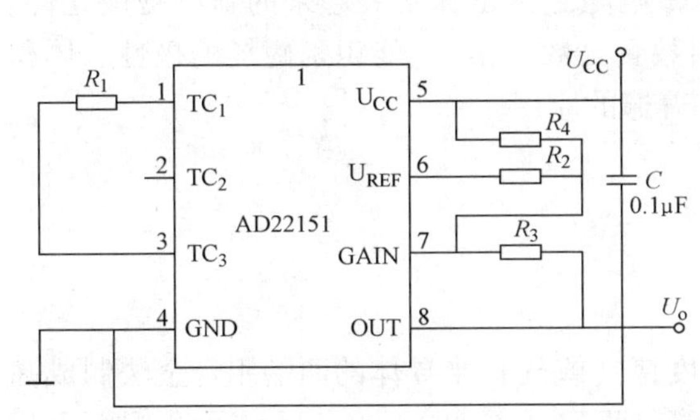

图 6-10　AD22151 构成单极性模式下的温度补偿电路

图 6-11　单极性模式下 R_1 的电阻值与温度补偿系数的关系曲线

3. 可识别转速方向的 KM110BH/32 应用电路

KM110BH/32 型是有方向识别功能的转速传感器集成电路，用于转速测量和方向识别等领域。它由磁阻传感元件 KMZ10B、一个信号调理电路和一块永久磁铁构成，产生数字电流信号输出，电路具有短路保护功能。

图6-12是KM110BH/32可识别转速方向的传感器应用电路。KM110BH/32传感集成电

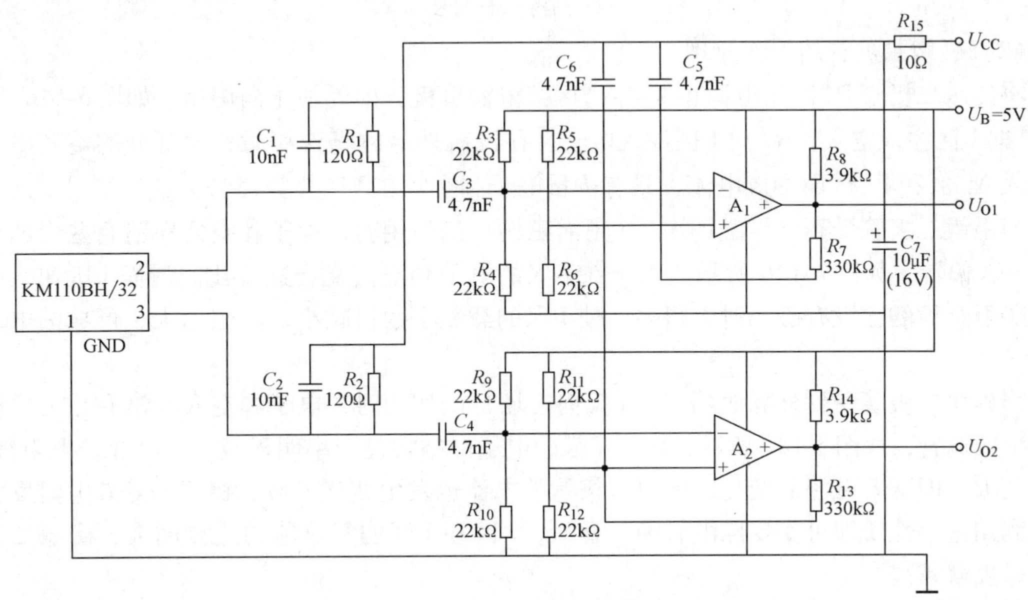

图 6-12　KM110BH/32 可识别转速方向的传感器应用电路

路输出两个相位差为90°的对称电流脉冲，通过两个通道变换为电压脉冲 U_{01} 和 U_{02}，两通道公共端是地，通道工作过程类似。正电源加至缓冲器 A_1 和 A_2，输出至方向识别电路。方向识别电路由触发器组成。将 U_{01} 接至 D 触发器的 CP 端，U_{02} 接至 D 触发器的 D 输入端，触发器 Q 输出的高低电平便代表齿轮转动的两个方向。

6.3 磁敏二极管和磁敏晶体管

磁敏二极管和磁敏晶体管是继霍尔元件和磁敏电阻之后迅速发展起来的新型磁敏元件。它们具有磁灵敏度高（磁灵敏度比霍尔元件高出数百至数千倍）、能识别磁场的极性、体积小、电路简单等特点，在检测、控制等方面得到普遍的应用。

6.3.1 磁敏二极管工作原理和主要特性

1. 磁敏二极管的结构与工作原理

（1）磁敏二极管的结构

磁敏二极管的结构如图6-13a 所示，在高纯度锗（或硅）半导体的两端用合金法制成高掺杂的 P+型和 N+型两个半导体区域，I 区是高纯区（本征区）。在 I 区的一个侧面上打毛，使其变粗糙，设置成高复合区（r 区），与 r 区相对的另一侧面磨成光滑的无复合表面，这就构成了磁敏二极管的管心。图6-13b 为磁敏二极管在电路中的表示符号。

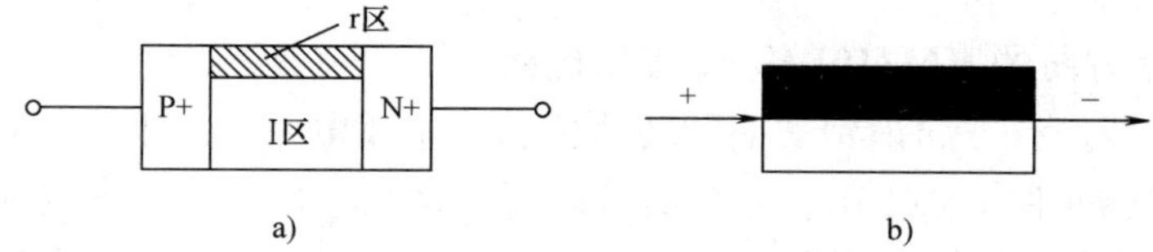

图6-13　磁敏二极管结构及符号示意图
a）结构　b）符号

（2）磁敏二极管的工作原理

将磁敏二极管 P^+ 区接电源正极，N^+ 区接电源负极，即外加正向偏压，如图6-14a 所示，则 P^+ 向 I 区注入空穴，N^+ 向 I 区注入电子。在没有外界磁场作用时，大部分的空穴电子分别流入 N^+ 区和 P^+ 区而形成电流，只有少量电子和空穴在 I 区复合掉。

当磁敏二极管受到外界磁场 H^+（正向磁场）的作用时，电子和空穴在洛仑兹力的作用下向 r 区偏转，如图6-14b 所示，由于在 r 区的电子和空穴复合速度比光滑面 I 区快，因而载流子复合掉的比没有磁场时大得多，使 I 区的载流子数目减小，电阻增大，形成的电流减小。

当磁敏二极管受到外界磁场 H^-（反向磁场）的作用时，电子和空穴在洛仑兹力的作用下向 I 区偏转，如图6-14c 所示，由于 I 区的电子和空穴复合率明显减小，因此，电阻减小，电流变大。即随着磁场的变化，流过二极管的电流也发生变化，或二极管的等效电阻发生变化。利用这一性质即可实现磁电转换。显然，r 区和 I 区的复合能力之差越大，磁敏二极管的灵敏度就越高。

磁敏二极管反向偏置时，在 I 区仅流过很微小的电流，因而二极管形成的电流（或等效电阻）几乎与磁场无关。

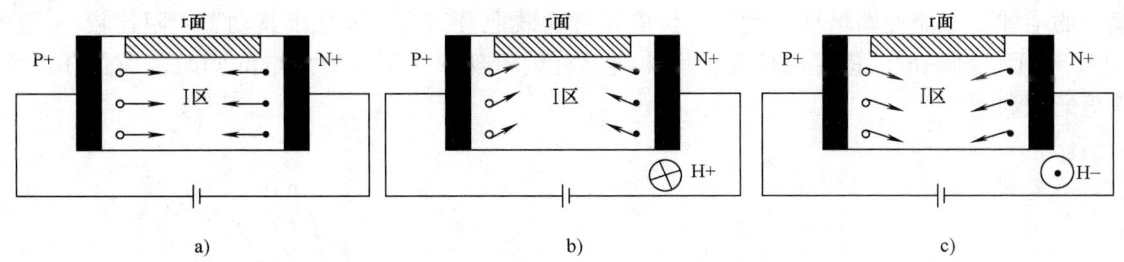

图 6-14　磁敏二极管工作原理示意图

a）无外界磁场作用时　b）外界磁场 H +（正向磁场）作用时　c）外界磁场 H -（反向磁场）作用时

1）磁电特性。在给定的条件下，磁敏二极管的输出电压与外加磁场间的变化关系称为磁敏二极管的磁电特性。

图 6-15 给出了磁敏二极管单只使用和互补使用时的磁电特性曲线。由图 6-15 可以看出，单只使用时，磁敏二极管的正向磁灵敏度大于反向；互补使用时，正、反向磁灵敏度曲线对称，且在弱磁场下有较好的线性。

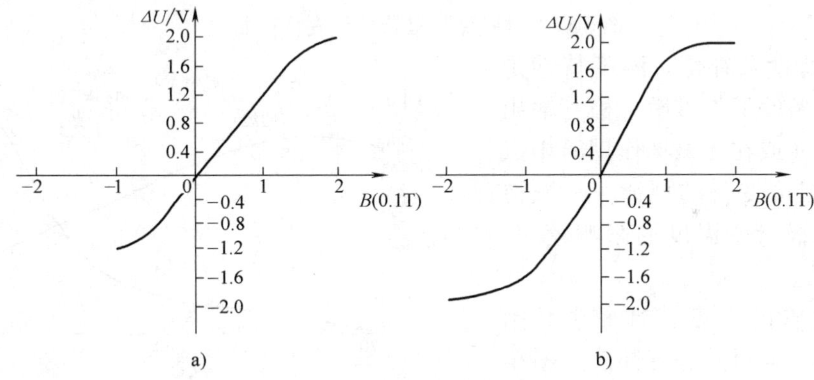

图 6-15　磁敏二极管单只使用和互补使用时的磁电特性曲线

a）单只使用　b）互补使用

2）伏安特性。在给定磁场的情况下，磁敏二极管两端正向偏压和通过它的电流的关系曲线称为磁敏二极管的伏安特性。由图6-16、图6-17可见，磁敏二极管在不同的磁场强度H的作用下其伏安特性是不一样的。图6-16为锗磁敏二极管的伏安特性；图6-17为硅磁敏

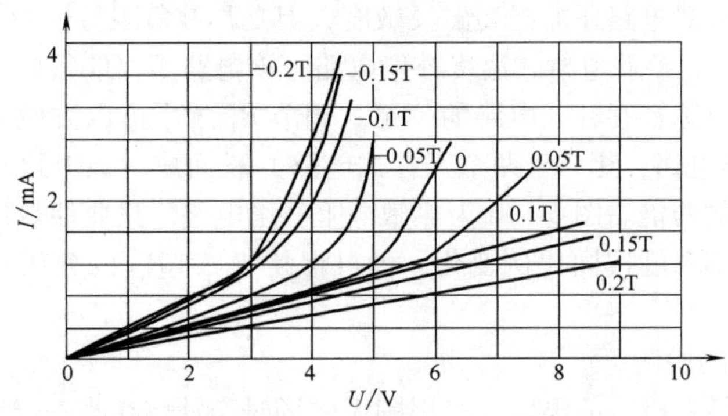

图 6-16　锗磁敏二极管的伏安特性曲线

二极管的伏安特性。如图 6-17a 所示，开始在较大偏压范围内，电流变化比较平坦，随外加偏压的增加，电流逐渐增加。此后，伏安特性曲线上升很快，表现出其动态电阻比较小。图 6-17b 所示，硅磁敏二极管的伏安特性曲线上有负阻现象，即电流急增的同时，有偏压突然跌落的现象。

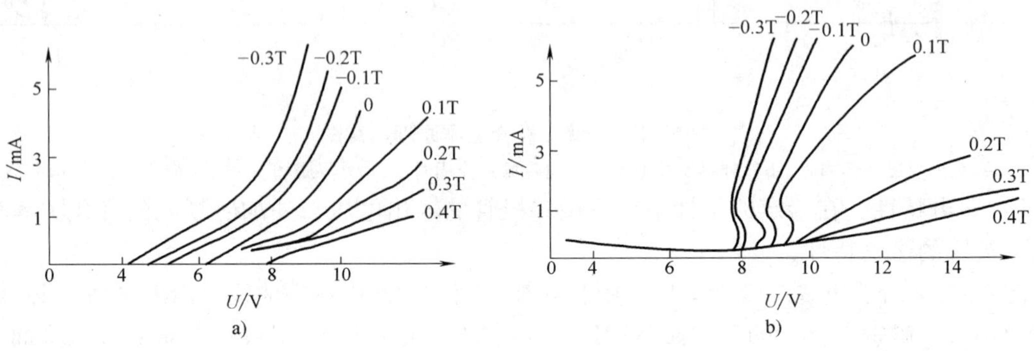

图 6-17　硅磁敏二极管的伏安特性曲线

3）温度特性及补偿。温度特性是指在标准测试条件下，磁敏二极管输出电压变化量 U（或在无磁场作用时中点电压 U_m）随温度变化的规律。一般情况下，磁敏二极管受温度的影响较大，如图 6-18 所示。

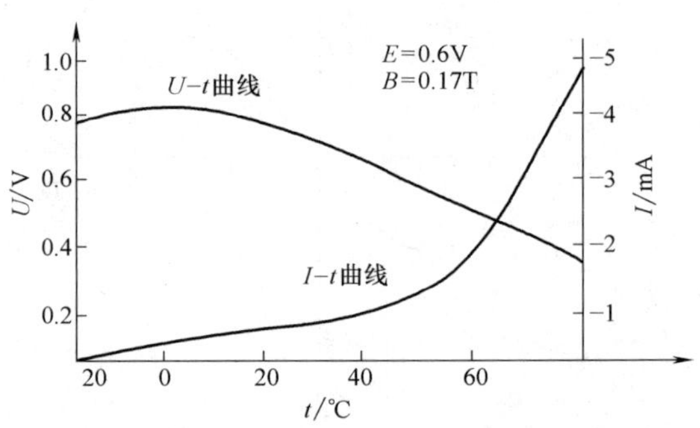

图 6-18　单只使用时磁敏二极管温度特性曲线

磁敏二极管的温度特性较差，因此，在使用时，需对其进行补偿。图 6-19 为几种常见的补偿电路。其中图 6-19a 为互补式温度补偿电路。选用两只特性相同或相近的磁敏二极管，按相反磁极性组合。即把磁敏二极管的磁敏感面相对放置，就构成了互补式电路。当 $B=0$ 时，输出电压取决于两管的等效电阻的分压比，当环境温度发生变化时，两管的等效电阻都要发生变化。但其分压比不变或变化很小，因此，输出电压随温度变化很小。互补式电路还能提高磁灵敏度，但是具有负阻特性的磁敏二极管不能用于互补式电路。图 6-19b 为差动电桥式温度补偿电路，该电路不仅能很好地实现温度补偿、提高灵敏度，而且还可以弥补互补式电路的不足。调节 R_1、R_2 可以方便地调整电路平衡。图 6-19c 为全桥温度补偿电路，相当于两个互补式电路并联而成。该电路在同样的磁场下输出电压是差动电桥电路的两倍。图 6-19d 为热敏电阻补偿电路。只要使热敏电阻的阻值能与磁敏二极管的等效电阻随温度按同比例变化，即可保持 R_1 和 R_m 的分压比不变，从而达到温度补偿的目的。

（3）磁敏二极管的检测

用万用表检测磁敏二极管的电阻，当周围无磁场时表针应在某一位置不动。这时拿一磁铁靠近磁敏二极管，观察表针，应该向某一个方向偏转，离得越近偏转越大。调换一下磁铁

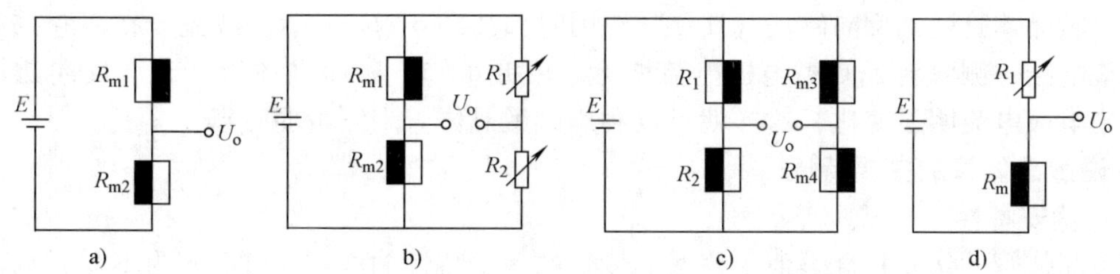

图 6-19 温度补偿电路

a）互补式 b）差动电桥式 c）全桥式 d）热敏电阻补偿

的极性，再次重复以上的过程，表针应该向另一个方向发生偏转。如果在整个过程中，万用表的表针根本不动或只向一个方向发生偏转，说明磁敏二极管已经损坏。

6.3.2 磁敏晶体管工作原理和主要特性

1. 磁敏晶体管的结构与工作原理

NPN 型磁敏晶体管是在弱 P 型近本征半导体上，用合金法或扩散法形成一个结（即发射结、基极结、集电结）所形成的半导体元件，如图 6-20 所示。NPN 型磁敏晶体管的基区较长，基区的结构类似于磁敏二极管，也有本征 I 区和一个高复合 r 区。长基区分为输运基区和复合基区两部分。

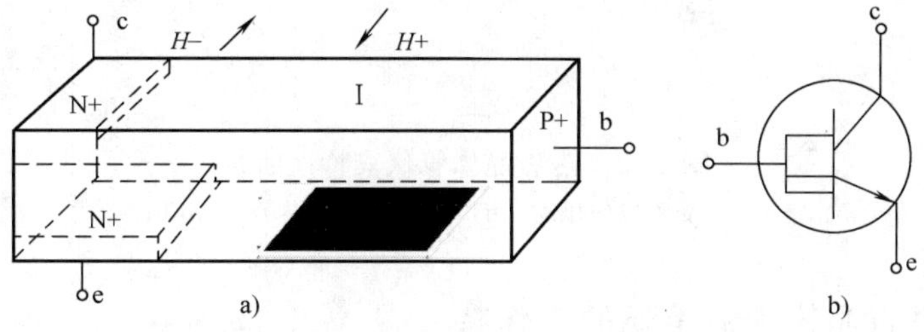

图 6-20 磁敏晶体管的结构和符号

a）结构 b）符号

当磁敏晶体管不受磁场作用时，如图 6-21a 所示。由于磁敏晶体管的基区宽度大于载流子有效扩散长度，从而注入的载流子除少部分输入到集电极 c 外，大部分通过 e—I—b 而形成基极电流，因而形成了基极电流大于集电极电流的情况。所以，电流放大系数 $\beta = I_c / I_b < 1$。

当磁敏晶体管受到正向磁场（H +）作用时，如图 6-21b 所示，洛伦兹力使载流子向发射结一侧偏转，导致集电极电流明显下降。

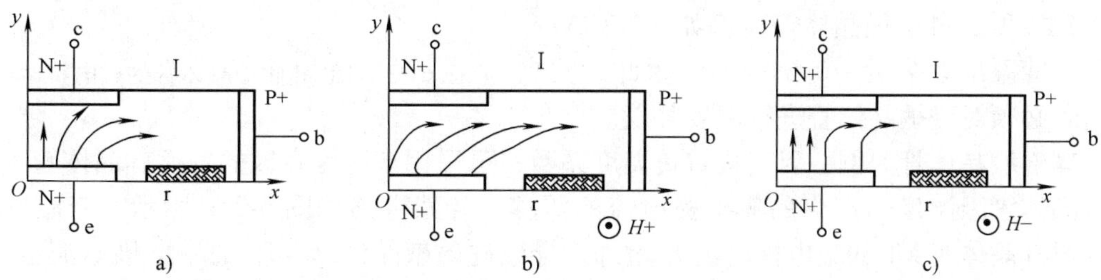

图 6-21 磁敏晶体管工作原理

a）不受磁场作用 b）受正向磁场（H +）作用 c）受反向磁场（H –）作用

当磁敏晶体管受到反向磁场（H－）作用时，如图 6-21c 所示，载流子在洛仑兹力作用下。向集电结一侧偏转，使集电极电流增大。由此可知，磁敏晶体管在正、反向磁场作用下，其集电极电流明显变化，这样就可以利用磁敏晶体管来测量弱磁场。

2. 磁敏晶体管的主要特性

（1）伏安特性

磁敏晶体管的伏安特性类似于普通晶体管的伏安特性曲线，图 6-22a 为不受磁场作用时磁敏晶体管的伏安特性曲线；图 6-22b 是磁敏晶体管在基极恒流条件下（$I_b=3\text{mA}$），磁场为 ±1T 时的集电极电流的变化。由图可知，磁敏晶体管的电流放大倍数小于 1。

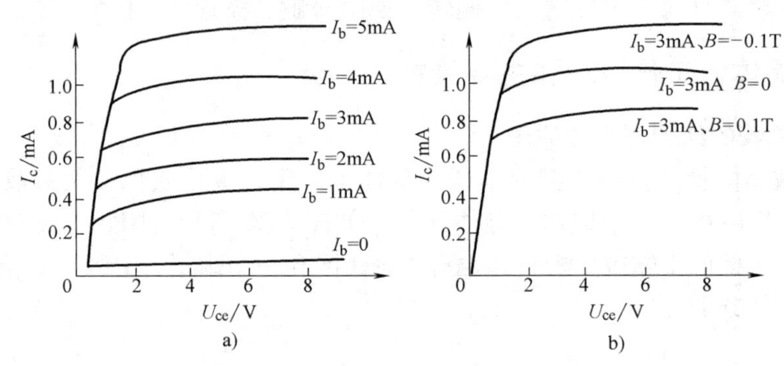

图 6-22　磁敏晶体管伏安特性曲线

a）不受磁场作用时　b）基极恒流，磁场为 0.1T

（2）磁电特性

磁电特性是磁敏晶体管最重要的工作特性，是应用磁敏晶体管的基础。国产 NPN 型 3BCM（锗）磁敏晶体管的磁电特性曲线如图 6-23 所示。由图 6-23 可见，在弱磁场作用时，曲线近似于一条直线。

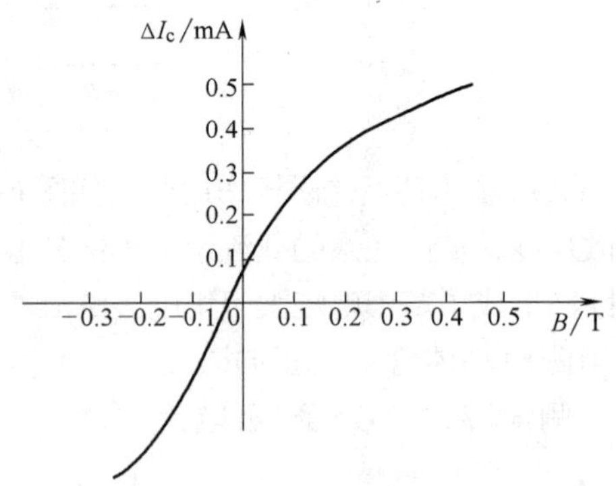

图 6-23　3BCM 磁敏晶体管的磁电特性

（3）温度特性

磁敏晶体管对温度比较敏感，锗磁敏晶体管（例如，3ACM、3BCM）的磁灵敏度温度系数为 0.8%/℃；硅磁敏晶体管（例如，3CCM）的磁灵敏度温度系数为 −0.6%/℃，因此，实际使用时必须对磁敏晶体管进行温度补偿。

以硅磁敏晶体管为例，因其具有负温度系数，可采用正温度系数的普通硅晶体管来补偿硅磁敏晶体管因温度而产生的集电极电流的漂移。补偿电路如图 6-24a 所示，当温度升高时，普通硅晶体管 VT 的集电极电流 I_c 增加，导致硅磁敏晶体管 VT_m 的集电极电流也增加，从而补偿了硅磁敏晶体管因温度升高而导致的集电极电流下降。其中反馈电阻 R_e 一般取 400～800Ω。

如图 6-24b 所示，电路利用锗磁敏二极管的电流随温度升高而增加的特性，使其作为硅磁敏晶体管 VT_m 的负载，以弥补硅磁敏晶体管因温度升高而引起的电流下降。

图 6-24c 是磁敏晶体管差分电路，两只磁敏晶体管 VT_{m1}、VT_{m2}特性一致，磁极相反。这种电路不仅能实现温度补偿，而且还可以提高磁灵敏度。

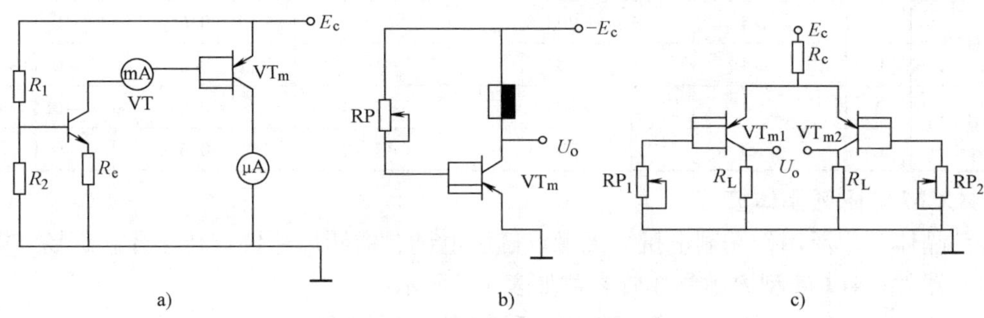

图 6-24　磁敏晶体管的温度补偿电路

a）应用硅晶体管补偿　b）应用锗磁敏二极管补偿　c）磁敏晶体管差分电路

（4）频率特性

3BCM 锗磁敏晶体管对于交变磁场的频率响应特性为 10kHz。

（5）磁灵敏度

磁敏晶体管的磁灵敏度有正向灵敏度 h_+ 和负向灵敏度 h_- 两种。其定义如下：

$$h_{\pm} = \left| \frac{I_{cB\pm} - I_{c0}}{I_{c0}B} \right| \times 100\% / \mathrm{T} \tag{6-4}$$

式中，I_{cB+} 为磁敏晶体管受到正向磁场作用时的集电极电流；I_{cB-} 为磁敏晶体管受到反向磁场作用时的集电极电流；I_{c0} 为磁敏晶体管不受磁场作用时，在给定基极电流情况下的集电极输出电流；B 为外加磁场的磁感应强度。

正、负向磁灵敏度表示在 ±0. 1T 磁场作用下集电极电流的相对变化量。

6. 3. 3　磁敏二极管和磁敏晶体管常用型号

1. 2ACM 型磁敏二极管

这种二极管广泛用于测量磁场、磁力、转速和位移，以及用于工业自动控制的无触点开关和直流无刷电机等技术领域。2ACM 型磁敏二极管参数如表 6-5 所示。

表 6-5　2ACM 型磁敏二极管参数

工作电压 /V	工作电流 /mA	反向漏电流 /μA	磁场输出电压/V		耗散功率 /mW	温度系数 /（%/℃）	频率响应 /Hz	外形尺寸 /mm
			ΔV +	ΔV −				
5 ~7	1. 5 ~2. 5	<200	>0. 6	>0. 4	<50	<1. 5	10	6 ×4 ×1. 5

2. 3CCM 型磁敏晶体管

这种晶体管广泛用作无刷电机、无触点磁敏电键、遥测风速仪、转速计、磁场强度测量仪等。3CCM 型磁敏晶体管参数如表 6-6 所示。

表 6-6　3CCM 型磁敏晶体管参数

型号 \ 参数		磁灵敏度/（%/0.1T）	静态集电极电流/μA	反向漏电流/μA	$h\pm$温度系数度/（%/℃）	I_{CHO}温度系数/（%/℃）
3CCM1	A	>6	<100	<1	-0.6	-0.1 ~ -0.3
	B	>5	<100	<1	-0.6	-0.1 ~ -0.3
3CCM2	A	>5	<200	<1	-0.6	-0.1 ~ -0.3
	B	>4	<200	<1	-0.6	-0.1 ~ -0.3
3CCM3	A	>4	<300	<1	-0.6	-0.1 ~ -0.3
	B	>3	<300	<1	-0.6	-0.1 ~ -0.3

3. 4CCM 型磁敏晶体管

这种晶体管广泛用作无刷电机、无触点磁敏电键、遥测风速仪、转速计和磁场强度测量仪等磁敏器件。4CCM 型磁敏晶体管参数如表 7-7 所示。

表 6-7　4CCM 型磁敏晶体管参数

型号 \ 参数		磁灵敏度/（%/0.1T）	静态集电极电流/μA	反向漏电流/μA	ΔI_{CHO}温度系数/（%/℃）	$h\pm$温度系数度/（%/℃）	静态集电极电流不对称度（%）
4CCM1	A	>10	<120	<1	<0.05	-0.6	<5
	B	>10	<120	<1	<0.05	-0.6	<10
	C	>10	<120	<1	<0.05	-0.6	<15
4CCM2	A	>8	<240	<1	<0.05	-0.6	<5
	B	>8	<240	<1	<0.05	-0.6	<10
	C	>8	<240	<1	<0.05	-0.6	<15
4CCM3	A	>6	<400	<1	<0.05	-0.6	<5
	B	>6	<400	<1	<0.05	-0.6	<10

6.3.4　磁敏二极管和磁敏晶体管的应用

1. 磁敏二极管探伤电路的应用

如图 6-25 所示为使用磁敏二极管的探伤电路，用以检测钢材等强磁场体的裂缝等缺陷。其检测原理是：将磁敏二极管放在与之垂直的由永久磁铁形成的静磁场中组成传感器，由于磁敏二极管与磁场垂直，所以磁敏二极管检测不到磁通。将此传感器放在强磁体上，磁通将通过强磁体返回。如果有裂缝存在，磁通将从这个部位开始泄漏，所以用磁敏二极管可以检测出这个部位。图 6-25 中，检测部分 P1N1 和 P2N2 是指的两块永久磁铁的两极。

磁敏二极管检测灵敏度较高，其实际检测能力与磁敏二极管和缺陷的距离成反比，与磁场的强度成正比，所以检测时应将磁敏二极管输出的信号进行放大。此外，由于钢材的个别部位上材质会有或多或少的变化，对磁通量有一定的影响，为了消除这个缓慢的原材料变化信号，前置放大器采用的是增益为 100 的交流放大器，由此可以消除磁敏二极管自身的漂移。因此，检测器不能在静止状态检测缺陷，必须是被检测的材料或者传感器运动时才能够进行检测。

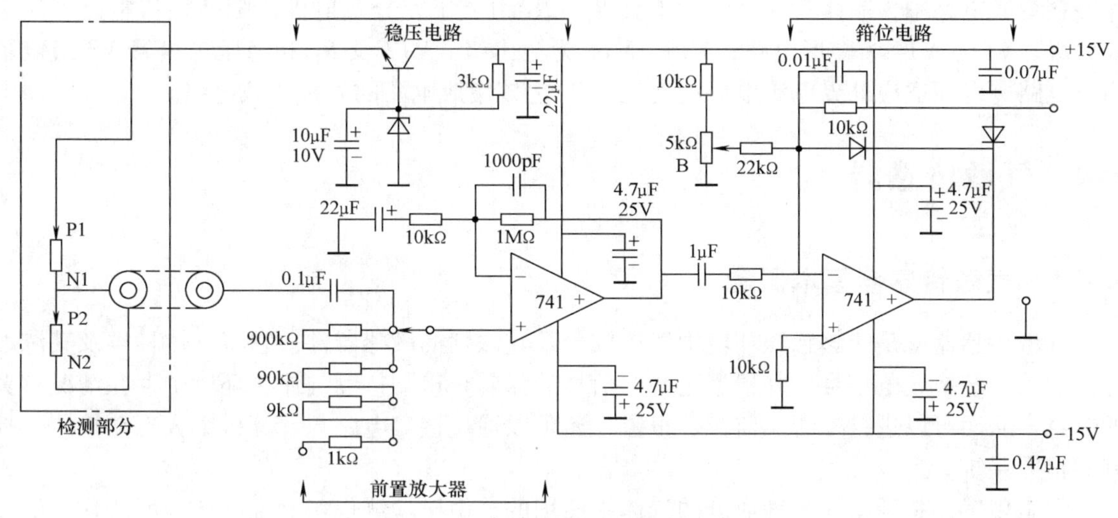

图 6-25　使用磁敏二极管的探伤电路

2. 磁敏无触点开关电路

如图 6-26 所示为使用磁敏二极管的无触点开关电路，未加磁场时，磁敏桥平衡无输出；加磁场时，磁敏桥输出电压加到晶体管 VT 基极上，则集电极电位降低，2.2kΩ 电阻两端电压升高，晶闸管 VH 导通，继电器 K 线圈有电流流过，其常开触点 K1 闭合，灯 H 亮，电路接通。

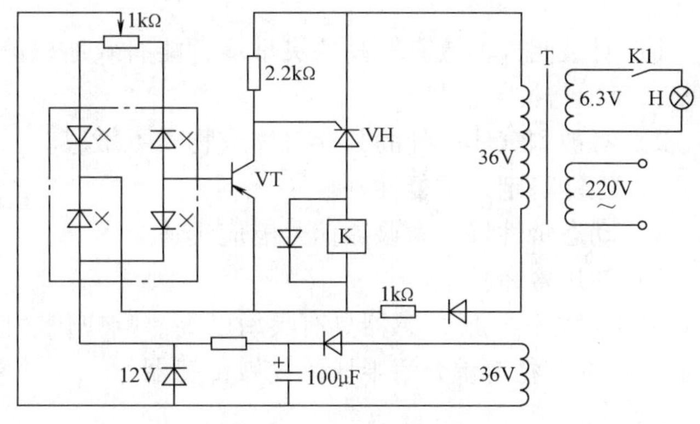

图 6-26　使用磁敏二极管的无触点开关电路

3. 磁敏晶体管开关集成电路

该电路是专为 3CCM 和 4CCM 型磁敏晶体管差分电路接口用的开关集成电路。可用于接近开关、键盘开关、程序控制、位置控制、测量转速、测量线速度及风速等。具有体积小、功耗低、电源范围宽、温漂小、开关速度高等特点。用它和两只 3CCM 或者一只 4CCM 可构成小型高灵敏度磁控开关型传感器，其接线方法如图 6-27 所示。

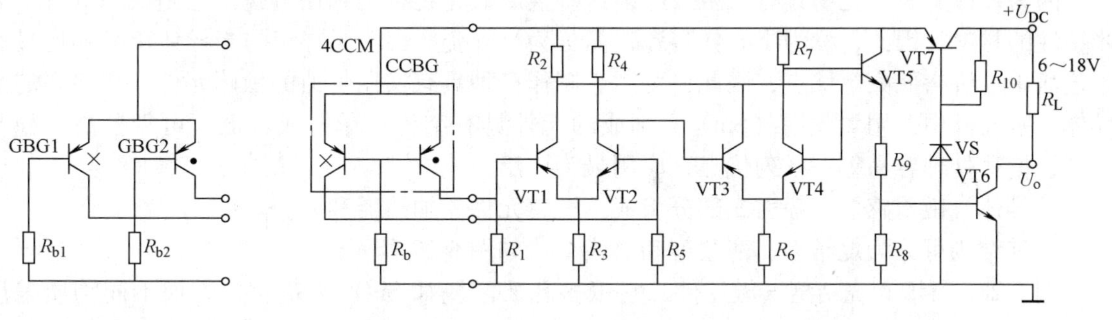

图 6-27　磁敏晶体管开关集成电路

在集成电路中，晶体管 VT1、VT2 及 $R_1 \sim R_5$ 组成了差分式射极跟随器接口电路，属于放大级。VT3、VT4 为整形电路；VT5、VT6 为输出级。VT7 及 R_{10} 和稳压二极管 VS 组成了稳压电路，以便适应外界电源电压的变化。R_L 为该集成电路的外接负载电阻。

6.4 气敏传感器

6.4.1 气敏传感器基本概念

气敏传感器就是能够感知环境中气体成分及其浓度的敏感器件，它将气体种类及其浓度有关的信息转换成电信号，并根据这些电信号的强弱获得与待测气体在环境中存在情况有关的信息，从而可以进行检测、监控、报警，还可以通过接口电路与计算机组成自动检测、控制和报警系统。

气敏传感器是暴露在各种成分的气体中使用的，由于检测现场的温度、湿度变化一般较大，且存在大量粉尘、油雾等，所以其工作条件较恶劣；而且气体会与传感元件的材料产生化学反应物，附着在元件表面，往往会使其性能变差。所以气敏传感器的性能必须满足下列条件：

1）对被测气体具有较高的灵敏度，能有效地检测允许范围内的气体浓度并能及时给出报警、显示与控制信号。

2）对被测气体以外的共存气体或物质不敏感。

3）性能稳定，重复性好。

4）动态特性好，对检测信号响应迅速。

5）使用寿命长。

由于半导体气敏传感器具有灵敏度高、响应快、使用寿命长和成本低等优点，其应用范围很广，本节将着重介绍半导体气敏传感器。

6.4.2 电阻型半导体气敏传感器

电阻型半导体气敏传感器大多使用金属氧化物半导体材料作为气敏元件。它分为 N 型半导体，例如，SnO_2、Fe_2O_3、ZnO 等；P 型半导体，例如，CoO、PbO、CuO、NiO 等。

1. 材料和结构

因为许多金属氧化物具有气敏效应，这些金属氧化物都是利用陶瓷工艺制成的具有半导体特性的材料，因此，称为半导体陶瓷，简称为半导瓷。由于半导瓷与半导体单晶相比具有工艺简单、价格低廉等优点，因此，可用它制作多种具有实用价值的敏感元件。在诸多的半导体气敏元件中，用氧化锡（SnO_2）制成的元件具有结构简单、成本低、可靠性高、稳定性好、信号处理容易等一系列优点，应用最为广泛。

半导体气敏传感器一般由 3 部分组成：敏感元件、加热器和外壳。

按其结构可分为烧结型、薄膜型和厚膜型，如图 6-28 所示。

图 6-28a 所示为烧结型气敏元件，它以多孔质陶瓷如 SnO_2 为基材，添加不同物质采用低温（700～900℃）制陶方法进行烧结，烧结时埋入铂电极和加热丝，最后将电极和加热丝引线焊在管座上制成元件。由于制作简单，它是一种最普通的结构形式，主要用于检测还

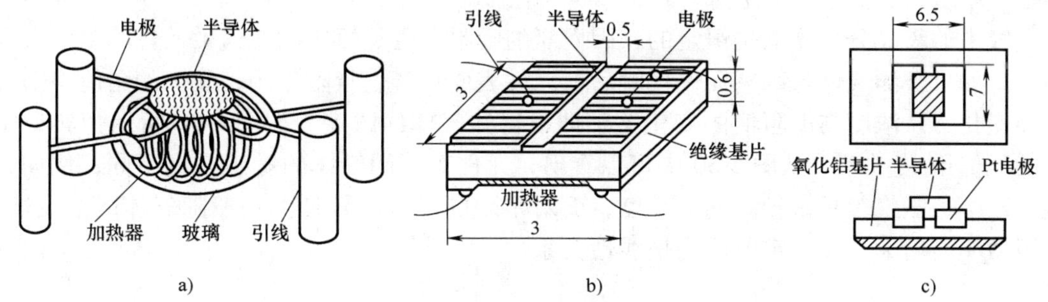

图 6-28 半导体传感器的器件结构
a）烧结型元件 b）薄膜型元件 c）厚膜型元件

原性气体、可燃性气体和液体蒸气，但由于烧结不充分，器件的机械强度较差，且所用电极材料较贵重，电特性误差较大，使应用受到一定的限制。

图 6-28b 所示为薄膜型气敏元件，是用蒸发或溅射方法，在石英或陶瓷基片上形成金属氧化物薄膜（厚度在 100nm 以下），用这种方法制成的敏感膜颗粒很小，因此，具有很高的灵敏度和响应速度。敏感体的薄膜化有利于器件的低功耗、小型化，以及与集成电路制造技术兼容，是一种很有发展前途的器件。

图 6-28c 所示为厚膜型气敏元件，将气敏材料（SnO_2、ZnO）与一定比例的硅凝胶混制成能印刷的厚膜胶，把厚膜胶用丝网印刷到事先安装有铂电极的氧化铝的基片上，在 400 ~ 800℃的温度下烧结 1 ~ 2h 便制成厚膜型气敏元件。用厚膜工艺制成的器件一致性较好，机械强度高，适于批量生产。

这些气敏元件全部附有加热器，它的作用是使附着在探测部分处的油雾、尘埃等烧掉，同时加速气体氧化还原反应，从而提高元件的灵敏度和响应速度，一般加热到 200 ~ 400℃。

2. 工作原理

电阻型半导体气敏传感器气敏元件的敏感部分是金属氧化物微结晶粒子烧结体，当它的表面吸附有被测气体时，半导体微结晶粒子接触界面的导电电子比例就会发生变化，从而使气敏元件的电阻值随被测气体的浓度而变化。这种反应是可逆的，因而可以重复使用。其电阻值的变化是伴随着金属氧化物半导体表面对气体的吸附和释放而发生的，为了加速这种反应，通常要用加热器对气敏元件加热。

下面以半导瓷材料 SnO_2 为例，说明表面电阻控制型气敏传感器的工作原理。

半导瓷材料 SnO_2 属于 N 型半导体，N 型半导体气敏传感器吸附被测气体时的电阻变化曲线如图 6-29 所示。从图 6-29 中可见，当半导体气敏传感器在洁净的空气中开始通电加热时，其阻值急剧下降，阻值发生变化的时间（称为响应时间）不到 1min，然后阻值上升，经 2 ~ 10min 后达到稳定，这段时间为初始稳定时间，元件只有在达到初始稳定状态后才可用于气体检测。当电阻值处于稳定值后，会随被测气体的吸附情况而发生变化，其电阻的变化规律视气体的性质而定，如果被测气体是氧化性气体（例如，O_2 和 NO_x），被吸附气体分子从气敏元件得到电子，使 N 型半导体中载流子电子减少，因而电阻值增大。如果被测气体为还原性气体（例如，H_2、CO、酒精等），气体分子向气敏元件释放电子，使元件中载流子电子增多，因而电阻值下降。

空气中的氧成分大体上是恒定的，因而氧的吸附量也是恒定的，气敏元件的阻值大致保持不变。如果被测气体与敏感元件接触后，元件表面将产生吸附作用，元件的阻值将随气体浓度而变化，从浓度与电阻值的变化关系即可得知气体的浓度。如图 6-30 所示为典型气敏元件的阻值-浓度关系。从图 6-30 中可以看出，元件对不同气体的敏感程度不同，例如，对乙醚、乙醇、氢气等具有较高的灵敏度，而对甲烷的灵敏度较低。一般随气体的浓度增加，元件阻值明显增大，在一定范围内呈线性关系。

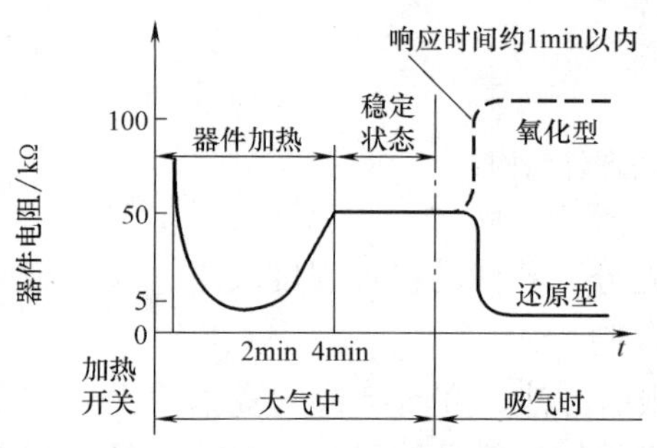

图 6-29　N 型半导体气敏传感器吸附被测气体时的电阻变化曲线

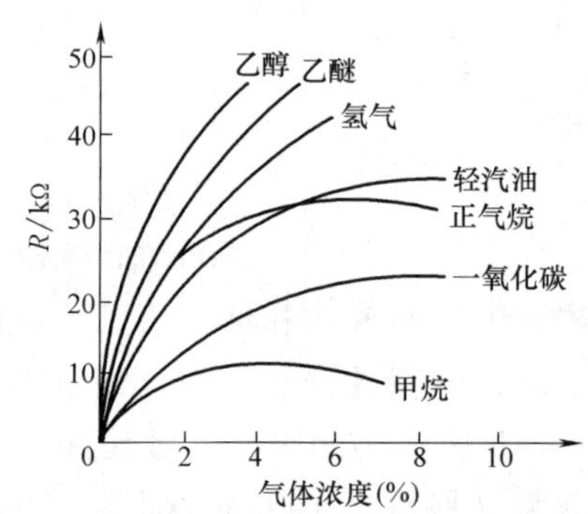

图 6-30　典型气敏元件的阻值-浓度关系

6.4.3　气敏传感器常用型号

1. YM-250 型气敏传感器

YM-250 型气敏传感器用于测量丁烷和液化石油气。YM-250 型气敏传感器参数如表 6-8 所示。

表 6-8　YM-250 型气敏传感器参数

量程/%	精度/%	响应时间/s	工作温度/℃	加热电压/V	加热功率/W	工作电压/V	外形尺寸/mm		重量/g
							A 型	B 型	
0~5	10	<10	-10~40	5	<1.7	<10	ϕ24×35	ϕ24×165	20~170

2. TCS816 型气敏传感器

这种传感器用于工业和家庭检测可燃气体漏气。TCS816 型气敏传感器参数如表 6-9 所示。

表 6-9　TCS816 型气敏传感器参数

测定成分	量程/(%，$\times10^{-6}$)	输出	重现误差/（%，FS）	响应时间/s	电源电压/V	功耗/mW	
						加热	烧结型
可燃气体	10~800	电压	<2	<5	5	830	<15

3. TGS109 型气敏传感器

TGS109 型气敏传感器用于检测敏感气体，由氧化锡烧结体、内电极及兼作电极的加热线圈组成。利用烧结体吸附还原气体时电阻减少的特性即可检测还原气体是否存在。EGS-N02A 型气敏传感器参数如表 6-10 所示。

表 6-10　TGS109 型气敏传感器参数

测定成分	量程 /(%，×10^{-6})	输出 /V	重现误差 /(%，FS)	响应时间/s	电源电压/V		功耗/mW	
					加热	回路	加热	烧结型
甲烷、丁烷	1~800	0~100	<5	<5	10	100	430	<625

4. EGS-N02A 型气敏传感器

α-Fe203 超微粒构成的氧化物半导体烧结体接触可燃气体时，其电阻值显著下降。EGS-N02A 型气敏传感器就是利用烧结体的这一特性设计的。EGS-N02A 型气敏传感器可用于可燃气体报警器、厨房电器装置、防火装置等设备中。EGS-N02A 型气敏传感器参数如表 6-11 所示。

表 6-11　EGS-N02A 型气敏传感器参数

测定成分	测定浓度 (%)	工作温度 (℃)	存贮温度 /℃	加热电压 /V	传感器电压 /V	稳定时间 /min	响应时间 /min	浓度分离度
甲烷、氢、异丁烷	0.03~2.0	-10~60	-10~85	3.7	<6.0	10	<10	1.75

5. EGS-S130P02 型气敏传感器

这种传感器的原理和结构同 EGS-N02A 型气敏传感器。EGS-S130P02 型气敏传感器参数如表 6-12 所示。

表 6-12　EGS-S130P02 型气敏传感器参数

测定成分	测定浓度 (%)	工作温度 /℃	加热电压 /V	传感器电压 /V	稳定时间 /min	响应时间 /s	温度系数 /(10^{-3}/℃)	湿度系数
丙烷、异丁烷	0.03~2.0	-10~60	4.15~4.20	6.0	10	<10	4.5	1.10

EGS-S130P02 型气敏传感器可用于丙烷报警器、厨房电器装置及防火装置中。

6.4.4　气敏传感器的应用

气敏传感器广泛应用于防灾报警，如可制成液化石油气、天然气、城市煤气、煤矿瓦斯以及有毒气体等方面的报警器，也可用于对大气污染进行监测以及对 O_2、CO 等气体的测量，在生活中则可用于空调机、烹调装置、酒精浓度探测等方面。

1. 可燃气体泄漏报警器

可燃气体泄漏报警器的电路图如图 6-31 所示。它采用载体催化型气敏元件作为检测探头，报警灵敏度可从 0.2% 起连续可调，当空气中可燃气体的浓度达 0.2% 时，报警器可发出声光报警。因此，特别适用于液化石油气、煤矿瓦斯气、天然气、焦炉煤气、重油裂解气、氢气和一氧化碳等各种可燃气体的测漏及报警。

图 6-31 所示电路中，D 为检测元件，因外观呈黑褐色，又称为黑元件，C 为补偿元件，因外观呈白色，又称为白元件。R_C 为补偿电阻。黑、白元件工作时装在防爆气室中，通过隔爆罩与大气接触。而 C、D、R_C、R_3、R_4 组成检测桥路。运算放大器及外围元件组成电压比较器。

晶体管 VT_2、VT_3、VT_4、VT_5 与发光二极管 VL_5 及蜂鸣器 HA 等组成声光报警电路。VT_1、VD_3 及 R_8 组成控制开关电路。

当没有可燃性气体泄漏时，A 点电位低于 B 点电位，电桥处于相对平衡状态，比较器 IC_1 输出低电平，使 VT_1 截止，此时发光二极管 VL_5 不发光，蜂鸣器 HA 无报警声。当有可燃性气体泄漏时，在 D 元件表面发生化学反应，使 D 元件电阻增加，A 点电位上升至高于 B 点电位时，比较器 IC_1 输出高电平，VT_1 导通，打开报警电路，在 VT_2 和 VT_3 组成的多谐振荡器的作用下，发光二极管 VL_5 与蜂鸣器 Y 同步发出闪光和报警声。

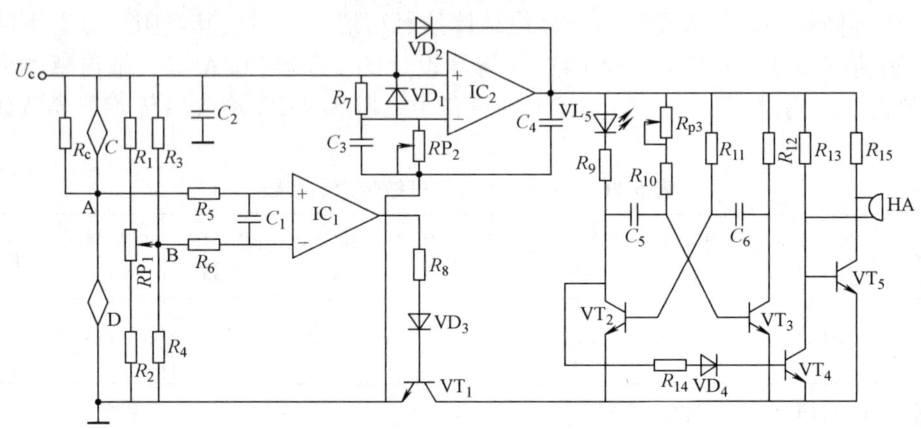

图 6-31　可燃气体泄漏报警器的电路图

2. 防止酒后开车控制器

图 6-32 为防止酒后开车控制器原理图。图中 $QM\text{-}J_1$ 为酒精气敏元件，5G1555 为集成定时器。若驾驶员没有喝酒，在驾驶室合上开关 S，此时气敏器件的阻值很高，U_a 为高电平，U_1 为低电平，U_3 为高电平，继电器 K_2 线圈失电，其动断触点 K_{2-2}闭合，发光二极管 VL_1 导通，发绿光，能点火起动发动机。

若驾驶员喝酒过量，则气敏元件的阻值急剧下降，使 U_a 为低电平，U_1 为高电平，U_3 为低电平，继电器 K_2 线圈通电，其动合触点闭合，发光二极管 VL_2 导通，发红光，以示警告，同时，动断触点 K_{2-1}断开，无法起动发动机。

若驾驶员拔出气敏元件，继电器 K_1 线圈失电，其动合触点 K_{1-1}断开，仍然无法起动发动机。动断触点 K_{1-2}的作用是长期加热气敏元件，保证此控制器处于准备工作的状态。

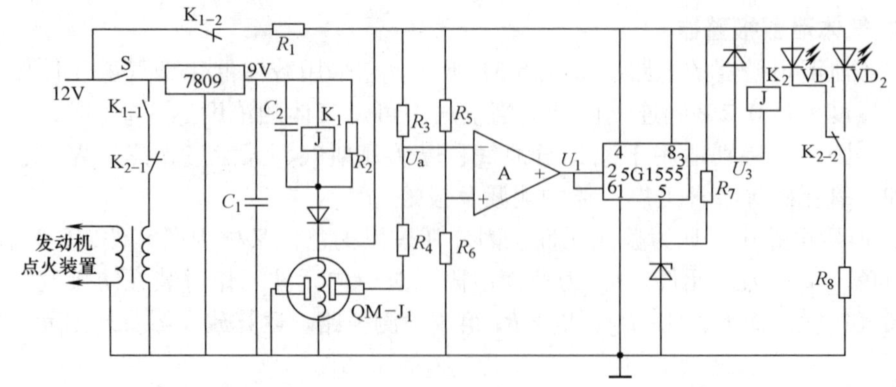

图 6-32　防止酒后开车控制器原理图

6.5 湿敏传感器

随着现代工农业技术的发展及人民生活水平的提高，湿度的检测与控制已经成为生产和生活必不可少的手段。例如，大规模集成电路车间，当其相对湿度低于30%时，容易产生静电，会造成大批元件的损坏；纺织厂为了减少棉纱断头，车间内要保持相当高的湿度（60%～70%）；一些用于存放烟草、茶叶、中药材等的仓库内湿度过大时，容易造成原材料变质或发霉现象；在农业生产中，先进的工厂式育苗、食用菌的培养与生产、水果及蔬菜的保鲜等，都离不开湿度的检测与控制。湿度传感器已广泛用于工业、农业、国防、科技、生活等领域。

6.5.1 湿敏传感器的基本概念及分类

1. 湿度表示法

空气中含有水蒸气的量称为湿度，含有水蒸气的空气是一种混合气体；湿度表示的方法很多，主要有质量百分比和体积百分比、相对湿度和绝对湿度、露点（霜点）等。

（1）质量百分比和体积百分比

质量为 M 的混合气体中，若含水蒸气的质量为 m，则质量百分比为

$(m/M)\times 100\%$

在体积为 V 的混合气体中，若含水蒸气的体积为 v，则体积百分比为

$(v/V)\times 100\%$

这两种方法统称为水蒸气百分含量法。

（2）相对湿度和绝对湿度

水蒸气压是指在一定的温度条件下，混合气体中存在的水蒸气分压 e。而饱和水蒸气压是指在同一温度下，混合气体中所含水蒸气压的最大值 e_s。温度越高，饱和水蒸气压越大。在某一温度下，其水蒸气压与饱和水蒸气压的百分比，称为相对湿度，其表示式为

$$RH=(e/e_s)\times 100\% \tag{6-5}$$

绝对湿度表示单位体积内，空气里所含水蒸气的质量，其定义为

$$P_v=m/v \tag{6-6}$$

式中，m 是待测空气中水蒸气质量；v 是待测空气的总体积；P_v 是待测空气的绝对湿度。

如果把待测空气看作是一种由水蒸气和干燥空气组成的二元理想混合气体，用空气中水蒸气的密度 ρ_v 来表示。根据道尔顿分压定律和理想气体状态方程，可以得出如下关系式：

$$\rho_v=\frac{em}{RT} \tag{6-7}$$

式中，e 是空气中水蒸气分压；m 是水蒸气的摩尔质量；R 是理想气体常数；T 是空气的热力学温度。

（3）露点

在一定大气压下，将含有水蒸气的空气冷却，当温度下降到某一特定值时，空气中的水蒸气达到饱和状态，开始从气态变成液态而凝结成露珠，这种现象称为结露，结露时的温度称为露点温度，简称露点。

2. 湿敏传感器的定义

湿敏传感器是能感受外界湿度变化，并通过器件材料的物理或化学性质变化，将湿度转换成可用信号的器件或装置。

通常，一个理想的湿敏传感器应具备的性能如下：

- 使用寿命长，稳定性好。
- 灵敏度高、线性度好、温度系数小。
- 使用范围宽，测量精度高。
- 响应迅速。
- 湿滞回差小，重现性好。
- 能在恶劣环境中使用，抗腐蚀、耐低温和高温等特性好。
- 器件的一致性和互换性好，易于批量生产，成本低。
- 器件感湿特征量应在易测范围内。

3. 湿敏传感器的主要参数及特性

（1）感湿特性

感湿特性为湿敏传感器特征量（例如，电阻值、电容值等）随湿度变化的特性。

常用感湿特征量和被测相对湿度的关系曲线来表示。

（2）湿度量程

湿度量程为湿敏传感器技术规范所规定的感湿范围。

（3）灵敏度

灵敏度为湿敏传感器的感湿特征量（例如，电阻值、电容值等）随环境湿度变化的程度，即湿敏传感器感湿特性曲线的斜率。由于大多数湿敏传感器的感湿特性曲线是非线性的，因此，常采用不同湿度下的感湿特征量之比来表示其灵敏度。

（4）湿滞特性

同一湿敏传感器吸湿过程（相对湿度增大）和脱湿过程（相对湿度减小）中吸湿与脱湿特性曲线不重合的现象称为湿滞特性。

（5）响应时间

响应时间是指在一定环境温度下，当被测相对湿度发生跃变时，湿敏传感器的感湿特征量达到稳定变化量的规定比例所需的时间。一般以相应的起始湿度到终止湿度这一变化区间的相对湿度变化所需的时间来进行计算。

（6）感湿温度系数

当被测环境湿度恒定不变时，温度每变化1℃，引起湿敏传感器感湿特征量的变化量，称为感湿温度系数。

（7）老化特性

老化特性是指湿敏传感器在一定温度、湿度环境下存放一定时间后，其感湿特性将会发生改变的特性。

4. 湿敏传感器的分类

湿敏传感器种类繁多，有多种分类方式。

1）按元件输出的电学量分类可分为：电阻式、电容式、频率式等。

2）按其探测功能可分为：相对湿度、绝对湿度、结露和多功能式4种。

3）按感湿材料则可分为：陶瓷式、有机高分子式、半导体式、电解质式等。

通常，采用如下所示的按输出的电学量进行的分类。

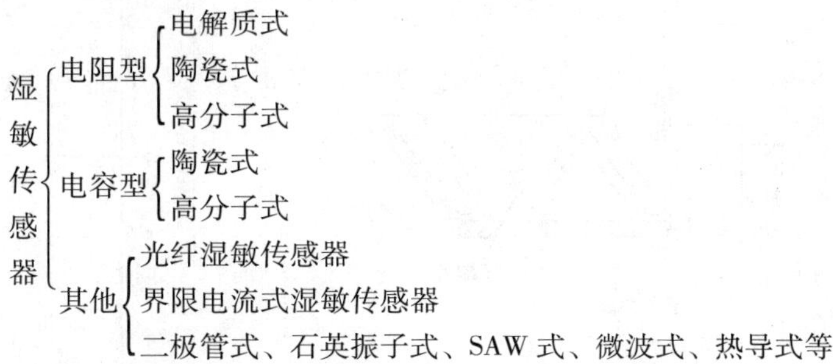

6.5.2 湿敏电阻的类型及工作原理

20 世纪 50 年代，人们研究出了氯化锂湿敏电阻，近年来又研制成了半导瓷湿敏电阻。

1. 氯化锂湿敏电阻

氯化锂湿敏电阻是典型的电解质湿敏元件，利用吸湿性盐类潮解，离子电导率发生变化而制成的测湿元件。典型的氯化锂湿敏传感器有登莫式和浸渍式两种结构，如图 6-33 所示。

登莫式湿敏电阻的结构如图 6-33a 所示，A 为涂有聚苯乙烯薄膜的圆管，B 为用聚苯乙烯醋酸覆盖在 A 上的钯丝。登莫式传感器是用两根钯丝作为电极，按相等间距平行绕在聚苯乙烯圆管上，再浸涂一层含有聚苯乙烯醋酸酯（PVAC）和氯化锂（LiCl）水溶液的混合液，当被涂溶液的溶剂挥发干后，即凝聚成一层可随环境湿度变化的感湿均匀薄膜。在一定的温度（20～50℃）和相对湿度（20%～90% RH）下，经过 7～15 天老化处理后制成。

浸渍式湿敏电阻的结构如图 6-33b 所示，由引线、基片、感湿层与金属电极组成。它是在基片材料上直接浸渍氯化锂溶液构成的，这类传感器的浸渍基片材料为天然树皮。浸渍式传感器结构与登莫式传感器不同，部分地避免了高温下所产生的湿敏膜的误差。由于它采用了面积较大的基片材料，并直接在基片材料上浸渍氯化锂溶液，因此，具有小型化的特点，适用于微小空间的湿度检测。

氯化锂通常与聚乙烯醇组成混合体，在氯化锂（LiCl）溶液中，Li^+ 和 Cl^- 分别以正负离子的形式存在，其溶液的离子导电能力与溶液浓度成正比。当溶液置于一定温度的环境中时，若环境相对湿度高，由于 Li^+ 对水分子的吸引力强，离子水合程度高，溶液将吸收水分，浓度降低，因此，溶液导电能力随之下降，电阻率增高；反之，当环境相对湿度变低时，溶液浓度升高，导电能力随之增强，电阻率下降。由此可见，氯化锂湿敏电阻的阻值会随环境相对湿度的改变而变化，从而实现对湿度的测量。

氯化锂湿敏电阻的感湿特性曲线如图 6-34 所示。图 6-34 中吸湿和脱湿曲线不重合，是因为湿敏元件吸湿和脱湿的响应时间是不相同的，一般总是脱湿比吸湿滞后，这种现象称为湿滞现象。吸湿和脱湿曲线所构成的回线称为湿滞回线。在湿滞回线上对于同一相对湿度下的不同感湿特征量的最大差值称为湿滞回差。一般高湿时的回差比低湿时大。

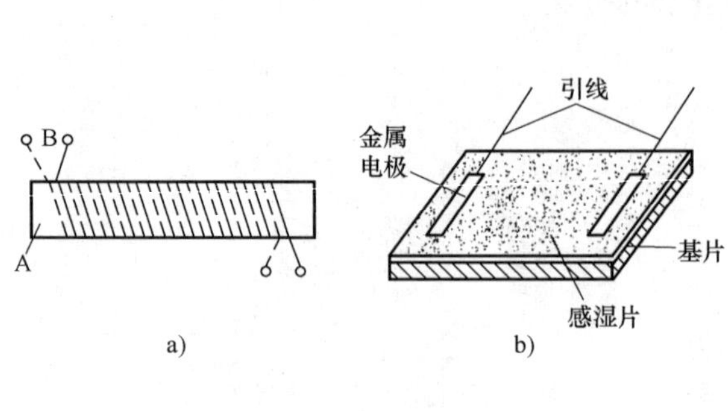

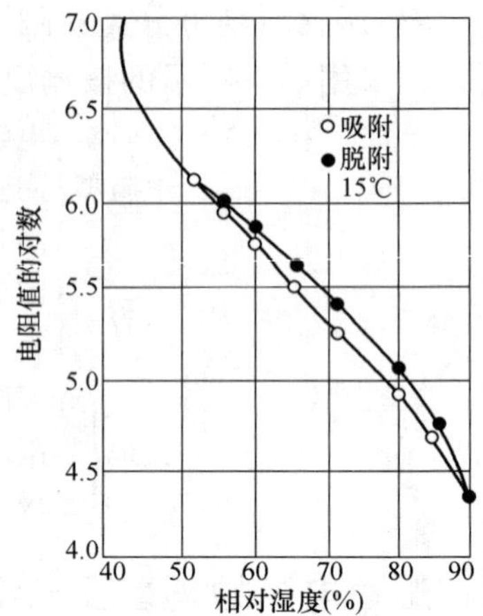

图 6-33　氯化锂湿敏电阻的结构

a）登莫式　b）浸渍式

图 6-34　氯化锂湿敏电阻的感湿特性曲线

由图 6-34 还可以看出，在 50% ~80% 相对湿度范围内，电阻值随湿度的变化曲线近似呈线性关系。为了扩大湿度测量的线性范围，可以将多个氯化锂含量不同的器件组合使用，如将相对湿度测量范围分别为 10% ~20%、20% ~40%、40% ~70%、70% ~90% 和 80% ~99% 的 5 种传感器件配合使用，就可自动地完成整个湿度范围的湿度测量。

氯化锂湿敏元件的优点是滞后小，不受测试环境风速的影响，检测精度一般可达到 ±5%。但是单片氯化锂湿敏传感器测湿范围窄，而多片组合体积大，成本高，不抗污染，怕结露，耐热性差，难以在高湿和低湿的环境中使用。

2. 半导体陶瓷湿敏电阻

半导体陶瓷式电阻湿敏传感器通常是由两种以上金属氧化物半导体材料混合烧结而成的多孔陶瓷，是根据感湿材料吸附水分后使其电阻率发生变化的原理来进行湿度检测。这些材料有 $ZnO\text{-}LiO\text{-}V_2O_5$ 系、$Si\text{-}Na_2O\text{-}V_2O_5$ 系、$TiO_2\text{-}MgO\text{-}Cr_2O_3$ 系、Fe_3O_4 等，有些半导体陶瓷材料的电阻率随湿度增加而下降，故称为负特性湿敏半导体陶瓷，还有一类半导体陶瓷材料的电阻率随湿度增大而增大，故称为正特性湿敏半导体陶瓷。

陶瓷的化学稳定性好，耐高温，多孔陶瓷的表面积大，易于吸湿和脱湿，所以响应时间可以小至几秒。这种湿敏器件的感湿体外常罩一层加热丝，以对器件进行加热清洗，排除周围恶劣环境对器件的污染。

半导体陶瓷湿敏电阻按其结构可以分为烧结型和覆膜型两大类。

（1）烧结型湿敏电阻

烧结型湿敏电阻的结构如图 6-35 所示。其感湿体为 $MgCr_2O_4\text{-}TiO_2$ 系多孔陶瓷，利用它制成的湿敏元件，具有使用范围宽、湿度温度系数小、响应时间短，对其进行多次加热清洗之后性能仍较稳定等优点。

$MgCr_2O_4$ 属于立方尖晶石型结构，按导电结构属于 P 型半导体，其特点是感湿灵敏度适中，电阻率低，阻值温度特性好。为了改善和提高元件的机械强度及抗热骤变特性，在原料中加入 30% mol 的 TiO_2，这样在 1300℃的空气中可烧结成相当理想的陶瓷体，而 TiO_2 属于红石型结构，属于 N 型半导体，因此，$MgCr_2O_4\text{-}TiO_2$ 多孔陶瓷是一种机械混合的复合型半导体陶瓷。材料烧结成型后，再切割成所需的感湿陶瓷薄片。在感湿陶瓷薄片的两个侧面加

上 RuO_2 电极，电极的引线一般为铂-铱丝。由于经 500℃左右的高温短期加热，可除去油污、有机物和尘埃等污染，所以在陶瓷基片外面，安装一个镍铬丝绕制的加热清洗线圈，以便对元件经常进行加热清洗，图 6-35 中 1、4 为加热器的引出线。陶瓷湿敏体和加热丝固定在 Al_2O_3 陶瓷基座上，为了避免底座上测量电极 2、3 之间因吸湿和沾污而引起漏电，在测量电极 2、3 的周围设置了隔漏环。

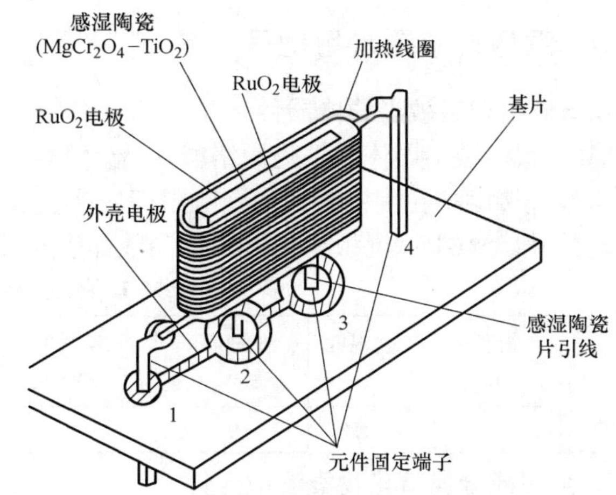

图 6-35 烧结型湿敏电阻的结构

$MgCr_2O_4$-TiO_2 材料表面的电阻率能在很宽的范围内随着湿度变化，是负特性半导体陶瓷，随着相对湿度的增加，电阻值基本按指数规律急剧下降。由于陶瓷的化学稳定性好，耐高温，多孔陶瓷的表面积大，易于吸湿和去湿，所以响应时间可以小至几秒。

这种陶瓷湿敏传感器的不足之处是性能还不够稳定，需要加热清洗，这又加速了敏感陶瓷的老化，对湿度不能进行连续测量。

（2）覆膜型 Fe_3O_4 湿敏器件

除了烧结型陶瓷外，还有一种由金属氧化物通过堆积、黏结或直接在氧化金属基片上形成感湿膜，称为覆膜型湿敏器件。其中比较典型且性能较好的是 Fe_3O_4 湿敏器件。

Fe_3O_4 湿敏器件由基片、电极和感湿膜组成，采用滑石瓷作为基片材料，该材料吸水率低，机械强度高，化学物理性能稳定。在基片上用丝网印刷工艺印制成梳状金电极，将纯净的胶粒用水调制成适当黏度的浆料，然后涂在梳状金电极的表面，涂覆的厚度要适当，一般为 20 ~30 μm，然后进行热处理和老化，引出电极后即可使用。

由于 Fe_3O_4 感湿膜是松散的微粒集合体，缺少足够的机械强度，微粒之间依靠分子力和磁力的作用，粒子间的空隙使薄膜具有多孔性，微粒之间的接触呈凹状，微粒间的接触电阻很大，所以 Fe_3O_4 感湿膜的整体电阻很高。当空气的相对湿度增大时，Fe_3O_4 感湿膜吸湿，由于水分子的附着，扩大了颗粒间的接触面，降低了粒间的电阻，增加了更多的导流通路，所以元件阻值减小；当处于干燥环境中，Fe_3O_4 感湿膜脱湿，粒间接触面减小，元件阻值增大。因而这种器件具有负感湿特性，电阻值随着相对湿度的增加而下降，反应灵敏。这里需要指出的是，烧结型的 Fe_3O_4 湿敏器件的电阻值随湿度增加而增大，具有正特性。

Fe_3O_4 湿敏器件是一种体效应器件，当环境湿度发生变化时，水分子要在数十微米厚的感湿膜体内充分扩散，才能与环境湿度达到新的平衡。这一扩散和平衡过程需时较长，使器件响应缓慢，并且由于吸湿和脱湿过程中响应速度有差别，器件具有较明显的湿滞效应，高湿时的滞后效应比低湿时大。

Fe_3O_4 湿敏器件可以利用单片器件进行宽量程测量，重复性、一致性较好，在高温环境中也较稳定，有较强的抗结露能力，而且工艺简单，价格便宜，在受少量醇、酮、酯等气体污染及尘埃较多的环境中也能使用。

6.5.3 湿敏传感器常用型号

1. SM-1 型湿敏半导体器件

SM-1 型湿敏半导体器件是用铬酸镁-氧化钛（$MgCr_2O_4$-TiO_2）制成的多孔陶瓷作湿敏器件。当湿气接触多孔陶瓷时，陶瓷电阻即发生变化，这就是“湿-电”效应，从而将湿度转换成电信号。SM-1 型湿敏半导体器件参数如表 6-13 所示。

表 6-13　SM-1 型湿敏半导体器件参数

量程（%RH）	精度（%RH）	工作温度/℃	清洗电压/V	清洗功率/W	清洗定时/s	延时/s	工作频率/Hz	额定电压/V
1～100	4	1～150	9	<10	10	240	20～1000	<7

2. 金属或金属氧化物类湿敏元件

表 6-14 中列出的湿敏元件可用于工农业、食品加工、果品贮藏、医疗卫生等部门测量和控制空气相对湿度。金属或金属氧化物湿敏元件参数如表 6-14 所示。

表 6-14　金属或金属氧化物类湿敏元件参数

名　称	型　号	量程（%RH）	工作温度/℃	响应时间/s
硅湿敏电阻器	MSO1	30～95	0～40	<5
金属氧化物湿敏电阻器	MSK	0～90	-25～50	1～30
	MSC	30～95	-25～50	10～60
湿敏电阻器	MSC-2	5～100	-40～40	

3. 电解质类湿敏元件和湿敏传感器

表 6-15 中列出的湿敏元件和传感器可用于工农业、食品加工、果品贮藏、医疗卫生等部门测量和控制空气相对湿度。

表 6-15　电解质类湿敏元件和湿敏传感器参数

名　称	型　号	精度（%RH）	量程（%RH）	工作温度/℃	响应时间/s
氯化锂湿敏传感器	MSK-1	2～3	20～95	5～40	<60
	MSK-1A	5	30～95	-10～40	
氯化锂湿敏传感器	MS	2～4	40～90	0～40	
光硬化树脂电解质湿敏传感器		1～2	15～100	-10～80	10～40
聚化物磺酸锂湿敏元件	SP-1	3.0	30～95	-30～75	<30
	SP-2	1.5	10～95	-50～90	
氯化锂湿敏元件	RL-1	5	20～100	-1048	
	SL-2	2	10～95	5～50	
	SL-3	2	40～90	10～40	

4. MSC 型四氧化三铁湿敏传感器

MSC 型四氯化三铁湿敏传感器由单片元件制成，可进行宽量程湿度测量。MSC 型四氯化三铁湿敏传感器参数如表 6-16 所示。

表 6-16　MSC 型四氧化三铁湿敏传感器参数

量程（%RH）	年变化率（%RH）	工作温度/℃	响应时间/s	升湿曲线最大差值（%RH）	精度（%RH）	工作电流/mA	工作频率/Hz	额定电压/V
30～90	±1	0～40	<90	<±6	±3～4	<1	<1000	<7

6.5.4　湿敏传感器的应用

湿敏传感器可广泛使用于各种场合的湿度监测、控制和报警，应用领域非常广阔。

1. 自动气象站湿度测报

湿敏传感器广泛用于自动气象站的遥测装置上，采用耗电量很小的湿敏传感器可以用蓄电池供电长期自动工作，几乎不需要维护。用于无线电遥测自动气象站的湿度测报原理框图如图 6-36 所示。

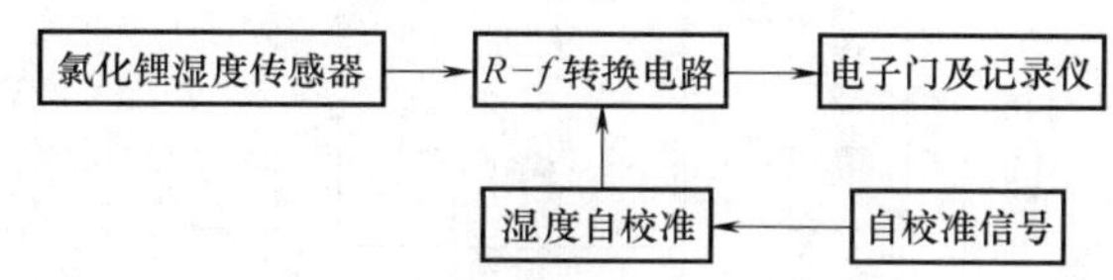

图 6-36　无线电遥测自动气象站的湿度测报原理框图

氯化锂湿敏传感器将被测湿度转换为电阻值，R-f 转换电路将电阻值 R 转换为相应的频率 f，再经湿度自校准器控制，使频率 f 与相对湿度一一对应，最后经门电路记录在自动记录仪上。如果需要远距离数据传输，还需要将得到的数字量编码，调制到无线电载波上发射出去。

2. 房间湿度控制器

湿度控制器采用 KSC-6V 集成相对湿敏传感器，将湿敏传感器电容置于 RC 振荡电路中，直接将湿敏元件输出的电容信号转换成电压信号。其工作原理为：由双稳态触发器及 RC 组成双振荡器，其中一条支路由固定电阻和湿敏电容组成，另一条支路由多圈电位器和固定电容组成。设定相对湿度为 0 时，湿敏支路产生某一脉冲宽度的方波，调整多圈电位器使其所在支路产生的方波和湿敏支路方波脉宽相同，则两信号差为 0。当湿度发生变化时，湿敏支路产生的方波脉宽将发生变化，两信号差不再为 0，此信号差通过 RC 滤波后经标准化处理得到电压输出。输出电压随相对湿度的增加几乎成线性增加，相对湿度 0～100% 所对应的输出电压为 0～100mV。

KSC-6V 湿敏传感器的应用电路如图 6-37 所示。将湿敏传感器输出的电压信号分成 3 路，分别接在电压比较器 A_1 的反相输入端、电压比较器 A_2 的同相输入端和显示器的正输入端，A_1 和 A_2 由可调电阻 RP_1 和 RP_2 根据设定值调整到适当的位置。当房间内湿度下降时，传感器的输出电压下降，当降到 A_1 设定数值时，A_1 同相输入端电压高于反相输入端电压，因此，输出高电平，使 VT_1 导通，LED_1 发绿光，表示空气干燥，继电器 K_1 吸合接通加湿器。当房间内相对湿度上升时，传感器输出电压升高，当升到一定数值即超过设定值时，A_1 输出低电平，K_1 释放，加湿器停止工作。同理，当房间内湿度升高时，传感器输出电压随之升高，当升到 A_2 设定数值时，A_2 输出高电平，使 VT_2 导通，LED_2 发红光，表示空气太潮湿，继电器 K_2 吸合接通排气扇排除潮气，当相对湿度降到设定值时，K_2 释放，排气扇停止工作，这样就可以将室内湿度控制在一定范围内。

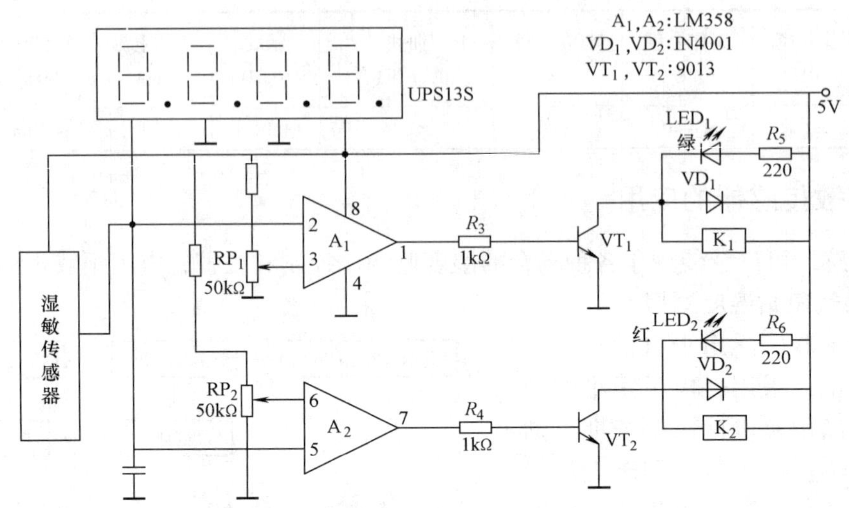

图 6-37　KSC-6V 湿敏传感器的应用电路

3. 汽车风窗玻璃自动去湿装置

图 6-38 是一种用于汽车驾驶室风窗玻璃的自动去湿电路。其目的是防止驾驶室的风窗玻璃结露或结霜，保证驾驶员视线清楚，避免事故发生。该电路也可用于其他需要去湿的场合。

图 6-38 中 R_L 为嵌入玻璃的加热电阻，R_H 为设置在风窗玻璃上的湿度传感器。由 VT_1 和 VT_2 晶体管组成施密特触发电路，在 VT_1 的基极接有由 R_1、R_2 和湿度传感器电阻 R_H 组成的偏置电路。在常温常湿条件下，由于 R_H 的阻值较大，VT_1 处于导通状态，VT_2 处于截止状态，继电器 J 不工作，加热电阻无电流流过。当车内、外温差较大，且湿度过大时，湿度传感器 R_H 的阻值减小，使 VT_2 处于导通状态，VT_1 处于截止状态，继电器 K 工作，其常开触点 K_1 闭合，加热电阻开始加热，风窗玻璃上的潮气被驱散。

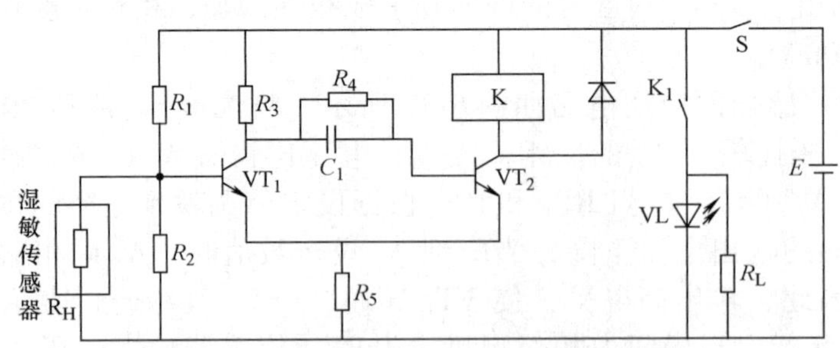

图 6-38　一种用于汽车风窗玻璃的自动去湿电路

4. 录像机结露报警控制电路

在磁带录像机中，当环境湿度过大时，走带机构的磁鼓、导带杆、主导轴等金属零件上就会结露，导致磁带和机械传动装置之间的摩擦阻力加大，进而造成磁带进度不稳，甚至停止。为了保护磁头及磁带，录像机内应安装结露传感器及保护装置，用以在环境湿度过大时提供结露指示，并使录像机自动进入结露停机保护状态。

图6-39所示为录像机结露检测电路原理图，该电路中VT_1和VT_2两晶体管组成施密特触发器电路，根据结露传感器的阻值变化工作于双稳状态。在低湿情况下，结露传感器的阻值为2kΩ左右，VT_1因其基极电压低于0.5V而截止，VT_2导通，集电极电压低于1V，由于VT_3的基极接于VT_2的集电极，所以VT_3和VT_4截止，结露指示灯不亮，输出的控制信号为低电平；在结露时，结露传感器的阻值大于50kΩ，此时VT_1导通，VT_2截止，集电极电位升高，从而使得VT_3和VT_4导通，结露指示灯亮，输出控制信号为高电平，通过驱动电路控制录像机进入停机保护状态，同时控制机内或外接风扇进行通风干燥，消除结露状态。

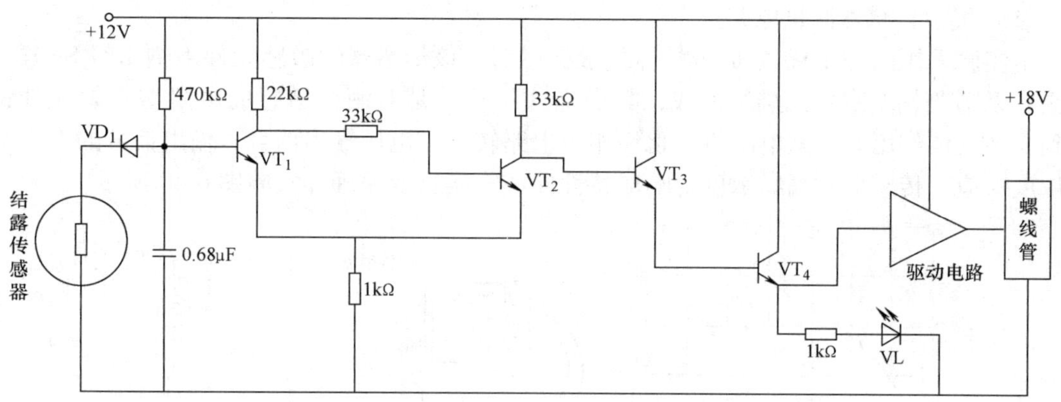

图6-39 录像机结露检测电路原理图

本章小结

本章介绍了磁阻传感器、磁敏二极管、磁敏晶体管、集成磁场传感器、气敏传感器和湿敏传感器。

磁敏传感器是把磁学物理量转换成电信号的传感器。本章主要介绍了利用半导体材料中的自由电子或空穴随磁场改变其运动方向这一特性而制成的磁敏电阻器，并对磁敏二极管和晶体管的结构和原理进行了说明，并介绍了几种典型的集成磁场传感器，它们广泛地应用于自动控制、信息传递、电磁测量、生物医学等各个领域。

气敏传感器是利用半导体气敏元件同气体接触后，造成半导体性质的变化来检测特定气体的成分或者测量其浓度。半导体气敏传感器大体上可分为两类：电阻式和非电阻式。本章详细介绍了电阻式半导体气敏传感器的结构和工作原理。气敏传感器广泛应用于防灾报警。

湿敏传感器是由湿敏元件和转换电路等组成，能感受外界湿度变化，并通过器件材料的物理或化学性质变化，将环境湿度变换为电信号的装置。本章介绍了半导体气敏传感器的分类，主要介绍了氯化锂湿敏电阻和半导瓷湿敏电阻的结构及其工作原理。湿敏传感器可广泛使用于各种场合的湿度监测、控制和报警。

磁场与成分参数检测传感器实验

实验1　气敏传感器实验

1. 实验目的

了解气敏传感器原理及特性。

2. 实验设备

气敏传感器、酒精、电压表

3. 实验内容

（1）气敏传感器测量电路

本实验采用的是TP-3集成半导体气敏传感器，该传感器的敏感元件由纳米级SnO_2（氧化锡）及适当掺杂混合剂烧结而成，具微珠式结构，是对酒精敏感的电阻型气敏元件；当受到酒精气体作用时，其电阻值变化经相应电路转换成电压输出信号，输出信号的大小与酒精浓度对应。传感器对酒精浓度的响应特性曲线、实物及原理如实验图6-40所示。

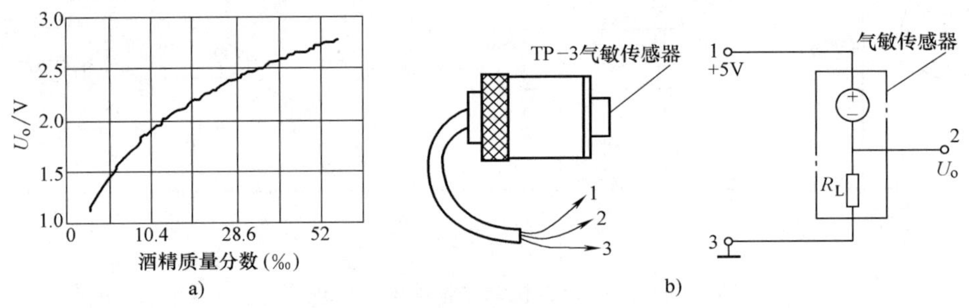

图6-40　酒精传感器响应特性曲线、实物及原理图

a）TP-3酒精浓度-输出曲线　b）传感器实物、原理图

（2）测量步骤

1）按照图6-40b所示连接测量电路，并预热至少5min以上，因传感器在长时间不通电的情况下，内阻会很小，上电后U_o输出很大，不能即时进入工作状态，预热后才能工作。

2）等待传感器输出U_o较小（小于1.5V）时，用自备的酒精小棉球靠近传感器端面并吹2次气，使酒精挥发进入传感网内，观察电压表读数变化，并每隔3s记录一次电压值。

3）对照响应特性曲线得到酒精浓度，并画出酒精挥发时浓度随时间变化的曲线。分析实验误差。

实验2　湿敏传感器实验

1. 实验目的

了解湿敏传感器的原理及特性。

2. 实验设备

湿敏传感器、湿敏座、干燥剂、电压表。

3. 实验内容

（1）湿敏传感器测量电路

湿敏传感器实物及原理框图如图 6-41 所示。当传感器的工作电压为 +5V ±5% 时，湿度与传感器输出电压对应曲线如图 6-42 所示。

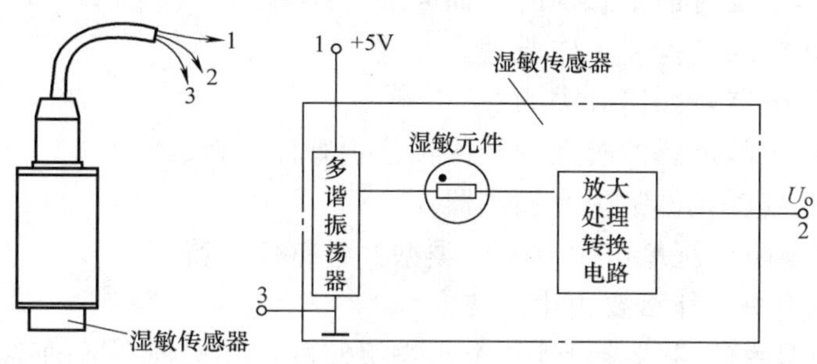

图 6-41　湿敏传感器实物、原理框图

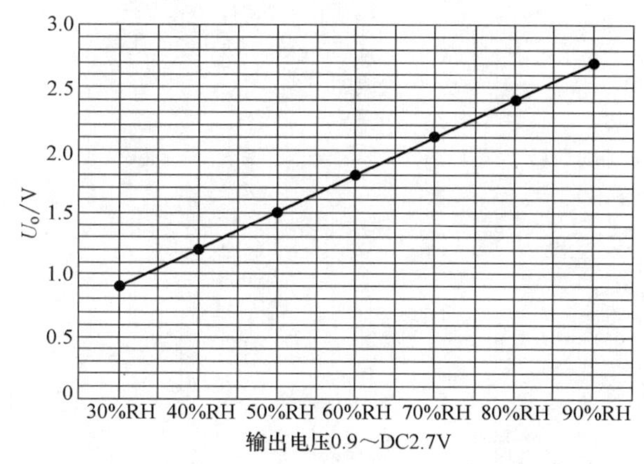

图 6-42　湿度与传感器输出电压对应曲线

（2）测量步骤

1）按照实验图 6-41 所示连接测量电路，并预热至少 5min 以上，待电压表显示稳定后即为环境湿度所对应的电压值（查湿度与传感器输出电压对应曲线得环境湿度）。

2）往湿敏座中加入若干量干燥剂（不放干燥剂为环境湿度），放上传感器，观察电压表显示值的变化，并每隔 5s 记录电压表示数。

3）倒出湿敏座中的干燥剂加入潮湿小棉球，放上传感器，等到电压表显示值稳定后记录显示值。

4）查湿度与传感器输出电压对应曲线得到湿度值，并画出步骤 2 中湿度随时间变化的曲线。分析实验误差。

思考与练习

1．常见的磁敏电阻器有几种结构？什么是磁阻效应？如何提高磁阻元件的磁阻灵敏度？

2. 磁敏电阻大多制成什么形状？为什么？长方形磁敏器件上为什么要制作许多栅格？
3. 简述磁敏二极管的工作原理。
4. 为什么高阻硅磁铁二极管会出现负阻特性的伏安曲线？
5. 磁敏二极管的温度特性是怎样的？如何进行补偿？
6. 简述磁敏晶体管的结构和工作原理。
7. 半导体气敏传感器是如何分类的？
8. 电阻型半导体气敏传感器有几种结构？分别有什么特点？
9. 为什么大多数气敏元件都附有加热器？
10. 什么是湿敏电阻？湿敏电阻有哪些类型？各有什么特点？
11. 湿敏元件使用中为什么要再生加热？
12. 应用气敏和湿敏传感器，设计一个火灾报警器，并选择合适的型号。

第 7 章　光学测量传感器

本章要点

- 光电式传感器常用光源的种类及原理
- 光电效应及光电效应器件的原理、特性及应用
- 光耦合器原理、特性及应用
- 光纤传感器原理及应用
- CCD 图像传感器原理及应用

光电式传感器是以光为测量媒介，将被测量的变化所引起的光信号的变化通过光电器件转换成电信号的一类传感器，它既可用于检测直接引起光强变化的非电量，例如，光强、照度、温度、气体成分分析等；也可用来检测能通过一定方式转换为光量变化的一些非电量，例如，物体的位移、速度、加速度、表面粗糙度等。光电式传感器具有响应速度快、性能可靠、在测量中不存在摩擦和对被测对象几乎不施加压力、能实现动态及非接触测量等优点，因而在检测和控制领域得到了广泛应用，其缺点是在某些应用方面，需要相应的光学器件相配合，造成成本较高，并且对测量的环境条件要求较高。

7.1　概述

光电式传感器的一般组成结构如图 7-1 所示，主要包括光源、光学通路、光敏元件和测量电路几个部分。其中光敏元件是将光能转变为电能的一种敏感器件，是构成光电式传感器的主要部件，光敏元件的多样性决定了光电式传感器的多样性。

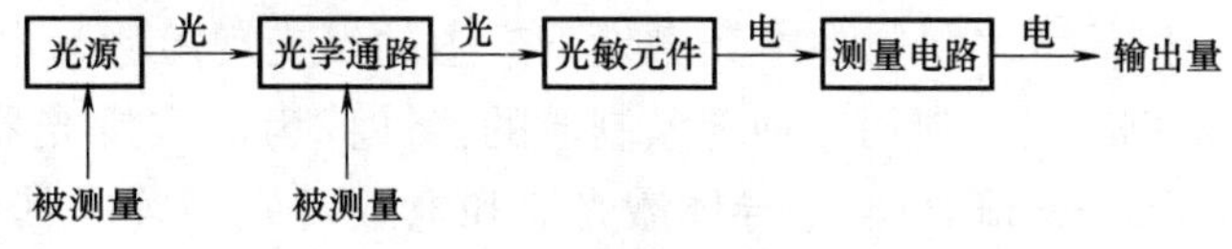

图 7-1　光电式传感器结构图

从图 7-1 可以看出，光源也是光电式传感器的一个重要组成部分，大部分光电式传感器都离不开光源。光电式传感器对光源的选择要考虑多种因素，例如，波长、光谱分布、相干性、体积、造价、功率等。光电式传感器常用的光源可分为四大类：热辐射光源、气体放电光源、发光二极管和激光器。

7.1.1　热辐射光源

物体因具有温度而向外辐射能量的现象称为热辐射。一切物体，只要其温度高于绝对零度，都会向空间发出一定波长的光辐射，基于这种原理的光源称为热辐射光源，其特点是产生连续的光谱，物体温度越高，其辐射能量就越大，产生的辐射光谱的峰值波长也就越短。常见的热辐射光源有白炽灯，卤钨灯等。

用钨丝通电加热作为热辐射光源，应用最为普通，其特点有：

1）发光范围广。除可见光外，还包含大量的红外线和紫外线，所以任何光敏元件都能

和它配合接收光信号，当需要窄光带光谱时可以采用滤色片滤除不需要的光谱来实现。

2）发光效率低。发光能量只有15%左右落在可见光区域，波长范围约为0.4～3μm，峰值波长在近红外区域，约1～1.5mm，因此，可用作近红外光源，是适合作为红外检测传感器的光源。

3）热辐射光源输出功率大，但对电源的变化响应速度慢，因此，其调制频率一般低于1kHz，不能用于快速的正弦和脉冲调制。

4）由于用钨丝做灯丝，玻璃做灯泡壳，因而具有寿命短、发热大、效率低、动态特性差，使用电压高且易碎等缺点。

7.1.2 气体放电光源

正常状态下气体不是导体，当气体原子受到具有一定能量的电子碰撞时会被激发和电离而发光，这种利用电流通过气体产生发光现象的原理制成的光源称为气体放电光源。气体放电光源的光谱不连续与气体的种类及放电条件有关。通过改变气体的成分、压力、阴极材料和放电电流的大小等，可以得到所需光谱范围的辐射源。

低压汞灯、氢灯、钠灯、镉灯、氦灯是光谱仪器中常用的光源，统称为光谱灯。例如，低压汞灯的辐射波长为254nm，钠灯的辐射波长约为589nm，它们经常被用作光电检测仪器的单色光源。另一种常见的气体放电光源是荧光灯，把光谱灯涂以荧光剂，由于光线与涂层材料的作用，荧光剂可以将气体放电的谱线转化为更长的波长，目前荧光剂的选择范围很广，通过对荧光剂的选择可以使气体放电灯发出某一特定波长或者某一范围波长的光，由于荧光灯的光谱和色温接近于日光，因此，也被称为日光灯。

气体放电光源的特点是：效率高、省电、功率大，有些气体发光光源含有丰富的紫外线频谱，但其发光调制频率较低，一般应用于有强光要求且色温接近于日光的场合。

7.1.3 发光二极管

固体发光材料在电场激发下产生的发光现象称为电致发光，其实质是将电能直接转换成光能的过程，利用这种现象制成的器件称为电致发光器件，例如，发光二极管（Light emitting diode，LED）、半导体激光器和电致发光屏等。其中应用较多的是发光二极管，制作发光二极管的材料很多，材料不同，发出的光的波长不同，从而能够发出各种不同颜色的光，发光二极管常用的材料与发光波长见表7-1所示。

表7-1 发光二极管常用的材料与发光波长

材料	波长/nm	材料	波长/nm
ZnS	340	CuSe-ZnSe	400～630
SiC	480	$Zn_xCd_{1-x}Te$	590～830
GaP	565、680	$GaAs_{1-x}P_x$	550～900
GaAs	900	InP_xAs_{1-x}	910～3150
InP	920	$In_xGa_{1-x}As$	850～1350

常见的砷化镓和磷化镓两种材料的固溶体写作$GaAs_{1-x}P_x$，其中x代表磷化镓的比例，改变x值可以改变发光波长，使光波长在550～900nm间变化，与热辐射光源和气体放电光

源相比，LED 具有如下优点：

1）体积小，寿命长，一般使用寿命可达 10 万小时。

2）工作电压低，功耗低，发热少，易于数字控制，可与各种电路和单片机直接连接。

3）响应速度快（几纳秒至几十纳秒），适用于快速通断的场合或作为光电开关使用。

7.1.4 激光器

具有光的受激辐射放大功能的器件称为激光器，激光是 20 世纪 60 年代出现的重大科技成就之一，具有高方向性、高单色性和高亮度 3 个重要特性。激光波长覆盖了从 0.24μm 到远红外的整个光谱波段范围，具有极佳的时间相干性和空间相干性，是干涉测量的最佳光源。

激光器种类繁多，按激光器的工作物质可分为：固体激光器（例如，红宝石激光器）、气体激光器（例如，氦-氖气体激光器、二氧化碳激光器）、半导体激光器（例如，砷化镓激光器）、液体激光器。其中半导体激光器由于体积小、使用方便而广泛应用于各种小型测量系统和传感器中。

7.2 光电效应

光敏器件的作用原理是基于一些物质的光电效应。所谓光电效应是指物体吸收了光能后把光能转换为该物体中某些电子的能量而产生的电效应。光电效应一般分为外光电效应和内光电效应。

7.2.1 外光电效应

在光线照射下，电子逸出物体表面向外发射的现象称为外光电效应，其中，向外发射的电子称为光电子，能产生光电效应的物质称为光电材料。

根据爱因斯坦的光子假说：光是一粒一粒运动着的粒子流，这些粒子称为光子。光子具有一定的能量，每个光子具有的能量由式（7-1）确定。

$$E = h\nu \tag{7-1}$$

式中，h 是普朗克常数 $=6.626\times10^{-34}\text{J}\cdot\text{s}$；$\nu$ 是入射光的频率（s^{-1}）。

光子以光速 c 前进，频率为 ν，根据光的波粒二象性，设相邻两波峰之间的距离为 λ，则它们之间的关系为

$$\lambda = c/\nu \tag{7-2}$$

因此，式（7-1）又可以写成

$$E = hc/\lambda \tag{7-3}$$

光照射物体，可以看成一连串具有一定能量 $h\nu$ 的光子轰击物体，物体中的电子吸收了光子的能量后，一部分用于克服物质对电子的束缚（即电子由物体内逸出到表面时所做的逸出功 A_0），另一部分则转化为逸出电子的动能。设电子质量为 m，电子逸出物体表面时的初速度为 v，电子逸出功为 A_0，则根据能量守恒定律有

$$hv = \frac{1}{2}mv^2 + A_0 \tag{7-4}$$

式（7-4）称为爱因斯坦的光电效应方程，从式（7-4）中可以看出：

1）电子能否逸出物体表面取决于光子具有的能量 $h\nu$ 是否大于电子的逸出功 A_0，即只与入射光的频率有关，而与光强度无关。不同的材料具有不同的逸出功 A_0，只有当光子的能量 $h\nu$ 大于该材料的电子逸出功 A_0 时，物质内的电子才能脱离原子核的吸引向外逸出，超过部分的能量表现为逸出电子的动能，因此，光电子能否产生，取决于光子的能量是否大于该物质的表面逸出功。也就是说，每种物体都有相对应的频率阈值，称为红限频率，对应的波长为红限波长。当入射光的频率低于红限频率时，无论入射光多强，照射时间多久，都不能激发出光电子。

2）当入射光的频率高于红限频率时，不管它多么微弱，也会使被照射的物体激发出电子，而且光越强，单位时间里入射的光子数就越多，激发出的电子数目也越多，因而光电流就越大，即光电流与入射光强度成正比关系，红限波长可下式求得

$$\lambda_0 = \frac{hc}{A_0} \tag{7-5}$$

基于外光电效应原理工作的光电器件有光电管和光电倍增管。

7.2.2 内光电效应

在光线作用下，物体的导电性能发生变化或产生光生电动势的效应称为内光电效应。内光电效应又可分为以下两类：

1. 光电导效应

在光线作用下，电子吸收光子能量后引起物质电导率发生变化的现象称为光电导效应。基于这种效应的光电器件有光敏电阻、光敏二极管和光敏晶体管等。

2. 光生伏特效应

在光线的作用下能够使物体产生一定方向电动势的现象称为光生伏特效应。基于该效应的光电器件有光电池等。

7.3 光敏电阻

光敏电阻器是一种对光敏感的元件，它的电阻值随着外界光照强弱（明暗）的变化而变化。

7.3.1 光敏电阻的工作原理和结构

光敏电阻又称为光导管，是利用半导体光敏材料制成的一类光电器件，其作用原理基于光电导效应。当无光照时，光敏电阻具有极高的阻值；当光敏电阻受到一定波长范围的光照射时，其阻值降低，光线越强，其阻值越低，当光照停止后，其阻值在一段时间后恢复原值。

当在半导体光敏材料两端装上电极引线，将其封装在带有透明窗的管壳里就构成了光敏电阻。光敏电阻是一个纯电阻器件，没有极性，因而使用时既可加直流电压，也可以加交流电压。制造光敏电阻的材料有金属的硫化物、硒化物、碲化物等。由于光电导效应只限于光照的表面薄层，因此，光敏材料一般都做成薄层。同时为了获得高的灵敏度，光敏电阻的电

极常采用梳状图案，如图 7-2a 所示，为了避免外来干扰，光敏电阻外壳的入射孔上盖有一种能透过所要求光谱范围的透明保护窗（如玻璃），同时为了避免光敏电阻的灵敏度受潮湿等因素的影响，通常将光敏材料严密封装在金属壳中。

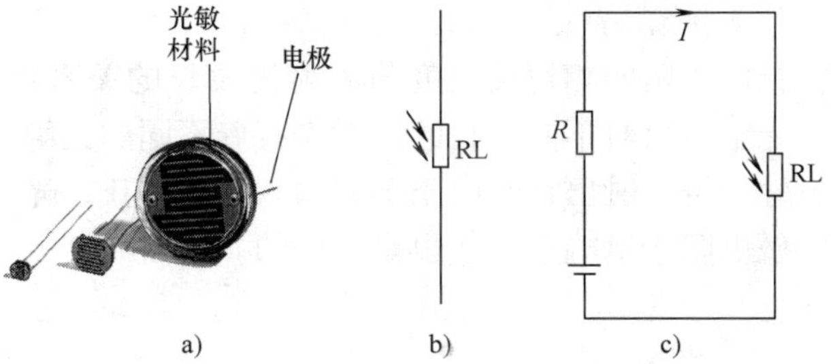

光敏材料 电极 RL R I RL

a) b) c)

图 7-2　光敏电阻外观符号及接线图

a）光敏电阻外观　b）光敏电阻符号　c）光敏电阻接线图

7.3.2　光敏电阻的特性和参数

1. 光敏电阻主要参数

光敏电阻器的主要参数有亮电阻 R_L、暗电阻 R_D、最高工作电压 U_M、亮电流 I_L、暗电流 I_D、光电流 $I_{光}$、时间常数、温度系数、灵敏度等。

1）亮电阻：是指光敏电阻器受到光照射时的电阻值。

2）暗电阻：是指光敏电阻器在无光照射（黑暗环境）时的电阻值。

3）最高工作电压：是指光敏电阻器在额定功率下所允许承受的最高电压。

4）亮电流：是指在有光照射时，光敏电阻器在规定的外加电压下通过的电流。

5）暗电流：是指在无光照射时，光敏电阻器在规定的外加电压下通过的电流。

6）光电流：在一定外加电压下亮电流与暗电流之差。

7）时间常数：是指光敏电阻器的光电流从光照跃变开始到稳定亮电流的 63% 时所需的时间。

8）温度系数：是指光敏电阻器在环境温度改变 1℃时，其电阻值的相对变化。

9）灵敏度：是指光敏电阻器在有光照射和无光照射时电阻值的相对变化。

2. 光敏电阻的性能指标

（1）伏安特性

在一定照度下，流过光敏电阻的电流与光敏电阻两端电压的关系称为光敏电阻的伏安特性。图 7-3 为硫化镉光敏电阻在不同照度下的伏安特性曲线，由图 7-3 可得如下结论。

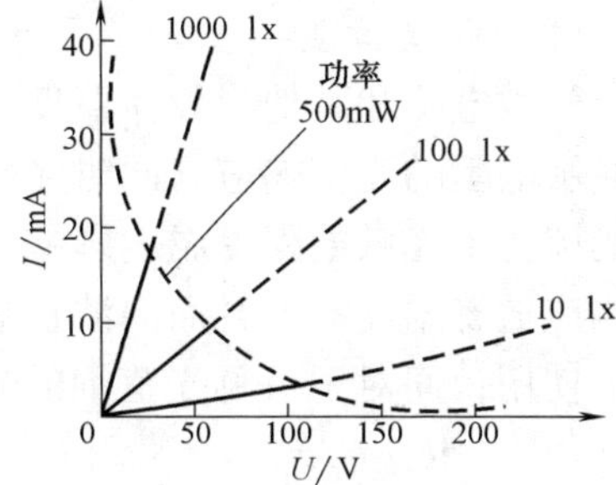

图 7-3　硫化镉光敏电阻在不同照度下的伏安特性曲线

1）光敏电阻在一定的电压范围内，其 I-U 曲线为斜率不同的直线，说明其阻值与入射光量有关，而与电压电流无关。

2）光敏电阻两端电压不能过高，因为光敏电阻有最大额定功率（如图 7-3 中的 500mW 功率曲线）限制，当光敏电阻两端的电压和电流超过最大允许工作电压和最大额定电流时，可能导致光敏电阻的永久性损坏。

（2）光照特性

在一定的外加电压下，光敏电阻的光电流与光通量之间的关系称为光敏电阻的光照特性。材料不同，光照特性也不同，绝大多数光敏电阻的光照特性都是非线性的，这也决定了光敏电阻并不适合作为定量检测元件使用，这是光敏电阻的不足之处。一般光敏电阻用作自动控制系统中的光电开关。图 7-4 为硫化镉光敏电阻的光照特性曲线。

（3）光谱特性

光敏电阻的相对灵敏度与入射光波长的关系称为光敏电阻的光谱特性，也称为光谱响应。光敏电阻对不同波长的入射光有着不同的灵敏度。图 7-5 为几种不同材料光敏电阻的光谱特性，可以看出：对应于不同的入射光波长，光敏电阻的灵敏度是不同的，而且不同材料的光敏电阻光谱响应曲线也是不同的。

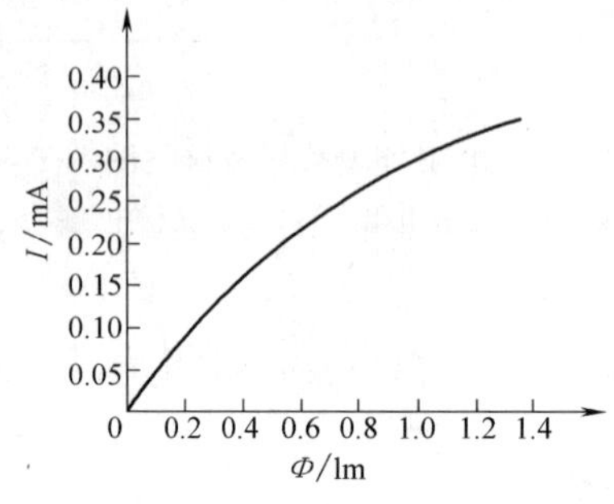

图 7-4　硫化镉光敏电阻的光照特性

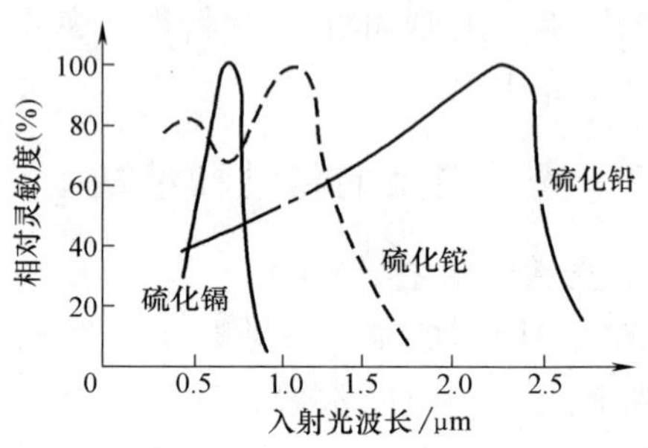

图 7-5　几种不同材料光敏电阻的光谱特性

（4）频率特性

实验证明：光敏电阻的光电流不能随着光强的改变而立刻变化，称为光电驰豫现象。这也是它的缺点之一。不同材料的光敏电阻具有不同的时间常数（从几十毫秒到几百毫秒），因而它们的频率特性也各不相同。当光敏电阻在光照快速变化的场合应用时，就要考虑其频率特性的影响。图 7-6 为硫化镉和硫化铅光敏电阻的频率特性，纵轴 S 表示相对灵敏度，从图 7-6 中可以看出，硫化铅的使用频率范围相对较大。

光敏电阻的响应时间除了与元件的材料有关，还与光照的强弱有关，光照越强，响应时间越短。

（5）温度特性

光敏电阻和其他半导体器件一样，受温度影响较大。当使用环境温度变化较大时，会影响光敏电阻的光谱响应，同时光敏电阻的灵敏度和暗电阻也会随之改变，尤其是响应于红外区的硫化铅光敏电阻受温度影响更大。图 7-7 为硫化铅光敏电阻的光谱温度特性曲线，其峰值响应随着温度的上升而向波长短的方向移动。因此，硫化铅光敏电阻要在低温、恒温的条件下使用，而对于可见光范围的光敏电阻，温度对其影响相对要小一些。

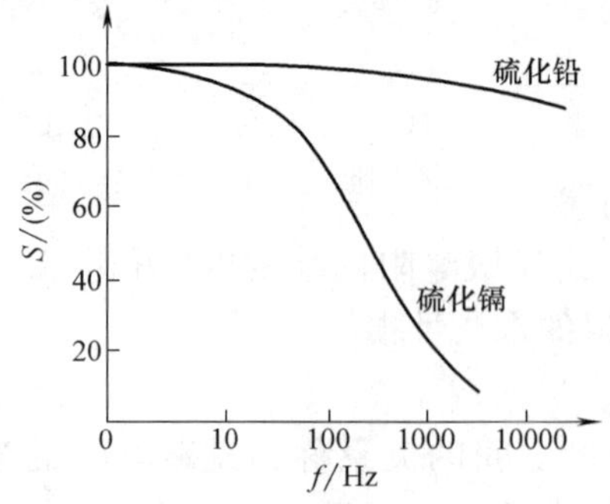

图 7-6　硫化镉和硫化铅光敏电阻的频率特性

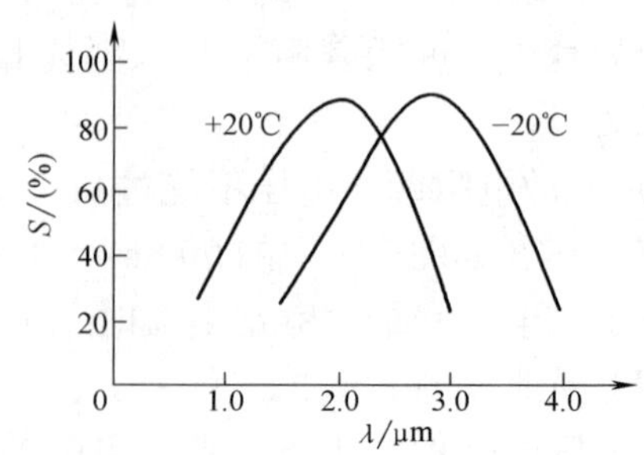

图 7-7　硫化铅光敏电阻的光谱温度特性曲线

7.3.3 光敏电阻器的分类和常用型号

1. 光敏电阻器的分类

光敏电阻器分类方法很多，通常根据光敏电阻器的制作材料和光谱特性来进行分类。

（1）按光敏电阻器的制作材料分类

光敏电阻按其制作材料不同分为多晶光敏电阻和单晶光敏电阻，还可细分为硫化镉光敏电阻、硒化镉光敏电阻、硫化铅光敏电阻、硒化铅光敏电阻、锑化铟光敏电阻等。

（2）按光谱特性分类

光敏电阻按其光谱特性可分为可见光光敏电阻、紫外光光敏电阻和红外光光敏电阻。

可见光光敏电阻器主要对可见光敏感，常见的有硒、硫化镉、硒化镉、碲化镉、砷化镓、硅、锗、硫化锌光敏电阻器等。主要用于可见光范围的各种光电控制系统，例如，光电自动开关门，光控灯和其他照明系统的自动亮灭控制等，洗手间自动给水和自动停水装置，机械中的自动保护装置和“位置检测器”，照相机的自动测光装置等方面。

紫外光光敏电阻器主要对紫外线较灵敏，包括硫化镉、硒化镉等光敏电阻器，主要用于紫外线的探测。

红外光光敏电阻器主要有硫化铅、碲化铅、硒化铅、锑化铟等光敏电阻器，广泛用于导弹制导、天文探测、非接触测量、人体病变探测等国防、科学研究和工农业生产中。

2. 常用光敏电阻器的型号

常用的光敏电阻器的命名规则和主要性能参数见表 7-2 和表 7-3 所示。

表 7-2 光敏电阻器的型号命名及含义

第一部分：主称		第二部分：用途或特征		第三部分：序号
字母	含义	数字	含义	
MG	光敏电阻器	0	特殊	用数字表示序号，以区别该电阻器的外形尺寸及性能指标
		1	紫外光	
		2	紫外光	
		3	紫外光	
		4	可见光	
		5	可见光	
		6	可见光	
		7	红外光	
		8	红外光	
		9	红外光	

表 7-3　MG 型光敏电阻的性能参数

封装形式	型号规格	外径尺寸/mm	额定功率/mW	亮阻/kΩ	暗阻/MΩ	环境温度/℃	时间常数/ms	最高工作电压/V
金属玻璃封装	MG41-21(MG41-20A)	φ9.2	20	≤1	≥0.1	-40 ~ +70	≤20	100
	MG41-22(MG41-20B)	φ9.2	20	≤2	≥1		≤20	100
	MC41-23(MC41-20C)	φ9.2	20	≤5	≥5		≤20	100
	MG41-24(MG41-20D)	φ9.2	20	≤10	≥10		≤20	100
	MG41-47(MG41-100A)	φ9.2	100	≤100	≥50		≤20	150
	MG41-48(MG41-100B)	φ9.2	100	≤200	≥100		≤20	150
	(MG41-2×10B)(双光敏电阻器)	φ9.2	2×10	≤2	≥1		≤20	2×50
	MG42-03(MG-5A)	φ7	5	≤2	≥0.1	-25 ~ +55	≤50	20
	MG42-03(MG42-5B)	φ7	5	≤5	≥0.5		≤50	20
	MG42-04(MG42-5C)	φ7	5	≤10	≥1		≤50	20
	MG42-05(MG42-5D)	φ7	5	≤20	≥2		≤50	20
	MG42-16(MG42-10A)	φ7	10	≤50	≥10		≤20	50
	MG42-17(MG42-10B)	φ7	10	≤100	≥20		≤20	50
	MG43-52	φ20	200	≤2	≥1	-40 ~ +70	≤20	250
	MG43-53	φ20	200	≤5	≥5		≤20	250
	MG43-54	φ20	200	≤10	≥10		≤20	250
	MG43-2×43(双光敏电阻器)	φ20	2×100	≤5	≥5		≤20	2×125
透明树脂封装	MG45-12	φ5	10	≤2	≥2		≤20	50
	MG45-13	φ5	10	≤5	≥5		≤20	50
	MG45-14	φ5	10	≤10	≥10		≤20	50
	MG45-32	φ9	50	≤2	≥2		≤20	150
	MG45-33	φ9	50	≤5	≥5		≤20	150
	MG45-34	φ9	50	≤10	≥10		≤20	150
	MG45-52	φ16	200	≤2	≥2		≤20	250

注：例如，MG45-53 为可见光光敏电阻器：其中 M 是敏感电阻器；G 是光敏电阻器；4 是可见光；5-53 是序号。

7.3.4　光敏电阻器性能检测

首先把万用表拨到 $R\times1\mathrm{k}\Omega$ 档，把光敏电阻的受光面与入射光线保持垂直，这时在万用表上测得的电阻就是亮阻。再把光敏电阻置于完全黑暗的场所，此时万用表所测出的电阻就是暗阻。如果亮阻为几千欧至几十千欧，暗阻为几兆欧至几十兆欧，则说明光敏电阻性能良好。亮阻与暗阻阻值相差越大，光敏电阻器灵敏度越高。

7.3.5　光敏电阻器的应用

1. 简易光控灯

光敏电阻器在光控灯上的应用很广，如常见的自动路灯、走廊灯等照明灯的光控自动控制电路等。图 7-8 是个简单实用的光控灯电路，利用光敏电阻 RL 的阻值变化去控制晶体管 VT_1、VT_2 的导通与截止，从而实现灯的亮灭控制。其工作原理为：合上开关 S_1，当有一定强度的光照射光敏电阻时，其阻值迅速减小（约几十千欧），晶体管 VT_1 的基极电压被拉低而处于截止状态，而此时 VT_2 的基极电压升高，VT_2 截止，此时 LED 熄灭；当光敏电阻所受光照小于一定值时，其阻值增大（约几兆欧），此时 VT_1 的基极电压升高并使其导通，而 VT_2 的基极电压降低，VT_2 导通，LED 发光。

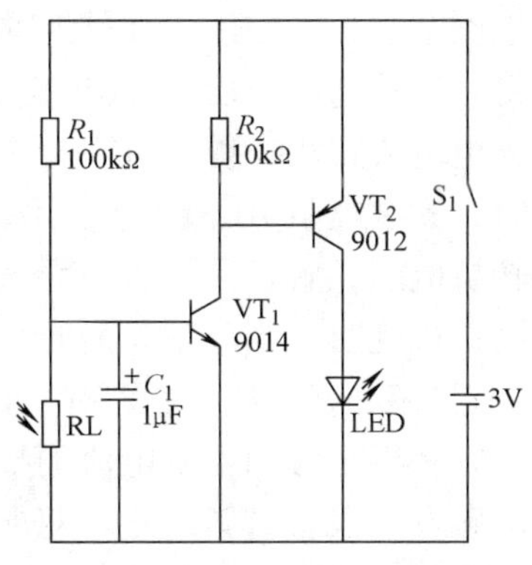

图 7-8　简单实用的光控灯电路

2. 照相机电子快门

图 7-9 所示为照相机的自动曝光电路，测光器件用的是工作于可见光的硫化镉光敏电阻 RL，初始状态时，快门按钮处于图 7-9 所示的位置，电压比较器的正输入端的电位是 R_1 与 RP_1 对电源电压 U_{bb} 分压所得的阈值电压 U_{th}，而电压比较器的负输入端的电位 U_R 近似为电源电位 U_{bb}，显然电压比较器的负端电压高于正端，此时比较器输出低电平，晶体管截止，电磁铁不吸合，由电磁铁控制的照相机的开门叶片闭合。当按动快门的按钮时，开关与由光敏电阻 RL 及 RP_2 构成的测光与充电电路接通，此时电容 C_1 两端的电压 U_c 为 0，由于电压比较器的负输入端的电位低于正输入端，其输出为高电平，晶体管 VT_1 导通，电磁铁将带动快门的叶片打开快门，照相机开始曝光，快门打开的同时，电源 U_{bb} 通过电位器 RP_2、光敏电阻 R_G 向电容 C_1 充电，且充电的速度取决于充电电路的 RC 常数，即取决于光敏电阻的阻值，而光敏电阻的阻值又取决于景物的照度，景物的照度越高，则光敏电阻阻值越低，充电速度就越快。当 C_1 两端的电压 U_R 重新大于 U_{th} 时，快门关闭，曝光完成。

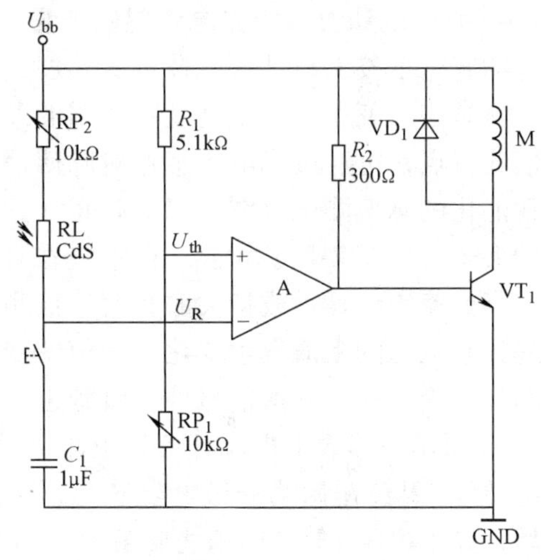

图 7-9　照相机电子快门

3. 光控闪烁安全警告灯

在城镇道路施工时，为了防止夜间过往人员、车辆发生事故，通常要在施工现场设置并开启红色警告灯，以确保安全。电视发射塔和高层建筑物顶部按有关规定必须装上红色警告灯，以确保夜间飞机安全航行。如图 7-10 所示的光控闪烁安全警告灯具有光控和闪烁功能，白天可自动熄灭，傍晚可自动点亮并发出引人注意的闪烁光。其组成元件很少，其中光敏元件采用光谱特性在可见光的 CdS

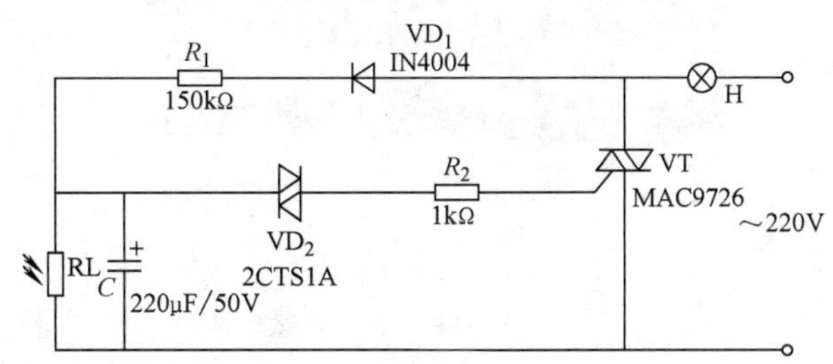

图 7-10　光控闪烁安全警示灯

（硫化镉）光敏电阻，VT 为双向晶闸管，其触发电压经双向触发二极管 VD_2 从电容 C 两端获得。当接通电源后，220V 交流电经二极管 VD_1 半波整流，R_1 限流，通过 R_1 向 C 充电，因充电电流很小，警告灯不会点亮。C 上的充电电压取决于 R_1 和光敏电阻 RL 的分压值。白天时，光敏电阻 RL 受自然光源的照射呈现低阻值，电容 C 两端的电压小于触发二极管 VD_2 的转折电压，触发二极管不导通，双向晶闸管 VT 因无触发电压而处于截止状态，警告灯 H 不亮；夜晚时，当环境光变暗，光敏电阻 RL 呈现高阻值，电容 C 两端的电压不断增高，当电压超过双向触发二极管 VD_2 的转折电压时，VD_2 导通，电容 C 通过 VD_2 和 R_2 放电，双向晶闸管获得足够的触发电流而导通，警示灯 H 点亮。当电容 C 上的电压放电到一定程度时，双向触发二极管重新截止，双向晶闸管 VT 失去触发电流而关断，警告灯熄灭。之后，电容 C 又按上述过程反复充电、放电，使双向晶闸管不断地截止与导通，控制警告灯发出闪烁的亮光。

4. 心脏跳动次数的光电传感器测量

随着电子技术与计算机技术的发展，心跳次数的测试不再局限于传统的人工测试法或听诊器测试法，利用血液是高度不透明的液体，光照在一般组织中的穿透性要比在血液中大几十倍的特点，可通过光电传感器对脉搏信号进行检测，并通过单片机技术进行数据处理，实现智能化的脉搏测试。图 7-11a 所示为一个在两边分别装有红外发光二极管和硫化镉光敏电阻的夹子，如图 7-11a 所示，将它夹在耳垂上，或者将一个指套式的光电传感器套在手指上，当血流流经耳垂或指尖血管时，被测部位的透光率将随着血管的搏动而规律变化。从而引起光敏电阻的阻值发生变化，阻值的变化频率就是心跳的频率，如图 7-11b 所示，除了指尖和耳垂能提取出脉搏信号外，脚趾也可用于脉搏波的检测。这种传感器电路的工作原理如图 7-12 所示。当合上电源开关，电流流过 120Ω 限流电阻点亮高亮红色发光二极管 LED，同时电源经 22kΩ 电阻为光敏电阻 RL 提供电压，传感器工作在准备状态，当把手指插入传感器后，光敏电阻 RL 的阻值将随着手指血流量的变化而变化，从而导致 RL 两端的电压按一定频率变化，该变化的电压由 2.2μF 电容耦合到滤波放大电路进行处理，由于脉搏信号非常微弱（微伏到毫伏级），因而系统对脉搏信号进行了两级放大，放大后得到的脉搏信号达到了伏级。放大后的信号经整形后送单片机进行处理，从而得到脉搏的波形频率即心跳的次数。

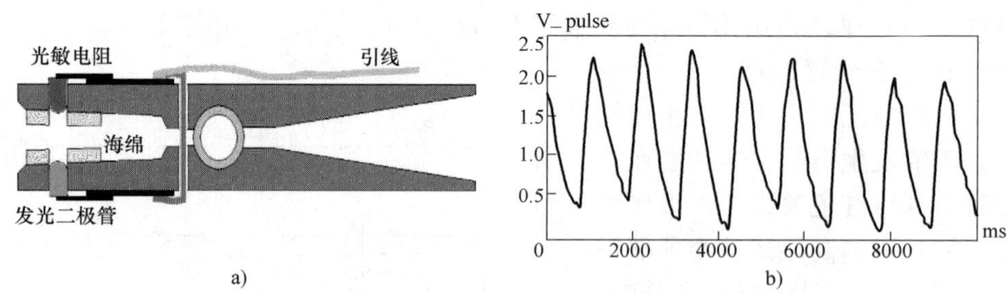

图 7-11　基于光敏电阻的心跳测量传感器结构及输出波形图

a）传感器结构　b）脉搏信号

5. 煤气炉熄火检测报警装置

煤气炉是居家必备的炊事用具，但如使用不当也是家庭安全的一个重要隐患，每年因使用煤气炉而造成的火灾和中毒事故屡见不鲜，因为煤气炉一旦因故熄火而又没有及时发现，

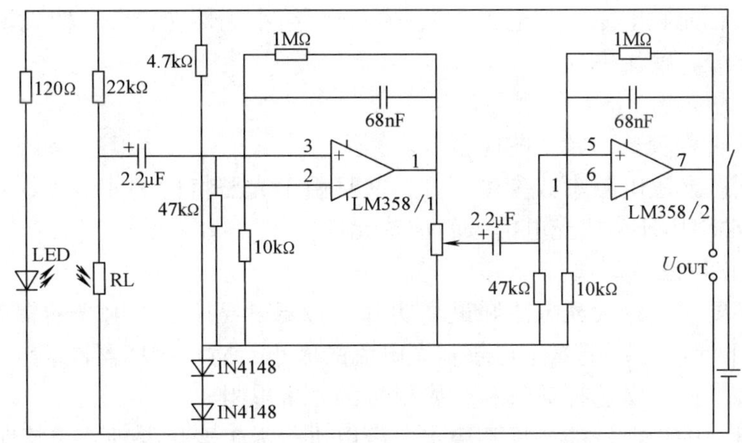

图 7-12　基于光敏电阻的心跳测量传感器电路图

势必会造成危险。目前大多数高级煤气炉都有自动熄火控制保护装置，但仍有一大批没有熄火保护的炉具在居民家中使用。图 7-13 所示为一种煤气炉熄火报警装置，可以对煤气炉进行监视和报警。该电路电源使用 9V 电池，其核心器件是 LM324 运算放大器。第一个运算放大器为跟随器；R_4、R_5 为光敏电阻，其阻值随光照强度而变化；复位开关主要用于泄放电容 C_1、C_2 的电荷；使用时，首先把光敏电阻 R_4 对准火焰，转动滑动变阻器旋钮使报警器不报警。用手挡住火焰，应发出报警声。光敏电阻 R_5 置于环境光中，起环境光补偿作用。

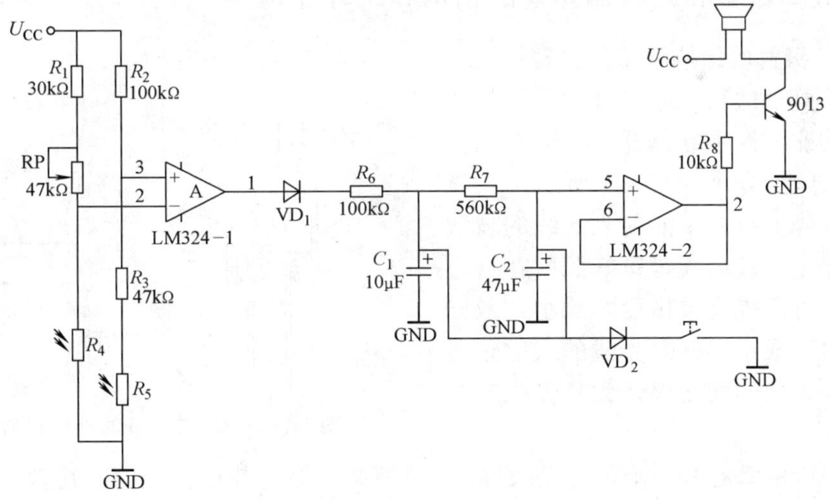

图 7-13　煤气炉熄火报警装置

7.3.6　光敏电阻的特点及使用注意事项

1. 光敏电阻的优点

1）光谱响应范围宽。根据光电导材料的不同，光谱响应可从紫外光、可见光、近红外光到远红外光，尤其对红光和红外辐射有较高的响应度。

2）工作电流大，可达数毫安。

3）所测光强范围宽，既可测强光也可测弱光。

4）灵敏度高，光敏电阻的暗电阻越大，亮电阻越小则性能越好，即灵敏度越高。

5）无极性之分，使用方便。

2. 光敏电阻的缺点

1）光电驰豫过程较长，频率响应很低。

2）型号相同的光敏电阻参数参差不齐，并且由于光照特性的非线性，不适宜于测量要求线性的场合，常用作开关式光电信号的传感元件。

3. 光敏电阻使用注意事项

1）使用中不要超过最大光电流和最高功率，必要时要控制入射光的辐射量以限制光电流，尤其在高温下使用时，更要注意限制光电流的大小，防止烧坏器件。

2）高温环境下应尽量选择玻璃和金属封装的光敏电阻。

3）新光敏电阻的光电性能如果不稳定，可以进行人工老化处理，使其性能更加稳定。

7.4 光敏二极管和光敏晶体管

光敏二极管和光敏晶体管，都是电子电路中常用的光敏器件，都是很好的光电转换半导体器件，与前面讲过的光敏电阻相比具有灵敏度高、高频性能好、可靠性好、体积小、使用方便等优点。

7.4.1 光敏二极管和光敏晶体管的结构和工作原理

1. 光敏二极管的结构和工作原理

光敏二极管虽然和普通二极管一样都属于单向导电的非线性半导体器件，但在结构上有其特殊的地方。如图 7-14 所示，在光敏二极管的管壳上有一个能射入光线的玻璃透镜，入射光通过玻璃透镜正好照射在管心上，利用透镜可以提高灵敏度，减小杂散光的影响。但也造成了器件对光线的入射角敏感，从而将入射角的变化误认为是光强度的变化。

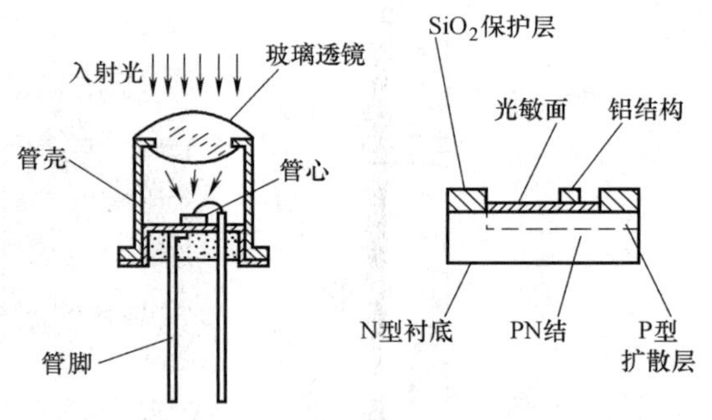

图 7-14 光敏二极管的外形和结构图

发光二极管的管心是一个具有光敏特性的 PN 结，被封装在管壳内，其管心以及管心上的 PN 结面积做得较大，而管心上的电极面积做得较小，PN 结的结深比普通二极管做得浅，这些结构上的特点都是为了提高其光电转换能力。

光敏二极管在电路中的符号如图 7-15a 所示。光敏二极管通常在使用时要反向接入电路中，即正极接电源负极，负极接电源正极。光敏二极管的重要特性就是把光能转换成电能。在没有光照时，光敏二极管的反向电阻很大，反向电流很微弱，称为暗电流。当有光照射 PN 结时，产生光电流。光的照度越大，光电流越大。因此，光敏二极管在不受光照射

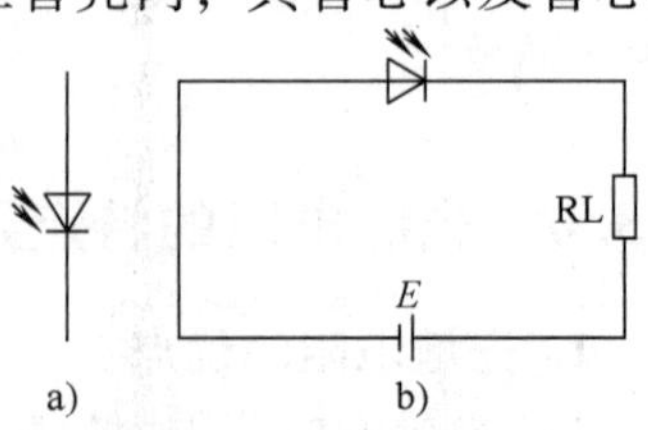

图 7-15 光敏二极管的符号和接线图
a）光敏二极管符号
b）常用光敏二极管接线图

时处于截止状态，受光照射时处于导通状态。

2. 光敏晶体管的结构和工作原理

光敏晶体管与一般晶体管相似，具有两个 PN 结，因而光敏晶体管可以看成是一个 bc 结为光敏二极管的晶体管（图 7-16b），在光照作用下，光敏二极管将光信号转换成电流信号，该电流信号被晶体管放大。显然，当晶体管增益为 β 时，光敏晶体管的光电流要比相应的光敏二极管大 β 倍。

光敏晶体管的符号和常用的接线图如图 7-17c 所示，大多数光敏晶体管的基极无引出线，当集电极加上相对于发射极为正的电压而不接基极时，集电结是反向偏压的，在集电极上产生比光电流大 β 倍的集电极电流，因而光敏晶体管比光敏二极管具有更高的灵敏度。

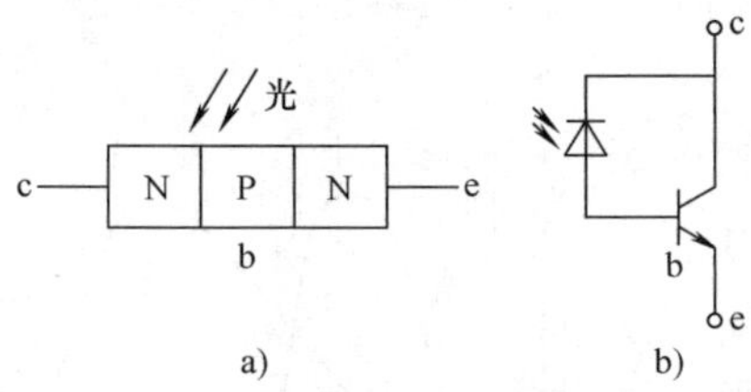

图 7-16　光敏晶体管的结构和等效电路图
a）光敏晶体管的结构
b）光敏晶体管的等效电路

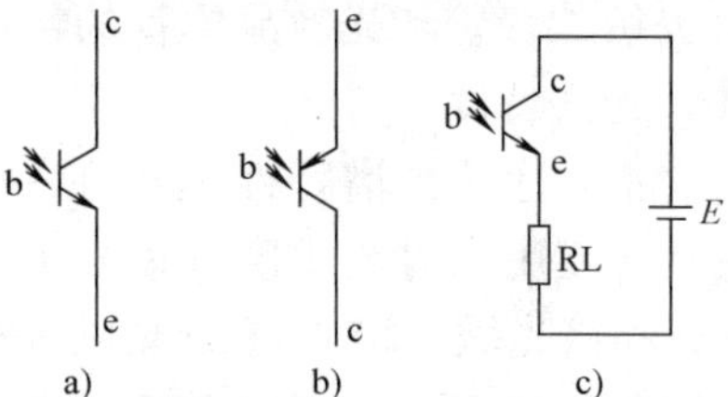

图 7-17　光敏晶体管的符号和接线图
a）NPN 型光敏晶体管符号　b）PNP 型光敏晶体管符号　c）常用光敏晶体管接线图

7.4.2　光敏二极管和光敏晶体管的参数和特性

1. 光敏二极管主要参数

1）最高反向工作电压 U_{RM}：是指光敏二极管在无光照的条件下，反向漏电流不大于 0.1μA 时所能承受的最高反向电压值。

2）暗电流 I_D：是指光敏二极管在无光照及最高反向工作电压条件下的漏电流。暗电流越小，光敏二极管的性能越稳定，检测弱光的能力越强。

3）光电流 I_L：是指光敏二极管在受到一定光照时，在最高反向工作电压下产生的电流。其测量的一般条件是：2856K 色温的钨丝光源，照度为 1000lx。

4）光电灵敏度：是反映光敏二极管对光敏感程度的一个参数，用在每微瓦的入射光能量下所产生的光电流来表示，单位为 μA/μW。

5）响应时间：是指光敏二极管将光信号转化为电信号所需要的时间。响应时间越短，说明光敏二极管频率特性越好。

6）正向压降 U_F：是指光敏二极管中通过一定大小的正向电流时，其两端产生的压降。

7）结电容 C_j：是指光敏二极管 PN 结的电容。结电容是影响光电响应速度的主要因素。结面积越小，结电容也就越小，工作频率也越高。

2. 光敏晶体管主要参数

1）最高工作电压 U_{max}：是指在无光照状态下，e、c 极之间漏电流不超过规定值（约 0.5μA）时，光敏晶体管所允许施加的最高工作电压，一般在 10～50V 之间。

2）暗电流 I_D：是指在无光照的情况下，集电极与发射极间的电压为规定值时，流过集电极的反向漏电流称为光敏晶体管的暗电流，通常小于 1μA。

3）光电流 I_L：是指在规定光照下，当施加规定的工作电压时，流过光敏晶体管的电流称为光电流，光电流越大，说明光敏晶体管的灵敏度越高，通常能达到几个毫安。

4）最大允许功耗 P_{cm}：是指光敏晶体管在不损坏的前提下所能承受的最大功耗。

5）集电极-发射极击穿电压 U_{CE}：是指在无光照下，集电极电流 I_C 为规定值时，集电极与发射极之间的电压降称为集电极-发射极击穿电压。

6）峰值波长 λ_p：是指当光敏晶体管的光谱响应为最大时对应的波长称为峰值波长。

7）光电灵敏度：是指在给定波长的入射光输入单位光功率时，光敏晶体管管心单位面积输出光电流的强度称为光电灵敏度。

8）响应时间：是指光敏晶体管对入射光信号的反应速度，一般为 $10^{-3} \sim 10^{-7}$s。

3. 光敏二极管和光敏晶体管的特性

（1）光谱特性

光敏晶体管的光谱特性是指在一定照度时，输出的光电流（或用相对灵敏度 S 表示）与入射光波长的关系。硅和锗光敏二极管（或光敏晶体管）的光谱特性曲线如图 7-18 所示。从曲线可以看出，硅的峰值波长约为 0.9μm，锗的峰值波长约为 1.5μm，此时光敏晶体管的灵敏度最大，而当入射光的波长增长或缩短时，相对灵敏度都会下降。一般来讲，锗管的暗电流较大，因此性能较差，故在可见光范围内或探测炽热状态物体时，一般都用硅管。但对红外光的探测，用锗管较为适宜，具有较高的灵敏度。

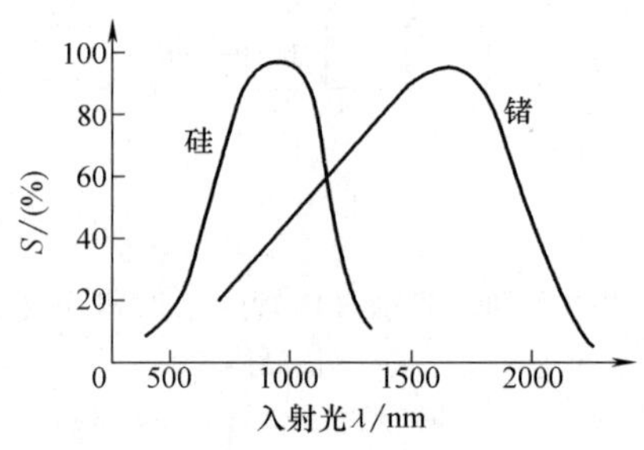

图 7-18　光敏二极管（或光敏晶体管）的光谱特性曲线

（2）伏安特性

图 7-19a 为硅光敏二极管的伏安特性曲线，横坐标表示所加的反向偏压。当有光照时，反向电流随着光照强度的增大而增大，在不同的光照强度下，其伏安特性曲线几乎平行，所以只要没达到饱和值，它的输出实际上不受偏压大小的影响。图 7-19b 为硅光敏晶体管的伏安特性曲线，纵坐标为光电流，横坐标为集电极-发射极电压。从图 7-19 可见，由于晶体管的放大作用，在同样照度下，其光电流比相应的二极管大上百倍。

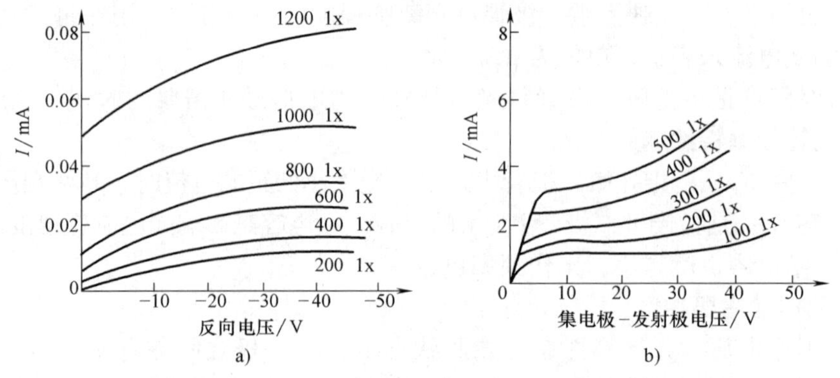

图 7-19　硅光敏管的伏安特性

a）硅光敏二极管的伏安特性曲线　b）硅光敏晶体管的伏安特性曲线

（3）频率特性

光敏晶体管的频率特性是指光敏晶体管输出的光电流（或相对灵敏度）随频率变化的关系。光敏二极管的频率特性是半导体光电器件中最好的一种，普通光敏二极管频率响应时间达10μs。光敏晶体管的频率特性主要受负载电阻的影响，响应速度比光敏二极管低一个数量级，如图7-20所示为硅光敏晶体管的频率特性，通过减小负载电阻可以提高频率响应范围，但输出电压大小同时也变小。

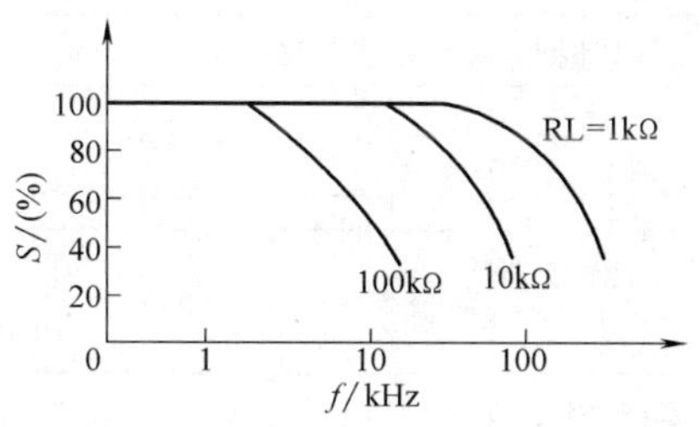

图7-20 光敏晶体管的频率特性

（4）温度特性

温度特性是指光敏晶体管的暗电流及光电流与温度的关系。温度变化不仅影响光敏晶体管的灵敏度，同时对其光谱特性也有影响，光敏晶体管的温度特性曲线如图7-21所示，从特性曲线可以看出，温度变化对光电流影响较小（图7-21b），而对暗电流影响很大（图7-21a）。

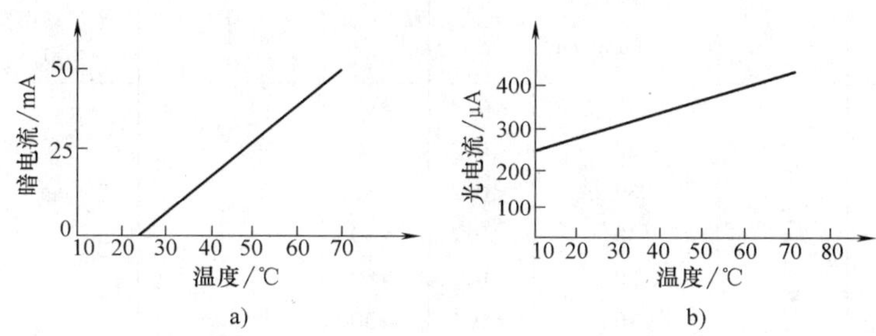

图7-21 光敏晶体管的温度特性

a）温度与暗电流关系曲线 b）温度与光电流关系曲线

7.4.3 常用光敏二极管和光敏晶体管型号及参数

1. 光敏二极管常用型号及参数

国产的光敏二极管中最常用的有2CU（以N型硅为衬底）型、2DU（以P型硅为衬底）型、HPD型。进口的有夏普SPD型、SBC型、BS型、PD型等。其中2DU型带有环极（可减小暗电流，使用时环极需接正电源）；一般电路采用2CU型较多。常用的2DU型和2CU型光敏二极管的型号和参数见表7-4和表7-5所示。

表7-4 2DU型光敏二极管的型号和参数

1）2DUA型、方形光通有效面积1mm×1.3mm

参数	中心暗电流/μA	环电流/μA	光电流/μA	灵敏度/（μA/μW）	响应时间/s	结电容/pF	正向压降/V
测试条件 型号	-50V	-50V	-50V（在1000 lx照度下）	-50V（入射光波长90μm）	-50V（RL=1kΩ）	-50V（测试频率f_c=1kHz）	正向电流10mA
2DU1A	<0.1	<3	6	≥0.4	10^{-7}	2~3	<10
2DU2A	0.1~0.3	3~10	6	≥0.4	10^{-7}	2~3	<10
2DU3A	0.3~1.0	10~30	6	≥0.4	10^{-7}	2~3	<10

（续）

2）2DUB 型：圆形光通有效直径 $\phi 2.5mm$

参数 \ 测试条件 \ 型号	中心暗电流 /μA	环电流 /μA	光电流 /μA	灵敏度 /（μA/μW）	响应时间 /s	结电容 /pF	正向压降 /V
测试条件	-50V	-50V	-50V（在1000 lx 照度下）	-50V（入射光波长 90μm）	-50V（RL = 1kΩ）	-50V（测试频率 f_c = 1kHz）	正向电流 10mA
2DU1B	<0.1	<3	≥30	≥0.4	10^{-7}	7 ~ 12	<10
2DU2B	0.1 ~ 0.3	3 ~ 10	≥30	≥0.4	10^{-7}	7 ~ 12	<10
2DU3B	0.3 ~ 1.0	10 ~ 30	≥30	≥0.4	10^{-7}	7 ~ 13	<10

表 7-5　2CU 型光敏二极管型号和参数

参数 \ 测试条件 \ 型号	光谱响应范围 /nm	光谱峰值波长 /nm	最高工作电压 U_{max}/V	暗电流 /μA	光电流 /μA	灵敏度 /（μA/μW）	响应时间 /s	结电容 /pF	使用温度 /℃
测试条件			$I_D = 0.1\mu A$ $H < 0.1\mu W/cm^2$	$U = U_{max}$	$U = U_{max}$	$U = U_{max}$（入射光波长为 9000nm）	$U = U_{max}$（负载电阻为 1000Ω）	$U = U_{max}$	
2CU1A	400 ~ 1100	860 ~ 900	10	<0.2	>80	≥0.5	10^{-7}	<5	-55 ~ +125
2CU1B			20	<0.2	>80			<5	
2CU1C			30	<0.2	>80			<5	
2CU1D			40	<0.2	>80			<5	
2CU1E			50	<0.2	>80			<5	
2CU2A			10	<0.1	≥30			<5	
2CU2B			20	<0.1	≥30			<5	
2CU2C			30	<0.1	≥30			<5	
2CU2D			40	<0.1	≥30			<5	
2CU2E			50	<0.1	≥30			<5	
2CU5A			10	<0.1	≥10			<2	
2CU5B			20	<0.1	≥10			<2	
2CU5C			30	<0.1	≥10			<2	

2. 光敏晶体管常用型号和参数

光敏晶体管与普通晶体管一样也有两种基本结构，NPN 结构与 PNP 结构。用 N 型硅材料为衬底制作的 NPN 结构，称为 3DU 型；用 P 型硅材料为衬底制作的为 PNP 结构，称为 3CU 型，表 7-6 给出了部分 3DU 型光敏晶体管的型号和参数。

表 7-6　3DU 型光敏晶体管的型号和参数

参数 \ 型号	光谱响应范围 /nm	光谱峰值波长 /nm	最高工作电压 U_{max}/V	暗电流 /μA	光电流 /μA	结电容 /pF	响应时间 /s	最大功耗 /mW	使用温度 /℃
3DU11	400 ~ 1100	860 ~ 900	10	<0.3	≥0.5	<10	10^{-5}	150	-55 ~ +125
3DU12			30	<0.3	≥0.5	<10		150	
3DU13			50	<0.3	≥0.5	<10		150	
3DU21			10	<0.3	≥1.0	<10		150	
3DU22			30	<0.3	≥1.0	<10		150	

（续）

参数 型号	光谱响应范围/nm	光谱峰值波长/nm	最高工作电压U_{max}/V	暗电流/μA	光电流/μA	结电容/pF	响应时间/s	最大功耗/mW	使用温度/℃
3DU23	400～1100	860～900	50	<0.3	≥1.0	<10	10^{-5}	150	-55～+125
3DU31			10	<0.3	≥2.0	<10		150	
3DU32			30	<0.3	≥2.0	<10		150	
3DU33			50	<0.3	≥2.0	<10		150	
3DU41			10	<0.5	≥4.0	<10		150	
3DU42			30	<0.5	≥4.0	<10		150	
3DU43			50	<0.5	≥4.0	<10		150	
3DU51A			15	<0.2	≥0.3	<5		50	
3DU51B			30	<0.2	≥0.3	<5		50	
3DU51C			30	<0.2	≥0.1	<5		50	

7.4.4 光敏二极管和光敏晶体管的简易测试方法

1. 光敏二极管和光敏晶体管的区分

光敏二极管和大部分光敏晶体管外壳形状基本相同，颜色为黑色，判别类型时可以用黑布遮住感光窗口，选择指针式万用表“$R\times1$k”档测量两管脚引线间的正反向电阻，均为无穷大的是光敏晶体管，一大一小的是光敏二极管。

2. 管脚极性及性能检测

（1）光敏二极管检测方法

1）从外观上识别。光敏二极管外观颜色为黑色，管脚较长的是正极，较短的是负极，另外，在光敏二极管的管体顶端有一个小斜切平面，通常带有此斜切平面一端的管脚为负极另一端为正极。

2）电阻测量法。选择指针式万用表“$R\times1$k”档测量光敏二极管正反向电阻，正常时阻值一大一小，以阻值较小一次为准，红表笔所接管脚为负极，黑表笔为正极。用黑纸或黑布遮住光敏二极管的光信号接收窗口，若正向电阻（红表笔接正极，黑表笔接负极）为几千欧，反向电阻为∞。初步说明该光敏二极管是好的；若正向电阻为0或∞大，则该光敏二极管已坏；若反向电阻为几十至几百千欧，说明该光敏二极管反向漏电，质量较差。再使用手电筒或其他光源照射光敏二极管受光面，其反向电阻应明显减小，阻值变化越大，说明该光敏二极管的灵敏度越高。视光强度不同可减少至几十千欧至几十欧，否则光敏二极管已经损坏。

3）数字万用表测量法。用数字万用表检测红外线接收管是很方便的。将挡位开关置于“二极管挡”，黑表笔接负极、红表笔接正极时的压降值应为0.45～0.65V，对调表笔后，屏幕显示的数字应为溢出符号“OL”或“1”。

（2）光敏晶体管检测方法

1）光敏晶体管管脚较长的是发射极，较短的是集电极。或者用红黑表笔测量光敏晶体管的两根管脚，然后把红黑表笔对调继续测量，两次测量中阻值较小的那次测量，黑表笔接的是光敏晶体管的“C”极，红表笔接的是“E”极。

2）电阻测量法。使用万用表“$R\times1$k”档，红表笔接光敏晶体管的发射极，黑表笔接集电极。无光照时，指针微动并接近∞；有光照时，应随光照的增强，其电阻变小，可达1kΩ 以下。若黑表笔接光敏晶体管的发射极，红表笔接集电极，无光照时，电阻为∞，有光照时，电阻为∞或指针微动。

3）数字万用表法。将数字万用表档位开关置于“$R\times20$k”挡（或电阻自动挡），红表笔接集电极，黑表笔接发射极，有光照时，屏幕显示的压降值应在10kΩ 以下；无光照时，屏幕显示的数字应为溢出符号“OL”或“1”。

7.4.5 光敏二极管和光敏晶体管的应用

1. 光敏二极管的应用

光敏二极管中常用到的是硅光敏二极管，其主要有以下几种用途。

① 照相。例如，光照度表，照相机的自动快门控制、自动聚焦、闪光灯控制等。

② 医学。例如，CAT（射线管）扫描、血氧量计、血液颗粒分析等。

③ 汽车。车灯的自动控制。

④ 通信。红外遥控器。

⑤ 安全设备。例如，烟雾检测、火焰检测等。

光敏二极管在应用电路中主要有两种工作状态：

（1）光敏二极管反偏压状态（光导模式）

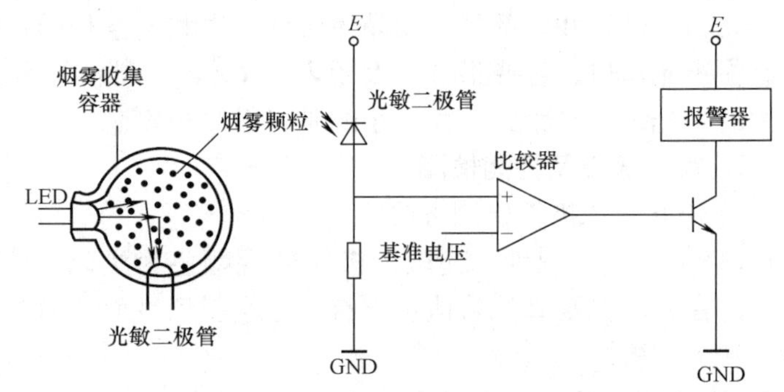

图7-22 烟雾检测器的原理和电路图

当光敏二极管两端加上反向电压时，其反向电流随着光照强度的增大而增大，光照强度越大，反向电流越大，大多数光敏二极管都工作在这种状态。如图7-22所示为烟雾检测器的原理和电路图，当环境中的烟雾颗粒被烟雾收集器收集，发光二极管发出的光被烟雾颗粒散射，烟雾颗粒浓度越大，散射越厉害，从而使接收端的光敏二极管的光强与烟雾浓度建立起关系，而电路图中的光敏二极管处于反偏状态，其光电流随着光强的增大而增大，当其光电流增大到一定程度后，比较器同相端电压大于反向端预设的基准电压，比较器输出高电平，晶体管导通，报警器发出警报声。

（2）光敏二极管零偏压状态（光伏模式）

光敏二极管上不加电压，利用PN结在受光照时产生正向电压的原理，把它用作微型光电池。这种工作状态，通常用作光电检测器。图7-23是采用光敏二极管的最简单的光检测电路，图7-23a是二极管输出端的开路方式，其输出电压随入射光量的对数呈线性变化，但容易受温度变化的影响。图7-23b是二极管输出端为短路方式。输出电流随入射光量的对数呈线性变化．一般采用输出端短路的工作方式。但是这两种电路都是光敏二极管单个使用情况，其输出电压（或电流）非常小，一般要与晶体管或IC等放大器组合使用。图7-24所示为电流-电压变换器光探测电路，利用理想运算放大器虚短的特性，即$U^+=U^-=0$，其中U^+和U^-分别为同相输入端和反相输入端的电位。理想运算放大器还具有虚断的特性，光敏

二极管的光生电流 I_p 全部流过反馈电阻 R_f，即 $I_p=\frac{U^+-U_O}{R_f}=\frac{-U_O}{R_f}$，其中，$U_O$ 为电路输出电压，因此，输出电压 $U_O=-I_p\cdot R_f$，从而实现了光→电流→电压的线性变换，该探测电路适用于对光电特性线性度要求较高的场合。

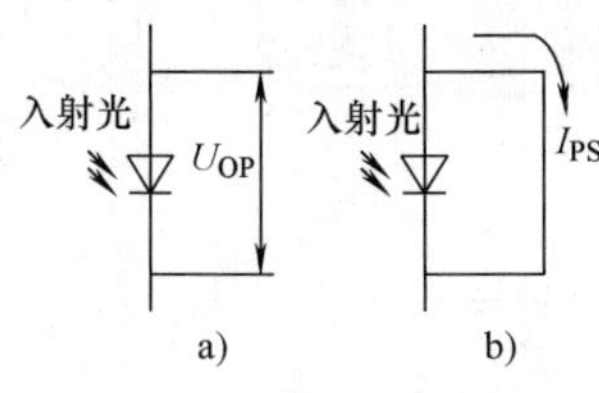

图 7-23　采用光敏二极管的最简单的光检测电路

a）二极管开路输出方式

b）二极管短路输出方式

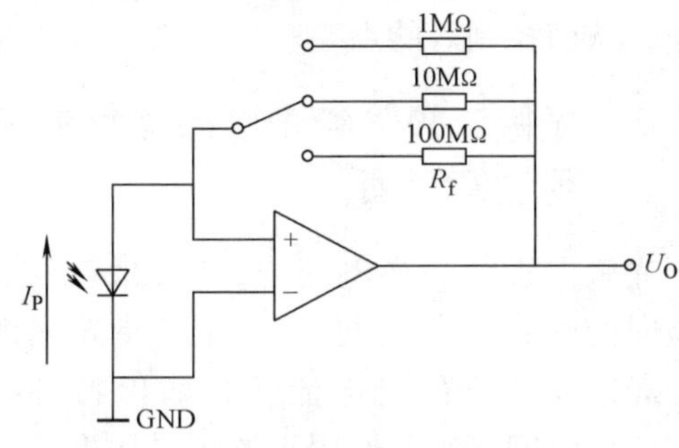

图 7-24　电流-电压交换器光探测电路

2. 光敏晶体管的应用

光敏晶体管的灵敏度比光敏二极管高，输出电流也比光敏二极管大，多为毫安级。但它的光电特性不如光敏二极管好，在较强的光照下，光电流与照度不成线性关系，所以光敏晶体管多用来作为光电开关元件或光电逻辑元件使用。正常使用时，集电极加正电压，因此，集电结为反偏置，发射结为正偏置。

图 7-25 为光敏晶体管的基本应用电路，该电路实现了由光到电的转换，图 7-25a 相当于一般晶体管组成的射极跟随器，当有光照时输出高电平，而图 7-25b 相当于一般晶体管组成的共射极电路，无光照时输出高电平。

图 7-26 为光敏晶体管的典型应用电路，图 7-26a 为电流控制电路，即把光敏晶体管的光生电流作为 PNP 晶体管的基极信号电流，有光照时，电路的输出电压 U_O 将随着光照的增强而降低。图 7-26b 为电压控制电路，电路中的光敏晶体管把光信号转变成电流信号，此电流信号在光敏晶体管的负载电阻 R_b 上产生的电压用以控制下一级放大器，即由晶体管组成的射极跟随器，电路的输出电压 U_O 将随着入射光照度的增强而降低。

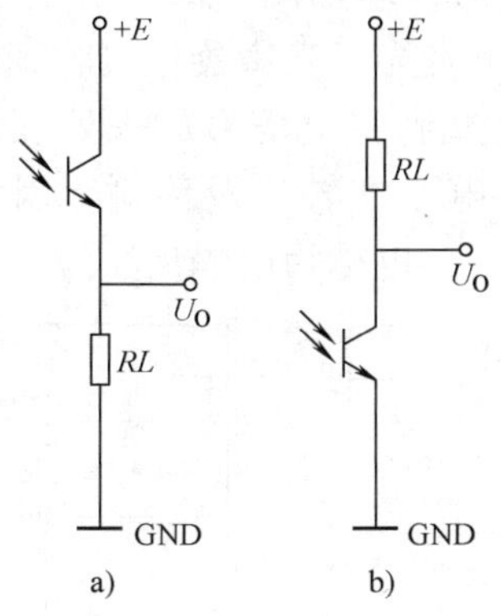

图 7-25　光敏晶体管的基本应用电路

a）有光照输出高电平电路　b）有光照输出低电平电路

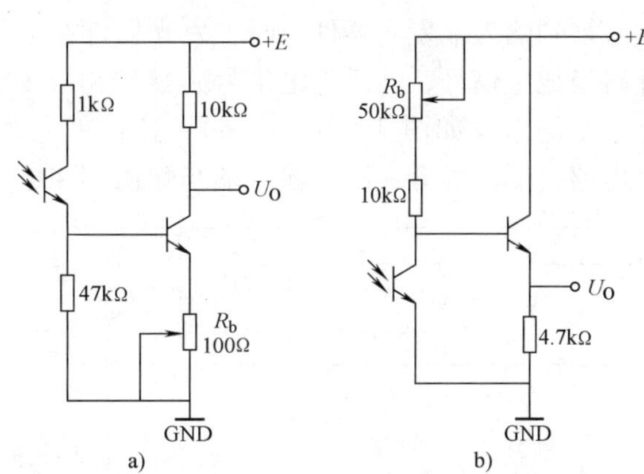

图 7-26　光敏晶体管的典型应用电路

a）电流控制电路　b）电压控制电路

图 7-27 为光敏晶体管在开关控制电路中的应用。当有一定照度的光线照射到光敏晶体管上时，产生的光电流为放大用晶体管 V 提供一定大小的基极电流 I_b，从而使继电器的线圈有足够的电流 I_c 而动作，从而控制灯的点亮。

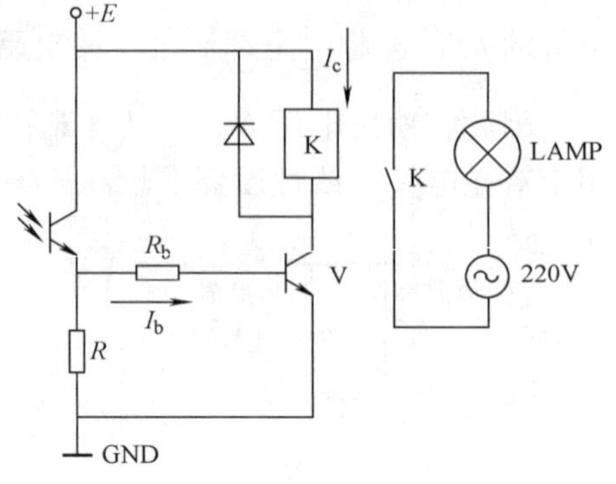

图 7-27　光敏晶体管在开关控制电路中的应用

7.4.6　光敏二极管和光敏晶体管的特点及应用注意事项

光敏二极管的光电流小，输出特性线性度好，响应时间快；可与可见光、远红外光光源配合使用。光敏晶体管的光电流大，输出特性线性度较差，响应时间慢，一般用于要求灵敏度高，工作频率低的开关电路。要求光电流与照度成线性关系或要求在高频率下工作时，应选用光敏二极管。无论光敏二极管或光敏晶体管，它们不仅对红外线敏感，对较强的日光和灯光也有作用，当光照过强时会使放大电路输出饱和而失控，应加红色有机玻璃滤光，以减少环境光所造成的影响。同时光敏晶体管的工作条件不要超过规定的最大极限参数，使用中要控制光照强度，以使通过光敏晶体管的光电流不超过最大限额。此外由于光敏晶体管的灵敏度与入射光的方向有关，应尽量保持光源和光敏晶体管的位置不变。

7.5　光耦合器

7.5.1　光耦合器的结构与原理

光耦合器是把发光器件和光敏器件同时封装在一个外壳内，以光为媒介把输入端的电信号耦合到输出端的一种器件。

光耦合器大致分为两类：一类是光隔离器，它是把发光器件和光敏器件对置在一起构成的，能够完成电信号的耦合、放大和传递。光隔离器的结构原理如图 7-28 所示。当输入电信号加到输入端发光器件上时，发光器件在电信号的作用下发光，光敏器件接收到该光信号并转换成电信号，然后将电信号直接输出（如图 7-28a），或者将电信号放大处理成标准数字电平输出（如图 7-28b、c、d），这样就实现了“电-光-电”的转换及传输，因为光是整个电路传输的媒介，因而输入端与输出端在电气上是绝缘的，也称为电隔离。

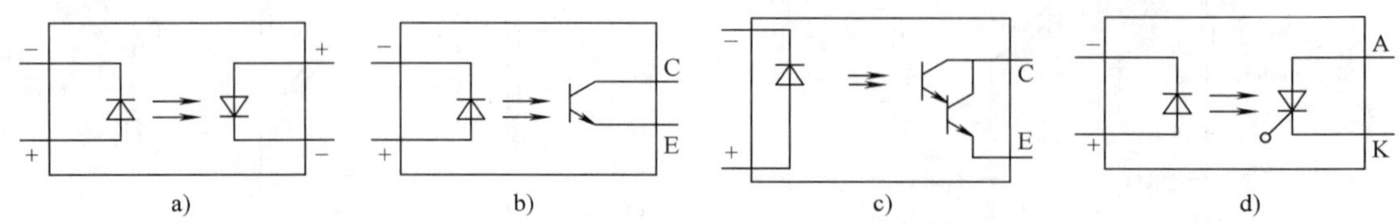

图 7-28　几种光耦合器的结构原理
a）光敏二极管型光耦合器　b）光敏晶体管型光耦合器
c）达林顿管型光耦合器　d）晶闸管输出型光耦合器

另一类是光耦合器，有反射式和遮光式两种，其结构图如图 7-29 所示。可以测量物体的有无、个数和距离等物理量。

光耦合器是 20 世纪 70 年代发展起来的新型器件，因其独特的结构特点，使其在实际使用过程中具有以下优点：

1）能够有效抑制接地回路的噪声，消除地干扰，使信号现场与主控制端在电气上完全隔离，避免了主控制系统受到意外损坏。

2）可以在不同电位和不同阻抗之间传输电信号，且对信号具有放大和整形等功能，使得实际电路设计大为简化。

3）开关速度快，高速光耦合器的响应速度达纳秒数量级，极大地拓展了光耦合器在数字信号处理中的应用。

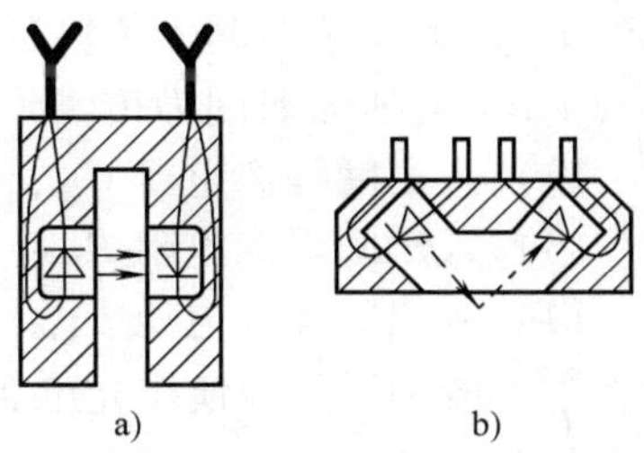

图 7-29　光传感器结构图
a）遮光式　b）反射式

4）体积小，器件多采用双列直插封装，具有单通道、双通道以及多达 8 通道等多种结构，使用十分方便。

5）可替代变压器隔离，不会因触点跳动而产生尖峰噪声，且抗振动和抗冲击能力强。

6）高线性型光耦合器除了用于电源监测等，还被用于医用设备，能有效地保护病人的人身安全。

7.5.2　光耦合器的主要参数

1）正向压降 U_F：光耦合器中发光二极管通过的正向电流为规定值时，正负极之间所产生的电压降。

2）正向电流 I_F：在被测发光二极管两端加一定的正向电压时，二极管中流过的电流。

3）反向电流 I_R：在被测发光二极管两端加规定反向工作电压 U_R 时，二极管中流过的电流。

4）反向击穿电压 U_{BR}：在被测发光二极管通过的反向电流 I_R 为规定值时，两极间所产生的电压降。

5）结电容 C_J：在规定偏压下，被测发光二极管两端的电容值。

6）反向击穿电压 $U_{(BR)CEO}$：在发光二极管开路，光敏晶体管集电极电流 I_C 为规定值时，集电极与发射极间的电压降。

7）输出饱和压降 $U_{CE(sat)}$：在发光二极管工作电流 I_F 和集电极电流 I_C 为规定值时，并保持 $I_C/I_F \leqslant CTR_{min}$（Current Transfer Ratio，电流传输比）时（CTR_{min}在被测器件技术条件中规定）集电极与发射极之间的电压降。

8）反向截止电流 I_{CEO}：在发光二极管开路，集电极至发射极间的电压为规定值时，流过集电极的电流为反向截止电流。

9）电流传输比 CTR：定义为当输出管的工作电压为规定值时，输出电流和发光二极管的正向电流之比，一般用百分比表示，其值从几到几百，达林顿输出型可达上千。CTR 越大，则在同样的发光二极管工作电流 I_F 下，输出电流 I_C 越大，其驱动负载的能力越强。

10）脉冲上升时间 t_r、下降时间 t_f：光耦合器在规定工作条件下，发光二极管输入规定电流 I_F 大小的脉冲波，输出端则输出相应的脉冲波，从输出脉冲前沿幅度的 10%～90% 所需时间为脉冲上升时间 t_r，从输出脉冲后沿幅度的 90%～10% 所需时间为脉冲下降时间 t_f。

11）传输延迟时间 t_{PHL}、t_{PLH}：光耦合器在规定工作条件下，发光二极管输入规定电流 I_F 的脉冲波，输出端则输出相应的脉冲波，从输入脉冲前沿幅度的50%到输出脉冲电平下降到1.5V时所需时间为传输延迟时间 t_{PHL}。从输入脉冲后沿幅度的50%到输出脉冲电平上升到1.5V时所需时间为传输延迟时间 t_{PLH}。

12）入出间隔离电容 C_{IO}：光耦合器输入端和输出端之间的电容值。

13）入出间隔离电阻 R_{IO}：光耦合器输入端和输出端之间的绝缘电阻值。

14）入出间隔离电压 U_{IO}：光耦合器输入端和输出端之间的绝缘耐压值。

为了恰到好处地使用光耦合器，需要根据其应用场合正确合理选择光耦合器，重点注意以下几个问题：

1）光耦合器的品种和类型繁多，在实际应用时应根据不同的电路选择不同类型的光耦合器。例如，输入部分有两个“背对背”发光二极管的光耦合器（双向光耦合器），适合应用于交流输入的场合；采用达林顿输出结构的光耦合器，适合应用于输出较大电流的场合；输出是由光触发双向晶闸管组成的光耦合器，适合用来驱动交流负载。

2）外形相同的光耦合器，其功能可能完全不同；而功能相同的电路也可以用不同的封装。所以在选用或代换光耦合器时，只能以它的型号为根据。另外，光耦合器直接用于隔离传输模拟量时，必须要考虑它的输出端非线性问题。用于隔离传输数字量时，则要考虑它的响应速度问题（主要与参数 t_r、t_f、t_{PHL}、t_{PLH}有关）。如果对输出有功率要求，还得考虑功率接口设计问题。

3）光耦合器就输出特性而言，有非线性（数字型）光耦合器和线性（模拟型）光耦合器两种。非线性光耦合器的电流传输特性曲线是非线性的，这类产品适合于开关信号的传输，不适合于传输模拟量。线性光耦合器的电流传输特性曲线接近直线，并且小信号时性能较好，能以线性特性进行隔离控制。

4）光耦合器输出侧的反向击穿电压 $U_{(BR)CEO}$是需要考虑的一个参数，使用时工作电压一定不能高过此电压值，并需要保留一定余量。同时也需要考虑浪涌电压值的影响，必要时，可以在其两侧并联一个TVS（瞬态电压抑制二级管）抗浪涌干扰。

5）在多通道光耦合器中，尽管各输入端与输出端之间的隔离电压值较高（一般≥1.5kV），但是在相邻通道之间所出现的电位差却绝对不允许超过500V。即在进行PCB（印制电路板）设计时，需要考虑它们之间的安全距离，确保符合安全要求。另外，光耦合器的输入端发光源多为红外发光二极管，它的反向击穿电压 U_{BR}一般都很低，有的仅为3V，在使用时必须注意输入端不能接反。为了防止红外发光二极管因反向电压过高而击穿，可在其输入端反向并联上一个保护二极管，或者直接使用双向光耦合器。

6）通常单通道光敏晶体管型光耦合器多是密封在一个6引脚的封装内，光敏晶体管的基极被引到封装的外面以备使用。平常使用中，基极开路不用。若将基极引脚与发射极引脚短接，便可将光敏晶体管转换成为光敏二极管，在这种情况下，虽然使光耦合器的电流传输比下降，但却能够加快光耦合器的响应速度。

7）光耦合器作为半导体器件中的一员，其性能和各种参数（如CTR）同样受到温度、电压等因素的影响，在应用时要注意应用场合温度、电压波动等对光耦合器性能的影响。

7.5.3 常用光耦合器型号及参数

部分晶体管输出光耦合器和二极管输出光耦合器的主要参数见表7-7和表7-8所示。

表 7-7　部分晶体管输出光耦合器和二极管输出光耦合器主要参数

型号	最大耗散功率/mW	暗电流/μA	反向击穿电压/V	饱和压降/V	最大正向电流/mA	正向电压/V	反向电压/V	电流传输比（%）	隔离电压/V	隔离电阻/Ω
GD311	150	0.1	40	0.3	50	1.3	5	10～2	500	10^{11}
GD312	150	0.1	40	0.3	50	1.3	5	20～40	500	10^{11}
GD313	150	0.1	40	0.3	50	1.3	5	40～60	500	10^{11}
GD314	150	0.1	40	0.3	50	1.3	5	60～80	500	10^{11}
GD315	150	0.1	40	0.3	50	1.3	5	80～100	500	10^{11}
GD323	150	0.1	40	0.3	50	1.3	5	40～60	1000	10^{11}
GD324	150	0.1	40	0.3	50	1.3	5	60～80	500	10^{11}
GD325	150	0.1	40	0.3	50	1.3	5	80～100	500	10^{11}
GD326	150	0.1	40	0.3	50	1.3	5	100～120	1000	10^{11}
GD327	150	0.1	40	0.3	50	1.3	5	120～150	500	10^{11}

表 7-8　二极管输出光耦合器主要参数

型号	最大耗散功率/mW	暗电流/μA	反向击穿电压/V	最大正向电流/mA	正向电压/V	反向电压/V	电流传输比（%）	隔离电压/V	隔离电阻/Ω	隔离电容/pF
GD211		0.1	50	50	1.3	5	0.5～0.75	500	10^{11}	2
GD212		0.1	50	50	1.3	5	0.75～1	500	10^{11}	2
GD213		0.1	50	50	1.3	5	1～2	500	10^{11}	2
GD214		0.1	50	50	1.3	5	1.5～2	500	10^{11}	2
GD215		0.1	50	50	1.3	5	2～3	500	10^{11}	2
GD-M	100	0.1	30	50	1.3	5	0.1	1000	10^{11}	2
GD211A	100	0.1	50	50	1.3	5	0.25～0.5	500	10^{11}	1

7.5.4　光耦合器简易测试方法

1. 指针式万用表法

利用指针式万用表 $R\times100$ 或 $R\times1\text{k}$ 档测量光耦合器中发光二极管的正反向电阻，通常正向电阻为几百欧，反向电阻为几千欧或几十千欧，如果测出的正反向电阻阻值非常接近，则表明发光二极管性能欠佳或者已损坏。检查时要注意不要使用 $R\times10\text{k}$ 电阻档测量，因为此时万用表的电池电压为 9～15V，远远高于发光二极管 1.5～2.3V 的工作电压，从而会导致发光二极管被击穿。然后分别测量接收光敏晶体管的集电极和发射极的正反向电阻，其阻值均应是无穷大，否则说明光敏晶体管已经损坏。再使用 $R\times10\text{k}$ 档检查发射管与接收管之间的绝缘电阻，应为无穷大。

2. 数字万用表检测法

下面以 PC111 光耦检测为例来说明用数字万用表检测的方法。检测电路如图 7-30 所示。检测时将光耦合器的发光二极管的“+”端（PC111 的 1 脚）和“-”端（PC111 的 2 脚）分别插入数字万用表的 hFE 的 c、e 插孔内，数字万用表应置于 NPN 挡；然后将光耦合器的光敏晶体管的 c 极（5 脚）接指针式万用表的黑表笔，e 极（4 脚）接红表笔，并将指针式

万用表置在 $R\times1\text{k}$ 挡。通过指针式万用表指针的偏转角度（实际上是光电流的变化），来判断光耦的情况。指针向右偏转角度越大，说明光耦合器的光电转换效率越高，即传输比越高，反之则越低；若表针不动，则说明光耦合器已损坏。

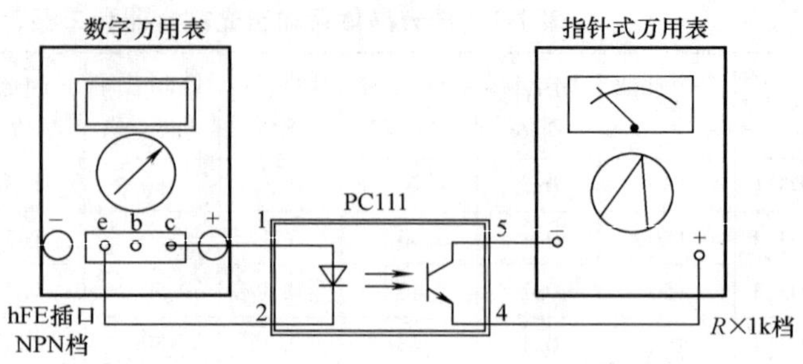

图 7-30　光耦合器的数字万用表检测法

3. 光电效应判断法

仍以 PC111 光耦合器为例，检测电路如图 7-31 所示。将万用表置于 $R\times1\text{k}$ 电阻挡，两表笔分别接在光耦合器的输出端 4、5 脚；然后用一节 1.5V 的电池与一只 100Ω 左右的电阻串接后，电池的正极端接 PC111 的 1 脚，负极端接 2 脚，即断续点亮发光二极管，然后观察接万用表的指针偏转情况。如果指针摆动，说明光耦是好的，如果不摆动，则说明光耦已损坏。万用表指针摆动偏转角度越大，表明光电转换灵敏度越高。

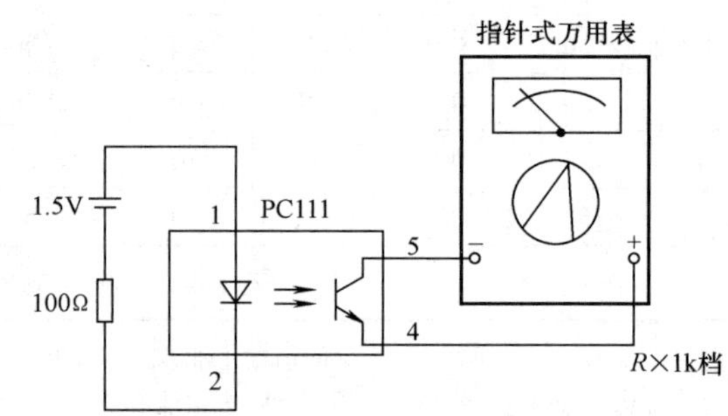

图 7-31　光耦合器的光电效应检测法

7.5.5　光耦合器的应用

光耦合器广泛用于电气绝缘、电平转换、级间耦合、驱动电路、开关电路、斩波器、多谐振荡器、信号隔离、级间隔离、脉冲放大电路、数字仪表、远距离信号传输、仪器仪表、通信设备及微机接口中。

1. 在逻辑电路上的应用

光耦合器可以构成各种逻辑电路，由于光耦合器的抗干扰性能和隔离性能比晶体管好，因此，由它构成的逻辑电路更为可靠。图 7-32 所示电路为“与门”逻辑电路，其逻辑表达式为 L = AB，图 7-32 中两只光敏晶体管串联，只有当输入逻辑电平 A = 1、B = 1 时，输出 L = 1，同理，还可以组成“或门”、“与非门”、“或非门”等逻辑电路。

2. 作为固体开关应用

在开关电路中，往往要求控制电路和开关之间要有良好的电隔离，对于一般的电子开关来说很难做到，但用光耦合器却很容易实现。

在图 7-33a 电路中，当输入信号 U_i 为低电平时，晶体管 V_1 处于截止状态，流过光耦合器中的发光二极管的电流近似为零，输出端 U_o 间的电阻很大，相当于开关“断开”；当 U_i 为高

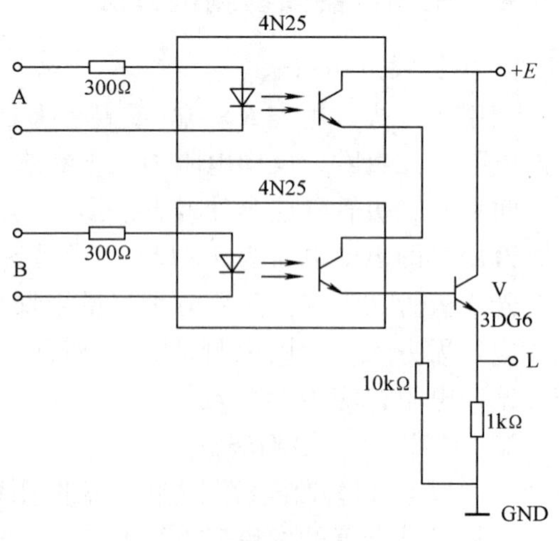

图 7-32　用光耦合器实现的“与门”逻辑电路

电平时，V_1 导通，发光二极管发光，U_o 间的电阻变小，相当于开关“接通”。同理，在图 7-33b 电路中，当输入信号 U_i 为低电平时，开关导通。

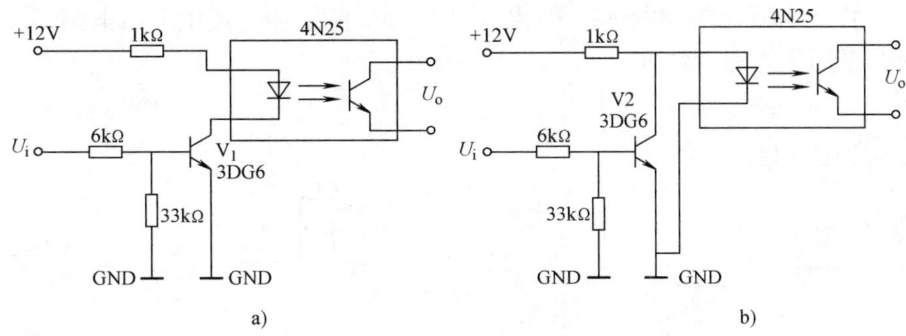

图 7-33　光耦合器固体开关

a）高电平开关接通电路　b）低电平开关接通电路

3. 起隔离作用

光耦合器以光信号为媒介来实现电信号的耦合与传递，因此，输入与输出在电气上完全隔离，具有抗干扰性能强的特点。对于既包括弱电控制，又包括强电控制的工业应用测控系统，采用光耦合器隔离可以很好地实现弱电和强电的隔离，达到抗干扰的目的。另外在电动机控制电路中也常用光耦合器把控制电路和电动机的高压电路隔离开来，达到抗干扰的目的。图 7-34 为用逻辑电路的信号来触发晶闸管（SCR），当晶闸管的负载为电感性的开关电路时，可以采用光耦合器，此时负载所产生的尖峰噪声不会反馈到逻辑电路中去从而达到了隔离和抗干扰的目的。

使用光耦合器隔离需注意以下几个问题：

1）光耦合器直接用于隔离传输模拟量时，要考虑光耦的非线性问题。

2）光耦合器隔离传输数字量时，要考虑光耦合器的响应速度问题。

3）如果输出有功率要求的话，还要考虑光耦合器的功率接口设计问题。

4）在光耦的输入输出部分必须分别采用独立的电源，若两端共用一个电源，则光耦合器的隔离作用将失去意义。

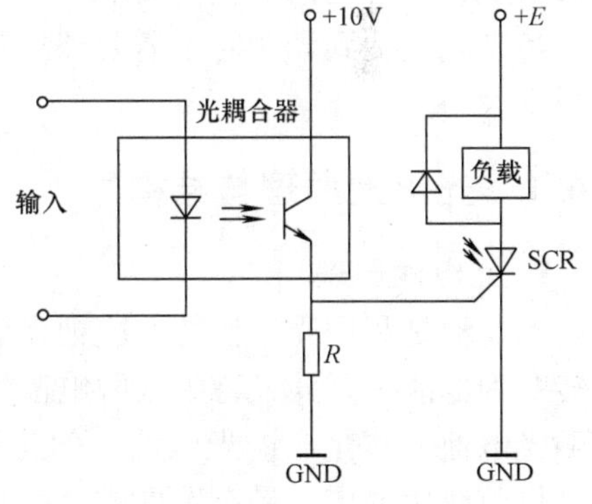

图 7-34　用光耦合器实现的光电隔离电路

5）当用光耦合器来隔离输入输出通道时，必须对所有的信号进行全部隔离，使得被隔离的两端没有任何电气上的联系，否则这种隔离是没有意义的。

4. 在脉冲放大电路中的应用

光耦合器应用于数字电路，可以将脉冲信号进行放大。如图 7-35 所示为光耦合器组成的电压反馈脉冲放大器的原理图，其输出脉冲与输入脉冲同频率，脉冲幅值放大倍数取决于 R_2 和 R_1 的比值和电源电压。

5. 电平转换

各种集成电路所用的电源电压是不同的，如在一个系统中使用两种材料的集成电路芯片，则需要进行电平的转换。另外各种传感器的电源电压有时也难以与集成电路的电源电压相同，故也需要进行电平转换。图 7-36 是将 CMOS 电路的电平转到 TTL 电路电平的电路图。该电路中输入的是 -20 ~ 0V 的脉冲，输出的是 0 ~ 5V 的脉冲，图中前后电路是完全隔离的，实现了不同电平标准之间的转换。

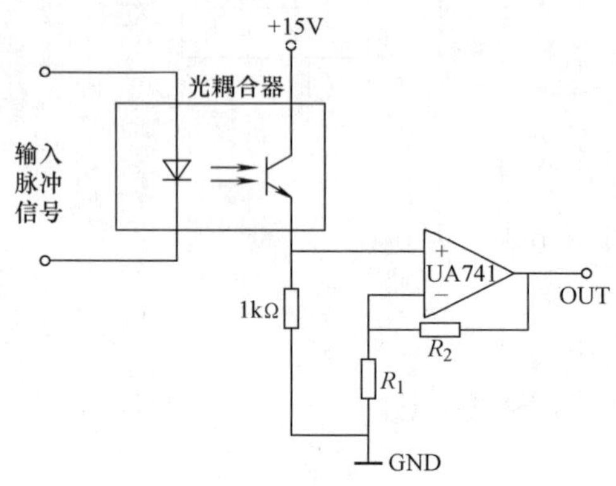

图 7-35　光耦合器组成的电压反馈脉冲放大器

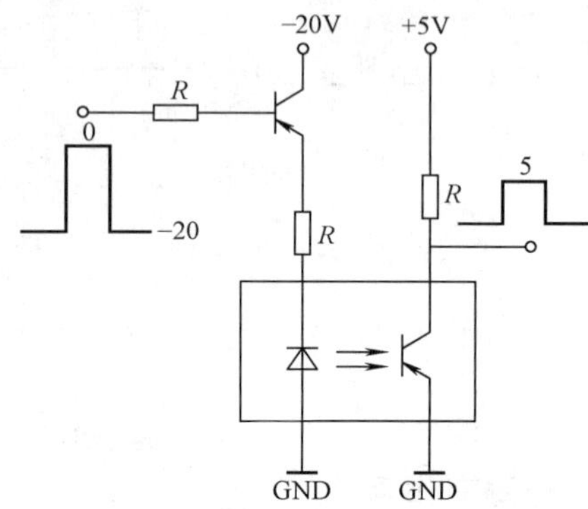

图 7-36　CMOS 电路电平转换到 TTL 电路电平的电路图

7.6　光电池

光电池是一种用途很广的光敏器件，其优点是体积小、重量轻、寿命长、性能稳定、光照灵敏度较高、光谱响应频带较宽且本身不耗能，是小型化、微功耗仪器中常用的换能器件。当光电池受到光照时不需要外加其他形式的能量即可产生电流输出，电流大小反映了光照强度大小。

7.6.1　光电池原理与结构

1. 光电池原理

光电池是利用光生伏特效应把光能直接转变成电能的光电器件。由于它能够把太阳能直接转变为电能，因此又称为太阳电池，其实质就是一个电压源。光电池的种类很多，常用的有硒光电池、氧化亚铜光电池、砷化镓光电池、硅光电池、硫化铊光电池、硫化镉光电池等。目前应用最广、最有发展前途的是硅光电池和硒光电池。硅光电池价格便宜，转换效率高、寿命长，适合于接收红外光，硒光电池的光电转换效率低、寿命短，适合接收可见光。砷化镓光电池转换效率比硅光电池稍高，光谱响应特性与太阳光谱最吻合，且工作温度最高，更耐宇宙射线的辐射，因此，适用于宇宙飞船、卫星、太空探测器等的电源。

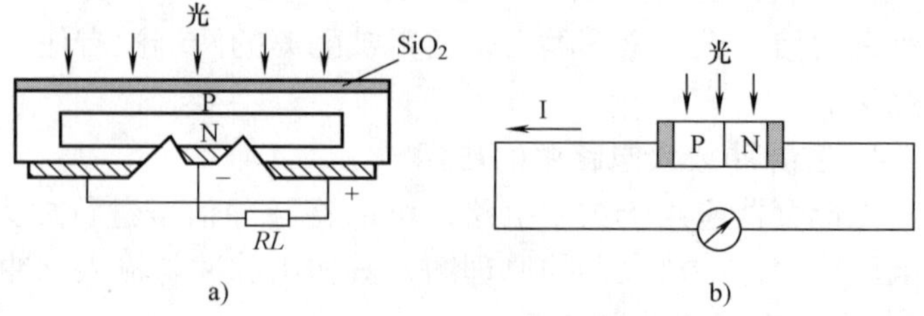

图 7-37　光电池的结构和工作原理示意图
a）光电池的结构图　b）光电池的工作原理示意图

2. 光电池的结构

光电池的实质是一个大面积

的 PN 结，其结构如图 7-37a 所示，上电极为栅状受光电极，栅状电极下涂有抗反射膜，用以增加透光，减小反射，下电极是一层衬底铝。当光照射 PN 结的一个面时，由此产生的电子空穴对迅速扩散，在结电场作用下建立一个与光照强度有关的电动势，一般可产生 0.2 ~ 0.6V 电压，电流约 50mA 左右。

3. 光电池电路符号与外观

光电池的符号、基本工作电路和外观如图 7-38 和图 7-39 所示。

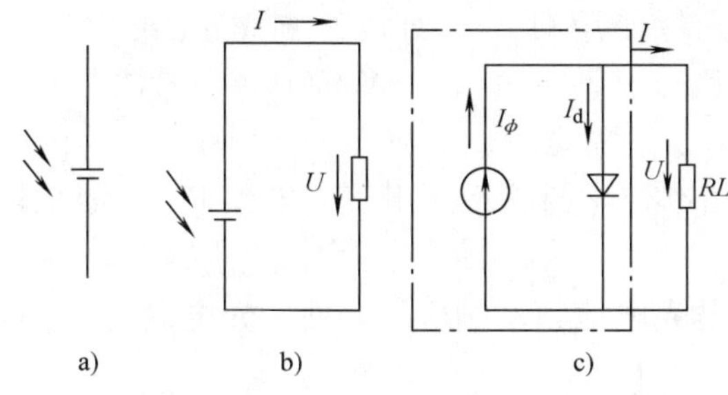

图 7-38 光电池符号和基本工作电路

a）光电池符号 b）基本工作电路

c）光电池的等效电路

图 7-39 常见光电池的外观

7.6.2 光电池特性及参数

1. 光谱特性

光电池的光谱特性取决于光电池的材料。使用时应根据光源的光谱特性选择光电池，也可以根据光电池的光谱特性确定要使用的光源。由图 7-40 可见，硒光电池在可见光谱范围内有较高的灵敏度，峰值波长在 540nm 附近，在人眼的视觉范围内，因此，适宜测量可见光。硅光电池的光谱范围是 400 ~ 1100nm，峰值波长在 850nm 附近，其光谱应用范围比硒光电池的更宽。

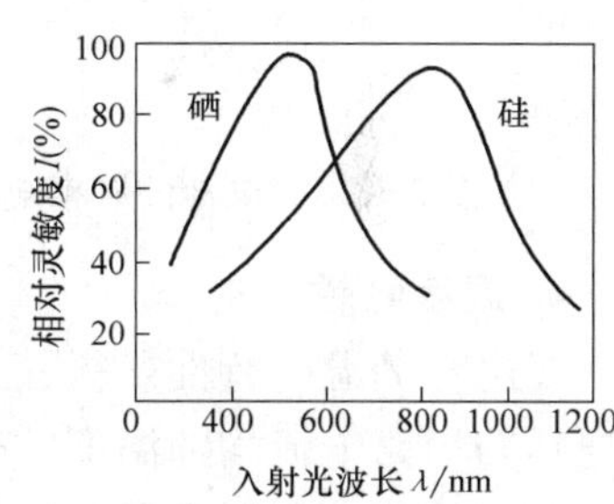

图 7-40 光电池的光谱特性

2. 光照特性

开路电压曲线是指当光电池两端开路时，其光生电动势与照度之间的特性曲线，称为开路电压曲线。从图 7-41 中可以看出，光电池的开路电压与光照度关系是非线性关系，当照度为 2000lx 左右时趋向饱和。

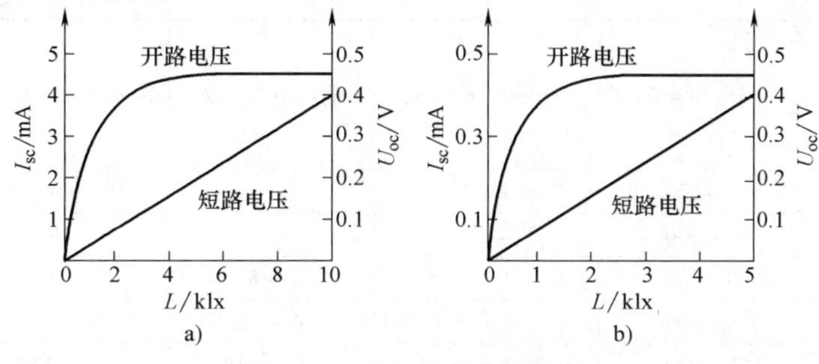

图 7-41 光电池的光照特性

a）硅光电池 b）硒光电池

短路电流曲线是指当光电池两端短路时短路电流与照度之间的关系称为短路电流曲线。这里短路是指外接负载 R_L 相对光电池内阻很小时。实验证明，负载电阻 R_L 越小，曲线线性度越好，线性范围越宽，故通常取 R_L 为 100Ω 以下（参见图 7-42）。

从短路电流曲线可以看出，短路电流曲线在很大范围内与光照度成线性关系。因此，光电池作为测量元件使用时，一般不作电压源使用，而应作为电流源的形式应用。

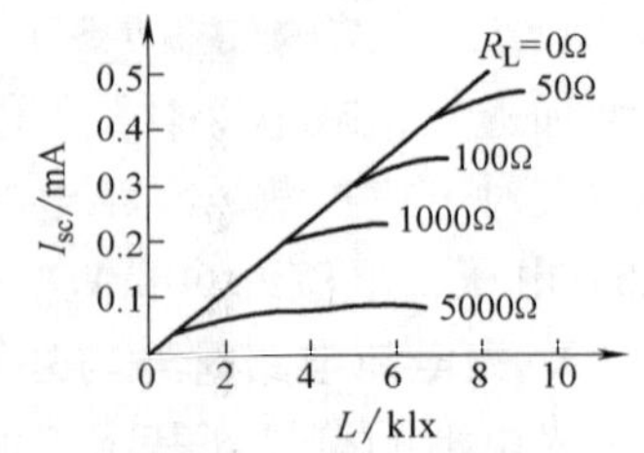

图 7-42 硒光电池在不同负载时的光照特性

3. 频率特性

光电池的频率特性是指其输出电流随调制光频率变化的关系。由于光电池 PN 结面积较大，极间电容大，故频率特性较差。

从光电池的频率响应曲线（图 7-43）可知，硅光电池频率响应较好而硒光电池较差。

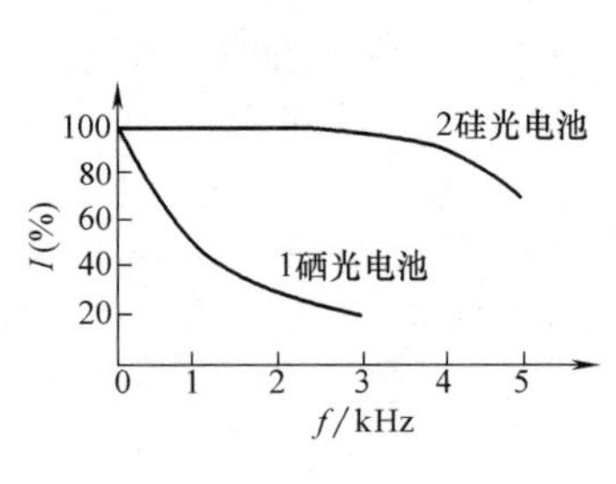

图 7-43 光电池的频率响应曲线

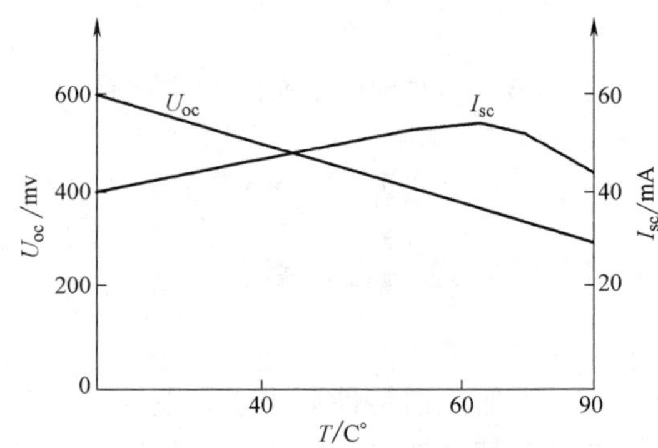

图 7-44 硅光电池在 1000lx 下的温度特性曲线
U_{oc}—开路电压曲线 I_{sc}—短路电流曲线

4. 温度特性

光电池的温度特性是指其开路电压和短路电流随温度变化的关系。由图 7-44 可见，开路电压与短路电流均随温度的变化而变化，它将关系到应用光电池的仪器设备的温度漂移，影响到测量或控制精度等主要指标。

7.6.3 部分常用光电池的型号参数

部分常用 2CR 型硅光电池的特性参数见表 7-9 所示。

表 7-9 部分常用 2CR 型硅光电池的特性参数

型号 \ 参量（数值）	开路电压/mV	短路电流/mA	输出电流/mA	转换效率/（%）	面积/mm
2CR11	450～600	2～4		>6	2.5×5
2CR21	450～600	4～8		>6	5×5
2CR31	450～600	9～15	6.5～8.5	6～8	5×10
2CR32	550～600	9～15	8.6～11.3	8～10	5×10
2CR33	550～600	12～15	11.4～15	10～12	5×10
2CR34	550～600	12～15	15～17.5	12 以上	5×10

7.6.4 光电池的应用

光电池的用途基本分为两类，一类用作电源；一类通过基本光电转换电路与其他电子线路相组合，实现检测和自动控制功能。

1. 太阳电池电源

常见的太阳电池电源系统主要由太阳电池方阵、蓄电池组、调节控制器及阻塞二极管组成，如图7-45所示。太阳电池方阵由单体的光电池按照输出功率和电压的要求经串并联以后封装成一个太阳电池组件，当有光照射时，太阳电池方阵发电并通过阻塞二极管对负载供电，同时把多余的电能存储到蓄电池中去，阻塞二极管在电路中起单向导通作用，目的是防止夜间或阴雨天太阳电池方阵所发电压低于其供电的直流母线电压时，蓄电池反过来向光伏方阵倒送电，从而消耗能量和导致方阵发热。调节控制器的作用是对整个系统的充放电过程进行自动控制，在蓄电池充满电时自动切断电路，停止充电，从而保护蓄电池。逆变器的作用是把直流电转变为交流电供给交流负载或电网。

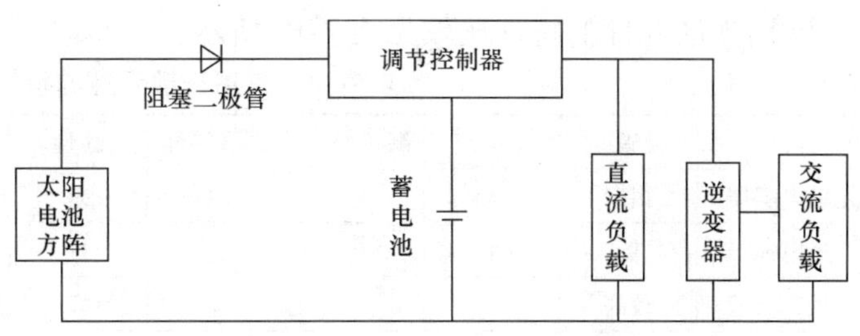

图7-45 太阳电池电源系统示意图

2. 光电池在光电检测和自动控制方面的应用

（1）光探测器

光电池作为光电探测器使用时，其基本原理与光敏二极管相同，由于光电池工作时不需要外加电压，光电转换效率高，光谱范围宽，噪声低等，已广泛用于光电读出、光电耦合、光栅测距、激光准直、紫外光监视器和燃气轮机的熄火保护装置等。如图7-46所示为光电池探测光信号的电流放大电路，通过光电池在不同负载时的光照特性曲线（图7-42）可以看出，当负载电阻 $R_L=0$（短路）时光电池的光生电流与照度成良好的线性关系，因此，通常后接电流放大器组成光照探测器，根据理想运算放大器的虚短和虚断，光电池两端的电压为零，其工作在零偏状态，光生电流流经反馈电阻 R_f，输出电压信号 $U_O=I_p \cdot R_f$，从而使光电池能够测量引起光生电流变化的相关物理量。

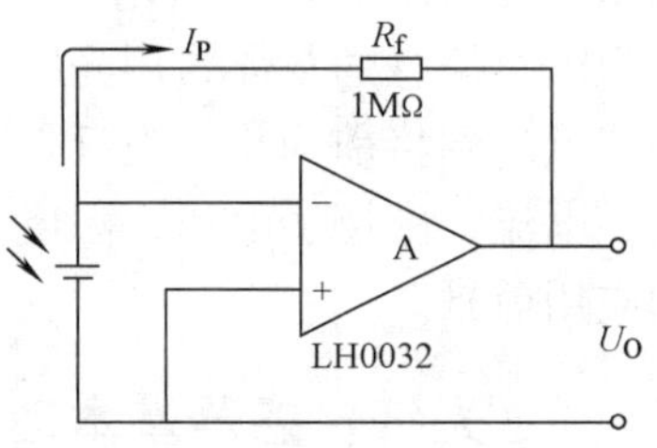

图7-46 光电池光照探测器电路图

（2）光电池作为控制元件的应用

光电池光电流通常较小，作为控制元件使用时一般要与晶体管或IC运算放大器组合使用。如图7-47所示为光电池接锗管（图7-47a）和硅管（图7-47b）的电

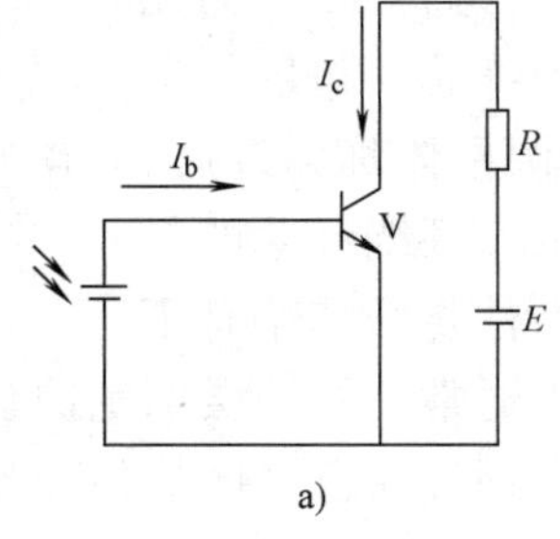

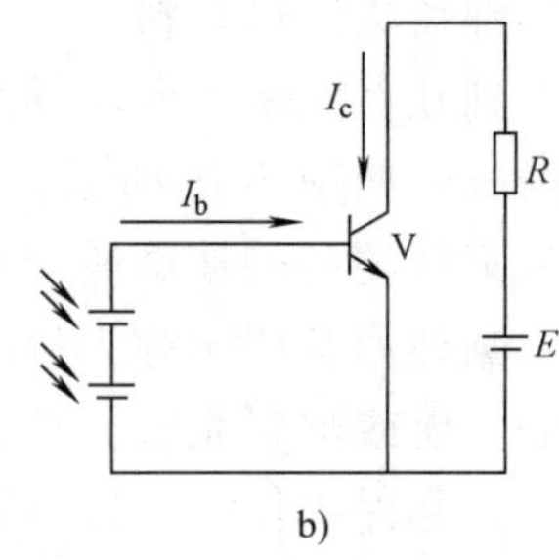

图7-47 光电池电流放大电路

a）光电池接锗管的电流放大电路 b）光电池接硅管的电流放大电路

流放大电路，锗管发射结导通压降为0.2～0.3V，而硅光电池开路电压可达0.5V，可直接将光电池接入基极控制晶体管工作。当入射光照度发生变化时，晶体管V的基极电流 I_b 会随入射光照度变化成线性变化，集电极电流（$I_c=\beta I_b$）发生了 β 倍的变化，即电流 I_C 与光照成近似线性关系。硅管的发射结导通电压为0.6～0.7V，这时光电池的0.5V电压无法起到控制作用，可以将两个光电池串联后接入基极来实现光电的转换及测量。

常用光敏元件的特性比较见表7-10所示。

表7-10 常用光敏元件的特性比较

类别	灵敏度	暗电流	频率特性	光谱特性	线性	稳定性	测量范围	主要用途	价格
光敏电阻器	很高	大	差	窄	差	差	中	测开关量	低
光电池	低	小	中	宽	好	好	宽	测模拟量	高
光敏二极管	较高	大	好	宽	好	好	中	测模拟量	高
光敏晶体管	高	大	差	较窄	差	好	窄	测开关量	中

7.7 光纤传感器

光纤是光导纤维的简称，是20世纪后半叶的重要发明之一。光纤的最初研究目的是为了通信，在光通信系统中，光纤常被用作远距离传输光波信号的通道。后来经研究发现，在光纤通信系统中，通信质量易受干扰的一个重要原因是光纤对外界环境因素的变化十分敏感，例如，温度、压力、电场、磁场等环境条件的变化都会引起光波参量（如强度、相位、频率、偏振态等）的变化，这一现象启发人们提出了光纤传感器的概念。光纤传感器用光作为敏感信息的载体，用光纤作为传递敏感信息的媒质。因此，它同时具有光纤及光学测量的特点。到目前为止，光纤传感器已被用于位移、振动、压力、转动、弯曲、速度、加速度、电流、磁场、电压、温度、流量、PH值、浓度等70多个物理量的检测，具有十分广阔的应用前景。

7.7.1 光纤传感器基本理论

1. 光纤的结构

光导纤维通常是由高纯度的石英玻璃掺杂少量杂质（如锗（Ge）、硼（B）、磷（P）等元素）制成的细长圆柱形材料，其细如发丝，通常直径为几微米到几百微米。实用的结构是由纤芯、包层、护套组成，如图7-48所示，中心的圆柱体称为纤芯，是由某种类型的玻璃或塑料制成的。环绕纤芯的是一层圆柱形套层，称为包层，由特性与纤芯略有不同的玻璃或塑料制成。在包层外面通常还有一层尼龙护套，它一方面可用来增强光纤的机械强度，起保护作用，另一方面可以通过颜色来区分各种光纤。

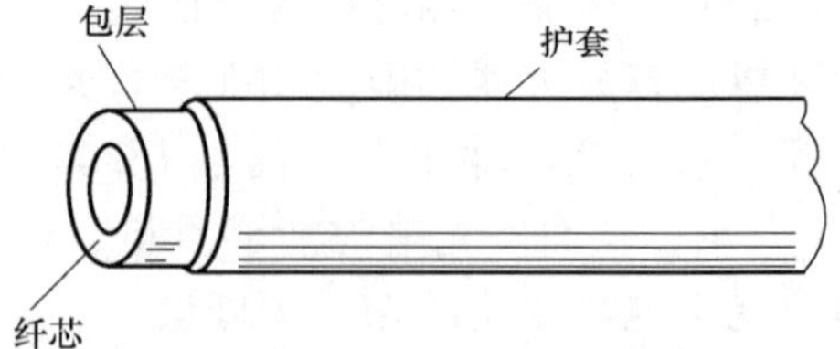

图7-48 光纤的结构

2. 光纤波导的原理

光在真空中是直线传播的，而入射到光纤中的光线却能被限制在光纤中，随着光纤的弯曲前进而前进，并且能传播很远的距离，其原理是基于光的全反射现象；当光纤的端面尺寸比光波长大得多时，可以用几何光学的方法来讨论其传光原理。

根据几何光学原理，当光线以较小的入射角 θ_1 由光密介质 1 射向光疏介质 2（即折射率 $n_1 > n_2$）时（如图 7-49 所示），则一部分入射光将以折射角 θ_2 折射入介质 2，其余部分仍以 θ_1 反射回介质 1。

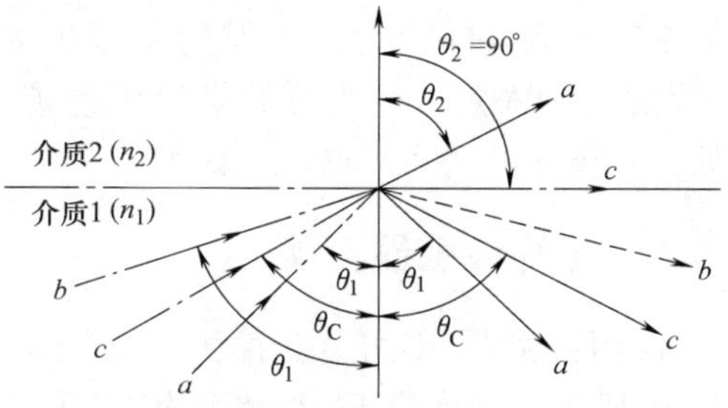

依据光反射和折射的斯涅尔（Snell）定律，有

$$n_1\sin\theta_1 = n_2\sin\theta_2 \tag{7-6}$$

图 7-49　光在两介质界面上的折射与反射

当 θ_1 角逐渐增大，直至 $\theta_1 = \theta_c$ 时，透射到介质 2 中的折射光也逐渐折向界面，直至沿界面传播（$\theta_2 = 90°$），对应于 $\theta_2 = 90°$时的入射角称为临界角，用 θ_c 表示；由式（7-6）有

$$\sin\theta_c = \frac{n_2}{n_1} \tag{7-7}$$

由图 7-49 可见，当 $\theta_1 > \theta_c$ 时，光线将不再折射入介质 2，而在介质（纤芯）内产生连续向前的全反射，直至由终端面射出，这就是光纤传光的工作基础。

分析光纤传光原理，除了应用斯涅尔定律外还须结合光纤的结构来说明。由图 7-50 可见，纤芯的折射率 n_1 比包层的折射率 n_2 稍大些，两层之间形成良好的光学界面，光线在这个界面上反射传播。入射光线 AB 与纤维轴线 OO 相交角为 θ_i，入射后折射（折射角为 θ_j）至纤芯与包层界面 C 点，与 C 点界面法线 CD 成 θ_k 角，并由界面折射至包层，CK 与 CD 夹角为 θ_r，由斯涅尔定理有

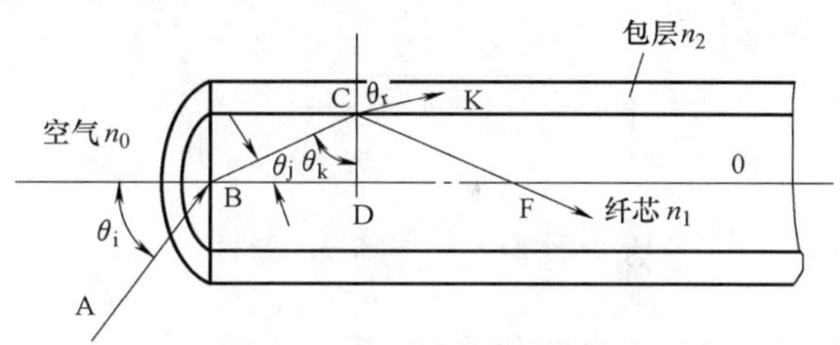

图 7-50　光纤导光示意图

$$n_0\sin\theta_i = n_1\sin\theta_j \tag{7-8}$$

$$n_1\sin\theta_k = n_2\sin\theta_r \tag{7-9}$$

所以

$$\sin\theta_i = (n_1/n_0)\sin\theta_j \tag{7-10}$$

$$\sin\theta_k = (n_2/n_1)\sin\theta_r \tag{7-11}$$

又

$$\theta_j = 90° - \theta_k \tag{7-12}$$

所以

$$\sin\theta_i = \frac{n_1}{n_0}\sin(90° - \theta_k) = \frac{n_1}{n_0}\cos\theta_k = \frac{n_1}{n_0}\sqrt{1 - \sin^2\theta_k} \tag{7-13}$$

$$\sin\theta_i = \frac{n_1}{n_0}\sqrt{1 - \left(\frac{n_2}{n_1}\sin\theta_r\right)^2} = \frac{1}{n_0}\sqrt{n_1^2 - n_2^2\sin^2\theta_r} \tag{7-14}$$

n_0 为入射光线 AB 所在空间的折射率，一般为空气，故 $n_0 \approx 1$，n_1 为纤芯折射率，n_2 为包层折射率。当 $n_0 = 1$ 时

$$\sin\theta_i = \sqrt{n_1^2 - n_2^2\sin^2\theta_r} \tag{7-15}$$

当 $\theta_r = 90°$的临界状态时，$\theta_i = \theta_{i0}$

即
$$\sin\theta_{i0} = \sqrt{n_1^2 - n_2^2} \tag{7-16}$$

上式的 $\sin\theta_{i0}$ 即为光纤的“数值孔径”（Numerical Aperture，NA），它是衡量光纤集光性能的主要参数。即无论光源发射功率多大，只有 $2\theta_{i0}$ 张角内的光，才能被光纤接收、传播（全反射）；NA 愈大，光纤的集光能力愈强。产品光纤通常不给出折射率，而只给出 NA，例如，石英光纤的 NA =0.2 ~0.4。

7.7.2 光纤传感器分类

光纤传感器一般可分为两大类，一类是功能型传感器（Function Fiber Optic Sensor）如图 7-51 所示。又称为 FF 型光纤传感器（图 7-51）；另一类是非功能传感器（Non-Function Fiber Optic Sensor），又称为 NF 型光纤传感器（图 7-52）。功能型光纤传感器是指光纤本身既是传输介质又是敏感元件，所以又称为传感型光纤传感器或全光纤传感器。非功能型光纤传感器中光纤只作为传输介质，用其他敏感元件感受被测物理量的变化，因此，也称为传光型传感器或混合型传感器。

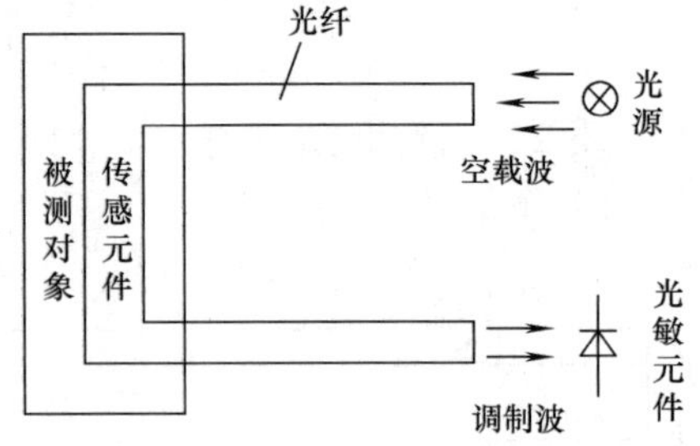

图 7-51　功能型光纤传感器示意图

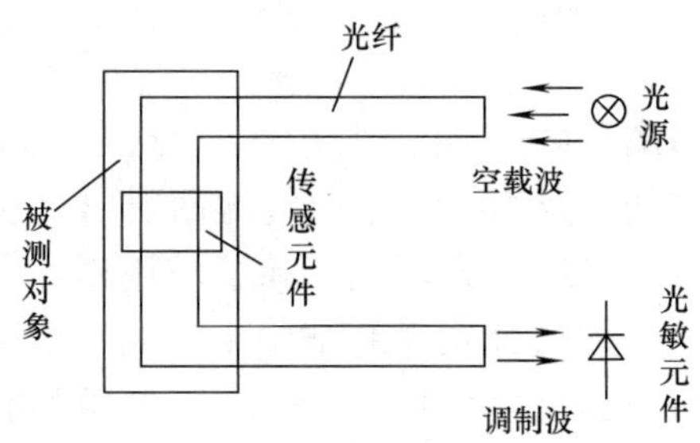

图 7-52　非功能型光纤传感器示意图

7.7.3 光纤传感器的应用

光纤传感器的应用范围很广，几乎涉及到国民经济的所有重要领域和人们的日常生活，尤其可以安全有效地在恶劣环境中使用，下面介绍几种光纤传感器的应用实例。

1. 反射式光纤位移传感器

反射式光纤位移传感器结构如图 7-53 所示。其测量原理是根据被测目标表面光反射至接收光纤束的光强度的变化来测量被测表面距离的变化，光源经一束多股光纤将光信号传送至端部，并照射到被测物体上。同时另一束光纤接收物体反射的光信号，并通过光纤传送到光敏元件上，两束光纤在被测物体附近汇合。根据被测目标表面光反射至接收光纤束的光强

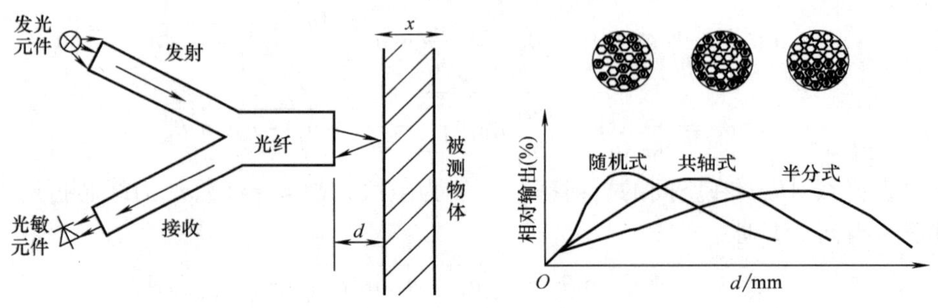

图 7-53　反射式光纤位移传感器结构

度的变化来测量被测物体表面距离的变化。所使用光纤束的特性是影响这种类型光纤传感器的灵敏度的主要因素之一。在光纤探头的端部，发射光纤与接收光纤一般有 4 种分布，随机分布、半圆形对开分布、共轴内发射分布、共轴外发射分布，如图 7-54 所示。

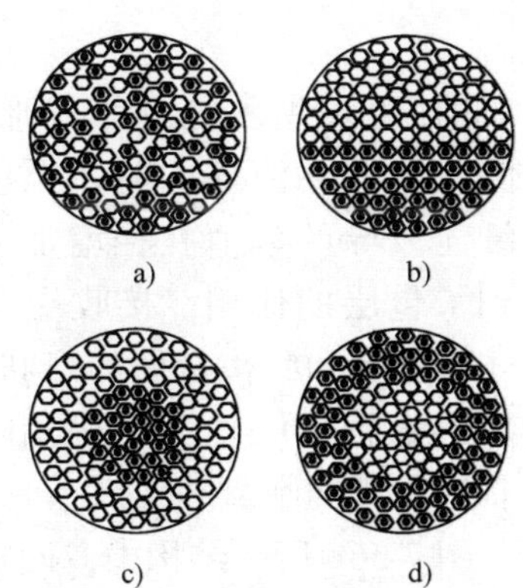

图 7-54 光纤探头端部示意图
a）随机分布 b）半圆形对开分布
c）共轴内发射分布
d）共轴外发射分布

当光纤探头端紧贴被测物体时，发射光纤中的光信号不能被有效反射到接收光纤中，接收端光敏元件无光电信号产生；当被测物体逐渐远离光纤时，随着距离的增加，发射光纤端面上被照亮的表面积 A 越来越大（如图 7-55 所示），相应的发射光锥重合面积 B_1 越来越大，因而接收光纤端面上被照亮的区域 B_2 也越来越大，即接收的光信号越来越强，当整个接收光纤被照亮时，输出达到最大，相对位移输出曲线达到光峰值；被测体继续远离时，光强开始减弱，部分光线被反射，输出光信号减弱，曲线下降进入“后坡区”。从其位移-输出曲线可以看出：

1）前坡的输出信号的强度快速增加，且这一区域位移输出曲线有良好的线性关系，因而可进行小位移的测量，例如微米级位移的测量。

2）后坡区的信号随探头和被测体之间的距离增加而减弱，该区域可用于距离较远，灵敏度、线性度要求不高的测量。

3）光峰区的信号有最大值，值的大小取决于被测表面的状态，光峰区域可用于表面状态的测量，例如，工件的粗糙度或光滑度等。

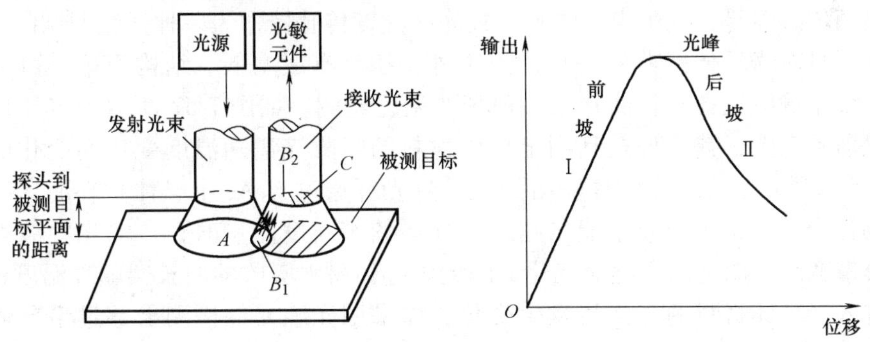

图 7-55 反射式光纤位移传感器原理及位移-输出曲线图

2. 光纤液位传感器

图 7-56 所示为基于全内反射原理的液位传感器。它由 LED 光源、光敏二极管、多模光纤等组成。其结构特点是在光纤测头端有一个圆锥体反射器，当测头置于空气中没接触液面时，光线在圆锥体内发生全内反射而返回到光敏二极管。当测头接触到液面时，由于液体的折射率与空气不同，全内反射环境被破坏，将有部分光线进入液体内，使返回到光敏二极管的光强变弱，返回光强是液体折射率的线性函数。当返回光强发生突变时，表明测头已接触到液位。

图 7-56a 所示结构主要由一个 Y 形光纤、全反射锥体、LED 光源以及光敏二极管等组

成。

图 7-56b 所示是一种 U 形结构。当测头浸入到液体内时，无包层的光纤光波导的数值孔径增加，液体起到了包层的作用，接收端光强与液体折射率和测头弯曲的形状有关。为了避免杂光干扰，光源采用 700Hz 左右的交流调制。

图 7-56c 所示结构中，两根多模光纤由棱镜耦合在一起，当棱镜没有接触到液体时，光线完全在棱镜内进行传播，一旦接触到液体，将有部分光线透射到液体中，使得接收端的光强发生变化。这种结构的传感器光调制深度最强，而且对光源和光电接收器的要求不高。由于同一种溶液在不同浓度时的折射率也不同，所以经过标定，这种液位传感器也可作为浓度计使用。

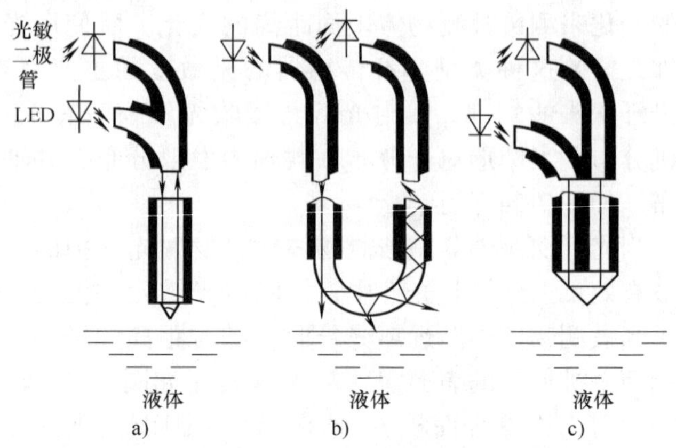

图 7-56　基于全内反射原理的液位传感器

a）Y 形光纤　b）U 形光纤　c）棱镜耦合

光纤液位计可用于易燃、易爆场合，但不能探测污浊液体以及会粘附在测头表面的粘稠物质。

3. 光纤温度传感器

光纤温度传感器是目前广泛使用的光纤传感器，目前研究的主要种类有分布式光纤温度传感器、半导体吸收式光纤温度传感器、光纤荧光温度传感器、光纤折射率温度传感器、干涉型光纤温度传感器等，其中半导体吸收式光纤温度传感器作为一种强度调制的传光型光纤传感器，除了具有光纤传感器的一般优点之外，还具有成本低、结构简单、可靠性高等优点，非常适合于输电设备和石油井下等现场的温度监测。如图 7-57 所示为半导体吸收型光纤温度传感器示意图，其原理是利用半导体材料的吸收光谱随温度变化而变化的特性实现的。如图 7-57a 所示：当发光元件发出的光经过光纤通过 GaAs 半导体材料时，半导体材料会吸收一部分光子能量，当光子能量超过半导体禁带宽度能量时，传输光的波长将发生变化，由于禁带宽度随温度的变化而变化，因此半导体材料吸收的波长会随着温度的变化而变化，同时进入半导体材料的光强将发生变化。如果用光敏元件检测出穿过半导体材料的光强，即可得出对应的温度值。

如图 7-57b 所示是 GaAs 的透射率随温度变化的示意图。从图中可以看出：当温度 T 逐渐升高时，本征吸收波长变大，透射率曲线向长波长方向移动，但形状基本不变；反之，当温度降低时，本征吸收波长变小，透射率曲线保持形状不变而向短波长方向移动。当光源的光谱辐射强度不变时，GaAs 总透射率就随其温度发生变化，温度越高，总透射率越低。通过测量透过 GaAs 的光的强弱即可达到测温的目的。

7.7.4　光纤传感器的特点

与传统的传感器相比，光纤传感器的主要特点如下：

1）抗电磁干扰，电绝缘性好，耐腐蚀，耐高压，本质安全，在易燃环境下安全可靠。

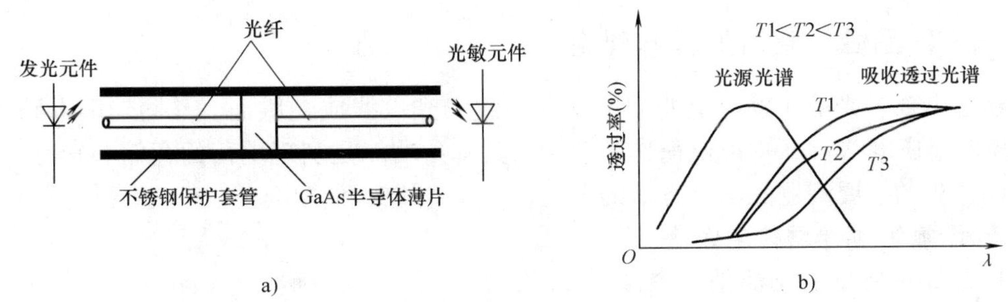

图 7-57　半导体吸收型光纤温度传感器示意图

a）半导体吸收型光纤传感器结构图　b）GaAs 的透射率随温度变化示意图

由于光纤传感器是利用光波传输信息的，而光纤又是电绝缘的、耐腐蚀的传输媒质，因而不受强电磁干扰，也不影响外界的电磁场，并且安全可靠。可以在各种大型机电、石油化工、冶金高压、强电磁干扰、易燃、易爆、强腐蚀环境安全使用。

2）灵敏度高。利用长光纤和光波干涉技术使不少光纤传感器的灵敏度优于一般的传感器。例如，测量水声、加速度、辐射、温度、磁场等物理量的光纤传感器。

3）重量轻、体积小、外形可变。光纤除具有重量轻、体积小的特点外，还有可挠曲的优点，几何形状具有多方面的适应性，因此，可以利用光纤制成不同外形、不同尺寸的各种光纤传感器。适用于航空、航天以及狭窄空间的应用。

4）测量对象广泛。目前已有性能不同的测量温度、压力、位移、速度、加速度、液面、流量、振动、水声、电流、电场、磁场、电压、杂质含量、液体浓度、核辐射等各种物理量、化学量的光纤传感器在使用，还可以与光纤遥测技术相配合，实现远距离测量和控制。

5）频带宽，测量动态范围大。

6）对被测介质影响小，这对于医药生物领域的应用极为有利。

7）便于复用，便于成网。由光纤传感器组成的光纤传感系统便于与计算机相连接，响应快，能实时、在线测量和自动控制，有利于与现有光通信技术组成遥测网和光纤传感网络。

8）成本低。有些种类的光纤传感器的成本将大大低于现有同类传感器。

7.8　CCD 图像传感器

CCD（Charge Coupled Device）全称为电荷耦合器件，是 20 世纪 70 年代发展起来的新型半导体器件，能够实现光电转换、信息存储和传输等功能，由于其集成度高、功耗小、结构简单、寿命长、性能稳定，故在固态图像传感器、信息存储和处理等方面得到了广泛应用。

从芯片结构上对 CCD 进行分类，可分为线阵 CCD 和面阵 CCD 两种类型。用于获取线图像的称为线型固态图像传感器；用于获取面图像的称为面型固态图像传感器。

由于 CCD 图像传感器能实现视觉信息的获取、转换以及视觉功能的扩展，能给出直观、真实、多层次的内容丰富的可视图像信息，而且其体积小、重量轻、功耗低、可低电压驱动，因而在军事、天文、医疗、广播、电视以及工业检测和机器人等领域得到了广泛应用。

7.8.1 CCD 图像传感器的基本理论

CCD 是由众多光敏元以一定的顺序排列而成的光敏线或光敏面，并同辅助电路一起构成的大规模集成电路。CCD 以电荷作为信号，其基本功能是实现电荷的存储和转移。因此，CCD 工作过程的主要问题是信号电荷的产生、存储、传输和读出。

1. 金属-氧化物-半导体电容器

CCD 中每一个光敏元都是一个金属-氧化物-半导体（MOS）电容器，其结构主要由衬底、氧化层和金属电极构成，如图 7-58 所示，在 P 型（或 N 型）硅衬底上通过氧化形成一层很薄的 SiO_2，再在 SiO_2 表面依次沉积若干金属电极作为栅极，由于 P 型硅中的主要导电粒子是带正电的空穴，因此，当给电极施加一定大小的正电压时，在电场作用下电极下面硅片的一个区域内的空穴被排斥远离而形成一个耗尽区，耗尽区对于带负电的电子来说是一个势能特别低的区域，与周围耗尽区相比，它就像一个陷阱，故称为电子势阱。

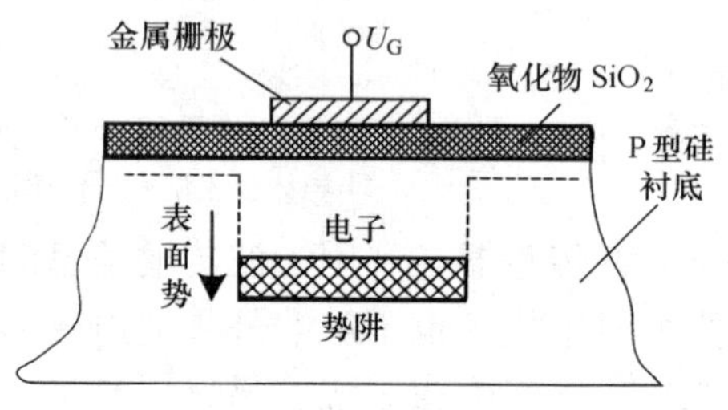

图 7-58 MOS 电容结构

当有光线投射到 MOS 电容上时，在耗尽区及其附近产生的光生电子就会被收集并储存在势阱中。射入的光线越强，势阱中收集的电子就越多，存储了电荷的势阱被称为电荷包。通过利用势阱中收集的光生电子数量来代表入射光的信息，实现了光和电的转换。而势阱中的电子处于被储存状态，即使停止光照，只要电极上的电压维持，这些代表光信息的电荷就一直存储在势阱中，即 MOS 电容能够实现对光照的记忆。

2. CCD 电荷的转移

MOS 电容虽然可以把光信号转换为光生电子图像，但却无法转换成可用的图像信号进行输出，CCD 则是实现光生电子图像读取的一种器件。一个完整的 CCD 器件除了众多 MOS 电容器光敏单元外，还包含转移栅、移位寄存器及一些辅助输入、输出电路，其基本结构如图 7-59 所示，该图是一个线阵 64 位 CCD 结构原理示意图，在一个 P 型硅片上有 64 位排列规则的 MOS 电容器阵列，CCD 通过把各个 MOS 电容器中的光生电荷进行定向移位输出，从而把光信号转换成电脉冲信号，且每一个脉冲只反映一个光敏元的受光情况，脉冲幅度的高低与该 MOS 电容器受光的强弱成正比，输出脉冲的顺序对应于 MOS 电容器的位置，从而构成 CCD 图像传感器。

为了实现这种定向转移，通常在 CCD 的 MOS 阵列上划分成以几个相邻 MOS 电容器为一单元的循环结构，每一单元称为一位，有 256 位、1024 位、2160 位等线阵 CCD 可供使用。同时将每一位中的各个 MOS 电容栅极分别接到各自的共同电极上，此共同电极称为相线。例如，图 7-59 就是一个 64 位三相的线阵 CCD，其线阵 MOS 电容被划分成相邻 3 个为一单元的结构，其中标号为 1 的所有电容器的栅极连接到同一根相线上，与时钟脉冲 ϕ_1 相连，标号为 2 的所有电容器连接到第二根共同相线上，与时钟脉冲 ϕ_2 相连，标号为 3 的所有电容器连接到第三根共同相线上，与时钟脉冲 ϕ_3 相连。显然，一位 CCD 中所包含的电容器个数即为 CCD 的相数，而每相电极连接的电容个数一般来说即为 CCD 的位数。通常 CCD 有二相、三相、四相等几种结构，因而它们所施加的时钟脉冲也分别对应于二相、三相、四

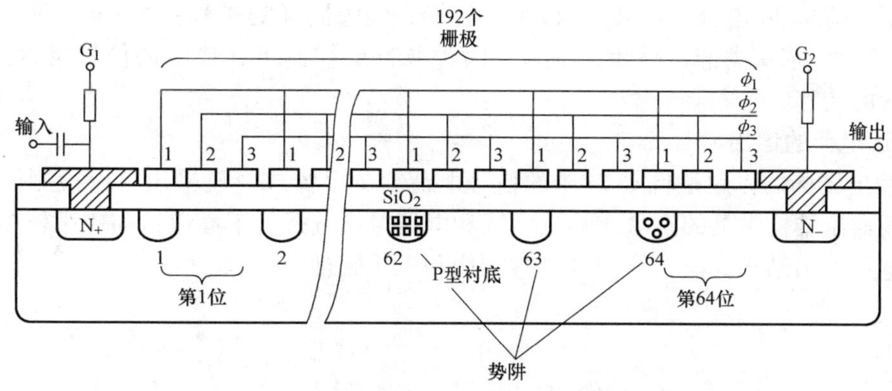

图 7-59　64 位线阵 CCD 结构原理示意图

相脉冲，即二相脉冲的两个脉冲相位差为 180°，三相脉冲及四相脉冲的相位差分别为 120°和 90°。当这种时序脉冲加到 CCD 上时，就会形成一系列规律变化的势阱，这些势阱在光照的作用下开始收集光生电荷，再加上这些电容器两端的输入及输出二极管就构成了一个完整的 CCD 芯片。

如图 7-60 所示为三相 CCD 中相邻的两位在三相转移电压脉冲的作用下其电荷的转移过程，如果在每一位的 3 个电极上都加上如图 7-60a 所示的脉冲电压，则可实现电荷的定向转移，具体工作过程如图 7-60b 所示，图 7-60b 中取表面势增加的方向向下。

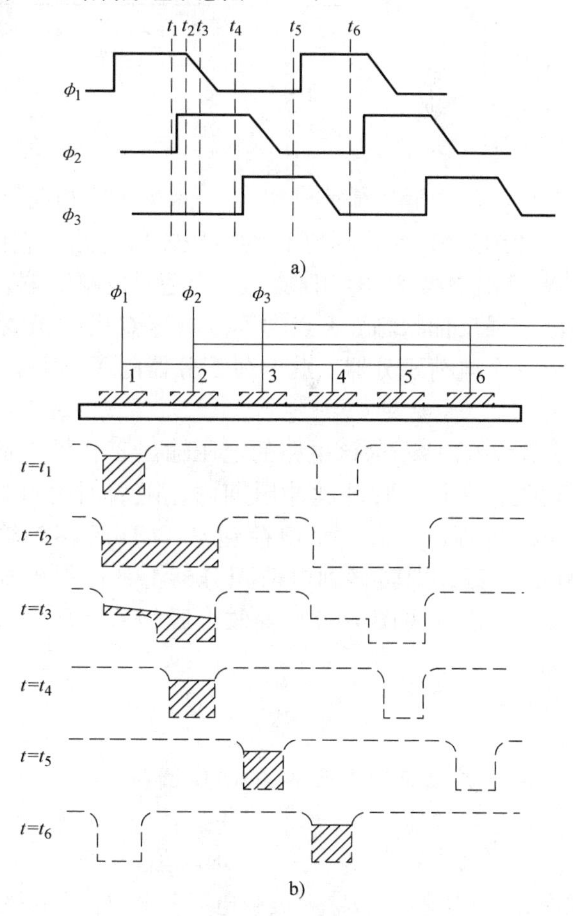

图 7-60　CCD 工作原理图

a）脉冲电压　b）电荷转移过程

在 $t=t_1$ 时，ϕ_1 处于高电平，而 ϕ_2、ϕ_3 处于低电平。由于加在 ϕ_1 电极上的栅压大于开启电压，故在连接 ϕ_1 的所有电极下（如图 7-60 中的 1 和 4 电极）形成势阱，假设此时有外来的光生电荷注入，则电荷将积聚到 φ_1 电极下。

当 $t=t_2$ 时，ϕ_1、ϕ_2 同时处于高电平，ϕ_3 处于低电平。故在连接 ϕ_1、ϕ_2 的所有电极下都形成势阱，由于相邻两个电极靠得很近，电荷就从 ϕ_1 的电极下耦合到 ϕ_2 的电极下。

当 $t=t_3$ 时，ϕ_1 上的栅压小于 ϕ_2 上的栅压，故 ϕ_1 电极下的势阱变“浅”，电荷更多地流向 ϕ_2 电极下。

当 $t=t_4$ 时，ϕ_1、ϕ_3 都处于低电平，只有 ϕ_2 处于高电平，故电荷全部聚集到 ϕ_2 的电极下，实现了电荷从 ϕ_1 电极下到 ϕ_2 电极下的转换，经过同样的过程，当 $t=t_5$ 时，电荷又耦合到 ϕ_3 电极下，依次类推。因此，CCD 在时钟脉冲的控制下，势阱的位置可以定向移动，完成了电荷的转移。

3. CCD 电荷的读出

CCD 输出结构的作用是将 CCD 中的信号电荷变为电流或电压输出，以检测信号电荷的大小。电荷输出结构常见的有电流输出方式和电压输出方式，下面以目前应用较多的浮置扩散放大器电压输出结构为例，介绍其基本结构和工作原理。

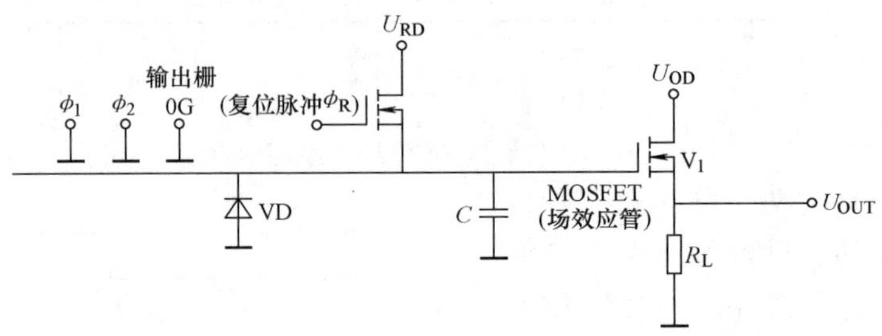

图 7-61　CCD 的电压输出电路

如图 7-61 所示为 CCD 的电压输出电路，它由放大场效应晶体管 V_1、复位场效应晶体管 V_2 和输出二极管 VD 组成。V_1 管是源极跟随器，V_2 管工作在开关状态，输出二极管 VD 始终处于强反偏状态。A 点的等效电容 C 由二极管 VD 的结电容加上 V_1 管的栅电容构成，它构成一个电荷积分器。此电荷积分器随 V_2 管的开关，处于选通和关闭状态，称为选通电荷积分器。

图 7-62 所示为该电路的电压输出工作波形图。其工作原理是，在每个时钟脉冲周期内，随着时钟脉冲 ϕ_1 或 ϕ_2 的下降过程，就有一个电荷包从 CCD 转移到输出二极管 VD 的 N 区，即转移到电荷积分器上，如果电荷包的电荷为 Q，A 点（见图 7-61）等效电容为 C，则 A 点的电位变化为

$$\Delta U = \frac{Q}{C} \tag{7-17}$$

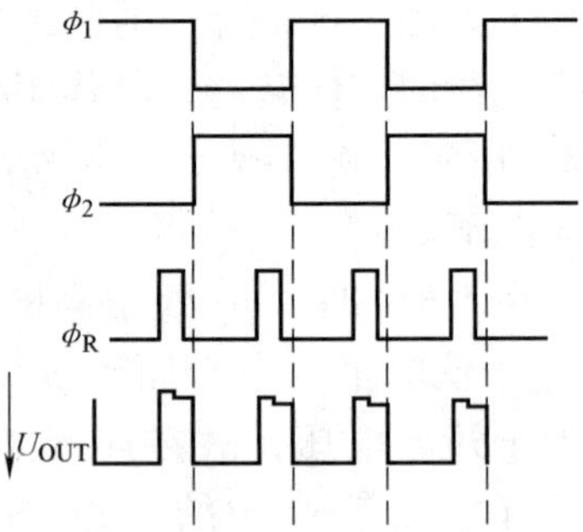

图 7-62　CCD 电压输出工作波形图

由于场效应晶体管 V_1 的电压增益为

$$A_V = \frac{g_m R_L}{1 + g_m R_L} \tag{7-18}$$

式中，g_m 为跨导；R_L 为负载电阻；故 T_1 管源极输出电压变化为

$$U_{OUT} = \frac{g_m R_L}{1 + g_m R_L} \frac{Q}{C} \tag{7-19}$$

对 U_{out}进行读出，实现了电荷到电压的转换，然后 V_2 管栅极在复位脉冲 ϕ_R 的作用下导通，将电荷包 Q 通过 V_2 管的沟道抽走，使 A 点电位重新置于 U_{RD}值，为下一次 U_{out}的读出作准备。当 ϕ_R 结束后，V_2 管关闭，由于 V_1 管处于 A 点的 U_{RD}电位的强反偏状态，此积分器无放电回路，所以 A 点电位一直维持在 U_{RD}值，直到下一个时钟脉冲信号电荷到来为止。

7.8.2 CCD 图像传感器主要特性参数

CCD 图像传感器主要特性参数包括电荷转移效率、暗电流、分辨率、灵敏度、噪声、光谱响应特性等，图像传感器性能的优劣可由上述参数来衡量。

1. 电荷转移效率

CCD 中的电荷包从一个势阱转移到另一个势阱时会产生损耗。假设原始电荷量为 Q_0，在一次转移中，有 Q_1 的电荷正确转移到下一个势阱，则转移效率定义为

$$\eta = \frac{Q_1}{Q_0} \tag{7-20}$$

转移损耗（或称失效率）ε 为

$$\varepsilon = 1 - \eta \tag{7-21}$$

当信号电荷转移 N 个电极后的电荷量为 Q_N 时，则总效率为

$$\frac{Q_N}{Q_0} = \eta^N = (1 - \varepsilon)^N \tag{7-22}$$

2. 暗电流

CCD 图像传感器在既无光注入也无电注入的情况下产生的输出电流称为暗电流。此电流越小，噪声干扰越小，传感器的信噪比越大。

3. 分辨率

分辨率是指 CCD 图像传感器分辨图像明暗细节的能力，是图像传感器最重要的特性。分辨率通常有两种不同的表示方式，一种是极限分辨率；另一种是调制传递函数。

4. 噪声

噪声是 CCD 图像传感器的主要参数，尤其是在低照度下更为重要。噪声的来源有转移噪声、散粒噪声、电注入噪声、信号输出噪声等。

5. 灵敏度

灵敏度是指 CCD 图像传感器在一定光谱范围内，单位曝光量的信号输出电压（电流）。一般用单位辐射照度产生的光电流来表达 CCD 传感器的灵敏度。

6. 光谱响应

光谱响应曲线又称为光谱灵敏度曲线，它是描述 CCD 图像传感器对不同波长光线的响应程度。

7. 输出饱和特性

当饱和曝光量以上的强光像照射到图像传感器上时，传感器的输出电压将出现饱和，这种现象称为输出饱和特性。产生输出饱和现象的根本原因是光敏二极管或 MOS 电容器仅能产生与积蓄一定极限的光生信号电荷所致，因此，CCD 处于过饱和状态以上的输出电压信号往往是不可信的。

7.8.3 CCD 图像传感器的应用

CCD 图像传感器的应用场合非常广泛，其主要用途有：

1）物位、尺寸、形状、工件损伤、产品质量、包装、表面缺陷或粗糙度等检测。

2）作为光学信息处理的输入环境，例如，摄影和电视摄像、传真技术、光学文字识别

技术和图像识别技术中的输入环节等。

3）自动生产过程中的控制敏感元件，主要作为计算机获取被控信息的手段，例如，用于机床、自动售货机、自动搬运车以及自动监视装置等方面。

4）用作机器人视觉传感器。

1. 小尺寸物体的 CCD 测量

小尺寸物体的检测是指待测物体尺寸可与光电器件尺寸相比拟的场合。被测小零件成像在 CCD 图像传感器的光敏阵列上，产生物体轮廓的光学边缘，通过计算零件成像所覆盖的光敏元的数目来计算该零件的尺寸，其优点是能实现非接触测量，能实现自动化、微型化和高精度，因此，得到了广泛的应用。

利用 CCD 配合适当的光学系统，对物体相关尺寸进行实时监测，其测量原理如图 7-63 所示，用一束平行光照射物体，经成像物镜将尺寸影像投影在 CCD 的光敏元阵列上。通过测量线型 CCD 传感器被图像覆盖的像素数即可测量被测物体的尺寸，测量精度取决于传感器像素数与透镜视场的比值，为提高测量精度应当选用像素多的传感器并且应当尽量缩小视场。

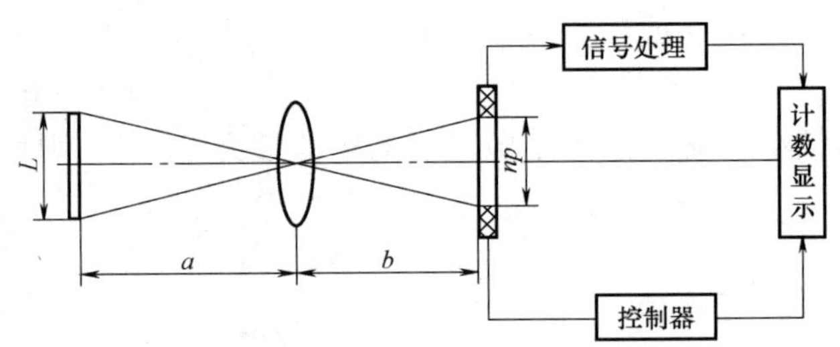

图 7-63　小尺寸物体的 CCD 检测原理

2. 移动机器人导航

CCD 视觉传感器作为一种使用在移动机器人上的新的传感器技术，得到了越来越多的应用和研究，目前常用的一种导航方式是“跟随路径导引”，即移动机器人通过感知外部连续路径的参考信息，经过相应的路径规划做出相应的反应来导航。在实际应用中，只需要在路面上画出路径引导线，如同在公共交通道路上画的引导线一样，智能小车就可以通过视觉传感器对道路进行识别和自主导航。其系统结构图如图 7-65 所示，图 7-64 中的 CCD 摄像机就是小车视觉系统的一个重要部件，是其获取外界信息的重要途径，视觉系统从功能上主要包括数字图像的输入、图像的预处理、特征提取和图像识别等部分，如图 7-64 所示，在数字图像获取部分，智能小车周围的场景通过光学成像和数字化被转换成数字图像；在预处理阶段，系统通过几何变换、图像调整等对数字图像进行初步的调整，使之成为易于识别和处理的图像；在特征提取部分，系统对图像进行抽象化，从而将特征部分提取出来；在图像识别部分，系统对图像的特征进行处理，进而在图像中找出需要识别的目标，确定下一步的行动方案。

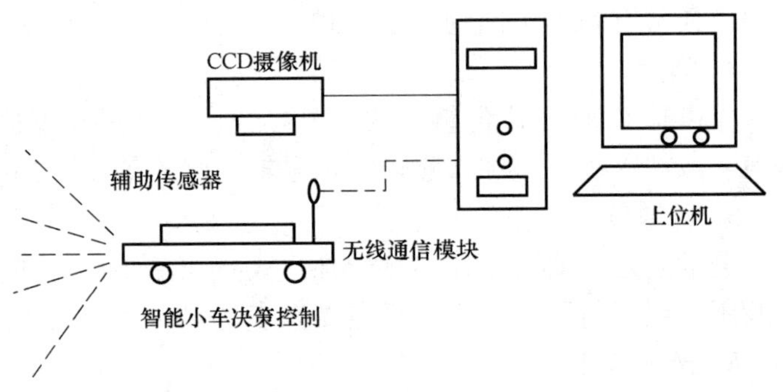

图 7-64　自主移动小车系统结构图

3. 文字识别

将 CCD 器件配上光学成像镜头即可构成一个光学文字识别装置（OCR），如图 7-66 所

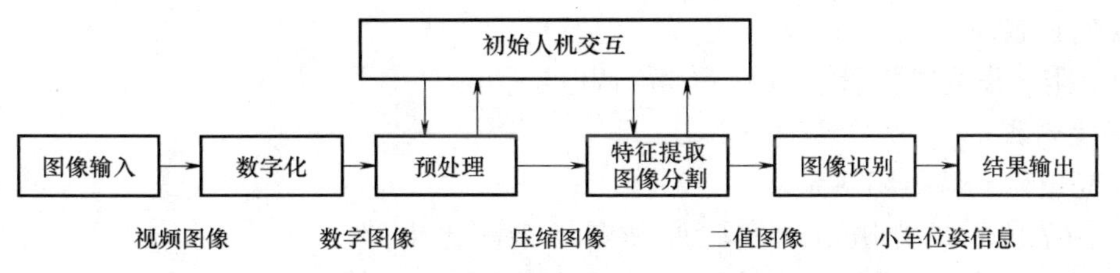

图 7-65　CCD 视觉传感器系统结构图

示，光学文字识别装置的光源可用卤素灯，为了消除红外线的影响，光源与透镜间通常设置滤光片，通过在水平方向移动阵列摄像头即可实现字符的扫描输入。把 OCR 的“读取头”传感过来的信号放大后，经 A/D 变换后的二进制信号通过特别滤光片后，文字更加清晰，然后把文字逐个断切出来。以上处理称为前置处理，前置处理后将相关文字信号提取出来进行特征的提取，变成计算机能识别的代码并和计算机内存中的字库相比较，从而完成字体的识别。目前该系统已成功地应用于邮政标准信件的识别分选、贴有价格标签的商品计价以及文字阅读机等字符识别与图像识别的场合。

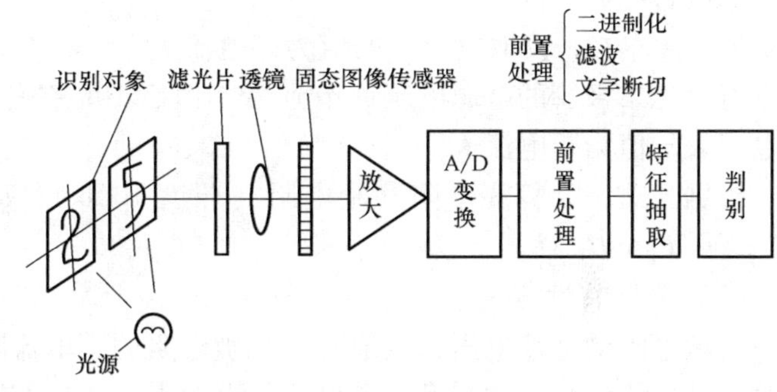

图 7-66　OCR 原理图

本 章 小 结

光电式传感器实际上是由光电元件、光源和光学元件组成的光路系统，并结合相应的测量转换电路而构成。常用光源有各种白炽灯和发光二极管，常用光学元件有多种反射镜、透镜和半透半反镜等。光电传感器的作用是将光信号转换为电信号，其转换原理是基于物质的光电效应。光电效应分为外光电效应和内光电效应，内光电效应又分为光电导效应和光生伏特效应。

光电式传感器具有响应快、灵敏度高、功耗低、便于集成、易于实现非接触测量等优点，广泛应用于自动控制、机器人和宇航等领域。近年来新的光电器件不断涌现，CCD 图像传感器、CMOS 图像传感器等相继出现和成功应用，为光电传感器的进一步发展奠定了良好的基础。

光学测量传感器实验

实验 1　光敏电阻特性实验

1. 实验目的

了解光敏电阻的光照特性和伏安特性。

2. 实验设备

光敏电阻、发光二极管、电流表、可调电源。

3. 实验内容

(1) 亮电阻和暗电阻测量

按图7-67所示的光敏电阻实验原理图连接测量电路。打开电源，通过控制电源来实现控制发光二极管光照度，使发光二极管的光照度为100lx。

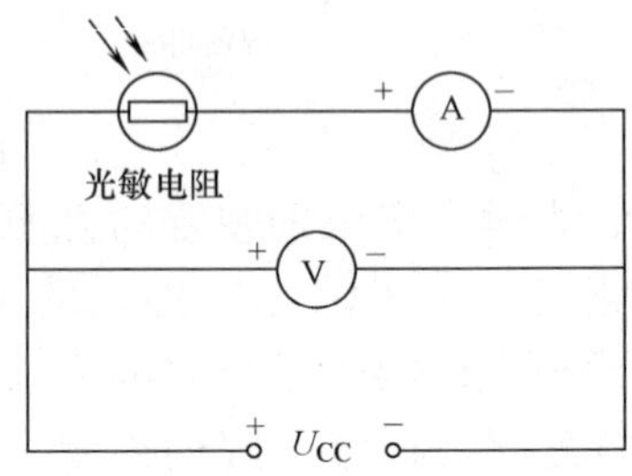

图7-67 光敏电阻实验原理图

经10s左右，读取电流表的值为亮电流 $I_{亮}$。

将发光二极管的电源电压调节到最小值后10s左右，读取电流表的值为暗电流 $I_{暗}$。

根据公式，计算亮电阻和暗电阻（照度100lx）：$R_{亮}=U_{测}/I_{亮}$；$R_{暗}=U_{测}/I_{暗}$

(2) 光照特性测量

光敏电阻的二端电压为定值时，光敏电阻的光电流随光照强度的变化而变化，它们之间的关系是非线性的。调节发光二极管的电源电压值来控制光照度，并测量出光电流值。填写在表7-11中，并作出光电流与光照度 I-lx 曲线图，分析实验结果。

表7-11 光照特性实验数据

光照度/lx	0	10	20	30	40	50	60	70	80	90	100
光电流/mA											

(3) 伏安特性测量

光敏电阻在一定的光照强度下，光电流随外加电压的变化而变化，测量时，在给定光照度（例如，100lx）时，光敏电阻输入0V、2～10V 5档可调电压，测得光敏电阻上的电流值并填入表7-12，在同一坐标图中做出不同照度的3条伏安特性曲线，并分析这3条曲线。

表7-12 光敏电阻伏安特性实验数据

光敏电阻		电压/V	0	2	4	6	8	10
照度/lx	10	电流						
	50	电流						
	100	电流						

实验2 光敏二极管特性实验

1. 实验目的

了解光敏二极管的工作原理及特性。

2. 实验设备

光敏二极管、发光二极管、电流表、可调电源。

3. 实验内容

(1) 光照特性测试

将图7-66中的光敏电阻更换成光敏二极管，测量光敏二极管的暗电流和亮电流。

1）暗电流测试。在光敏二极管两端加上6V的电源 U_{cc}，将发光二极管的电源电压从最大一直调到最小，读取电流表的值即为光敏二极管的暗电流。暗电流基本为0，一般光敏二极管小于0.1μA，暗电流越小越好。

2）亮电流测试。将发光二极管的电源电压从最小逐步调大，并将光电流的测量数据填入表7-13。根据表7-13数据，作出光敏二极管工作电压为6V时的*I*-lx特性曲线，分析实验结果。

表7-13　二极管光照特性实验数据

光照度/lx	0	10	20	30	40	50	60	70	80	90	100
光电流/μA											

（2）伏安特性测量

光敏二极管在一定的光照度下，光电流随外加电压的变化而变化，测量时，在给定光照度时，光敏二极管输入0V、2～10V 5档可调电压，测得光敏二极管上的电流值填入表7-14，并在同一坐标中作出不同照度的伏安特性曲线族，并分析实验结果。

表7-14　光敏二极管伏安特性实验数据

<table>
<tr><td colspan="2">光敏二极管</td><td>电压/V</td><td>0</td><td>2</td><td>4</td><td>6</td><td>8</td><td>10</td></tr>
<tr><td rowspan="6">照度</td><td>0lx</td><td>电流/μA</td><td></td><td></td><td></td><td></td><td></td><td></td></tr>
<tr><td>10lx</td><td></td><td></td><td></td><td></td><td></td><td></td><td></td></tr>
<tr><td>……</td><td></td><td></td><td></td><td></td><td></td><td></td><td></td></tr>
<tr><td>50lx</td><td>电流/μA</td><td></td><td></td><td></td><td></td><td></td><td></td></tr>
<tr><td>……</td><td></td><td></td><td></td><td></td><td></td><td></td><td></td></tr>
<tr><td>100lx</td><td>电流/μA</td><td></td><td></td><td></td><td></td><td></td><td></td></tr>
</table>

实验3　光纤传感器位移测量实验

1. 实验目的

了解光纤传感器的结构以及测量位移的工作过程。

2. 实验设备

光纤（光电转换器）、光纤光电传感器实验模块、支架、电压表示波器、螺旋测微仪、反射镜片。

3. 实验内容

1）连接主机与实验模块电源线及光纤变换器探头接口，光纤探头装上通用支架，探头垂直对准反射片中央（镀铬圆铁片），将螺旋测微仪装上支架，以带动反射镜片位移。

2）开启主机电源，光电变换器 V_0 端接电压表，首先旋动测微仪使探头紧贴反射镜片（如两表面不平行可稍许扳动光纤探头角度使两平面吻合），此时 V_0 输出≈0，然后旋动测微仪，使反射镜片离开探头，每隔0.2mm记录一数值，测量范围为0～4mm，并记入表7-15中。

表7-15　纤传感器测量位移实验数据

X/mm									
U/V									

位移距离如再加大，就可观察到光纤传感器输出特性曲线的前坡与后坡波形，作出 *U*-*X*

曲线，通常测量时用的是线性较好的前坡范围。

思考与练习

1. 光电效应有哪几种？与之对应的光电器件各有哪些？

2. 光敏元件的光谱特性和频率特性的意义有什么区别？在选择光敏元件时怎样考虑光敏元件的这两种特性？

3. 试比较光敏电阻、光电池、光敏二极管和光敏晶体管的性能差异，并简述在不同场合下应选用哪种器件最为合适？

4. 试分别用光敏电阻、光电池、光敏二极管和光敏晶体管设计一种适合 TTL 电平输出的光电开关电路，并叙述其工作原理。

5. 当光源波长 λ 为 0.8 ~ 0.9μm 时，宜采用哪几种光敏元件作测量元件？为什么？

6. 造纸工业中经常需要测量纸张的“白度”以提高产品质量，试设计一个自动检测纸张“白度”的测量仪，要求：

1）画出传感器的光路图。

2）画出转换电路简图。

3）简要说明其工作原理。

7. 某光电池的光谱特性如图 7-40 所示，试设计一个较精密的光电池转换电路。要求电路输出电压 U_o 与光照成正比，且光照度为 1000lx 时输出电压 $U_o = 4V$。

8. 简述光耦合器的原理？

9. 简述光纤的结构和传光原理。

10. 光纤传光时对光线的入射角有何限制？

11. 简述 CCD 图像传感器的工作原理及 CCD 图像传感器的应用。

第 8 章　传感器的补偿和抗干扰技术

本章要点

- 传感器的非线性硬件补偿与软件补偿
- 传感器的温度补偿原理以及补偿方法
- 影响传感器正常工作的干扰以及抑制干扰的措施

在实际测量中，有两个影响传感器系统测量精度的重要因素，一是传感器的非线性特性；二是检测元件和电路受温度变化的影响。为了保证传感器在实际应用中准确、可靠地工作，有必要对影响传感器测量精度的非线性和温度误差进行补偿。

由于传感器的工作环境是非常复杂的，各种干扰信息也会通过不同的耦合方式进入传感器，使测量结果偏离准确值，严重时会使传感器不能正常工作，甚至导致传感器的损坏。为保证传感器不受外界干扰，必须要周密地考虑和解决抗干扰问题，把干扰对测量的影响降到最低的程度。

8.1　传感器的补偿技术

8.1.1　非线性误差及补偿

大多数传感器在把物理量转换成电量时，其输出电量与被测物理量之间的关系不是线性的。产生非线性的原因，一方面是由于传感器变换原理的非线性；另一方面是由于转换电路的非线性。同时，传感器具有离散性，还可能产生温漂、滞后等。因此，为了保证测量仪表的输出与输入之间具有线性关系，除了对传感器本身在设计和制造工艺上采取一定措施外，还可以利用后部电路对其输入参量进行非线性补偿。

传感器非线性补偿的方法很多，大体上可划分为硬件非线性补偿和软件非线性补偿两类。

1. 硬件非线性补偿

利用硬件对传感器的非线性进行补偿方法可以分为模拟式线性化和数字式线性化。模拟式线性化是指线性化电路放在 A/D 转换器之前，数字式线性化则是将线性化电路放在 A/D 转换器之后。

（1）模拟式线性化器

模拟式线性化器的基本思想是将传感器的非线性的特性曲线划分成若干段，每小段的曲线都用直线来近似代替，然后用折线去逼近原来的曲线，再根据各转折点的斜率设计电路。这种方法就是分段直线逼近法，采用这种方法，分段越多，精度越高，但是电路也越复杂。

模拟式线性化电路常用的方法就是利用非线性函数放大器，它的实质就是一种增益不是常数，而与输入成某种函数关系的特殊放大器。它的应用电路非常多，应用范围也十分广泛，这里仅举一例说明它的基本思想。

如图 8-1a 所示为 K 型热电偶非线性补偿电路原理图，该电路将整个测温范围分成 3 段，其特性曲线如图 8-1b 所示。

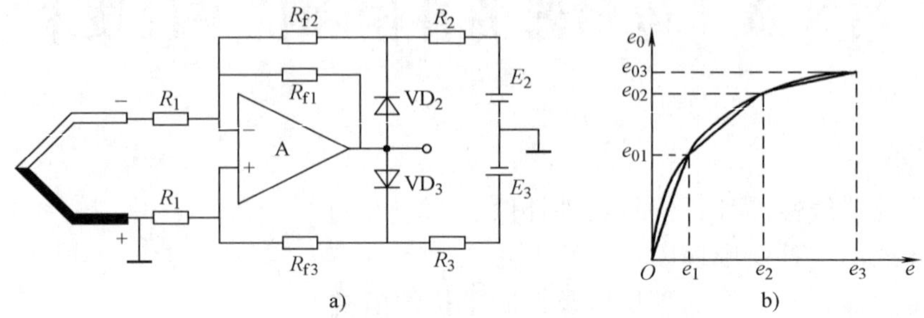

图 8-1　K 型热电偶非线性补偿电路原理

a）补偿电路　b）分段曲线

补偿电路工作过程如下：

第一折线段（$o \sim e_{01}$），因输入电压较低，所以输出电压低于 E_2、E_3，所以 VD$_2$、VD$_3$ 不导通，反馈电阻为 R_{f1}，此时放大倍数为

$$K_1 = \frac{R_{f1}}{R_1}$$

第二折线段（$e_{01} \sim e_{02}$），此时 $e_{02} > e_{01}$，所以运算放大器的输出电压高于 E_2，但低于 E_3，故 VD$_2$ 导通，VD$_3$ 不导通，所以反馈电阻为 R_{f1}、R_{f2}的并联，此时放大倍数为

$$K_2 = \frac{R_{f1} /\!/ R_{f2}}{R_1}$$

第三折线段（$e_{02} \sim e_{03}$），此时 $e_{03} > e_{02}$，所以运算放大器的输出电压高于 E_2、E_3，VD$_2$、VD$_3$ 均导通，此时除负反馈电阻 R_{f1}、R_{f2}并联接入外，正反馈电阻 R_{f3}也接入，故此时放大倍数为

$$K_3 = \frac{(R_{f1} /\!/ R_{f2})(R_1 + R_{f3})}{[R_{f3} - (R_{f1} /\!/ R_{f2})]R_1}$$

可见，对应于输入信号的不同阶段，放大器的放大倍数自动改变，通过改变电阻的阻值，可以改变各段的放大倍数，即改变特性曲线上各直线段的斜率。

（2）查表法线性化

查表法线性化方法属于数字线性化。它是将被测信号通过 A/D 转换后得到的数字量作为 EPROM 的地址，选取事先存放在 EPROM 中的数据，而存放在 EPROM 中的数据才是对应于被测信号的真实数字量。

图 8-2 为查表法线性化硬件原理框图。输入信号 U_x 经 A/D 转换后输出的数字量由锁存器锁存，被锁存的数据作为存储器的地址访问 EPROM，EPROM 相应地址单元中存放的表格数据被取出，经译码后驱动显示器显示出测量结果。

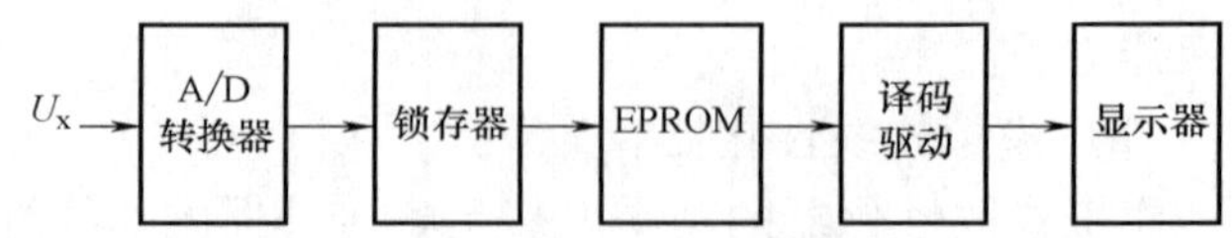

图 8-2　查表法线性化硬件原理框图

查表法线性化的特点是，精度高，非线性误差小，尤其是当传感器的数学关系式比较复杂且离散性比较大时，只要有实测数据，都可以用查表法进行非线性校正。

2. 软件非线性补偿

随着计算机技术的广泛应用，尤其是微型计算机的迅速发展，软件非线性补偿方法得到越来越广泛的应用。软件非线性补偿方法是利用计算机处理数据的能力，用软件进行传感器特性的非线性补偿，使输出的数字量与被测物理量之间成线性关系。

采用软件实现数据线性化，一般有 3 种方法：校正函数法、查表法和插值法。

（1）校正函数法

校正函数法实质上是采用开环式非线性补偿原理，如果传感器的非线性特性已知，则可以利用相应的校正函数进行补偿。校正函数法原理示意图如图 8-3 所示。

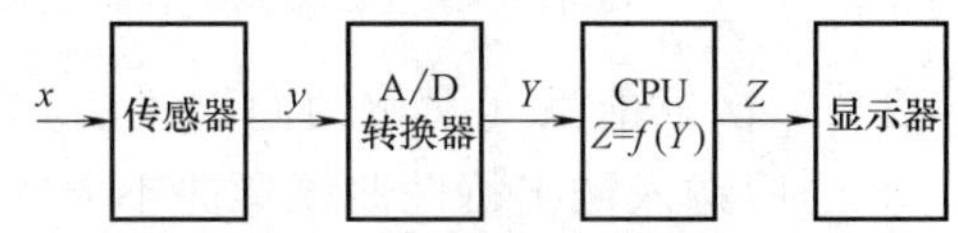

图 8-3　校正函数法原理示意图

在图 8-3 中，被测物理量 x 经传感器转换成电信号 y，由于传感器的非线性，所以 y 与 x 是非线性关系。A/D 转换器是一种线性转换，所以 Y 与 x 仍是非线性关系。如果有一个非线性函数 f，令 $Z=f(Y)$，能够满足 $Z=kx$，即 Z 与 x 是线性关系，那么函数 f 就是该传感器的校正函数。校正函数的运算不是由硬件实现，而是由 CPU 来完成。

由于传感器的校正函数是已知的，可以直接应用此方法进行校正。在工程实际中，还可以通过被测参量和输出量的测定数据进行曲线拟合，求得被测参量和输出量的近似表达式，由此确定传感器的校正函数。

（2）查表法

查表法就是把事先计算好的校正值按一定顺序制成表格，存入内存单元，然后 CPU 利用查表程序根据被测量的大小查出被校正后的结果。该方法的优点是方法简便、速度快、精度高，但需要占用较多的内存。

查表程序与制表的方法有关。当表格的排列是任意的，无一定规律或表格较小时，可采用顺序查表法；当表格的排列有一定规律时，可采用计算查表法或对分搜索查表法。

在实际测量时，输入参量往往并不正好与表格数据相等，一般介于某两个表格数据之间，若不作插值计算，仍然按其最相近的两个数据所对应的输出数值作为结果，必然有较大的误差。所以查表法大多用于测量范围比较窄，对应的输出量间距比较小的列表数据。不过，此方法也常用于测量范围较大但对精度要求不高的情况下。

（3）插值法

查表法虽然简单，但是需要占用较多内存，因此，在智能传感器系统中经常采用插值法。插值法就是用一段简单的曲线，近似代替这段区间里的实际曲线，然后通过近似曲线公式，计算出输出量。使用不同的近似曲线，就形成不同的插值方法。这里仅介绍两种常用的插值方法。

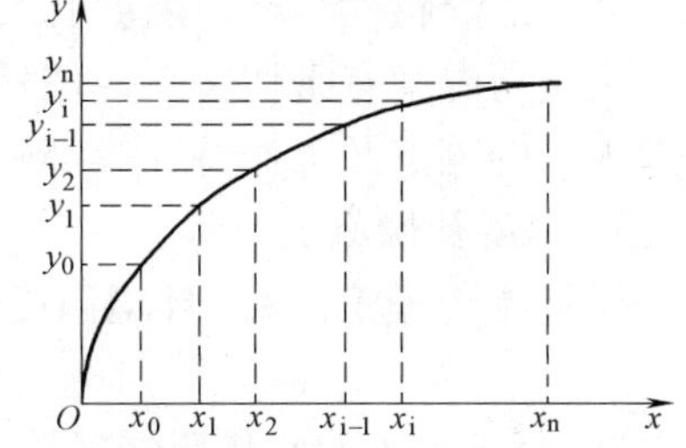

图 8-4　用线性插值法对热电偶进行非线性补偿示意图

1）线性插值法。图 8-4 为用线性插值法对热电偶进行非线性补偿示意图。图中 x 代表热电偶输出电压，y 代表被测温度。

首先将传感器的非线性曲线 $y=f(x)$ 按精度要求分成 n 段，当 n 足够大时，每一小段曲线都可以看成是直线，即可以用 n 段折线代替 $y=f(x)$。然后将分段基点 x_k、y_k 值（$k=0,1,2,\cdots,n-1$）标出，排列成表格。段数 n 越大，精度越高，但占用内存越多，运行速度也越慢，一般取 $n=10$ 即可。

微机根据测量值 x_i 找出该值所在区段，然后利用线性插补公式计算出所对应的 y_i 值。

设 x_i 在 x_k 与 x_{k-1}之间，则插补公式为

$$y_i = y_{k-1} + \frac{y_k - y_{k-1}}{x_k - x_{k-1}}(x_i - x_{k-1}) \tag{8-1}$$

式中，$\frac{y_k - y_{k-1}}{x_k - x_{k-1}}$为第 k 段直线的斜率。

2）二次插值法（又称为抛物线法）。线性插值法仅利用了两个节点上的信息，精度较低，只适应输入输出特性曲线弯曲不大的场合。若传感器的输入和输出之间的特性曲线的斜率变化很大，则两插值点之间的曲线将会很弯曲，这时若仍采用线性插值法，误差就很大。为了改善精度，可以采用抛物线插值法。

抛物线插值法的基本思想是用 n 段抛物线，每段抛物线通过 3 个相邻的插值节点，来代替函数 $y=f(x)$ 的值。可以证明，y_i 的计算公式为

$$y_i = \frac{(x_i - x_{k+1})(x_i - x_{k+2})}{(x_k - x_{k+1})(x_k - x_{k+2})}y_k + \frac{(x_i - x_k)(x_i - x_{i+2})}{(x_{k+1} - x_k)(x_{k+1} - x_{k+2})}y_{k+1} + \frac{(x_i - x_k)(x_i - x_{k+1})}{(x_{k+2} - x_k)(x_{k+2} - x_{k+1})}y_{k+2} \tag{8-2}$$

它和线性插值不同之处，仅仅在于用抛物线代替直线，这样做的结果是有可能更接近于实际的函数值。

用软件进行线性化处理，不论采用哪种方法，都要花费一定的程序运行时间，因此，这种方法并不是在任何情况下都是优越的。特别是在实时控制系统中，如果系统处理的问题很多，控制的实时性很强，这时采用硬件处理是合适的。但一般说来，如果时间足够，应尽量采用软件方法，从而大大简化硬件电路。总之，对于传感器的非线性补偿方法，应根据系统的具体情况来决定，有时也可采用硬件和软件兼用的方法。

8.1.2 温度误差及补偿

对于高精度传感器，温度误差已成为提高其性能指标的严重障碍，尤其在环境温度变化较大的应用场合更是如此。一般传感器都是在标准条件的温度下（20±5℃）标定的，但其实际工作环境温度可能由零下几十度变到零上几十度，传感器是由多个环节所组成的，这些基本环节的静特性与环境温度有关，尤其是由金属材料和半导体材料制成的敏感元件的静特性，更是与温度有密切关系，信号调整电路的电阻、电容、二极管和晶体管的特性、集成运算放大器的零点及工作特性等都随温度而变化。

1. 温度补偿原理

设被测物理量为 x，环境温度为 T，则传感器的输出 y 为

$$y = f(x,T) \tag{8-3}$$

式（8-3）表明，传感器的输出不仅与被测量有关，还与环境温度有关。

如果传感器的输出 y 与被测量 x 为非线性关系，其函数式为

$$y = A_0(T) + A_1(T)x + A_2(T)x^2 + \cdots + A_n(T)x^n \tag{8-4}$$

则传感器的温度灵敏度 S_T 为

$$S_T = \frac{dA_0(T)}{dT} + \frac{dA_1(T)}{dT}x + \cdots + \frac{dA_n(T)}{dT}x^n \tag{8-5}$$

若忽略 x 的高次项，则 S_T 可简化为

$$S_T \approx \frac{dA_0(T)}{dT} + \frac{dA_1(T)}{dT}x \tag{8-6}$$

式中，$\frac{dA_0(T)}{dT}$表示传感器的输出零点随温度的变化程度，其大小反应了传感器的静态特性参数的温漂大小；$\frac{dA_1(T)}{dT}x$ 表示传感器的输出特性曲线受温度影响的情况。可见，若要消除温度对传感器的影响，必须满足

$$\frac{dA_0(T)}{dT} = 0$$

$$\frac{dA_1(T)}{dT} = 0 \tag{8-7}$$

式（8-7）就是传感器的温度补偿条件。

2. 温度补偿方法

传感器温度补偿方法很多，这里简单介绍几种方法。

（1）自补偿法

自补偿就是利用传感器本身的一些特殊结构来满足传感器的温度补偿条件，以达到消除温度对传感器的影响。

组合式温度自补偿应变片就是利用两种不同的电阻丝栅串联制成一个应变片。当温度变化时，两段电阻丝各自产生大小相等、方向相反的电阻增量，从而实现温度的补偿。

（2）电桥温度补偿法

图 3-12 所示为基本电桥电路。U_0 为不平衡输出电压，R_1、R_2、R_3、R_4 为桥臂电阻，当温度变化时，它们的阻值会发生变化。这样，实际测量结果不仅与被测量有关，还包括了温度变化带来的虚假输出，因此，产生了测量误差。在桥路中，消除这种误差或者对它进行修正以求出仅由被测量引起的电桥输出的方法称为电桥温度补偿法。

根据不平衡电桥输出表达式，得到电桥的温度补偿条件为

$$\frac{\Delta R_1}{R_1} + \frac{\Delta R_3}{R_3} = \frac{\Delta R_2}{R_2} + \frac{\Delta R_4}{R_4} \tag{8-8}$$

将式（8-8）两边除以 ΔT 后，得到

$$\alpha_{R_1} + \alpha_{R_3} = \alpha_{R_2} + \alpha_{R_4} \tag{8-9}$$

可见，为了达到电桥的温度补偿，电桥 4 个桥臂电阻除应满足桥路平衡条件 $R_1R_3 = R_2R_4$ 之外，还应该满足式（8-9）。

应变片采用的线路补偿法修正温度误差就是电桥温度补偿法的典型应用。

（3）并联式温度补偿法

并联式温度补偿就是人为地附加一个温度补偿环节，如图 8-5 所示。该补偿环节与被补偿环节并行相连，使补偿后的合成输出特性基本不随环境温度而变。

图 8-5 中被补偿部分输出特性为

$$y = A_0(T) + A_1(T)x$$

补偿部分输出特性为

$$y' = A'_0(T) + A'_1(T)x$$

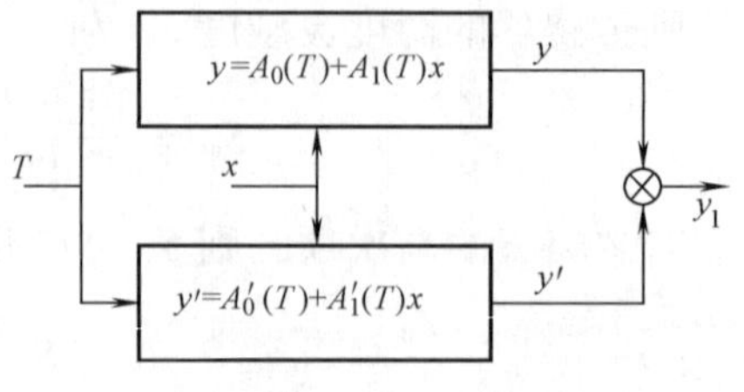

图 8-5　并联式温度补偿

由图 8-5 可以得到总输出 y_1 与输入 x、温度 T 的增量表达式

$$\Delta y_1 = \Delta y + \Delta y'$$

$$= \left[\frac{dA_0(T)}{dT} + \frac{dA'_0(T)}{dT}\right]\Delta T + x\left[\frac{dA_1(T)}{dT} + \frac{dA'_1(T)}{dT}\right]\Delta T + [A_1(T) + A'_1(T)]\Delta x \tag{8-10}$$

可见，为了达到温度补偿的目的，应按照下列条件选择温度补偿环节的参数

$$\frac{dA_0(T)}{dT} = -\frac{dA'_0(T)}{dT}$$

$$\frac{dA_1(T)}{dT} = -\frac{dA'_1(T)}{dT} \tag{8-11}$$

从式（8-10）可以看出，如果令 $A_1(T) = A'_1(T)$，则测量灵敏度可以提高一倍。

热电偶的冷端补偿中采用的电桥补偿就是一种并联式温度补偿法。

8.2　传感器的抗干扰技术

干扰是指测量过程中来自测量系统内部或外部，影响测量装置或传输环节正常工作和测试结果的各种因素的总和。因此要保证传感器正常工作并获得准确、可靠的测量结果，就必须研究干扰的性质、来源及抑制干扰的措施。

8.2.1　干扰的分类

1. 外部干扰

外部干扰主要来自于传感器系统外部的干扰信号，例如，电网电压波动、电磁辐射、高压电源漏电等。

（1）电磁干扰

检测系统所在位置空间的电场和磁场的变化会在检测系统装置的电路或导线中感应出干扰电压，从而影响检测系统正常工作。这种电场和磁场通过电路和磁路对检测系统产生的干扰称为电磁干扰，它是最为普遍、影响最严重的干扰。

（2）射线辐射干扰

射线会使气体电离、使半导体激发出电子-空穴对和金属逸出电子等，使半导体元器件产生电势或引起电阻值的变化，从而影响到传感器检测系统的正常工作。

对射线辐射干扰的抑制，主要是对射线进行防护，国家对此有专门的规范。

（3）光干扰

由于半导体具有光敏性，即在光的作用下半导体会改变其导电性能，产生电势或引起阻值变化，从而影响检测系统正常工作。因此，半导体元器件应对光进行屏蔽并封装在不透光的壳体内。

（4）热干扰

高温时内部材料发生氧化、干裂、软化、绝缘老化、元器件老化；低温时内部材料收缩、变硬或发脆，这些都将引起传感器检测系统电性能和机械性能变坏。

环境温度的变化会引起传感器检测系统的电路元器件的参数发生变化。作为检测系统整体对环境温度的适应能力，取决于仪表中所采用的集成电路中工作温度范围最小的器件。

对于热干扰，工程上通常采取的抑制方法有热屏蔽、恒温措施、对称平衡结构、温度补偿技术等。

（5）湿度干扰

湿度增加会引起绝缘体的绝缘性能下降，漏电流增加；电介质的介电系数增加，电容量增加；吸潮后骨架膨胀使线圈阻值增加，电感量变化；应变片粘贴后，胶质变软，精度下降等。

对于湿度干扰通常采取防潮措施，例如，将电气元件和印制线路板浸漆、用环氧树脂或硅橡胶封灌等。

（6）机械干扰

机械干扰是指由于机械的振动或冲击，使仪表或装置中的电气元件发生振动、变形，使连接线发生位移，使指针发生抖动、仪器接头松动等。

对于机械类干扰主要采取减振措施来解决，例如，采用减振软垫、减振弹簧等措施。

（7）化学干扰

酸、碱、盐等化学物品以及其他腐蚀性气体，对传感器系统有两方面的影响，一是化学腐蚀作用会损坏传感器或元器件；二是与金属导体产生化学电动势。

为抑制化学干扰通常采取的措施是密封和保持传感器清洁。

2. 内部干扰

来自于传感器系统内部的干扰称为内部干扰。例如，元器件噪声、电路的过渡过程、交叉电路、寄生反馈等。

（1）元器件干扰

若电阻、电容、电感、晶体管和集成电路等电路元器件选择不当，焊接虚脱和接触不良时，就可能成为电路中最易被忽视的干扰源。

电阻器分固定电阻器和电位器，它们具有降压、限流作用，同时它们还有热效应。从结构上讲，电位器触点的接触不良容易造成接触噪声。电阻器产生干扰的直接原因是，电阻工作在额定功率的一半以上时，会产生热噪声；电阻材质较差，则会产生电流噪声；电位器因触点移动产生的滑动噪声；工作在交流信号下的电阻器会呈现电感或电容特性。

电容器不仅具有电容特性，还具有电阻和电感特性。根据电容器的自身特性，在电路中产生干扰的主要原因是，没有根据电路的要求合理选择型号，例如，用于低频电路、高频电路、滤波电路以及作为退偶的电容，对它们的要求是不同的；忽视电容器的精度，在大多数场合，对电容器的电容值并不要求很精确，但在振荡电路、时间型电路及音调控制电路中，电容器的电容值需要非常精确；忽视电容器的等效电感；忽略电容器的使用环境温度和湿度等。

选用电感器件时，必须考虑电路的工作频率，电感器产生干扰的主要原因是忽视了电感线圈的分布电容（线匝之间、线圈与地之间、线圈与屏蔽网之间以及线圈中每层之间的电容）。

信号连接器俗称为插头、插座，也就是接插件，接插件产生干扰的主要原因是，接触不良，增加了接触阻抗；绝缘电阻不足，产生“爬电”现象；缺乏屏蔽手段，引入电磁干扰；接插件相邻两脚的分布电容过大；接插件的插头与插座之间缺乏固定连接措施；接插件的材质等。

（2）电源干扰

对于传感器检测系统，电源电路是引入干扰的主要环节。检测系统的主要供电方式是工业用电网络。导致电源电路产生干扰的因素是，供给该系统的供电线路上有大功率电器的频繁起动、停机；具有容抗或感抗负载的电器运行时对电网的能量回馈；通过变压器的一次、二次线圈之间的分布电容串入的电磁干扰等。

（3）信号通道干扰

在传感器检测系统中，传感器输出的电信号传输到检测电路的过程中，很容易受到干扰信号的影响。这种通过信号通道引入的干扰通常分为差模干扰（又称串模干扰）和共模干扰。

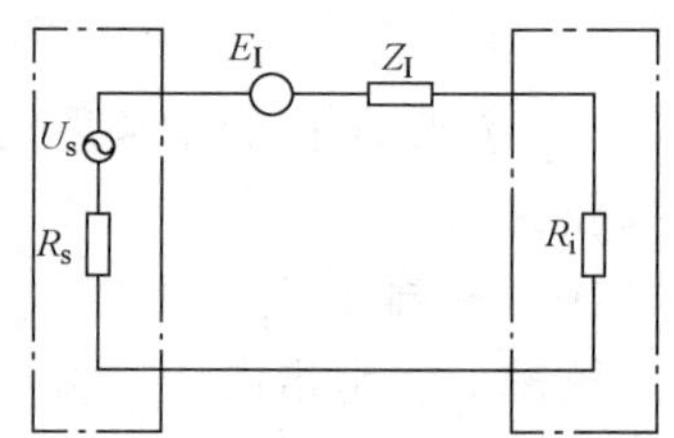

图 8-6　差模干扰的等效电路

差模干扰是指干扰信号与有用信号以电压源串联形式作用于系统的输入端。这种干扰信号进入电路后，使测量电路的一个测量端的电位相对于另一端的电位发生变化，即干扰信号与有用信号叠加起来直接作用于测量系统上。因此，差模干扰能够直接影响到测量结果。图 8-6 所示为差模干扰的等效电路。图中，U_s 为有用信号电压，R_s 为信号源内阻，E_I 为干扰电压源，Z_I 为干扰源等效内阻，R_i 为检测电路的等效输入阻抗。

差模干扰通常来自于高压输电线、与信号线平行铺设的电源线及大电流控制线所产生的空间电磁场。干扰源通过电磁感应和静电耦合作用于传感器的信号线上，使其在有用的信号上叠加了一个差模干扰信号。

共模干扰是相对于公共电位基准点作用于测量系统的，它相当于在传感器系统的两个输入端同时出现的同向干扰。共模干扰的等效电路如图 8-7 所示。图中，U_s 为有用信号电压，U_N 为干扰电压源，Z_1、Z_2 为两信号线的阻抗。

共模干扰虽然不直接影响测量结果，但是当信号输入电路不对称时，它会转化为差模干扰，进而对测量产生影响。

造成共模干扰的原因很多，例如，传感器系统两点接地，或其地电位差造成的干扰；几部分电路之间的公共阻抗所造成的干扰；电源变压器一次绕组与二次绕组之间的分布电容耦合所造成的干扰等。

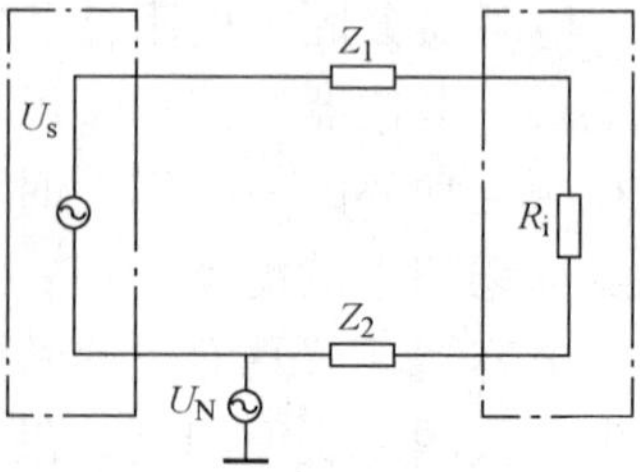

图 8-7　共模干扰的等效电路

（4）负载干扰

继电器、电磁阀和晶闸管等动作型器件和电力电子器件，对检测系统的干扰是不可忽视的。继电器与电磁阀均是开关型动作的执行器件。它们在断开时，电感线圈会产生放电和电弧干扰；闭合时，由于触点的机械抖动，形成脉冲序列干扰。

这种干扰如不加以抑制，除了会对电路带来干扰外，严重时还会造成器件损坏。

晶闸管等电力电子器件具有较强的干扰性。晶闸管是一种能做强电控制的大功率半导体器件，实际上是一个可控的单（双）向导电开关。它可以在弱小电信号控制下，可靠地触发导通或关断强电系统的各种电路。应用晶闸管时所产生的干扰影响是，晶闸管整流装置是电源的非线性负载，它使电源电流中含有许多高次谐波，使电源电压波形产生畸变，影响传感器的正常工作；采用晶闸管进行相位控制会增加电源电流的无功分量，降低电源电压，使之在相位调节时出现电源电压波动；晶闸管作为大功率开关器件在触发导通和关断时电流变化剧烈，使干扰通过电源线和空间传播，影响周围设备的正常工作。

8.2.2 干扰的耦合方式

干扰源产生的干扰必须经过一定的传播途径才能进入检测系统。干扰信号进入接收电路或测量装置内的途径，称为干扰信号的耦合方式。干扰信号的耦合方式有很多种，了解耦合方式对于有效抑制干扰是十分重要的。

（1）静电耦合

静电耦合又称为电场耦合或电容耦合，它是由于各种导线之间、元件之间、线圈之间以及元件与地之间均存在着分布电容，使一个电路的电荷变化影响到另一个电路，从而干扰电压经分布电容通过静电感应耦合于有效信号。

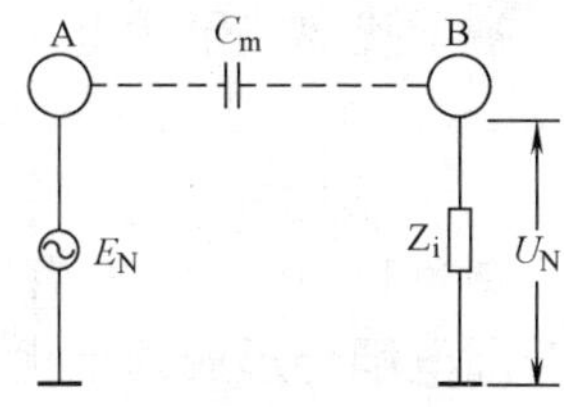

图 8-8 静电耦合等效电路

图 8-8 为静电耦合等效电路，图中 A 为干扰源，B 为测量电路，E_N 为干扰电压，C_m 为干扰源与测量电路之间的寄生电容，Z_i 为测量电路的输入阻抗，U_N 为作用于 Z_i 上的干扰电压。U_N 由下式决定

$$U_N = \frac{j\omega C_m Z_i}{1 + j\omega C_m Z_i} E_N \tag{8-12}$$

当 $(1 + j\omega C_m Z_i) << 1$ 时，式（8-12）可简化为

$$U_N \approx j\omega C_m Z_i E_N \tag{8-13}$$

由式（8-13）中可见，U_N 与干扰电压的角频率 ω、寄生电容 C_m、测量电路的输入阻抗 Z_i 有关。干扰电压 U_N 与 C_m 成正比，可以通过合理布线和适当防护措施减小电路间的寄生电容，以减小干扰电压的影响。干扰电压 U_N 与 Z_i 成正比，通过降低接收电路的输入阻抗，可以减小静电耦合干扰。对与传感器输出的微弱电压信号，通常要求后面电路的输入阻抗要高，所以在设计传感器系统时要兼顾信号检测与抑制干扰这两方面的要求。

（2）电磁耦合

电磁耦合又称为互感耦合，它是由于两个电路之间存在互感，使一个电路的电流变化通过互感影响到另一个电路。

电磁耦合的等效电路如图 8-9 所示。图中 I_N 为干扰电流，M 为两电感之间的互感，I_N 造成的干扰电压 U_N 为

$$U_N = j\omega M I_N \tag{8-14}$$

由式（8-14）可见，U_N 与干扰电压的角频率 ω、互感 M 以及干扰电流 I_N 有关。显然，对于电磁耦合干扰，应尽量采取远离干扰源或设法降低 M 等措施。

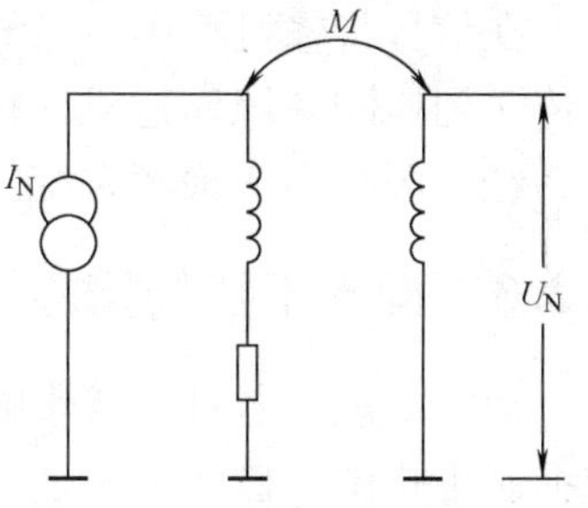

图 8-9 电磁耦合等效电路

(3) 公共阻抗耦合

公共阻抗耦合是由于两个电路间有公共阻抗，当一个电路中有电流流过时，通过公共阻抗便在另一个电路上产生干扰电压。公共阻抗耦合主要有电源内阻抗的公共阻抗耦合、公共地线的公共阻抗耦合以及信号输出电路的公共阻抗耦合。

一般情况下，公共阻抗耦合可以用如图 8-10 所示等效电路来表示。图中 Z_c 表示两个电路之间的共有阻抗，I_N 表示干扰源电流，U_N 表示被干扰电路的干扰电压，Z_L 为被干扰电路的负载，U_L 为电路输出电压。消除公共阻抗耦合干扰的核心是消除两个或几个电路之间的公共阻抗。

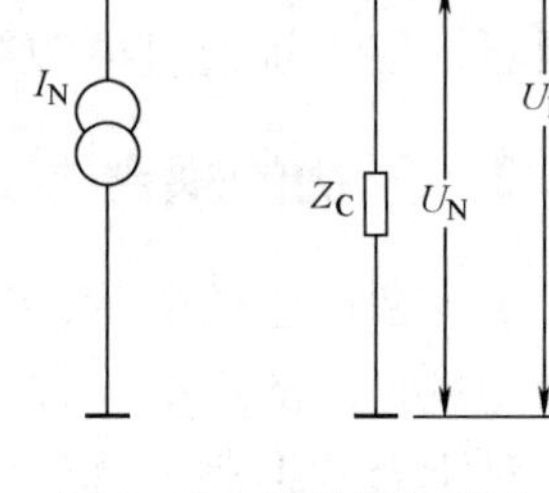

图 8-10 公共阻抗耦合等效电路

(4) 漏电耦合

漏电耦合是由于绝缘不良以及流经绝缘电阻的漏电流所引起的噪声干扰。这种漏电电流对低电平电路造成干扰，其等效电路如图 8-11 所示。

被干扰电路干扰电压 U_N 为

$$U_N = \frac{Z_i}{R_m + Z_i} E_N \tag{8-15}$$

图 8-11 中，R_m 为绝缘电阻。

漏电耦合形成的干扰，通常发生在以下场合：

1) 检测较高的直流电压时，被测电压通过绝缘电阻向测量电路的输入电阻漏电。

2) 在传感器系统附近有较高电压的直流电源，电压源通过绝缘电阻向传感器的输入电阻漏电。

3) 有高输入阻抗的直流放大器，由于输入阻抗 Z_i 取值较大，由式 (8-14) 可知，引入的干扰电压 U_N 就大。

(5) 辐射电磁场耦合

辐射电磁场通常是由于高频电气设备、广播发射台、电视发射台等在电能量频繁交换时产生的。如果在辐射电磁场中放置一个导体，则在导体上会产生正比于电场强度的感应电势。配电线特别是架空配电线都将在辐射电磁场中感应出干扰电势，并通过供电线路侵入检测系统的电子装置，造成干扰。

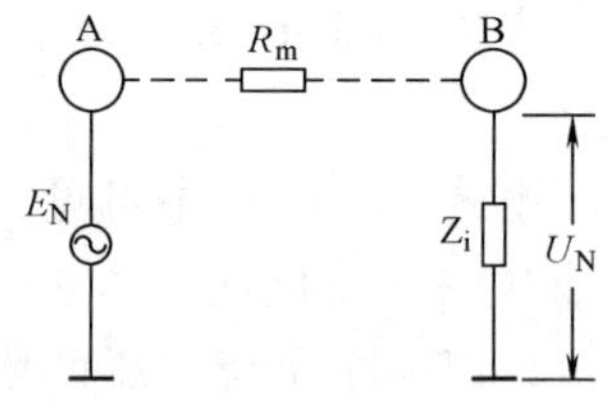

图 8-11 漏电耦合等效电路

(6) 传导耦合

在信号传输过程中，当导线经过具有噪声的环境时，有用信号就会被噪声污染，并经导线传送到检测系统而造成干扰。最典型的传导耦合就是噪声经电源线传到检测系统中。事实上，经电源线引入检测系统的干扰是非常广泛和严重的。

8.2.3 抑制干扰的措施

消除或削弱各种干扰影响的全部技术措施，总称为抗干扰技术。抑制干扰主要通过消除或抑制干扰源、破坏干扰途径以及消除被干扰对象对干扰的敏感性等形成干扰的因素来实现的。通常抗干扰技术包括：屏蔽技术、隔离技术、接地技术、滤波技术、电路的合理布局等。

1. 屏蔽技术

屏蔽技术是利用金属材料对于电磁波具有较好的吸收和反射能力来进行抗干扰的。根据电磁干扰的特点选择低电阻导电材料或高磁导率材料，构成合适的屏蔽体。利用铜或铝等低电阻材料制成的容器将需要防护的部分包起来或者利用导磁性良好的铁磁材料制成的容器将需要防护的部分包起来。屏蔽是通过隔断“场”的耦合通道达到抑制干扰的目的。

屏蔽一般可分为 3 种：静电屏蔽、磁场屏蔽和电磁屏蔽。

（1）静电屏蔽

用导体做成的屏蔽外壳处于外电场时，由于壳内的场强为零，可使放置其内的电路不受外界电场的干扰。如果将带电体放入接地的导体外壳内，则壳内电场不能穿透到外部。使用静电屏蔽技术时，应注意屏蔽体必须接地。

（2）磁场屏蔽

采用高导磁材料作屏蔽层，使外部磁场的干扰磁通被限制在磁阻很小的磁屏蔽层内部，从而无法对屏蔽体内电路产生干扰。磁场屏蔽材料要选用高磁导系数的材料，同时屏蔽层越厚，屏蔽效果越好。

（3）电磁屏蔽

电磁屏蔽主要是用来防止高频电磁场的影响，对于低频电磁场干扰的屏蔽效果不明显。电磁屏蔽采用的是导电良好的金属材料做成屏蔽层，利用高频干扰电磁场在屏蔽体内产生涡流，利用涡流产生的磁场抵消或减弱干扰磁场的影响。

若将电磁屏蔽层接地，则同时兼有静电屏蔽的作用，即可同时起到电磁屏蔽和静电屏蔽作用。

2. 接地技术

接地是保证人身和设备安全、抗噪声干扰的一种方法。合理地选择接地方式是抑制电容性耦合、电感性耦合、电阻耦合，减小或削弱干扰的重要措施。地线的种类主要有屏蔽接地线或机壳接地线、信号接地线（模拟、数字接地线）、负载接地线和交流电源地线等。

（1）一点接地和多点接地

一般来说，系统内印制电路板接地的基本原则是高频电路应就近多点接地，低频电路应一点接地。在低频电路中，布线和元件间的电感的影响很小，而公共阻抗耦合干扰的影响较大，因此，常以一点为接地点，以减小公共阻抗。高频电路中各地线电路形成的环路会产生电感耦合，增加了地线阻抗，同时各地线之间也会产生电感耦合，所以高频电路应多点接地。

通常频率在 1MHz 以下，可用一点接地；而高于 10MHz 时，则应多点接地。为 1 ~ 10MHz 时，如果采用一点接地的方式，其地线长度就不要超过波长的 1/20。否则，应采用多点接地的方式。

（2）浮地与接地

多数的系统应接大地，有些特殊的场合，应采用浮地方式。系统的浮地就是将系统的各个部分全都与大地浮置起来，即浮空，其目的是为了阻断干扰电流的通路。浮地后，检测电路的公共线与大地（或者机壳）之间的阻抗很大。所以浮地同接地相比，能更强地抑制共模干扰电流。浮地方法简单，但全系统与地的绝缘电阻不能小于 50MΩ。这种方法有一定的抗干扰能力，但一旦绝缘下降就会带来干扰。此外，浮空容易产生静电，也会导致干扰。还有一种方法，将系统的机壳接地，其余部分浮空。这种方法抗干扰能力强，而且安全可靠，但制造工艺较复杂。

（3）模拟地

在测量系统对传感器进行数据采集时，需要对模拟信号进行处理。通常是利用A/D转换器进行数字量的转换，而模拟量的接地问题是必须重视的。当输入A/D转换器的模拟信号较弱时，模拟地的接法显得尤为重要。为了提高抗共模干扰的能力，可采用三线采样双层屏蔽浮地技术。所谓三线采样，就是将地线和信号线一起采样，这样的双层屏蔽技术是抗共模干扰最有效的办法。在实际应用中，由于传感器和机壳之间容易引起共模干扰，所以A/D转换器的模拟地一般采用浮空隔离的方式，即A/D转换器不接地，它的电源自成回路，A/D转换器和计算机的连接通过脉冲变压器或光耦合器来实现。

（4）数字地

数字地又称为逻辑地，它是数字逻辑电路的零电位。印制板中的数字地线应呈网状，其他布线不要形成环路，特别是不要有环绕外周的环路。印制板中的条状线不要长距离平行，不得已时，应加隔离电极和跨接线或做屏蔽处理。

（5）信号地（传感器地）

在检测系统中，传感器是重要的组成部分，一般的传感器输出的信号都比较微弱，传输线长，易受到干扰影响。所以传感器的信号传输线应当采取屏蔽措施，以减少电磁辐射影响和传导耦合干扰。

（6）屏蔽接地

屏蔽接地的目的是避免电场、磁场对系统的干扰。电场屏蔽的目的是解决分布电容的问题，屏蔽的接法根据屏蔽对象的不同也各不相同，一般以接大地的方式来解决。磁场屏蔽主要是为了避免高频电磁场的辐射干扰问题，屏蔽材料一般为低阻金属材料，最好接大地。磁路屏蔽是为防止磁铁、电动机、变压器、线圈等磁感应、磁耦合而采取的抗干扰方法，其屏蔽材料为高导磁材料。磁路屏蔽以封闭式结构为妥，并接大地。

传感器系统中的高增益放大电路最好使用金属罩来屏蔽，并将屏蔽体接到放大电路的公共端，将寄生电容短路以防止形成反馈，从而达到避免放大电路振荡的目的。

低频电缆的屏蔽层应是一点接地。如果电缆的屏蔽层接地点有一个以上，就会产生噪声电流。

3. 隔离技术

在采用两点以上接地的测量系统中，为了抑制地电位差所形成的干扰，运用隔离技术切断地环路电流是十分有效的方法。

（1）电磁隔离

电磁隔离是在两个电路间加一个隔离变压器，变电信号的传输为磁信号的传输，如图8-12所示。电路Ⅰ和电路Ⅱ分别接地，两个地之间存在地电位差U_{cm}，由于U_{cm}的存在而形成环路电流，造成共模干扰。图8-12电路中，在电路Ⅰ和电路Ⅱ之间加入隔离变压器后，两电路的地之间被切断，电路之间的信号以磁的形式传递，从而消除了U_{cm}的影响。

电磁隔离既可以用于电源隔离，也可以用于信号的隔离。由于变压器的体积较大，此方法多用于电源隔离。

（2）光隔离

光隔离是在两个电路间加一个光耦合器，将电信号的传输转换为光信号的传输，如图 8-13 所示。

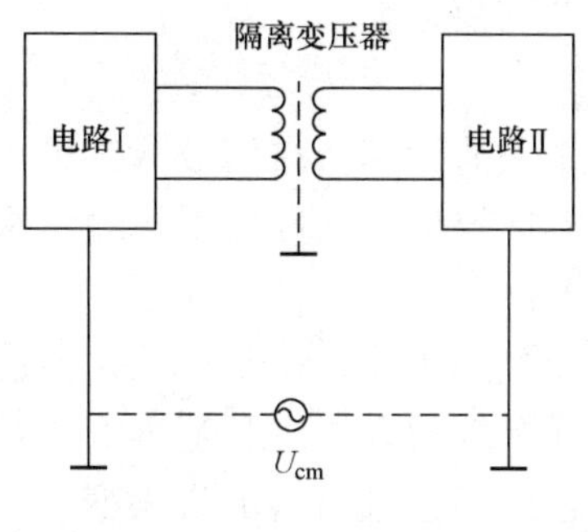

图 8-12　电磁隔离

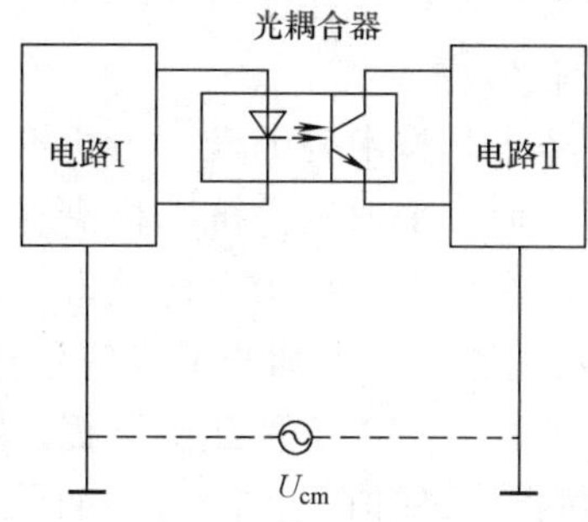

图 8-13　光隔离

由于光耦合器的体积小、转换速度快，所以光隔离技术被广泛应用于传感器检测系统中。但是光耦合器的线性范围有限，因此，它常被用于数字信号的隔离。

（3）隔离放大器

隔离放大器由输入放大器、信号耦合器件、输出放大器和隔离电源组成。隔离放大器主要用于要求共模抑制比高的模拟电信号的传递过程中。例如，在传感器输出的信号为微弱的模拟信号，环境干扰比较大、对信号传递精度要求又高时，采用隔离放大器，以保证系统性能。隔离放大器的精度和线性度都较高，但是其成本也高。

4. 滤波技术

滤波是一种只允许某一频带信号通过或只阻止某一频带信号通过的抑制干扰措施。它可以利用硬件技术实现，也可以通过计算机进行处理实现软件滤波。

（1）硬件滤波。

1）电源滤波。传感器系统供电方式有交流供电和直流供电两种，不管哪种供电方式，都可能由电源本身和电源线引进干扰。对于这种干扰通常都采用无源滤波器来消除其影响。对于交流供电电源的高低频干扰分别采用相应的对称型滤波电路来抑制；对于直流电源，为了减小公共电源内阻在电路之间形成的噪声耦合，在电源的输出端加装相应的高低频滤波电路；当一个直流电源对几个电路同时供电时，为了避免通过电源内阻造成几个电路之间相互干扰，在每个电路的直流电源进线与地之间加装去耦滤波器。

2）信号滤波。从工业现场检测得到的信号，经传输线送入电子设备。在信号获取和传输过程中，可能会引入干扰信号。根据干扰信号的性质，信号通道引入的干扰通常分为差模干扰和共模干扰。

共模干扰并不直接对电路引起干扰，而是通过输入信号回路的不平衡转换成差模干扰来影响电路的。对信号进行滤波是抑制差模干扰的常用方法之一。根据差模干扰的频率与被测信号频率的分布特性，选用低通、高通或带通滤波器等。如果差模干扰频率比被测信号频率高，则采用低通滤波器；如果差模干扰频率比被测信号频率低，则采用高通滤波器；如果差模干扰频率在被测信号频谱的两侧，则采用带通滤波器。

滤波器有两种，一是由电阻、电容、电感构成的无源滤波器；二是基于反馈式运算放大器的有源滤波器。一般情况下，差模干扰的频率比实际信号大，因此，可采用低通滤波器。

常用无源低通滤波器有 RC 滤波器、LC 滤波器以及双 T 滤波器。有源滤波器可以获得较理想的频率特性，但是作为输入级，有源器件的共模抑制比一般难以满足要求，其本身带来的噪声也较大。所以，在测量电路的输入端常采用无源的 RC 滤波器。

（2）软件滤波

由于经济和技术等因素，干扰不可能通过硬件措施完全消除掉，在信号数据进入计算机正式使用之前，采取软件抗干扰措施，会取得更好的抗干扰效果。软件抗干扰通常采用数字滤波方法，在检测系统中，比较常用的数字滤波方法如下：

1）限幅滤波。尖脉冲干扰信号叠加到输入信号上，会使被测信号突然增大，造成测量结果严重失真。对于这种随机干扰，限幅滤波是一种十分有效的方法。其基本方法是通过比较相邻的两个采样值 y_n 和 $\overline{y_{n-1}}$，如果它们的差值过大，超出了参数可能的最大变化范围，则认为出现了随机干扰，将 y_n 予以剔除。y_n 被剔除后，可以用 $\overline{y_{n-1}}$ 代替 y_n，或采用递推的方法，由 $\overline{y_{n-1}}$、$\overline{y_{n-2}}$（$n-1$、$n-2$ 时刻的滤波值）来近似推出 y_n。

2）中值滤波。中值滤波就是对某一被测参数连续采样 n 次（一般 n 取奇数），然后把 n 次采样值按大小排队，取中间值为本次采样值。中值滤波能有效地克服因偶然因素引起的波动造成的脉冲干扰。对温度、液位等缓慢变化的被测参数，采用这种方法能收到良好的效果。但是，对于流量、压力等快速变化参数的测量，一般不宜采用中值滤波算法。

3）算术平均值滤波。算术平均值滤波是连续采样 n 个采样值进行平均，这种方法适用于一般具有随机干扰的信号的滤波，因为随机干扰的误差具有抵偿性。算术平均值滤波的效果依赖于采样次数 n。显然 n 越大，滤波效果越好，但其灵敏度会降低。因此，要适当选择采样次数，既要保证滤波效果，还要尽量减少运算时间。

4）滑动平均滤波。滑动平均滤波采用队列作为测量数据存储器。队列的长度固定为 n，每进行一次新的测量，就把测量结果放于队尾，而将原来队首的数据剔除。这样在队列中始终有 n 个“最新”的数据。每次计算得到的平均值，都是最近的测量数据。此方法克服了算术平均值滤波的响应速度慢的缺点。

本 章 小 结

本章主要介绍传感器的补偿技术和抗干扰技术。

传感器的补偿技术主要包括非线性补偿和温度补偿。传感器的非线性可以说是它们的先天不足。多数传感器在把物理量转换成电量时，其特性曲线都是非线性的。为了保证测量仪表的输出与输入之间能够具有线性关系，必须对输入参量的非线性进行补偿。传感器非线性补偿方法有硬件非线性补偿和软件非线性补偿两种。硬件线性化电路具有响应速度快，补偿精度高等优点。软件线性化方法的特点是成本低、使用方便灵活等。两种方法各有特点，可以根据实际情况选择，也可以二者同时使用。

传感器的内部结构以及它的工作环境决定了温度对于传感器的使用必然带来很大的影响。所以，对传感器的温度补偿方法是使用传感器的必备知识。

在抗干扰技术中，主要介绍了干扰的产生、类型，以及干扰信号的耦合方式和常用的抑制干扰措施。

思考与练习

1. 利用硬件对传感器的非线性进行补偿有哪些优点？
2. 说明查表法线性化传感器的工作原理以及实现方法。
3. 利用软件对传感器的非线性进行补偿的方法有哪些？各有何特点？
4. 举例说明为什么要进行传感器温度补偿？如何进行补偿？
5. 什么是干扰？影响传感器工作的主要干扰有哪些？
6. 什么是差模干扰？什么是共模干扰？它们是如何产生的？为什么会带来测量误差？
7. 屏蔽是如何抑制干扰的？常用的屏蔽方法有哪几种？
8. 常用软件滤波方法有哪几种？各自的特点是什么？

第 9 章　智能家居环境监测系统传感器设计

本章要点

- 家居防盗报警系统传感器设计
- 家居有害气体检测报警系统设计
- 火灾报警系统传感器选择与设计
- 家居温湿度检测传感器系统设计

传感器在原理与结构上千差万别，同一个物理量，可以有多种不同测量原理的传感器可供选择，同一种传感器，也可以用来测量多种不同的物理量。如何根据具体的测量目的、测量对象以及测量环境合理地选用传感器，是在具体场合进行某个量的测量时首先要解决的问题。当传感器确定之后，与之相配套的测量方法和测量设备也随之确定。

智能家居环境监测系统既有温湿度检测、有害气体检测等检测功能，又有火灾报警和防盗报警等控制功能，是一个典型的多传感器的测控系统。本章以智能家居环境监测系统传感器设计作为传感器综合设计实例，介绍传感器应用系统设计过程中的如何选择、计算以及安装传感器，同时给出各种传感器的实际应用电路。

9.1　智能家居安防系统传感器设计

智能家居是指以住宅为平台安装有智能家居系统的居住环境，又称为智能住宅。通俗地说，它是融合了自动化控制系统、计算机网络系统和网络通信技术于一体的网络化、智能化的家居控制系统。智能家居系统包含的主要子系统有家居布线系统、家庭网络系统、智能家居（中央）控制管理系统、家居照明控制系统、家庭安防系统、背景音乐系统、家庭影院与多媒体系统、家庭环境控制系统 8 大系统。其中，智能家居（中央）控制管理系统、家居照明控制系统、家庭安防系统是必备系统。本节重点介绍家庭安防系统和环境控制系统传感器的选择和使用。

9.1.1　家居防盗报警系统传感器设计

防盗报警系统是指在防范现场探测到有入侵者时能及时发出相应报警信号的专用电子系统。

1. 常用防盗报警器的种类及特点

目前国内使用的各类防盗报警器主要有门磁传感器、超声波传感器、微波雷达传感器、玻璃破碎探测器、主动式红外发射/接收以及被动式热释电红外传感器等。上述各种防盗报警器的特点如下：

（1）门磁传感器

门磁传感器是一种在保安监控、安全防范系统中常用的器件。其优点是体积小，工作可靠，可以通过无线工作，使用起来非常方便。门磁是接近开关的一种，可以是光电的，也可以是永磁的。以永磁式为例，当门磁相对应时，因永磁体相互吸引而使报警器的开关处于断开位置，当门磁分开时，报警器的开关因无磁体吸引，且受内部弹簧的拉力影响，使开关闭合，报警器工作，产生报警。门磁传感器通常安装在居室的门窗上，当门窗紧闭时，门磁传感器不报警，当门窗无论何种原因被打开时，门磁传感器立即报警。

(2) 超声波传感器

超声波传感器是利用超声波的特性研制而成的传感器，它是利用人耳听不到的超声波来作为探测源探测移动物体的空间探测器。超声波报警装置的有效性取决于能量在保安区域内多次反射后的能量大小，例如，墙壁、桌子和文件柜等硬表面物体对声波有很好的反射作用，而地毯、窗帘和布等软质材料则是声波的不良反射体。因此，在充满软质材料的区域应该避免使用超声波传感器。另外，如果房间里通风很好，或是房间的某个部位在加温，使空气流动较大，就会使超声波报警器发生误报。因为在空气流动较大的情况下，如果发射信号顺风时，发出的超声波到达接收机的速度就会比静止时的快，这样一来，驻波波形就会被破坏，从而造成误触发。

(3) 微波雷达传感器

微波雷达探测器是一种将微波收、发设备合置的探测器，采用多普勒雷达的原理，将微波发射天线与接受天线装在一起，通过检测活动目标产生的反射波频差进行报警。微波雷达探测器的主要缺点是安装的要求较高，微波段的电磁波由于波长较短，故穿透力强，玻璃、木板、砖墙等非金属材料都可以穿透，所以在安装时不要面对室外，以免室外有人通过时引起误报。另外金属物体对微波反射较强，因而在探测器防范区域内不要有大面积（或体积较大）的物体存在，例如，铁柜等，否则其后面的阴影部分会形成探测盲区，造成防范漏洞。其另一个缺点是会发出金属对人体有害的微量能量，因此，使用时必须将能量控制在对人体无害的水平。

(4) 玻璃破碎探测器

利用压电陶瓷片的压电效应（压电陶瓷片在外力作用下产生扭曲，变形时将会在其表面产生电荷），可以制成玻璃破碎入侵探测器。对高频的玻璃破碎声音（10～15kHz）进行有效检测，而对10kHz以下的声音信号（例如，说话、走路声）则有较强的抑制作用。但该产品灵敏度非常难调，灵敏度过高，则室外的风吹雨打声也能导致报警。

(5) 主动式红外发射/接收传感器

主动式红外发射/接收传感器由主动红外光发射器和接收器两部分组成。红外光在人眼看不见的光谱范围，经过光束聚焦，在收发器之间形成红外光束，当有人经过这条无形的封锁线时，必然全部或部分遮挡红外光束。接收端由于红外光束产生变化将自动识别是否报警。如果是小动物、树叶、沙尘、雨、雪、雾等的遮挡则不应该报警，人或相当体积的物品遮挡则应该报警。可以在工厂仓库用于封锁门窗，在购物中心用于封锁通道，在停车场用于封锁出口，在家中用于封锁阳台，用途很广。

(6) 激光入侵探测器

其工作原理类似于主动式红外发射/接收传感器，主要区别在于其发射光源为激光。由于激光波束窄，不易发散，故可以在监测区域内形成上千米的封锁线，形成大范围的防范区。虽然激光入侵探测器优点很多，但由于激光的光束细，反射镜的微小位移都会影响到使用效果，因此，在使用过程中要经常进行调整，才能保证监测效果。由于专业性太强，不适合在家中使用。

（7）被动式热释电红外入侵报警器

被动式热释电红外入侵报警器采用热释电红外探测元件来探测移动目标。只要物体的温度高于绝对零度，就会不停地向四周辐射红外线，利用移动目标（例如，人、畜、车）自身辐射的红外线进行探测。

与其他类型的保安设备相比，被动式热释电红外入侵报警器具有以下特点：

1）不需要在保安区域内安装任何设备，可实现远距离控制。

2）由于是被动式工作，不产生任何类型的辐射，故保密性强，能有效地执行保安任务。

3）与环境照度无关，可以昼夜工作，特别适宜在夜间或黑暗条件下工作。

4）由于无能量发射，没有容易磨损的活动部件，因而功耗低、结构牢固、寿命长、维护简便、可靠性高。

2. 基于分立元件的被动式热释电红外入侵报警器系统设计

（1）被动式热释电红外入侵报警器的结构原理

被动式热释电红外入侵报警器主要由光学系统、热释电红外传感器、信号滤波和放大电路和报警电路等部分组成，如图 9-1 所示，下面对其各个组成部分分别予以说明。

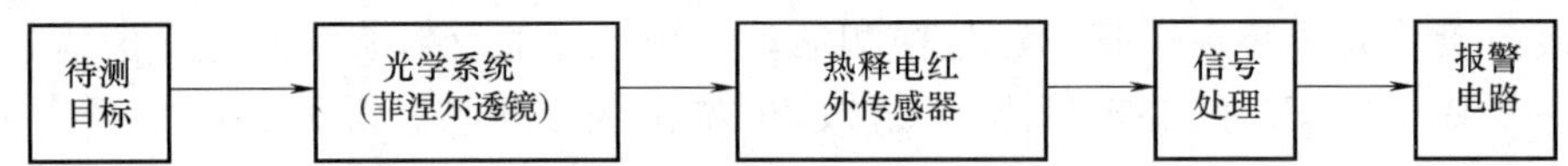

图 9-1　被动式报警器结构框图

1）光学系统。主要由菲涅耳透镜构成，热释电红外传感器不加光学透镜时其检测距离通常小于 2m，而加上光学透镜后其检测距离通常大于 7m。菲涅耳透镜是根据菲涅耳原理制成，其作用主要有两个，一是聚焦作用，即将探测空间内的红外线有效地集中到热释电传感器上；二是将探测区域分为若干个明区和暗区，使得进入探测区域的移动物体能以温度不断变化的形式在热释电红外传感器上产生变化的热释红外信号，这样热释电红外传感器就可以产生相应的控制信号，如图 9-2 所示为菲涅耳透镜外观图。

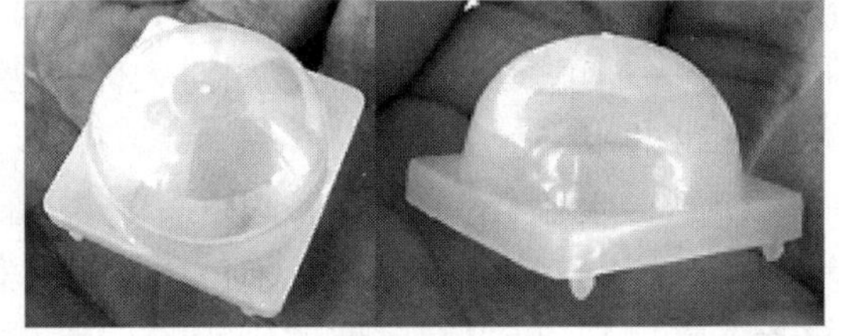

图 9-2　菲涅耳透镜外观

2）热释电红外传感器。热释电红外传感器是报警器的核心器件，它可以把人体的红外线信号转换为电信号以供信号处理部分使用。红外线通常被称为“热线”，在自然界，只要物体本身的温度高于绝对零度，都会向外发射红外线，红外线的波长与物体温度相关，人体体温比较恒定，约为 37℃，所以会发出特定波长 10μm 左右的红外线，将人体所辐射出来的红外线有效地集中于热释电红外传感器上，通过热释电红外传感器将收集到的人体红外线信号转换为电信号，从而完成对人体的检测。

热释电红外传感器通常采用 3 引脚金属封装，3 个引脚分别为电源端（内部开关管 D 极）、信号输出端（内部开关管 S 极）、接地端（GROUND），其外形及引脚如图 9-3 所示。

双元热释电红外检测元件 LHI968 的内部电路图如图 9-4 所示。该热释电传感器能将波长为 8～12μm 范围内的红外线信号转变成电信号，并能很好地抑制自然界的白光，在热释电传感器的警戒区内，当无人员走动的时候，热释电红外传感器感应到的只是背景温度，当人体进入警戒区时，人体发出的红外线通过菲涅耳透镜进入热释电传感器的红外感应源，形成了人体温度与背景温度的差异信号，红外感应源通常由两个串联或并联的热释电元件组成，这两个热释电元件极性相反，使得背景辐射对两个热释电元件产生相同的作用，从而使其产生的热释电效应相互抵消，输出信号为零，一旦有人体进入探测区，人体发出的红外线将被热释电元件接收，由于角度的不同，两个热释电元件接收到的红外线辐射能量不同，不能互相抵消，经电路处理后可以得到输出信号。

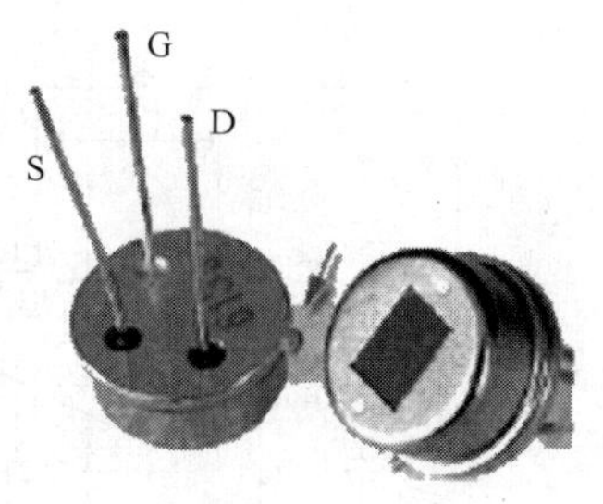

图 9-3　热释电红外传感器外观及引脚分布

3）信号处理电路。信号处理主要是把热释电传感器输出的微弱电信号进行放大、滤波、延迟和比较，为报警功能的实现打下基础。如图 9-5 所示是该报警器的工作电路原理图。当人体辐射的红外线通过菲涅尔透镜被聚焦在热释电红外传感器的探测元件上时，电路中的传感器将输出电压信号，然后该信号先通过一个由 R_1、R_2、C_1、C_2 组成的带通滤波器滤除高低频干扰噪声，该滤波器的上限截止频率为 16Hz，下限截止频率为 0.16Hz。由于热释电红外传感器输出的探测信号电压十分微弱（通常仅有几百微伏左右），同时由于菲涅尔透镜的作用使得输出信号电压为脉冲形式（脉冲电压的频率由被测物体的移动速度决定，通常为 0.1～10Hz），所以应对热释电红外传感器输出的电压信号进行放大。

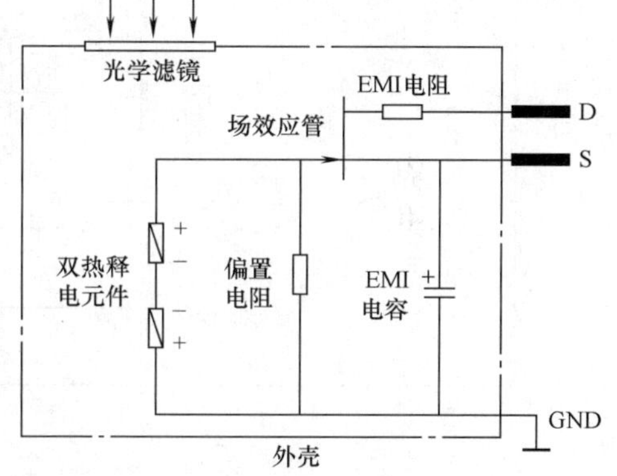

图 9-4　双元热释电红外检测元件内部电路

电路采用 4 个运算集成运算放大器 LM324 来进行两级放大，以使其获得足够的增益。当传感器探测到人体辐射的红外线信号并转换成微弱电压信号输出，经带通滤波器滤波后送到第一级放大器 LM324 的同向输入端进行放大，电容 C_4 用于滤除高频干扰信号，第一级放大后的信号进入第二级 LM324 进行二次放大，这时一级减法放大器，在同向输入端设置了一小电压信号，与第一级放大的信号相减后放大输出，这样可以滤除小动物经过时产生的小幅信号，防止报警器误报警。经过两级放大后，电路输出电压为伏特极，放大后的电压送给电压比较器，若信号幅度超过电压比较器的上下限，系统将输出高电平信号；无异常情况时则输出低电平信号。

在该比较器中，R_9、R_{10}、R_{11} 用作参考电压，两个运算放大器用做电压比较器，二极管 VD_1 和 VD_2 的主要作用是使输出更稳定。这里电压比较器的上下限电压（即参考电压）分别约为 3.8V 和 1.2V 。将这个高低电平变化的信号（上升沿信号）作为单稳电路 HEF4538B 的触发信号，并使其输出一个脉宽大约为 10s 的高电平信号。再用该脉宽信号作为报警电路 KD9561 的输入控制信号，使电路产生 10s 的报警信号，最后用晶体管 VT_1 和 VT_2 再一次对电信号进行功率放大，以便有足够大的电流来驱动扬声器使其连续发出 10s 的报警声。

3. 基于集成元件的被动式热释电红外传感器报警系统设计

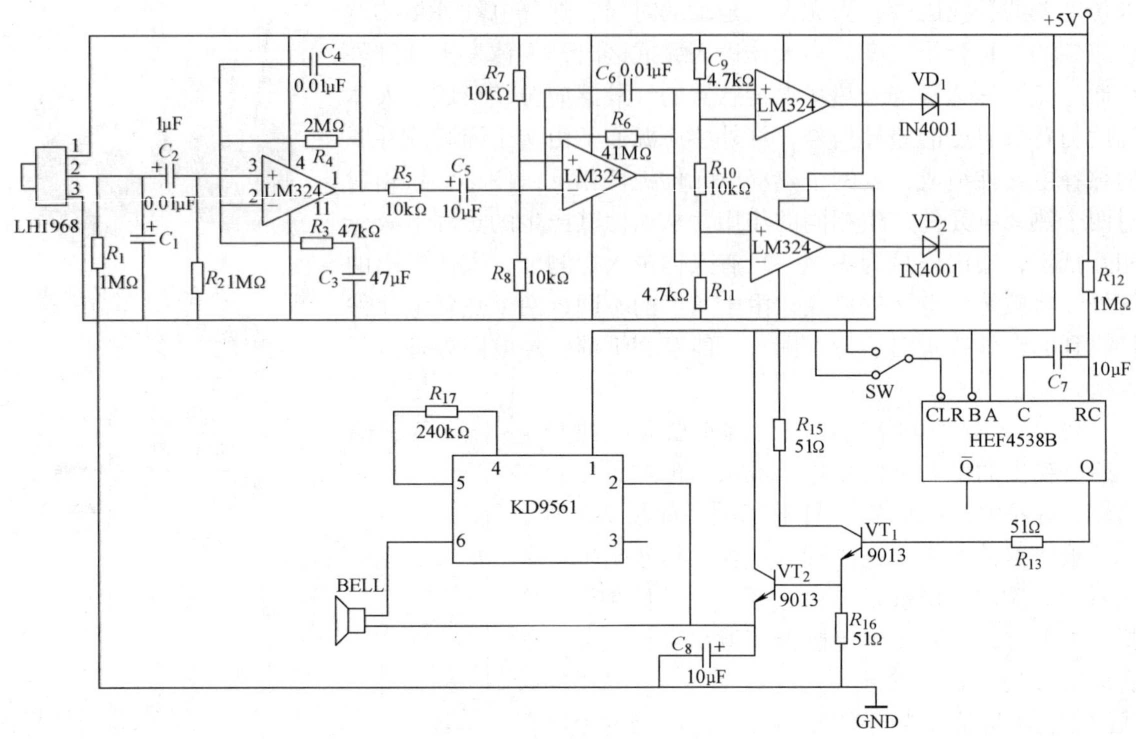

图 9-5 报警器的工作电路图

除了采用分立元件设计报警器电路外，还可以采用专用的性能更好的集成元件来实现，从而大大简化了设计和调试的时间。目前有很多生产商根据热释电传感器的特性设计了专用的信号处理器，例如，中国台湾 HOLTEK 公司的 HT761X、PTI 的 PT8A26XXP，中国台湾 WELTREND 公司的 WT8072、BISS0001 等。这里所用的人体检测系统信号处理电路模块选用 BISS0001，BISS0001 是一款高性能的传感信号处理集成电路。主要由运算放大器、电压比较器、状态控制器、延迟时间定时器以及封锁时间定时器等构成，配以热释电红外传感器和少量外接元器件就可以构成热释电红外探测电路。下面对其进行详细介绍：

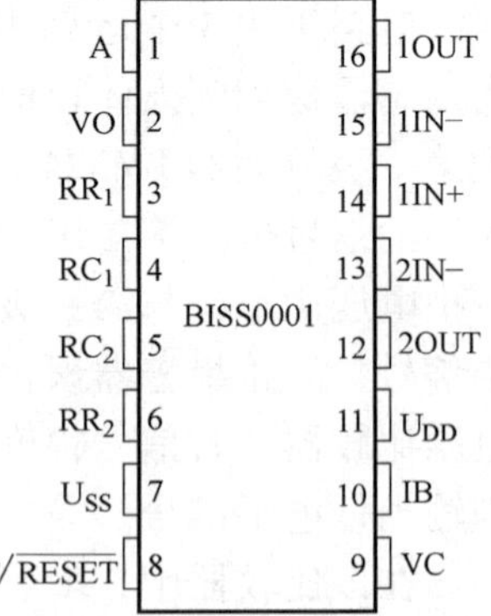

图 9-6 BISS0001 的引脚图

（1）BISS0001 介绍

BISS0001 引脚图及功能说明分别见图 9-6 和表 9-1 所示，图 9-7 是其内部结构原理图。

（2）由 BISS0001 组成的热释电红外传感器信号处理电路

由 BISS0001 组成的热释电红外传感器信号处理电路如图 9-8 所示，BISS0001 的运算放大器 OP_1 作为热释电红外传感器的前置放大，由 C_3 耦合给运算放大器 OP_2 进行第二级放大，再经由电压比较器 COP_1 和 COP_2 构成的双向鉴幅器处理后，检出有效触发信号去起动延迟时间定时器。输出信号经晶体管 VT_1、驱动继电器去接通负载。RG_3 为光敏电阻，用来检测环境照度。当作为照明控制时，若环境较明亮，RG_3 的电阻值会降低，使得 9 引脚输入为低电平而封锁触发信号，节省照明用电。若应用于其他方面，

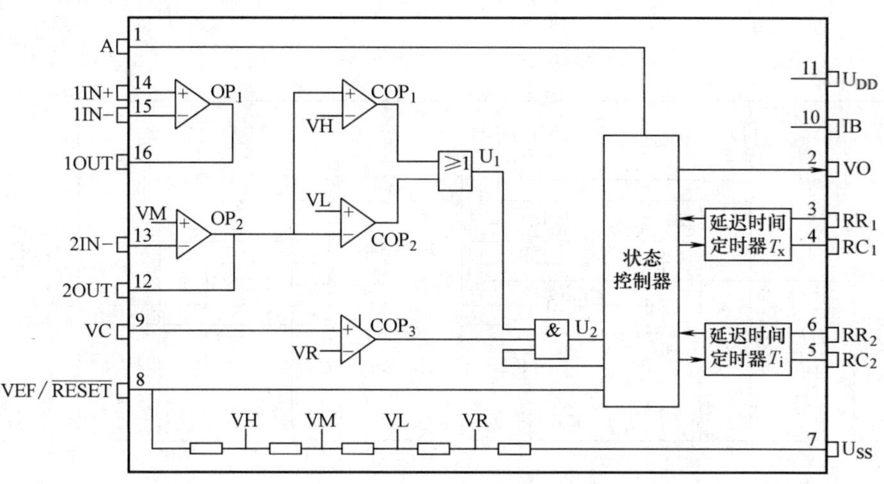

图 9-7 BISS0001 结构原理图

则可用遮光物将其罩住而不受环境影响。SW_1 是工作方式选择开关，当 SW_1 与 1 端连通时，红外开关处于可重复触发工作方式；当 SW_1 与 2 端连通时，红外开关则处于不可重复触发工作方式。输出延迟时间 T_x 由外部的 R_9 和 C_7 调整，使 $T_x \approx 49152R_9C_7$；触发封锁时间 T_i 由外部的 R_{10} 和 C_6 调整，使 $T_i \approx 24R_{10}C_6$。

表 9-1 BISS0001 引脚功能说明

引脚	名称	I/O	功能说明
1	A	I	可重复触发和不可重复触发选择端。当 A 为"1"时，允许重复触发；反之，不可重复触发
2	VO	O	控制信号输出端。由 VS 的上跳前沿触发，使 VO 输出从低电平跳变到高电平时视为有效触发。在输出延迟时间 T_x 之外和无 VS 的上跳变时，VO 保持低电平状态
3	RR_1	- -	输出延迟时间 T_x 的调节端
4	RC_1	- -	输出延迟时间 T_x 的调节端
5	RC_2	- -	触发封锁时间 T_i 的调节端
6	RR_2	- -	触发封锁时间 T_i 的调节端
7	VSS	- -	工作电源负端
8	VRF	I	参考电压及复位输入端。通常接 VDD，当接"0"时可使定时器复位
9	VC	I	触发禁止端，当 VC > VR 时允许触发（VR≈0.2VDD）
10	IB	- -	运算放大器偏置电流设置端
11	VDD	- -	工作电源正端
12	2OUT	O	第二级运算放大器的输出端
13	2IN -	I	第二级运算放大器的反相输入端
14	1IN +	I	第一级运算放大器的同相输入端
15	1IN -	I	第一级运算放大器的反相输入端
16	1OUT	O	第一级运算放大器的输出端

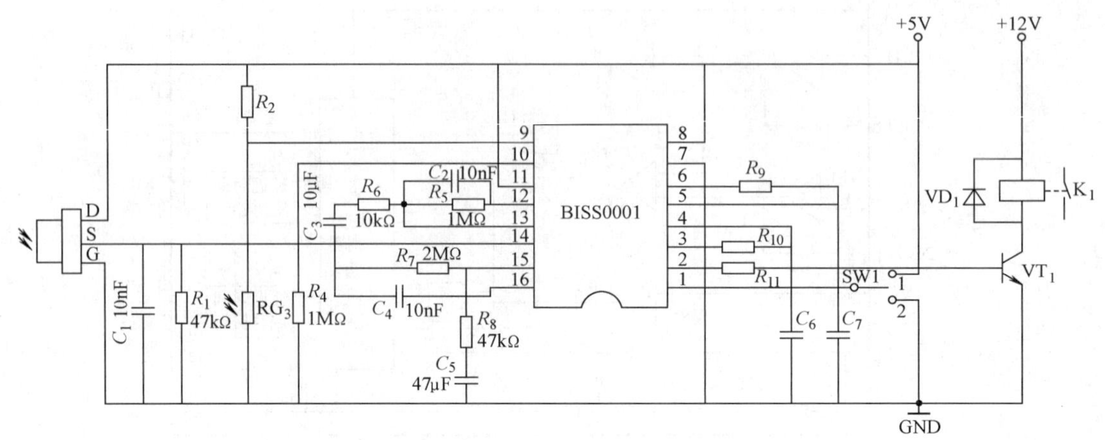

图 9-8　热释电红外传感器信号处理电路

4. 热释电传感器应用领域及常用型号参数

热释电传感产品广泛应用于自动控制（例如，自动门、自动洗衣机等），企业、宾馆、库房和家庭的防盗报警，照明控制，语音迎宾器等领域，随着相关信号处理器性能和可靠性的不断提高，热释电晶体已广泛用于红外光谱仪、红外遥感以及热辐射探测器等领域，因其价格低廉、技术性能稳定而受到广大用户和专业人士的青睐。目前市场上常见的产品主要有日本 KDS 产品 KDS209S、PIS-204S；尼赛拉产品 RE200B、RE03B、PD632；德国海曼产品 LHI958、LH1954、LHI1448、LHI878、LHI778；上海产的 SD02、PH5324，美国 HAMAMATSU 公司产的 P2288，日本 NIPPON CERAMIC 公司的 SCA02－1、RS02D 等。虽然生产厂商众多，但因其结构、外型和基本参数大致相同，大部分可以彼此互换使用。热释电传感器根据其内部热释电传感器的个数主要分为双元型、四元型和温补单元型 3 种，双元型和四元型广泛用于防盗装置中的人体检测，温补单元型广泛用于气体分析仪、辐射高温计及火焰探测器等。下面以德国海曼产品进行分类介绍：

1）双元探测器。双元探测器包含两个热释电元件，它们对共同的 FET 输出是反极性连接的。代表型号有 LHI954、LHI968、LHI778、LHI958、LHI874、LHI878 等。

2）四元探测器。四元探测器包含 4 个热释电单元，有两个输出，这两个独立的通道使信号的处理可以避免错误报警，型号有 LHI1448、LHI1548、LHI1148 等。

3）顶棚安装类型。这类探测器具备独特的结构，适合顶棚安装设计，传感器包含两个或者 4 个不同的单元，同一个 FET 输出通道。型号有 LHI906、LHI1128。

4）单元探测器。此类带 FET 输出的探测器，具有不同的尺寸，自带热补偿和专门的窄带红外滤波窗口，代表型号有 LHI807、LHI807TC、PYS4198、PYS4198TC、PYS3151TC。

5）双通道探测器。此类传感器包含两个单元探测器、TO-5 封装，每个单元探测器具备独立的滤波器和输出通道以及各种供选择的窄带滤波器。型号有 LHI814G1/G20、LHI814G2/G20。

LHI968 型热释电红外传感器的主要工作参数见表 9-2。

表 9-2　LHI968 型热释电红外传感器工作参数

参数	LHI968				
	最小	典型	最大	单位	条件
元件尺寸		2×1		mm^2	2 个元件
敏感度	3300	3800		V/W	100℃，1Hz
匹配		1	10	%	
噪声		20	50	μV（p-p）	25℃，0.3～10Hz
分支电压	0.2		1.5	V	25℃，$R_s=47\ k\Omega$
噪声等效功率		7.5×10^{-10}	28×10^{-10}	W/Hz	1Hz Bw（带宽），100℃，1Hz
D*	5×10^7	19×10^7		cmHz/W	1Hz Bw，100℃，1Hz
输出电阻		5	10	kΩ	$R_s=47\ k\Omega$
工作电压	2		15	V	$R_s=47\ k\Omega$
水平可视范围		100°			无障碍
垂直可视范围		100°			无障碍
工作温度	-40		85	℃	不持久
存储温度	-40		85	℃	不持久

5. 热释电红外传感器的优缺点及安装注意事项

不同于主动式红外传感器，被动红外传感器本身不发任何类型的辐射，隐蔽性好，器件功耗很小，价格低廉。其缺点是：

1）信号幅度小，容易受各种热源、光源的干扰。

2）被动红外穿透力差，人体的红外辐射容易被遮挡，不易被探头接收。

3）易受射频辐射的干扰。

4）当环境温度和人体温度接近时，探测灵敏度明显下降，甚至会造成短时失灵。

5）被动红外探测器主要检测的运动方向为横向运动方向，对径向方向运动的物体检测能力比较差，如图 9-9 所示。

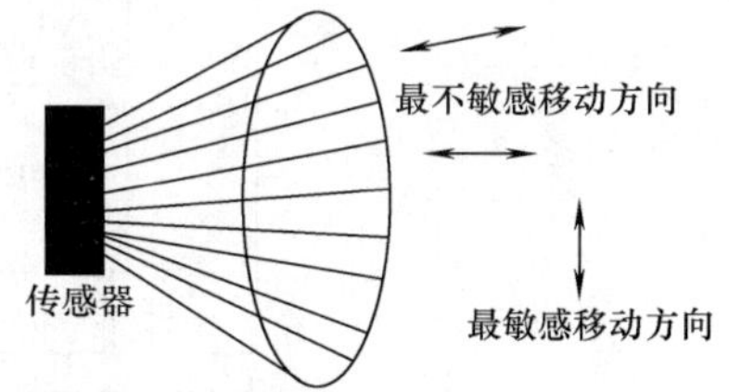

图 9-9　热释电传感器敏感方向示意图

安装时需要注意以下事项：

1）不能安装在室外。

2）红外线热释电传感器应离地面 2～2.4m，向下倾斜 15°。

3）红外线热释电传感器应远离空调、冰箱、火炉等空气温度变化敏感的地方。

4）红外线热释电传感器和被探测的人体之间不得间隔家具、大型盆景、玻璃、窗帘等其他物体。

5）红外线热释电传感器不能正对门窗及有阳光直射的地方，否则窗外的热气流扰动和人员走动会引起误报，有条件的最好把窗帘拉上。红外线热释电传感器也不应安装在有强气流活动的地方。

6）安装探测器的顶棚或墙要坚固，不能有晃动或振动。

9.1.2 无线门磁传感器系统设计

1. 无线门磁传感器简介

无线门磁传感器是一种在保安监控、安全防范系统中常用的器件，其体积小，工作可靠，通过无线工作，使用起来非常方便。门磁式传感器一般安装在门窗内侧的上方。它主要由两部分组成，如图 9-10 所示，较小的部件为永磁体，其内部有一块永久磁铁，用来产生恒定的磁场；较大的是门磁传感器主体，内部有一个动合型的干簧管。当永磁体和干簧管靠得很近（通常小于 5mm）时，无线门磁传感器工作在守候状态；当永磁体离开干簧管一定距离（大于 8mm）后，动合型干簧管立即吸合，内嵌的无线发射模块立即工作，发射包含地址编码和自身识别码（数据码）的高频无线电信号，在住宅中的发射距离可达 20m 左右，主机通过识别这个无线电信号的地址码，判断是否为同一个报警系统，然后根据自身识别码（数据码），确定是哪一个无线门磁报警。

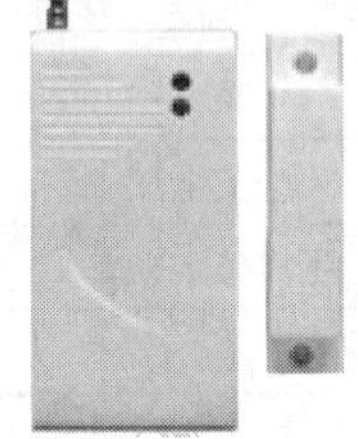

图 9-10 门磁传感器外观

2. 无线门磁传感器内部工作原理

无线门磁传感器的内部原理图如图 9-11 所示，电路中的 K 是一个干簧管，当门关闭的时候，K 吸合，电容 C_1 两端电位相同，晶体管 VT_2 截止，VT_1 也截止。当门被打开后，干簧管触点断开，VT_2 和 VT_1 相继导通，PT2262 接在 VT_1 集电极上的 14 引脚电位被拉低，当 14 引脚电压被拉低后，其 17 引脚将输出脉冲数据调制信号到无线发射模块 WX1 的调制极上，被调制的高频信号通过天线发射出去。

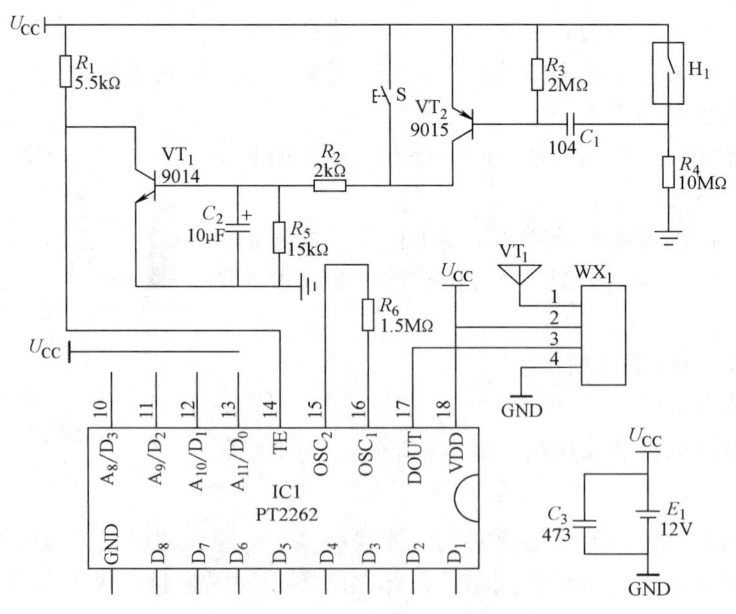

图 9-11 无线门磁传感器内部原理图

无线发射模块发送信号的时间长短取决于 PT2262 的 14 引脚电位下拉时间的长短，当门被打开后，流过 C_1 的电流给 C_1 充电，当 C_1 充电结束后，VT_2 又恢复截止状态，VT_1 也随之恢复截止状态，PT2262 的 14 引脚恢复高电压，无线发送停止。一般要求无线发射模块发射时间不小于120ms，这样可以保证有一组完整的波形输出，使得接收器能够接收到正确的数据。

3. PT2262 介绍

1）PT2262 引脚图。图 9-12 为 PT2262 的引脚图，以下是其引脚功能简介：

- $A_0 \sim A_{11}$：地址引脚，用于进行地址编码，可置“0”、“1”、“f”（悬空）。
- $D_0 \sim D_5$：数据输入端，有一个为“1”即有编码发出，内部下拉。
- VDD（18）：电源正端（+）。
- VSS（9）：电源负端（-）。
- TE（14）：编码启动端，用于多数据的编码发射，低电平有效。
- OSC1（16）：振荡电阻输入端，与 OSC2 所接电阻决定振荡频率。
- OSC2（15）：振荡电阻振荡器输出端。
- DOUT（17）；编码输出端（正常时为低电平）。

2）工作原理。PT2262 是中国台湾普城公司生产的一种 CMOS 工艺制造的低功耗低价位通用编解码电路，PT2262 最多可有 12 位（A0 ~ A11）三态地址端引脚，经任意组合可提供 531441 个地址码，PT2262 最多可有 6 位（$D_0 \sim D_5$）数据端引脚，设定的地址码和数据码从 17 引脚串行输出，可用于无线遥控发射电路。编码芯片 PT2262 发出的编码信号是由地址码、数据码、同步码组成的一个完整的码字。地址码必须与家庭控制主机内解码芯片相同，用以区分家庭控制器，数据码可用于区分传感器类型。如果发送端使 14 引脚（TE）为低电平，PT2262 得电工作，编码芯片会通过 17 引脚（DOUT）输出编码信号；当 14 引脚（TE）为高电平时，PT2262 不接通电源，其 17 引脚为低电平，315MHz 的高频发射电路不工作。

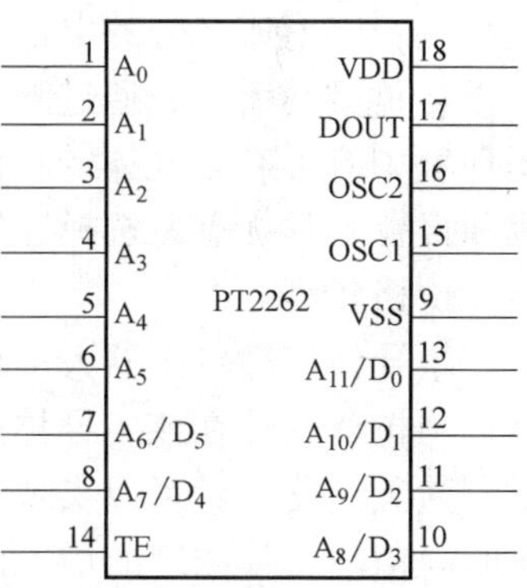

图 9-12　PT2262 的引脚图

9.2　家居有害气体检测报警系统设计

空气的质量与人类的日常生活密切相关，对气体的检测是保护和改善生态居住环境不可缺少手段，因此，气敏传感器在气体检测中发挥着越来越重要的作用。例如，家居生活环境中的一氧化碳浓度达 0.8 ~ 1.15 ml/L 时，就会出现呼吸急促，脉搏加快，甚至晕厥等状态，达到 1.84ml/L 时则有在几分钟内死亡的危险，为了避免造成生命财产的损失，对家居环境中一氧化碳等有害气体的检测已成为关注的焦点。

9.2.1　常用气敏传感器的分类及工作原理

气敏传感器是一种将检测到的气体类别、成分、和浓度转换为电信号的传感器。可用于对气体的定性或定量检测。气敏材料与气体接触后会发生化学或物理作用，导致其某些特性参数的改变，包括质量，电参数，光学参数等。气敏传感器利用这些材料作为气敏元件，把被测气体的种类或浓度的变化转化成传感器输出信号的变化，从而实现气体检测目的。家庭中的有害气体主要是煤气、天然气、CO 等可燃气体，此类可燃气体检测传感器主要有接触燃烧式气体传感器、电化学气敏传感器和半导体气敏传感器等，其中使用最多的是半导体气敏传感器。

接触燃烧式气体传感器的检测元件一般为铂金属丝（也可用表面涂铂、钯等稀有金属催化层的金属丝），使用时对铂丝通以电流，使其保持300～400℃的高温，此时若与可燃性气体接触，可燃性气体就会在稀有金属催化层上燃烧，导致铂丝的温度上升，铂丝的电阻值也随温度的上升而上升。通过测量铂丝的电阻值变化，就可知道可燃性气体的浓度。接触燃烧式气敏传感器优点是对气体选择性好，线性好，受温度、湿度影响小响应快；缺点是对低浓度的可燃性气体的气体敏感度低，敏感元件受到催化剂的侵害后其特性锐减且金属丝易断。

电化学传感器通过与被测气体发生反应并产生与气体浓度成正比的电信号来工作。典型的电化学传感器由传感电极（或工作电极）和反电极组成，并由一个薄电解层隔开。气体首先通过微小的毛管型开孔与传感器发生反应，然后是憎水屏障，最终到达传感电极表面发生反应，以形成充分的电信号，通过电极间连接的电阻器，与被测气浓度成正比的电流会在正极与负极间流动，通过测量该电流即可确定气体浓度。电化学气敏传感器主要用于相对封闭环境中有毒有害气体的检测，例如，矿井、居室、工作间等场所对 CO、H_2S 和甲醛等监测和报警。其优点是选择性好，反应迅速，灵敏度高，可实时连续检测；缺点是易受环境影响，价格较高。

半导体气敏传感器大多以半导体金属氧化物为基础材料，可分为电阻式和非电阻式两种，当被测气体在该半导体表面吸附后，将引起其电学性质（例如，电导率）的变化，通过测量其变化，就可以实现对气体的检测。半导体气敏元件有 N 型和 P 型之分，N 型在检测时阻值随气体浓度的增大而减小，P 型阻值随气体浓度的增大而增大。这类传感器的优点是成本低，反应快，灵敏度高，湿度影响小；缺点是必须高温工作，对气体选择性差。

9.2.2 基于 QM-N5 型气敏元件的家居有害气体检测报警电路设计

每种气敏元件都有其优缺点及应用范围，实际使用时要综合考虑，这里采用国产 QM-N5 型气敏元件作为家居环境有害气体的检测传感器，该传感器适用于天然气、煤气、氢气、烷类气体、烯类气体、汽油、煤油、乙炔、氨气、烟雾等检测，属于 N 型半导体元件。其优点是灵敏度较高，稳定性较好，响应和恢复时间短，市场应用广泛。利用 QM-N5 构成的有害气体控制报警器的典型电路如图 9-13 所示。

当室内有害气体的浓度超过一定值时，该电路能自动发出声光报警信号，并及时开启排风扇，可避免因有害气体而引起的灾难和事故。常用于有害气体泄漏报警、自动排气装置、有害气体检测等领域。

1. 电路结构及主要元器件选择

由图 9-13 可知，该有害气体控制报警器由电源转换电路、有害气体检测电路、电子开关电路和声光报警电路组成。其中电源电路由熔断器 FU、电源变压器 T、全波整流二极管 VD_1～VD_4、滤波电容 C_1 和 C_2、限流电阻 R_1 和稳压二极管 VD_5 组成，为传感器和后续电路提供稳定的直流电压。实际应用时，变压器可以选用 5～8W、二次电压为 12V 的电源变压器，VD_5 选用 1W、12V 的稳压二极管。气体检测电路由 QM-N5 型气敏元件及 VD_6 等外围元件组成。声光报警电路由语音集成电路 KD9561、晶体管 VT_4、VT_5、扬声器 BL、发光二极

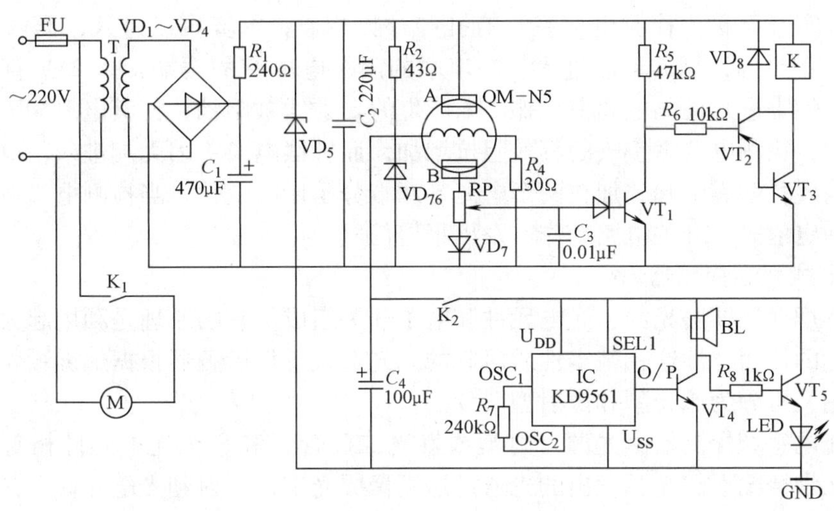

图 9-13　利用 QM-N5 构成的有害气体控制报警器典型电路

管 LED 等元件组成。

2. 电路工作原理

电路通电后，当气敏元件 QM-N5 没有接触有害气体时，其 A、B 两极间的电阻值很大，晶体管 VT_1 ~ VT_3 均处于截止状态，继电器 K 失电不吸合，此时报警器处于监控状态。

当室内有害气体的浓度达到一定值时，QM-N5 的 A、B 两极间的阻值将变小，使得 VT_1 ~ VT_3 相继导通，继电器 K 通电吸合，其常开触点 K_1、K_2 均闭合，使排风扇的电动机 M 和声光报警电路得电工作。KD9561 输出的语音报警信号经 VT_4 放大后驱动扬声器 BL 发出响亮的报警声，发光二极管 LED 随着报警声而闪亮，同时排风扇不断把室内有害气体向室外排放。

当室内有害气体浓度降到某一设定值时（通过滑动变阻器 RP 调节），晶体管 VT_1 ~ VT_3 重新变为截止状态，继电器线圈 K 失电不吸合，其常开触点 K_1、K_2 均断开，声光报警电路等后级电路由于失电停止工作，报警器恢复为监控状态。

9.3　火灾报警系统传感器选择与设计

火灾是指在时间和空间上失去控制的燃烧所造成的灾害。在各种灾害中，火灾是最经常、最普遍地威胁公众安全和社会发展的主要灾害之一，火灾的发展过程大致可以分为初期阶段、发展阶段和衰减熄灭阶段。选择合适的火灾探测器的目的在于在初燃生烟阶段，能自动发出火灾报警信号，达到早期预警的目的。

9.3.1　常用的火灾探测器种类及原理介绍

根据工作原理的不同，火灾探测器可分为感烟探测器和感温火灾探测器。

1. 感烟探测器

（1）离子式感烟探测器

离子式感烟探测器是由两个内含镅 241 放射源的串联电离室、场效应晶体管及开关电路组成。外电离室（又称为检测电离室）有孔与外界相通，烟雾可以进入；而内电离室（补偿电离室）是密封的，烟雾不能进入。在串联的两个电离室的两端接入24V直流电源。当火灾发生时，烟雾进入检测电离室，镅241产生的α射线被阻挡，使其电离能力降低，因而电离电流减少，检测电离室空气的等效阻抗增加，而补偿电离室因无烟进入，电离室的阻抗保持不变，因此，烟雾引起施加在两个电离室两端分压比的变化，当检测电离室两端的电压增加量达到一定值时，开关电路动作、发出报警信号。

（2）光电式感烟探测器

光电式感烟探测器由光源、光电元件和电子开关组成。它的原理是利用起火时产生的烟雾能够改变光的传播特性这一基本性质研制的。光电式感烟探测器根据烟雾颗粒对光线的吸收和散射作用又可分为遮光型和散射型两种。

遮光型光电感烟探测器由光源（灯泡或发光二极管）和一个光电元件相对装在小暗室内构成。在无烟情况下，光源发出的光通过透镜聚成光束，照射到光电元件上，并将其转换成电信号，使整个电路维持在正常状态，此时不发出报警。当火灾发生时，有烟雾进入探测器，使光的传播特性改变，光强明显减弱，电路正常状态被破坏，发出报警信号。

散射光电式感烟探测器的发光二极管和光电元件设置的位置不是相对的。光电元件设置在多孔的小暗室里。无烟雾时，光不能照射到光电元件上，电路维持正常状态。而发生火灾时，有烟雾进入探测器，光被烟雾颗粒反射或散射到光电元件上，此时光信号转换成电信号，经放大电路放大后，驱动自动报警装置发出报警信号。

光电式感烟探测器发展迅速，种类不断增多，就其功能而言，由于能实现早期火灾报警，除应用于大型建筑物内部外，还特别适用于电气火灾危险性较大的场所，例如，计算机机房、仪器仪表室和电缆沟、隧道等处。

2. 感温火灾探测器

感温火灾探测器按结构原理的不同有双金属片型、膜盒型、热敏电子元件型3种。

1）双金属片型是应用两种不同膨胀系数的金属片作为敏感元件的，一般制成差温和定温两种形式。定温式是指当环境温度上升达到设定温度时，定温部件立即动作，发出报警信号；差温式是指当环境温度急剧上升，其温升速率（单位:℃/min）达到或超过探测器规定的动作温升速率时，差温部件立即动作，发出报警信号。

2）膜盒型探测器由波纹板组成一个气室，室内空气只能通过气塞螺钉的小孔与大气相通。一般情况下（指环境温升速率不大于1℃/min），气室受热，室内膨胀的气体可以通过气塞螺钉小孔泄漏到大气中去。当发生火灾时，温升速率急剧增加，气室内的气压增大，波纹板向上鼓起，推动弹性接触片，接通电接点，发出报警信号。

3）电子感温火灾探测器由两个阻值和温度特性相同的热敏电阻和电子开关线路组成，两个热敏电阻中的一个可直接感受环境温度的变化，而另一个则封闭在一定热容量的小球内。当外界温度变化缓慢时，两个热敏电阻的阻值随温度变化基本相接近，开关电路不动作。火灾发生时，环境温度剧烈上升，两个热敏电阻阻值变化不一样，原来的稳定状态被破坏，开关电路打开，发出报警信号。

9.3.2 火灾探测器的选择

1. 火灾类型及形成规律与探测器的关系

火灾分为两大类，一类是燃烧过程极短暂的爆燃性火灾；另一类是具有初始的阴燃阶段，燃烧过程较长的一般性火灾。对于第一类火灾，必须采用可燃气探测器实现灾前报警，或采用感光式探测器对爆燃性火灾瞬间产生的强烈光辐射作出快速报警反应。这类火灾没有阴燃阶段，燃烧过程中烟雾少，用感烟式探测器显然不行。燃烧过程中虽然有强热辐射，但总的来说感温式探测器的响应速度偏慢，不能及时对爆燃性火灾做出报警反应。一般性火灾初始的阴燃阶段，产生大量的烟和少量的热，很弱的火光辐射，此时应选用感烟式探测器。单纯作为报警目的的探测器，选用非延时工作方式；报警后联动消防设备的探测器，则选用延时工作方式。烟雾粒子较大时宜采用光电感烟式探测器。烟雾粒子较小时由于对光的遮挡和散射能力较弱，光电式探测器灵敏度降低，此时宜采用离子式探测器。火灾形成规模时，在产生大量烟雾的同时，光和热的辐射也迅速增加，这时应同时选用感烟、感光及感温式探测器，把它们组合使用。

2. 根据建筑物的特点及场合的不同选用探测器

建筑物的室内高度的不同，对火灾探测器的选用有不同的要求。房间高度超过 12m 则感烟探测器不适用，房间高度超过 8m 则感温探测器不适用，这种情况下只能采用感光探测器。

对于较大的库房及货场，宜采用线型激光感烟探测器，如采用其他点型探测器则效率不高。在粉尘较多、烟雾较大的场所，感烟式探测器易出现误报警，感光式探测器的镜头易受污染而导致探测器漏报。因此，在这种场合只有采用感温式探测器。

在较低温度的场合，宜采用差温或差定温探测器，不宜采用定温探测器。在温度变化较大的场合，应采用定温探测器，不宜采用差温探测器。

风速较大或气流速度大于 5m/s 的场所，不宜采用感烟探测器，使用感光探测器则无任何影响。

针对传感器各自的特点和适用场合，可选用离子感烟探测器和光电感烟探测器的组合作为家庭防火的传感器。

9.3.3 离子感烟探测器设计

1. MC14468 介绍

烟雾检测器 MC14468 是美国摩托罗拉（MOTOROLA）公司生产的离子感烟探测报警专用芯片，为大规模 CMOS 电路构造。只需外接一个离子源和用于安装离子源的离子室及少量的外部元件，即可完成烟雾探测、报警的功能。当探测到烟雾时，它能通过外接的压电式换能器和内部的驱动电路发出报警声。

MC14468 具有以下特点：

- 内置高输入阻抗的场效应晶体管和比较器。
- 内含压电式蜂鸣器的驱动电路，可以直接驱动蜂鸣器。
- 探测信号输入端具有保护二极管。
- 电池欠电压报警，电池电压报警点可通过外接电阻设置。
- 探测阈值（即灵敏度）可通过电阻进行设置。
- MC14468 还具有一个 I/O 引脚，允许 40 个报警单元相互连接在一起，组成一个多点报警区域系统。

MC14468 为双列直插式（DIP）16 引脚封装，其引脚如图 9-14 所示。MC14468 的内部结构框图如图 9-15 所示。内部含有振荡器、定时器、锁存器、报警控制逻辑电路和高输入阻抗的比较器、电阻网络等。没有检测到烟雾时，MC14468 的内部振荡器振荡周期为 1.67s。每个周期内，除了 LED 闪亮、电池欠电压报警和有烟雾报警期间，整个系统都不停地检测有无烟雾，除此以外每隔 24 个周期检测一次电池电压是否正常，电池欠电压检测是通过比较器把待测电压和齐纳稳压二极管两端的电压进行比较获得，因为整个探测装置对功耗的要求比较高，所以 12 引脚外接的振荡电容应该选用低泄漏电流的电容，以延长电池的使用寿命。

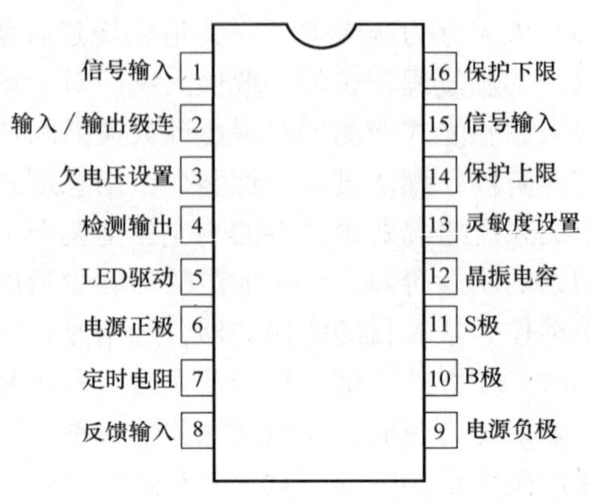

图 9-14　MC14468 引脚示意图

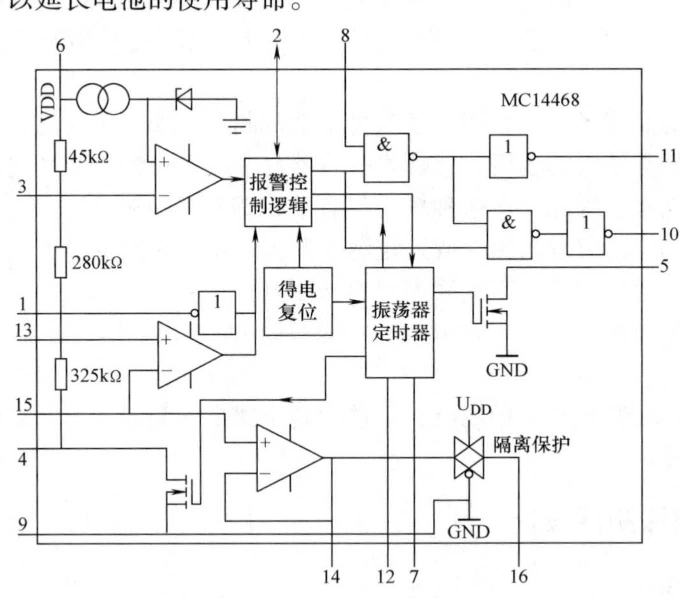

图 9-15　MC14468 的内部结构框图

当 MC14468 一旦检测到有烟雾时，振荡器的振荡周期变为 40ms，压电蜂鸣器振荡驱动电路起动，起动使能输出为维持高电平 160ms 后，停止 80ms。在停止期间，继续检测烟雾的变化，这时如果没有检测到烟雾，则禁止蜂鸣器振荡电路振荡，不发出报警声。在烟雾报警过程中，将禁止电池欠电压报警，同时 LED 发光二极管指示灯闪亮，频率约为 50Hz。

2. MC14468 应用电路图

图 9-16 中，离子室中的离子电流随着探测现场的烟雾的变化而变化，从而产生微弱的电压变化传到 MC14668 检测端 15，由 MC14468 内部的逻辑处理电路处理后，起动蜂鸣器驱动电路，再经外接的 C_{10}、R_{10}和 R_9 形成的调制频率输出，从而推动蜂鸣器发出不同频率的报警声。通过报警声音和发光二极管 VL 的闪烁等来判定传感器所处的各种状态。当发光二极管 VL 闪亮，并且蜂鸣器发出刺耳的报警声时，为本处有火灾报警信号。当只有刺耳的报

警声，而发光二极管不闪亮时，为本区域探测网中其他地方报警，提醒用户注意危险。当为一短促的嘟嘟声，且 VL 闪亮时，为电池欠电压告警，提醒用户更换电池。当为一短促的嘟嘟声，且 VL 不亮，则为探测报警器的灵敏度级别有所降低，提醒用户进行适当的维护，以提高其探测灵敏度。蜂鸣器 BZ 共有 3 个电级，分别为 B 极、S 极、F 极，B_1 为 9V 叠层电池，探测报警器处于监控状态时电流只有 10 μA 左右，通常情况下电池可以使用一年以上。图 9-16 中，R_8 用来设置电池欠电压告警值可以根据需要来进行调整；R_7 用来设置探测灵敏度，R_4 为定时电阻，一般选用 8.2MΩ。离子室放射源镅 241 的强度约 0.8με。探测报警器安装后，一般每月要自检一次，检查报警等各种功能是否正常，为此设立了一自检按钮，安装在壳体的外部供用户自检使用。整个装置内设有金属屏蔽层，可防止外部各种信号干扰。内置的离子源强度较小，不会对环境造成污染，不会对人体造成伤害，符合有关规范要求。

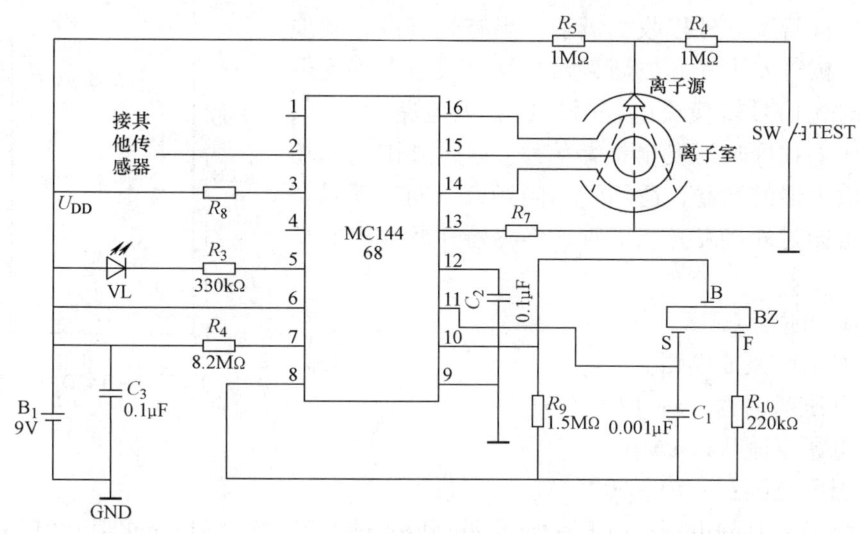

图 9-16　MC14468 构成的烟雾报警电路图

离子式烟雾探测的灵敏度和电池欠电压告警值可通过外接电阻来设置，它们共用一个电阻分压网络，通过引脚 3 将一电阻接到 U_{DD}，可设置电池欠电压告警电压值，通过引脚 13 将一电阻接至 $V_{地}$ 可设置灵敏度级别，灵敏度级别的设置也可以通过改变离子室的结构或离子源的强度。电池欠电压告警值一般设置为 7.0V 左右。

9.3.4　光电感烟探测器设计

物质在燃烧初期会产生大量的烟雾颗粒和一氧化碳等有害气体。烟雾颗粒的大小（以直径计）一般为 0.01 ~9μm。这些烟雾颗粒分布界面极大、性质也不稳定，容易使光产生散射。光电式烟雾传感器将烟雾颗粒作为被测对象，通过进入光敏室内的烟雾颗粒对发光元件发出红外光的散射作用而引起的接受元件端产生电量的变化，通过判断电量的变化确定烟雾报警状态。在一个不受外界光线影响，但烟雾可以进出的光敏室中装有红外发光元件（光源）和红外受光元件（光敏器件），在两者之间加上遮光部件，且之间形成一定角度以避免受光元件直接接收发光元件发出的光线。实验证明得出了发光元件与受光元件的夹角等于135°时，受光元件状态最佳。当光敏室中无烟雾颗粒时，散射光极微弱。在火灾燃烧的初期，烟雾颗粒进入光敏室，红外光源（发光元件）发射的光在烟雾颗粒上产生散射，光敏二极管接收到的光强增加，产生光电流。当无烟雾颗粒进入光敏室时，受光元件不产生光电流，这就实现了将烟雾信号转变为电信号的物理过程。这种方式的烟雾传感器特点是烟雾种类不同，对其灵敏度的影响不大。

1. MC145010 介绍

传感器主控芯片采用MC145010，MC1450100是美国摩托罗拉公司（MOTOROLA）生产的CMOS构造芯片，为16引脚DIP封装（如图9-17所示），其内部逻辑图如图9-18所示，是光电散射式烟雾传感器专用芯片，内部含有复杂而低功耗的模拟和数字电路，如图9-18所示，使用时需外接一个红外光电检测室和红外发光二极管及红外接收二极管。当有烟雾进入感应室后，发光二极管发出的光被烟雾颗粒反射或散射到光电元件上，此时光信号转换成电信号，经放大电路放大后，驱动外部的压电式蜂鸣器发出报警信号。通过外围的简单电路可调整放大器的增益，适用于不同场合。同时还具备多路控制，可同时外接发光二极管、蜂鸣器和其他控制单元。

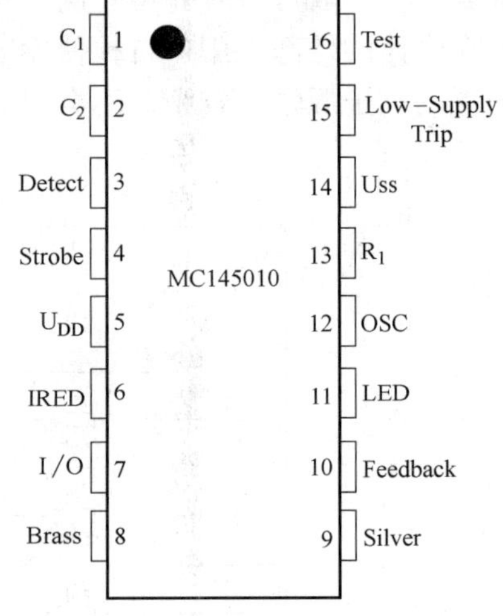

图9-17　MC145010引脚功能图

MC145010 的特点：

- 单片CMOS集成电路。
- 电源电压范围宽：6～12V。
- 平均电源电流：12μA。
- 工作温度范围：－10～60℃
- 各引脚都具有静电释放（Electro-Static discharge，ESD）和Latch Up（闩锁效应）保护电路。
- 具备低功耗模式，可使用电池电源。
- 封装形式为16引脚双列直插。

引脚功能说明见表9-3。

表9-3　MC145010引脚功能说明

引脚号	符号	功能描述	
1	C_1	高增益电容连接端	外接电容。内部通过与该电容相连，形成放大器的高倍电压反馈回路
2	C_2	低增益电容连接端	外接电容。内部通过与该电容相连，形成放大器的低倍电压反馈回路
3	Detect	检测输入端	连接光敏二极管（为内部比较器提供比较信号）
4	Strobe	选通端	定时输出标称值为 U_{DD}—5V 的电压。在此期间，起动内部的检测电路
5	V_{DD}	电源正端	提供电源
6	IRED	信号输出端	为外部红外发射驱动器提供脉冲基极电压
7	I/O	与其他MC145010的互联端	该端能同时连接40个单元，可实现辅助报警、远程报警、自动拨号功能

（续）

引脚号	符号	功能描述	
8	Brass	推挽驱动输出端	驱动外部蜂鸣器发出警报
9	Silver	推挽驱动输出端	
10	Feedback	反馈端	把 8、9 的信号反馈到推挽输出电路中
11	LED	显示输出端	直接驱动外部发光二极管工作
12	OSC	振荡器输入端	外部电路确定内部振荡器的振荡周期
13	R_1	外部电容、电阻连接端	与外部电阻、电容连接，决定内部电路 IRED 输出的脉冲周期
14	V_{SS}	电源负端	电源参考地
15	Low-Supply	欠电压检测输入端	该端通过外部电阻，从 V_{DD} 和 LED 之间连接点中获得解扣电压，决定欠电压报警极限
16	TEST	电路测试端	该端内部有下拉器件。此端置高电位，电路进入测试状态，相当于模拟烟雾条件；该端浮置时，由于下拉器件的作用，回到 V_{ss}（低电位）

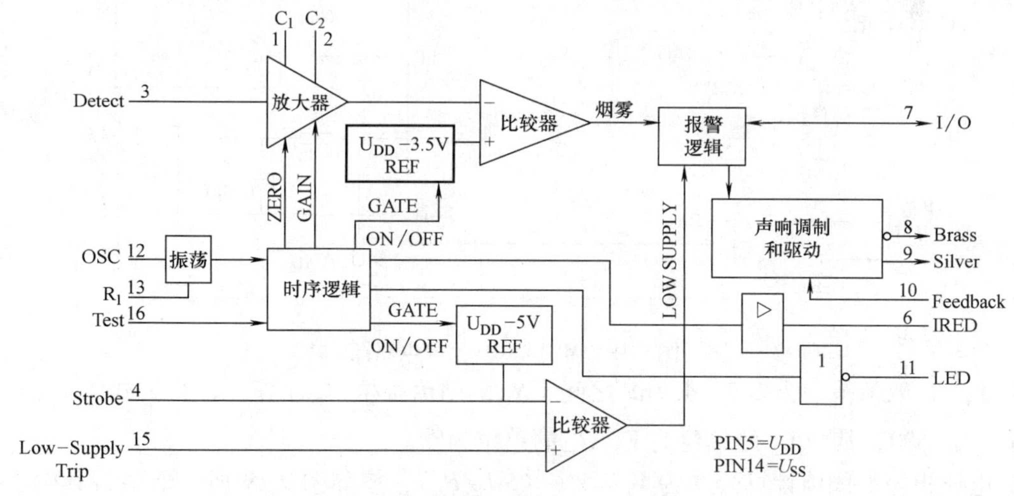

图 9-18　MC145010 内部逻辑图

2. MC145010 应用电路

MC145010 芯片供电电源为外接 9V 干电池，其静态功耗很低，工作电流小于 10μA，而目前 9V 干电池的容量一般为 150mA · h 左右，则其正常可用时间约为 15000 小时，理论上不低于 1.5 年，能够满足日常家庭的使用要求。

MC145010 报警电路图如图 9-19 所示，其时钟电路为 RC 振荡电路。由 R_1、R_2 和 C_3 组成，其振荡周期的计算公式为 $T_0 = 0.6931 \times (R_1C_3 + R_2C_3)$，因此，如图 9-19 所示电路的振荡周期为 10.5ms。

增益调节电路可以调节系统的放大倍数，也可以作为一种调节灵敏度的方法。在有烟雾进入烟雾感应室后，系统驱动蜂鸣器发出报警信号。由于烟雾颗粒的散射造成光电接收管的变化非常微弱，因此，系统内置了放大电路，调整 C_1、C_2 和 R_{14} 的参数，即可调整放大器的增益倍数，达到调节灵敏度的效果，其中 C_1 是单独使用的，C_2 与 R_{14} 需配合使用。C_1 为增益粗调元件，其取值一般限定在 10 ~ 47nF 之间，其增益放大倍数的计算公式为 $A_v = 1 + (C_1/10)$，其中 C_1 的单位为 pF，C_2 为增益微调元件，其增益放大倍数计算公式为 $A_v = 1 +$

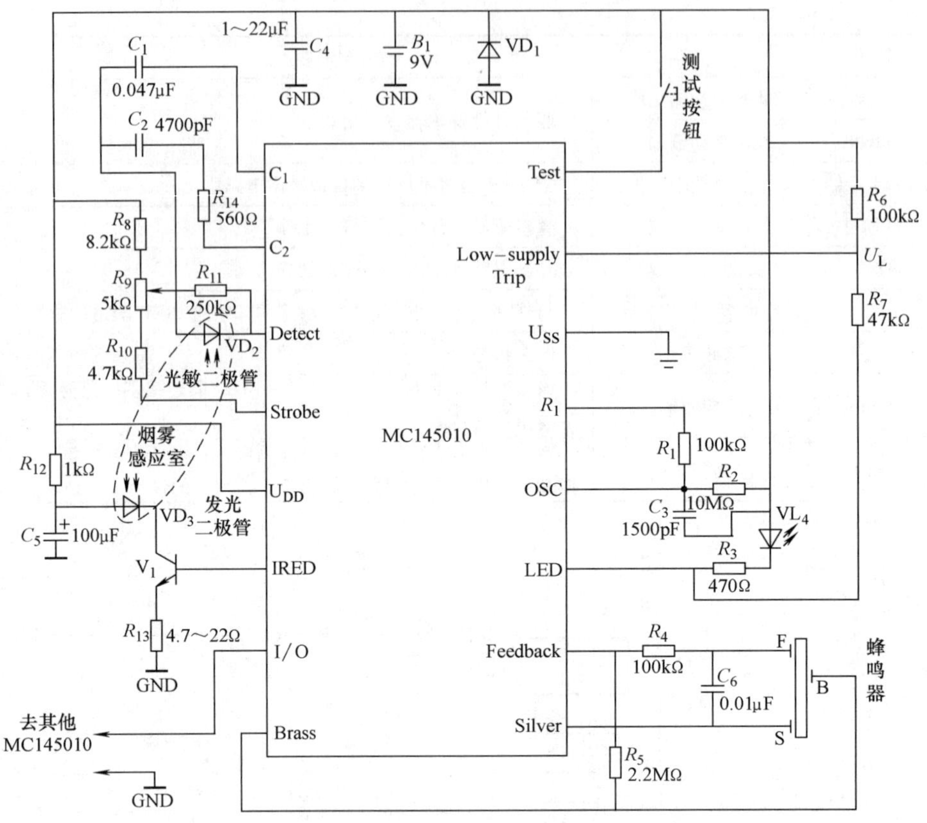

图 9-19　MC145010 报警电路图

$(C_2/10)$，C_2 取值范围为2.2～4.7nF之间，R_{14}的阻值根据 C_2 计算，计算公式为 $R_{14}=[1/12\sqrt{C_2}]-680$，其中 C_2 的单位为 F，R_{14}的单位为欧。

欠电压报警的阈值计算公式为 $V_L=5+(5R_7/R_6)$，按如图9-19所示取值，其电压报警值为7.35V，当电池电压小于7.35V时，比较器将输出一个高电平触发报警电路。

9.4　家居温湿度检测传感器系统设计

9.4.1　常用温度测量传感器及原理

常用温度传感器的种类、测温范围以及典型仪表见表9-4。

表9-4　常用温度传感器的种类、测温范围以及典型仪表

测温方式	类别	测量原理	典型仪表	测温范围/℃	特征
接触式	膨胀类	利用液体、气体的热膨胀及物质的蒸气压变化	玻璃液体温度计	-100～600	不需要用电
			压力式温度计	-100～500	
		利用两种金属的热膨胀差	双金属温度计	-80～600	

（续）

测温方式	类别	测量原理	典型仪表	测温范围/℃	特征
接触式	热电类	热电效应	热电偶	-200~1800	构造简单、使用方便、测量范围宽、精度高、便于远距离测量、需要冷端补偿
	电阻类	固体材料的电阻值随温度变化	铂热电阻	-260~850	精度高、物理、化学性能极稳定、耐氧化能力强、易提纯、复制性好、工业性好、电阻率较高、但价格贵、温度系数小
			铜热电阻	-50~150	精度中等，温度系数比铂电阻大，价格低，也易于提纯和加工；但其电阻率小，在腐蚀性介质中使用稳定性差
			热敏电阻	-50~300	精度低、灵敏度高、反应速度快、稳定可靠、抗老化、互换性、一致性好
	其他电学类	PN 结结电压的变化	半导体二极管	-150~150（Si）	灵敏度高、线性度好
		晶体管特性变化	晶体管	-150~150	
			半导体集成电路	-40~150	
		压电效应	石英晶体振荡器	-100~200	可做标准用
		频率变化	SAW（声表面波）振荡元件	0~200	
		磁导率变化	热铁氧体	-80~150	在特定温度下变化
			Fe-Ni-Cu 合金	0~350	
		电容变化	$BaSrTiO_3$ 陶瓷	-270~150	温度与电容呈倒数关系
		物质颜色	示温涂料	0~1300	温度检测不连续
			液晶	0~100	颜色连续变化
非接触式	光学变化	普朗克定律	光学高温计	900~2000	能实现非接触测量，超高温场合用
	热辐射		辐射源温度传感器	100~2000	

从温度测量范围、测温精度、稳定性、使用的便利性、经济型等方面进行比较，集成温度传感器具有很高的线性度、低成本、高精度、小尺寸和高分辨率等优点，因此，适合在家居环境的温度测量中使用。

9.4.2 常用湿度测量方法及传感器介绍

湿度是表示空气中水蒸气含量的物理量，常用绝对湿度、相对湿度、露点等表示。绝对湿度是指单位体积空气内所含水蒸气的质量，一般用 mg/L 作单位。相对湿度的定义是指单位体积空气内实际所含水蒸气的密度 d_1 和同温度下饱和水蒸气密度 d_2 的百分比，即 $RH\% = (d_1/d_2) \times 100\%$，其中 $RH\%$ 表示相对湿度，即人们日常生活中所说的空气湿度。温度越高的气体，所含水蒸气越多，若将该气体冷却，即使其中所含水蒸气量不变，但相对湿度将逐渐增加，冷却到某一个温度时，相对湿度达到 100%，呈饱和状态，再冷却时，蒸气中的一部分将凝聚生成露，这个温度称为露点温度。即空气在气压不变的条件下，为了使其所含水蒸气达到饱和状态时所必须冷却到的温度，称为露点温度。气温和露点的差越小，表示空气越接近饱和。

湿度测量方法众多，目前湿度测量方案最主要的有两种，干湿球测湿法和电子式湿度传感器测湿法。干湿球测湿法的维护简单，在实际使用中，只需定期给湿球加水及更换湿球纱布即可。与电子式湿度传感器相比，干湿球测湿法不会产生老化，精度下降等问题，而且干湿球测湿法采用间接测量方法，通过测量干球、湿球的温度经过计算得到湿度值，因此，对使用温度没有严格限制，在高温环境下测湿不会对传感器造成损坏。所以干湿球测湿方法更适合于在高温及恶劣环境下使用。使用时，应将干湿计放置距地面 1.2～1.5m 的高处。读出干、湿两球所指示的温度差，由该湿度计所附的对照表就可查出当时空气的相对湿度。因为湿球所包纱布水分蒸发的快慢，不仅和当时空气的相对湿度有关，还和空气的流通速度有关。所以干湿球温度计所附的对照表只适用于指定的风速，不能任意应用，其准确度只有 5%～7%*RH*。

电子式湿度传感器是近 20 年才迅速发展起来的一种新型电子器件，其准确度可以达到 2%～3%（相对湿度）。在实际使用中，由于尘土、油污及有害气体的影响，传感器精度将下降，湿度传感器的年漂移量一般都在 ±2% 左右甚至更高。一般说来，电子式湿度传感器的长期稳定性和使用寿命不如干湿球湿度传感器。因电子式湿度传感器采用半导体技术，因此，对使用环境的温度有要求，超过其规定的使用温度将对传感器造成损坏，所以电子式湿度传感器测湿方法更适合于在洁净及常温的家庭环境中使用。

电子式湿度传感器按输出可分成以下 3 种类型。

1）线性电压输出式集成湿度传感器典型产品为 HIH3605/3610、HM1500/1520。其主要特点是采用恒压供电，内置放大电路，能输出与相对湿度呈比例关系的伏特级电压信号，响应速度快、重复性好、抗污染物能力强。

2）线性频率输出式集成湿度传感器典型产品为 HF3223 型。其输出频率与相对湿度成线性关系，在相对湿度为 55% 时的输出频率为 8750Hz（型值），当相对湿度从 10% 变化到 95% 时，输出频率就从 9560Hz 减小到 8030Hz。这种类型传感器具有线性度好、抗干扰能力强、便于和数字电路或单片机相连、价格低等优点。

3）频率/温度输出式集成湿度传感器典型产品为 SHT11 和 HTF3223 型等。传感器除了具有湿度测量功能以外，还增加了温度信号输出端。

9.4.3 用 SHT11 传感器构建温度测量系统

根据各种传感器的测量精度、测温范围以及适用场合和使用的方便性等，系统采用 SHT11 作为温湿度测量的传感器，下面以 SHT11 为传感器构建温湿度测量系统。

1. SHT11 简介

SHT11 是瑞士 Sensirion 公司生产的具有 I^2C 总线接口的单片全校准数字式相对湿度和温

度传感器。该传感器将传感元件和信号处理电路集成在一块微型电路板上，输出完全标定的数字信号。它采用专利的 CMOSens®技术，确保产品具有极高的可靠性与卓越的长期稳定性。因此，该产品具有品质卓越、响应迅速、抗干扰能力强、性价比高等优点，每个传感器芯片都在极为精确的湿度腔室中进行标定，校准系数以程序形式储存在内存中，用于调整，使外围系统集成变得快速而简单。微小的体积、极低的功耗，使得 SHT11 成为各类应用中的首选。

2. SHT11 性能特点

- 将温湿度传感器、信号放大调理、A/D 转换、I^2C 总线接口全部集成于一片芯片上（CMOSens TM 技术）。
- 可给出全校准相对湿度及温度值输出。
- 带有工业标准的 I^2C 总线数字输出接口。
- 具有露点值计算输出功能。
- 具有卓越的长期稳定性。
- 湿度值输出分辨率为 14 位，温度值输出分辨率为 12 位，并可编程为 12 位和 8 位。
- 体积小，可表面贴装。
- 具有可靠的循环冗余码校验功能（Cyclic Redundancy Check，CRC）。
- 片内装载的校准系数可保证 100% 互换性。
- 电源电压范围为 2.4 ~5.5V。
- 电流消耗，测量时为 550μA，平均为 28μA，休眠时为 3μA。

3. SHT11 外形及引脚名称

SHT11 采用 SMD 封装形式，引脚排列及名称如图 9-20 所示，其引脚说明如下：

- GND：接地端。
- DATA：双向串行数据线。
- SCK：串行时钟输入。
- U_{DD}：电源端：0.4 ~5.5V 电源端。
- NC：空引脚。

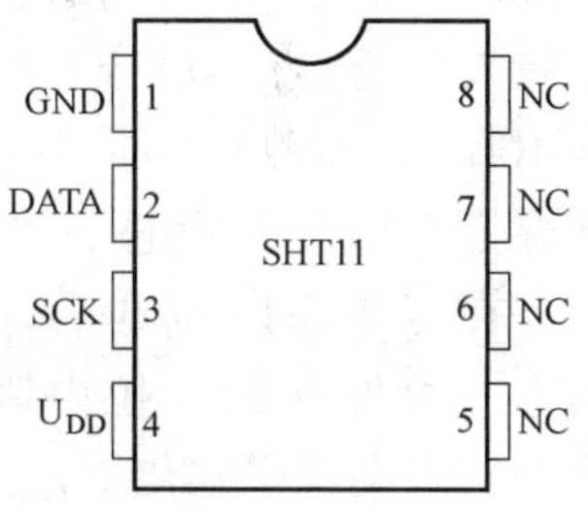

图 9-20　SHT11 引脚功能图

4. SHT11 内部结构介绍

SHT11 内部结构如图 9-21 所示。主要包括相对湿度传感器、温度传感器、放大器、14 位 ADC（模/数转换器）、校准存储器 E^2PROM、RAM、CRC（循环冗余校验码）寄存器、I^2C 总线接口和欠电压监测电路等。相对湿度传感器和温度传感器分别将湿度和温度转换成电信号，该电信号首先进入微弱信号放大器进行放大，然后进入一个 14 位的 A/D 转换器，最后经过 I^2C 总线接口输出数字信号。SHT11 在出厂前，都会在恒湿或恒温环境中进行校准，校准系数存储在校准存储器中，在测量过程中，校准系数会自动校准来自传感器的信号。此外，SHT11 内部还集成了一个加热元件，加热元件接通后可以将 SHT11 的温度升高 5℃左右，此功能主要为了比较加热前后的温度和湿度值，综合验证两个传感器元件的性能。在高湿（相对湿度 >95%）环境中，加热传感器还可预防传感器结露，同时缩短响应时间，提高精度。

由于将传感器和后续测量转换电路结合在一起，因此，该传感器具有比其他类型的湿度

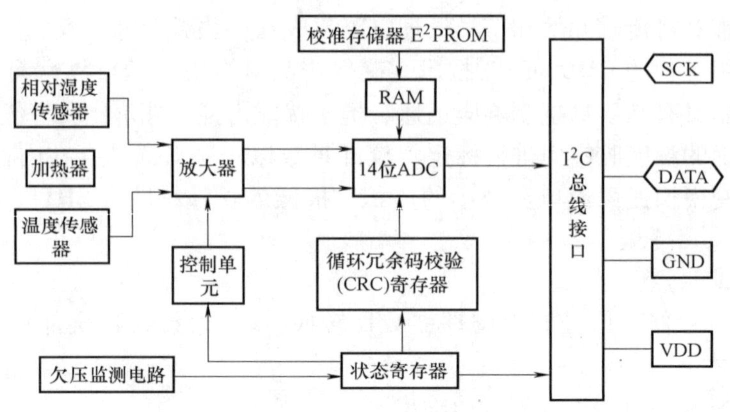

图 9-21　SHT11 内部结构

传感器更优越的性能。首先是增强了传感器的抗干扰性能，确保了传感器的长期稳定性，而 A/D 转换的同时完成，降低了传感器对干扰噪声的敏感程度。其次在传感器芯片内装载的校准数据确保了每一只湿度传感器都具有相同的功能，即具有 100% 的互换性。该传感器可直接通过 I^2C 总线和所有类型的微处理器、微控制器系统连接，从而减少了接口电路的硬件成本，简化了接口方式。

5. SHT11 与微处理器的硬件连接

微处理器通过 I^2C 总线接口与 SHT11 进行通信。该芯片的 DATA 引脚在 SCK 时钟脉冲的下降沿改变状态，并仅在 SCK 时钟脉冲的上升沿有效，所以，微控制器可以在 SCK 高电平时读出数据，而当其向 SHT11 发送数据时，则必须保证 DATA 上的电平状态在 SCK 高电平段稳定。在需要输出高电平时，微控制器将置为高阻态，由外部的上拉电阻将信号拉至高电平，从而实现高电平输出。所以在 DATA 端接入 1 个 10kΩ 的上拉电阻，在 U_{DD}和 GND 端接入一个 100nF 的去耦电容。硬件连线图如图 9-22 所示。微处理器对 SHT11 的控制是通过 5 个 5 位命令代码来实现的，命令代码的含义如表 9-5 所示。

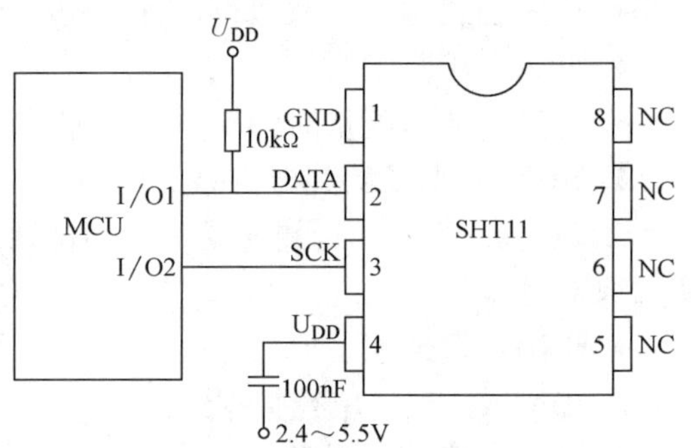

图 9-22　微处理器与 SHT11 硬件连接图

表 9-5　SHT11 传感器命令列表

命　令	编　码	说　　明
测量温度	00011	温度测量
测量湿度	00101	湿度测量
读状态寄存器	00111	“读”状态寄存器
写状态寄存器	00110	“写”状态寄存器
软复位	11110	重启芯片，清除状态记录器的错误记录，11ms 后进入下一个命令
预留	0000X	
预留	0101X－1110X	

6. SHT11 传感器的软件设计

（1）起动传感器

首先，选择供电电压后将传感器通电，上电速率不能低于 1V/ms。通电后传感器需要等待 11ms 以越过“休眠”状态，在此之前不允许对传感器发送任何命令。

（2）发送命令

用一组“启动传输”时序来完成数据传输的初始化。它包括当 SCK 时钟脉冲高电平时 DATA 翻转为低电平，紧接着 SCK 变为低电平，随后是在 SCK 时钟脉冲高电平时 DATA 翻转为高电平；启动命令发送完毕，发送控制命令，控制命令包含 3 个地址位（目前只支持“000”）和 5 个命令位，其过程如图 9-23 启动传输部分所示；在第 8 个 SCK 时钟脉冲的下降沿，SHT11 将 DATA 下拉为低电平（ACK 位），表示已正确地接收到指令，在第 9 个 SCK 时钟脉冲的下降沿之后，释放 DATA（恢复高电平）总线，图 9-23 中加黑部分的 DATA 线由传感器控制，普通的 DATA 线由单片机控制。

（3）温湿度测量

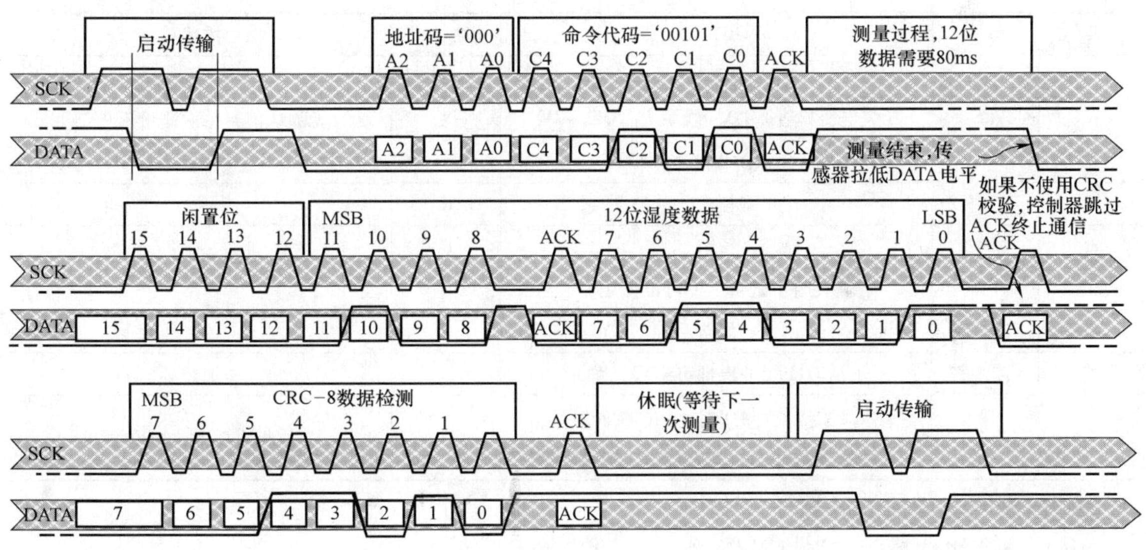

图 9-23　相对湿度测量的时序

发送完启动命令和控制命令后，MCU（微处理器）要等待测量结束，该过程大约需要 20/ 80/ 320ms，分别对应 8/12/14 位测量。SHT11 通过下拉 DATA 至低电平表示测量结束，MCU 在触发 SCK 时钟前必须等待该“数据备妥信号”。然后 SHT11 接着传输 2 字节的测量数据和 1 字节的 CRC 奇偶校验码。MCU 需要通过下拉 DATA 为低电平来确认每个字节。所有的数据从 MSB（最高有效位）开始，右值有效（例如，对于 12 位数据，从第 5 个 SCK 时钟起算作 MSB；而对于 8 位数据，首字节则无意义），在收到 CRC 的确认位之后，表明通信结束。如果不使用 CRC-8 校验，控制器可以在测量值 LSB 后，通过保持确认位 ACK 为高电平来中止通信。图 9-23 为相对湿度测量的时序，传感器测量数值“0000 0100 0011 0001”＝1073＝35.50%（不含温度补偿），在测量和通信结束后，SHT11 自动转入休眠模式。

（4）通信复位程序

如果与 SHT11 通信中断，可通过下列信号时序复位，当 DATA 保持高电平时，触发

SCK 时钟 9 次或更多，如图 9-24 所示。接着发送一个“传输启动”时序，这些时序只复位串口，状态寄存器的内容仍然被保留。

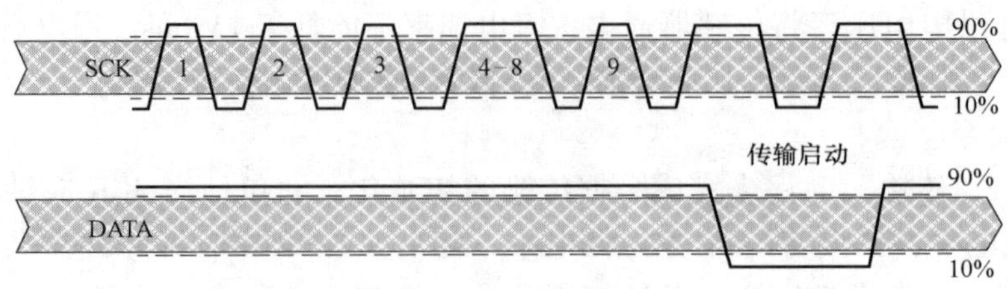

图 9-24　复位时序图

（5）寄存器配置

SHT11 传感器中的一些高级功能是通过状态寄存器来实现的，寄存器各位的类型及说明见表 9-6 所示。

表 9-6　SHT11 状态寄存器类型及说明

位	类型	说 明	缺 省	描述
7		预留	0	
6	读	（欠电压检查）“0” 表示 $U_{DD} > 2.47$V “1” 表示 $U_{DD} < 2.47$V	X	无默认值，每次测量后更新
5		预留	0	
4		预留	0	
3		只用于试验，不可以使用	0	
2	读/写	加热	0	关
1	读/写	不从 OTP（一次性可编程）加载	0	加载
0	读/写	“1” =8 位相对湿度，12 位温度分辨率 “0” =12 位相对湿度，14 位湿度分辨率	0	12 位相对湿度，14 位温度

7. 温度和湿度值的计算

（1）湿度线性补偿和温度补偿

SHT11 可通过 DATA 数据总线直接输出数字量湿度值。该湿度值称为“相对湿度”，需要进行线性补偿和温度补偿后才能得到较为准确的湿度值。由于相对湿度数字输出特性呈一定的非线性（如图 9-25 所示），因此，为了补偿湿度传感器的非线性，可按式（9-1）修正湿度值。

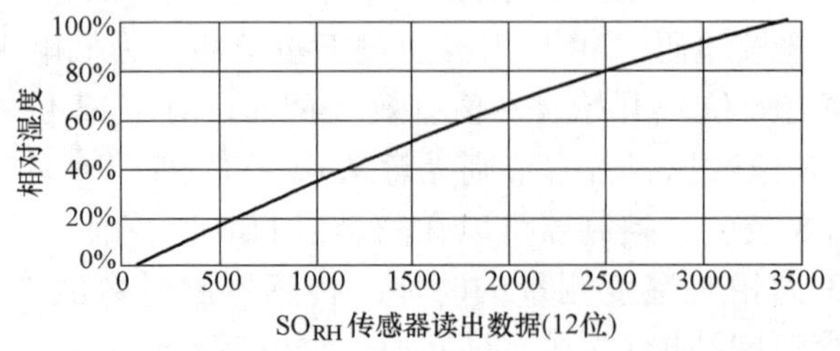

图 9-25　从 SO_{RH} 到相对湿度的变化

$$RH_{linear} = C_1 + C_2 \times SO_{RH} + C_3 \times SO_{RH}^2 \tag{9-1}$$

式中，RH_{linear}为经过线性补偿后的湿度值；SO_{RH}为相对湿度测量值；C_1、C_2、C_3 为线性补偿系数，取值如表 9-7 所示。

表 9-7　公式中的参数取值

SO_{RH}	C_1	C_2	C_3
12 位	-2. 0468	0. 0367	-1. 5955E-6
8 位	-2. 0468	0. 5872	-4. 0845E-4

由于温度对湿度的影响十分明显，而实际温度和测试参考温度 25℃有所不同，所以对线性补偿后的湿度值进行温度补偿很有必要，补偿公式如下：

$$RH_{true} = (T_{℃} - 25) \times (t_1 + t_2 \times SO_{RH}) + RH_{linear} \tag{9-2}$$

式中，RH_{true}为经过线性补偿和温度补偿后的湿度值；T 为测试湿度值时的温度（℃），t_1 和 t_2 为温度补偿系数，取值如表 9-8 所示。

表 9-8　温度补偿系数取值

SO_{RH}	t_1	t_2
12 位	0. 01	0. 00008
8 位	0. 01	0. 00128

（2）温度值输出

由于 SHT11 温度敏感元件具有很好的线性输出，因此，实际温度值可由下式算得。

$$T = d_1 + d_2 \times SO_T \tag{9-3}$$

式中，d_1 和 d_2 为待定系数；d_1 的取值与 SHT11 工作电压有关；d_2 的取值则与 SHT11 内部 A/D 转换器采用的分辨率有关，其对应关系如表 9-9 所示。

表 9-9　温度转换系数对应关系

U_{DD}/V	d_1/℃	d_1/°F	SO_T	d_2/℃	d_2/°F
5	-40. 1	-40. 2	14 位	0. 01	0. 018
4	-39. 8	-39. 6	12 位	0. 04	0. 072
3. 5	-39. 7	-39. 5			
3	-39. 6	-39. 3			
2. 5	-39. 4	-38. 9			

（3）露点计算

露点是一个特殊的温度值，是空气保持某一湿度必须达到的最低温度。当空气的温度低于露点时，空气容纳不了过多的水分，这些水分会变成雾、露水或霜。露点可以根据当前相对湿度值和温度值计算得出，具体的计算公式如下：

$$T_d(RH,T) = T_n \frac{\ln\left(\frac{RH}{100\%}\right) + \frac{mT}{T_n + T}}{m - \ln\left(\frac{RH}{100\%}\right) - \frac{mT}{T_n + T}} \tag{9-4}$$

式中，RH 和 T 为引用经过线性处理和补偿的数值。露点计算参数见表 9-10。

表 9-10　露点计算参数

温度	T_n（℃）	m
0～50℃	243.12	17.62
-40～0 ℃	272.62	22.46

（4）实际应用注意事项

由于大气的相对湿度与温度的关系比较密切，因此，测量大气温度时的要点是将传感器与大气保持同一温度，如果传感器线路板上有发热元件，SHT11 应与热源保持良好的通风，为减少 SHT11 和 PCB 之间的热传导，应使铜导线尽可能细，同时避免使传感器在强光或紫外线下曝晒。

传感器在布线时，如果 SCK 和 DATA 信号相互平行且非常接近，或信号线长于 10cm 时，有可能造成信号串扰和通信失败，此时应在两组信号之间放置 U_{DD}或 GND 将信号线隔开，或者使用屏蔽电缆。

本 章 小 结

在当今信息时代，传感器技术与计算机技术、自动控制技术紧密结合在一起，大多数测量的目的在于控制，如何正确合理地选择传感器是完成测量的第一步，因此，很多测控场合通常选择数字传感器来实现与外设 MCU 的直接相连以完成测量与控制的目的。本章主要介绍了传感器的选择和使用时需要注意的事项，重点介绍了智能家居系统中各种传感器的选择和使用，通过本章的介绍让读者对传感器的应用有一个感性的认识，为今后从事传感器系统的应用设计工作打下基础。

附　　录

附录 A　常用热电阻分度表

附表 A-1　Cu50 型热电阻分度表　　$R_0=50.00\Omega$

温度/℃	电阻值/Ω									
	0	1	2	3	4	5	6	7	8	9
-40	41.4	41.184	40.969	40.753	40.537	40.322	40.106	39.89	39.674	39.458
-30	43.555	43.339	43.124	42.009	42.693	42.478	42.262	42.047	41.831	41.616
-20	45.706	45.491	45.276	45.061	44.846	44.631	44.416	44.2	43.985	43.77
-10	47.854	47.639	47.425	47.21	46.995	46.78	46.566	46.351	46.136	45.921
-0	50	49.786	49.571	49.356	49.142	48.927	48.713	48.498	48.284	48.069
0	50	50.214	50.429	50.643	50.858	51.072	51.386	51.505	51.715	51.929
10	52.144	52.358	52.572	52.786	53	53.215	53.429	53.643	53.857	54.071
20	54.285	54.5	54.714	51.928	55.142	55.356	55.57	55.784	55.988	56.071
30	56.426	56.64	56.854	57.068	57.282	57.496	57.71	57.924	58.137	58.351
40	58.565	58.779	58.993	59.207	59.421	59.635	59.848	60.062	60.276	60.49
50	60.704	60.918	61.132	61.345	61.559	61.773	61.987	62.201	62.415	62.628
60	62.842	63.056	63.27	63.484	63.698	63.911	64.125	64.339	64.553	64.767
70	64.981	65.194	65.408	65.622	65.836	66.05	66.246	66.478	66.692	66.906
80	67.12	67.333	67.547	67.761	67.975	68.189	68.403	68.617	68.831	69.045
90	69.259	69.473	69.687	69.901	70.115	70.329	70.544	70.726	70.972	71.186
100	71.4	71.614	71.828	72.042	72.257	72.471	72.685	72.899	73.114	73.328
110	73.542	73.751	73.971	74.185	74.4	74.614	74.828	75.043	75.258	75.472
120	75.686	75.901	76.115	76.33	76.545	76.759	76.974	77.189	77.404	77.618
130	77.833	78.048	78.263	78.477	78.692	78.907	79.122	79.337	79.552	79.767
140	79.982	80.197	80.412	80.627	80.834	81.058	81.273	81.788	81.704	81.919
150	82.134									

附表 A-2　Pt100 型热电阻分度表　　$R_0=100.00\Omega$

温度/℃	电阻值/Ω									
	0	1	2	3	4	5	6	7	8	9
-200	18.49	—	—	—	—	—	—	—	—	—
-190	22.80	22.37	21.94	21.51	21.08	20.65	20.22	19.79	19.36	18.93
-180	27.08	26.65	26.23	25.80	25.37	24.94	24.52	24.09	23.66	23.23
-170	31.32	30.90	30.47	30.05	29.63	29.20	28.78	28.35	27.93	27.50

（续）

温度/℃	电阻值/Ω									
	0	1	2	3	4	5	6	7	8	9
-160	35. 53	35. 11	34. 69	34. 27	33. 85	33. 43	33. 01	32. 59	32. 16	31. 74
-150	39. 71	39. 30	38. 88	38. 46	38. 04	37. 63	37. 21	36. 79	36. 37	35. 95
-140	43. 87	43. 45	43. 04	42. 63	42. 21	41. 79	41. 38	40. 96	40. 55	40. 13
-130	48. 00	47. 59	47. 18	46. 76	46. 35	45. 94	45. 52	45. 11	44. 70	44. 28
-120	52. 11	51. 70	51. 20	50. 88	50. 47	50. 06	49. 64	49. 23	48. 82	48. 41
-110	56. 19	55. 78	55. 38	54. 97	54. 56	54. 15	53. 74	53. 33	52. 92	52. 52
-100	60. 25	59. 85	59. 44	59. 04	58. 63	58. 22	57. 82	57. 41	57. 00	56. 60
-90	64. 30	63. 90	63. 49	63. 09	62. 68	62. 28	61. 87	61. 47	61. 06	60. 66
-80	68. 33	67. 92	67. 52	67. 12	66. 72	66. 31	65. 91	65. 51	65. 11	64. 70
-70	72. 33	71. 93	71. 53	71. 13	70. 73	70. 33	69. 93	69. 53	69. 13	68. 73
-60	76. 33	75. 93	75. 53	75. 13	74. 73	74. 33	73. 93	73. 53	73. 13	72. 73
-50	80. 31	79. 91	79. 51	79. 11	78. 72	78. 32	77. 92	77. 52	77. 13	76. 73
-40	84. 27	83. 88	83. 48	83. 08	82. 69	82. 29	81. 89	81. 50	81. 10	80. 70
-30	88. 22	87. 83	87. 43	87. 04	86. 64	86. 25	85. 85	85. 46	85. 06	84. 67
-20	92. 16	91. 77	91. 37	90. 98	90. 59	90. 19	89. 80	89. 40	89. 01	88. 62
-10	96. 09	95. 69	95. 30	94. 91	94. 52	94. 12	93. 75	93. 34	92. 95	92. 55
-0	100. 00	99. 61	99. 22	98. 83	98. 44	98. 04	97. 65	97. 26	96. 87	96. 48
0	100. 00	100. 39	100. 78	101. 17	101. 56	101. 95	102. 34	102. 73	103. 12	103. 51
10	103. 90	104. 29	104. 68	105. 07	105. 46	105. 85	106. 24	106. 63	107. 02	107. 40
20	107. 79	108. 18	108. 57	108. 96	109. 35	109. 73	110. 12	110. 51	110. 90	111. 28
30	111. 67	112. 06	112. 45	112. 83	113. 22	113. 61	113. 99	114. 38	114. 77	115. 15
40	115. 54	115. 93	116. 31	116. 70	117. 08	117. 47	117. 85	118. 24	118. 62	119. 01
50	119. 40	119. 78	120. 16	120. 55	120. 93	121. 32	121. 70	122. 09	122. 47	122. 86
60	123. 24	123. 62	124. 01	124. 39	124. 77	125. 16	125. 54	125. 92	126. 31	126. 69
70	127. 07	127. 45	127. 84	128. 22	128. 60	128. 98	129. 37	129. 75	130. 13	130. 51
80	130. 89	131. 27	131. 66	132. 04	132. 42	132. 80	133. 18	133. 56	133. 94	134. 32
90	134. 70	135. 08	135. 46	135. 84	136. 22	136. 60	136. 98	137. 36	137. 74	138. 12
100	138. 50	138. 88	139. 26	139. 64	140. 02	140. 39	140. 77	141. 15	141. 53	141. 91
110	142. 29	142. 66	143. 04	143. 42	143. 80	144. 17	144. 55	144. 93	145. 31	145. 68
120	146. 06	146. 44	146. 81	147. 19	147. 57	147. 94	148. 32	148. 70	149. 07	149. 45
130	149. 82	150. 20	150. 57	150. 95	151. 33	151. 70	152. 08	152. 45	152. 83	153. 20
140	153. 58	153. 95	154. 32	154. 70	155. 07	155. 45	155. 82	156. 19	156. 57	156. 94
150	157. 31	157. 69	158. 06	158. 43	158. 81	159. 18	159. 55	159. 93	160. 30	160. 67
160	161. 04	161. 42	161. 79	162. 16	162. 53	162. 90	163. 27	163. 65	164. 02	164. 39
170	164. 76	165. 13	165. 50	165. 87	166. 14	166. 61	166. 98	167. 35	167. 72	168. 09

（续）

温度/℃	电阻值/Ω									
	0	1	2	3	4	5	6	7	8	9
180	168.46	168.83	169.20	169.57	169.94	170.31	170.68	171.05	171.42	171.79
190	172.16	172.53	172.90	173.26	173.63	174.00	174.37	174.74	175.10	175.47
200	175.84	176.21	176.57	176.94	177.31	177.68	178.04	178.41	178.78	179.14
210	179.51	179.88	180.24	180.61	180.97	181.34	181.71	182.07	182.44	182.80
220	183.17	183.53	183.90	184.26	184.63	184.99	185.36	185.72	186.09	186.45
230	186.82	187.18	187.54	187.91	188.27	188.63	189.00	189.36	189.72	190.09
240	190.45	190.81	191.18	191.54	191.90	192.26	192.63	192.99	193.35	193.71
250	194.07	194.44	194.80	195.16	195.52	195.88	196.24	196.60	196.96	197.33
260	197.69	198.05	198.41	198.77	199.13	199.49	199.85	200.21	200.57	200.93
270	201.29	201.65	202.01	202.36	202.72	203.08	203.44	203.80	204.16	204.52
280	204.88	205.23	205.59	205.95	206.31	206.67	207.02	207.38	207.74	208.10
190	208.45	208.81	209.17	209.52	209.88	210.24	210.59	210.95	211.31	211.66
300	212.02	212.37	212.73	213.09	213.44	213.80	214.15	214.51	214.86	215.22
310	215.57	215.93	216.28	216.64	216.99	217.35	217.70	218.05	218.41	218.76
320	219.12	219.47	219.82	220.18	220.53	220.88	221.24	221.59	221.94	222.29
330	222.65	223.00	223.35	223.70	224.06	224.41	224.76	225.11	225.46	225.81
340	226.17	226.52	226.87	227.22	227.57	227.92	228.27	228.62	228.97	229.32
350	229.67	230.02	230.37	230.72	231.07	231.42	231.77	232.12	232.47	232.82
360	233.17	233.52	233.87	234.22	234.56	234.91	235.26	235.61	235.96	236.31
370	236.65	237.00	237.35	237.70	238.04	238.39	238.74	239.09	239.43	239.78
380	240.13	240.47	240.82	241.17	241.51	241.86	242.20	242.55	242.90	243.24
390	243.59	243.93	244.28	244.62	244.97	245.31	245.66	246.00	246.35	246.69
400	247.04	247.38	247.73	248.07	248.41	248.76	249.10	249.45	249.79	250.13
410	250.48	250.82	251.16	251.50	251.85	252.19	252.53	252.88	253.22	253.56
420	253.90	254.24	254.59	254.93	255.27	255.61	255.95	256.29	256.64	256.98
430	257.32	257.66	258.00	258.34	258.68	259.02	259.36	259.70	260.04	260.38
440	260.72	261.06	261.40	261.74	262.08	262.42	262.76	263.10	263.43	263.77
450	264.11	264.45	264.79	265.13	265.47	265.80	266.14	266.48	266.82	267.15
460	267.49	267.83	268.17	268.50	268.84	269.18	269.51	269.85	270.19	270.52
470	270.86	271.20	271.53	271.87	272.20	272.54	272.88	273.21	273.55	273.88
480	274.22	274.55	274.89	275.22	275.56	275.89	276.23	276.56	276.89	277.23
490	277.56	277.90	278.23	278.56	278.90	279.23	279.56	279.90	280.23	280.56
500	280.90	281.23	281.56	281.89	282.23	282.56	282.89	283.22	283.55	283.89
510	284.22	284.55	284.88	285.21	285.54	285.87	286.21	286.54	286.87	287.20
520	287.53	287.86	288.19	288.52	288.85	289.18	289.51	289.84	290.17	290.50

（续）

温度/℃	电阻值/Ω									
	0	1	2	3	4	5	6	7	8	9
530	290.83	291.16	291.49	291.81	292.14	292.47	292.80	293.13	293.46	293.79
540	294.11	294.44	294.77	295.10	295.43	295.75	296.08	296.41	296.74	297.06
550	297.39	297.72	298.04	298.37	298.70	299.02	299.35	299.68	300.00	300.33
560	300.65	300.98	301.31	301.63	301.96	302.28	302.61	302.93	303.26	303.58
570	303.91	304.23	304.56	304.88	305.20	305.53	305.85	306.18	306.50	306.82
580	307.15	307.47	307.79	308.12	308.44	308.76	309.09	309.41	309.73	310.05
590	310.38	310.70	311.02	311.34	311.67	311.99	312.31	312.63	312.95	313.27
600	313.59	313.92	314.24	314.56	314.88	315.20	315.52	315.84	316.16	316.48
610	316.80	317.12	317.44	317.76	318.08	318.40	318.72	319.04	319.36	319.68
620	319.99	320.31	320.63	320.95	321.27	321.59	321.91	322.22	322.54	322.86
630	323.18	323.49	323.81	324.13	324.45	324.76	325.08	325.40	325.72	326.03
640	326.35	326.66	326.98	327.30	327.61	327.93	328.25	328.56	328.88	329.19
650	329.51	329.82	330.14	330.45	330.77	331.08	331.40	331.71	332.03	332.34
660	332.66	332.97	333.28	333.60	333.91	334.23	334.54	334.85	335.17	335.48
670	335.79	336.11	336.42	336.73	337.04	337.36	337.67	337.98	338.29	338.61
680	338.92	339.23	339.54	339.85	340.16	340.48	340.79	341.10	341.41	341.72
690	342.03	342.34	342.65	342.96	343.27	343.58	343.89	344.20	344.51	344.82
700	345.13	345.44	345.75	346.06	346.37	346.68	346.99	347.30	347.60	347.91
710	348.22	348.53	348.84	349.15	349.45	349.76	350.07	350.38	350.69	350.99
720	351.30	351.61	351.91	352.22	352.53	352.83	353.14	353.45	353.75	354.06
730	354.37	354.67	354.98	355.28	355.59	355.90	356.20	356.51	356.81	357.12
740	357.42	357.73	358.03	358.34	358.64	358.95	359.25	359.55	359.86	360.16
750	360.47	360.77	361.07	361.38	361.68	361.98	362.29	362.59	362.89	363.19
760	363.50	368.80	364.10	364.40	364.71	365.01	365.31	365.61	365.91	366.22
770	366.52	366.82	367.12	367.42	367.72	368.02	368.32	368.63	368.93	369.23
780	369.53	369.83	370.13	370.43	370.73	371.03	371.33	371.63	371.93	372.22
790	372.52	372.82	373.12	373.42	373.72	374.02	374.32	374.61	374.91	375.21
800	375.51	375.81	376.10	376.40	376.70	377.00	377.20	377.59	377.89	378.19
810	378.48	378.78	379.08	379.37	379.67	379.97	380.26	380.56	380.85	381.15
820	381.45	381.74	382.04	382.33	382.63	382.92	383.22	383.51	383.81	384.10
830	384.40	384.69	384.98	385.28	385.57	385.87	386.16	386.45	386.75	387.04
840	387.34	387.63	387.92	388.21	388.51	388.80	389.09	389.39	389.68	389.97
850	390.26	—	—	—	—	—	—	—	—	—

附录 B 常用热电偶分度表

附录 B-1 铂铑 10-铂热电偶(S 型)分度表 **参考端温度为 0℃**

温度/℃	热电动势/mV									
	0	1	2	3	4	5	6	7	8	9
-50	-0.236									
-40	-0.194	-0.199	-0.203	-0.207	-0.211	-0.215	-0.219	-0.224	-0.228	-0.232
-30	-0.150	-0.155	-0.159	-0.164	-0.168	-0.173	-0.177	-0.181	-0.186	-0.190
-20	-0.103	-0.108	-0.113	-0.117	-0.122	-0.127	-0.132	-0.136	-0.141	-0.146
-10	-0.053	-0.058	-0.063	-0.068	-0.073	-0.078	-0.083	-0.088	-0.093	-0.098
-0	-0.000	-0.005	-0.011	-0.016	-0.021	-0.027	-0.032	-0.037	-0.042	-0.048
0	0.000	0.005	0.011	0.016	0.021	0.027	0.033	0.038	0.044	0.050
10	0.055	0.061	0.067	0.072	0.078	0.084	0.090	0.095	0.101	0.107
20	0.113	0.119	0.125	0.131	0.137	0.146	0.149	0.156	0.161	0.0167
30	0.173	0.179	0.185	0.191	0.197	0.204	0.210	0.216	0.222	0.229
40	0.235	0.241	0.248	0.254	0.260	0.267	0.273	0.280	0.286	0.292
50	0.299	0.305	0.312	0.319	0.325	0.332	0.338	0.345	0.352	0.358
60	0.365	0.372	0.378	0.385	0.392	0.399	0.405	0.412	0.419	0.426
70	0.433	0.440	0.446	0.453	0.460	0.467	0.474	0.481	0.488	0.495
80	0.502	0.509	0.516	0.523	0.530	0.538	0.545	0.552	0.559	0.566
90	0.573	0.580	0.588	0.595	0.602	0.609	0.617	0.624	0.631	0.639
100	0.646	0.653	0.661	0.668	0.675	0.683	0.690	0.698	0.705	0.713
110	0.720	0.727	0.735	0.743	0.750	0.758	0.765	0.773	0.780	0.788
120	0.795	0.803	0.811	0.818	0.826	0.834	0.841	0.849	0.857	0.865
130	0.872	0.880	0.888	0.896	0.903	0.911	0.919	0.927	0.953	0.942
140	0.950	0.958	0.966	0.974	0.982	0.990	0.998	1.006	1.013	1.021
150	1.029	1.037	1.045	1.053	1.061	1.069	1.077	1.085	1.094	1.102
160	1.110	1.118	1.126	1.134	1.142	1.150	1.158	1.167	1.175	1.183
170	1.191	1.199	1.207	1.216	1.224	1.232	1.240	1.249	1.257	1.265
180	1.273	1.282	1.290	1.298	1.307	1.315	1.323	1.332	1.340	1.348
190	1.357	1.365	1.373	1.382	1.390	1.399	1.407	1.415	1.424	1.432
200	1.441	1.449	1.458	1.466	1.475	1.483	1.492	1.500	1.509	1.517
210	1.526	1.534	1.543	1.551	1.560	1.569	1.577	1.586	1.594	1.603
220	1.612	1.620	1.629	1.638	1.646	1.655	1.663	1.672	1.681	1.690
230	1.698	1.707	1.716	1.724	1.733	1.742	1.751	1.759	1.768	1.777
240	1.786	1.794	1.803	1.812	1.821	1.829	1.838	1.847	1.856	1.865
250	1.874	1.882	1.891	1.900	1.909	1.918	1.927	1.936	1.944	1.953

（续）

温度/℃	热电动势/mV									
	0	1	2	3	4	5	6	7	8	9
260	1.962	1.971	1.980	1.989	1.998	2.007	2.016	2.025	2.034	2.043
270	2.052	2.061	2.070	2.078	2.087	2.096	2.105	2.114	2.123	2.132
280	2.141	2.151	2.160	2.169	2.178	2.187	2.196	2.205	2.214	2.223
290	2.232	2.241	2.250	2.259	2.268	2.277	2.287	2.296	2.305	2.314
300	2.323	2.332	2.341	2.350	2.360	2.369	2.378	2.387	2.396	2.405
310	2.415	2.424	2.433	2.442	2.451	2.461	2.470	2.479	2.488	2.497
320	2.507	2.516	2.525	2.534	2.544	2.553	2.562	2.571	2.581	2.590
330	2.599	2.609	2.618	2.627	2.636	2.646	2.655	2.664	2.674	2.683
340	2.692	2.072	2.711	2.720	2.730	2.739	2.748	2.758	2.767	2.776
350	2.786	2.795	2.805	2.814	2.823	2.833	2.842	2.851	2.861	2.870
360	2.880	2.889	2.899	2.908	2.917	2.927	2.936	2.946	2.955	2.965
370	2.974	2.983	2.993	3.002	3.012	3.021	3.031	3.040	3.050	3.059
380	3.069	3.078	3.088	3.097	3.107	3.116	3.126	3.135	3.145	3.154
390	3.164	3.173	3.183	3.192	3.202	3.212	3.221	3.231	3.240	3.250
400	3.259	3.269	3.279	3.288	3.298	3.307	3.317	3.326	3.336	3.346
410	3.355	3.365	3.374	3.384	3.394	3.403	3.413	3.423	3.432	3.442
420	3.451	3.461	3.471	3.480	3.490	3.500	3.509	3.519	3.529	3.538
430	3.548	3.558	3.567	3.577	3.587	3.596	3.606	3.616	3.626	3.635
440	3.645	3.655	3.664	3.674	3.684	3.694	3.703	3.713	3.723	3.732
450	3.742	3.752	3.762	3.771	3.781	3.791	3.801	3.810	3.820	3.830
460	3.840	3.850	3.859	3.869	3.879	3.889	3.898	3.908	3.918	3.928
470	3.938	3.947	3.957	3.967	3.977	3.987	3.997	4.006	4.016	4.026
480	4.036	4.046	4.056	4.065	4.075	4.085	4.095	4.105	4.115	4.125
490	4.134	4.144	4.154	4.164	4.174	4.184	4.194	4.204	4.213	4.223
500	4.233	4.243	4.253	4.263	4.273	4.283	4.293	4.403	4.413	4.423
510	4.332	4.342	4.352	4.362	4.372	4.382	4.392	4.402	4.412	4.422
520	4.432	4.442	4.452	4.462	4.472	4.482	4.492	4.502	4.512	4.522
530	4.532	4.542	5.552	4.562	4.572	4.582	4.592	4.602	4.612	4.622
540	4.632	4.642	4.652	4.662	4.672	4.682	4.692	4.702	4.712	4.722
550	4.732	4.742	4.752	4.762	4.772	4.782	4.793	4.803	4.813	4.823
560	4.833	4.843	4.853	4.863	4.873	4.883	4.893	4.904	4.914	4.924
570	4.934	4.944	4.954	4.964	4.974	4.984	4.995	5.005	5.015	5.025
580	5.035	5.045	5.055	5.066	5.076	5.086	5.096	5.106	5.116	5.127
590	5.137	5.147	5.157	5.167	5.178	5.188	5.198	5.208	5.218	5.228
600	5.239	5.249	5.259	5.269	5.280	5.290	5.300	5.310	5.320	5.331

（续）

温度/℃	热电动势/mV									
	0	1	2	3	4	5	6	7	8	9
610	5.341	5.351	5.361	5.372	5.382	5.392	5.402	5.413	5.423	5.433
620	5.443	5.454	5.464	5.474	5.485	5.495	5.505	5.515	5.526	5.536
630	5.546	5.557	5.567	5.577	5.588	5.598	5.608	5.618	5.629	5.639
640	5.649	5.660	5.670	5.680	5.691	5.701	5.712	5.722	5.732	5.743
650	5.753	5.763	5.774	5.784	5.794	5.805	5.815	5.826	5.836	5.846
660	5.857	5.867	5.878	5.888	5.898	5.909	5.919	5.930	5.940	5.950
670	5.961	5.971	5.982	5.992	6.003	6.013	6.024	6.034	6.044	6.055
680	6.065	6.076	6.086	6.097	6.107	6.118	6.128	6.139	6.149	6.160
690	6.170	6.181	6.191	6.202	6.212	6.223	6.233	6.244	6.254	6.265
700	6.275	6.286	6.296	6.307	6.317	6.328	6.338	6.349	6.360	6.370
710	6.381	6.391	6.402	6.421	6.423	6.434	6.444	6.455	6.465	6.476
720	6.486	6.497	6.508	6.518	6.529	6.539	6.550	6.561	6.571	6.582
730	6.593	6.603	6.614	6.624	6.635	6.646	6.656	6.667	6.678	6.688
740	6.699	6.710	6.720	6.731	6.742	6.752	6.763	6.774	6.784	6.795
750	6.806	6.817	6.827	6.838	6.849	6.859	6.870	6.881	6.892	6.902
760	6.913	6.924	6.934	6.945	6.956	6.967	6.977	6.988	6.999	7.010
770	7.020	7.031	7.042	7.053	7.064	7.074	7.085	7.096	7.107	7.117
780	7.128	7.139	7.150	7.161	7.172	7.182	7.193	7.204	7.215	7.226
790	7.236	7.247	7.258	7.269	7.280	2.91	7.302	7.312	7.323	7.334
800	7.345	7.356	7.367	7.378	7.388	7.399	7.410	7.421	7.432	7.443
810	7.454	7.465	7.476	7.487	7.497	7.508	7.519	7.530	7.541	7.552
820	7.563	7.574	7.585	7.596	7.607	7.618	7.629	7.640	7.651	7.662
830	7.673	7.684	7.695	7.706	7.717	7.728	7.739	7.750	7.761	7.772
840	7.783	7.794	7.805	7.816	7.827	7.838	7.849	7.860	7.871	7.882
850	7.893	7.904	7.915	7.926	7.937	7.948	7.959	7.970	7.981	7.992
860	8.003	8.014	8.026	8.037	8.048	8.059	8.070	8.081	8.092	8.103
870	8.114	8.125	8.137	8.148	8.159	8.170	8.181	8.192	8.203	8.214
880	8.226	8.237	8.248	8.259	8.270	8.281	8.293	8.304	8.315	8.326
890	8.337	8.348	8.360	8.371	8.382	8.393	8.404	8.416	8.427	8.438
900	8.449	8.460	8.472	8.483	8.494	8.505	8.517	8.528	8.539	8.550
910	8.562	8.573	8.584	8.595	8.607	8.618	8.629	8.640	8.652	8.663
920	8.674	8.685	8.697	8.708	8.719	8.731	8.742	8.753	8.765	8.776
930	8.787	8.798	8.810	8.821	8.832	8.844	8.855	8.866	8.878	8.889
940	8.900	8.912	8.923	8.935	8.946	8.957	8.969	8.980	8.991	9.003
950	9.014	9.025	9.037	9.048	9.060	9.071	9.082	9.094	9.105	9.117

（续）

温度/℃	热电动势/mV									
	0	1	2	3	4	5	6	7	8	9
960	9. 128	9. 139	9. 151	9. 162	9. 174	9. 185	9. 197	9. 208	9. 219	9. 231
970	9. 242	9. 254	9. 265	9. 277	9. 288	9. 300	9. 311	9. 323	9. 334	9. 345
980	9. 357	9. 368	9. 380	9. 391	9. 403	9. 414	9. 426	9. 437	9. 449	9. 460
990	9. 472	9. 483	9. 495	9. 506	9. 518	9. 529	9. 541	9. 552	9. 564	9. 576
1000	9. 587	9. 599	9. 610	9. 622	9. 633	9. 645	9. 656	9. 668	9. 680	9. 691
1010	9. 703	9. 714	9. 726	9. 737	9. 749	9. 761	9. 772	9. 784	9. 795	9. 807
1020	9. 819	9. 830	9. 842	9. 853	9. 865	9. 877	9. 888	9. 900	9. 911	9. 923
1030	9. 935	9. 946	9. 958	9. 970	9. 981	9. 993	10. 005	10. 016	10. 028	10. 040
1040	10. 051	10. 063	10. 075	10. 086	10. 098	10. 110	10. 121	10. 133	10. 145	10. 156
1050	10. 168	10. 180	10. 191	10. 203	10. 215	10. 227	10. 238	10. 205	10. 262	10. 273
1060	10. 285	102. 97	10. 309	10. 320	10. 332	10. 344	10. 356	10. 367	10. 379	10. 391
1070	10. 403	10. 414	10. 426	10. 438	10. 450	10. 461	10. 473	10. 485	10. 497	10. 509
1080	10. 520	10. 532	10. 544	10. 556	10. 567	10. 579	10. 591	10. 603	10. 615	10. 626
1090	10. 638	10. 650	10. 662	10. 674	10. 686	10. 697	10. 709	10. 721	10. 733	10. 745
1100	10. 757	10. 768	10. 780	10. 792	10. 804	10. 816	10. 828	10. 839	10. 851	10. 863
1110	10. 875	10. 887	10. 899	10. 911	10. 922	10. 934	10. 946	10. 958	10. 970	10. 982
1120	10. 994	11. 006	11. 017	11. 029	11. 041	11. 053	11. 065	11. 077	11. 089	11. 101
1130	11. 113	11. 125	11. 136	11. 148	11. 160	11. 172	11. 184	11. 196	11. 208	11. 220
1140	11. 232	11. 244	11. 256	11. 268	11. 280	11. 291	11. 303	11. 315	11. 327	11. 339
1150	11. 351	11. 363	11. 375	11. 387	11. 399	11. 411	11. 423	11. 435	11. 447	11. 459
1160	11. 471	11. 483	11. 495	11. 507	11. 519	11. 531	11. 542	11. 554	11. 566	1. 578
1170	11. 590	11. 602	11. 614	11. 626	11. 638	11. 650	11. 662	11. 674	11. 686	11. 698
1180	11. 710	11. 722	11. 734	11. 746	11. 758	11. 770	11. 782	11. 794	11. 806	11. 818
1190	11. 830	11. 842	11. 854	11. 866	11. 878	11. 890	11. 902	11. 914	11. 926	11. 939
1200	11. 951	11. 963	11. 975	11. 987	11. 999	12. 011	12. 023	12. 035	12. 047	12. 059
1210	12. 071	12. 083	12. 095	12. 107	12. 119	12. 131	12. 143	12. 155	12. 167	12. 179
1220	12. 191	12. 203	12. 216	12. 228	12. 240	12. 252	12. 264	12. 276	12. 288	12. 300
1230	12. 312	12. 324	12. 336	12. 348	12. 360	12. 372	12. 384	12. 397	12. 409	12. 421
1240	12. 433	12. 445	12. 457	12. 469	12. 481	12. 493	12. 505	12. 517	12. 529	12. 542
1250	12. 554	12. 566	12. 578	12. 590	12. 602	12. 614	12. 626	12. 638	12. 650	12. 662
1260	12. 675	12. 687	12. 699	12. 711	12. 723	12. 7435	12. 747	12. 759	12. 771	12. 783
1270	12. 796	12. 808	12. 820	12. 832	12. 844	12. 856	12. 868	12. 880	12. 892	12. 905
1280	12. 917	12. 929	12. 941	12. 953	12. 965	12. 977	12. 989	13. 001	13. 014	13. 026
1290	13. 038	13. 050	13. 062	13. 074	13. 086	13. 098	13. 111	13. 123	13. 135	13. 147
1300	13. 159	13. 171	13. 183	13. 195	13. 208	13. 220	13. 232	13. 244	13. 256	13. 268

（续）

温度/℃	热电动势/mV									
	0	1	2	3	4	5	6	7	8	9
1310	13. 280	13. 292	13. 305	13. 317	13. 329	13. 341	13. 353	13. 365	13. 377	13. 390
1320	13. 402	13. 414	13. 426	13. 438	13. 450	13. 462	13. 474	13. 487	13. 499	13. 511
1330	13. 523	13. 535	13. 547	13. 559	13. 572	13. 584	13. 596	13. 608	13. 620	13. 632
1340	13. 644	13. 657	13. 669	13. 681	13. 693	13. 705	13. 717	13. 729	13. 742	13. 754
1350	13. 766	13. 778	13. 790	13. 802	13. 814	13. 826	13. 839	13. 851	13. 863	13. 875
1360	13. 887	13. 899	13. 911	13. 924	13. 936	13. 948	13. 960	13. 972	13. 984	13. 996
1370	14. 009	14. 021	14. 033	14. 045	14. 057	14. 069	14. 081	14. 094	14. 106	14. 118
1380	14. 130	14. 142	14. 154	14. 166	14. 178	14. 191	14. 203	14. 215	14. 227	14. 239
1390	14. 251	14. 263	14. 276	14. 288	14. 300	14. 312	14. 324	14. 336	14. 348	14. 360
1400	14. 373	14. 385	14. 397	14. 409	14. 421	14. 433	14. 445	14. 457	14. 470	14. 482
1410	14. 494	14. 506	14. 518	14. 530	14. 542	14. 554	12. 567	14. 579	14. 591	14. 603
1420	14. 615	14. 627	14. 639	14. 651	14. 664	14. 676	14. 688	14. 700	14. 712	14. 724
1430	14. 736	14. 748	14. 760	14. 773	14. 785	14. 797	14. 809	14. 821	14. 833	14. 845
1440	14. 857	14. 869	14. 881	14. 894	14. 906	14. 918	14. 930	14. 942	14. 954	14. 966
1450	14. 978	14. 990	15. 002	15. 015	15. 027	15. 039	15. 051	15. 063	15. 075	15. 087
1460	15. 099	15. 111	15. 123	15. 135	15. 148	15. 160	15. 172	15. 184	15. 196	15. 208
1470	15. 220	15. 232	15. 144	15. 256	15. 268	15. 280	15. 292	15. 304	15. 317	15. 329
1480	15. 341	15. 353	15. 365	15. 377	15. 389	15. 401	15. 413	15. 425	15. 437	15. 449
1490	15. 461	15. 73	15. 485	15. 497	15. 509	15. 521	15. 534	15. 546	15. 558	15. 570
1500	15. 582	15. 594	15. 6066	15. 618	15. 630	15. 642	15. 654	15. 666	15. 678	15. 690
1510	15. 702	15. 714	15. 726	15. 738	15. 750	15. 762	15. 774	15. 786	15. 798	15. 810
1520	15. 822	15. 834	15. 846	15. 858	15. 870	15. 882	15. 894	15. 906	15. 918	15. 930
1530	15. 942	15. 954	15. 966	15. 978	15. 990	16. 002	16. 014	16. 026	16. 038	16. 050
1540	16. 062	16. 074	16. 086	16. 098	16. 110	16. 122	16. 134	16. 146	16. 158	16. 170
1550	16. 182	16. 194	16. 205	16. 217	16. 229	16. 241	16. 253	16. 265	16. 277	16. 289
1560	16. 301	16. 313	16. 325	16. 337	16. 349	16. 361	16. 373	16. 385	16. 396	16. 408
1570	16. 420	16. 432	16. 444	16. 456	16. 468	16. 480	16. 492	16. 504	16. 516	16. 527
1580	16. 539	16. 551	16. 563	16. 575	16. 587	16. 599	16. 611	16. 623	16. 634	16. 646
1590	16. 658	16. 670	16. 682	16. 694	16. 706	1. 718	16. 729	16. 741	16. 753	16. 765
1600	16. 777	16. 789	16. 801	16. 812	16. 824	16. 836	16. 848	16. 860	16. 872	16. 883
1610	16. 895	16. 907	16. 919	16. 931	16. 943	16. 954	16. 966	16. 978	16. 990	17. 002
1620	17. 013	17. 025	17. 037	17. 049	17. 061	17. 072	17. 084	17. 096	17. 108	17. 120
1630	17. 131	17. 143	17. 155	17. 167	17. 178	17. 190	17. 202	17. 214	17. 225	17. 237
1640	17. 249	17. 261	17. 272	17. 284	17. 296	17. 308	17. 319	17. 331	17. 343	17. 355
1650	17. 366	17. 378	17. 390	17. 401	17. 43	17. 425	17. 47	17. 448	17. 460	17. 472

（续）

温度/℃	热电动势/mV									
	0	1	2	3	4	5	6	7	8	9
1660	17.483	17.495	17.507	17.518	17.530	17.542	17.553	17.565	17.577	17.588
1670	17.600	17.612	17.623	17.635	17.647	17.658	17.670	17.682	17.693	17.705
1680	17.717	17.728	17.740	17.751	17.763	17.775	16.786	17.798	17.809	17.821
1690	17.832	17.844	17.855	17.867	17.878	17.890	17.901	17.913	17.924	17.936
1700	17.947	17.959	17.970	17.982	17.993	18.004	18.016	18.027	18.039	18.050
1710	18.061	18.073	18.084	18.095	18.107	18.118	18.129	18.140	18.152	18.163
1720	18.174	18.185	18.196	18.208	18.219	18.230	18.241	18.252	18.263	18.274
1730	18.285	18.297	18.308	18.319	18.330	18.341	18.352	18.362	18.373	18.348
1740	18.395	18.406	18.417	18.428	18.439	18.449	18.460	18.471	18.482	18.493
1750	18.503	18.514	18.525	18.535	18.546	18.557	18.567	18.578	18.588	18.599
1760	18.609	18.620	18.630	18.641	18.651	18.661	18.672	18.682	18.693	

附录 B-2　镍铬-镍硅（K 型）热电偶分度表　　　参考端温度为 0℃

温度/℃	热电动势/mV									
	0	1	2	3	4	5	6	7	8	9
-50	-1.889	-1.925	-1.961	-1.99906	-2.032	-2.067	-2.102	-2.137	-2.173	-2.208
-40	-1.527	-1.563	-1.600	-1.636	-1.673	-1.709	-1.745	-1.781	-1.817	-1.853
-30	-1.156	-1.193	-1.231	-1.268	-1.305	-1.342	-1.379	-1.416	-1.453	-1.490
-20	-0.777	-0.816	-0.854	-0.892	-0.930	-0.968	-1.005	-1.043	-1.081	-1.118
-10	-0.392	-0.431	-0.469	-0.508	-0.547	-0.585	-0.624	-0.662	-0.701	-0.739
-0	0	-0.039	-0.079	0.118	-0.157	-0.197	0.236	-0.275	-0.314	-0.353
0	0	0.039	0.079	0.119	0.158	0.198	0.238	0.277	0.317	0.357
10	0.397	0.437	0.477	0.517	0.557	0.597	0.637	0.677	0.718	0.758
20	0.798	0.838	0.879	0.919	0.960	1.000	1.041	1.081	1.122	1.162
30	1.203	1.244	1.285	1.325	1.366	1.407	1.448	1.489	1.529	1.570
40	1.611	1.652	1.693	1.734	1.776	1.817	1.858	1.899	1.940	1.981
50	2.022	2.064	2.105	2.146	2.188	2.229	2.270	2.312	2.353	2.394
60	2.436	2.477	2.519	2.560	2.601	2.643	2.684	2.726	2.767	2.809
70	2.850	2.892	2.933	2.875	3.016	3.058	3.100	3.141	3.183	3.224
80	3.266	3.307	3.349	3.390	3.432	3.473	3.515	3.556	3.598	3.639
90	3.681	3.722	3.764	3.805	3.847	3.888	3.930	3.971	4.012	4.054
100	4.095	4.137	4.178	4.219	4.261	4.302	4.343	4.384	4.426	4.467
110	4.508	4.549	4.590	4.632	4.673	4.714	4.755	4.796	4.837	4.878
120	4.919	4.960	5.001	5.042	5.083	5.124	5.164	5.205	5.246	5.287
130	5.327	5.368	5.409	5.450	5.490	5.531	5.571	5.612	5.652	5.693
140	5.733	5.774	5.814	5.855	5.895	5.936	5.976	6.016	6.057	6.097

（续）

温度 /℃	热电动势/mV									
	0	1	2	3	4	5	6	7	8	9
150	6.137	6.177	6.218	6.258	6.298	6.338	6.378	6.419	6.459	6.499
160	6.539	6.579	6.619	6.659	6.699	6.739	6.779	6.819	6.859	6.899
170	6.939	6.979	7.019	7.059	7.099	7.139	7.179	7.219	7.259	7.299
180	7.338	7.378	7.418	7.458	7.498	7.538	7.578	7.618	7.658	7.697
190	7.737	7.777	7.817	7.857	7.897	7.937	7.977	8.017	8.057	8.097
200	8.137	8.177	8.216	8.256	8.296	8.336	8.376	8.416	8.456	8.497
210	8.537	8.577	8.617	8.657	8.697	8.737	8.777	8.817	8.857	8.898
220	8.938	8.978	9.018	9.058	9.099	9.139	9.179	9.220	9.260	9.300
230	9.341	9.381	9.421	9.462	9.502	9.543	9.583	9.624	9.664	9.705
240	9.745	9.786	9.826	9.867	9.907	9.948	9.989	10.029	10.070	10.111
250	10.151	10.192	10.233	10.274	10.315	10.355	10.396	10.437	10.478	10.519
260	10.560	10.600	10.641	10.882	10.723	10.764	10.805	10.848	10.887	10.928
270	10.969	11.010	11.051	11.093	11.134	11.175	11.216	11.257	11.298	11.339
280	11.381	11.422	11.463	11.504	11.545	11.587	11.628	11.669	11.711	11.752
290	11.793	11.835	11.876	11.918	11.959	12.000	12.042	12.083	12.125	12.166
300	12.207	12.249	12.290	12.332	12.373	12.415	12.456	12.498	12.539	12.581
310	12.623	12.664	12.706	12.747	12.789	12.831	12.872	12.914	12.955	12.997
320	13.039	13.080	13.122	13.164	13.205	13.247	13.289	13.331	13.372	13.414
330	13.456	13.497	13.539	13.581	13.623	13.665	13.706	13.748	13.790	13.832
340	13.874	13.915	13.957	13.999	14.041	14.083	14.125	14.167	14.208	14.250
350	14.292	14.334	14.376	14.418	14.460	14.502	14.544	14.586	14.628	14.670
360	14.712	14.754	14.796	14.838	14.880	14.922	14.964	15.006	15.048	15.090
370	15.132	15.174	15.216	15.258	15.300	15.342	15.394	15.426	15.468	15.510
380	15.552	15.594	15.636	15.679	15.721	15.763	15.805	15.847	15.889	15.931
390	15.974	16.016	16.058	16.100	16.142	16.184	16.227	16.269	16.311	16.353
400	16.395	16.438	16.480	16.522	16.564	16.607	16.649	16.691	16.733	16.776
410	16.818	16.860	16.902	16.945	16.987	17.029	17.072	17.114	17.156	17.199
420	17.241	17.283	17.326	17.368	17.410	17.453	17.495	17.537	17.580	17.622
430	17.664	17.707	17.749	17.792	17.834	17.876	17.919	17.961	18.004	18.046
440	18.088	18.131	18.173	18.216	18.258	18.301	18.343	18.385	18.428	18.470
450	18.513	18.555	18.598	18.640	18.683	18.725	18.768	18.810	18.853	18.896
460	18.938	18.980	19.023	19.065	19.108	19.150	19.193	19.235	19.278	19.320
470	19.363	19.405	19.448	19.490	19.533	19.576	19.618	19.661	19.703	19.746
480	19.788	19.831	19.873	19.916	19.959	20.001	20.044	20.086	20.129	20.172
490	20.214	20.257	20.299	20.342	20.385	20.427	20.470	20.512	20.555	20.598

（续）

温度/℃	热电动势/mV									
	0	1	2	3	4	5	6	7	8	9
500	20. 640	20. 683	20. 725	20. 768	20. 811	20. 853	20. 896	20. 938	20. 981	21. 024
510	21. 066	21. 109	21. 152	21. 194	21. 237	21. 280	21. 322	21. 365	21. 407	21. 450
520	21. 493	21. 535	21. 578	21. 621	21. 663	21. 706	21. 749	21. 791	21. 834	21. 876
530	21. 919	21. 962	22. 004	22. 047	22. 090	22. 132	22. 175	22. 218	22. 260	22. 303
540	22. 346	22. 388	22. 431	22. 473	22. 516	22. 559	22. 601	22. 644	22. 687	22. 729
550	22. 772	22. 815	22. 857	22. 900	22. 942	22. 985	23. 028	23. 070	23. 113	23. 156
560	23. 198	23. 241	23. 284	23. 326	23. 369	23. 411	23. 454	23. 497	23. 539	23. 582
570	23. 624	23. 667	23. 710	23. 752	23. 795	23. 837	23. 880	23. 923	23. 965	24. 008
580	24. 050	24. 093	24. 136	24. 178	24. 221	24. 263	24. 306	24. 348	24. 391	24. 434
590	24. 476	24. 519	24. 561	24. 604	24. 646	24. 689	24. 731	24. 774	24. 817	24. 859
600	24. 902	24. 944	24. 987	25. 029	25. 072	25. 114	25. 157	25. 199	25. 242	25. 284
610	25. 327	25. 369	25. 412	25. 454	25. 497	25. 539	25. 582	25. 624	25. 666	25. 709
620	25. 751	25. 794	25. 836	25. 879	25. 921	25. 964	26. 006	26. 048	26. 091	26. 133
630	26. 176	26. 218	26. 260	26. 303	26. 345	26. 387	26. 430	26. 472	26. 515	26. 557
640	26. 599	26. 642	26. 684	26. 726	26. 769	26. 811	26. 853	26. 896	26. 938	26. 980
650	27. 022	27. 065	27. 107	27. 149	27. 192	27. 234	27. 276	27. 318	27. 361	27. 403
660	27. 445	27. 487	27. 529	27. 572	27. 614	27. 656	27. 698	27. 740	27. 783	27. 825
670	27. 867	27. 909	27. 951	27. 993	28. 035	28. 078	28. 120	28. 162	28. 204	28. 246
680	28. 288	28. 330	28. 372	28. 414	28. 456	28. 498	28. 540	28. 583	28. 625	28. 667
690	28. 709	28. 751	28. 793	28. 835	28. 877	28. 919	28. 961	29. 002	29. 044	29. 086
700	29. 128	29. 170	29. 212	29. 264	29. 296	29. 338	29. 380	29. 422	29. 464	29. 505
710	29. 547	29. 589	29. 631	29. 673	29. 715	29. 756	29. 798	29. 840	29. 882	29. 924
720	29. 965	30. 007	30. 049	30. 091	30. 132	30. 174	30. 216	20. 257	30. 299	30. 341
730	30. 383	30. 424	30. 466	30. 508	30. 549	30. 591	30. 632	30. 674	30. 716	30. 757
740	30. 799	30. 840	30. 882	30. 924	30. 965	31. 007	31. 048	31. 090	31. 131	31. 173
750	31. 214	31. 256	31. 297	31. 339	31. 380	31. 422	31. 463	31. 504	31. 546	31. 587
760	31. 629	31. 670	31. 712	31. 753	31. 794	31. 836	31. 877	31. 918	31. 960	32. 001
770	32. 042	32. 084	32. 125	32. 166	32. 207	32. 249	32. 290	32. 331	32. 372	32. 414
780	32. 455	32. 496	32. 537	32. 578	32. 619	32. 661	32. 702	32. 743	32. 784	32. 825
790	32. 866	32. 907	32. 948	32. 990	33. 031	33. 072	33. 113	33. 154	33. 195	33. 236
800	33. 277	33. 318	33. 359	33. 400	33. 441	33. 482	33. 523	33. 564	33. 606	33. 645
810	33. 686	33. 727	33. 768	33. 809	33. 850	33. 891	33. 931	33. 972	34. 013	34. 054
820	34. 095	34. 136	34. 176	34. 217	34. 258	34. 299	34. 339	34. 380	34. 421	34. 461
830	34. 502	34. 543	34. 583	34. 624	34. 665	34. 705	34. 746	34. 787	34. 827	34. 868
840	34. 909	34. 949	34. 990	35. 030	35. 071	35. 111	35. 152	35. 192	35. 233	35. 273

（续）

温度/℃	热电动势/mV									
	0	1	2	3	4	5	6	7	8	9
850	35. 314	35. 354	35. 395	35. 435	35. 476	35. 516	35. 557	35. 597	35. 637	35. 678
860	35. 718	35. 758	35. 799	35. 839	35. 880	35. 920	35. 960	36. 000	36. 041	36. 081
870	36. 121	36. 162	36. 202	36. 242	36. 282	36. 323	36. 363	36. 403	36. 443	36. 483
880	36. 524	36. 564	36. 604	36. 644	36. 684	36. 724	36. 764	36. 804	36. 844	36. 885
890	36. 925	36. 965	37. 005	37. 045	37. 085	37. 125	37. 165	37. 205	37. 245	37. 285
900	37. 325	37. 365	37. 405	37. 443	37. 484	37. 524	37. 564	37. 604	37. 644	37. 684
910	37. 724	37. 764	37. 833	37. 843	37. 883	37. 923	37. 963	38. 002	38. 042	38. 082
920	38. 122	38. 162	38. 201	38. 241	38. 281	38. 320	38. 360	38. 400	38. 439	38. 479
930	38. 519	38. 558	38. 598	38. 638	38. 677	38. 717	38. 756	38. 796	38. 836	38. 875
940	38. 915	38. 954	38. 994	39. 033	39. 073	39. 112	39. 152	39. 191	39. 231	39. 270
950	39. 310	39. 349	39. 388	39. 428	39. 467	39. 507	39. 546	39. 585	39. 625	39. 664
960	39. 703	39. 743	39. 782	39. 821	39. 861	39. 900	39. 939	39. 979	40. 018	40. 057
970	40. 096	40. 136	40. 175	40. 214	40. 253	40. 292	40. 332	40. 371	40. 410	40. 449
980	40. 488	40. 527	40. 566	40. 605	40. 645	40. 634	40. 723	40. 762	40. 801	40. 840
990	40. 879	40. 918	40. 957	40. 996	41. 035	41. 074	41. 113	41. 152	41. 191	41. 230
1000	41. 269	41. 308	41. 347	41. 385	41. 424	41. 463	41. 502	41. 541	41. 580	41. 619
1010	41. 657	41. 696	41. 735	41. 774	41. 813	41. 851	41. 890	41. 929	41. 968	42. 006
1020	42. 045	42. 084	42. 123	42. 161	42. 200	42. 239	42. 277	42. 316	42. 355	42. 393
1030	42. 432	42. 470	42. 509	42. 548	42. 586	42. 625	42. 663	42. 702	42. 740	42. 779
1040	42. 817	42. 856	42. 894	42. 933	42. 971	43. 010	43. 048	43. 087	43. 125	43. 164
1050	43. 202	43. 240	43. 279	43. 317	43. 356	43. 394	43. 432	43. 471	43. 509	43. 547
1060	43. 585	43. 624	43. 662	43. 700	43. 739	43. 777	43. 815	43. 853	43. 891	43. 930
1070	43. 968	44. 006	44. 044	44. 082	44. 121	44. 159	44. 197	44. 235	44. 273	44. 311
1080	44. 349	44. 387	44. 425	44. 463	44. 501	44. 539	44. 577	44. 615	44. 653	44. 691
1090	44. 729	44. 767	44. 805	44. 843	44. 881	44. 919	44. 957	44. 995	45. 033	45. 070
1100	45. 108	45. 146	45. 184	45. 222	45. 260	45. 297	45. 335	45. 373	45. 411	45. 448
1110	45. 486	45. 524	45. 561	45. 599	45. 637	45. 675	45. 712	45. 750	45. 787	45. 825
1120	45. 863	45. 900	45. 938	45. 975	46. 013	46. 051	45. 088	46. 126	46. 163	46. 201
1130	46. 238	46. 275	46. 313	46. 350	46. 388	46. 425	46. 463	46. 500	46. 537	46. 575
1140	46. 612	46. 649	46. 687	46. 724	46. 761	46. 799	46. 836	46. 873	46. 910	46. 948
1150	46. 985	47. 022	47. 059	47. 096	47. 134	47. 171	47. 208	47. 245	47. 282	47. 319
1160	47. 356	47. 393	47. 430	47. 468	47. 505	47. 542	47. 579	47. 616	47. 653	47. 689
1170	47. 726	47. 7628	47. 800	47. 837	47. 874	47. 911	47. 948	47. 985	48. 021	48. 058
1180	48. 095	48. 132	48. 169	48. 205	48. 242	48. 279	48. 316	48. 352	48. 389	48. 426
1190	48. 462	48. 499	48. 536	48. 572	48. 609	48. 645	48. 682	48. 718	48. 755	48. 792

(续)

温度/℃	热电动势/mV									
	0	1	2	3	4	5	6	7	8	9
1200	48.828	48.865	48.901	48.937	48.974	49.010	49.047	49.083	49.120	49.156
1210	49.192	49.229	49.265	49.301	49.338	49.374	49.410	49.446	49.483	49.519
1220	49.555	49.591	49.627	49.663	49.700	49.736	49.772	49.808	49.844	49.880
1230	49.916	49.952	49.988	50.024	50.060	50.096	50.132	50.168	50.204	50.240
1240	50.276	50.311	50.347	50.383	50.419	50.455	50.491	50.526	50.562	50.598
1250	50.633	50.669	50.705	50.741	50.776	50.812	50.847	50.883	50.919	50.954
1260	50.990	51.025	51.061	51.096	51.132	51.167	51.203	51.238	51.274	51.309
1270	51.344	51.380	51.415	51.450	51.486	51.521	51.556	51.592	51.627	51.662
1280	51.697	51.733	51.768	51.803	51.836	51.873	51.908	51.943	51.979	52.014
1290	52.049	52.084	52.119	52.154	52.189	52.224	52.259	52.284	52.329	52.364
1300	52.398	52.433	52.468	52.503	52.538	52.573	52.608	52.642	52.677	52.712
1310	52.747	52.781	52.816	52.851	52.886	52.920	52.955	52.980	53.024	53.059
1320	53.093	53.128	53.162	53.197	53.232	53.266	53.301	53.335	53.370	53.404
1330	53.439	53.473	53.507	53.642	53.576	53.611	53.645	53.679	53.714	53.748
1340	53.782	53.817	53.851	53.885	53.926	53.954	53.988	54.022	54.057	54.091
1350	54.125	54.159	54.193	54.228	54.262	54.296	54.330	54.364	54.398	54.432
1360	54.466	54.501	54.535	54.569	54.603	54.637	54.671	54.705	54.739	54.773
1370	54.807	54.841	54.875							

附录 B-3 铂铑 30-铂铑 6 热电偶(B 型)热电偶分度表 参考端温度为 0℃

温度/℃	热电动势/mV									
	0	1	2	3	4	5	6	7	8	9
0	0.00	-0.00	-0.00	-0.001	-0.001	-0.001	-0.001	-0.001	-0.002	-0.002
10	-0.002	-0.002	-0.002	-0.002	-0.002	-0.002	-0.002	-0.002	-0.003	-0.003
20	-0.003	-0.003	-0.003	-0.003	-0.003	-0.002	-0.002	-0.002	-0.002	-0.002
30	-0.002	-0.002	-0.002	-0.002	-0.002	-0.001	-0.001	-0.001	-0.001	-0.001
40	-0.000	-0.000	-0.000	0.000	0.000	0.001	0.001	0.001	0.002	0.002
50	0.002	0.003	0.003	0.003	0.004	0.004	0.004	0.005	0.005	0.006
60	0.006	0.007	0.007	0.008	0.008	0.009	0.009	0.010	0.010	0.011
70	0.011	0.012	0.012	0.013	0.014	0.014	0.015	0.015	0.016	0.017
80	0.017	0.018	0.019	0.020	0.020	0.021	0.022	0.022	0.023	0.024
90	0.025	0.026	0.026	0.027	0.028	0.029	0.030	0.031	0.031	0.032
100	0.033	0.034	0.035	0.036	0.037	0.038	0.039	0.040	0.041	0.042
110	0.043	0.044	0.045	0.046	0.047	0.048	0.049	0.050	0.051	0.052
120	0.053	0.055	0.056	0.057	0.058	0.059	0.060	0.062	0.063	0.064
130	0.065	0.066	0.068	0.069	0.070	0.072	0.073	0.074	0.075	0.077

（续）

温度/℃	热电动势/mV									
	0	1	2	3	4	5	6	7	8	9
140	0.078	0.079	0.081	0.082	0.084	0.085	0.086	0.088	0.089	0.091
150	0.092	0.094	0.095	0.096	0.098	0.099	0.101	0.102	0.104	0.106
160	0.107	0.109	0.110	0.112	0.113	0.115	0.117	0.118	0.120	0.122
170	0.123	0.125	0.127	0.128	0.130	0.132	0.134	0.135	0.137	0.139
180	0.141	0.142	0.144	0.146	0.148	0.150	0.151	0.153	0.155	0.157
190	0.159	0.161	0.163	0.165	0.166	0.168	0.170	0.172	0.174	0.176
200	0.178	0.180	0.182	0.184	0.186	0.188	0.190	0.192	0.195	0.197
210	0.199	0.201	0.203	0.205	0.207	0.209	0.212	0.214	0.216	0.218
220	0.220	0.222	0.225	0.227	0.229	0.231	0.234	0.236	0.238	0.241
230	0.243	0.245	0.248	0.250	0.252	0.255	0.257	0.259	0.262	0.264
240	0.267	0.269	0.271	0.274	0.276	0.279	0.281	0.284	0.286	0.289
250	0.291	0.294	0.296	0.299	0.301	0.304	0.307	0.309	0.312	0.314
260	0.317	0.320	0.322	0.325	0.328	0.330	0.333	0.336	0.338	0.341
270	0.344	0.347	0.349	0.352	0.355	0.358	0.360	0.363	0.366	0.369
280	0.372	0.375	0.377	0.380	0.383	0.386	0.389	0.392	0.395	0.398
290	0.401	0.404	0.407	0.410	0.413	0.416	0.419	0.422	0.425	0.428
300	0.431	0.434	0.437	0.440	0.443	0.446	0.449	0.452	0.455	0.458
310	0.462	0.465	0.468	0.471	0.474	0.478	0.481	0.484	0.487	0.490
320	0.494	0.497	0.500	0.503	0.507	0.510	0.513	0.517	0.520	0.523
330	0.527	0.530	0.533	0.537	0.540	0.544	0.547	0.550	0.554	0.557
340	0.561	0.564	0.568	0.571	0.575	0.578	0.582	0.585	0.589	0.592
350	0.596	0.599	0.603	0.607	0.610	0.614	0.617	0.621	0.625	0.628
360	0.632	0.636	0.639	0.643	0.647	0.650	0.654	0.658	0.662	0.665
370	0.669	0.673	0.677	0.680	0.684	0.688	0.692	0.696	0.700	0.703
380	0.707	0.711	0.715	0.719	0.723	0.727	0.731	0.735	0.738	0.742
390	0.746	0.750	0.754	0.758	0.762	0.766	0.770	0.774	0.778	0.782
400	0.787	0.791	0.795	0.799	0.803	0.807	0.811	0.815	0.819	0.824
410	0.828	0.832	0.836	0.840	0.844	0.849	0.853	0,857	0.861	0.866
420	0.870	0.874	0.878	0.883	0.887	0.891	0.896	0.900	0.904	0.909
430	0.913	0.917	0.922	0.926	0.930	0.935	0.939	0.944	0.948	0.953
440	0.957	0.961	0.966	0.970	0.975	0.979	0.984	0.988	0.993	0.997
450	1.002	1.007	1.011	1.016	1.020	1.025	1.030	1.034	1.039	1.043
460	1.048	1.053	1.057	1.062	1.067	1.071	1.076	1.081	1.086	1.090
470	1.095	1.100	1.105	1.109	1.114	1.119	1.124	1.129	1.133	1.138
480	1.143	1.148	1.153	1.158	1.163	1.167	1.172	1.177	1.182	1.187

（续）

温度/℃	热电动势/mV									
	0	1	2	3	4	5	6	7	8	9
490	1.192	1.197	1.202	1.207	1.212	1.217	1.222	1.227	1.232	1.237
500	1.242	1.247	1.252	1.257	1.262	1.267	1.272	1.277	1.282	1.288
510	1.293	1.298	1.303	1.308	1.313	1.318	1.324	1.329	1.334	1.339
520	1.344	1.350	1.355	1.360	1.365	1.371	1.376	1.381	1.387	1.392
530	1.397	1.402	1.408	1.413	1.418	1.424	1.429	1.435	1.440	1.445
540	1.451	1.456	1.462	1.467	1.472	1.478	1.483	1.489	1.494	1.500
550	1.505	1.511	1.516	1.522	1.527	1.533	1.539	1.544	1.550	1.555
560	1.561	1.566	1.572	1.578	1.583	1.589	1.595	1.600	1.606	1.612
570	1.617	1.623	1.629	1.634	1.640	1.646	1.652	1.657	1.663	1.669
580	1.675	1.680	1.686	1.692	1.698	1.704	1.709	1.715	1.721	1.727
590	1.733	1.739	1.745	1.750	1.756	1.762	1.768	1.774	1.780	1.786
600	1.792	1.798	1.804	1.810	1.816	1.822	1.828	1.834	1.840	1.846
610	1.852	1.858	1.864	1.870	1.876	1.882	1.888	1.894	1.901	1.907
620	1.913	1.919	1.925	1.931	1.937	1.944	1.950	1.956	1.962	1.968
630	1.975	1.981	1.987	1.993	1.999	2.006	2.012	2.018	2.025	2.031
640	2.037	2.043	2.050	2.056	2.062	2.069	2.075	2.082	2.088	2.094
650	2.101	2.107	2.113	2.120	2.126	2.133	2.139	2.146	2.152	2.158
660	2.165	2.171	2.178	2.184	2.191	2.197	2.204	2.210	2.217	2.224
670	2.230	2.237	2.243	2.250	2.256	2.263	2.270	2.276	2.283	2.289
680	2.296	2.303	2.309	2.316	2.323	2.329	2.336	2.343	2.350	2.356
690	2.363	2.370	2.376	2.383	2.390	2.397	2.403	2.410	2.417	2.424
700	2.431	2.437	2.444	2.451	2.458	2.465	2.472	2.479	2.485	2.492
710	2.499	2.506	2.513	2.520	2.527	2.534	2.541	2.548	2.555	2.562
720	2.569	2.576	2.583	2.590	2.597	2.604	2.611	2.618	2.625	2.632
730	2.639	2.646	2.653	2.660	2.667	2.674	2.681	2.688	2.696	2.703
740	2.710	2.717	2.724	2.731	2.738	2.746	2.753	2.760	2.767	2.775
750	2.782	2.789	2.796	2.803	2.811	2.818	2.825	2.833	2.840	2.847
760	2.854	2.862	2.869	2.876	2.884	2.891	2.898	2.906	2.913	2.921
770	2.928	2.935	2.943	2.950	2.958	2.965	2.973	2.980	2.987	2.995
780	3.002	3.010	3.017	3.025	3.032	3.040	3.047	3.055	3.062	3.070
790	3.078	3.085	3.093	3.100	3.108	3.116	3.123	3.131	3.138	3.146
800	3.154	3.161	3.169	3.177	3.184	3.192	3.200	3.207	3.215	3.223
810	3.230	3.238	3.246	3.254	3.261	3.269	3.277	3.285	3.292	3.300
820	3.308	3.316	3.324	3.331	3.339	3.347	3.355	3.363	3.371	3.379
830	3.386	3.394	3.402	3.410	3.418	3.426	3.434	3.442	3.450	3.458

（续）

温度/℃	热电动势/mV									
	0	1	2	3	4	5	6	7	8	9
840	3. 466	3. 474	3. 482	3. 490	3. 498	3. 506	3. 514	3. 522	5. 530	3. 538
850	3. 546	3. 554	3. 562	3. 570	3. 578	3. 586	3. 594	3. 602	3. 610	3. 618
860	3. 626	3. 634	3. 643	3. 651	3. 659	3. 667	3. 675	3. 683	3. 692	3. 700
870	3. 708	3. 716	3. 724	3. 732	3. 741	3. 749	3. 757	3. 765	3. 774	3. 782
880	3. 790	3. 798	3. 807	3. 815	3. 823	3. 832	3. 840	3. 848	3. 857	3. 865
890	3. 873	3. 882	3. 890	3. 898	3. 907	3. 915	3. 923	3. 932	3. 940	3. 949
900	3. 957	3. 965	3. 974	3. 982	3. 991	3. 999	4. 008	4. 016	4. 024	4. 033
910	4. 041	4. 050	4. 058	4. 067	4. 075	4. 084	4. 093	4. 101	4. 110	4. 118
920	4. 127	4. 135	4. 144	4. 152	4. 161	4. 170	4. 178	4. 187	4. 195	4. 204
930	4. 213	4. 221	4. 230	4. 239	4. 247	4. 256	4. 265	4. 273	4. 282	4. 291
940	4. 299	4. 308	4. 317	4. 326	4. 334	4. 343	4. 352	4. 360	4. 369	4. 378
950	4. 387	4. 396	4. 404	4. 413	4. 422	4. 431	4. 440	4. 448	4. 457	4. 466
960	4. 475	4. 484	4. 493	4. 501	4. 510	4. 519	4. 528	4. 537	4. 546	4. 555
970	4. 564	4. 573	4. 582	4. 591	4. 599	4. 608	4. 617	4. 626	4. 635	4. 644
980	4. 653	4. 662	4. 671	4. 680	4. 689	4. 698	4. 707	4. 716	4. 725	4. 734
990	4. 743	4. 753	4. 762	4. 771	4. 780	4. 789	4. 798	4. 807	4. 816	4. 825
1000	4. 834	4. 843	4. 853	4. 862	4. 871	4. 880	4. 889	4. 898	4. 908	4. 917
1010	4. 926	4. 935	4. 944	4. 954	4. 963	4. 972	4. 981	4. 990	5. 000	5. 009
1020	5. 018	5. 027	5. 037	5. 046	5. 055	5. 065	5. 074	5. 083	5. 092	5. 102
1030	5. 111	5. 120	5. 130	5. 139	5. 148	5. 158	5. 167	5. 176	5. 186	5. 195
1040	5. 205	5. 214	5. 223	5. 233	5. 242	5. 252	5. 261	5. 270	5. 280	5. 289
1050	5. 299	5. 308	5. 318	5. 327	5. 337	5. 346	5. 356	5. 365	5. 375	5. 384
1060	5. 394	5. 403	5. 413	5. 422	5. 432	5. 441	5. 451	5. 460	5. 470	5. 480
1070	5. 489	5. 499	5. 508	5. 518	5. 528	5. 537	5. 547	5. 556	5. 566	5. 576
1080	5. 585	5. 595	5. 605	5. 614	6. 624	5. 634	5. 643	5. 653	5. 663	5. 672
1090	5. 682	5. 692	5. 702	5. 711	5. 721	5. 731	5. 740	5. 750	5. 760	5. 770
1100	5. 780	5. 789	5. 799	5. 809	5. 819	5. 828	5. 838	5. 848	5. 858	5. 868
1110	5. 878	5. 887	5. 897	5. 907	5. 917	5. 927	5. 937	5. 947	5. 956	5. 966
1120	5. 976	5. 986	5. 996	6. 006	6. 016	6. 026	6. 036	6. 046	6. 055	6. 065
1130	6. 075	6. 085	6. 095	6. 105	6. 115	6. 125	6. 135	6. 145	6. 155	6. 165
1140	6. 175	6. 185	6. 195	6. 205	6. 215	6. 225	6. 235	6. 245	6. 256	6. 266
1150	6. 276	6. 286	6. 296	6. 306	6. 316	6. 326	6. 336	6. 346	6. 356	6. 367
1160	6. 377	6. 387	6. 397	6. 407	6. 417	6. 427	6. 438	6. 448	6. 458	6. 468
1170	6. 478	6. 488	6. 499	6. 509	6. 519	6. 529	6. 539	6. 550	6. 560	6. 570
1180	6. 580	6. 591	6. 601	6. 611	6. 621	6. 632	6. 642	6. 652	6. 663	6. 673

（续）

温度/℃	热电动势/mV									
	0	1	2	3	4	5	6	7	8	9
1190	6. 683	6. 693	6. 704	6. 714	6. 724	6. 735	6. 745	6. 755	6. 766	6. 776
1200	6. 786	6. 797	6. 807	6. 818	6. 828	6. 838	6. 849	6. 859	6. 869	6. 880
1210	6. 890	6. 901	6. 911	6. 922	6. 932	6. 942	6. 953	6. 963	6. 974	6. 984
1220	6. 995	7. 005	7. 016	7. 026	7. 037	7. 047	7. 058	7. 068	7. 079	7. 089
1230	7. 100	7. 110	7. 121	7. 131	7. 142	7. 152	7. 163	7. 173	7. 184	7. 194
1240	7. 205	7. 216	7. 226	7. 237	7. 247	7. 258	7. 269	7. 279	7. 290	7. 300
1250	7. 311	7. 322	7. 332	7. 343	7. 353	7. 364	7. 375	7. 385	7. 396	7. 407
1260	7. 417	7. 428	7. 439	7. 449	7. 460	7. 471	7. 482	7. 492	7. 503	7. 514
1270	7. 524	7. 535	7. 546	7. 557	7. 567	7. 578	7. 589	7. 600	7. 610	7. 621
1280	7. 632	7. 643	7. 653	7. 664	7. 675	7. 686	7. 697	7. 707	7. 718	7. 729
1290	7. 740	7. 751	7. 761	7. 772	7. 783	7. 794	7. 805	7. 816	7. 827	7. 837
1300	7. 848	7. 859	7. 870	7. 881	7. 892	7. 903	7. 914	7. 924	7. 935	7. 946
1310	7. 957	7. 968	7. 979	7. 990	8. 001	8. 012	8. 023	8. 034	8. 045	8. 056
1320	8. 066	8. 077	8. 088	8. 099	8. 110	8. 121	8. 132	8. 143	8. 154	8. 165
1330	8. 176	8. 187	8. 198	8. 209	8. 220	8. 231	8. 242	8. 253	8. 264	8. 275
1340	8. 286	8. 298	8. 309	8. 320	8. 331	8. 342	8. 353	8. 364	8. 375	8. 386
1350	8. 397	8. 408	8. 419	8. 430	8. 441	8. 453	8. 464	8. 475	8. 486	8. 497
1360	8. 508	8. 519	8. 530	8. 542	8. 553	8. 564	8. 575	8. 586	8. 597	8. 608
1370	8. 620	8. 631	8. 642	8. 653	8. 664	8. 675	8,687	8. 698	8. 709	8. 720
1380	8. 731	8. 743	8. 754	8. 765	8. 776	8. 787	8. 799	8. 810	8. 821	8. 832
1390	8. 844	8. 855	8. 866	8. 877	8. 889	8. 900	8. 911	8. 922	8. 934	8. 945
1400	8. 956	8. 967	8. 979	8. 990	9. 001	9. 013	9. 024	9. 035	9. 047	9. 058
1410	9. 069	9. 080	9. 092	9. 103	9. 114	9. 126	9. 137	9. 148	9. 160	9. 171
1420	9. 182	9. 194	9. 205	9. 216	9. 228	9. 239	9. 251	9. 262	9. 273	9. 285
1430	9. 296	9. 307	9. 319	9. 330	9. 342	9. 353	9. 364	9. 376	9. 387	9. 398
1440	9. 410	9. 421	9. 433	9. 444	9. 456	9. 467	9. 478	9. 490	9. 501	9. 513
1450	9. 524	9. 536	9. 547	9. 558	9. 570	9. 581	9. . 593	9. 604	9. 616	9. 627
1460	9. 639	9. 650	9. 662	9. 673	9. 684	9. 696	9. 707	9. 719	9. 730	9. 742
1470	9. 753	9. 765	9. 776	9. 788	9. 799	9. 811	9. 822	9. 834	9. 845	9. 857
1480	9. 868	9. 880	9. 891	9. 903	9. 914	9. 926	9. 937	9. 949	9. 961	9. 972
1490	9. 984	9. 995	10. 007	10. 018	10. 030	10. 041	10. 053	10. 064	10. 076	10. 088
1500	10. 099	10. 111	10. 122	10. 134	10. 145	10. 157	10. 168	10. 180	10. 192	10. 203
1510	10. 215	10. 226	10. 238	10. 249	10. 261	10. 273	10. 284	10. 296	10. 307	10. 319
1520	10. 331	10. 342	10. 354	10. 365	10. 377	10. 389	10. 400	10. 412	10. 423	10. 435
1530	10. 447	10. 458	10. 470	10. 482	10. 493	10. 505	10. 516	10. 528	10. 540	10. 551

（续）

温度/℃	热电动势/mV									
	0	1	2	3	4	5	6	7	8	9
1540	10.563	10.575	10.586	10.598	10.609	10.621	10.633	10.644	10.656	10.668
1550	10.679	10.691	10.703	10.714	10.726	10.738	10.749	10.761	10.773	10.784
1560	10.796	10.808	10.819	10.831	10.843	10.854	10.866	10.877	10.889	10.901
1570	10.913	10.924	10.936	10.948	10.959	10.971	10.983	10.994	11.006	11.018
1580	11.029	11.158	11.169	11.181	11.193	11.205	11.216	11.228	11.240	11.251
1590	11.146	11.158	11.169	11.181	11.193	11.205	11.216	11.228	11.240	11.251
1600	11.263	11.275	11.286	11.298	11.310	11.321	11.333	11.345	11.357	11.368
1610	11.380	11.392	11.403	11.415	11.427	11.438	11.450	11.462	11.474	11.485
1620	11.497	11.509	11.520	11.532	11.544	11.555	11.567	11.579	11.591	11.602
1630	11.614	11.626	11.637	11.649	11.661	11.673	11.684	11.696	11.708	11.719
1640	11.731	11.743	11.754	11.766	11.778	11.790	11.801	11.813	11.825	11.836
1650	11.848	11.860	11.871	11.883	11.895	11.907	11.918	11.930	11.942	11.953
1660	11.965	11.977	11.988	12.000	12.012	12.024	12.035	12.047	12.059	12.070
1670	12.082	12.094	12.105	12.117	12.129	12.141	12.152	12.164	12.176	12.187
1680	12.199	12.211	12.222	12.234	12.246	12.257	12.269	12.281	12.292	12.304
1690	12.316	12.327	12.339	12.351	12.363	12.374	12.386	12.398	12.409	12.421
1700	12.433	12.444	12.456	12.468	12.479	12.491	12.503	12.514	12.526	12.538
1710	12.549	12.561	12.572	12.584	12.596	12.607	12.619	12.631	12.642	12.654
1720	12.666	12.677	12.689	12.701	12.712	12.724	12.736	12.747	12.759	12.770
1730	12.782	12.794	12.805	12.817	12.829	12.840	12.852	12.863	12.875	12.887
1740	12.898	12.910	12.921	12.933	12.945	12.956	12.968	12.980	12.991	13.003
1750	13.014	13.026	13.037	13.049	13.061	13.072	13.084	13.095	13.107	13.119
1760	13.130	13.142	13.153	13.165	13.176	13.188	13.200	13.211	13.223	13.234
1770	13.246	13.257	13.269	13.280	13.292	13.304	13.315	13.327	13.338	13.350
1780	13.361	13.373	13.384	13.396	13.407	13.419	13.430	13.442	13.453	13.465
1790	13.476	13.488	13.499	13.511	13.522	13.534	13.545	13.557	13.568	13.580
1800	13.591	13.603	13.614	13.626	13.637	13.649	13.660	13.672	13.683	13.694
1810	13.706	13.717	13.729	13.740	13.752	13.763	13.775	13.786	13.797	13.809
1820	13.820									

附录 B-4　镍铬-铜镍合金（康铜）热电偶（E 型）分度表　参考端温度为 0℃

温度/℃	热电动势/mV									
	0	1	2	3	4	5	6	7	8	9
-270	-9.835									
-260	-9.797	-9.802	-9.808	-9.813	-9.817	-9.821	-9.825	-9.828	-9.831	-9.833
-250	-9.718	-9.728	-9.737	-9.746	-9.754	-9.726	-9.770	-9.777	-9.784	-9.790

(续)

温度/℃	热电动势/mV									
	0	1	2	3	4	5	6	7	8	9
-240	-9.604	-9.617	-9.630	-9.642	-9.654	-9.666	-9.677	-9.688	-9.698	-9.709
-230	-9.455	-9.471	-9.487	-9.503	-9.519	-9.534	-9.548	-9.563	-9.577	-9.591
-220	-9.274	-9.293	-9.313	-9.331	-9.350	-9.368	-9.386	-9.404	-9.421	-9.438
-210	-9.063	-9.085	-9.107	-9.129	-9.151	-9.172	-9.193	-9.214	-9.234	-9.254
-200	-8.825	-8.850	-8.874	-8.899	-8.923	-8.947	-8.971	-8.994	-9.017	-9.040
-190	-8.561	-8.588	-8.616	-8.643	-8.669	-8.696	-8.722	-8.748	-8.774	-8.799
-180	-8.273	-8.303	-8.333	-8.362	-8.391	-8.420	-8.449	-8.477	-8.505	-8.533
-170	-7.963	-7.995	-8.027	-8.059	-8.090	-8.121	-8.152	-8.183	-8.213	-8.243
-160	-7.632	-7.666	-7.700	-7.733	-7.767	-7.800	-7.833	-7.866	-7.899	-7.931
-150	-7.279	-7.315	-7.351	-7.387	-7.423	-7.458	-7.493	-7.528	-7.563	-7.597
-140	-6.907	-6.945	-6.983	-7.021	-7.058	-7.096	-7.133	-7.170	-7.206	-7.243
-130	-6.516	-6.556	-6.596	-6.636	-6.675	-6.714	-6.753	-6.792	-6.831	-6.869
-120	-6.107	-6.149	-6.191	-6.232	-6.273	-6.314	-6.355	-6.396	-6.436	-6.476
-110	-5.681	-5.724	-5.767	-5.810	-5.853	-5.896	-5.939	-5.981	-6.023	-6.065
-100	-5.237	-5.282	-5.327	-5.372	-5.417	-5.461	-5.505	-5.549	-5.593	-5.637
-90	-4.777	-4.824	-4.871	-4.917	-4.963	-5.009	-5.055	-5.101	-5.147	-5.192
-80	-4.302	-4.350	-4.398	-4.446	-4.494	-4.542	-4.589	-4.636	-4.684	-4.731
-70	-3.811	-3.861	-3.911	-3.960	-4.009	-4.058	-4.107	-4.156	-4.205	-4.254
-60	-3.306	-3.357	-3.408	-3.459	-3.510	-3.561	-3.611	-3.661	-3.711	-3.761
-50	-2.787	-2.840	-2.892	-2.944	-2.996	-3.048	-3.100	-3.152	-3.204	-3.255
-40	-2.255	-2.309	-2.362	-2.146	-2.469	-2.523	-2.576	-2.629	-2.682	-2.735
-30	-1.709	-1.765	-1.820	-1.874	-1.929	-1.984	-2.038	-2.093	-2.147	-2.201
-20	-1.152	-1.208	-1.264	-1.320	-1.376	-1.432	-1.488	-1.543	-1.599	-1.654
-10	-0.582	-0.639	-0.697	-0.754	-0.811	-0.868	-0.925	-0.982	-1.039	-1.095
-0	0.000	-0.059	-0.117	-0.176	-0.234	-0.292	-0.350	-0.408	-0.466	-0.524
0	0.000	0.059	0.118	0.176	0.235	0.294	0.354	0.413	0.472	0.532
10	0.591	0.651	0.711	0.770	0.830	0.890	0.950	1.010	1.071	1.131
20	1.192	1.252	1.313	1.373	1.434	1.495	1.556	1.617	1.678	1.740
30	1.801	1.862	1.924	1.986	2.047	2.109	2.171	2.233	2.295	2.357
40	2.420	2.482	2.545	2.607	2.670	2.733	2.795	2.858	2.921	2.984
50	3.048	3.111	3.174	3.238	3.301	3.365	3.429	3.492	3.556	3.620
60	3.685	3.749	3.813	3.877	3.942	4.006	4.071	4.136	4.200	4.265
70	4.330	4.395	4.460	4.526	4.591	4.656	4.722	4.788	4.853	4.919
80	4.985	5.051	5.117	5.183	5.249	5.315	5.382	5.448	5.514	5.581
90	5.648	5.714	5.781	5.848	5.915	5.982	6.049	6.117	6.184	6.251

（续）

温度/℃	热电动势/mV									
	0	1	2	3	4	5	6	7	8	9
100	6. 139	6. 386	6. 454	6. 522	6. 590	6. 658	6. 725	6. 794	6. 862	6. 930
110	6. 998	7. 066	7. 135	7. 203	7. 272	7. 341	7. 409	7. 478	7. 547	7. 616
120	7. 685	7. 754	7. 823	7. 892	7. 962	8. 031	8. 011	8. 170	8. 240	8. 309
130	8. 379	8. 449	8. 519	8. 589	8. 659	8. 729	8. 799	8. 869	8. 940	9. 010
140	9. 081	9. 151	9. 222	9. 292	9. 363	9. 434	9. 505	9. 576	9. 647	9. 718
150	9. 789	9. 860	9. 931	10. 003	10. 074	10. 145	10. 217	10. 288	10. 360	10. 432
160	10. 503	10. 575	10. 647	10. 719	10. 791	10. 863	10. 935	11. 007	11. 080	11. 152
170	11. 224	11. 297	11. 369	11. 442	11. 514	11. 587	11. 660	11. 733	11. 805	11. 878
180	11. 951	12. 024	12. 097	12. 170	12. 243	12. 317	12. 390	12. 463	12. 537	12. 610
190	12. 684	12. 757	12. 831	12. 904	12. 978	13. 052	13. 126	13. 199	13. 273	13. 347
200	13. 421	13. 495	13. 569	13. 644	13. 718	13. 792	13. 866	13. 941	14. 015	14. 090
210	14. 164	14. 239	14. 313	14. 388	14. 463	14. 537	14. 612	14. 687	14. 762	14. 837
220	14. 912	14. 987	15. 062	15. 137	15. 212	15. 287	15. 362	15. 438	15. 513	15. 588
230	15. 664	15. 739	15. 815	15. 890	15. 966	16. 041	16. 117	16. 193	16. 269	16. 344
240	19. 420	16. 496	16. 572	16. 648	16. 724	16. 800	16. 876	16. 952	17. 028	17. 104
250	17. 181	17. 257	17. 333	17. 409	17. 486	17. 562	17. 639	17. 715	17. 792	17. 868
260	17. 945	18. 021	18. 098	18. 175	18. 252	18. 328	18. 405	18. 42	18. 559	18. 636
270	18. 713	18. 790	18. 867	18. 944	19. 021	19. 098	19. 175	19. 252	19. 330	19. 407
280	19. 484	19. 561	19. 639	19. 716	19. 794	19. 871	19. 948	20. 026	20. 103	20. 181
290	20. 259	20. 336	20. 414	20. 492	20. 569	20. 647	20. 725	20. 803	20. 880	20. 958
300	21. 036	21. 114	21. 192	21. 270	21. 348	21. 426	21. 504	21. 582	21. 660	21. 739
310	21. 817	21. 895	21. 973	22. 051	22. 130	22. 208	22. 286	22. 365	22. 443	22. 522
320	22. 600	22. 678	22. 757	22. 835	22. 914	22. 993	23. 071	23. 150	23. 228	23. 307
330	23. 386	23. 464	23. 543	23. 622	23. 701	23. 780	23. 858	23. 937	24. 016	24. 095
340	24. 174	24. 253	24. 332	24. 411	24. 490	24. 569	24. 648	24. 727	24. 806	24. 885
350	24. 964	25. 044	25. 123	25. 202	25. 281	25. 360	25. 440	25. 519	25. 598	25. 678
360	25. 757	25. 836	25. 916	25. 995	26. 075	25. 154	26. 233	26. 313	26. 392	26. 472
370	26. 552	26. 631	26. 711	26. 790	26. 870	26. 950	27. 029	27. 109	27. 189	27. 268
380	27. 348	27. 428	27. 507	27. 587	27. 667	27. 747	27. 827	27. 907	27. 986	28. 066
390	28. 146	28. 226	28. 306	28. 286	28. 466	28. 546	28. 626	28. 706	28. 786	28. 866
400	28. 946	29. 026	29. 106	29. 186	29. 266	29. 346	29. 427	29. 507	29. 587	29. 667
410	29. 747	29. 827	29. 908	29. 988	30. 068	30. 148	30. 229	30. 309	30. 389	30. 470
420	30. 550	30. 630	30. 711	30. 791	30. 871	30. 952	31. 032	31. 112	31. 193	31. 273
430	31. 354	31. 434	31. 515	31. 595	31. 676	31. 756	31. 837	31. 917	31. 998	32. 078
440	32. 159	32. 239	32. 320	32. 400	32. 481	32. 562	32. 642	32. 723	32. 803	32. 884

（续）

温度/℃	热电动势/mV									
	0	1	2	3	4	5	6	7	8	9
450	32. 965	33. 045	33. 126	33. 207	33. 287	33. 368	33. 449	33. 529	33. 610	33. 691
460	33. 772	33. 852	33. 933	34. 014	34. 095	34. 175	34. 256	34. 337	34. 418	34. 498
470	34. 579	34. 660	34. 741	34. 822	34. 902	34. 983	35. 064	35. 145	35. 226	35. 307
480	35. 387	35. 468	35. 549	35. 630	35. 711	35. 792	35. 873	35. 954	36. 034	36. 115
490	36. 196	36. 277	36. 358	36. 439	36. 520	36. 601	36. 682	36. 763	36. 843	36. 924
500	37. 005	37. 086	37. 167	37. 248	37. 329	37. 410	37. 491	37. 572	37. 63	37. 734
510	37. 815	37. 896	37. 977	38. 058	38. 139	38. 220	38. 300	38. 381	38. 462	38. 543
520	38. 624	38. 705	38. 786	38. 867	38. 948	39. 029	39. 110	39. 191	39. 272	39. 353
530	39. 434	39. 515	39. 596	39. 677	39. 758	39. 839	39. 920	40. 001	40. 082	40. 163
540	40. 243	40. 324	40. 405	40. 486	40. 567	40. 648	40. 729	40. 810	40. 891	40. 972
550	41. 053	41. 134	41. 215	41. 296	41. 377	41. 457	41. 538	41. 619	41. 700	41. 781
560	41. 862	41. 943	42. 024	42. 105	42. 185	42. 266	42. 347	42. 428	42. 509	42. 590
570	42. 671	42. 751	42. 832	42. 913	42. 994	43. 075	43. 156	43. 236	43. 317	43. 398
580	43. 479	43. 560	43. 640	43. 721	43. 802	43. 883	43. 963	44. 044	44. 125	44. 206
590	44. 286	44. 367	44. 448	44. 529	44. 609	44. 690	44. 771	44. 851	44. 932	45. 013
600	45. 093	45. 74	45. 255	45. 335	45. 416	45. 497	45. 577	45. 658	45. 738	45. 819
610	45. 900	45. 980	46. 061	46. 141	46. 222	46. 302	46. 383	46. 463	46. 544	46. 624
620	46. 705	46. 785	46. 866	46. 946	47. 027	47. 107	47. 188	47. 268	47. 349	47. 429
630	47. 509	47. 590	47. 670	47. 751	47. 831	47. 911	47. 992	48. 072	48. 152	48. 233
640	48. 313	48. 393	48. 474	48. 554	48. 634	48. 715	48. 795	48. 875	48. 955	49. 035
650	49. 116	49. 196	49. 276	49. 356	49. 436	49. 517	49. 597	49. 677	49. 757	49. 837
660	49. 917	49. 997	50. 077	50. 157	50. 238	50. 318	50. 398	50. 478	50. 558	50. 638
670	50. 718	50. 798	50. 878	50. 958	51. 038	51. 118	51. 197	51. 277	51. 357	51. 437
680	51. 517	51. 597	51. 677	51. 757	51. 837	51. 916	51. 996	52. 076	52. 156	52. 236
690	52. 315	52. 395	52. 475	52. 555	52. 634	52. 714	52. 794	52. 873	52. 953	53. 033
700	53. 112	53. 192	53. 272	53. 351	53. 431	53. 510	53. 590	53. 670	53. 749	53. 829
710	53. 908	53. 988	54. 067	54. 147	54. 226	54. 306	54. 385	54. 465	54. 544	54. 624
720	54. 703	54. 782	54. 862	54. 941	55. 021	55. 100	55. 179	55. 259	55. 338	55. 417
730	55. 497	55. 576	55. 655	55. 734	55. 814	55. 893	55. 972	56. 051	56. 131	56. 210
740	56. 289	56. 368	56. 447	56. 526	56. 606	56. 685	56. 764	56. 843	56. 922	57. 001
750	57. 080	57. 159	57. 238	57. 317	57. 396	57. 475	57. 554	57. 633	57. 712	57. 791
760	57. 870	57. 949	58. 028	58. 107	58. 186	58. 265	58. 343	58. 422	58. 501	58. 580
770	58. 656	57. 738	58. 816	58. 895	58. 974	59. 053	59. 131	59. 210	59. 289	59. 367
780	59. 446	59. 525	59. 604	59. 682	59. 761	59. 839	59. 918	59. 997	60. 075	60. 154
790	60. 232	60. 311	60. 390	60. 468	60. 547	60. 625	60. 704	60. 782	60. 860	60. 939

（续）

温度/℃	热电动势/mV									
	0	1	2	3	4	5	6	7	8	9
800	61. 017	61. 096	61. 174	61. 253	61. 331	61. 409	61. 488	61. 566	61. 644	61. 723
810	61. 801	61. 662	62. 740	62. 818	62. 896	62. 974	63. 052	63. 130	63. 208	63. 286
820	62. 583	62. 662	62. 740	62. 818	62. 896	62. 974	63. 052	63. 130	63. 208	63. 286
830	63. 364	63. 442	63. 520	63. 598	63. 676	63. 754	63. 823	63. 910	63. 988	64. 066
840	64. 144	64. 222	64. 300	64. 377	64. 455	64. 533	64. 611	64. 689	64. 766	64. 844
850	64. 922	65. 000	65. 077	65. 155	65. 233	65. 310	65. 388	65. 465	65. 543	65. 621
860	65. 698	65. 776	65. 853	65. 931	66. 008	66. 086	66. 163	66. 241	66. 318	66. 396
870	66. 473	66. 550	66. 628	66. 705	66. 782	66. 860	66. 937	67. 014	67. 092	67. 169
880	67. 246	67. 323	67. 400	67. 478	67. 555	67. 632	67. 709	67. 786	67. 863	67. 940
890	68. 017	68. 094	68. 171	68. 248	68. 325	68. 402	68. 479	68. 556	68. 633	68. 710
900	68. 787	68. 863	68. 940	69. 017	69. 094	69. 171	69. 247	69. 324	69. 401	69. 477
910	69. 554	69. 631	69. 707	69. 784	69. 860	69. 937	70. 013	70. 090	70. 166	70. 243
920	70. 319	70. 396	70. 472	70. 548	70. 625	70. 701	70. 777	70. 854	70. 930	70. 006
930	71. 082	71. 159	71. 235	71. 311	71. 387	71. 463	71. 539	71. 615	71. 692	71. 768
940	71. 844	71. 920	71. 996	72. 072	72. 147	72. 223	72. 299	72. 375	72. 451	72. 527
950	72. 603	72. 678	72. 754	72. 830	72. 906	72. 981	73. 057	73. 133	73. 208	73. 284
960	73. 360	73. 435	73. 511	73. 586	73. 662	73. 738	73. 813	73. 889	73. 964	74. 040
970	74. 115	74. 190	74. 266	74. 341	74. 417	74. 492	74. 567	74. 643	74. 718	74. 793
980	74. 869	74. 944	75. 019	75. 095	75. 170	75. 245	75. 320	75. 395	75. 471	75. 546
990	75. 621	75. 696	75. 771	75. 847	75. 922	75. 997	76. 072	76. 147	76. 223	76. 298
1000	76. 373									

参考文献

[1] 李科杰. 新编传感器技术手册[M]. 北京:国防工业出版社,2002.

[2] 贾伯年,俞朴,宋爱国. 传感器技术[M]. 南京:东南大学出版社,2007.

[3] 孙建民,杨清梅. 传感器技术[M]. 北京:清华大学出版社,2005.

[4] 马修水. 传感器与检测技术[M]. 杭州:浙江大学出版社,2009.

[5] 松井邦彦. 传感器实用电路设计与制作[M]. 梁瑞林,译. 北京:科学出版社,2007.

[6] 何希才. 传感器技术及应用[M]. 北京:北京航空航天大学出版社,2004.

[7] 杜维,张宏建,乐嘉华. 过程检测技术及仪表[M]. 北京:化学工业出版社,1998.

[8] 沙占友. 集成化智能传感器原理与应用[M]. 北京:电子工业出版社,2004.

[9] 王熠东. 传感器应用电路400例[M]. 北京:中国电力出版社,2008.

[10] 赵玉刚,邱东. 传感器基础[M]. 北京:中国林业出版社,2006.

[11] 刘爱华,满宝元. 传感器原理与应用技术[M]. 北京:人民邮电出版社,2006.

[12] 胡向东,刘京诚. 传感技术[M]. 重庆:重庆大学出版社, 2006.

[13] 彭军. 传感器与检测技术[M]. 西安:西安电子科技大学出版社,2003.

[14] 李晓莹. 传感器与测试技术[M]. 北京:高等教育出版社,2006.

[15] 杨帮文,等. 最新传感器实用手册[M]. 北京:人民邮电出版社,2004.

[16] 刘广玉,陈明,等. 新型传感技术及应用[M]. 北京:北京航空航天大学,1995.

[17] 张洪润,张亚凡,等. 传感技术与应用教程[M]. 北京:清华大学出版社,2005.

[18] 刘迎春,叶湘滨,等. 传感器原理设计与应用[M]. 北京:国防工业出版社,2004 .

[19] 王雪文,张志勇,等. 传感器原理及应用[M]. 北京:北京航空航天大学出版社,2004.

[20] 赵广林. 常用电子元器件识别/检测/选用一本通[M]. 北京:电子工业出版社,2007.

[21] 赵负图. 现代传感器集成电路[M]. 北京:人民邮电出版社,2000.

[22] 傅劲松. 电子制作实例集锦[M]. 福建:福建科学技术出版社,2006.

[23] 刘建清. 从零开始学电子元器件识别与检测技术[M]. 北京:国防工业出版社,2007.

[24] 赵家贵,付小美,董平. 新编传感器电路设计手册[M]. 北京:中国计量出版社,2002.

[25] 培源,付扬 . 光电检测技术与应用[M]. 北京:北京航空航天大学出版社,2006.

[26] 刘君华,郝惠敏,等 . 传感器技术及应用实例[M]. 北京:电子工业出版社,2008.

[27] 张琎. 无线监控装置及其应用研究[D]. 武汉:武汉理工大学,2009.

[28] 许礼捷. 室内监测报警系统的设计开发[D]. 南京:东南大学,2007.

[29] 张中向. 基于CAN通信的烟雾报警监控系统设计[D]. 北京:北京交通大学,2009.

[30] 王海燕. 家庭智能防盗防火报警系统的研究[D]. 无锡:江南大学,2008.

[31] 刘静. 家庭无线控制报警系统[D]. 大连:大连理工大学,2008.

[32] 陈宁 . 家庭安防系统的研究[D]. 天津:天津大学,2008.

[33] 徐建华. 低成本高精度角位移测量系统研究与设计[D]. 太原:中北大学,2008.

[34] 李秀涛,徐国卿,王晓东,等. 基于DSP的高精度旋转变压器轴角数字转换器[J]. 机车电传动,2004(5).

[35] 王宏杰,赵东标. 基于自整角机的雷达方位角测量系统研究[J]. 雷达与对抗,2007(3).

[36] 胡定军,石红梅,朱利锋,等. 基于自整角机的雷达方位角测量研究[J]. 舰船科学技术,2009(6).

[37] 周婷,王艳,兰必丰,等. 圆感应同步器在高精度位置控制系统中的应用[J]. 传感器技术,2005(3).

[38] 蔡铁峰,陈祥华. 基于SDC的角位置检测在火炮伺服系统中的应用[J]. 火炮发射与控制学报,2006

(2).
[39] 沙占友,马洪涛,葛家怡. 基于网络的智能精密压力传感器原理与应用[J]. 半导体技术,2003(7).
[40] 龙佑喜,庞新良,秦彦,等. 基于旋转变压器反馈的运动控制器[J]. 测控技术,2003(3).
[41] 江晓军,黄惠杰,王向朝. 基于光栅传感器的位移测量仪的研制[J]. 电子测量技术,2008(7).
[42] 黄刚,李文强. 称重传感器在带式输送机胶带张力测试中的应用[J]. 机械工程与自动化,2007(2).
[43] 张新,张广军,齐枚. 煤矿快速定量自动化装车站称重传感器的设计与应用[J]. 工矿自动化,2007(6).
[44] 蒋大林,高工. AD22151 线性输出磁场传感器的原理及应用[J]. 电子技术应用,1999(5).
[45] 刘舒祺,施国梁. 基于热释电红外传感器的报警系统[J]. 国外电子元件,2005(3).
[46] 刘文,唐辉,商洪涛. 光电传感器在脉搏采集中的应用[J]. 中国医学装备,2005(2).
[47] 张珣,周杰. 光电脉搏传感器的设计与改进[J]. 中国医疗器械杂志,2009(33).